Beton Atlas

Entwerfen mit Stahlbeton im Hochbau

Friedbert Kind-Barkauskas
Bruno Kauhsen

Stefan Polónyi
Jörg Brandt

Institut für internationale
Architektur-Dokumentation · München

Beton-Verlag
Düsseldorf

Herausgeber:
Bundesverband der Deutschen Zementindustrie e. V., Köln

Autoren:

Friedbert Kind-Barkauskas, Dr.-Ing., Architekt DWB
Bundesverband der Deutschen Zementindustrie e. V., Köln (Teile 1, 2, 4, Glossar)

Bruno Kauhsen, Dr.-Ing., Architekt BDA
Fakultät Architektur, Rheinisch-Westfälische Technische Hochschule Aachen (Teile 4, 5)

Stefan Polónyi, Univ.-Prof. Dr. h.c., Dr.-Ing. E.h., Dipl.-Ing.
Claudia Austermann, Dipl.-Ing.
Lehrstuhl für Tragkonstruktionen, Fakultät Bauwesen, Universität Dortmund (Teile 3, 4)

Jörg Brandt, Dr. sc. agr.
Bundesverband der Deutschen Zementindustrie e. V., Köln (Teile 2, 4)

Mitarbeit:
János Brenner, Univ.-Prof., Dr. techn., Dr. sc. techn., Architekt, Budapest (Teil 1)
Martin Hennrich, cand. arch., Aachen (Teil 5)
Gottfried Lohmeyer, Dipl.-Ing., Bauberatung Zement, Hannover (Teil 2)
E. A. Kleinschmidt, Dipl.-Ing., Dortmund (Teil 3)
Helmut Moritz, Dipl.-Ing., Bundesverband der Deutschen Zementindustrie e.V. Köln (Teil 2)
Olaf Sänger, cand. ing., Dortmund (Teil 3)
Matthias Strache, cand. ing., Dortmund (Teil 3)

Redaktion:
Christian Schittich, Dipl.-Ing., Architekt
Institut für internationale Architektur-Dokumentation, München

ISBN 3-7640-0337-5

Produktion: Beton-Verlag GmbH, Düsseldorf

Druck und Bindung: Boss-Druck GmbH, Kleve

Auslieferung:
InformationsZentrum Beton, Postfach 110135, D-40501 Düsseldorf
Telefon: (0211) 55009-0 Telefax: (0211) 55009-55

Inhalt

Vorwort

»Um irgend ein Anhalten in dem weiten Feld der Architektur unserer Zeit zu gewinnen, wo die Verworrenheit oder der gänzliche Mangel an Prinzipien in Beziehung auf Stil überhandgenommen und unter der unendlichen Masse des auf der Welt in verschiedenen Epochen Entstandenen die Kritik für die Anwendung sehr schwer wird, spreche ich folgenden Hauptgrundsatz aus: Architektur ist Konstruktion! – Den zweiten Hauptgrundsatz für stilvolle Architektur leite ich aus folgender Betrachtung ab: Jede vollkommene Konstruktion in einem bestimmten Material hat ihren ganz entscheidenden Charakter und würde in keinem anderen Material auf die gleiche Weise vernunftgemäß ausgeführt werden können.«

Karl Friedrich Schinkel

Bauen ist eine elementare Tätigkeit des Menschen. Sie entspricht seinem Bedürfnis, die Umwelt sinnvoll zum eigenen Nutzen zu formen. Aus der Synthese von unterschiedlichen Nutzungsanforderungen, konstruktiven Möglichkeiten und gestalterischen Vorstellungen entsteht Architektur. In Abhängigkeit von den jeweiligen wirtschaftlichen Gegebenheiten und politischen Vorstellungen entwickelt sich die Baukultur einer Zeit, die das gesellschaftliche Leben mit prägt. Wenn man der Frage nach der Rolle des Baustoffs Beton in der Architektur nachgeht, wird deutlich, daß es sich um eine sehr lange Entwicklung handelt, die auch heute noch längst nicht abgeschlossen ist.
Die Verwendung von Kalkstein als Baustoff ist bereits 12000 v. Chr. durch Mörtelfunde belegt. Seit dem 2. Jahrhundert v. Chr. wird dann, auf dieser Bauerfahrung basierend, gezielt Opus Caementitium, der Römische Beton, hergestellt. Dieser wird zum Ausdruck des imperialen Bauens schlechthin und ermöglicht Höchstleistungen der Architektur und Ingenieurbaukunst. Mit dem Niedergang des Römischen Reiches geraten auch die Kenntnisse von der Herstellung des Baustoffs Beton in Vergessenheit. Es dauert rund 1500 Jahre bis zur Wiederentdeckung der Grundlagen seiner Herstellung.
Mit der Erfindung des Portlandzements in England 1824 beginnt dann die eigentliche Betonentwicklung der Neuzeit. Die Versuche mit Eisenbewehrungen im Beton, die um 1850 gleichzeitig in England und Frankreich vorgenommen werden, erlauben bald weitergespannte Konstruktionen und ergeben schließlich eine ganz neue Architektur. Aus den anfänglich recht abenteuerlichen Bemühungen, man sieht im Eisenbeton zunächst einen Austauschwerkstoff für Holz, Eisen und Stein, entwickelt sich schnell die perfekte und eigenständige Verwendung des Baustoffs und eine fundierte Theorie zur exakten Berechnung seiner statischen Leistungsfähigkeit.
Zunächst traditionell in der Bauauffassung und im gestalterischen Ausdruck, dann zunehmend mutiger im Verlassen des bisherigen Weges, entwickelt sich nach 1900 in Europa ein neuer Stil in der Architektur: die Moderne. Er wird maßgeblich durch den Baustoff Stahlbeton beeinflußt, prägt aber auch seinerseits dieses vielseitige Material in seiner Anwendung als stabartige oder flächenartige Konstruktion bis in die heutige Zeit.

Mit der vorliegenden dritten Ausgabe des Buches »Beton Atlas« wird nach der ersten und zweiten Ausgabe, die 1980 und 1984 durch den Bundesverband der Deutschen Zementindustrie, Köln, im Beton-Verlag, Düsseldorf, herausgegeben worden sind, jetzt ein völlig neu bearbeitetes Werk vorgestellt. Der Untertitel »Entwerfen mit Stahlbeton im Hochbau« macht deutlich, daß sich dieses Fachbuch, das jetzt in der Reihe der Konstruktions- und Baustoff-Atlanten (Edition Detail) des Instituts für internationale Architektur-Dokumentation, München, erscheint, vornehmlich an den Gestalter und den Konstrukteur – also an den Architekten und den Ingenieur wendet. Das Buch will aber auch dem Lehrenden und dem Lernenden die vielfältigen Anwendungsmöglichkeiten des Betons aufzeigen und so zur Vermeidung von Planungs- und Ausführungsfehlern in der Praxis beitragen.
Die Architektur- und Konstruktionsbeispiele sollen Anregungen für das eigene Entwerfen und für materialgerechtes Bauen mit dem Werkstoff Stahlbeton geben. Sie weisen außerdem auf die Chance hin, unsere gebaute Umwelt abwechslungsreich, anregend, maßstäblich und damit menschlich zu gestalten.
Der ausdrückliche Dank des Herausgebers und der Autoren gilt den genannten Architekten, Ingenieuren und Firmen für die Bereitstellung ihrer Unterlagen sowie Herrn Christian Schittich und den beteiligten Mitarbeitern für die Koordination der Bearbeitung.

Für den Herausgeber und die Autoren
Friedbert Kind-Barkauskas
April 1995

Teil 1 • Beton in der Architektur

Friedbert Kind-Barkauskas

Entwicklung der Betontechnologie

Das moderne Bauen mit Zement und Beton basiert auf einer Vielzahl von richtungweisenden technisch-wissenschaftlichen Erkenntnissen. Einige davon reichen in die Antike zurück und haben bis heute nichts von ihrer Gültigkeit verloren. Seit der zufälligen Verwendung von Kalkstein im Altertum führt der Weg über die gezielte Aufbereitung dieses Materials und die Kombination mit anderen Stoffen zu einem neuen Werkstoff, dem Kalkmörtel. Die Erkenntnis der hydraulischen Eigenschaften bestimmter Materialkombinationen ermöglicht die Entwicklung des »Opus Caementitium«, des römischen Betons, und dessen Anwendung in Bauwerken, die wir als Zeitzeugen und auch wegen ihrer hohen architektonischen Qualität noch heute bewundern.

Im Mittelalter gerät der Baustoff weitgehend in Vergessenheit. Erst Mitte des 18. Jahrhunderts wird er mit den Untersuchungen zur Hydraulizität des Wasserkalks und zur Herstellung von Zement wiederentdeckt. Hundert Jahre später entwickelt sich nach dem Vorbild des Lehmbaus die Stampfbetontechnik. Es folgen die verschiedensten Experimente zur Verbesserung der Zugfestigkeit von Bauteilen aus Beton durch Eiseneinlagen und darauf die Perfektionierung des Eisenbetonbaus. Die Entwicklung der grundlegenden Berechnungsverfahren führt schließlich zu einer allgemeingültigen Theorie des Eisenbetons und damit auch zur modernen Stahlbetontechnologie.

Weiterentwicklungen im Bereich des Spannbetons machen die Vergrößerung der Spannweiten bei gleichzeitiger Einsparung von Masse möglich. Seit einigen Jahren werden hochfeste Betone für besondere Anwendungen im Hochhausbau hergestellt. Daneben wird mit Glasfaserbewehrungen im Beton vor allem für Ingenieurbauwerke experimentiert. Außerdem unterstützen neuere Verfahren zur Gestaltung von Betonoberflächen die Entwicklung hin zu einer noch differenzierteren Anwendung von Beton in der Architektur.

Kalkmörtelanwendung im Altertum

Es ist heute nicht mehr feststellbar, ob die frühesten Verwendungen von Kalkmörtel, die uns aus dem Altertum bekannt sind, bereits gezielte oder lediglich zufällige Ergebnisse des Umgangs mit den in einer bestimmten örtlichen Situation zur Verfügung stehenden Materialien sind. Mit Sicherheit spielt die Beobachtung zufälliger Reaktionen, zum Beispiel das Zerfallen bestimmter Kalksteine nach starker Erhitzung im Regen und die anschließende erneute Verfestigung des umgeformten Materials sowie das Wiederholen und Ausprobieren solcher Vorgänge, bei der Entwicklung des Mörtels eine bedeutende Rolle.

Die älteste bekannte Anwendung von Kalkmörtel als Baumaterial ist aus der Zeit um 12000 v. Chr. durch Funde in der Osttürkei belegt. Etwa 6000 Jahre später wird in der Jerichokultur von Palästina Kalk als Bindemittel des Mörtels bei der Herstellung von Ziegelbauten benutzt. Bei Lepenski Vir in den Karpaten sind unter den Resten alter Bauwerke aus der Zeit um 5500 v. Chr. Bodenplatten mit einer betonähnlichen Zusammensetzung aus gebranntem Kalk, Sand und Lehm ausgegraben worden. Auch für das alte Ägypten, für Troja und für Pergamon ist die Verwendung von Kalkmörtel an bedeutenden Kultbauten nachgewiesen. Im Alten Testament, das um etwa 1200 v. Chr. entsteht, wird diese Bauart an verschiedenen Stellen erwähnt.

Die Phönizier erkennen, daß das vulkanische Gestein der Insel Santorin – gemahlen und mit Kalk, Sand und Wasser vermengt – einen wasserfesten Mörtel ergibt. Sie verwenden das Material auch für den Bau ihrer Bewässerungsanlagen und verbreiten diese Technik im ganzen Mittelmeerraum. In den Zisternen von Jerusalem, das König David um 1000 v. Chr. zu seiner Residenz erhebt und ausbaut, ist der aus Kalk und Lehm bestehende wasserfeste Putz noch heute erhalten. Auch die Griechen kennen den gebrannten Kalk, den sie seit dem 7. Jahrhundert v. Chr. gemischt mit zerstoßenem Marmor als Kalkputz verwenden. Bei den Zisternen auf der Insel Santorin hat der Mörtel des Putzes beispielsweise einen Kalkgehalt von rund 43 %. Das Mauerwerk aber wird aus trocken gefügten Steinquadern erstellt. Dagegen kommt bei den letzten Bauten Nebukadnezars in Kasr und Babil aus der Zeit um 600 v. Chr. und bei den sogenannten Langen Mauern von Athen um 450 v. Chr. nachweislich Kalkmörtel zum Einsatz. Dies trifft auch für Abschnitte der Chinesischen Mauer aus der Zeit um 300 v. Chr. zu. Hier kann sogar eine Bodenverfestigung mit Kalk zur Verbesserung der Tragfähigkeit des Baugrundes festgestellt werden.

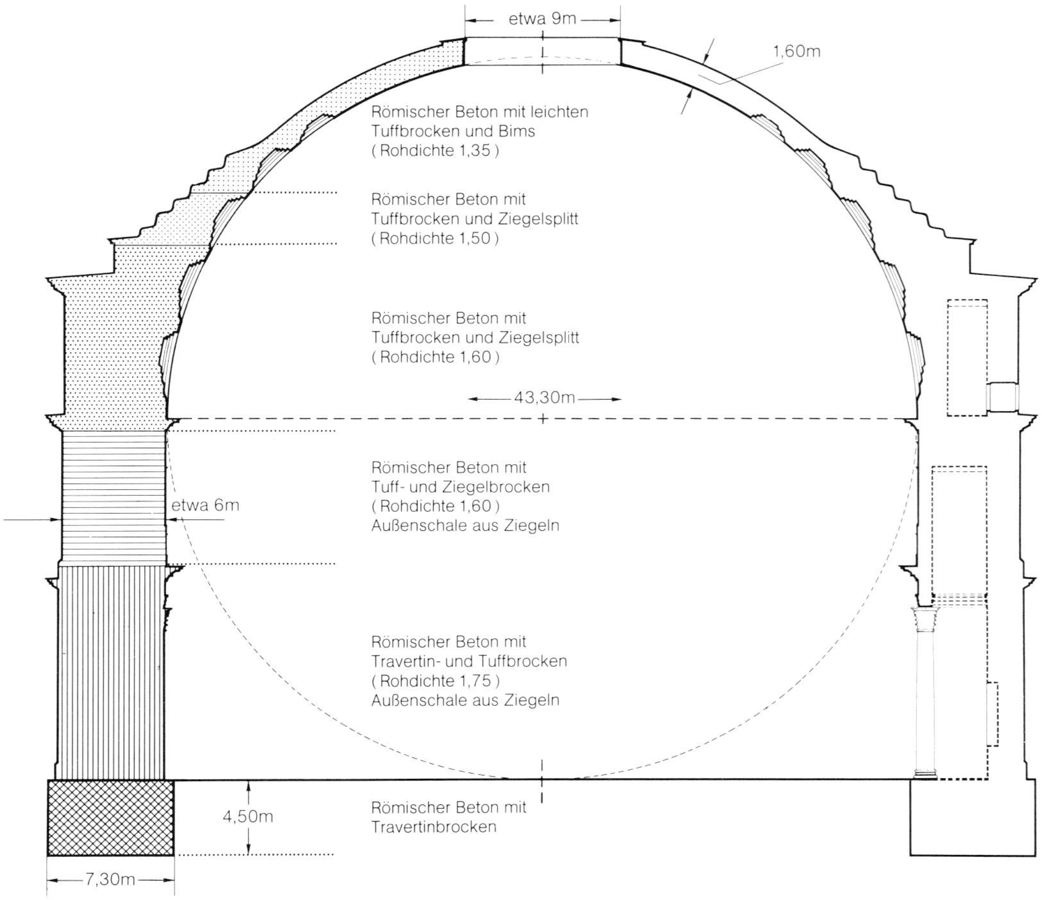

1.1

1.2

Römisches Bauen mit Opus Caementitium

Im 2. Jahrhundert v. Chr. entsteht in Unteritalien eine neue Mauertechnik. Zwischen Wandschalen aus gefügten Werksteinen werden Kalkmörtel und Bruchsteine geschüttet und durch Stampfen verdichtet. Ankersteine (Diatonoi) verbinden die beiden Schalen des Mauerwerks und sorgen für die notwendige Stabilität, bis das »Emplekton« (das Eingestampfte) erhärtet ist. Marcus Porcius Cato gibt in seinem 184 v. Chr. erschienenen Werk »De re rustica« eine Beschreibung des Luftmörtels, für den er eine Mischung aus einem Teil gelöschten Kalk und zwei Teilen Sand empfiehlt.

Damit greifen die Römer die Technik des griechischen Gußmauerwerks auf. Sie verwenden unter anderem Tuffstein, Marmorbruch und Ziegelbrocken als Zuschlag. Der Baumeister Marcus Vitruvius Pollio beschreibt 13 v. Chr. in seinem Werk »De Architectura libri decem« erstmals die Herstellung des hydraulischen Mörtels und des aus Wassermörtel und Steinbrocken bestehenden Betons. Dieses »Opus Caementitium« ist durchaus vergleichbar mit heutigen Betonen gleicher Druckfestigkeit. Es ist wasserfest, enthält Grobzuschläge bis rund 70 mm Korngröße sowie Kies und Sand als Feinzuschlag in ausreichender Menge. Der hydraulische Kalkmörtel und die Zuschläge werden vor dem Einbringen miteinander vermischt und anschließend durch Stampfen mechanisch verdichtet. Als äußere Begrenzung des Mauerwerks werden hauptsächlich Ziegelschalen verwendet, die vielfach reich verziert sind. Schalungsrauhe Betonoberflächen findet man fast ausschließlich bei Zweckbauten, wie zum Beispiel Zisternen und Thermen. Auch bei größeren Fundamenten, wie beispielsweise beim Kolosseum in Rom (vollendet 80 n. Chr.), und Hafenbauten, wie der Mole von Neapel, sind noch heute die Schalbrettabdrücke zu sehen. Die Fundamente der Mole von Neapel wurden unter Calligula, wie es bei Vitruv nachzulesen ist, aus großen vorgefertigten Betonblöcken, die man im Wasser versenkte, hergestellt.

Im Jahr 27 v. Chr. beginnt Agrippa mit dem Bau des wohl spektakulärsten Gebäudes im antiken Rom, dem Pantheon. Der zylindrische Unterbau mit einem Durchmesser von 43,40 m wird von einer freitragenden massiven Kuppelkonstruktion aus Beton überwölbt. Der Querschnitt ist so exakt dem Kräfteverlauf angepaßt, daß der Gewölbeschub ohne Strebepfeiler vom Unterbau aufgenommen werden kann. Wie Untersuchungen gezeigt haben, enthalten der Unterbau und die kassettierte Kuppelkonstruktion Betone unterschiedlicher Dichte, so daß sich das Gewicht nach oben, zur 9 m großen Lichtöffnung im Scheitel, erheblich verringert.

Die Kuppel der unter Justinian von den Architekten Anthemios von Tralles und Isidoros von Milet 532 bis 537 n. Chr. in Konstantinopel errichteten Hagia Sophia, hat einen Durchmesser von 32 m und überbrückt eine Spannweite von 45 m. (Erst in Sinans Selimiye-Moschee (um 1570) in Edirne beträgt die Spannweite wieder 43 m.) Die Gewölbekappen des Bauwerks werden auf einer verlorenen Schalung aus Ziegelmauerwerk hergestellt. Vier Bögen umschließen den zentralen Kuppelraum. Sie werden jeweils durch die Gewölbekappen der Apsiden gestützt und so von den Schubkräften der großen Kuppel entlastet.

Als eines der letzten großen Betonbauwerke in der römischen Tradition in Italien gilt der 1173 begonnene Schiefe Turm von Pisa. Das 58 m hohe Gebäude hat heute eine Neigung von 5,5 Grad gegenüber der Vertikalen. Ein monolithischer Betonzylinder von 2,7 m Wandstärke beinhaltet die gewendelte Treppe und ist außen- und innenseitig mit hartem Marmor verkleidet.

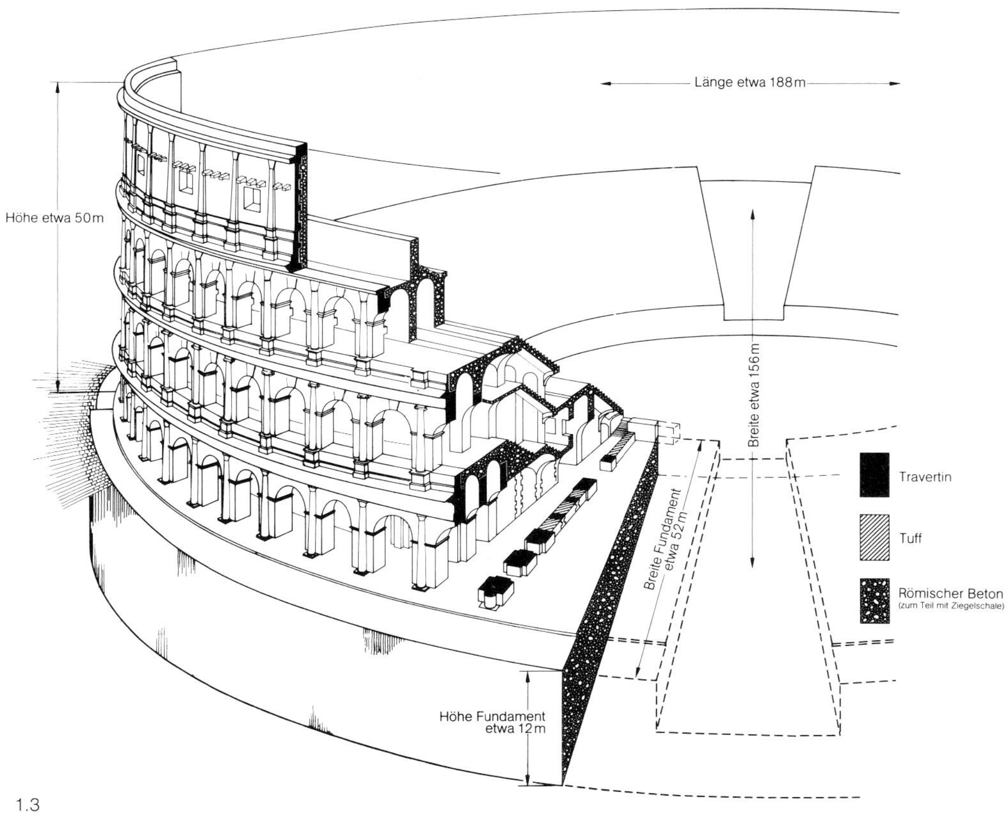

1.3

Die Herstellung von Zement und Beton

Im Mittelalter geht das Wissen um die richtige Mischung des Opus Caementitium verloren. Für Wehr- und Profanbauten wird der Mörtel als Gemisch aus reinem Lehm und Kalk oder Sand hergestellt. Gelegentlich werden auch Gips und Ziegelmehl als Zusätze verwendet. Durch den Zusatz verschiedener organischer Stoffe versucht man, die Festigkeit des Mörtels zu verbessern. So berichten unterschiedliche Quellen über das Beimengen von Essig, Milch, oder – 1450 in Wien beim Bau des Stephansdoms – von Heurigen-Wein. Im 16. Jahrhundert entdecken die Holländer, ohne die chemischen Gründe zu kennen, die hydraulische Wirksamkeit von gemahlenem Tuffstein, dem Traß. Der Handel mit diesem wertvollen Baustoff wird bald ein wichtiger Wirtschaftsfaktor in ganz Europa. Doch bis ins 18. Jahrhundert laufen alle Versuche zur Herstellung wirksamer Bindemittel planlos ab und bleiben zumeist ohne nennenswerten Erfolg.

In einem technischen Wörterbuch des Jahres 1710 wird gestoßener Ziegelstein erstmals als »Cement« bezeichnet. Bernard Forest de Bélidor gibt als technischer Offizier der französischen Armee 1729 ein Handbuch mit dem Titel »La science des ingénieurs« heraus, in dem unter anderem auch die Mörtelherstellung aus unterschiedlichen Kalksteinarten, die Anwendung verschiedener hydraulischer

1.4

1.1 Pantheon, Rom, Schnitt mit Darstellung der verschiedenen Betonarten
1.2 Pantheon, Rom, begonnen 27 v. Chr.
1.3 Kolosseum, Rom, vollendet 80 n. Chr.
1.4 Schiefer Turm, Pisa, begonnen 1173

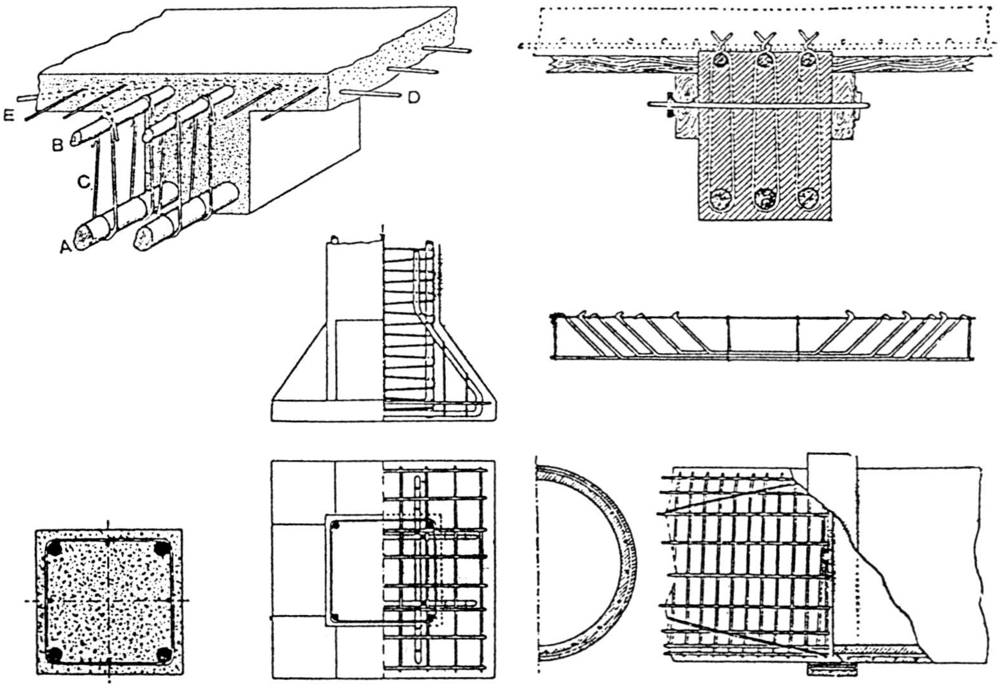

1.5

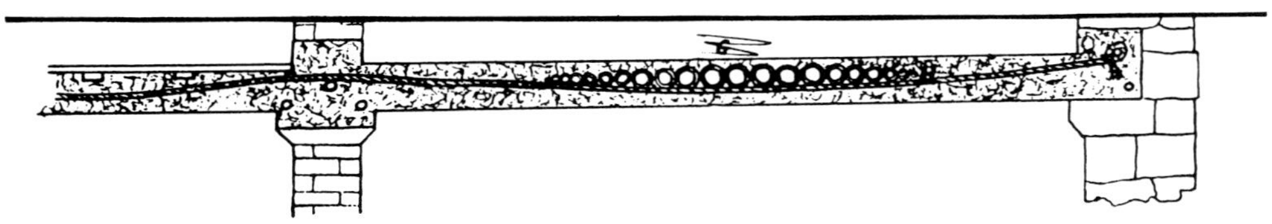

1.6

1.7

Zusatzstoffe sowie die Fertigung von »Gußgewölben« aus hydraulischem Kalk beschrieben wird. Aus seinem 1753 erschienenen Werk »Architecture hydraulique« stammt auch der Begriff »Béton« für ein Gemisch aus wasserbeständigem Mörtel und groben Zuschlägen, der auf die altfranzösischen Bezeichnungen Bethyn bzw. Becton für Mauerwerk zurückgeht.

1755 entdeckt der Engländer John Smeaton die Grundlagen der Hydraulizität. Er findet heraus, daß ein bestimmter Gehalt an Ton im Zement der Grund für das Abbindevermögen unter Wasser und die spätere Wasserfestigkeit des Mörtels ist. Daraufhin erhält er den Auftrag zum Wiederaufbau des zerstörten Leuchtturms auf einer Felsklippe in Edystone bei Plymouth. Für den Mörtel, von dem Smeaton behauptet, er werde einen Zement ergeben, der dem besten Portlandstein an Festigkeit und Dauerhaftigkeit gleichkomme, verwendet er zu je gleichen Teilen einheimischen Aberthaw-Kalk und Puzzolanerde aus dem italienischen Civitavecchia. 1796 gelingt dem Engländer James Parker die Erzeugung von sogenanntem Romancement, einem Ersatz für Puzzolanerde und Traß, der ohne Zusatz von Kalk erhärtet. Der Name dieses Zements verweist auf seine Farbe, die den römischen Puzzolanen sehr ähnlich ist.
Die chemischen Zusammenhänge, die eine unterschiedliche Haltbarkeit der Materialkombinationen erklären, bleiben jedoch weiterhin unergründet. Erst 1815 beschreibt in Berlin der Chemiker Johann Friedrich John die Ursachen dafür, daß Mörtel aus Kalkstein haltbarer ist als Mörtel aus Muschelschalen. Er hatte in historischen Bauwerken gesammelte Mörtelproben analysiert und festgestellt, daß das chemische Verhältnis von Kieselsäure, Tonerde und Kalk unter gleichzeitiger Einwirkung hoher Temperaturen die Ursache der Bindekraft ist. Dafür erhält John einen Preis der Holländischen Gesellschaft der Wissenschaften.

1824 entwickelt der englische Maurermeister Joseph Aspdin eine Mischung aus Ton und Kalkstein, die er als »Portland-Cement« bezeichnet und als Methode zur »Verbesserung in der Herstellung künstlicher Steine« beschreibt. Den Namen für seinen »Cement« und die »künstlichen Steine für Stuckarbeiten, Wasserbauten, Zisternen oder andere in Frage kommende Bauarbeiten« übernimmt er von Smeatons Festigkeitsvergleich mit dem Portlandgestein und gibt so dieser Zementart bis heute ihren Namen. Eine kleine Fabrik im englischen Wakefield bringt im Jahr 1825 den ersten Portlandzement auf den Markt. Der Engländer Isaac Charles Johnson führt als weitere Neuerung 1844 anstelle des bisher üblichen Schwachbrandes bei der Herstellung von Zement das Brennen bis zur Sinterung ein und erreicht so eine wesentliche Verbesserung der Materialeigenschaften.

Erste Versuche mit bewehrtem Beton

Zu Beginn des 19. Jahrhunderts entstehen in Frankreich und England die ersten Bauwerke, die vollständig aus Beton hergestellt werden. Dem englischen Stukkateurmeister William Boutland Wilkinson gelingt 1852 erstmals die Bewehrung einer Geschoßdecke mit Drahtseilen. 1854 meldet er eine Eisenbeton-Verbunddecke zum Patent an. In der Patentschrift heißt es: »Die Erfindung betrifft feuersichere Bauten mit Betonfußböden, die mittels Drahtseilen und dünnen Eisenstäben verstärkt werden, die unterhalb der Mittelachse des Betons eingebettet sind« [20]. Sein eigenes zweigeschossiges Haus baut er 1865 in Newcastle/England ganz aus Beton mit Kassettendecken und vorgefertigten Treppen. Bei den Decken legt er, wie die Rekonstruktion beim Abriß später zeigt, die Eisenbewehrung bereits in die Zugzone und führt sie bei Mehrfeldplatten über den Stützen sowie an den Auflagern nach oben.

Die Anwendung von Eiseneinlagen zur Stabilisierung von Bauwerken und Bauteilen ist auch Inhalt einer Untersuchung von T. E. Tyerman. 1854 wird diese Arbeit, in der bereits auf die Notwendigkeit des Verbiegens der Eiseneinlagen zur besseren Haftung im Mörtel hingewiesen wird, patentiert. Nur ein Jahr später entwickelt der französische Bauunternehmer François Coignet ein – dem Lehmbau nachempfundenes – Stampfbetonverfahren zur Errichtung von Bauwerken und Bauteilen aller Art, das er »Béton aggloméré« nennt. Parallel dazu meldet er in England die Anwendung kreuzweiser Eisenstabbewehrung von Betondecken zum Patent an. In St. Denis baut er ein dreigeschossiges Wohnhaus aus Beton. Im gleichen Jahr, 1855, veröffentlicht der deutsche Ingenieur Max von Pettenkofer aufgrund eigener Analysen die bis dahin geheimgehaltenen Herstellungsverfahren für Portlandzement und schafft damit die Voraussetzungen für den Beginn der Zementherstellung in Deutschland.

Gleichzeitig arbeitet der Franzose Josef Louis Lambot an dem Problem, Beton durch Bewehrung aus Eisen auch für zugbeanspruchte Konstruktionen zu verwenden. Über den Einsatz von bewehrtem Beton als Holzaustausch-Werkstoff für Wasserbehälter und Pflanzkübel sowie den Schiffsbau schreibt er: »Meine Erfindung hat ein neues Erzeugnis zum Gegenstand, das dazu dient, das Holz im Schiffsbau und überall dort zu ersetzen, wo es feuchtig-

1.5 François Coignet, Zeichnung aus seinem Patent zur Bewehrung von Betondecken, 1854
1.6 William Boutland Wilkinson, Zeichnungen aus seinem Patent für Eisenbeton-Verbunddecken, 1854
1.7 Zementmischer, 19. Jh.
1.8 Josef Louis Lambot, Faksimile aus seiner Patentschrift für bewehrten Beton als Holzaustausch-Werkstoff, 1855

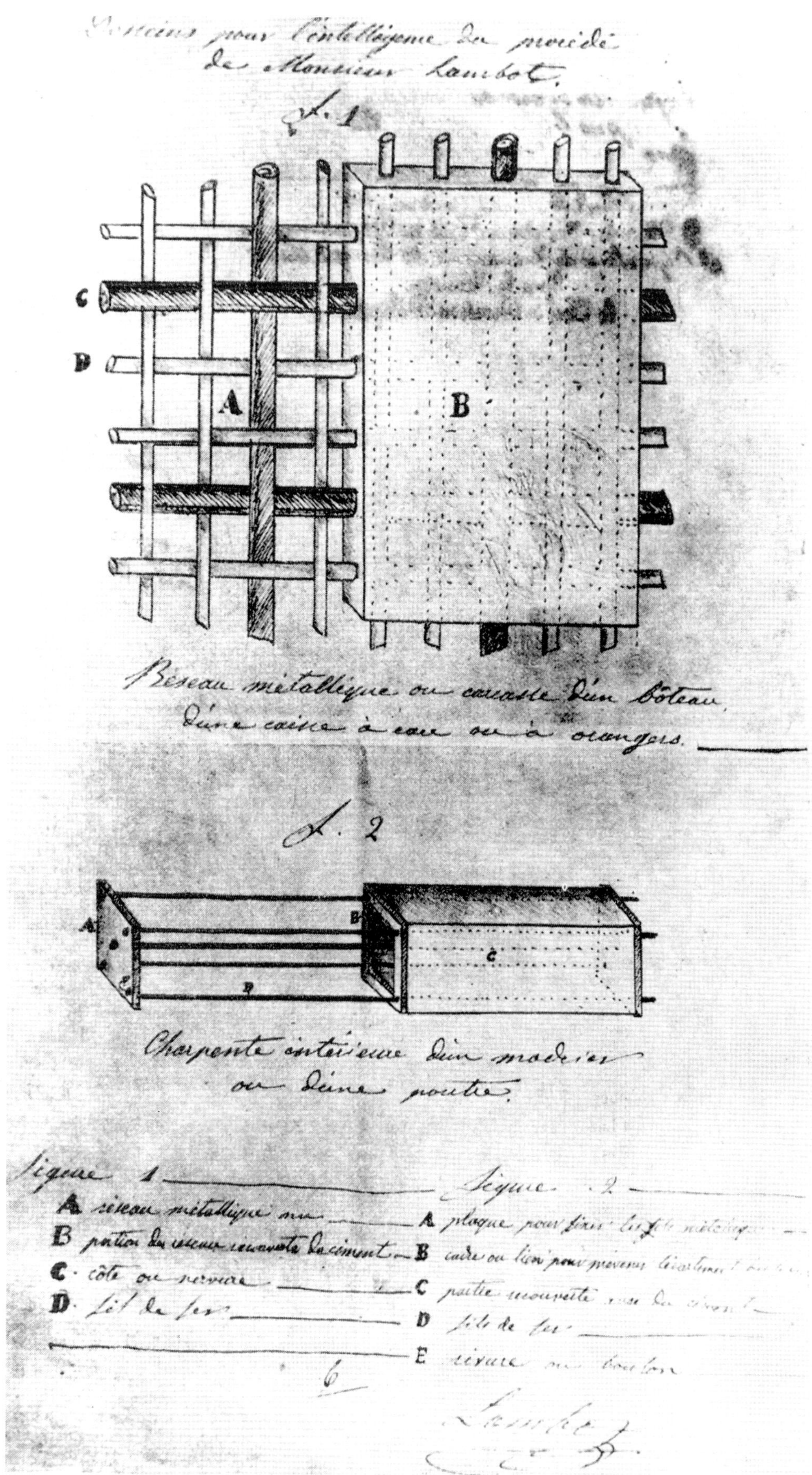

1.8

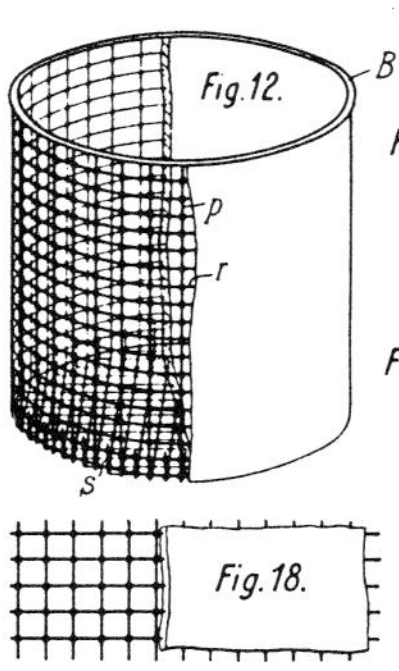

1.9

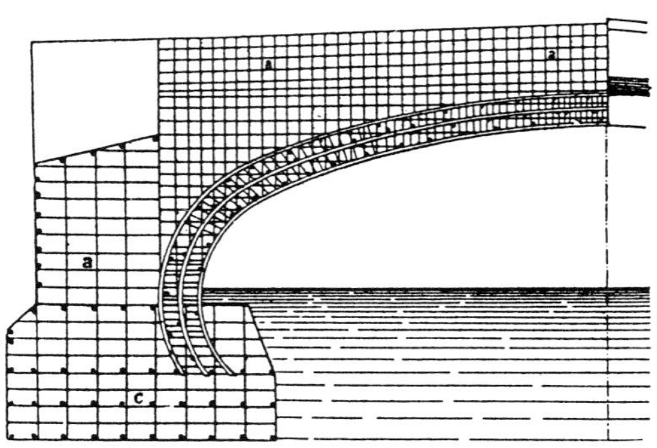
1.10

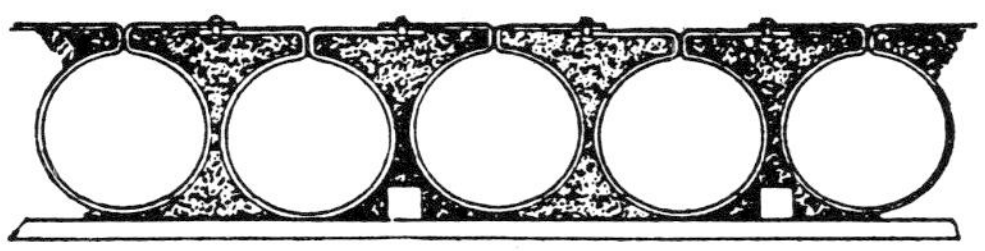
1.11

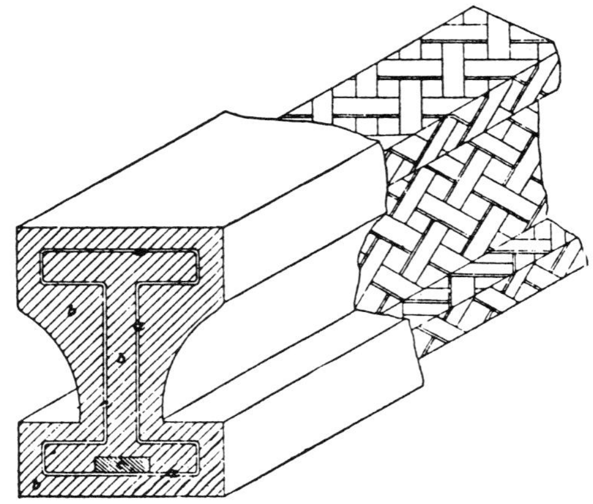
1.12

1.13

keitsgefährdet ist, wie bei Holzfußböden, Wasserbehältern, Pflanzkübeln etc. Der neue Austauschstoff besteht aus einem metallischen Netz aus Drähten und Streben, die miteinander verbunden oder zu einem Geflecht beliebiger Art geformt sind. Ich gebe diesem Netz eine Form, die im bestmöglichen Maße dem Gegenstand angepaßt ist, den ich herstellen will, und bette es anschließend in hydraulischen Zement und verstreiche damit auch etwaige Fugen« [20]. Den 1855 patentierten Werkstoff nennt Lambot »Ferciment«.
Ein anderer Franzose, Joseph Monier, experimentiert auf demselben Gebiet. Da er Gärtner ist, kommt ihm die Idee, Blumenkübel aus Drahtgeflecht anzufertigen und mit Zement zu umhüllen. In der Weiterentwicklung dieser Idee gelingt es Monier, sich »Verfahren zur Herstellung von Gegenständen verschiedener Art aus einer Verbindung von Metallgerippen mit Zement« patentieren zu lassen, wodurch, wie er schreibt, »größere Haltbarkeit und Ersparnis an Zement und Arbeit bezweckt wird« [20]. Er wendet sein Prinzip auch für den Brückenbau aus Eisenbeton an. Hier fehlt ihm allerdings noch, wie die graphisch angeordneten Bewehrungseisen zeigen, das Verständnis für den Kräfteverlauf in einem Bauteil bzw. einem Bauwerk. Aus den Darstellungen wird auch deutlich, daß der innere statische Zusammenhang des Zusammenwirkens der beiden Materialien Beton und Eisen noch nicht bekannt ist. Im »Journal des Ponts et Chaussées« werden allerdings noch im selben Jahr die »Dehnungszahlen« für Beton veröffentlicht.

1877 werden in Deutschland die ersten Zementnormen eingeführt. Die ältesten noch heute erhaltenen deutschen Betonbauwerke werden 1879 anläßlich einer Gartenbauausstellung im Dreieichenpark in Offenbach bei Frankfurt am Main aus unbewehrtem Beton errichtet. Gleichzeitig erkennen in Amerika der Rechtsanwalt Thaddeus Hyatt und andere die statischen Zusammenhänge im Eisenbeton. Zahlreiche eisenbewehrte Bauteile werden entwickelt, zum Beispiel für Betontragwerke mit Bügeln und Knoteneisen sowie Platten aus Beton und Glas. In Hyatts zusammenfassendem Patent von 1878 heißt es unter anderem: »Cementbeton wird mit Band- und Rundeisen zu Platten, Trägern oder Gewölben so verarbeitet, daß das Eisen nur auf der Zugseite Verwendung findet« [20]. Hyatt entdeckt auch die Feuersicherheit des Baustoffs, wenn das Eisen vollständig in Beton eingeschlossen ist. (Berühmt geworden ist sein Brandversuch mit einem eigens dafür in London errichteten Betonhaus.) Außerdem untersucht er die Dauerhaftigkeit der Verbundwirkung von Beton und Eisenbewehrung, die hinreichend gleiche Wärmedehnung der beiden Baustoffe sowie deren unterschiedliche Elastizität. Nicht zuletzt ist es dann auch Hyatt, der die besonders günstige statische Form des T-Trägers pro-

pagiert. Er betont die Eignung des Verbundbaustoffs nicht nur für Tragwerke im Hochbau, sondern – wegen seiner Wetterfestigkeit und geringen Unterhaltungskosten – auch für den Brückenbau.
Mit der verbesserten Technologie des Eisenbetonbaus erringt die Firma Coignet um 1880 große wirtschaftliche Erfolge in Frankreich. Edmond Coignet kommt zu dem Schluß, daß ein günstiger Wasserzementwert, kontinuierliches Mischen und sorgfältiges Verdichten eine hohe Betongüte sichern. Die Spezialität seiner Firma ist der Bau vollständig aus Beton bestehender Häuser, die mit Hilfe von wiederverwendbaren Schalungen errichtet werden.
In Deutschland kaufen unterdessen die Bauunternehmer Conrad Freytag und Carl Heidschuh das Monier-Patent und treten dessen Nutzung für den Raum Berlin ein Jahr später an Gustav Adolf Wayss ab. Mit dem Erwerb der Monierschen Patente beginnt in Deutschland die Anwendung von Stahlbetonkonstruktionen in größerem Umfang. So werden in Berlin für den Bau des neuen Reichstagsgebäudes, nach Plänen des Architekten Paul Wallot, leichte Trennwände angeboten. Eine Anmeldung zum Patent wird jedoch zunächst abgelehnt, weil der Berliner Maurermeister Carl Rabitz ähnliche Wände bereits im Schinkelschen Alten Museum eingebaut hat und dafür ein Patent besitzt. Erst die Untersuchungen des Bauleiters des Reichstagsgebäudes, Regierungsbaumeister Mathias Koenen, ergeben, daß es sich bei den Trennwänden doch um ein neuartiges Verfahren handelt.

Koenen veröffentlicht sein Berechnungsverfahren für das Widerstandsmoment einer biegungsfesten Platte mit möglichst nahe der Unterfläche eingelegten Eisenstäben im Zentralblatt der Bauverwaltung. In Versuchen hatte er gemeinsam mit Wayss festgestellt, daß eine Betonplatte mit Eisenbewehrung das Vielfache von dem tragen kann, was eine unbewehrte Platte gleicher Größe aushält. Wayss übernimmt deshalb auch die Herstellung von tragenden Deckenplatten und Gewölben beim Bau des Reichstagsgebäudes in Berlin. 1887 ist er Herausgeber der Broschüre »Das System Monier (Eisengerippe mit Cementumhüllung) in seiner Anwendung auf das gesamte Bauwesen«, in der Koenen seine Untersuchungsergebnisse und sein Bemessungsverfahren für biegungsfeste Platten veröffentlicht. So entsteht das erste Handbuch des Eisenbetons, das zur Verbreitung der neuen Bauart in Deutschland erheblich beiträgt. Im gleichen Jahr wird in Preußen die DIN 1164 als erste Industrienorm erlassen.

Alle bisherigen Versuche mit Eisenbewehrung im Beton zeigen, daß die Tragwirkung schon allein durch die mögliche Rißbildung bei höherer Beanspruchung noch immer begrenzt ist. Deshalb stellt der Amerikaner Jackson 1886 seine Erfindung vor, Betonelemente durch das Einlegen von Eisenstäben, die mittels Gewinden und Muttern gespannt werden können, zugfester zu machen. Mit seinem Verfahren kann jedoch nur eine sehr geringe Vorspannung erzielt werden, so daß die Aufnahme der Zugspannungen und des Horizontalschubs weiterhin ein Problem darstellen. Der deutsche Ingenieur Doehring greift Jacksons Idee auf und entwickelt – in eigenen Versuchen zur Vermeidung von Rissen in Eisenbetonkonstruktionen – ein Verfahren zur Vorspannung von Eisenbewehrungen in Bauteilen aus Beton. Gleichzeitig arbeitet auch Ernest Leslie Ransome in England an Eisenbewehrungen im Beton. Das Ergebnis seiner Forschungen ist ein profilierter Bewehrungsstahl, der 1893 patentiert wird.

Bereits zwei Jahre zuvor verwendet Edmond Coignet für den Bau des Casinos in Biarritz erstmals in einer Feldfabrik vorgefertigte Betonelemente. Das Casino gilt seither als Ausgangspunkt für das moderne Bauen mit Betonfertigteilen. Auch bei anderen Objekten setzt Coignet in den folgenden Jahren großformatige Fertigteile aus Eisenbeton ein. Inzwischen arbeitet der französische Steinmetz François Hennebique ein Verfahren für die Herstellung von Eisenbeton-Verbundkonstruktionen aus. In einer Reihe von Versuchen perfektioniert er die Herstellung der Plattenbalkendecke, die monolithisch mit Eisenbetonstützen verbunden ist. So gelingt ihm die für Stahlbeton wohl typischste Konstruktion. Die Anordnung der Bewehrung in seinem sehr wirtschaftlichen Bausystem entspricht bereits genau dem statischen Kräfteverlauf. So werden zahlreiche Fabriken und Lagerhäuser mit relativ hohen Verkehrslasten, zum Beipiel in Lille (1892), im »Système Hennebique« errichtet. 1896 entwickelt Hennebique als erstes serienmäßig hergestelltes Gebäude ein Bahnwärterhäuschen. Diese erste transportable Raumzelle besteht aus 5 cm dicken Eisenbetonplatten. Außerdem demonstriert er 1904 beim Bau seines Privathauses in Bourg-la-Reine alle Anwendungsmöglichkeiten seines Eisenbetons.

Unterdessen entsteht in Amerika das erste Eisenbeton-Hochhaus der Welt. Beim Bau des 16geschossigen »Ingalls Building« (1902) in Cincinnati wird ein von Ransome entwickelter,

1.14

1.15

1.9 Joseph Monier, Zeichnung aus seinem deutschen Patent, 1871
1.10 Joseph Monier, Zeichnungen aus seinem Brückenpatent, 1873
1.11 Thaddeus Hyatt, Zeichnung aus dem ersten Eisenbetonpatent, 1871
1.12 Thaddeus Hyatt, Zeichnungen aus einem Patent, 1874
1.13 Gebäude der Gartenbauausstellung in Offenbach, 1879
1.14 und 1.15 Aussichtsturm, Helsingburg, Schweden, im Bau und 1903 nach seiner Fertigstellung

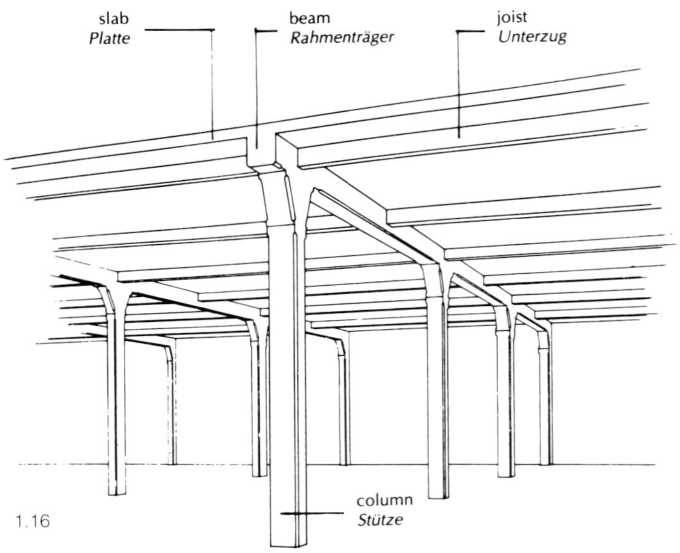

1.16

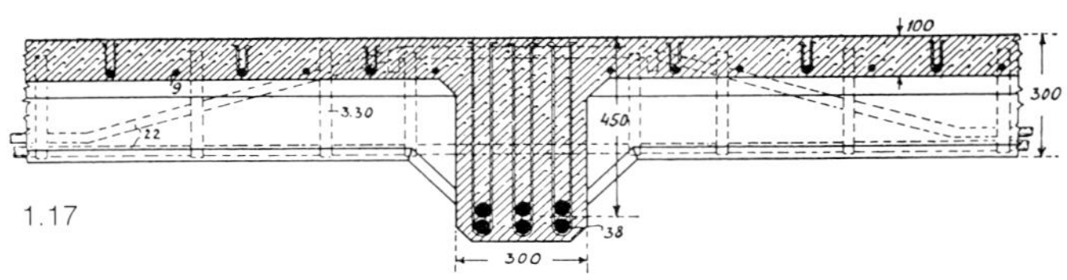

1.17

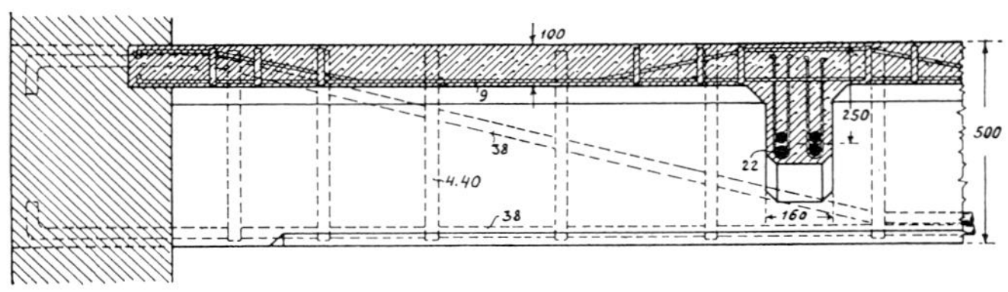

1.18

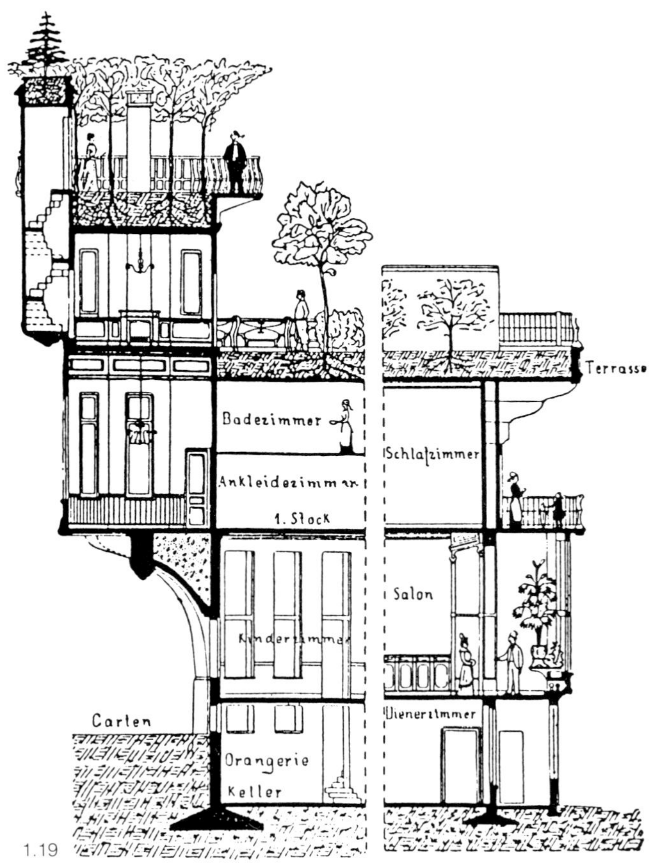

1.19

auf Hennebiques Erfahrungen zurückgehender Eisenbeton-Skelettbau angewendet. Die Erfahrungen mit dem neuen Verbundbaustoff Eisenbeton nehmen zu und ergeben, daß Rißbildungen auch Hinweise auf Längenänderungen des Betons unter verschiedenen Voraussetzungen sind. Schon vor der Jahrhundertwende erkennt der deutsche Ingenieur Schumann in fünfjährigen Versuchen, daß das »Quellen« des Betons infolge von Wasseraufnahme und das »Schwinden« infolge von Austrocknen die Ursachen für die Entstehung von Haarrissen in frei liegenden Betonkonstruktionen sind. 1893 stellt er fest, daß mit dem Abbinden von Beton geringe Volumenveränderungen verknüpft sind, die jedoch hinter denen anderer Materialien zurückbleiben. Wenig später veröffentlicht der österreichische Ingenieur Fritz Edler von Emperger seine grundlegende Arbeit zur Theorie der Eisenbetonplatte nach der Elastizitätstheorie. Darauf folgen das »Handbuch für Eisenbetonbau« und der »Betonkalender«, der noch heute als wichtiges Nachschlagewerk regelmäßig erscheint. Das neue Wissen verbreitet sich jedoch nur sehr zögerlich.
1900 findet in Paris die Weltausstellung statt. Ein großer Publikumserfolg ist Edmond Coignets sogenanntes Wasserschloß. Das Phantasieobjekt ist vollständig in Eisenbeton konstruiert und dokumentiert mit seiner barocken Formenvielfalt auf eindrucksvolle Weise die mannigfachen Anwendungsmöglichkeiten des neuen Baustoffs. Das Bauwerk soll – wie seinerzeit der Kristallpalast der ersten Weltausstellung 1851 in London und der Eiffelturm 1889 in Paris – zeigen, daß auf dem Gebiet der Bautechnik große Fortschritte gemacht worden sind. 1902 veröffentlicht Mathias Koenen die Broschüre »Grundzüge der statischen Berechnung der Beton- und Eisenbetonbauten«, die später von Emil Mörsch aufgegriffen und zu einer allgemeinen Theorie des Stahlbetonbaus weiterentwickelt wird.

Zeitgleich dazu beginnt der Bauingenieur und Bauunternehmer Robert Maillart auf seinem Werksgelände in der Schweiz mit Versuchen zur Bemessung von schwer belasteten Decken. Seine Idee des Gesamttragwerks, das nur durch die Stützen und nicht durch zusätzliche Unterzüge getragen wird, steht im Gegensatz zu Hennebiques bekanntem Tragsystem. Im Jahr 1909 entwickelt Maillart seine Bemessungsmethode für unterzugslose Pilzdecken und baut nach diesen Vorstellungen bereits ein Jahr später ein Lagerhaus in Zürich und anschließend auch das sogenannte Filtergebäude in Rorschach.

Entwicklung des Spannbetons

Nach den ersten Versuchen zur Herstellung von Spannbeton durch Jackson und Doehring greifen Mathias Koenen in Deutschland, Sacrez in Belgien, Lund in Schweden und Steiner in Amerika diese Ideen wieder auf. Wesentliche Verbesserungen der Verfahren scheitern zunächst an der bisher noch nicht allgemein bekannten Tatsache des sogenannten Kriechens und Schwindens von Beton. Sacrez und Steiner fordern aber bereits in ihren Patentschriften von 1907 und 1908, daß die Bewehrungseinlagen so hoch angespannt werden müssen, daß bei Belastung des betreffenden Baukörpers zuerst die im Beton durch die Anspannung der Bewehrungseinlagen erzeugten Druckkräfte neutralisiert werden, bevor im Beton Zugspannungen und Risse entstehen.
Der französische Ingenieur Eugène Freyssinet untersucht das Phänomen des Kriechens bei Beton und leitet daraus 1911 ein eigenes Verfahren zur Herstellung von Spannbeton ab. Er erkennt, daß das Kriechen des Betons um so geringer ausfällt, je druckfester und dichter der Beton ist. Je kleiner das Kriechen ist, umso kleiner ist auch der durch das Kriechen bewirkte Spannungsverlust. Andererseits fällt der Spannungsverlust umso weniger ins Gewicht, je größer die Spannung noch ist, die nach Eintritt des Verlustes bleibt. Es ist also notwendig, Stahl mit hoher Zugfestigkeit entsprechend vorzuspannen. Einige Jahre später nimmt in England Wilson den Gedanken der vorgespannten Eisenbewehrung im Beton wieder auf und entwickelt einen Träger, der außer einer schlaffen Bewehrung auch eine Bewehrung aus Drahtseilen aufweist, die vor dem Einbringen des Betons stark angespannt werden kann.

Walter Bauersfeld erhält 1922 ein Patent für sein Verfahren zur Herstellung von Kuppeln und ähnlichen gekrümmten Flächen aus Eisenbeton. Auch Freyssinet und J. Séailles befassen sich weiter mit der Spannbetontechnik. Sie erkennen den Wert mörtelarmer hochfester Betone und entwickeln die Rüttelverdichtung, die heute eine wesentliche Voraussetzung für den Umgang mit Spannbeton darstellt. In Deutschland führt 1935 die Firma Wayss & Freytag die Bezeichnung »Spannbeton« ein. Die Spannbetonteile, die sie in Lizenz des Freyssinet-Verfahrens herstellt, zeichnen sich dadurch aus, daß der Beton durch Einleiten besonderer Kräfte derart vorgespannt ist, daß er unter der Gebrauchslast nicht – oder nur begrenzt – auf Zug beansprucht wird. Bereits ein Jahr später gelingt es Franz Dischinger, den Nachweis zu erbringen, daß Balkenbrücken in Spannbeton bis zu einer Spannweite von rund 150 m gebaut werden können. Die Stahlbetonbauweise ermöglicht zu diesem Zeitpunkt lediglich die Überbrückung von 70 m.

Das erste Buch über den Spannbeton wird 1943 von Emil Mörsch herausgegeben. Er erläutert die Berechnungsverfahren für den Baustoff und beschreibt unter anderem das erste, heute noch erhaltene Spannbetonbauwerk der Firma Wayss & Freytag in Deutschland, eine Straßenbrücke über die Autobahn in Oelde.

Inzwischen hat sich in fast allen Bereichen des Bauens der Spannbeton erfolgreich durchgesetzt. Weltweit werden große stützenfreie Räume und weitgespannte Hallen in dieser Bautechnik geschaffen. Besondere Anwendungsgebiete für Spannbeton sind, neben dem Brückenbau mit seinen verschiedenen statischen Systemen und den Fertigteilsystemen im Hoch- und Ingenieurbau, die Hallen- und Dachbinder sowie die Shed- und Tonnendächer.

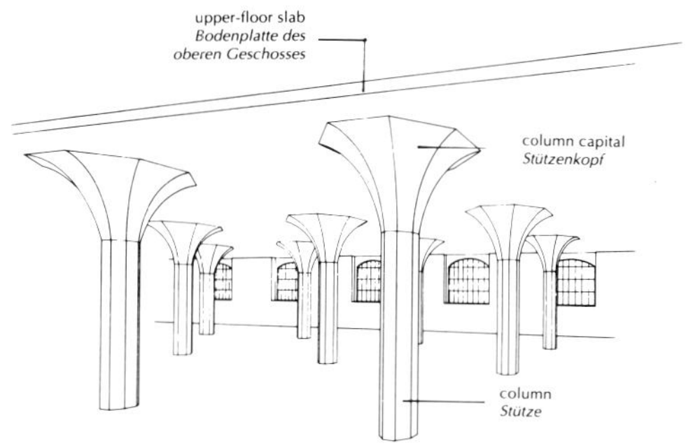

1.20

1.21

1.16 François Hennebique, Beton-Rahmentragwerk, 1904
1.17 bis 1.18 François Hennebique, Zeichnungen aus seinem Patent für Eisenbeton-Verbundkonstruktionen, 1892
1.19 François Hennebique, Eigenes Wohnhaus in Bourg-la-Reine, 1904
1.20 Robert Maillart, Lagerhaus, Zürich, 1910
1.21 Elzner und Anderson, Ingalls Building, Cincinnati, 1902

Stahlbeton in der Architektur der Moderne

Die Bedeutung des Stahlbetons in der Architektur ist nach unterschiedlichen Aspekten zu bewerten. Dazu gehört auch der Aspekt des Materials selbst. Bauwerke werden über Jahrtausende vorwiegend aus primären, das heißt aus technologischer Sicht homogenen Baustoffen errichtet, wie zum Beispiel Stein, Holz, Lehm, gebranntem Kalk, Stroh oder Ried. Erst in der Mitte des 18. Jahrhunderts kommt mit der Industriellen Revolution das Eisen hinzu, und im 19. Jahrhundert beginnt die Produktion von Stahl. Bei beiden Materialien handelt es sich um neue, zwar nicht mehr primäre, immerhin aber noch homogene Baustoffe. Eisen und Stahl sind hervorragend geeignet, die neuen Bedürfnisse der Gesellschaft an Baulichkeiten zu erfüllen. Dazu gehören zum Beispiel Bahnhöfe und Bahnanlagen, Brücken, Industrie- und Ausstellungshallen oder Warenhäuser. Die neuen Baustoffe Eisen und Stahl kommen hier so gut zur Geltung, weil sie gleichermaßen auf Druck und auf Zug beansprucht werden können, was bei den traditionellen Baustoffen, sieht man einmal von Holz ab, kaum möglich ist.

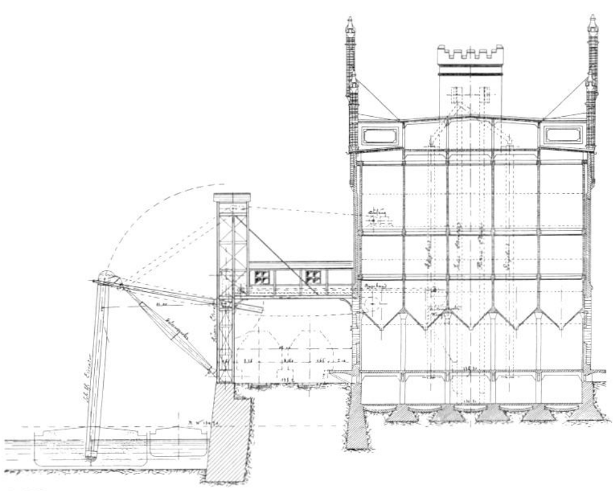
1.22

1.23

1.24

Mit der Entwicklung des Eisenbetons bricht eine neue Ära an: Eisenbeton ist der erste heterogene Baustoff – in diesem Fall aus Stahl, Zement, Sand, Kies und Wasser –, der durch seine künstliche Zusammensetzung über deutlich bessere Eigenschaften verfügt, als seine einzelnen Komponenten sie aufweisen. In einem Material sind hier die Beanspruchbarkeit des Stahls auf Zug und die des Betons auf Druck vereint. Schließlich kann dem Stahlbeton in jedem Querschnitt die notwendige Zug- und Druckfestigkeit verliehen werden, so daß sie dem jeweils vorgesehenen Spannungsfeld entspricht. Kein primärer Baustoff ist so belastbar, zumal Eisenbeton selbst Feuer gegenüber widerstandsfähiger ist, als die meisten homogenen Baumaterialien. Ein wirtschaftlicher Vorteil ist seine Zusammensetzung aus überwiegend preiswerten, allerorts verfügbaren Materialien.

Der Stahlbeton ermöglicht ein völlig neues Bauen: Der monolithische Stützenrasterbau und seine Weiterentwicklung zu Grundrißanordnungen, die keine Rücksicht auf tragende Wände nehmen müssen, sind anfängliche Errungenschaften. Bald sind Konstruktionen realisierbar, die weder im Stahl-, noch im Holzbau denkbar gewesen wären. Dazu gehört die Pilzdecke, die mit ihrem Pilzkopf den nahtlosen Übergang zwischen Platte und Stütze herstellt und als Konstruktion auf Unterzüge, bzw. unter der Platte sich kreuzende Balken verzichten kann. Am materialtypischsten sind jene Konstruktionen, welche die Trennung von aktiven und passiven, also von tragenden und getragenen Elementen aufheben können. Hier zeigt der Stahlbeton Vorteile, die andere Baustoffe nicht bieten. Aber auch die plastische Verformbarkeit oder seine sichtbar belassene Oberfläche bieten neue, bisher unbekannte Möglichkeiten.

Fortschrittliche Baumeister sind von dem neuen Baustoff begeistert. So schreibt der niederländische Architekt Hendrik Petrus Berlage 1922: »Der Eisenbeton ist nach dem Eisen wohl die wichtigste Erfindung auf dem Gebiet der Materialien, vielleicht die wichtigste überhaupt, weil der Eisenbeton all die Eigenschaften aufweist, die dem Eisen fehlen – und weil dieses Baumaterial die Eigenschaften von Stein und Eisen in sich vereinigt. Denn was ist nun prinzipiell möglich geworden? Nicht mehr und nicht weniger als die Konstruktion der Fläche ohne Naht, der Mauer ohne Fuge. Das gab es bei einer steinernen Mauer erst nach dem Verputz, vorher nicht, und obendrein wurde damit die geradlinige Überspannung zweier Stützpunkte bei gleichsam willkürlichem Abstand erreicht. Es ist also möglich geworden, die beiden wichtigsten Elemente der Baukunst: die Wand und die Überspannung von Stützpunkten, in fast jeder Größenordnung technisch vollkommen zu konstruieren. Hinzu kommt die Vereinigung von Fußboden und Decke, auch als ein Ganzes, und auch in allen möglichen Abmessungen. Dieses Baumaterial triumphiert technisch über die Schwierigkeiten, die von allen bis heute hergestellten Baumaterialien verursacht wurden.« [5]

Frühe Industrie- und Wirtschaftsbauten

Am schnellsten und entschiedensten setzt sich der neue konstruktive Werkstoff im Bereich des Industrie- und Wirtschaftsbaus durch. Hier schätzt man seine geringen Kosten sowie die neuen statischen Möglichkeiten beim Überspannen großer Flächen. Außerdem ist man frei von traditionellen Vorstellungen des Bauens. Noch zu Ende des 19. Jahrhunderts entstehen verschiedene Fabrikgebäude im System

Hennebique, wie die Spinnerei Charles Six in Tourcoing, das Mehllager in Nantes, die Spinnerei Barrois in Lille, das Getreidesilo im Straßburger Rheinhafen oder die Spinnerei La Cité in Mülhausen.

Das Hochbausystem von Ransome, das neben der Bewehrung auch den Schalungsvorgang und den Verguß des gesamten Tragwerks berücksichtigt, findet seine erste Anwendung bei der United Shoe Machinery Company aus dem Jahr 1903. Der schmucklose kubische Bau zeigt, ebenso wie die 1906 fertiggestellte Winchester Gun Factory von Albert Kahn, das Stahlbetonskelett deutlich ablesbar an der Fassade. Von Kahn stammt auch die Ford Highland Park Plant in Detroit (1910), die – mit einer Abmessung von 288 × 22,5 m und einem Stützenraster von 6 × 4,5 m – die erste Fabrik zur Herstellung industriell gefertigter Automobile ist. Der Grundriß des klar gegliederten Skelettbaus ist frei unterteilbar. In einem außenliegenden Kern sind alle Erschließungsanlagen und Sanitärräume zusammengefaßt.

Seit der Jahrhundertwende werden in Deutschland viele Großmarkthallen nicht mehr in Stahl, sondern in Eisenbeton errichtet. Ausschlaggebend dafür sind – neben der höheren Feuersicherheit – mehr wirtschaftliche als ästhetische Überlegungen. Deswegen besteht auch häufig eine große Diskrepanz zwischen dem äußeren Erscheinungsbild und dem Innenraum dieser Gebäude: Während die Fassaden oft historisierend verkleidet werden, werden im Inneren die Stahlbetonkonstruktionen gezeigt. Auch die 1908 fertiggestellte neue Großmarkthalle in Breslau erhält neugotische Fassaden. Hier erkennt man, daß der neue Baustoff Beton seine eigene, materialtypische Form erst finden muß. Das Tragwerk ist lediglich ein in Beton übersetzter Stahlbau, der sogar durch Bemalung eine genietete Eisenkonstruktion vorzutäuschen versucht.
Wesentlich konsequenter dagegen ist die Großmarkthalle von Richard Schachner an der Thalkirchnerstraße in München. Der Bau ist eine klare Stahlbetonkonstruktion, die sich innen und außen kompromißlos modern gibt, frei von traditionellen Formen und Stimmungsgehalt.

1.25

1.26

1.27

1.22 Eduard Züblin, Entwurf zu einem Getreidesilo im Rheinhafen, Straßburg, 1898
1.23 Eduard Züblin, Spinnerei »La Cité«, Mülhausen, 1900
1.24 Albert Kahn, Winchester Gun Factory, 1906
1.25 Plüdemann und Küster, Markthalle, Breslau, 1908
1.26 Richard Schachner, Großmarkthalle, München, 1911
1.27 Auguste Perret, Konfektionsatelier, Esders, Paris, 1919

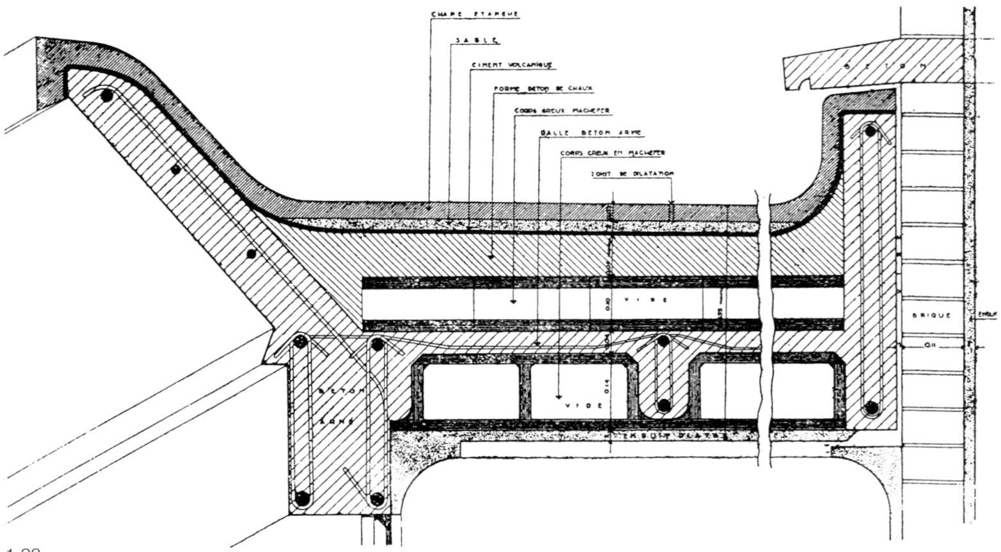

1.28

1.29

Der Beginn des Jahrhunderts

Als erstes Wohngebäude, bei dessen Fassadengestaltung Stahlbeton materialtypisch eingesetzt wird, gilt Auguste Perrets 1903 entstandenes Wohnhaus in der Rue Franklin 25 in Paris. Der Architekt zeigt hier das Stahlbetonskelett des Hauses deutlich ablesbar an der Fassade. Der Unterschied zwischen tragender Struktur und ornamentierten, gemauerten Ausfachungen wird so klar erkennbar. Die konsequente Verwendung des Eisenbetons, der allerdings wegen der Verkleidung durch Kacheln nirgends sichtbar bleibt, hängt auch mit den formalen Vorstellungen des Architekten zusammen: Die beengte Grundstückssituation und der Wunsch, bessere Ausblicke zu ermöglichen, führen zur Ausbildung der Erker. Diese Erker können nur in Beton oder in Stahl ausgeführt werden.

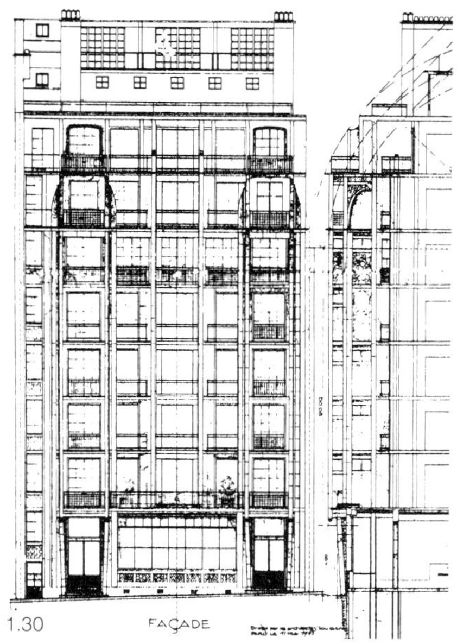

1.30

Perrets Werk wird richtungweisend für die neue Betonarchitektur. Es gelingt dem Architekten, aus einer Kombination von neoklassizistischer Tradition und dem materialgerechten Einsatz des Baustoffes eine eigene Formensprache zu entwickeln. Das spiegeln weitere wichtige Bauten des Franzosen wider, wie die Garage an der Rue Ponthieu in Paris, bei der er 1906 das tragende Skelett aus Sichtbeton mit ornamentierten Glasflächen ausstattet.

Auch in der Sakralarchitektur findet der Eisenbeton rasch Anwendung. Anatole de Baudots Kirche Saint-Jean-de-Montmartre in Paris (1894–1897) weist noch keine betonspezifischen Formelemente auf.
Etwa zehn Jahre später errichtet Frank Lloyd Wright mit der Unity Church in Oak Park den, wie er selbst sagt, »ersten Betonmonolithen der Welt«. Die Suche nach einem möglichst kostengünstigen Bauverfahren führt ihn zur Verwendung von Stahlbeton. Der Bau gilt

lange als modernste Kirche der Vereinigten Staaten. Die Modernität zeigt sich neben den konstruktiven Besonderheiten wie dem Trägerrost des Daches auch in Wrights Umgang mit dem Material: Um Struktur und Farbe des Betons zu beeinflussen, läßt er einen speziellen Kies beimischen. Zur Erweiterung der gestalterischen Möglichkeiten wird diese Technik noch heute angewendet und verbessert. Als erste Kirche aus Sichtbeton in Europa entsteht zwischen 1910 und 1913 in Wien die Heiliggeist-Kirche von Josef Plečnik. Der Stahlbeton gibt dem Architekten die konstruktive Freiheit, im Kirchenraum und an der Fassade die unterschiedlichsten klassischen Formen und Stile zu zitieren. In der unterirdischen Krypta spielt er mit den expressiven Möglichkeiten des Materials. Die plastisch ausgebildeten Säulenkapitelle und -füße erinnern an frühchristliche Architektur.

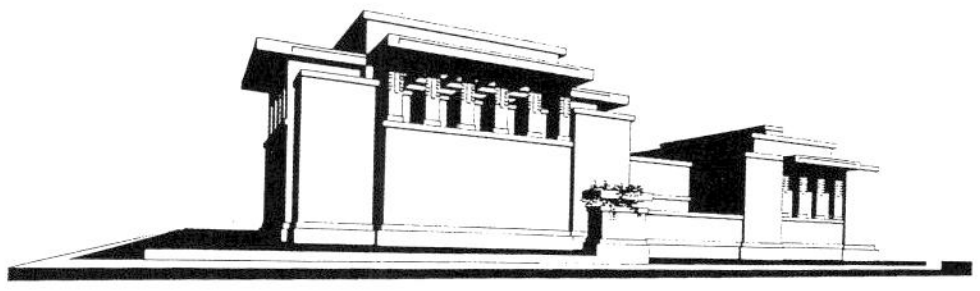

1.31

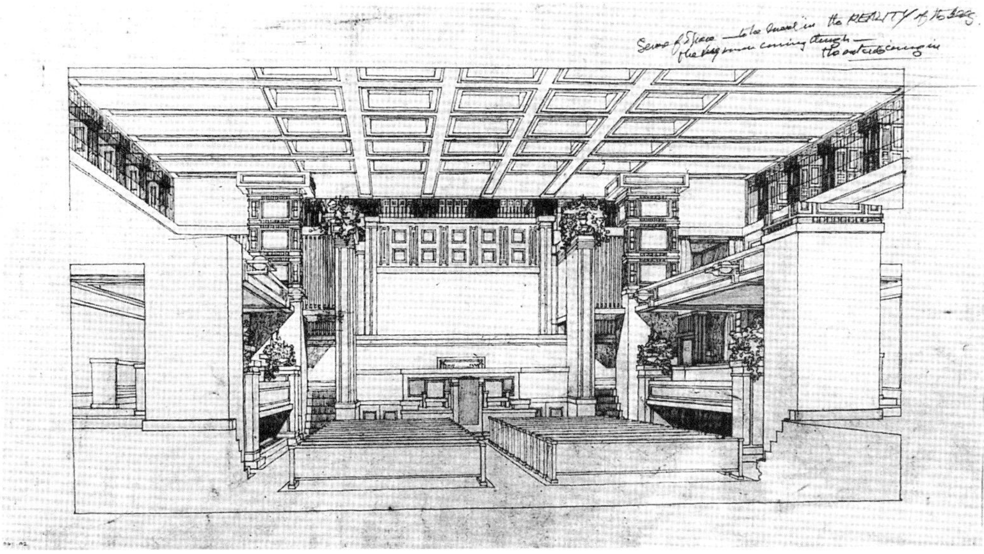

1.32

1922 baut A. Perret die Kirche Notre-Dame in Raincy bei Paris. Es gelingt ihm, durch die nach innen gezogene Tragstruktur die Wand in ein transparentes Gittersystem aufzulösen. Der Bau beeinflußt nachhaltig Karl Mosers St.-Antonius-Kirche in Basel (1927), zu der der Architekt schreibt: »In dem Bestreben, einen möglichst einheitlichen, weiten und hellen Innenraum zu gewinnen, andererseits die Kirche auf die wirtschaftlichste Weise zu bauen, wurde sie in Eisenbeton ausgeführt.«

1.33

1.34

Fast gleichzeitig mit Frank Lloyd Wrights Unity Church entsteht in München ein Bau, der in der Verwendung des Materials ebenso konsequent wie diese ist, in der Formensprache aber vollkommen andere Wege geht. Die Anatomie der Universität München, nach Plänen des Architekten Max Littmann, gilt zu Recht als einer der ersten bedeutenden, vollständig aus Eisenbeton errichteten Hochbauten in Deutschland, weil er überzeugend alle

1.35

1.28 Auguste Perret, Hotel Particulier, Paris, Detail oberer Anschluß Risalit
1.29 Auguste Perret, Kirche in Raincy bei Paris, 1922
1.30 Auguste Perret, Wohnhaus in der Rue Franklin 25, Paris, 1903, Ansicht und Schnitt
1.31 und 1.32 Frank Lloyd Wright, Unity Church, Oak Park, Illinois, 1904–1906
1.33 Josef Plečnik, Heiliggeist-Kirche, Wien, 1910–1913, Krypta
1.34 Max Littmann, Anatomie, München, 1906
1.35 Robert Maillart, Lagerhaus, Zürich, 1910

1.36

1.37

konstruktiven und ästhetischen Qualitäten dieses Materials demonstriert. Die Süddeutsche Bauzeitung (1908) äußert sich dazu: »Der Neubau ist in mehr als einem Sinne ein Unikum. Erstens einmal steht in Deutschland keine ähnliche, nach allen modernen Anforderungen so grossartig und von Grund aus neu errichtete Anlage dieser Art; zweitens ist die Lösung der praktischen Aufgabe eine durchaus neue, und drittens ist die Anwendung des Materials, Eisenbeton, in solchem Umfange bei uns in der Aussenarchitektur noch nicht gewagt worden. Man kann sagen, das ganze Hauptgebäude ist eigentlich aus einem Stück Beton; ... Die Wände liegen glatt und ruhig da in dem feinen matten Grau des Betons, und fast ihr einziger Schmuck besteht in den aus der Konstruktion des Eisengerippes sich ergebenden Linien, die auch im Inneren die Kassetten der Decken oder die einfache Gliederung der Wände bestimmen.«[52]

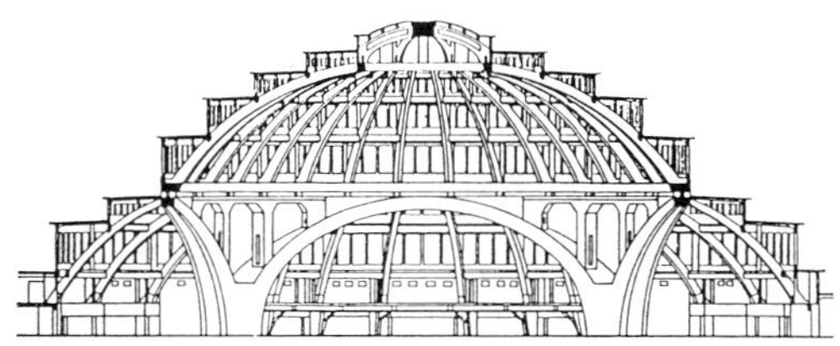
1.38

Die Entwicklung zum Flächentragwerk

Einer der größten Betonbauten dieser Zeit ist die Jahrhunderthalle von Max Berg in Breslau (1911–1913), die auf der Großen Landesausstellung die neuesten bautechnischen Errungenschaften vorführen soll. Sie ist der erste repräsentative Bau dieser Größenordnung, der innen und außen von Sichtbeton dominiert wird. Die statischen Berechnungen des Gebäudes sind eine geniale Ingenieursleistung; die rund 65 m weit gespannte Kuppel übertrifft nach fast 1800 Jahren erstmals die Spann-

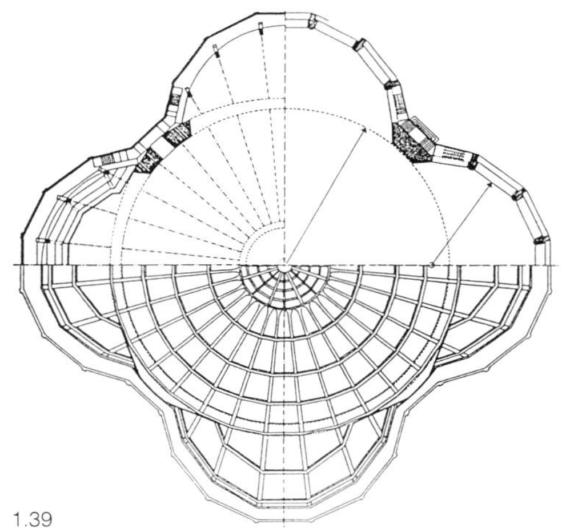
1.39

weite des Pantheons in Rom. Das Tragwerk der Kuppel besteht aus 32 Rippen, die sich auf einen Zugring aus Stahlprofilen stützen und nach oben in einen Druckring von 14,40 m lichter Weite münden. Die Kuppel selbst wird durch eine 5,75 m hohe Laterne abgeschlossen, die auf dem Druckring ruht. Der Unterbau der Kuppel besteht aus vier mächtigen, räumlich gekrümmten, in Grund- und Aufriß kreisförmigen Bogenträgern aus Stahlbeton. Sie werden nach außen durch aussteifende und gleichzeitig raumvergrößernde Strebebögen gestützt, die durch Aussteifungsrippen miteinander verbunden sind. Die Bogenträger überwinden eine Höhe von 16,70 m und eine Weite von 41,20 m.
Trotz aller Modernität und Kühnheit der Konstruktion sind historische Bezüge offensichtlich. So ist der Grundriß der Jahrhunderthalle mit seinen vier Apsiden italienischen Renaissance-Kirchen in Todi und Mailand nachempfunden, während die Tragstruktur mit dem umlaufenden Ring aus Strebepfeilern gotische Züge zeigt. Zitate Bergs, in denen er sich auf die Monumentalität mittelalterlicher Dome bezieht, belegen, daß diese Ähnlichkeiten nicht zufällig sind. Auch wenn die Breslauer Jahrhunderthalle eine große Leistung ist, sind doch die durch den Eisenbeton geschaffenen Möglichkeiten eines Flächentragwerks nicht voll ausgeschöpft, wie bei der drei Jahre später fertiggestellten Luftschiffhalle in Orly von Eugène Freyssinet. In dieser als Faltwerk ausgebildeten Halle haben die zu tragenden Flächen auch statische Funktionen: Der Bau folgt im Querschnitt der Form der Stützlinie und unterscheidet nicht mehr zwischen Tragwerk und Raumabschluß. Bei einer Stützweite von 75 m und Querschnittshöhen zwischen 3 und

1.41

1.42

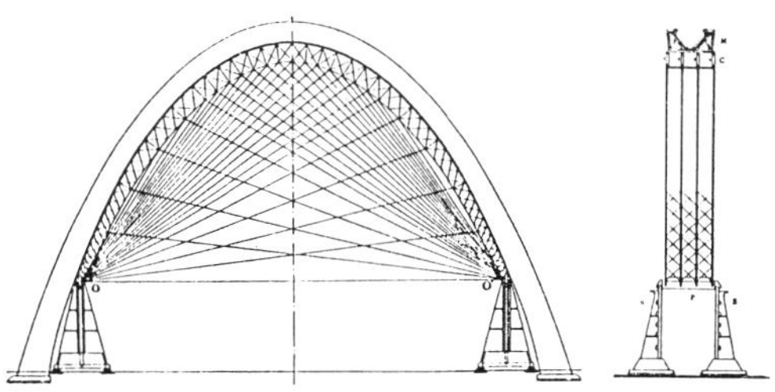

1.40

1.43

1.36 bis 1.39 Max Berg, Jahrhunderthalle Breslau, 1911–1913
1.36 Baustelle
1.37 Innenansicht
1.38 Schnitt
1.39 Grundriß
1.40 Eugène Freyssinet, Luftschiffhalle mit längsverfahrbarem Betoniergerüst, Orly, 1916
1.41 Walter Bauersfeld, Dyckerhoff & Widmann, Planetarium, Jena, 1924–1925, Netzwerk der Schalenkuppel
1.42 Walter Bauersfeld, Dyckerhoff & Widmann, Planetarium, Jena, 1924–1925, Ansicht
1.43 Eugène Freyssinet, Luftschiffhalle, Orly, 1916

1.44

1.45

5,4 m sind die Eisenbetonplatten nur 9 cm dick, was eine enorme Materialersparnis zuläßt.

Die revolutionäre Entwicklung des Schalenbaus wird in der Folgezeit vor allem durch die Experimente von Franz Dischinger, Walter Bauersfeld und Ulrich Finsterwalder in Zusammenarbeit mit der Firma Dyckerhoff & Widmann vorangetrieben. Frühe Beispiele sind der Versuchsbau in Jena (1922), und – ebenfalls dort angesiedelt –, die Werkhalle der Firma Schott (1924) sowie das Planetarium der Firma Carl Zeiss (1925). Den Eisenbetonschalen liegt ein genau berechnetes Netzwerk der Bewehrung zugrunde, dessen zuvor ermittelte Werte weitgehend mit den tatsächlich auftretenden Spannungen übereinstimmen. Dieses Netzwerk wird dann – von unten beginnend – in einzelnen waagrechten Ringen mit Spritzbeton ummantelt.

1.46

Expressionismus

Die Architekten des Expressionismus erkennen die plastischen Möglichkeiten des Betons und versuchen erstmals, diese in ihren Bauten gestalterisch einzusetzen. Anfangs treten dabei mehr oder weniger große Schwierigkeiten auf: So führen die unregelmäßig gekrümmten Flächen bei Erich Mendelsohns 1920 in Potsdam errichteten Einsteinturm zu Schalungsproblemen, weshalb der obere Teil des Bauwerks in traditionellem Mauerwerk hergestellt und anschließend mit einer dünnen, aus Beton modellierten Schicht verkleidet wird. In Dornach bei Basel entsteht zwischen 1925 und 1928 Rudolf Steiners Goetheanum, nachdem der Vorgängerbau aus Holz abgebrannt ist. Steiner gelingt hier ein plastisch modellierter, monolithischer Bau aus Beton, der in keinem anderen Material so ausdrucksstark in Erscheinung treten könnte. Das Goetheanum soll »das Wesen organischen Gestaltens« nach Steiners Vorstellungen zum Ausdruck bringen. Allerdings muß für die Umsetzung dieser Ideen ein sehr hoher Schalungsaufwand betrieben werden, ohne den die vielen gekrümmten Flächen und die scharfen Grate nicht betoniert werden können. Diese Schalung, die der Zimmermann Heinrich Liedvogel ausführt, besteht aus dünnen Leisten, die in nassem Zustand gebogen und über Spanten genagelt werden.

Die frühe Moderne

Bis zu Beginn des Ersten Weltkriegs sind es einzelne avantgardistische Architekten, die sich in der kubisch-rationalen Formensprache des neuen Bauens versuchen. Von einem einheitlichen Stil kann auch angesichts der nach wie vor starken Strömungen des Historismus, Traditionalismus und Jugendstils nicht die Rede sein. Während des Kriegs wird wenig gebaut, aber bereits in den ersten Nachkriegsjahren, nach dem Zusammenbruch der alten Ordnung, entsteht ein fruchtbarer Nährboden für neue Ideen. Nicht wenige Bauherren und Architekten sind nun der Meinung, daß neue gesellschaftliche und politische Strukturen auch in einer neuen Architektur Ausdruck finden müssen. Die Einflüsse der Malerei, von der wesentliche Impulse zur Erneuerung ausgehen, tragen entscheidend zur Durchsetzung des internationalen, modernen Stils bei.
Die frühe Moderne ist vor allem an formalen, räumlichen und sozialen Fragen interessiert. Materialtypische Stahlbetonkonstruktionen stehen zunächst nicht im Vordergrund und tauchen deshalb überwiegend in nicht realisierten Projekten auf. Ein Beispiel dafür ist Tony Garniers Plan für die Idealstadt Cité Industrielle im Rhônetal für 35 000 Industriearbeiter. Die Entwürfe, die zwischen 1901 und 1917 entstehen, schlagen Formen vor, die das konstruktive und gestalterische Potential des Stahlbetons in Stützen, Pilotis, Auskragungen, Bandfenstern und Glaswänden ausschöpfen. Besonders bemerkenswert ist das dünne, weit auskragende Dach des Bahnhofs, das von einer schlanken, pilzförmigen Stütze getragen wird und spätere Ausführungen vorwegnimmt. Aufschlußreich bei Garniers Vorschlägen ist auch der Gedanke, das Dach als Terrasse zu verwenden.

Le Corbusier entwickelt 1914 die Domino-Häuser aus vorgefertigten Standardelementen. Nur die Stützen, Decken und Treppen aus Eisenbeton werden vorgegeben, der Rest kann von den Nutzern nach eigenen Vorstellungen ausgebaut werden. Das Projekt für ein Bürohaus in Berlin von Ludwig Mies van der Rohe (1922) ist bahnbrechend in der Verwendung des Stahlbetonskeletts gekoppelt mit Bandfenstern im Bürohausbau, obwohl die Form nicht zwingend in Beton ausgeführt werden muß.

1.44 Erich Mendelsohn, Einsteinturm, Observatorium und astrophysikalisches Institut, Potsdam, 1920–1921
1.45 Rudolf Steiner, Gotheanum, Dornach, 1928
1.46 Erich Mendelsohn, Entwurfsskizze zum Einsteinturm, Potsdam, 1920–1921
1.47 Tony Garnier, Cité Industrielle, Wohngebiet, Projekt 1901–1917
1.48 Ludwig Mies van der Rohe, Landhaus aus Stahlbeton, 1923, Perspektivische Ansicht
1.49 Ludwig Mies van der Rohe, Landhaus aus Backstein, 1924, Perspektivische Ansicht
1.50 Ludwig Mies van der Rohe, Projekt für ein Bürohaus aus Stahlbeton, 1922

1.47

1.48

1.49

1.50

1.51

1.52

1.53

Nach Ansicht der kubistisch beeinflußten Architekten der 20er und 30er Jahre soll das Erscheinungsbild eines Gebäudes von guten Proportionen und einer glatten Ausbildung der Wandfläche bestimmt sein. Deswegen tritt die Suche nach konstruktions- oder materialgerechten Formen in den Hintergrund. Typisch ist das Landhausprojekt von Ludwig Mies van der Rohe von 1923. Der Architekt entwirft hier die hinsichtlich Proportionen und Fensteranordnung vollkommen gleiche Fassade alternativ in Stahlbeton und Klinkermauerwerk.
Die nüchternen, unverschnörkelten Bauten von Adolf Loos oder die puristischen Villen von Le Corbusier in der Stuttgarter Weißenhofsiedlung, in Garches oder Poissy, sind entweder traditionell gemauert oder werden von verkleideten Stahlstützen getragen. Sogar eine betontypische Form wie das schwebende Dach von Mies van der Rohes Barcelona-Pavillon, das den hier erstmals geschaffenen fließenden Raum eindrucksvoll manifestiert, ist wahrscheinlich aus Stahl und lediglich von Putz ummantelt.
Bei Gerrit Thomas Rietvelds 1924 entstandenem Haus Schröder in Utrecht, dem konsequentesten und bekanntesten ausgeführten Bau der holländischen De Stijl-Bewegung, werden mit verschiedenen gemauerten Fassadenelementen oder auskragenden Balkonen Stahlbetonkonstruktionen nur nachgeahmt.
Ein reiner unverputzter Stahlbetonbau ist dagegen das Lovell Beach House, das der Österreicher Rudolf Schindler, der zuvor bei Frank Lloyd Wright gearbeitet hatte, 1926 an der kalifornischen Küste errichtet. Bei der Feriensiedlung »El Pueblo Ribera« (1923–1925) experimentiert Schindler mit dem von ihm entwickelten »slab-cast«-Verfahren. Hierbei bilden zwei 16 Zoll hohe, horizontale Bohlen, die innen mit Dachpappe belegt sind, die Schalung, die entlang vertikaler Führungshölzer verschoben wird. Dreieckige, waagerechte Leisten fixieren die Pappe. In der fertigen Wand bleibt diese Nutbildung zwischen zwei geschütteten Schichten sichtbar.

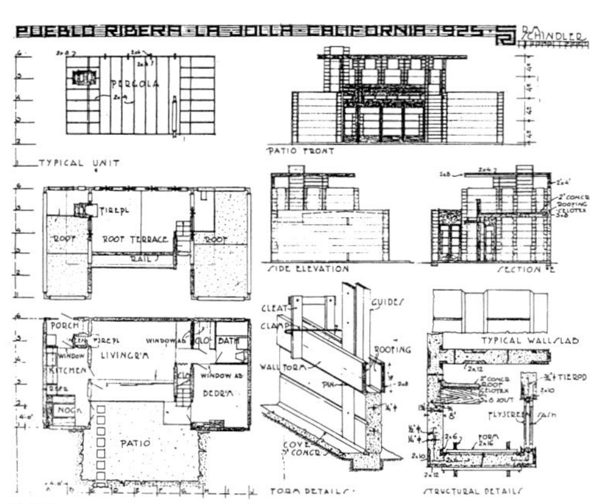

1.54

Frank Lloyd Wright

Erst in den 30er Jahren treten bei den Architekten der klassischen Moderne die materialtypischen Eigenschaften des Betons in den Vordergrund. Frank Lloyd Wright demonstriert an verschiedenen Bauten auf eindrucksvolle Weise die unterschiedlichen Möglichkeiten, die sich im Umgang mit dem Baustoff ergeben. 1930 schreibt er dazu: »Es ist nicht einfach, in diesem Stoff hohe ästhetische Qualitäten zu finden, da er seinem Wesen nach ein Gemisch ist ... Das Ergebnis ist im besten Fall ein künstlicher Stein, im schlimmsten ein versteinerter Haufen Sand. Für den schöpferischen Geist liegt hier sicherlich eine Versuchung. Die Versuchung, ein so ehrbares Material vor Mißbrauch zu bewahren... Denn der Beton ist ein plastisches Material, dem man bisher noch keine Gelegenheit gegeben hat, eine seinem Wesen entsprechende plastische Form anzunehmen.« [16]

Das 1939 fertiggestellte Wohnhaus Kauffmann bei Mill Run, Pennsylvania, wegen seiner Lage über einem Wasserfall auch »House Falling Water« genannt, wird zu einem der typischsten Betonbauten der Moderne, obwohl seine Wände gemauert sind. Entscheidend sind jedoch die nach allen Seiten auskragenden Stahlbetonplatten: Sie nützen die konstruktiven Möglichkeiten des Materials geradezu radikal aus und erreichen eine raffinierte Verzahnung des Wohnraums mit der Natur.
Aus demselben Jahr stammt das Verwaltungsgebäude der Johnson Wax Company in Racine, Wisconsin. In diesem nach innen orientierten Gebilde gliedert Wright den Bürosaal durch freistehende pilzförmige Stahlbetonstützen, die jedoch keine massive Decke, sondern gläserne Oberlichter tragen. In anderen Bereichen stehen die gleichen Pilze abgesetzt unter Stahlbetondecken.
Eine weitere, wiederum vollkommen andere, und trotzdem betontypische Form ist das Solomon Guggenheim Museum in New York. Frank Lloyd Wright entwirft das Gebäude bereits Mitte der 40er Jahre, kann den Plan aber erst Ende der 50er Jahre ausführen. Der spiralförmige, leicht trichterartige Baukörper hätte in keinem anderen Material als Stahlbeton verwirklicht werden können.

1.51 Ludwig Mies van der Rohe, Barcelona-Pavillon, 1928–1929
1.52 Gerrit Thomas Rietveld, Haus Schröder, Utrecht, 1924
1.53 Rudolph M. Schindler, Lovell Beach House, Newport Beach, Kalifornien, 1925
1.54 Rudolph M. Schindler, Feriensiedlung Pueblo Ribera, La Jolla, Kalifornien, 1925
1.55 Frank Lloyd Wright, »House Falling Water«, Mill Run, Pennsylvania, 1935–1939
1.56 Frank Lloyd Wright, Verwaltungsgebäude, Johnson Wax Company, Racine, Wisconsin, 1936–1939

1.55

1.56

1.57

1.58

1.59

Le Corbusier

Eine Schlüsselfigur beim Bauen mit Beton ist Le Corbusier. In seinen Werk ist um 1930 eine deutliche Wende festzustellen. Bis zu diesem Zeitpunkt sind fast alle seine Bauten verputzt und weiß gestrichen. Beim Schweizer Pavillon der Cité Universitaire in Paris verzichtet er erstmals auf den alles überdeckenden Überzug und läßt den Stahlbeton vollkommen unbehan-

1.60

delt, so daß selbst die Schalungsstruktur sichtbar bleibt. Le Corbusier verdankt seine gründliche Kenntnis des Materials, das nun zu seinem wichtigsten Baustoff wird, Auguste Perret, in dessen Büro er in den Jahren 1908 und 1909 gearbeitet hat. Bei fast allen nach 1930 entstandenen Bauwerken nutzt er die plastischen Möglichkeiten des Betons, so zum Beispiel in Form der überdimensionalen schattenspendenden »brises soleil« am Hochhaus La Cité d'Affaires in Algier (1939) oder in seinen

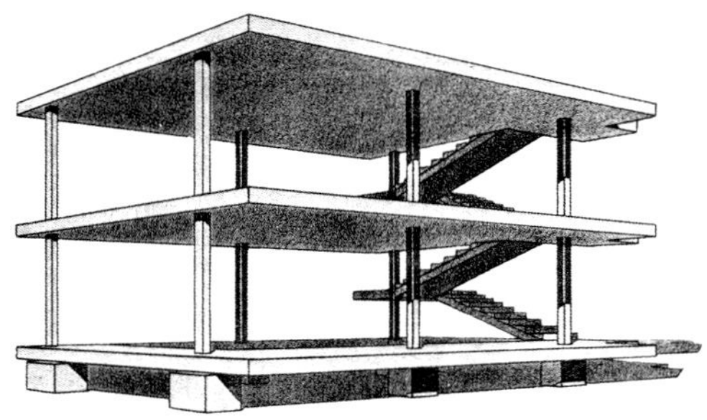

1.61

späteren Wohnanlagen, in denen er phantasievoll und ohne jegliche Monotonie jeweils mehrere hundert Wohneinheiten zusammenfaßt. Der erste und wohl bekannteste dieser Bauten entsteht zwischen 1945 und 1953 in Marseille. Er bringt in Gestalt von mächtigen Pilotis und einem Stahlbeton-Stahl-Traggerüst das Betontypische voll zur Geltung. Die vor die Fassade gestellten, mit Loggien und Brüstungen kombinierten »brises soleil« – teils vorgefertigt, teils in Ortbeton ausgeführt – verleihen dem Baukörper eine monumentale Plastizität. Schließlich gelingt es Le Corbusier, auch die Möglichkeiten des Gußbetons zu nutzen, indem er zu dekorativen Zwecken positiv-negativ-Figuren in die Schalung legt. Seine bizarr modellierten Dachaufbauten sind markante Beispiele für den freien gestalterischen Umgang mit dem Material.

Mit seiner skulptural gestalteten Wallfahrtskapelle Notre-Dame-du-Haut in Ronchamp (1950–1954) wendet sich Le Corbusier vom Internationalen Stil ab und muß sich von einigen doktrinären Verfechtern der Moderne sogar den Vorwurf gefallen lassen, popularistisch zu sein. Die freie, plastische Form des Baus mit seiner nichtlinearen Struktur besteht aus einem mit Bruchsteinen ausgefüllten Betongerüst. Abgedeckt ist sie mit zwei auseinandergespreizten, plastisch gekrümmten Stahlbetonplatten, deren Wuchtigkeit – gepaart mit einem beinahe freistehenden massiven Betonglockenturm – das äußere Erscheinungsbild prägen. Die unregelmäßigen Öffnungen der Innen- und Außenwände wirken, wie auch die weißgekalkten, mit Zementmörtel überspritzten Fassadenflächen, wenig konstruktions- oder materialbedingt. Außerdem ist das unregelmäßig gekrümmte Dach nur mit einer aufwendigen Schalung realisierbar.

1.62

Eine materialtypische Form dagegen erhält der andere Sakralbau dieser Zeit von Le Corbusier, das Dominikaner-Noviziat La Tourette in Eveux bei Lyon, das er 1960 fertigstellt. In starker Hanglage entsteht ein quadratischer, scheinbar regelmäßiger Baukörper, dessen geschlossener Innenhof zunächst strikte Abgeschlossenheit suggeriert, die erst auf den zweiten Blick, durch die leichte Neigung der Außenwände und die verspielt hinzugefügten Formelemente, wieder gelockert wird. In La Tourette zeigt Le Corbusier seine Vorliebe für das Rauhe und Rohe, den »Béton Brut«. Der Bau lebt vom Wechselspiel des Lichts: Bei Sonne erscheint er kontrastreich und klar, bei Regen dagegen düster und fast melancholisch.

1.63

1.64

1.57 Le Corbusier, Villa Savoie, Poissy, 1929
1.58 Le Corbusier, Wallfahrtskirche, Ronchamp, 1954
1.59 Le Corbusier, Unité d'Habitation, Firminy-Vert, 1962–1968
1.60 Le Corbusier, Entwurfsskizze Haus »Citrohan«, Projekt 1921
1.61 Le Corbusier, »System Domino«, Projekt 1914
1.62 Le Corbusier, Skizzen zum Vergleich von konventioneller und moderner Bauweise, 1929
1.63 Le Corbusier, Kloster La Tourette, Eveux, 1957
1.64 Le Corbusier, La Tourette, Eveux, 1957, Innenansicht Kapelle

1.65

1.66

Schalenkonstruktionen

Schalenkonstruktionen aus Stahlbeton ermöglichen seit den 30er Jahren Raumbildungen ohne Zwischenstützen von besonders großen Dimensionen und bislang unbekannten Formen. Solche Schalen bestehen immer aus gekrümmten Flächen, die punktmäßig nicht belastet werden können. Folglich dulden sie auch keine Aufbauten und haben deshalb – als eindeutige Konsequenz von Material und Bauweise – stets eine von innen und außen gleichwohl wahrnehmbare, geometrisch bestimmte Gestalt. Einer der großen Ingenieure, die den Schalenbau maßgeblich voranbringen, ist Eduardo Torroja. Mit seiner Kuppelschale für die Markthalle in Algeciras, der Tribüne der Pferderennbahn La Zarzuela in Madrid (1935) und der ebenfalls dort errichteten Ballspielhalle verhilft er der neuen Bauweise zu allgemeiner Anerkennung.

Für die Schweizerische Landesausstellung des Jahres 1939 baut Robert Maillart die sogenannte »Zementhalle«, eine 11,7 m hohe und nur 6 cm dicke Tonnenschale von ungewöhnlicher Form und intensiver Wirkung. Die filigrane Ausstellungshalle wird nach verschiedenen Belastungstests, die die große Stabilität der dünnen Konstruktion bestätigten, ein Jahr später – wie geplant – wieder abgerissen.

Die Konstruktion der Kirche Santa Maria Miraculosa in Mexico City (1955–1957) ist vollkommen neuartig: Hyperbolische Paraboloiden decken den Innenraum mit hauchdünnen Membranen ab. Es sind der spanische Ingenieur Felix Candela und der Architekt Enrique de la Mora, die hier den Stahlbeton für ihre extremen gestalterischen Absichten einsetzen. Sie demonstrieren neue, ungeahnte Züge des Materials. Candela entwickelt die Schalen nicht nur aufgrund seiner hohen statisch-konstruktiven Kenntnisse, sondern auch mit einmaliger Intuition. 1958 verwirklicht er, zusammen mit den Brüdern Joaquín und Fernando Alvarez Ordoñez, das Restaurant Mantiales in Xochimilcho, das wegen seiner außergewöhnlichen Form einer achtblättrigen Blüte aus paraboloiden Betonschalen berühmt wird.

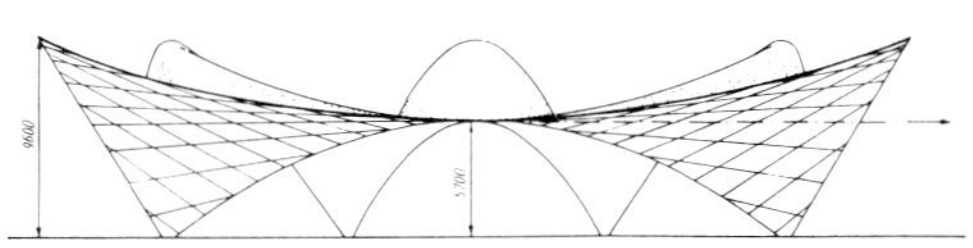
1.67

Pier Luigi Nervi

Eine vollkommen eigenständige Formensprache findet der italienische Ingenieur-Architekt Pier Luigi Nervi. Er schöpft das plastische Potential des Stahlbetons voll aus und verhilft ihm zu bisher unbekanntem Ausdruck. Für Nervi ist das Tragwerk das wichtigste gestalterische Element des Bauens. 1935 entwirft er eine Flugzeughalle, die mit einer Spannweite von rund 40 m eine Fläche von 400 m² frei überspannt und 1936 in Orvieto und später in verschiedenen weiteren Städten ausgeführt wird. Die von unten sichtbare, einfache Struktur der sich diagonal kreuzenden Träger (die Randträger sind entlastet), wird nur von sechs Stützen getragen. Ihre Wirkung ist in der Einfachheit der Konstruktion besonders expressiv. Einer der konsequentesten Bauten von Pier Luigi Nervi ist der Palazetto dello Sport in Rom aus dem Jahr 1957. Das komplexe Rippenwerk des relativ flachen, runden Kuppelbaus wird in Ferro-Cemento, einer von Nervi selbst entwickelten Variante des Stahlbetons, an Ort und Stelle in kleinen, mehrfach verwendbaren und transportablen Schalungskästen hergestellt.

Als Konstrukteur und Architekt gelingt es Pier Luigi Nervi, in der Gestaltung von Stahlbetongebäuden vollkommen neue Wege zu finden. Er wendet zur Abdeckung von Hallen nicht mehr große Tragwerke an, sondern fügt zu diesem Zweck das Tragsystem aus einer Vielzahl von jeweils dem Kräfteverlauf exakt folgenden Teilstücken zusammen. Die äußerst präzisen und schlanken Elemente, die er dazu benötigt, werden vorgefertigt. Die so entstehenden, leicht und elegant wirkenden Konstruktionen erzielen überraschende Raumeffekte.
Nervi wendet kein grundsätzlich neues statisches System an, aber er verhilft einer schöpferischen Haltung zum Ausdruck, die neue Formen in der Architektur sucht und die dazu notwendigen technischen Mittel entwickelt.

1.68

1.69

1.70

1.65 Robert Maillart, ›Zementhalle‹ Zürich, 1939
1.66 und 1.67 Felix Candela, Restaurant Mantiales, Xochimilcho, Mexico, 1958
1.68 Pier Luigi Nervi, Flugzeughalle, Palaschetto, 1939, Baustelle
1.69 Pier Luigi Nervi, Palazetto dello Sport, Rom, 1957
1.70 Pier Luigi Nervi, Palazetto dello Sport, Rom, 1957, Innenansicht der Dachrippenkonstruktion

1.71

1.72

1.73

Architekturbeispiele der Hochmoderne

Die Frühmoderne der 20er und 30er Jahre kann weder in breiten Kreisen der Architekten noch in der Öffentlichkeit volle Zustimmung finden und bleibt etwas Elitäres, Avantgardistisches. Die bis auf die einfachsten geometrischen Formen des Rechtecks reduzierten Flächen und Kuben, sowie die aus diesen Elementen komponierten Häuser werden ironisch als Betonwürfel, Betonkasten usw. bezeichnet. Die Bauten werden gerade wegen ihrer scheinbaren Einfachheit häufig vollkommen mißverstanden, zumal es leicht erscheint, sie nachzuahmen. Diese Kritik kann nicht als unbedeutende Begleiterscheinung einer neuen Architekturrichtung beschrieben und damit abgetan werden, daß beinahe jeder innovativen Bestrebung eine Karikierung widerfährt, denn sie zieht eine tiefe Wirkung nach sich, die dem Material und dem Begriff Beton einen lang anhaltenden, schlechten Beigeschmack versetzt. Natürlich hat diese negative Bewertung ihren Ursprung auch in den bekannten Baumängeln der beginnenden Moderne.

Nach dem Zweiten Weltkrieg ist der Weg für eine, aus politischen Gründen vorher nicht mögliche, allgemeine Ausbreitung der Moderne in Europa frei. Besonders unter dem Einfluß von Le Corbusier wird wieder größeres Gewicht auf die »ehrliche« Verwendung der Materialien gelegt. Beton, und allem voran der schalungsrauhe Sichtbeton, dem Le Corbusier die Würde eines »von Runzeln überzogenen Gesichts« zugesteht, entwickelt sich zum Massenbaustoff. Bei seiner Verwendung werden die materialspezifischen Eigenschaften des Stahlbetons immer stärker genutzt. Die Wertschätzung für die freie Formbarkeit des Materials sowie die Möglichkeit, Bauten »aus einem Guß« zu errichten und nahtlose Übergänge zwischen Wand und Decke zu schaffen, wächst. Auch die Tatsache, daß Oberflächen keiner nachträglichen Bearbeitung mehr bedürfen, wird positiv aufgenommen. Nicht zuletzt ist es der wirtschaftliche Faktor, der zum Bauen mit dem vergleichsweise günstigen Material animiert. Daneben zeigt sich die gestalterische Vielfalt, die der Beton bei weitgespannten Tragwerken bietet. Die Möglichkeiten reichen von einfachen oder geknickten Flächen bis zu gekrümmten Schalen, von schweren Gewölben bis zu hauchdünnen Wölbungen und von rohen Felsgebilden bis zu sylphiden Skeletten. Allerdings führt vielerorts die Überbewertung des Formalen zu – manchmal peinlichen – Nachahmungen.

Die Siedlung Halen bei Bern, die das Atelier 5 zwischen 1955 und 1961 baut, stellt eine verdichtete Einfamilienhausbebauung in strenger Komposition dar. Mit ihrer Hanglage erreicht sie großen Beispielcharakter für den Städtebau und die Architektur ihrer Epoche. Es gelingt den Architekten, die von Le Corbusier aufgestellten Prinzipien des einfachen Massenwohnungsbaus weiterzuentwickeln und für gehobene Ansprüche anzuwenden.

Louis Kahn, der ebenfalls unter Le Corbusiers Einfluß steht, baut überwiegend in Beton, da nach seiner Auffassung der Stahlbau keine echten Mauern und keine echten Stützen zuläßt und das eigentliche Tragwerk meist hinter den notwendigen Brandschutzverkleidungen verschwindet. Das Jonas Salk Institute im kalifornischen La Jolla (1959–65) zeigt außen und innen fast ausschließlich Sichtbeton. Kahn bildet die Betonoberfläche möglichst glatt aus, und distanziert sich hier von Le Corbusier, der stets bemüht ist, ihr durch ausgewählte Bretter eine rauhe, fast rustikale Struktur zu geben. Die Fläche gliedert Kahn durch ein rasterförmiges Netz von Schattenfugen, die die einzelnen Schaltafeln anzeigen. Auch die Löcher der Schalungsanker, die sorgfältig zu einem Bild angeordnet sind, bleiben erstmals sichtbar: Ein Motiv, das gerade in der Gegenwart wegen der Verbreitung durch Tadao Ando wieder von großer Aktualität ist.

Im Schalenbau entwickeln sich die ursprünglich einfachen geometrischen Formen weiter. Die neuen, expressiv dynamischen Dächer entsprechen dem Zeitgeschmack einer neuen Generation von Architekten. Dazu gehört Eero Saarinen, der seine Ideen zunächst beim Dach des Eishockeystadions in Yale umsetzt. Beim TWA Terminal am John-F.-Kennedy-Flughafen in New York (1956–1962) gelingt es ihm, in noch impulsiverer Weise als in Yale, die funktionalen Anforderungen eines Terminals mit einem Formexperiment zu verbinden. Das

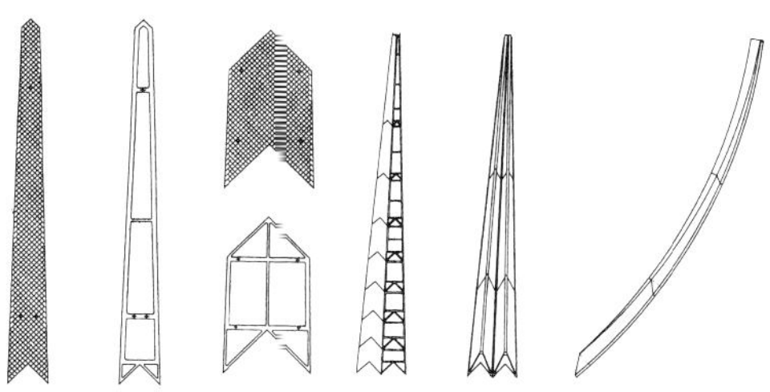
1.74

Ergebnis ist ein futuristisch wirkender Baukörper, der die Schwerkraft zu überwinden scheint und so zum Symbol des Fliegens wird. In einer Zeit, in der der Luftverkehr noch nichts Alltägliches ist, liegt diese Idee für die

1.75

1.76

1.77

1.78

1.71 Paul Rudolph, Haus Arthur W. Milan, Jacksonville, Florida, 1960–1962
1.72 Arthur Erikson, Anthropologisches Museum, Vancouver, 1971–1977
1.73 Louis Kahn, Jonas Salk Institute, La Jolla, Kalifornien, 1959–1965
1.74 Jørn Utzon, Oper, Sydney, 1956–1976, Details der Bogenrippe und vorgefertigte Betonelemente
1.75 Eero Saarinen, TWA Terminal, New York, 1956–1962
1.76 Kenzo Tange, Olympiahalle, Tokio, 1964
1.77 Jørn Utzon, Oper, Sydney, 1956–1976, Baustelle
1.78 Jørn Utzon, Oper, Sydney, 1956–1976

1.79

1.80

Gestaltung eines Terminalgebäudes durchaus nahe.
Das Opernhaus in Sydney wird von Jørn Utzon zusammen mit Ove Arup zwischen 1956 und 1973 realisiert. Grundlage ist die prämierte Wettbewerbsarbeit des dänischen Architekten, die vorsieht, zwei Vortragssäle und die dazugehörigen Nebenräume durch eine Reihe von optisch ineinandergreifenden, weißen Stahlbetonschalen zu überdecken. Diese Schalen, die dem Opernhaus den gestalterischen Charakter eines leicht dahinschwebenden Segelschiffes verleihen sollen, sind nur nach mehreren Ansätzen und aufwendigen Experimenten statisch und herstellungstechnisch umsetzbar. Die Architekten und Ingenieure müssen sich mehrere Jahre mit der ungewöhnlich schwierigen geometrischen Struktur befassen, bevor sie eine Lösung finden, die es ermöglicht, mit der gleichen Skala von modularen Betonfertigteilen, Bogensegmente von variabler Krümmung zu erzeugen. Für die Herstellung der Betonschalen wird schließlich ein dreiseitiges Segment aus einer Kugel geschnitten. Diesem Segment werden anschließend die regelmäßig geformten, gebogenen Flächen entnommen. Im ursprünglichen Plan nicht vorgesehen, aber unumgänglich, sind die konstruktiven Absicherungen der Schalen, auch wenn diese die Innenräume beeinträchtigen. Die Oper in Sydney stellt trotz ihrer langen Bauzeit und aller eingegangenen Kompromisse einen einmaligen Bau dar, der – mit seinen segelartigen, in weißer Keramikverkleidung leuchtenden Schalen – das Wahrzeichen eines ganzen Kontinents ist.

Auch der Japaner Kenzo Tange verwendet für seine Olympiabauten mit Y. Tsubui in Tokio (1964) geschwungene Formen, die durchaus betonspezifisch sind. Tange ist der Überzeugung, »daß nur das Schöne funktional sein kann« und polemisiert immer wieder gegen die »Langeweile des Internationalen Stils«. Tatsächlich gehen zu dieser Zeit von Japan, das sich der Moderne viel unvoreingenommener nähert, Impulse aus, die die europäische Architektur dankbar aufnimmt.

In Kanada ist es Arthur Erikson, der unter dem Einfluß von Le Corbusier, Louis Kahn und Paul Rudolph die Betonarchitektur entscheidend vorantreibt. Seine Großprojekte entstehen fast ausschließlich aus Sichtbeton. Interessant ist die Simon Fraser University in Vancouver, ein selbstbewußt modernes Gebäude, das im Werk Eriksons eine Schlüsselposition einnimmt. Weitere wichtige Bauten des Architekten sind in der gleichen Stadt das anthropologische Museum und der Justizpalast.

In Deutschland ist der Sichtbeton ein prägendes Element der Architektur der 50er und 60er Jahre. Viele Bauten dieser Zeit orientieren sich an internationalen Vorbildern. Einer der Architekten, die einen vollkommen eigenen Stil ent-

wickeln, ist Gottfried Böhm. Bei seinen expressionistischen Werken nutzt er geschickt die plastischen Möglichkeiten des monolithischen Materials aus. So stellt die 1968 fertiggestellte Wallfahrtskirche in Neviges einen der Höhepunkte in seinem Schaffen dar. Der Sakralbau, der sich als Faltwerk aus kristallinen Formen zu einem zerklüfteten Gebirge auftürmt, bildet gemeinsam mit seinen Nebenbauten, wie Läden, Gaststätten, Gruppenräumen usw., eine ganze Siedlung. Diese soll der Bewegung größerer Pilger- und Besucherscharen als Kontinuum gerecht werden. Der Kirchenraum selbst ist schmucklos und wirkt durch seine in die Höhe strebenden Formen. Die farbigen Glasfenster setzen in der Kargheit des Raumes kontrastreiche Akzente.
Etwa zeitgleich entsteht auch Böhms raumplastisch gestaltetes Rathaus in Bensberg. Hier gelingt dem Architekten die gefühlvolle, aber nicht angepaßte Eingliederung eines modernen Verwaltungsbaus in die historische, denkmalgeschützte Gegend. Der kleingliedrige, helle Betonbau bildet gemeinsam mit der alten Burg eine reizvolle Komposition: Die beiden Türme und das spannungsvolle Nebeneinander von alt und neu erweisen sich als eine gelungene Verbindung.

Im ehemaligen Konzentrationslager Dachau baut Helmut Striffler zwischen 1965 und 1967 die evangelische Versöhnungskirche. Unaufdringlich und zurückhaltend gibt sich dieser in die Erde eingegrabene Bau, der als Mahnmal Versöhnung und Erlösung auszudrücken wünscht. Die karge Steinwüste des Vorfeldes erinnert an das menschliche Leid und Grauen, das hier unter nationalsozialistischer Herrschaft stattfand.

Das 1970 von Peter Neufert zusammen mit Stefan Polónyi gebaute Keramion in Frechen, eine Galerie für zeitgenössische Keramik, besteht aus einer nur 8 cm dicken, doppelt gekrümmten Membranschale. Diese weit auskragende Membran hat einen Durchmesser von rund 32 m. Das Randglied des Daches mit dem scheinbar aufgesetzten kelchförmigen Mittelteil ist vorgespannt und folgt, ebenso wie die fünf jeweis 8 m tief gegründeten, trichterartigen Säulen, der Richtung der abzutragenden Kräfte. Die 5 m hohe, kreisförmige Fassadenfläche besteht aus rahmenlos aneinandergeklebten, senkrecht stehenden Glasscheiben. So gelingt die Verschmelzung des Bauwerks mit seinem Inhalt zu einer interessanten architektonischen Einheit.

1.79 Gottfried Böhm, Rathaus Bensberg, 1968
1.80 Gottfried Böhm, Wallfahrtskirche, Neviges, 1968, Teilansicht
1.81 Atelier 5, Siedlung Halen, Bern, 1961
1.82 Helmut Striffler, Versöhnungskirche, Konzentrationslager Dachau, 1965–1967
1.83 Peter Neufert, Stefan Polónyi, Keramion, Frechen, 1970

1.81

1.82

1.83

1.84

1.85

Spätmoderne und Postmoderne

In den 50er und 60er Jahren findet der internationale Stil allgemeine Verbreitung. Er wird zur Architektur schlechthin. Es gibt keine andere bedeutende Richtung in den Gestaltungsvorstellungen und keine andere nennenswerte Interpretation des Zusammenspiels von Funktion, Konstruktion und Gestalt. Architektur und Funktionalismus werden zu beinahe deckungsgleichen Begriffen. Ende der 60er Jahre mehrt sich jedoch die Kritik an den zu Stereotypen erstarrten Gebäudekonzeptionen und den immer gleichbleibenden Lösungen.

Der italienischen Architekt Carlo Scarpa ist ein Individualist, dessen Werk keiner der gängigen Stilrichtungen zuzuordnen ist. Er setzt sich über den nüchternen Funktionalismus seiner Zeit hinweg und wählt eine gleichnishafte, semantische Ausdrucksweise. Seine Formen sind vielfältig und phantasievoll, meist haben sie einen symbolischen Gehalt. Sein Material ist oftmals Beton.
Eines von Scarpas Hauptwerken ist der Friedhof der Familie Brion in S. Vito d'Altivole. Hier nutzt der Architekt souverän die gestalterischen Möglichkeiten des Materials und schafft einen der aussagekräftigsten Betonbauten überhaupt. Die Anlage, die sich winkelförmig an den kleinen Dorffriedhof anlehnt, nimmt rund 2000 m^2 Fläche ein und besteht im wesentlichen aus fünf markanten Elementen: Dem überdeckten Torbau, der Kapelle mit anschließendem Kreuzgang, dem Grabbogen mit den beiden Sarkophagen der Bauherrn, dem Grabmal der Familienmitglieder und dem in einem Wasserbecken angeordneten Meditationspavillon. Auffällig ist die unverputzte, schalungsrauhe Oberfläche, die – ähnlich einem Naturstein – durch den Verwitterungsprozeß an Charakter gewinnt.

Im schweizerischen Tessin bildet sich in den 60er und 70er Jahren eine Architekturströmung, die vom Aufbegehren gegen den Funktionalismus geprägt ist, teilweise aber an Formen und Ideen der frühen Moderne anknüpft. Eine relativ lockere Baugesetzgebung und die – im Vergleich zu nördlicheren Gegenden – geringeren bauphysikalischen Anforderungen, begünstigen die Entstehung der ungewöhnlichen, oft in bewußtem Gegensatz zur näheren Umgebung stehenden Bauten. Sichtbeton und unverputzte Zementsteine sind die dominierenden Baustoffe von Architekten wie Luigi Snozzi, Dolf Schnebli oder Aurelio Galfetti.
Mario Botta, der bekannteste Vertreter der Tessiner Baumeister, ist von seinem Lehrer Carlo Scarpa und der Zusammenarbeit mit Le Corbusier und Louis Kahn geprägt. Von ihnen übernimmt er die Vorliebe für den Baustoff Beton und zitiert in seinen Werken immer wieder deren typische Formelemente. Zwischen 1972 und 1977 entsteht seine Schule in Morbio Inferiore, ein langgestreckter, zwei- bis dreige-

schossiger Riegel, der als Aneinanderreihung aus gleichen Teilen ein künstlicher Ordnungsfaktor in der Landschaft ist. Das Gebäude aus Sichtbeton bietet in seinem Inneren eine ungeahnte räumliche Vielfalt sowie unterschiedlichste Durchblicke und Bezüge.
International die meiste Beachtung findet Botta mit seinen zahlreichen Einfamilienhäusern, deren erstes er 1966 als Neuinterpretation Corbusier'scher Villen in schalungsrauhem Sichtbeton errichtet. Bei seinen späteren Wohnhäusern, die sich vollkommen von der meist banalen Landhausarchitektur der Nachbarschaft abgrenzen und im Lauf der Jahre von einem zunehmenden Formalismus geprägt sind, bevorzugt er unverputzte Betonsteine. Sie sollen den Bezug zum traditionellen Tessiner Bruchsteinmauerwerk aus Granit herstellen. Beim Bau seines rechteckigen Hauses in Ligornetto (1976) nimmt er die ursprünglich im Tessin häufig anzutreffenden, rotbraunweißen Fassadenstreifen auf, und verwendet zu diesem Zweck teilweise eingefärbte Fassadensteine.
Ein weiterer Vertreter Tessiner Architektur ist Luigi Snozzi. 1984 baut er in Monte Carasso eine Turnhalle aus Sichtbeton, die sich sensibel in das gewachsene Ortsbild einfügt. Dazu schreibt er: »Der Sichtbeton ... übernimmt eine dialektische Funktion gegenüber dem Bestehenden und ist gleichzeitig verbindendes Material über die Umfassungsmauern der Anlage hinaus. Das neue Material führt dadurch zu einem Dialog mit den alten Steinmauern und den verwaschenen Verputzen, ohne jedoch ursprüngliche Formen und Materialien durch nostalgische Interpretationen wiederzugeben.« [2]

Vollkommen von der Moderne abgewandt sind die Betonbauten des in Barcelona ansässigen Architekturbüros »Taller de Arquitectura« von Ricardo Bofill. Sie entstehen vorwiegend für Auftraggeber in Spanien und Frankreich und stellen eine ausgefallene Art des sozialen Wohnungsbaus dar. Historisierende Formen und gigantische Fassadengestaltungen sollen beweisen, daß Sozialwohnungen nicht unbedingt eintönige Häuserzeilen sein müssen. Die Bauten neigen allerdings stark zum Formalismus und sind schwer mit modernen Grundrissen zu vereinbaren. Diese postmodernen Projekte Bofills, besonders die in Frankreich ausgeführten Wohnviertel, bestehen aus grandiosen Achsen und überdimensionalen

1.84 Josep Lluís Sert, Miró-Museum, Barcelona, 1972–1975
1.85 Carlo Scarpa, Friedhof Brion, S. Vito d 'Altivole, 1970–1972
1.86 Mario Botta, Schule, Morbio Inferiore, 1972–1977
1.87 Mario Botta, Einfamilienhaus, Ligornetto, 1975–1976
1.88 Ricardo Bofill, Wohnbebauung Les Arcades du Lac, Saint-Quentin-en-Yvelines, 1975–1982

1.86

1.87

1.88

1.89

1.90

Bauten, in denen die Menschen sich verlieren und als »Spalierwohner« die Gigantomanie der Bauten noch unterstreichen. Zwischen 1975 und 1982 entsteht in der Pariser Satellitenstadt Saint-Quentin-en-Yvelines, nur einige Kilometer von Versailles entfernt, eine Wohnsiedlung mit etwa 400 Wohnungen, die dem Schloß nachempfunden ist. Das »Versailles für Arme« verfügt über keine Läden und Gemeinschaftseinrichtungen. Nach Auffassung des Architekten sollen durch die Strukturierung des Raumes Symbole geschaffen und eine neue Formensprache entwickelt werden. Die rosagelb eingefärbten Säulen, Gesimse und Architrave sind in Beton gefertigte »Natursteine« und werden als Fertigteile versetzt.

Holländischer Strukturalismus

Beeinflußt von Aldo van Eycks Waisenhaus in Amsterdam entwirft der Niederländer Herman Hertzberger ab 1966 das Verwaltungsgebäude der Versicherungsgesellschaft Centraal Beheer in Apeldoorn, das zwischen 1970 und 1973 gebaut wird. Der Komplex setzt sich aus Kuben mit quadratischem Grundriß zusammen, die sowohl in vertikaler als auch in horizontaler Richtung aneinandergefügt werden. Er ist entsprechend der zugrundeliegenden demokratischen Denkweise vollständig unhierarchisch gegliedert und in alle Richtungen gleichermaßen erweiterbar. Das gesamte Gebäude stellt eine Stadt für sich dar, mit Plätzen, Wegen und Straßen, in der jeder Mitarbeiter – anders als bei sonst üblichen Großraumbüros – eine private Insel für sich erhält, die er auch weitgehend nach eigenen Vorstellungen gestalten kann. Darüber hinaus ist aber überall der visuelle und akustische Kontakt zu den Kollegen gegeben. Die Flexibilität wird durch ein Stahlbetonskelett als Tragstruktur ermöglicht. Dieses ist mit Betonsteinen ausgefacht, die sowohl außen als auch innen unverputzt sind. Mit der Kleinteiligkeit der rauhen Steine gelingt es Hertzberger, die Ideen des Strukturalismus auch im Detail fortzuführen. Gleichzeitig schafft er eine ebenso lebhafte wie neutrale Oberfläche. Der rohe

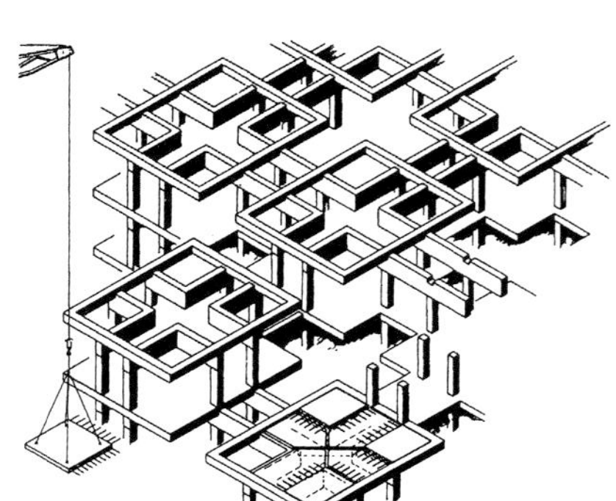

1.91

Betonstein ist Herman Hertzbergers prägendes Architekturmerkmal. Er setzt ihn bei seinen Wohnhäusern, Schulen und Kindergärten, aber ebenso offen sichtbar im Foyer und Konzertsaal seines Musikzentrums Vredenburg in Utrecht (1978) ein.

Bauen mit Stahlbetonfertigteilen

Seit den 50er Jahren wird zunehmend mit massenweise hergestellten Stahlbetonfertigteilen gearbeitet. In den sozialistischen Ländern des ehemaligen Ostblocks finden sie besonders starke Verbreitung und in kürzester Zeit entstehen ganze Siedlungen in reinem Plattenbau. Aber auch in Westeuropa steigt der Vorfertigungsgrad. Während zum Beispiel in den Niederlanden besonders im Wohnungsbau viele Betonfertigteile verwendet werden, setzt sich diese Bauweise in Westdeutschland vor allem in den Bereichen Industrie und Verwaltung durch.

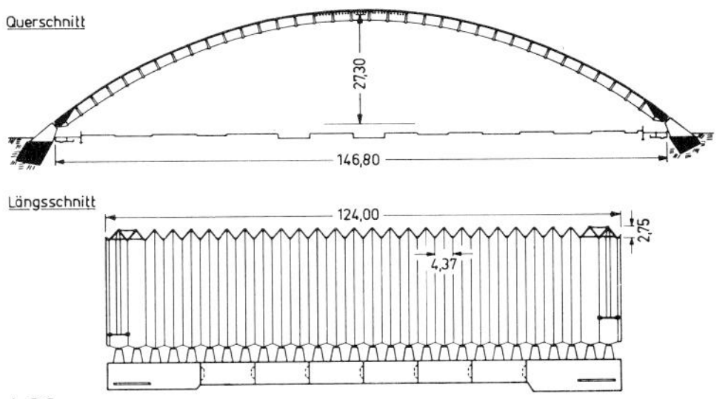

1.92

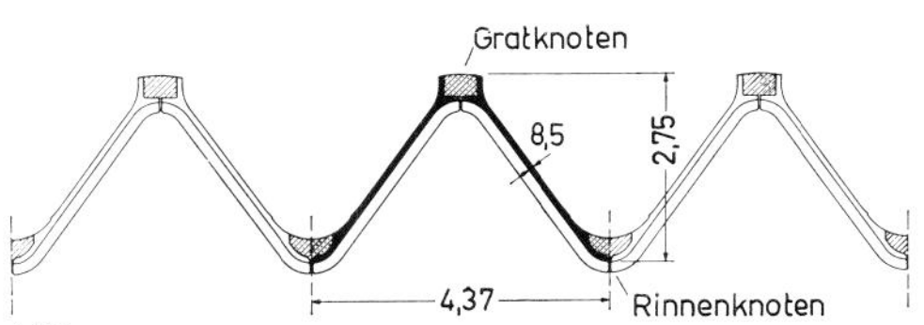

1.93

1967 entsteht nach einem Entwurf der Deutschen Bundespost in München unter ausschließlicher Verwendung von Fertigteilen eine 20 000 m² große, gewölbte Halle. Sie ist zu diesem Zeitpunkt die weitestgespannte Halle

1.89 bis 1.91 Herman Hertzberger, Verwaltungsgebäude, Centraal Beheer, Apeldoorn, 1970–1972
1.90 Teilansicht Innenraum
1.91 Gesamtstruktur Schemaskizze
1.92 Helmut Bomhard, Paketposthalle, München, 1967, Längs- und Querschnitt durch das gesamte Bogentragwerk
1.93 Helmut Bomhard, Paketposthalle, München, 1967, Querschnitt eines Normalbogens
1.94 Otto Steidle, Wohnbebauung Genter Straße, München, 1977
1.95 Enric Miralles, Carme Pinós, Olympische Bogenschießanlage, Barcelona, 1992
1.96 Vittorio Gregotti, Schule, Palermo, 1989

1.94

1.95

1.96

1.97

1.98

1.99

ihrer Art in der Welt. Mit einer Länge von 124 m und einer Höhe von 27,30 m besteht das Bauwerk aus zwei dreizelligen Stirn- und 24 Normalbögen. Die letzteren setzen sich jeweils aus zwei zueinander geneigten, 8,5 cm dicken und 3,8 t schweren Teilen zusammen. Alle 1584 Fertigteile der Normalbögen haben gleiche Abmessungen.
Die Wirkung des Gebäudes wird innen wie außen von seiner klaren und großzügigen Konstruktion bestimmt.

In der Münchner Genter Straße errichtet Otto Steidle zwischen 1972 und 1974 eine Wohnanlage, deren Skelett aus baukastenartig zusammengesetzten, vorfabrizierten Stahlbetonteilen besteht. Die anbetonierten Auflagerkonsolen bleiben überall sichtbar, auch wenn sie nur an wenigen Stellen genutzt werden und so fast ausschließlich dekorativen Charakter haben. Dem strengen Primärgerüst steht die größtmögliche Flexibilität im Ausbau gegenüber, die individuellen Wünschen Rechnung trägt. Einen krassen Gegensatz dazu stellen die Arbeiten des Spaniers Ricardo Bofill dar. Seine neoklassizistischen Plattenbauten geben eine Großform vor und überlassen den Bewohnern keine Möglichkeit der Einflußnahme.

Mit großer konstruktiv-gestalterischer Phantasie konzipiert Gottfried Böhm das Verwaltungsgebäude der Züblin AG in Stuttgart. Das 1986 fertiggestellte Gebäude für 700 Mitarbeiter ist von der Postmoderne beeinflußt. Mit seinen rot eingefärbten, plastisch ausgebildeten Betonteilen demonstriert es, welche gestalterischen Möglichkeiten sich aus dem Umgang mit vorgefertigten Stahlbetonteilen ergeben können (siehe Seite 244ff).
Eckhard Gerber zeigt mit dem Harenberg Hochhaus in Dortmund (Seite 252f) eine ganz andere Ausdrucksmöglichkeit des Stahlbetonfertigteilbaus. Im Sinne der Moderne bestehen seine Fassaden aus glatten, hellgrauen Betonfertigteilen, die zunächst an Natursteinplatten erinnern.

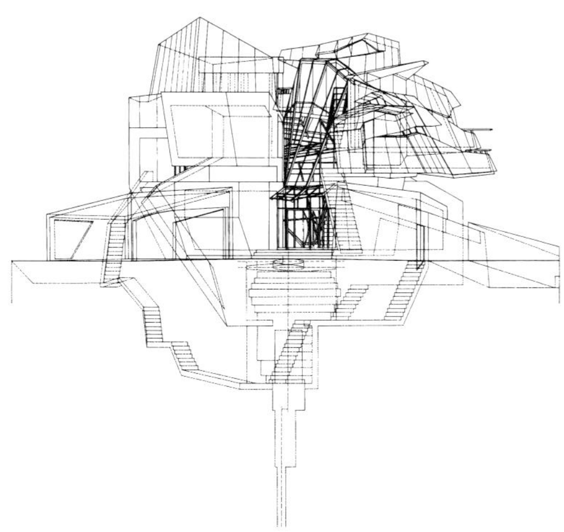
1.100

Gegenwart

In den 50er und 60er Jahren ist der Beton ein gerne verwendeter Massenbaustoff. Mit der Überwindung des Funktionalismus gerät er in Verruf und wird erst heute wieder unvoreingenommen betrachtet, als ein Baustoff neben anderen. Bestimmte Bauvorhaben lassen sich nur in Beton ausführen. So nutzt ihn zum Beispiel der Kalifornier Frank O. Gehry für seine unregelmäßigen, stark plastischen Baukörper wie das Vitra-Design-Museum in Weil am Rhein. Auch die ebenfalls dem Dekonstruktivismus zuzuordnenden Architekten Zaha Hadid, Günter Domenig und Daniel Libeskind können ihre expressiven, jede Ordnung negierenden Raumskulpturen am besten in diesem Baustoff verwirklichen. Derselben Architekturrichtung wendet sich mit seinem letzten Bau, den Werksanlagen der B. Braun AG in Melsungen (1989–1991), auch James Stirling zu: Mit Michael Wilford und Walter Nägeli konzipiert er den Gebäudekomplex als kleine Stadt mit Brücken und Wegen, Häusern und Türmen. Eckige Formen stehen gegen runde, Linien und Kurven durchdringen sich, große geschlossene Flächen stehen im Gegensatz zu geöffneten Bereichen, die Durchblicke in die umgebende Landschaft zulassen, die so gleichzeitig ausgegrenzt und einbezogen wird. Für Konstruktion und Gestaltung der Anlage wird fast ausschließlich Beton eingesetzt, dessen Oberflächen teilweise bearbeitet sind.

Neben der mittlerweile verblassenden Postmoderne und der durchaus bedeutenden, aber modischen Richtung des Dekonstruktivismus besteht als dritte Ausdrucksmöglichkeit weiterhin die Moderne. Tatsächlich sind es die Architekten, die nach wie vor in ihrer Tradition stehen, von denen heute die meisten Impulse ausgehen. So unterschiedliche Leute wie Richard Meier oder Norman Foster verwenden das Material geradezu selbstverständlich. Es ist wohl dem Japaner Tadao Ando zu verdanken, daß der Sichtbeton weltweit eine Renaissance erlebt. In seinen zurückhaltenden strengen Bauten erreicht er in der Oberflächenausbildung eine nur selten verwirklichte Perfektion (Seite 186f, 210ff). Nicht unerwähnt darf auch der in Zürich lebende Spanier Santiago Calatrava bleiben. Mit seinen expressiven Betonbauten gelingt ihm eine perfekte Symbiose zwischen Ingenieurkunst und Architektur (Seite 234f).

1.97 Frank O. Gehry, Stuhlmuseum, Weil am Rhein, 1989
1.98 Christian de Porzamparc, Cité de la Musique, Paris, 1992
1.99 James Stirling, Verwaltungsgebäude, Braun AG, Melsungen, 1992
1.100 Günter Domenig »Das Steinhaus«, Steindorf, 1986, Ansicht
1.101 Richard Meier, Stadthaus Ulm, 1993

1.101

Literatur

Bücher und Aufsätze

[1] Ackermann, Kurt: Industriebau. Deutsche Verlagsanstalt, Stuttgart 1984
[2] Bauen in Beton 1/86, 1990/91, 1992/93
[3] Baukunde des Architekten, 1. Band, 3. Auflage. Hrsg.: Deutsche Bauzeitung und Deutscher Baukalender, Verlag Ernst Toeche, Berlin 1893
[4] Behnisch & Partner: Bauten 1952–1992. Galerie der Stadt Stuttgart 1992
[5] Berlage, Hendrik Petrus: Über Architektur und Stil. Hrsg.: Bernhard Kohlenbach, Birkhäuser-Verlag, Basel 1991
[6] Billington, David P.: Robert Maillart und die Kunst des Stahlbetonbaus. Verlag für Architektur Artemis, Zürich/München 1990
[7] Bomhard, Helmut: Konstruktion und Bau der Paketumschlaghalle in München. Hrsg.: Deutscher Beton-Verein, Wiesbaden 1967
[8] Busse, H.-B. v., Waubke, N. V., Grimme, R., Mertins, J.: Atlas Flache Dächer. Institut für internationale Architektur-Dokumentation, München 1992
[9] Die andere Tradition – Architektur in München von 1800 bis heute. Callwey Verlag, München 1981.
[10] Doesburg, Theo van: Gesammelte Aufsätze aus Het Bouwbedrijf 1924–1931. Birkhäuser Verlag, Basel 1990.
[11] Domenig, Günther: Werkbuch. Residenz Verlag, Salzburg 1991
[12] Drechsel, Walther; Neufert, Ernst: Stahlbeton – Bauwerke und Bautechnik. Hrsg.: Deutscher Beton-Verein, Wiesbaden und Fachverband Zement, Köln; Bauverlag, Wiesbaden/ Berlin und Beton-Verlag, Düsseldorf 1964
[13] Feuerstein, Günter: New Directions in German Architecture. Studio Vista, London 1968
[14] Frampton, Kenneth: Grundlagen der Architektur – Studien zur Kultur des Tektonischen. Oktagon Verlag, München/Stuttgart 1993.
[15] Garnier, Tony: Die ideale Industriestadt. Verlag Ernst Wasmuth, Tübingen 1989
[16] Gestalten in Beton – Zum Werk von Pier Luigi Nervi. Verlagsgesellschaft Rudolf Müller, Köln 1989
[17] Gössel, Peter; Leuthäuser Gabriele: Architektur des 20. Jahrhunderts. Benedikt Taschen Verlag, Köln 1990
[18] Hackelsberger, Christoph: Beton – Stein der Weisen? – Nachdenken über einen Baustoff. Vieweg Verlag, Braunschweig/Wiesbaden 1988
[19] Hand, Rudolf: Österreichisch-ungarischer Bauratgeber. Verlag Moritz Perles, Wien 1894
[20] Haegermann, Gustav; Huberti, Günter; Möll, Hans: Vom Caementum zum Spannbeton, Band 1. Bauverlag GmbH, Wiesbaden/Berlin 1964
[21] Harris, Sir Alan: Eugène Freyssinet – Concrete Pioneer. Concrete Quarterly 1992.
[22] Heidrich, Klaus-Dieter; Hofmeister, Herold; Ricken, Herbert: Früher Stahlbeton in Deutschland. Bauzeitung 8/1991
[23] Hersel, Otmar: Die Jahrhunderthalle zu Breslau. Beton- und Stahlbetonbau 12/1987
[24] Huber, Franz: Geschichte des Portlandzements – Zement als Baustoff. In: 100 Jahre Vereinigung der Österreichischen Zementindustrie 1894–1994, Zement + Beton Handels- und Werbegesellschaft, Wien 1994
[25] Ilkosz, Jerzy: Expressionist inspiration. The Architectural Review 1/1994
[26] Joedicke, Jürgen: Architekturgeschichte des 20. Jahrhunderts. Edition Krämer, Stuttgart/Zürich 1990.
[27] Joedicke, Jürgen: Dokumente der modernen Architektur – Schalenbau. Krämer Verlag, Stuttgart 1962
[28] Jones, Bernard E.; Lakeman, Albert: Cassell's Reinforced Concrete. The Waverley Book Company , London 1920
[29] Kasig, W.; Weiskorn, B.: Zur Geschichte der deutschen Kalkindustrie und ihrer Organisationen. Hrsg.: Bundesverband der Deutschen Kalkindustrie, Köln; Beton-Verlag, Düsseldorf 1992
[30] Kind-Barkauskas, Friedbert: Architektur im Wandel – Beispiele und Meinungen. Beton-Verlag, Düsseldorf 1990
[31] Kind-Barkauskas, Friedbert: Betonbauten in Köln – Beiträge zur modernen Architektur. Fertigteilbau + Industrialisiertes Bauen 4/1985
[32] Klotz, Heinrich (Hrsg.): Vision der Moderne – Das Prinzip Konstruktion. Prestel Verlag München 1986
[33] Knauers Lexikon der modernen Architektur. Droemersche Verlagsanstalt, München/Zürich 1963
[34] Koberg, Günter: Robert Maillart – Pionierleistungen in Stahlbeton. Zement & Beton 2/1991
[35] Kultermann, Udo: Die Architektur im 20. Jahrhundert. DuMont Buchverlag, Köln
[36] Lamprecht, Heinz-Otto: Opus Caementitium – Bautechnik der Römer, 4. Auflage, Beton-Verlag, Düsseldorf 1993
[37] Lampugnani, Vittorio Magnago und Schneider Romana (Hrsg.): Moderne Architektur in Deutschland 1900 bis 1950. Expressionismus und Neue Sachlichkeit. Verlag Gerd Hatje, Stuttgart 1994
[38] Le Corbusier: Feststellungen zu Architektur und Städtebau, Ullstein Verlag, Frankfurt /Berlin 1964.
[39] Le Corbusier, Studio Paperback. Verlag für Architektur Artemis, Zürich 1972.
[40] Le Béton en représentation. Editions Hazan, Paris 1993
[41] Marx, Erwin: Die Hochbau-Construktionen, 2. Band, Raumbegrenzende Construktionen, 1. Heft, Wände und Wand-Oeffnungen. Verlag Arnold Bergsträsser, Darmstadt 1891
[42] von Niebelschütz, Wolf: Züblin-Bau. Stuttgart 1958
[43] Pauser, Alfred: Eisenbeton 1850 – 1950. Manz Verlag, Wien 1994
[44] Pehnt, Wolfgang: Die Architektur des Expressionismus. Verlag Gerd Hatje, Stuttgart 1981.
[45] Perking, George: Concrete in Architecture. Hrsg.: Cement and Concrete Association, London; Ditchling Press Limited, Sussex 1968
[46] Perret. L'Architecture d'Aujourd'hui, Oktober 1932.
[47] Pevsner, Nikolaus: An Outline of European Architecture. Penguin Books 1963
[48] Riley, Terence: Frank Lloyd Wright, Architect. The Museum of Modern Art, New York 1994.
[49] Sack, Manfred: Gedanken zur Architektur des 20. Jahrhunderts. In: Betonbau im Wandel der Zeit. Beton-Verlag, Düsseldorf 1986
[50] Sarnitz, August: R.M. Schindler Architekt. Edition Christian Brandstätter, Wien 1986.
[51] Siegel, C.: Strukturformen der Modernen Architektur. Callwey Verlag
[52] Süddeutsche Bauzeitung 12/1908
[53] Thole, J.P.: Auguste Perret, een Pionier in de Franse Beton-Architectur. Cement 4/1987
[54] Trauer: Die Jahrhunderthalle in Breslau. Deutsche Bauzeitung 14/1913
[55] Webb, Peter: François Hennebique – Concrete Pioneer. Concrete Quarterly 1991
[56] Wieschemann, Gerhard; Gatz, Konrad: Betonkonstruktionen im Hochbau. Verlag Architektur + Baudetail und Georg D. W. Callwey, München 1968

Teil 2 • Grundlagen

Friedbert Kind-Barkauskas • Jörg Brandt

Der Baustoff Beton

Friedbert Kind-Barkauskas

Zusammensetzung von Beton

Beton wird aus Zement, Wasser und Zuschlägen – ggf. auch mit Betonzusätzen – durch Mischen in Zwangsmischern hergestellt. Die Mischzeit ist abhängig von der Anlage vorgegeben und beträgt in der Regel > 1 min. Bestimmte Betoneigenschaften lassen sich durch unterschiedliche Zusammensetzung erreichen. Dabei sind stets die materialspezifischen Besonderheiten der Ausgangsstoffe und die Verarbeitungshinweise zu beachten. Die wichtigste Norm für die Bemessung und Ausführung von Beton und Stahlbeton ist die DIN 1045. Auf europäischer Ebene werden jedoch in Zukunft die ENV 206 – die Eigenschaften, Herstellung und Verarbeitung des Betons regelt – und der Eurocode 2 (EC 2), – der die Regeln für Bemessung und Ausführung von Betonbauwerken beinhaltet – gelten. Die als Vornorm eingeführte ENV 206 ist dann verbindlich anzuwenden, wenn ein Stahlbetonbauteil nach der Europäischen Vornorm EC 2 bemessen und ausgeführt wird. Hinweise für die Anwendung und Zusatzregelungen bei der Dauer der Erprobungszeit beinhaltet die »Richtlinie zur Anwendung von DIN V ENV 206/10.90 – Beton; Eigenschaften, Herstellung, Verarbeitung und Gütenachweis« des Deutschen Ausschusses für Stahlbeton. Wegen der zu erwartenden längeren Umstellungszeit wird im Grundlagenteil dieses Buches zunächst noch auf die DIN 1045 Bezug genommen. Hinweise auf Betonfestigkeitsklassen, Betonstahl und Betondeckung nach EC 2 enthält das Register (Seite 264f).

Zement

Zement ist ein hydraulisches Bindemittel. Mit Wasser angemacht, erhärtet er sowohl an der Luft als auch unter Wasser zu einem wasserbeständigen Zementstein. Nach der Zementnorm DIN 1164-1 unterscheidet man folgende Zementarten:

- Portlandzement (CEM I)
- Portlandhüttenzement (CEM II/A-S, CEM II/B-S)
- Portlandpuzzolanzement (CEM II/A-P, CEM II/B-P)
- Portlandflugaschezement (CEM II/A-V)
- Portlandölschieferzement (CEM II/A-T, CEM II/B-T)
- Portlandkalksteinzement (CEM II/A-L)
- Portlandflugaschehüttenzement (CEM II/B-SV)
- Hochofenzement (CEM III/A, CEM III/B)

Die Zemente werden, wie in Tabelle 2.1.1 angegeben, in verschiedenen Festigkeitsklassen geliefert. Diese sind an der Farbe der Säcke bzw. bei Verwendung von losem Zement an der Farbe des zum Anheften am Silo mitgelieferten Scheines erkennbar. Zemente der Festigkeitsklassen 32,5, 42,5 und 52,5 sind nach der Anfangsfestigkeit in Zemente mit üblicher Anfangsfestigkeit und mit höherer Anfangsfestigkeit (Zusatzbezeichnung R) unterteilt.

Den Zusammenhang zwischen Zementfestigkeitsklasse und Zementart sowie die Eigenschaften als Hinweise zur Verwendung zeigt Tabelle 2.1.2.

Aus den Normfestigkeiten der Zemente läßt sich der Einfluß auf die Betonfestigkeit jedoch nur abschätzen. Die Betonfestigkeit hängt wesentlich auch von anderen Faktoren ab, wie dem Wasserzementwert, der Verdichtung und der Nachbehandlung des Betons.
Einige Zemente weisen zusätzlich besondere Eigenschaften auf:

- Zemente mit niedriger Wärmeentwicklung (Zusatzbezeichnung NW) sind besonders geeignet für Massenbeton.
- Zemente mit hohem Sulfatwiderstand (Zusatzbezeichnung HS) müssen nach DIN 1045 bei Sulfatgehalten des auf ein Bauwerk einwirkenden Wassers von mehr als 600 mg SO_4^{2-} je Liter oder von Böden mit mehr als 3000 mg SO_4^{2-} je kg verwendet werden.
- Zemente mit niedrigem wirksamen Alkaligehalt (Zusatzbezeichnung NA) stellen eine wirkungsvolle vorbeugende Maßnahme dar bei alkaliempfindlichem Zuschlag, der in einigen Bereichen Nord- und Ostdeutschlands vorkommen kann.
- Weißzement ist kein Sonderzement, sondern ein eisenoxidarmer Portlandzement CEM 42,5 R.

Beispiele für die Bezeichnung des Zements:

- Portlandzement DIN 1164 – CEM I 42,5 R
  Portlandzement (CEM I) der Festigkeitsklasse 42,5 mit hoher Anfangsfestigkeit (R)
- Portlandhüttenzement mit 6% bis 20% Hüttensand (CEM II/A-S) der Festigkeitsklasse 32,5 mit üblicher Anfangsfestigkeit
- Hochofenzement DIN 1164 – CEM III/B 32,5 – NW/HS
  Hochofenzement mit 66% bis 80% Hüt-

2.1.1 Festgkeitsklassen und Kennfarben von Zement nach DIN 1164-1

Festigkeitsklasse	Druckfestigkeit				Kennfarbe	Farbe des Aufdrucks
	Anfangsbeständigkeit		Normfestigkeit			
	2 Tage	7 Tage	28 Tage			
32,5	–	≥ 16	≥ 32,5	≤ 52,5	hellbraun	schwarz
32,5 R	≥ 10	–				rot
42,5	≥ 10	–	≥ 42,5	≤ 62,5	grün	schwarz
42,5 R	≥ 20	–				rot
52,5	≥ 20	–	52,5	–	rot	schwarz
52,5 R	≥ 30	–				weiß

2.1.2 Hinweise für die Verwendung der Zemente [3]

Festigkeitsklasse	Zementart	Eigenschaften Frühfestigkeit	 Wärmeentwicklung	 Nachhärtung[1]
32,5	überwiegend Hochofenzement	niedrig	langsam	gut
32,5 R	überwiegend Portlandkalkstein- und Portlandhüttenzement	normal	normal	normal
42,5	überwiegend Hochofenzement	normal	normal	gut
42,5 R	überwiegend Portland- und Portlandhüttenzement	hoch	schnell	normal
52,5 52,5 R	Portlandzement Portlandzement	hoch sehr hoch	schnell sehr schnell	gering sehr gering

[1] über 28 Tage hinaus

2.1.3 Zuschläge für Beton [19]

Zuschlagart	Trockenrohdichte [kg/dm³] oder [t/m³]	Zuschläge
Leichtzuschlag	höchstens 2,2	Naturbims, Hüttenbims, Blähton, Blähschiefer
Normalzuschlag	mehr als 2,3 bis 3,0	natürliches ungebrochenes oder gebrochenes dichtes Gestein (z.B. Sand, Kies, Splitt), künstlich hergestellte gebrochene oder ungebrochene dichte Zuschläge (z.B. Hochofenschlackensand, Hochofenstückschlacke)
Schwerzuschlag	mehr als 3,1	Schwerspat, Eisenerz, Baryt, Stahlgranulat

2.1.4 Zusätzliche Benennung des Zuschlages [3]

Zuschlag mit Kleinstkorn [mm]	 Größtkorn [mm]	Zusätzliche Benennung für ungebrochenen Zuschlag	 gebrochenen Zuschlag
–	4	Sand	Brechsand
4	32	Kies	Splitt
32	–	Grobkies	Schotter

tensand (CEM III/B), der Festigkeitsklasse 32,5 mit üblicher Anfangsfestigkeit, niedriger Hydratationswärme (NW) und hohem Sulfatwiderstand (HS)

Während die deutsche Zementnorm DIN 1164 in fünf Teilen alle Festlegungen, Anforderungen und Prüfverfahren beinhaltet, wurde europäisch eine Trennung in zwei Normen vorgenommen, und zwar in die EN 196 »Prüfverfahren für Zement« und in die ENV 197 »Zement – Zusammensetzung, Anforderungen und Konformitätskriterien«. Seit März 1990 wird die EN 196 schrittweise auch in Deutschland eingeführt. Die europäische Vornorm für Zement ENV 197-1 stellt die Grundlage für die Überarbeitung der deutschen Zementnorm DIN 1164-1 vom Oktober 1994 dar.

Betonzuschlag

Betonzuschläge müssen DIN 4226 entsprechen. Nach der Dichte ihres Gefüges unterscheidet man Leicht-, Normal- und Schwerzuschlag (Tabelle 2.1.3).
Entsprechend der Korngröße werden Zuschläge in Korngruppen unterteilt, z.B. Korngruppe 0/4, 4/8, 8/16 usw. Dabei werden jeweils das Kleinst- und Größtkorn angegeben. Das Fördern und Verarbeiten des Betons bestimmen die Wahl des Größtkorns eines Zuschlages. Seine Nenngröße darf 1/3, besser 1/5, der kleinsten Bauteilabmessung nicht überschreiten. Nach DIN 1045 Abschnitt 6.2.1 soll »bei engliegender Bewehrung oder geringer Betondeckung der überwiegende Teil des Zuschlages kleiner als der Abstand der Bewehrungsstäbe untereinander und von der Schalung sein.«
Ergänzende Benennungen nach der Art des Zuschlages, sind in Tabelle 2.1.4 angegeben.

Die Bezeichnung des Zuschlages wird in folgender Reihenfolge vorgenommen:
- Benennung
- DIN 4226
- Korngruppe/Lieferkörnung
- erhöhte und/oder verminderte Anforderungen

Zuschlag, der ohne zusätzliche Angaben nach DIN 4226 geliefert wird, muß Anforderungen an Kornzusammensetzung, Kornform, Festigkeit, Widerstand gegen Frost bei mäßiger Durchfeuchtung des Betons und schädliche Bestandteile erfüllen. Ergeben sich aus den Beanspruchungen des Betons durch Gebrauchs- und Umweltbedingungen auch zusätzliche Anforderungen an den Zuschlag, so sind diese zu vereinbaren. Erhöhte Anforderungen (e) können insbesondere gestellt werden an
- den Widerstand gegen Frost,
- den Widerstand gegen Frost- und Taumittel,
- den Anteil an quellfähigen Bestandteilen organischen Ursprungs,
- den Gehalt an wasserlöslichem Chlorid und
- die Kornform.

Zuschlag, der die Regelanforderungen für bestimmte Eigenschaften nicht erfüllt, kann dennoch für gewisse Anwendungen des Betons genutzt werden. Die Eignung eines solchen Zuschlages ist durch eine Eignungsprüfung beim Beton nachzuweisen. Verminderte Anforderungen (v) können neben den bereits bei den erhöhten Anforderungen genannten Punkten (außer Frost- und Taumittel, quellfähige Bestandteile) zusätzlich die Festigkeit, den Gehalt an abschlämmbaren Bestandteilen, den Anteil an feinverteilten Stoffen organischen Ursprungs und den Gehalt an Sulfaten betreffen.

Beispiele für die Bezeichnung des Zuschlages:

- Zuschlag DIN 4226-8/16-eF
  Zuschlag nach DIN 4226 mit dichtem Gefüge der Korngruppe/Lieferkörnung 8/16, der über die Regelanforderungen hinaus erhöhte Anforderungen an den Widerstand gegen Frost erfüllt.
- Zuschlag DIN 4226-0/2b-vA
  Zuschlag mit dichtem Gefüge der Korngruppe/Lieferkörnung 0/2b, der die Regelanforderungen hinsichtlich der abschlämmbaren Bestandteile nicht erfüllt.

Betonzusätze

Zu den Betonzusätzen zählen Zusatzstoffe und Zusatzmittel.

Betonzusatzstoffe sind fein aufgeteilte Zusätze wie Traß, Gesteinsmehl, Silicatstaub oder Flugasche, die bestimmte Eigenschaften des Betons beeinflussen. So kann z.B. bei der Verwendung von Silicatstaub eine sehr hohe Druckfestigkeit von über 100 N/mm² und eine Verbesserung der Dichtigkeit erzielt werden. Da Betonzusatzstoffe im allgemeinen in größeren Mengen zugegeben werden, müssen sie in die Stoffraumrechnung eingehen.

Betonzusatzmittel (Tabelle 2.1.5) sind Zusätze, die durch chemische oder physikalische Wirkung, oder durch beide, Betoneigenschaften wie zum Beispiel die Verarbeitbarkeit, das Erhärten oder das Erstarren ändern. Als Volumenanteil des Betons sind sie ohne Bedeutung. Es dürfen nur Zusatzmittel mit gültigem Prüfzeichen unter den im Prüfbescheid angegebenen Bedingungen verwendet werden.

Betonarten

Beton kann durch die Art seiner Herstellung gezielt unterschiedlichen Funktionen angepaßt werden. Hohe Tragfähigkeit und gute Schalldämmung erfordern z.B. einen dichten Beton. Mit Kies oder Splitt kann die gewünschte Festigkeitsklasse bei entsprechend hohem Gewicht erreicht werden. Besondere wärmedämmende Eigenschaften ergeben sich dage-

2.1.5 Wirkungsgruppen der Betonzusatzmittel und deren Kennzeichnung [3]

Wirkungsgruppe	Kurzzeichen	Farbkennzeichen
Betonverflüssiger	BV	gelb
Fließmittel	FM	grau
Luftporenbilder	LP	blau
Dichtungsmittel	DM	braun
Verzögerer	VZ	rot
Beschleuniger	BE	grün
Einpreßhilfen	EH	weiß
Stabilisierer	ST	violett

2.1.6 Betonarten und ihre Anwendung [19]

Betonart	Zuschlag (Beispiele)	Üblicher Rohdichtebereich [kg/dm³]	Wärmeleitfähigkeit [W/m • K]	Anwendung
A Betone mit geschlossenem Gefüge				
Schwerbeton	Baryt, Eisenerz, Eisengranulat	3,2 bis 4,0	2,30	Strahlenschutz
Normalbeton	Kies, Splitt, Schlacke	2,3 bis 2,5	2,10	Konstruktionen für Stahl- und Spannbeton
Normalbeton-Mauersteine	Kies, Splitt, Schlacke	1,6 bis 1,8	0,92 bis 1,30	Kellerwände, Trennwände
Leichtbeton 1. LB – Q (mit Quarzsand)	Blähton, Blähschiefer, Hüttenbims	1,2 bis 1,8	0,74 bis 1,56	Konstruktionen für Stahl- und Spannbeton mit niedriger Eigenlast
2. LB – L (mit Leichtsand)	Blähton, Blähschiefer, Hüttenbims	1,0 bis 1,6	0,49 bis 1,00[1])	wie vor, gleichzeitig wärmedämmend
B Betone mit haufwerksporigem Gefüge				
Leichtbeton-Mauerblöcke 1. üblicher Mauermörtel	Naturbims, Blähton, Blähschiefer, Hüttenbims	0,5 bis 1,0	0,29 bis 0,59	Außenwände
2. Leichtmauermörtel	Naturbims, Blähton, Leichtsand	0,5 bis 0,7	0,12 bis 0,25	Außenwände mit guter Wärmedämmung
C Betone mit Zellstruktur				
Porenbeton-Plansteine	Natursand	0,4 bis 0,7	0,12 bis 0,23	Außenwände mit guter Wärmedämmung, Deckenplatten
Polystyrol-Schaumstoff-Beton	Natursand	0,6 bis 0,8	0,22 bis 0.31	Wandtafeln, Tragschicht für Industrieböden

[1]) Diese Werte gelten nur bei einem Feuchtegehalt < 5 Vol.-%

2.1.7 Festigkeitsklassen und Anwendung von Leichtbeton mit geschlossenem Gefüge [3]

Betongruppe	Festigkeitsklasse des Leichtbetons	Nennfestigkeit β_{WN} [N/mm^2]	Serienfestigkeit β_{WS} [N/mm^2]	Anwendung	
Leichtbeton B I[1]	LB 8	8,0	11	Nur für unbewehrte Bauteile und bewehrte Wände	Nur bei vorwiegend ruhenden Lasten
	LB 10	10	13		
	LB 15	15	18	Unbewehrter Leichtbeton und Stahlleichtbeton	
	LB 25[2]	25	29	Unbewehrter Leichtbeton, Stahlleichtbeton und Spannleichtbeton	Auch bei nicht vorwiegend ruhenden Lasten
Leichtbeton B II	LB 35	35	39		
	LB 45	45	49		
	LB 55[3]	55	59		

1) stets mit Eignungsprüfung
2) als Spannleichtbeton unter den Bedingungen für Beton B II
3) Zustimmung im Einzelfall oder Zulassung entsprechend den bauaufsichtlichen Vorschriften erforderlich

2.1.8 Anhaltswerte für die Zuordnung von Festigkeitsklassen und Rohdichteklassen nach DIN 4219

Festigkeitsklasse	Rohdichteklasse	
	mit Natursand	mit Leichtsand
LB 8	–	ab 1,0
LB 10	ab 1,4	ab 1,2
LB 15	ab 1,4 oder ab 1,6	ab 1,2 oder ab 1,4
LB 25	ab 1,6	ab 1,4
LB 35	ab 1,6 oder ab 1,8	ab 1,4 oder ab 1,6
LB 45	ab 1,8	ab 1,6
LB 55	ab 1,8	–

2.1.9 Rohdichteklassen von Leichtbeton mit geschlossenem Gefüge [3]

Rohdichteklasse	Trockendichte ρ_{od} bei 105 °C nach 28 Tagen	Berechnungsgewicht	
		unbewehrt	bewehrt
	[kg/dm^3]		
1,0	0,80 bis 1,00	1,05	1,15
1,2	1,01 bis 1,20	1,25	1.35
1,4	1,21 bis 1,40	1,45	1,55
1,6	1,41 bis 1,60	1,65	1,75
1,8	1,61 bis 1,80	1,85	1,95
2,0	1,81 bis 2,00	2,05	2,15

2.1.10 Rohdichteklassen von Leichtbeton mit haufwerksporigem Gefüge [19]

Rohdichteklasse	Meßwerte der Trockenrohdichte [kg/dm^3]	Rohdichte zur Berechnung der Luftschalldämmung bei Verwendung eines Mauermörtels aus	
		Quarzsand [kg/dm^3]	Leichtsand [kg/dm^3]
0,5	0,41 bis 0,50	0,55	0,49
0,6	0,51 bis 0,60	0,63	0,58
0,7	0,61 bis 0,70	0,73	0,67
0,8	0,71 bis 0,80	0,82	0,77
0,9	0,81 bis 0,90	0,92	0,85
1,0	0,91 bis 1,00	1,01	0,96
1,2	1,01 bis 1,20	1,17	1,09
1,4	1,21 bis 1,40	1,36	1,26
1,6	1,41 bis 1,60	1,54	1,42
1,8	1,61 bis 1,80	1,72	1,60
2,0	1,81 bis 2,00	1,88	1,77

gen durch die Verwendung poriger Zuschläge wie Bims, Blähton oder Blähschiefer.
Werden grobe Zuschläge nur punktweise verkittet, verbleibt ein Porenraum von 25 bis 30 Volumenprozent. Die an sich schon niedrige Rohdichte dieses Betons mit haufwerksporigem Gefüge kann noch weiter gesenkt werden, wenn, wie bei Mauersteinen, Kammern oder Schlitze angeordnet werden. Auch der Zementstein kann leichter und besser wärmedämmend hergestellt werden, wenn Poren (Gas- und Schaumbeton) oder »verpackte« Luft (Polystyrol-Schaumstoffperlen) eingeführt werden. Mit der zementgebundenen Holzwolle-Leichtbauplatte steht auch ein Dämmstoff zur Verfügung.
Die Verwendung schwerer Zuschläge wie Eisengranulat ergibt den Schwerbeton, der z.B. für besondere Strahlenschutzaufgaben eingesetzt wird. Die wichtigsten Betonarten sind in Tabelle 2.1.6 zusammengestellt.

Normalbeton

Beton mit einer Trockenrohdichte über 2,0 kg/dm^3 bis maximal 2,8 kg/dm^3 wird als Normalbeton bezeichnet. Die überwiegende Zahl aller Anwendungen bezieht sich auf diese Betonart. Ganz allgemein wird nach dem Ort der Herstellung oder Verwendung Baustellen-, Transport- und Ortbeton und nach der Konsistenz steifer, plastischer und fließfähiger Beton unterschieden.

Leichtbeton

Kennzeichnende Eigenschaft von Leichtbeton im Vergleich zu Normalbeton ist sein geringeres Gewicht (Rohdichte $\leq$ 2,0 kg/dm^3). Rohdichte und sonstige Eigenschaften des Leichtbetons werden bestimmt von den Eigenschaften der Leichtzuschläge (Bims, Blähton, Blähschiefer), der Art des Betongefüges (haufwerksporig, gefügedicht) oder durch den Anteil an Poren (Poren-, Schaumbeton). Er wird in Schichten von rund 1 Meter Schütthöhe eingebracht und darf sich beim Verdichten nicht entmischen. Porenbeton, Schaumbeton und haufwerksporiger Leichtbeton werden überwiegend für wärmedämmende Aufgaben eingesetzt. Ihre Tragfähigkeit ist im Vergleich zu Normalbeton geringer, jedoch für den üblichen Hochbau ausreichend. An gefügedichten Leichtbeton können im wesentlichen die gleichen Anforderungen gestellt werden wie an Normalbeton. Die wichtigsten Berechnungsgrundlagen sind in den Tabellen 2.1.7 bis 2.1.11 aufgeführt.
Durch die Einteilung von Leichtbeton in Rohdichteklassen für den gefügedichten, konstruktiven Leichtbeton wird das geringere Berechnungsgewicht gegenüber dem Normalbeton festgelegt. Beim haufwerksporigen, wärmedämmenden Leichtbeton wird die Wärmeleitfähigkeit nach DIN 4108 Teil 4 zugeordnet und eine Einstufung für den Luftschallschutz nach DIN 4109 Teil 3 vorgenommen.
Die Maßangaben der Tabelle 2.1.11 sind

2.1.11 Mindestmaße[4] für die Betondeckung der Bewehrung in cm bei konstruktivem Leichtbeton (geschlossenes Gefüge) [3] (s. auch Tabellen 2.1.19 und 2.3.40 sowie Seite 265)

Umweltbedingungen	Festigkeitsklasse des Leichtbetons	Stabdurchmesser d_s [mm]	Größtkorndurchmesser d_g des Leichtzuschlags [mm] bis 8	bis 16	bis 25
1	LB 8 bis LB 15	bis 16	2,0		2,5
	≥ LB 25		1,5[1]	2,0	
	≥ LB 15	bis 20	2,0		
		25	3,5		
		28	4,0		
2	LB 8 bis LB 15[2]	bis 20	2,5		2,5
	≥ LB 25		2,0		
	≥ LB 15	25	3,5		
		28	4,0		
3	LB 8 bis LB 15[2]	bis 20	3,0		
	≥ LB 25		2,5		
	≥ LB 15	25	3,5		
		28	4,0		
4	LB 8 bis LB 15[2]	bis 28	4,0[3]		
	≥ LB 25	25	3,5[3]		
		28	4,0[3]		
1 bis 4	≥ LB 15	$d_s v > 25$	$1,5 \cdot d_s v$		
werkmäßig hergestellte Fertigteile					
2	LB 8 bis LB 25[2]	bis 20	2,0		2,5
	≥ LB 35	bis 16	1,5[1]	2,0	
		20	2,0		
3	LB 8 bis LB 25[2]	bis 20	2,5		2,5
	≥ LB 35		2,0		
4	LB 8 bis LB 25[2]	bis 25	3,5[3]		
	≥ LB 35	bis 20	3,0[3]		
		25	3,5		
		28	4,0		

[1] Bei geschweißten Betonstahlmatten aus Einzelstäben $d_s > 8,5$ mm oder aus Doppelstäben $d_s > 6,5$ mm mindestens 2,0 cm
[2] LB 8 und LB 10 sind nur für bewehrte Wände zulässig, der Stabdurchmesser ist auf $d_s \leq 16$ mm begrenzt.
[3] Mit Rücksicht auf die Ausgabe 07.88 der DIN 1045 wird empfohlen, diese Maße um 0,5 cm zu erhöhen.
[4] Vorhaltemaß Δc = 1,0 cm einhalten

2.1.12 Konsistenzbereiche und Verdichtungsart des Frischbetons [3]

Konsistenz-bereich	Eigenschaften des Frischbetons beim Schütten	Verdichtungsmaß mittleres Abstichmaß [cm]	V [–]	Ausbreitmaß [cm]	Verdichtungsart des Frischbetons
KS (steif)	noch lose	≥ 6,6	≥ 1,20	–	kräftig wirkende Rüttler und / oder kräftiges Stampfen in dünner Schüttlage
KP (plastisch)	schollig bis knapp zusammen-hängend	6,5–2,8[1]	1,19–1,08[1]	35–41	Rütteln
KR (weich)	schwach fließend	2,7–0,6[1]	1,07–1,02[1]	42–48	leichtes Rütteln oder Stochern
KF[2] (fließfähig)	gut fließend			49–60	»Entlüften« durch Stochern, leichtes Rütteln

[1] vorzugsweise für Beton mit gebrochenem Zuschlag
[2] darf nur durch Fließmittelzugabe hergestellt werden

2.1.13 Zementgehalt und Wasserzementwert [3]

	Festigkeitsklasse des Zements	Festigkeitsklasse des Betons	Zementgehalt [kg/m³]	w/z-Wert[3] Grenzwert	Zielwert
Unbewehrter Beton	–	–	≥ 100	–	–
Stahlbeton allgemein	≥ 32,5, 32,5 R	≥ B 15	≥ 240	≤ 0,75	≤ 0,70
Stahlbeton für Außenbauteile	≤ 32,5, 32,5 R	≥ B 25	≥ 300[1) 2)]	≤ 0,65	≤ 0,60[4)]
	≥ 42,5, 42,5 R		≥ 270		

1) ≥ 270 kg/m³ bei 32,5, 32,5 R und laufender Überwachung nach DIN 1084
2) 270 kg/m³, wenn:
- Flugaschenmenge f ≥ 2 mal Zementverringerungsmenge
- Betonherstellung mit laufender Überwachung nach DIN 1084
- Flugasche mit Prüfzeichen
- min. 32,5, 32,5 R
- Hochofenzement mit Hüttensandgehalt < 70 %, Portland-, Portlandkalkstein-, Portlandölschiefer- und Portlandhüttenzement
- um 2 Tage verlängerte Nachbehandlungszeit

3) bei Verwendung einer Flugasche mit Prüfzeichen w/(z + 0,3f) ≤ 0,60 wobei f ≤ 0,25 z gilt sinngemäß auch für Beton mit besonderen Eigenschaften, jedoch nicht für Beton mit hohem Frost- und Tausalzwiderstand.
4) Diese Anforderung ist in der Regel erfüllt, wenn der Beton eine Nennfestigkeit β_{WN} ≥ 32 N/mm² aufweist

2.1.14 Richtwerte für die Festigkeitsentwicklung während einer ständigen Lagerung des Betons bei +20 °C (nach Wischers und Dahms) [19]

Zementfestigkeitsklasse	Festigkeit in % der 28-Tage-Druckfestigkeit nach 3 Tagen	7 Tagen	28 Tagen	90 Tagen	180 Tagen
52,5, 52,5 R, 42,5 R	70 bis 80	80 bis 90	100	100 bis 105	105 bis 110
42,5, 32,5 R	50 bis 60	65 bis 80	100	105 bis 115	110 bis 120
32,5	30 bis 40	50 bis 65	100	110 bis 125	115 bis 130

2.1.15 Richtwerte für die Festigkeitsentwicklung während einer ständigen Lagerung des Betons bei +5 °C (nach Wischers und Dahms) [19]

Zementfestigkeitsklasse	5 °C-Festigkeit in % der Druckfestigkeit bei einer ständigen 20 °C-Lagerung nach 3 Tagen	7 Tagen	28 Tagen
52,5, 52,5 R, 42,5 R	60 bis 75	75 bis 90	90 bis 105
42,5, 32,5 R	45 bis 60	60 bis 75	75 bis 90
32,5	30 bis 45	45 bis 60	60 bis 75

Mindestwerte, die auf den Zeichnungen um ein Vorhaltemaß von 1,0 cm (0,5 cm) zu vergrößern sind.

Schwerbeton
Beton mit einer Trockenrohdichte von mehr als 2,8 kg/dm³ wird als Schwerbeton bezeichnet. Die hohe Trockenrohdichte wird durch die Verwendung von Schwerzuschlag mit einer Kornrohdichte von wesentlich über 3,0 kg/dm³, z.B. Schwerspat, Magnetit, Hämatit oder auch Stahlschrot, erreicht. Der Schwerbeton findet Anwendung für den Strahlenschutz als Abschirmbeton, z.B. im Reaktorbau, sowie für Sohlplatten, die gegen Aufschwimmen gesichert werden müssen.

Betoneigenschaften

Frischbeton
Frischbeton heißt der Beton, solange er noch verarbeitet werden kann. Er wird in Gefäßen (Kübel), auf Transportbändern oder in Rohrleitungen (Pumpbeton) befördert und in die Schalung eingebracht. Ein Maß für die Verarbeitbarkeit (Steife) ist die Konsistenz. Man unterscheidet die vier Konsistenzbereiche KS steif, KP plastisch, KR weich (Regelkonsistenz) und KF fließfähig, die jeweils eine besondere Verdichtungsart erfordern (Tabelle 2.1.12). Die Konsistenz von Fließbeton – einem besonders leicht verarbeitbaren Beton – liegt oberhalb des Konsistenzbereiches KR. Hier sollte ein Ausbreitmaß von 60 cm nicht überschritten werden.

Die Verarbeitbarkeit des Frischbetons muß den baupraktischen Gegebenheiten angepaßt werden. Beim Einbringen darf er sich nicht entmischen. Feingliedrige Querschnitte oder dicht bewehrte Bauteile erfordern im allgemeinen einen weichen Beton in der Mitte des Konsistenzbereiches KR (Ausbreitmaß 45 ± 3 cm). Auch für andere Bauteile ist es vorteilhaft, diesen weichen Beton (Regelkonsistenz) zu bestellen. Wird bei Bezug von Transportbeton nicht ausdrücklich eine andere Konsistenz gewünscht, liefert das Werk den Beton in der »Regelkonsistenz« aus.
Zahlreiche Betoneigenschaften hängen vom Zement- und Wassergehalt des Betons – ausgedrückt als Verhältnis Wasser zu Zement, dem Wasserzementwert – ab. Deshalb sind in DIN 1045 obere Grenzwerte für den Wasserzementwert des Frischbetons festgelegt.
Bei Stahlbeton z.B. sollte er allgemein 0,70 (maximaler Einzelwert 0,75), bei Außenbauteilen 0,60 (0,65), nicht überschreiten. Genauere Angaben hierzu enthält Tabelle 2.1.13.

Festigkeitsentwicklung
Die Festigkeitsentwicklung von Beton wird im wesentlichen beeinflußt durch die Eigenschaften des Zements, die Zusammensetzung und das Alter des Betons sowie durch die Umweltbedingungen (Temperatur, Feuchte). Von erheblichem Einfluß auf die Frühfestigkeit eines Betons ist der Wasserzementwert. Die Festigkeit nimmt mit fortschreitendem Alter zu.
Der Einfluß der Zementart bei niedrigen und höheren Temperaturen ist in den Tabellen 2.1.14 und 2.1.15 dargestellt.

Festbeton
Die wichtigste Betoneigenschaft ist die Druckfestigkeit. Sie wird in der Regel durch den Druckversuch an eigens hergestellten Probekörpern (Würfel, Zylinder) oder in Sonderfällen an Bohrkernen aus dem Bauwerk bestimmt. Die Prüfung erfolgt gemäß DIN 1048 im allgemeinen nach 28 Tagen am 20-cm-Würfel. Je nach Höhe der bei diesem Versuch ermittelten Druckfestigkeit wird der Beton in Festigkeitsklassen eingeordnet (Tabelle 2.1.16). Um eindeutigere Aussagen zu erhalten, ist nach EC 2 die Prismenprüfung vorgeschrieben. Die Betonfestigkeit im Bauwerk wird mit der Kugelschlagprüfung bestimmt.
Betone der Gruppe B I werden in der Regel auf Grund einer vorangegangenen Eignungsprüfung zusammengesetzt, bei der bestimmte Mindestwerte für Druckfestigkeit und Konsistenz (Tabelle 2.1.16) einzuhalten sind. Betone der Gruppe B II erfordern grundsätzlich eine Eignungsprüfung vor Baubeginn.

Beton mit besonderen Eigenschaften
Betone, die bestimmten Beanspruchungen ausgesetzt sind, müssen gegen diese Einflüsse widerstandsfähig sein. Entscheidend ist dabei die Dichtigkeit der Betone, besonders im Oberflächenbereich. DIN 1045 fordert hierfür Betone mit besonderen Eigenschaften.

Betone mit besonderen Eigenschaften sind:

- Wasserundurchlässiger Beton,
- Beton mit hohem Frostwiderstand,
- Beton mit hohem Frost- und Tausalzwiderstand,
- Beton mit hohem Widerstand gegen chemische Angriffe,
- Beton mit hohem Verschleißwiderstand,
- Beton für hohe Gebrauchstemperaturen bis 250 °C und
- Beton für Unterwasserschüttung (Unterwasserbeton).

Im allgemeinen gelten für die Herstellung, Verarbeitung und Überwachung von Betonen mit besonderen Eigenschaften die Bedingungen für Beton B II, auch bei geringeren Festigkeitsklassen als B 35. Wird als Betoneigenschaft Wasserundurchlässigkeit, hoher Frostwiderstand oder hoher Widerstand gegen schwachen chemischen Angriff gefordert, gestattet

2.1.16 Betonfestigkeitsklassen – Anwendung, Anforderungen bei der Eignungsprüfung [3] (s. Seite 264)

Betongruppe	Betonfestigkeitsklasse	Nennfestigkeit β_{WN} [N/mm²]	Serienfestigkeit β_{WS} [N/mm²]	Anwendung	Erforderliche Druckfestigkeit bei der Eignungsprüfung [N/mm²]	Erforderliche Konsistenzmaße a oder v bei der Eignungsprüfung
Beton	B 5	5,0	8,0	Nur für	≥ 11	KS: v = 1,24 bis 1,20
B I	B 10	10	15	unbewehrten	≥ 20	KP: a = 40 bis 41 cm
				Beton		(v = 1,11 bis 1,08)[2]
	B 15	15	20	Für	≥ 25	KR: a = 46 bis 48 cm
				unbewehrten		(v = 1,04 bis 1,02)[2]
	B 25[3]	25	30	und bewehrten	≥ 35	KF: a = 56 bis 60 cm
Beton	B 35	35	40	Beton	35 + Vorhaltemaß[1]	Von der Baustelle
B II	B 45	45	50		45 + Vorhaltemaß[1]	verlangte Konsistenz
	B 55	55	60		55 + Vorhaltemaß[1]	+ Vorhaltemaß

[1] Vorhaltemaß nach Erfahrung, andernfalls mindestens 10 N/mm² zweckmäßig
[2] für Beton mit gebrochenem Zuschlag
[3] bei Beton für Außenbauteile gilt in der Regel $\beta_{WN} \geq 32$ N/mm²

2.1.17 Anforderungen an Beton mit besonderen Eigenschaften [3]

Betoneigenschaft Angriffsgrad	Herstellung als	Sieblinienbereich	Zementgehalt [kg/m³]	Wasser-Zement-Wert[1]	Zusätzliche Anforderungen
Wasserundurchlässigkeit	B I	A 16/B 16 A 32/B 32	≥ 370 ≥ 350	– –	Wassereindringtiefe $e_w \leq 50$ mm
	B II[2]	–	–	d ≤ 40 cm; w/z ≤ 0,60[6]	
		–	–	d > 40 cm; w/z ≤ 0,70[6]	
Hoher Frostwiderstand	B I	A 16/B 16 A 32/B 32	≥ 370 ≥ 350	– –	Zuschläge eF bzw. eFT $e_w \leq 50$ mm
	B II	–	–	w/z ≤ 0,60[6]	
		–	–	massige Bauteile w/z ≤ 0,70[6]	mittlerer LP-Gehalt[3] bei 8 mm Größtkorn[4]
Hoher Frost- und Tausalzwiderstand[7]	B II	–	–	w/z ≤ 0,50	≥ 5,5 Vol.-% 16 mm Größtkorn[4] ≥ 4,5 Vol.-% 32 mm Größtkorn[4] ≥ 4,0 Vol.-% 63 mm Größtkorn[4] ≥ 3,5 Vol.-%
Hoher Verschleißwiderstand	B II	nahe A oder B/U	(≤ 350 bei Zuschlag 0,32)	–	Beton ≥ B 35; Zuschlag bis 4 mm Quarz o.ä., > 4 mm mit hohem Verschleißwiderstand
Hoher Widerstand gegen chemischen Angriff – schwach	B I	A 16/B 16 A 32/B 32	≥ 370 ≥ 350	– –	Wassereindringtiefe $e_w \leq 50$ mm
	B II	–	–	w/z ≤ 0,60[6]	
Hoher Widerstand gegen chemischen Angriff – stark	B II	–	–	w/z ≤ 0,50[6]	Wassereindringtiefe $e_w \leq 30$ mm
Hoher Widerstand gegen chemischen Angriff – sehr stark	B II	–	–	w/z ≤ 0,50[6]	Wassereindringtiefe $e_w \leq 30$ mm und Schutz des Betons[5]

[1] Zur Berücksichtigung der Streuungen während der Betonherstellung ist bei der Festlegung der Betonzusammensetzung ein um 0,05 bis 0,03 niedrigerer Wasserzementwert zugrunde zu legen.
[2] Bei Transportbeton und mit Zustimmung der Bauaufsichtsbehörde und des Auftraggebers auch auf B I-Baustellen zulässig.
[3] Bei Betonwaren aus sehr steifem Beton, w/z < 0,40, nicht erforderlich.
[4] Zur Berücksichtigung der Streuung bei der Bauausführung ist bei der Eignungsprüfung der LP-Gehalt um 0,5 Volumenprozent höher einzustellen. Einzelwerte dürfen den mittleren LP-Gehalt um höchstens 0,5 Volumenprozent unterschreiten.
[5] Merkblatt Schutzüberzüge auf Beton bei sehr starken Angriffen nach DIN 4030.
[6] Bei Anrechnung von Steinkohlenflugasche gilt sinngemäß Fußnote [3] der Tabelle 2.1.13.
[7] Zementart: Zemente nach DIN 1164 außer Portlandpuzzolanzement; bei sehr starkem Frost- und Tausalzangriff Portlandzement, Portlandhüttenzement, Portlandölschieferzement ≥ 32,5 und Hochofenzement 42,5.

2.1.18 Umfang der Güteprüfung für Ortbeton [3]

	Betongruppe		Häufigkeit	
Zementgehalt	B I	je Betonsorte	beim ersten Einbringen, dann in angemessenen Zeitabständen	
Wasserzementwert	B I[1)] B II	je Betonsorte	beim ersten Einbringen, dann einmal je Betoniertag	
Konsistenz	B I B II	je Betonsorte	beim ersten Einbringen, beim Herstellen der Probekörper	
	B II		zusätzlich in angemessenen Zeitabständen	
Druckfestigkeit	B I	tragende Wände und Stützen aus B 5, B 10	3 Würfel	je 500 m³ Beton oder je Geschoß oder je 7 Betoniertage[2)]
		B 15, B 25		
	B II	B 35, B 45, B 55	6 Würfel[3)]	

1) Nur bei Beton für Außenbauteile; gilt als erfüllt bei $\beta_{WN} \geq 32$ N/mm²
2) Die Forderung, die die größte Anzahl von Würfeln ergibt, ist maßgebend
3) Die Hälfte der geforderten Würfelprüfungen kann durch zusätzliche w/z-Wert-Bestimmungen ersetzt werden. Zwei w/z-Werte ersetzen einen Würfel

2.1.19 Maße der Betondeckung der Bewehrung bezogen auf die Umweltbedingungen (Korrosionsschutz) und die Sicherung des Verbundes nach DIN 1045 (s. auch Tabellen 2.1.11, 2.3.40 und Seite 265)

	1	2	3	4
	Umweltbedingungen	Stabdurchmesser d_s [mm]	Mindestmaße min c [cm]	Nennmaße nom c [cm]
1	Bauteile in geschlossenen Räumen, z.B. in Wohnungen (einschließlich Küche, Bad und Waschküche), Büroräumen, Schulen, Krankenhäusern, Verkaufsstätten – soweit nicht im folgenden etwas anderes gesagt ist. Bauteile, die ständig trocken sind.	bis 12 14, 16 20 25 28	1,0 1,5 2,0 2,5 3,0	2,0 2,5 3,0 3,5 4,0
2	Bauteile, zu denen die Außenluft häufig oder ständig Zugang hat, z.B. offene Hallen und Garagen. Bauteile, die ständig unter Wasser oder im Boden verbleiben, soweit nicht Zeile 3 oder 4 oder andere Gründe maßgebend sind. Dächer mit einer wasserdichten Dachhaut für die Seite, auf der die Dachhaut liegt.	bis 20 25 28	2,0 2,5 3,0	3,0 3,5 4,0
3	Bauteile im Freien. Bauteile, in geschlossenen Räumen mit oft auftretender, sehr hoher Luftfeuchte bei üblicher Raumtemperatur, z.B. in gewerblichen Küchen, Bädern, Wäschereien, in Feuchträumen von Hallenbädern und in Viehställen. Bauteile, die wechselnder Durchfeuchtung ausgesetzt sind, z.B. durch häufige starke Tauwasserbildung oder in der Wasserwechselzone. Bauteile, die »schwachem« chemischem Angriff nach DIN 4030 ausgesetzt sind.	bis 25 28	2,5 3,0	3,5 4,0
4	Bauteile, die besonders korrosionsfördernden Einflüssen auf Stahl oder Beton ausgesetzt sind, z.B. durch häufige Einwirkung angreifender Gase oder Tausalze (Sprühnebel- oder Spritzwasserbereich) oder durch »starken« chemischen Angriff nach DIN 4030 (siehe auch Abschnitt 13.3).	bis 28	4,0	5,0

DIN 1045 unter Einhaltung vorgegebener Mindestzementgehalte und günstiger Kornzusammensetzung die Herstellung und Verarbeitung auch unter den Bedingungen für Beton B I. Die Anforderungen an Betone mit besonderen Eigenschaften sind in Tabelle 2.1.17 zusammengestellt.

Nachweis der Güte

Durch eine Güteprüfung muß während der Bauausführung nachgewiesen werden, daß die Betonzusammensetzung den Anforderungen entspricht und die geforderten Eigenschaften erreicht werden. Den Umfang der Güteprüfung für Ortbeton enthält Tabelle 2.1.18.
Sind besondere Eigenschaften (Tabelle 2.1.17) nachzuweisen, so ist der Umfang der Güteprüfung im Einzelfall festzulegen. Die Wassereindringtiefe wird an mindestens drei Prüfkörpern nachgewiesen. Bei Beton mit hohem Frost- und Tausalzwiderstand ist es zweckmäßig, den Luftporengehalt an der Einbaustelle alle zwei Stunden zu prüfen.

Bei Bezug von Transportbeton sind folgende Ausnahmen möglich:

- Zementgehalt und der bei Beton B II täglich zu prüfende w/z-Wert dürfen dem Lieferschein oder dem Betonsortenverzeichnis entnommen werden.
- Festigkeitsprüfungen im Rahmen der Eigenüberwachung des Transportbetonwerkes für Beton B I und B II dürfen angerechnet werden, wenn der Beton für die Probekörper auf der betreffenden Baustelle entnommen wurde.
- Werden weniger als 100 m³ Transportbeton B I je Betoniervorgang eingebracht, so können auf einer anderen Baustelle hergestellte Probekörper angerechnet werden, wenn Beton desselben Werkes, derselben Zusammensetzung in derselben Woche verwendet wurde. Die Betonfestigkeit dieser Betonsorte muß dann vom Transportbetonwerk statistisch nachgewiesen werden.

In allen Fällen ist darauf zu achten, daß die Betonproben aus verschiedenen Mischerfüllungen – bei Transportbeton möglichst aus verschiedenen Lieferungen – etwa gleichmäßig über die Betonierzeit verteilt zu entnehmen sind. Die Prüfergebnisse gelten als ausreichend, wenn

- beim Wasserzementwert der bei der Eignungsprüfung festgelegte Mittelwert nicht, und der Einzelwert um höchstens 10 % überschritten werden. Die Grenzwerte für Betone mit besonderen Eigenschaften (Tabelle 2.1.17) dürfen auch vom Einzelwert nicht überschritten werden,
- bei der Druckfestigkeit der Mittelwert jeder Serie von drei aufeinanderfolgenden Würfeln wenigstens die Serienfestigkeit, und der Einzelwert wenigstens die Nennfestigkeit erreichen.

Bei Baustellenbeton B II, Transportbeton und Betonfertigteilen kann der Nachweis der Güte auch nach DIN 1084, Teil 1 bis 3, statistisch erbracht werden.
Für Beton B II muß eine Güteüberwachung in Form einer Eigen- und Fremdüberwachung durchgeführt werden. Für die Durchführung der Eigenüberwachung muß das Unternehmen über eine ständige Betonprüfstelle E verfügen. Der Leiter einer solchen Prüfstelle muß ein in der Betontechnologie und Betonherstellung erfahrener Fachmann sein. Die für diese Tätigkeit notwendigen Kenntnisse sind durch eine Bescheinigung des Ausbildungsbeirates Beton beim Deutschen Beton-Verein nachzuweisen. Die Fremdüberwachung wird durch eine Überwachungsgemeinschaft bzw. Güteschutzgemeinschaft oder eine Prüfstelle F durchgeführt.

2.1.20 Nachbehandeln von Beton [3]

Art	Maßnahmen	Außentemperatur in °C unter – 3°	– 3° bis + 5°	5° bis 10°	10° bis 25°	über 25°
Folie / Nachbehandlungsfilm	Abdecken bzw. Nachbehandlungsfilm aufsprühen und benetzen Holzschalung nässen; Stahlschalung vor Sonnenstrahlung schützen					☐
Folie / Nachbehandlungsfilm	Abdecken bzw. Nachbehandlungsfilm aufsprühen			☐	☐	
Folie / Nachbehandlungsfilm	Abdecken bzw. Nachbehandlungsfilm aufsprühen und Wärmedämmung; Verwendung wärmedämmender Schalung – z.B. Holz – sinnvoll		☐[1]			
Folie / Nachbehandlungsfilm	Abdecken und Wärmedämmung; Umschließen des Arbeitsplatzes (Zelt) oder Beheizen (z.B. Heizstrahler); zusätzlich Betontemperaturen wenigstens 3 Tage lang auf + 10 °C halten	☐[1]				
Wasser	Durch Benetzen ohne Unterbrechung feuchthalten				☐	

[1] Nachbehandlungs- und Ausschalungsfristen um Anzahl der Frosttage verlängern; Beton mindestens 7 Tage vor Niederschlägen schützen

Beton für Außenbauteile

Bauteile aus Stahlbeton, die ständig der Witterung ausgesetzt sind, werden stärker beansprucht als Bauteile in trockenen Innenräumen. Werden Außenbauteile aus Stahlbeton sachgerecht geplant und hergestellt, widerstehen sie jahrzehntelang der Witterung ohne konservierende Maßnahmen. Dazu ist eine übertrieben feingliedrige Formgebung der Bauteile zu vermeiden. Die Abmessungen sind auf die Maßtoleranzen von Schalung und Bewehrung so abzustellen, daß praktisch die vollständige Verdichtung des Betons über den gesamten Querschnitt und eine satte Umhüllung der Bewehrung mit Beton ermöglicht werden. Außerdem müssen konstruktive Maßnahmen eine Ableitung der Niederschläge vorsehen und mögliche Temperatur- und Feuchtigkeitseinflüsse berücksichtigen.
Eine besondere Bedeutung kommt der Betondeckung der Bewehrung zu. Sie muß an allen Seiten eines Bauteils ausreichend dick sein. Außerdem muß der Beton – vor allem im oberflächennahen Bereich – so zusammengesetzt, verdichtet und nachbehandelt sein, daß er einen ausreichend hohen Widerstand gegenüber äußeren Einwirkungen aufweist. Nur so verbleibt der Bewehrungsstahl während der gesamten vorausgesetzten Nutzungsdauer in einem korrosionsschützenden, alkalischen Milieu.
In DIN 1045 (Ausgabe Juli 1988) sind eine Reihe von Maßnahmen angegeben, die zur Verbesserung der Dauerhaftigkeit von Beton für Außenbauteile beitragen sollen. Sie beinhalten im wesentlichen folgende Punkte:

- Das Nennmaß der Betondeckung auf den Bewehrungszeichnungen ist gegenüber den Mindestmaßen (Tabelle 2.1.19) um wenigstens 1 cm zu erhöhen.
- Die Verarbeitbarkeit des Frischbetons muß den baupraktischen Gegebenheiten ange-

2.1.21 Mindestdauer der Nachbehandlung für Außen- und Innenbauteile [3]

Außenbauteile

Umgebungsbedingungen	Betontemperatur, ggf. mittlere Lufttemperatur	Festigkeitsentwicklung des Betons schnell, z.B. w/z < 0,50 52,5 R, 52,5, 42,5 R	mittel, z.B. w/z 0,50 bis 0,60 52,5 R, 52,5, 42,5 R, 42,5, 32,5 R oder w/z < 0,50 32,5	langsam, z.B. w/z 0,50 bis 0,60 32,5 oder w/z < 0,50 32,5-NW/HS
günstig vor unmittelbarer Sonneneinstrahlung und vor Windeinwirkung geschützt, relative Luftfeuchte durchgehend ≥ 80%	≥ 10 °C	1	2	2
	< 10 °C	2	4	4
normal mittlere Sonneneinstrahlung und/oder mittlere Windeinwirkung und/oder relative Luftfeuchte ≥ 50%	≥ 10 °C	1	3	4
	< 10 °C	2	6	8
ungünstig starke Sonneneinstrahlung und/oder starke Windwirkung und/oder relative Luftfeuchte < 50 %	≥ 10 °C	2	4	5
	< 10 °C	4	8	10

Innenbauteile

		allgemein	Rohdecken für Verbundestriche
unabhängig	≥ 10 °C	1	2
	< 10 °C	2	4

2.1.22 Mindestmaße der Betondeckung für besondere Bauten [19]

Art der Bauten	Betondeckung in cm		
Brücken, Stützmauern, Tunnel für Straßen und Eisenbahnen nach ZTV-K 80	allgemein 4,0 cm erdberührte Bauteile 5,0 cm		
Wasserbauten im Binnenland an der Küste[1] im offenen Meer[2]	5,0 cm über Wasser	4,0 cm 5,0 cm 8,0 cm Wasserwechselzone	6,0 cm unter Wasser

[1] Empfehlung der Hafenbautechnischen Gesellschaft Hamburg
[2] Mindestwerte des Germanischen Lloyd

2.1.23 Maße, Formate und Bedarfsmengen für Mauerwerk aus Leichtbeton-Blöcken nach DIN 18151 und 18152

	1	2	3	4	5	6	7	8	9
	Maße			Format		Bedarf/m² [3]		Bedarf/m³ [3]	
	Länge[1] mm	Breite[2] mm	Höhe mm	Kurzzeichen	DF	Steine Stück	Mörtel ltr.	Steine Stück	Mörtel ltr.
1	245	175	238	17,5 k	6	16,0	17	92	99
2	370		175	17,5 mx	6 3/4	14,2	18	81	103
3			238	17,5 m	9	10,7	15	61	85
4	495		175	17,5 x	9	10,7	17	61	95
5			238	17,5	12	8,0	14	46	77
6	245	240	175	24 kx	6	21,3	28	89	117
7			238	24 k	8	16,0	24	67	99
8	370		175	24 mx	9	14,2	25	59	102
9			238	24 m	12	10,7	21	45	85
10	495		175	24 x	12	10,7	23	45	95
11			238	24	16	8,0	18	33	77
12	245	300	175	30 kx	7 1/2	21,3	35	71	117
13			238	30 k	10	16	30	53	99
14	370		175	30 mx	11 1/4	14,2	31	47	102
15			238	30 m	15	10,7	26	36	85
16	495		175	30 x	15	10,7	29	36	95
17			238	30	20	8,0	23	27	77
18	245	365	175	36,5 kx	9	21,3	43	58	117
19			238	36,5 k	12	16,0	36	44	99
20	370		175	36,5 mx	13 1/2	14,2	37	39	102
21			238	36,5 m	18	10,7	31	29	85
22	495		175	36,5 x	18	10,7	35	29	95
23			238	36,5	24	8,0	28	22	77

[1] Die hier angegebenen Längen gelten für Steine, die bei der Verlegung dicht (»knirsch«) gestoßen werden. Für Steine, die mit aufgezogener Stoßfuge verlegt werden, sind 5 mm geringere Längen (240 mm bzw. 365 mm bzw. 490 mm) normgerecht.
[2] Steinbreite in der Regel gleich Wanddicke
[3] Die Bedarfsmengen verstehen sich für Wanddicke = Steinbreite. Die Steinmengen sind theoretische Werte ohne Verlustzuschlag bei der Verarbeitung. Die Angaben für den Mörtelbedarf sind überschlägige Werte. Sie enthalten einen Zuschlag von 15% für Verlust bei der Verarbeitung.

2.1.24 Arten zementgebundener Steine und Bauplatten [14]

1	2	3	4	5	6	7	8
Steinart	DIN	Zeichen	Festigkeitsklassen N/mm²				Rohdichteklassen kg/dm³
Hohlwandplatten aus Leichtbeton	18148	Hpl	2	–	–	–	0,60 bis 1,40
Lochsteine aus Leichtbeton	18149	Llb	–	4	6	12	0,60 bis 1,60
Hohlblocksteine aus Leichtbeton	18151	Hbl	2	4	6	–	0,50 bis 1,40
Vollsteine und Vollblöcke aus Leichtbeton	18152	V Vbl	2	4	6	12	0,5 bis 2,00
Hohlblocksteine aus Beton	18153	Hbn	–	4	6	12	1,20 bis 1,80
Wandbauplatten aus Leichtbeton	18162	Wpl	Biegezugfestigkeit $\beta_{BZ} \geq 0{,}8$ N/mm²				0,80 bis 1,40
Hüttensteine	398	HHbl	–	–	6	12[1]	1,00 bis 2,00
Porenbeton-, Block- und Plansteine	4165	G, GP	2	4	6	8	0,40 bis 0,80
Porenbeton-, Bau- und Planbauplatten	4166	Gpl, GPpl	Biegezugfestigkeit $\beta_{BZ} \geq 0{,}4$ N/mm²				0,50 bis 0,80

[1] Hüttensteine auch Festigkeitsklassen 20 und 28

paßt sein. Feingliedrige Querschnitte und/oder dichtbewehrte Bauteile erfordern einen weichen Beton in der Mitte des Konsistenzbereichs KR (Ausbreitmaß 45 ± 3 cm). Der Wasserzementwert sollte 0,60 nicht überschreiten; bei der Ausführung darf kein Einzelwert über 0,65 liegen.

- Der Zementgehalt muß bei Beton B I und B II in der Regel mindestens 300 kg/m³ betragen. Er darf unter bestimmten Voraussetzungen bis auf 270 kg/m³ reduziert werden (Tabelle 2.1.17) .
- Der Beton muß mindestens der Festigkeitsklasse B 25 entsprechen.
- Auf die Notwendigkeit einer gründlichen und ausreichend lang wirkenden Nachbehandlung des Betons wird ausdrücklich hingewiesen.

Damit Beton auch in den oberflächennahen Bereichen die an ihn gestellten Anforderungen erreicht, ist eine gründliche und ausreichend lange Nachbehandlung unerläßlich. Sie ist für die Dauerhaftigkeit der Bauteile und Bauwerke wesentlich. Ziel der Nachbehandlung ist es, daß der Beton genügend Wasser für die Kristallbildung erhält. Außerdem darf er nicht schneller Hydratationswärme verlieren, als bis die Zugfestigkeit für die Aufnahme der Zwängungsspannungen erreicht ist. Nach DIN 1045 Abschnitt 10.3 ist Beton daher ausreichend lange feucht zu halten oder gegen Austrocknung zu schützen. Hierfür genügen im allgemeinen 7 Tage. Diese allgemeinen Forderungen sind – wie Erfahrungen aus der Praxis gezeigt haben – unter Berücksichtigung der unterschiedlichen Betonzusammensetzungen und Umweltbedingungen zu ungenau und geben keinen Anhalt, die wirklich erforderliche Nachbehandlungsdauer abzuschätzen. Deshalb sind in jedem Fall die Angaben der Richtlinie zur Nachbehandlung von Beton des Deutschen Ausschusses für Stahlbeton zu beachten.

Als Nachbehandlungsverfahren werden aufgeführt:

- Belassen in der Schalung
- Abdecken mit Folien
- Aufbringen wasserhaltender Abdeckungen
- Aufbringen von flüssigen Nachbehandlungsmitteln
- Kontinuierliches Besprühen mit Wasser

Eine Kombination dieser Verfahren ist möglich, wie z.B. das Abdecken mit Folien mit wärmedämmenden Maßnahmen (Tabelle 2.1.20).
In der Praxis hat sich gezeigt, daß das Besprühen mit Wasser bei zu großen Temperaturunterschieden unter Umständen für den jungen Beton schädlich sein kann, da es den Beton schockartig, frühzeitig partiell abkühlt, wodurch Zwängungsspannungen entstehen, die zu Rissen führen können.
Den anderen Nachbehandlungsverfahren

wird daher in der Regel der Vorzug gegeben. Die Nachbehandlungsdauer wird in Abhängigkeit von den Umgebungsbedingungen, der Temperatur sowie der Festigkeitsentwicklung des Betons festgelegt (Tabelle 2.1.21).

Bewehrung

Betondeckung

Die Mindestmaße der Betondeckung hängen außer von den Umweltbedingungen, denen die Bauteile ausgesetzt sind, auch vom Durchmesser der Stahleinlagen (s. Seite 265) ab (Tabellen 2.1.19 und 2.1.22). Die in den Tabellen genannten Maße sind einzuhalten, wobei das Nennmaß ausschlaggebend ist. Verkleidungen und Schichten aus natürlichen oder künstlichen Steinen sowie aus Holz oder aus haufwerksporigem Beton dürfen nicht auf die Betondeckung angerechnet werden.
Die Maße der Tabelle 2.1.19 sind bei Beton aus Zuschlag mit Größtkorn > 32 mm um 0,5 cm zu vergrößern. Eine angemessene Vergrößerung ist darüber hinaus erforderlich für besonders dicke Bauteile, Waschbeton, gesandstrahlte oder steinmetzmäßig bearbeitete Flächen, Flächen mit starker Verschleißbeanspruchung sowie Bauteile aus Gründen des Brandschutzes nach DIN 4102. Schutzmaßnahmen können bei Bauteilen unter besonders korrosionsfördernden Einflüssen (Tabelle 2.1.19, Zeile 4) nötig sein. Sie sind auf die Art des Angriffs abzustimmen. Bei außenliegenden bituminösen oder gleichwertigen Abdichtungen oder Verkleidungen mit dichten Schichten (z.B. wasserundurchlässiger Zementputz) können die Betondeckungen der Zeilen 3 und 4 verringert werden. Die Werte der Zeile 2, Tabelle 2.1.19, sind jedoch mindestens einzuhalten.

Abstände

Bei gleichlaufenden Betonstählen muß der lichte Abstand zwischen den Stäben mindestens 2 cm betragen. Er muß auch mindestens gleich dem Stabdurchmesser sein. Bei der Planung wird oft nicht berücksichtigt, daß bei Rippenstählen der tatsächliche Stabdurchmesser bis zu den Rippenaußenkanten größer ist als der Nenndurchmesser. Die Höhe einer Längsrippe beträgt bei Stahl III S (BSt 420 S) z.B. 10 % des Nenndurchmessers.

Rüttellücken

Beton wird in der Regel durch Rütteln verdichtet. Je nach Form und Abmessungen der Bauteile kommen Oberflächenrüttler, Innen-/Tauchrüttler (Flaschenrüttler, bei engeren Stellen Schwertrüttler) sowie Außen-/Schalungsrüttler (dünne, beidseitig geschalte Bauteile, bei Standardteilen in Betonbauwerken Rütteltische, bei zentralsymmetrischen Querschnitten Schleuderanlagen, s. Seite 273) zur

2.1.25 Eigenlasten für Bauteile aus Beton nach DIN 1055

Beton	Rohdichteklasse [g/cm³ bzw kg/dm³]											Gesteinsrohdichte bis 2,7 g/cm³
	0,4	0,5	0,6	0,7	0,8	1,0	1,2	1,4	1,6	1,8	2,0	
Normalbeton mit geschlossenem Gefüge nach DIN 1045 B 5 und B 10 B 15 und B 55												 23 24
Stahlbeton aus Normalbeton mit geschlossenem Gefüge nach DIN 1045 B 15 und B 55												25
Leichtbeton mit geschlossenem Gefüge nach DIN 4219						10,5	12,5	14,5	16,5	18,5	20,5	
Stahlleichtbeton nach DIN 4219						11,5	13,5	15,5	17,5	19,5	21,5	
Leichtbeton mit Zuschlägen aus Holzspänen (Holzspanbeton)	5	6	7	8								
Leichtbeton mit haufwerksporigem Gefüge nach DIN 4232						10	12	15	16	18	20	
Porenbeton bewehrt nach DIN 4223		6,2	7,2	8,4	9,5							

2.1.26 Eigenlasten für Mörtel und Beläge nach DIN 1055

Gegenstand	Rechenwert in kN/m³
Mauer- und Putzmörtel	
Zementmörtel	21
Zementtraßmörtel	21
Mörtel mit Putz- und Mauerbinder	21
Kalkzementmörtel	20
Kalktraßmörtel	20
Kalkmörtel, Kalkgipsmörtel, Anhydritmörtel	18
Gipsmörtel, ohne Sand	12
Leichtmörtel aus Leichtzuschlägen Mörtelrohdichte ≤ 1 g/cm³	10
Fußboden- und Wandbeläge	
Betonwerksteinplatten	24
Keramische Wandfliesen (einschl. Verlegemörtel)	19
Keramische Bodenfliesen (einschl. Verlegemörtel)	22
Natursteinplatten (einschl. Verlegemörtel)	30
Terrazzo	24
Zementestrich	22

2.1.27 Eigenlasten für Mauerwerk aus künstlichen Steinen nach DIN 1055

Steinrohdichte [g/cm³]	0,5	0,6	0,7	0,8	0,9	1,0	1,2	1,4	1,6	1,8	2,0	2,1	2,2	2,5
Rechenwert [kN/m³]														
normaler Mauermörtel	7	8	9	10	11	12	14	15	17	18	20	21	22	25
Leichtmauermörtel	6	7	8	9	10	11	13	14	16	17	19	20	21	24

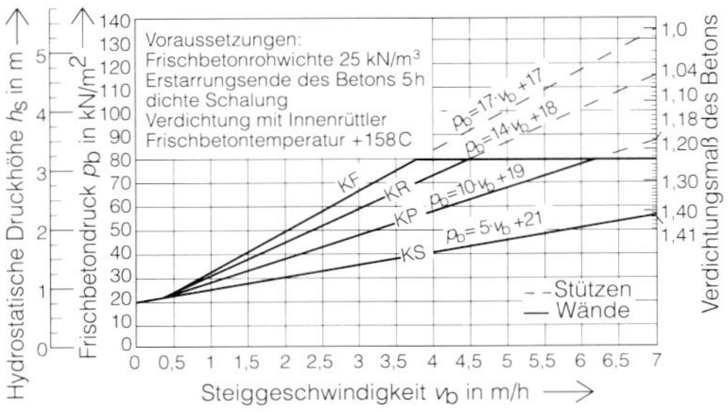

Eine Frischbetonrohwichte von 25 kN/m³ entspricht einer Frischbetonrohdichte von 2,5 kg/dm³

2.1.28 Frischbetondruck auf lotrechte Schalung nach DIN 18218

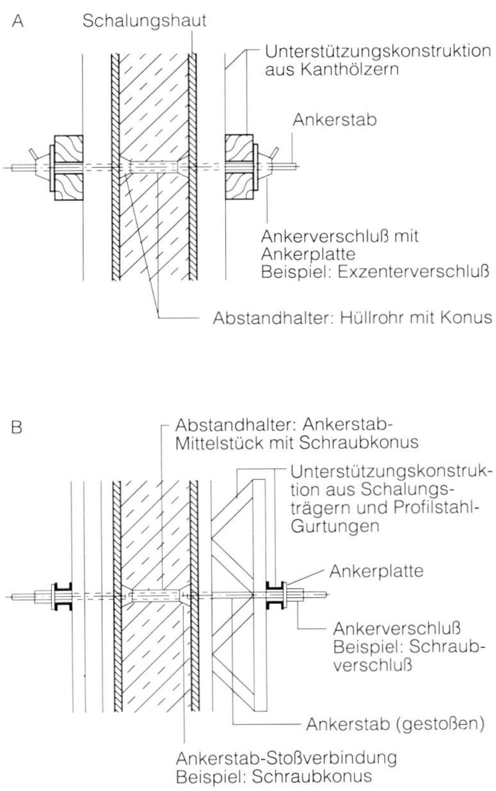

2.1.29 Einbaubeispiele für Schalungsanker nach DIN 18216

A Schalungsanker mit Exzenterverschluß,
B Schalungsanker mit Schraubverschluß

Anwendung. Für das Eintauchen der Innenrüttler müssen Rüttellücken vorgesehen sein. Sie sind nach DIN 1045 Abschnitt 3.2.1 in den Bewehrungszeichnungen anzugeben. Das Vorsehen von Rüttellücken erfordert unter Umständen eine andere Verteilung der Bewehrung und kann auch Einfluß auf die Bemessung haben. Besondere Schwierigkeiten entstehen in der Praxis u.a. durch zu dicht liegende obere Bewehrungen von Balken, besonders an Balkenkreuzungen über Stützen.

Betonieröffnungen

Beton ist beim Einbringen in die Schalung bei Fallhöhen über 2 m durch Fallrohre zusammenzuhalten, denn er darf sich beim Abstürzen in Stützen- und Wandschalungen nicht entmischen (DIN 1045 Abschnitt 10.1).
Fallrohre oder Pumpenleitungen erfordern zum Einführen einen Raum von 20 cm Durchmesser zwischen den Bewehrungen. Diese dafür erforderliche andere Bewehrungsanordnung hat ebenfalls einen Einfluß auf die Bemessung und damit auf die Bauteilquerschnitte.

Mauerwerk aus Betonsteinen

Für Mauerwerk stehen viele zementgebundene Mauersteine zur Verfügung (Tabelle 2.1.23).
Je nach Steinart werden Hohlblocksteine, Vollsteine, Vollblöcke, Hohlwandplatten und Wandbauplatten unterschieden. Die Steine sind vorwiegend aus Leichtbeton mit Leichtzuschlägen, werden aber auch aus Normalbeton sowie aus Porenbeton hergestellt. Je nach Steintyp enthalten Hohlblocksteine Kammern, und Vollblöcke Schlitze, die in Reihen angeordnet sind. Zur bequemeren Handhabung bei der Verlegung können Griffhilfen bzw. Grifflöcher vorhanden sein.
Weitere Einteilungsmerkmale der Steine ergeben sich durch deren Abmessungen, Rohdichte und Festigkeit (Tabelle 2.1.24). Die wärmedämmenden Eigenschaften der Steine sind sehr verschieden und hängen überwiegend von den Zuschlägen, von der verwendeten Sandart, von den Hohlräumen (Kammern, Schlitze), vom Fugenanteil und von der verwendeten Mauermörtelart ab. Angaben über den Wärme-, Schall- und Brandschutz von Mauerwerk aus Leichtbetonsteinen sind der entsprechenden Fachliteratur zu entnehmen [4], [13], [24], [25].

Anwendung

Lastannahmen

Die Werte zur Ermittlung der Eigenlasten von Bauteilen aus Beton sind der DIN 1055, Lastannahmen für Bauten, zu entnehmen. Sie gelten für die Berechnung der Standsicherheit und der Abmessungen baulicher Anlagen.

Beton
Die Trockenrohdichte von Beton richtet sich weitgehend nach der Art der verwendeten Zuschläge (Tabelle 2.1.3). Sie beträgt für Leichtbeton höchstens 2,0 kg/dm³, für Normalbeton 2,0 bis 2,8 kg/dm³ und für Schwerbeton mehr als 2,8 kg/dm³. Rechenwerte für die Eigenlasten von Bauteilen aus Ortbeton und Betonfertigteilen sind in Tabelle 2.1.25 zusammengestellt. Bei Frischbeton sind die Werte im allgemeinen um 1 kN/m³ zu erhöhen.

Mörtel
Rechenwerte für Mauermörtel und Putzmörtel sowie für Fußboden- und Wandbeläge enthält Tabelle 2.1.26.

Mauerwerk
Nach DIN 1055 gelten die in Tabelle 2.1.27 genannten Rechenwerte für Mauerwerk aus künstlichen Steinen (Vollsteine, Vollblöcke, Hohlblocksteine, T-Steine).

Schalung
Waagerechte Schalungen und Schalgerüste sind für die Last des aufzubringenden frischen Betons und der Stahleinlagen zu bemessen. Sowohl für den Frischbeton als auch für den erhärteten Stahlbeton wird eine Eigenlast von 25 kN/m³ angesetzt. Für die übrigen Lasteinwirkungen durch den Betonierbetrieb wird eine Ersatzlast angenommen, deren Größe sich nach Art der Betonförderung und dem Nenninhalt der verwendeten Fördergeräte, z.B. Krankübel, richtet (Tabelle 2.1.30).
Lotrechte Schalungen sind für den waagerechten Druck des Frischbetons zu bemessen. Er ist abhängig von der Steiggeschwindigkeit und von der Konsistenz des einzubringenden Betons (Bild 2.1.28).
Die zulässigen Belastungen für Schalungsanker sind nach Art des Verschlusses (Bild 2.1.29) in den Tabellen 2.1.31 und 2.1.32 zusammengestellt.

Zulässige Beanspruchungen

Für Stahlbetonteile sind die Rechenwerte der Betondruckfestigkeit in Tabelle 2.1.33 zusammengestellt. Für Bauteile aus unbewehrtem Beton enthält Tabelle 2.1.34 die zulässigen Betondruckspannungen. Für Bauteile aus Leichtbeton mit geschlossenem Gefüge nach DIN 4219 gelten die gleichen Sicherheitsbeiwerte wie bei Bauteilen aus Normalbeton. Für Wände aus Leichtbeton mit haufwerksporigem Gefüge sind die in DIN 4232 festgelegten zulässigen Druckspannungen in Tabelle 2.1.35 angegeben.

Verformungen

Belastungen, äußere Einwirkungen oder innere Vorgänge, verursachen Formänderungen im Frischbeton und im Festbeton, die umkehrbar (reversibel) oder nicht umkehrbar (irreversibel) sein können. Sie werden neben der Art, Größe und Dauer der Beanspruchung, dem Erhärtungszustand und der Feuchte des Betons in starkem Maße von den Eigenschaften des Zuschlags, der rund 70 % des Betonvolumens bildet, beeinflußt.

Elastische Formänderungen
Der Elastizitätsmodul des Betons, das Maß für das elastische Verhalten von Beton im einachsigen Spannungszustand, ergibt sich aus dem E-Modul des Zementsteins und dem E-Modul des Betonzuschlags. Er läßt sich aus deren Volumenanteilen abschätzen (Tabelle 2.1.36). In den Stahlbeton- und Spannbetonbestimmungen sind die entsprechenden Rechenwerte für den Elastizitätsmodul von Normal- und Leichtbeton genannt (Tabellen 2.1.37 und 2.1.38). Bei allen Nachweisen im Gebrauchszustand darf mit einem für Druck und Zug gleich großen Elastizitätsmodul gerechnet werden.

Temperaturdehnung und -krümmung
Eine Temperaturerhöhung hat eine Volumenvergrößerung und eine Temperaturerniedrigung eine Volumenverringerung der Baustoffe zur Folge. Daraus ergeben sich Verlängerungen bzw. Verkürzungen, gemessen mit dem Dehnmaß Δl:

$$\Delta l = \pm \alpha_T \cdot \Delta T \cdot l$$

Δl Dehnmaß als Verlängerung (+) oder Verkürzung (–) des Bauteils
α_T Temperaturdehnzahl (Wärmedehnzahl) aus dem Verhältnis der Temperaturdehnung ε_T zur zugehörigen Temperaturänderung Δ_T
ΔT Temperaturerhöhung (+) oder Temperaturerniedrigung (–)
l ursprüngliche Bauteillänge

Temperaturdehnzahlen für Normalbeton nach DIN 1045 und Leichtbeton nach DIN 4219 enthält Tabelle 2.1.39. Temperaturkrümmungen beruhen auf ungleichmäßigen Temperaturbeanspruchungen. Das Formänderungsmaß f errechnet sich aus der Dicke d und der Länge l eines Bauteils sowie der Temperaturdifferenz ΔT zwischen seiner Ober- und Unterseite:

$$f = \alpha_T \cdot \Delta T/d \cdot l^2/8.$$

Kriechen und Schwinden
Mit Kriechen bezeichnet man die zeitabhängige Zunahme der Verformung eines Bauteils unter andauernder Spannung, mit Schwinden die Verkürzung des unbelasteten Bauteils während der Austrocknung.
Bei Mauerwerk und Stahlbetonkonstruktionen kann im allgemeinen ein Nachweis für Kriechen und Schwinden entfallen. Bei Spannbetonkonstruktionen muß dagegen der Einfluß von Kriechen und Schwinden berücksichtigt

2.1.30 Ersatzlast für lotrechte Verkehrslasten beim Betonieren nach DIN 1055

Art der Betonförderung	Ersatzlast in kN/m²
Förderband, Aufzug, Karre	≥ 1,5
Krankübel oder anderes Transportgerät mit Gefäßinhalt	
250 l	≥ 2,5
500 l	≥ 5,0
1000 l	≥ 10,0
1500 l	≥ 15,0
Betonpumpe	≥ 5,0

Von den Werten darf abgewichen werden, wenn ein genauer Nachweis geführt wird.

2.1.31 Zulässige Belastung von Schalungsankern mit Keil-, Exzenter- und Keil-Exzenterverschlüssen nach DIN 18216

Ankerstabdurchmesser mm	Querschnittsfläche A cm²	Belastung zul. F kN
6	0,28	3
8	0,50	6
10	0,79	10
12	1,13	14
14	1,54	20
16	2,01	25

Nichtkreisförmige Ankerstabquerschnitte sind entsprechend ihrer kleinsten tragenden Querschnittsfläche der nächst niedrigeren Zeile der Tabelle zuzuordnen.

2.1.32 Zulässige Belastung von Schalungsankern mit nicht kennzeichnungspflichtigen Schraubverschlüssen und Ankerstäben aus St 37-2 oder St 37-3 nach DIN 18216

Gewindedurchmesser[1] mm	Belastung zul. F kN
10	6
12	8
16	16
20	25
24	35
27	45

[1] Bei Regelgewinde nach DIN ISO 898 Teil 1 oder entsprechendem Kernquerschnitt

2.1.33 Rechenwerte β_R der Betondruckfestigkeit in N/mm² für Stahlbetonbauteile nach DIN 1045 Abschn. 17.2.1

1	Nennfestigkeit β_{WN} des Betons	5,0	10	15	25	35	45	55
2	Rechenwert β_R	3,5	7,0	10,5	17,5	23	27	30

2.1.34 Zulässige Betondruckspannungen für Bauteile aus unbewehrtem Normalbeton nach DIN 1045 Abschn. 17.9

Betonfestigkeitsklasse	zul. Betondruckspannung zul. $\sigma_D = \beta_R/\gamma$ in N/mm²		
B 5	β_R/γ	= 3,5/2,1	= 1,67
B 10		= 7,0/2,1	= 3,33
B 15		= 10,5/2,1	= 5,0
B 25		= 17,5/2,1	= 8,33
B 35 bis B 55[1]		= 23,0/2,1	= 10,95

[1] Es darf rechnerisch keine höhere Betonfestigkeitsklasse des Betons als B 35 ausgenützt werden

2.1.35 Zulässige Druckspannungen für Wände aus haufwerksporigem Leichtbeton nach DIN 4232

Festigkeitsklasse des Leichtbetons	Zulässige Druckspannung bei Wänden und Pfeilern in Abhängigkeit von h_k/d MN/m²				örtliche Pressung (z.B. unter Balkenauflagern) MN/m²
	≤ 5	10	15	20	
LB 2	0,50	0,45	0,35	0,20	0,70
LB 5	1,20	1,00	0,80	0,50	1,70
LB 8	1,90	1,65	1,25	0,80	2,65

2.1.36 Elastizitätsmodul für Zementstein, Zuschlag und Beton (nach Bonzel) [19]

Elastizitätsmodul	[N/mm²]
E_z des Zementsteins	5000 bis 20000
E_g des Betonzuschlags	20000 bis 100000

2.1.37 Rechenwerte des Elastizitätsmoduls für Normalbeton nach DIN 1045

	1	2	3	4	5	6	7
1	Festigkeitsklasse des Betons	B 10	B 15	B 25	B 35	B 45	B 55
2	Elastizitätsmodul E_b in N/mm²	22000	26000	30000	34000	37000	39000

2.1.38 Rechenwerte des Elastizitätsmoduls für Leichtbeton nach DIN 4219

Rohdichteklasse	1,0	1,2	1,4	1,6	1,8	2,0
Elastizitätsmodul E_{lb} in N/mm²	5000	8000	11000	15000	19000	23000

2.1.39 Wärmedehnzahlen für Beton [19]

Baustoff	Wärmedehnzahl α_T	
	in mm/(m • K)	in mm/(mm • K)
Normalbeton, Stahlbeton, Mauerwerk aus Leichtbetonsteinen	0,010	$1{,}0 \cdot 10^{-5}$
Leichtbeton, Stahlleichtbeton, Mauerwerk aus Porenbetonsteinen	0,008	$0{,}8 \cdot 10^{-5}$

2.1.40 Endkriechzahlen und Endschwindmaße für Betonbauteile, 1) und 2) nach DIN 4227

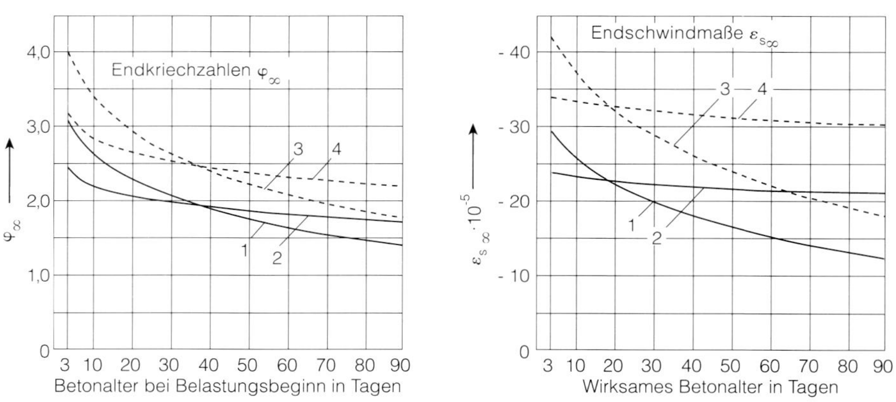

Kurve	Lage des Bauteils	Körperdicke $d_m = 2\,A/U$[3]
1	feucht, im Freien	klein (≤ 10 cm)
2	(rel. Feuchte ≈ 70%)	groß (≥ 80 cm)
3	trocken, in Innenräumen	klein (≤ 10 cm)
4	(rel. Feuchte ≈ 50%)	groß (≥ 80 cm)

[1] Tafel und zugehörige Diagramme gelten für den Konsistenzbereich K P. Für die Konsistenzbereiche K S bzw. K R sind die Zahlen um 25% zu ermäßigen bzw. zu erhöhen. Bei Verwendung von Fließmitteln darf die Ausgangskonsistenz angesetzt werden.

[2] Tafel und zugehörige Diagramme gelten für Beton, der unter Normaltemperatur erhärtet und für den Zement der Festigkeitsklassen 32,5 R und 42,5 R verwendet wird. Der Einfluß auf das Kriechen von Zement mit langsamer Erhärtung (32,5 und 42,5) bzw. mit sehr schneller Erhärtung (52,5 und 52,5 R) kann dadurch berücksichtigt werden, daß die Richtwerte für den halben bzw. 1,5fachen Wert des Betonalters bei Belastungsbeginn abzulesen sind.

[3] A = Fläche des Betonquerschnitts: u = der Atmosphäre ausgesetzter Umfang des Bauteils

werden, wenn hierdurch die maßgebenden Schnittgrößen oder Spannungen sehr ungünstig verändert werden.
Das Kriechen und Schwinden des Betons hängt vor allem von folgenden Einflüssen ab:

- Feuchte der umgebenden Luft
- Maße des Bauteils
- Zusammensetzung des Betons

Beim Kriechen kommen außerdem noch hinzu:

- Erhärtungsgrad des Betons beim Belastungsbeginn (Reifegrad)
- Dauer und Größe der Beanspruchung

Da im allgemeinen die Auswirkungen des Kriechens und Schwindens auch bei Spannbetonkonstruktionen nur für den Endzustand (Zeitpunkt t = ∞) zu berücksichtigen sind, kann vereinfacht mit den Endkriechzahlen und Endschwindmaßen aus Tabelle 2.1.40 gerechnet werden.

Gesamte Formänderung
Zur Festlegung der notwendigen konstruktiven Maßnahmen ist es häufig erforderlich, die Größe der gesamten zu erwartenden Formänderungen von Bauteilen abzuschätzen. Sie betragen bei Spannungen durch Längskraft, Temperaturbeanspruchung, Kriechen und Schwinden:

$$\Delta l = l \cdot [\pm \alpha_T \cdot \Delta T \pm (1 + \varphi_\infty) \cdot \sigma_0 / E_b \pm \varepsilon_{S\infty}]$$

Δl Längenänderung in mm (Verkürzung –, Verlängerung +)
l Länge des Bauteils in mm
α_T Temperaturdehnzahl des Betons nach Tabelle 2.1.39 in mm / (mm • K)
ΔT Temperaturdifferenz in K (Erhöhung +, Verminderung –)
σ_0 konstante Betonspannung in N/mm² (Druck –, Zug +)
E_b Elastizitätsmodul des Betons in N/mm²
φ_∞ Endkriechzahl des Betons nach Bild 2.1.40
$\varepsilon_{S\infty}$ Endschwindmaß des Betons nach Bild 2.1.40 (Wasseraufnahme +, Austrocknen –)

Die spannungsabhängigen Formänderungen (Last + Kriechen) betragen in der Regel etwa 3/4 der Gesamtverformung, die spannungsunabhängigen (Schwinden + Temperatur) hingegen nur 1/4 der Gesamtverformung.

Literatur

Bücher und Aufsätze

[1] Aurich, Heinz: Kleine Leichtbetonkunde. Bauverlag GmbH, Wiesbaden, Berlin 1971

[2] Bau- und Baustoffhandbuch. Hrsg.: Gert Wohlfarth GmbH, Verlag Fachtechnik + Mercator-Verlag, Duisburg 1986, 10. Aufl.

[3] Bayer, Edwin; Kampen, Rolf; Moritz, Helmut: Beton-Praxis. Ein Leitfaden für die Baustelle. Hrsg.: Bundesverband der Deutschen Zementindustrie, Köln; Beton-Verlag GmbH, Düsseldorf 1993, 5. überarb. Aufl., Schriftenreihe der Bauberatung Zement

[4] Beton-Bauteile. Mauerwerk aus Leichtbeton. Hrsg.: Informationsstelle Beton-Bauteile, Bonn; Beton-Verlag GmbH, Düsseldorf 1988

[5] Beton-Handbuch. Hrsg.: Deutscher Beton-Verein e.V., Wiesbaden; Bauverlag GmbH, Wiesbaden/Berlin 1984, 2. Aufl.

[6] Beton-Herstellung nach Norm. Bearb.: Bauberatung Zement, Hrsg.: Bundesverband der Deutschen Zementindustrie, Köln; Beton-Verlag GmbH, Düsseldorf 1990, 9. überarb. Aufl.

[7] Beton im Wohnungsbau. Bearb.: Jörg Brandt, Jörg Michael Fehlhaber, Rudolf Krieger, Helmut Moritz; Hrsg.: Bundesverband der Deutschen Zementindustrie, Köln; Beton-Verlag GmbH, Düsseldorf 1994

[8] Beton-Kalender. Verlag Wilhelm Ernst & Sohn, Berlin 1958 – 1994

[9] Beton-Prüfung nach Norm. Bearb.: Bauberatung Zement, Hrsg.: Bundesverband der Deutschen Zementindustrie, Köln; Beton-Verlag GmbH, Düsseldorf 1994, 9. überarb. Aufl.

[10] Betontechnische Berichte. Bearb.: Forschungsinstitut der Zementindustrie, Düsseldorf; Hrsg.: Gerd Wischers, Beton-Verlag GmbH, Düsseldorf 1991

[11] Blaut, Hans: Statistische Verfahren für die Gütesicherung von Beton. Bauverlag GmbH, Wiesbaden/Berlin 1968

[12] Bonzel, Justus; Bub, Heinrich; Funk, Peter: Erläuterungen zu den Stahlbetonbestimmungen. Verlag Wilhelm Ernst & Sohn, Berlin 1972, 7. Aufl.

[13] Brandt, Jörg; Irmschler, Hans-Jörg; Pesch, Lothar; Pötzsch, Gerhard: Hbl-Handbuch. Mauerwerksbau mit Beton-Bausteinen. Hrsg.: Bundesverband Deutsche Beton- und Fertigteilindustrie, Bonn; Beton-Verlag GmbH, Düsseldorf 1984, 3. überarb. Aufl.

[14] Brandt, Jörg; Krieger, Rudolf; Moritz, Helmut: Wärmeschutz nach Maß. Hochbauten aus Beton – Planungsgrundlagen, Konstruktionshinweise, Rechenbeispiele. Hrsg.: Bundesverband der Deutschen Zementindustrie, Köln; Beton-Verlag GmbH,Düsseldorf 1993, 6. Aufl.

[15] Dartsch, Bernhard: Praktische Betontechnik. Ein Ratgeber für Architekten und Ingenieure. Beton-Verlag GmbH, Düsseldorf 1977

[16] Ebeling, Karsten; Klose, Norbert: Beton – Herstellung nach Europäischer Norm. Hrsg.: Bundesverband der Deutschen Zementindustrie, Köln; Beton-Verlag GmbH, Düsseldorf 1992, 2. überarb. Aufl.

[17] Härig, Siegfried; Piltz, Herbert; Schulz, Wolfgang: Technologie der Baustoffe. Eigenschaften und Anwendung. Straßenbau, Chemie und Technik Verlagsges. m.b.H., Heidelberg 1971

[18] Iken, Hans; Lackner, Roman; Zimmer, Uwe: Handbuch der Betonprüfung. Beton-Verlag GmbH, Düsseldorf 1994, 4. überarb. Aufl.

[19] Kind-Barkauskas, Friedbert: Beton-Atlas. Mitarb.: Jörg Brandt, F. Kluckhohn, Rudolf Krieger, G. Lohmeyer, Helmut Moritz; Hrsg.: Bundesverband der Deutschen Zementindustrie, Köln; Beton-Verlag GmbH, Düsseldorf 1980/1. Bd., 1984/2. Bd.

[20] Kühl, Hans: Der Baustoff Zement. Eine Einführung in die Herstellung und Verarbeitung. Verlag für Bauwesen, Berlin 1963

[21] Lamprecht, Heinz-Otto: Betonprüfungen auf der Baustelle und im Labor. Hrsg.: Bundesverband der Deutschen Zementindustrie, Köln; Beton-Verlag GmbH, Düsseldorf 1972, 2. Aufl.

[22] Linder, Richard: Stichwort Schalung. Bauverlag GmbH, Wiesbaden/Berlin 1973

[23] Lohmeyer, Gottfried: Stahlbetonbau – Bemessung, Konstruktion, Ausführung. B.G. Teubner-Verlag, Stuttgart 1983, 3. erw. Aufl.

[24] Mauerwerk-Kalender. Taschenbuch für Mauerwerk, Wandbaustoffe, Schall-, Wärme- und Feuchteschutz. Bearb.: Peter Funk, Verlag Wilhelm Ernst & Sohn, Berlin 1975 – 1994

[25] Pötzsch, G.: Leichtbeton-Mauerwerk. Beton-Verlag GmbH, Düsseldorf 1978

[26] Scholz, Wilhelm: Baustoffkenntnis. Werner Verlag, Düsseldorf 1987, 11. Aufl.

[27] Weber, Robert; Tegelaar, Rudolf; Schwara, Herbert; Soller, Rolf: Guter Beton. Ratschläge für die richtige Betonherstellung. Hrsg.: Bundesverband der Deutschen Zementindustrie, Köln; Beton-Verlag GmbH, Düsseldorf 1993, 18. Aufl.

[28] Weigler, Helmut; Iken, Hans-W.; Lackner, Roman R.: Europäische Regeln für Beton. Beton-Verlag GmbH, Düsseldorf 1993

[29] Wendehorst, R.: Baustoffkunde. Bearb.: Helmut Spruck, Curt R. Vincentz Verlag, Hannover 1986, 22. überarb. Aufl.

[30] Wesche, Karlhans: Baustoffkunde für tragende Bauteile. Bd. 2 Beton. Bauverlag GmbH, Wiesbaden/Berlin 1993, 3. neubearb. Aufl.

[31] Zement-Merkblätter. Bearb.: Bauberatung Zement, Hrsg.: Bundesverband der Deutschen Zementindustrie, Köln; Beton-Verlag GmbH, Düsseldorf 1954 – 1994

[32] Zement-Taschenbuch. Ausg. 1 – 48, Hrsg.: Verein Deutscher Zementwerke, Düsseldorf; Bauverlag GmbH, Wiesbaden/Berlin 1911 – 1950 (Zementkalender) 1952 – 1984

Normen und Richtlinien

DIN 398 Hüttensteine, Vollsteine, Lochsteine, Hohlblocksteine, Ausgabe 1976

DIN 1045 Beton und Stahlbeton. Bemessung und Ausführung, Ausgabe 1988

DIN 1048 Prüfverfahren für Beton
Teil 1: Frischbeton, Ausgabe 1991
Teil 2: Festbeton in Bauwerken und Bauteilen, Allgemeines Verfahren, Ausgabe 1991
Teil 4: Bestimmung der Druckfestigkeit von Festbeton in Bauwerken und Bauteilen, Anwendung von Bezugsgeraden und Auswertung mit besonderen Verfahren, Ausgabe 1991
Teil 5: Festbeton gesondert hergestellter Probekörper, Ausgabe 1991

DIN 1053 Mauerwerk
Teil 1: Rezeptmauerwerk; Berechnung und Ausführung, Ausgabe 1990
Teil 2: Mauerwerk nach Eignungsprüfung; Berechnung und Ausführung, Ausgabe 1984

DIN 1055 Lastannahmen für Bauten
Teil 1: Lagerstoffe, Baustoffe, Bauteile, Eigenlasten und Reibungswinkel, Ausgabe 1978
Teil 2: Bodenkenngrößen; Wichte, Reibungswinkel, Kohäsion, Wandreibungswinkel, Ausgabe 1976
Teil 3: Verkehrslasten, Ausgabe 1971
Teil 4: Verkehrslasten; Windlasten nicht schwingungsanfälliger Bauwerke, Ausgabe 1987
Teil 5: Verkehrslasten; Schneelast und Eislast, Ausgabe 1975
Teil 6: Lasten in Silozellen, Ausgabe 1987

DIN 1084 Überwachung (Güteüberwachung) im Beton- und Stahlbetonbau
Teil 1: Beton B II auf Baustellen, Ausgabe 1978
Teil 2: Fertigteile, Ausgabe 1978
Teil 3:Transportbeton, Ausgabe 1978

DIN 1164 Zement
Teil 1: Zusammensetzung, Anforderungen, Ausgabe 1994
Teil 2: Überwachung (Güteüberwachung), Ausgabe 1990
Teil 8: Bestimmung der Hydratationswärme mit dem Lösungskaloriemeter, Ausgabe 1978
Teil 31: Bestimmung des Hüttensandanteils von Eisenportland- und Hochofenzement und des Traßanteils von Traßzement, Ausgabe 1990
Teil 100: Portlandölschieferzement; Anforderungen, Prüfungen, Überwachung, Ausgabe 1990

DIN 4030 Beurteilung betonangreifender Wässer, Böden und Gase
Teil 1: Grundlagen und Grenzwerte, Ausgabe 1991
Teil 2: Entnahme und Analyse von Wasser- und Bodenproben, Ausgabe 1991

DIN 4103 Leichte Trennwände; Richtlinien für die Ausführung
Teil 1: Nichttragende Trennwände; Anforderungen, Nachweise, Ausgabe 1984

DIN 4165 Gasbeton-Blocksteine, Ausgabe 1989

DIN 4166 Gasbeton-Bauplatten, unbewehrt, Ausgabe 1989

DIN 4172 Maßordnung im Hochbau, Ausgabe 1955

DIN 4211 Putz- und Mauerbinder, Ausgabe 1990

DIN 4219 Leichtbeton und Stahlleichtbeton mit geschlossenem Gefüge
Teil 1: Anforderungen an den Beton, Herstellung und Überwachung, Ausgabe 1979

DIN 4226 Zuschlag für Beton
Teil 1: Zuschlag mit dichtem Gefüge; Begriffe, Bezeichnungen, Anforderungen, Ausgabe 1983
Teil 2: Zuschlag mit porigem Gefüge (Leichtzuschlag); Begriffe, Bezeichnungen, Anforderungen, Ausgabe 1983
Teil 3: Prüfung von Zuschlag mit dichtem oder porigem Gefüge, Ausgabe 1983
Teil 4: Überwachung (Güteüberwachung), Ausgabe 1983

DIN 4227 Spannbeton
Teil 1: Bauteile aus Normalbeton mit beschränkter oder voller Vorspannung, Ausgabe 1988
Teil 2: Bauteile mit teilweiser Vorspannung, Ausgabe 1984
Teil 3: Bauteile in Segmentbauart; Bemessung und Ausführung, Ausgabe 1983
Teil 4: Bauteile aus Spannleichtbeton, Ausgabe 1986
Teil 5: Einpressen von Zementmörtel in Spannkanäle, Ausgabe 1979
Teil 6: Bauteile mit Vorspannung oder Verbund, Ausgabe 1982

DIN 4232 Wände aus Leichtbeton mit haufwerksporigem Gefüge; Bemessung und Ausführung, Ausgabe 1987

DIN 4235 Verdichten von Beton durch Rütteln
Teil 1: Rüttelgeräte und Rüttelmechanik, Ausgabe 1978
Teil 2: Verdichten mit Innenrüttlern, Ausgabe 1978
Teil 3: Verdichten bei der Herstellung von Fertigteilen mit Außenrüttlern, Ausgabe 1978
Teil 4: Verdichten von Ortbeton mit Schalungsrüttlern, Ausgabe 1978
Teil 5: Verdichten mit Oberflächenrüttlern, Ausgabe 1978

DIN 18000 Modulordnung im Bauwesen, Ausgabe 1984

DIN 18148 Hohlwandplatten aus Leichtbeton, Ausgabe 1975

DIN 18151 Hohlblocksteine aus Leichtbeton, Ausgabe 1987

DIN 18152 Vollsteine und Vollblocksteine aus Leichtbeton, Ausgabe 1987

DIN 18153 Hohlblocksteine aus Beton, Ausgabe 1989

DIN 18162 Wandbauplatten aus Leichtbeton, unbewehrt, Ausgabe 1976

DIN 18202 Maßtoleranzen im Hochbau, Ausgabe 1986

DIN 18216 Schalungsanker für Betonschalungen, Ausgabe 1986

DIN 18217 Betonflächen und Schalungshaut, Ausgabe 1981

DIN 18218 Frischbetondruck auf lotrechte Schalungen, Ausgabe 1980

DIN 18330 VOB, Verdingungsordnung für Bauleistungen
Teil C: Allgemeine Technische Vorschriften für Bauleistungen, Maurerarbeiten, Ausgabe 1988

DIN 18331 VOB, Verdingungsordnung für Bauleistungen
Teil C: Allgemeine Technische Vorschriften für Bauleistungen, Beton- und Stahlbetonarbeiten, Ausgabe 1988

DIN EN 196 Prüfverfahren für Zement
Teil 1: Bestimmung der Festigkeit, Ausgabe 1990

DIN V ENV 197 Zement
Teil 1: Zusammensetzung, Anforderungen und Konformitätskriterien, Ausgabe 1992

DIN V ENV 206 Beton; Eigenschaften, Herstellung, Verarbeitung und Gütenachweis, Ausgabe 1990

Eurocode 2 (EC 2) DIN V 18932 Bemessung von Betonbauwerken
Teil 1: Allgemeine Regeln und Regeln für Gebäude, Entwurf 1989

Merkblatt Betondeckung, Ausgabe 1991

Merkblatt für Ausschreibung, Herstellung und Abnahme von Beton mit gestalteten Ansichtsflächen (Sichtbeton), Ausgabe 1989

Merkblatt (II und III) Leichtbeton und Stahlleichtbeton mit geschlossenem Gefüge, Ausgabe 1974

Richtlinien Alkalireaktion im Beton für vorbeugende Maßnahmen gegen schädliche Alkalireaktion im Beton, Ausgabe 1986

Richtlinien für Beton mit Fließmittel und für Fließbeton, Ausgabe 1986

Richtlinien Trennmittel für Betonschalungen und -formen, Lieferung, Anwendung und Prüfung, Ausgabe 1977

Richtlinie zur Anwendung von DIN V ENV 206/10.90 Beton; Eigenschaften, Herstellung, Verarbeitung und Gütenachweis, Ausgabe 1991

Richtlinie zur Nachbehandlung von Beton, Ausgabe 1984

Richtlinie für Schutz und Instandsetzung von Betonbauteilen
Teil 1: Allgemeine Regelungen und Planungsgrundsätze, Ausgabe 1990
Teil 2: Bauplanung und Bauausführung, Ausgabe 1990
Teil 3: Qualitätssicherung der Bauausführung, Ausgabe 1991
Teil 4: Lieferbedingungen und einheitliche Grundsätze für Ausführungsanweisungen, Ausgabe 1992

Vorläufige Richtlinie für Beton mit verlängerter Verarbeitungszeit (Verzögerter Beton), Ausgabe 1983

Die Betonoberfläche

Friedbert Kind-Barkauskas

Gestaltungsgrundlagen

Ein Bauwerk entsteht durch das Zusammenfügen und Zusammenwirken verschiedener Materialien, denen jeweils eine ganz bestimmte Formensprache eigen ist. Ihr Aussehen sowie die Besonderheiten ihrer Verarbeitung und Formbarkeit sind für den Gesamteindruck der einzelnen Bauteile und des ganzen Bauwerks ausschlaggebend. Es ist die Aufgabe des Architekten, jedes Material seiner Eigenart entsprechend einzusetzen, seine besonderen Vorzüge zu erkennen und in der Anwendung deutlich werden zu lassen. Materialkombinationen können das Gestaltungsrepertoire erheblich erweitern und besonders interessante ästhetische Wirkungen ermöglichen.
Beton wird durch die Schalung geprägt. Er ist plastisch und nimmt bis zum Erstarren jede gewünschte Form an. Das Gestalten mit diesem Baustoff verlangt von Architekten und Ingenieuren ein hohes Maß an Sachkenntnis und Phantasie, aber auch an Selbstbeschränkung, denn die Möglichkeiten, die sich aus dem vielseitigen Material ergeben, sind nahezu unbegrenzt.
Materialgerecht bauen heißt, nicht nur die konstruktiven Möglichkeiten, sondern auch die gestalterischen auszunutzen. Die Oberflächenstrukturen, glänzend – matt, glatt – rauh, grob – fein, um nur einige zu nennen, sind materialspezifisch. Sie können Ausdruck unterschiedlicher Materialien sein oder bestimmte Komponenten eines einzigen Materials darstellen. Strukturen können die Formensprache eines Bauwerks unterstützen oder abschwächen und überlagern. Sie bestimmen den optischen Gesamteindruck, der durch Farbigkeit noch abgewandelt werden kann. Wie zur Struktur gehört auch zur Farbe der Hell-Dunkel-Kontrast. Erst die Licht- und Schattenwirkungen verleihen einer Wandfläche Lebendigkeit und lassen einen interessanten optischen Gesamteindruck entstehen.
Oberflächenstrukturen lassen sich in bezug auf das ganze Bauwerk auch durch die besondere gestalterische Herausarbeitung bestimmter baulicher Details, zum Beispiel der Fugen, erreichen. Immer jedoch muß die gewählte Einzelstruktur der Gestaltungselemente auf das Erscheinungsbild des Bauwerks in seiner unmittelbaren Umgebung, vielfach jedoch auch auf seine städtebauliche Wirkung, abgestimmt sein.

Bestandteile der Betonmischung

Solange der Beton als plastische Mischung verarbeitet werden kann, wird er als Frischbeton bezeichnet. Er enthält in unterschiedlicher Zusammensetzung verschiedene Materialkomponenten, die gestalterische Konsequenzen auch auf den erhärteten Beton, den man als Festbeton bezeichnet, haben können. Auf die Auswahl der geeigneten Ausgangsstoffe und Zusätze einer Betonmischung für die Herstellung bestimmter Betonoberflächen ist daher in besonderem Maße zu achten.

Einfluß unterschiedlicher Zemente

Die Eigenfarbe des Zementsteins wird vor allem durch die Farbe des Zements beeinflußt und ist auch für das Aussehen des fertigen Betons verantwortlich. Sie ist jedoch kein Gütemerkmal, sondern durch die verwendeten Rohstoffe, die Zementart, die Mahlfeinheit und das Herstellungsverfahren bedingt. Gewisse Farbschwankungen sind daher auch bei Zementen gleicher Festigkeitsklasse eines Lieferwerks möglich. Farbtonabweichungen des Festbetons unterliegen wesentlich stärker Einflüssen aus der Betonrezeptur und der Verarbeitung, wie zum Beispiel örtlich begrenzten Schwankungen des Wasserzementwerts, unterschiedlicher Kornzusammensetzung des Zuschlags, verschieden saugfähiger Schalung, dem verwendeten Trennmittel und unterschiedlich intensivem Verdichten des Frischbetons.

Ein relativ hoher Eisenoxidgehalt ist vor allem für den dunkleren Grauton des Portlandzements, der durch Feinmahlen von Portlandzementklinker unter Zusatz von Gipsstein und/oder Anhydrit sowie gegebenenfalls von anorganischen mineralischen Stoffen hergestellt wird, verantwortlich. Durch die Zugabe von fein gemahlenem Hüttensand entstehen die etwas helleren Portlandhütten- und Hochofenzemente. Sie enthalten neben Zementklinker in der Regel 6 bis 80 Gewichtsprozent Hüttensand. Portlandflugaschehüttenzement enthält bis 20 Gewichtsprozent Hüttensand und außerdem 10 bis 20 Gewichtsprozent Flugasche.
Zur Herstellung des weißen Portlandzements verwendet man eisenoxidarme Rohstoffmaterialien (Kalkstein und Kaolin) und vermindert außerdem die verfärbenden Bestandteile, vor allem das Calciumaluminatferrit, im Herstellungsprozeß. Einen rötlichen Farbton zeigt der

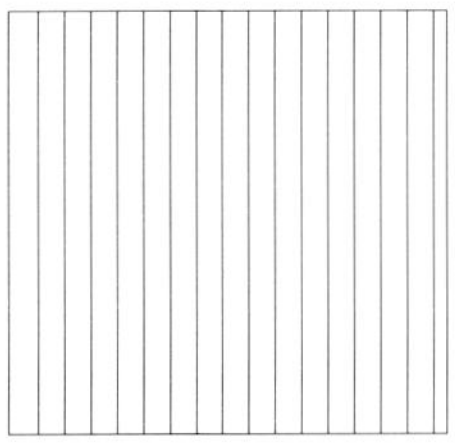

(a) höher

(b) niedriger

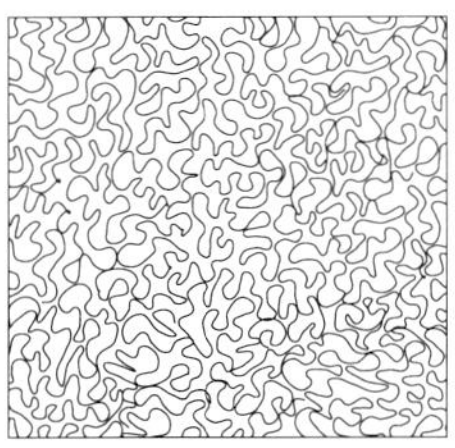

(c) flächig

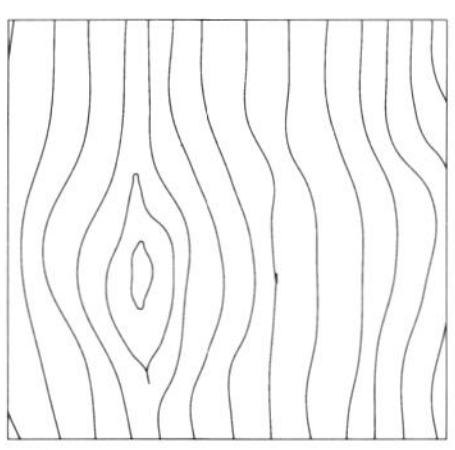

(d) Materialstruktur

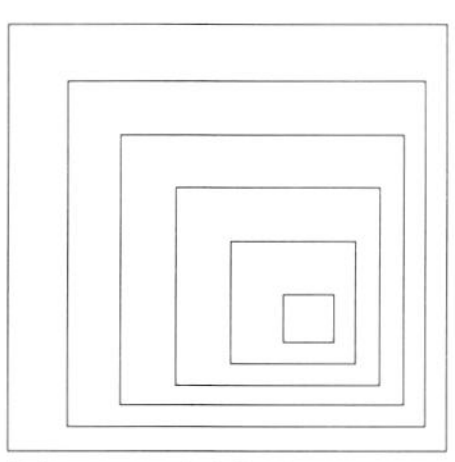

(e) perspektivisch

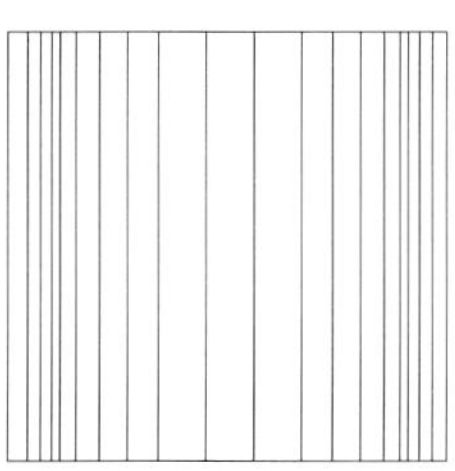

(f) rund

2.2.1 Grafische Effekte durch Schalungsstrukturen

ebenfalls nach DIN 1165 genormte Portlandölschieferzement, der außer Zementklinker 6 bis 35 Gewichtsprozent Ölschieferabbrand enthält. Auch er kann ohne Einschränkung wie die anderen Normzemente verwendet werden.

Verwendung verschiedener Zuschläge

Die meisten Zuschläge für Beton werden in der Natur aus Flüssen oder Kiesgruben als gerundetes Material gewonnen. Aus Steinbrüchen kommen zerkleinerte, gebrochene Zuschläge mit unregelmäßiger Form. Beide Arten fallen als Sand, Kies oder als Splitt an. Feinstoffe und die gröberen Kornfraktionen werden in Ihrer Eigenfarbe, abhängig von der Oberflächenausbildung des Betons, wirksam. Bei unbearbeiteten Flächen beeinflussen nur die Feinstanteile das Aussehen des Betons, denn hier liegt vor dem eigentlichen Betongefüge eine dünne Deckschicht aus Zement und Feinstanteilen des Zuschlags. Bei bearbeiteten Betonoberflächen kommen die Eigenfarben der groben und feinen Bestandteile des Zuschlags zusammen zur Wirkung. In Deutschland können fast alle Zuschläge der unterschiedlichsten Farben aus heimischen Natursteinvorkommen gewonnen werden.
Bei der Herstellung von Sichtbeton werden wegen ihrer interessanten Farbigkeit unter anderem Kalkstein, Quarz, Granit und Porphyr verwendet.

Zuschläge für Normalbeton müssen DIN 4226 Teil 1, Zuschlag mit dichtem Gefüge, entsprechen. Ihre Trockenrohdichte liegt im allgemeinen zwischen 2,6 und 2,9 kg/dm^3. Man unterscheidet natürliche Zuschläge aus gerundetem und gebrochenem Korn sowie künstlich hergestellte, mineralische Zuschläge. Die Kornfestigkeit muß die Herstellung von Betonen üblicher Festigkeitsklassen gestatten. Für sichtbare Betonoberflächen ist vor allem die ausreichende Widerstandsfähigkeit gegen Frost und Frosttaumittel wichtig.

Zuschläge für Leichtbeton müssen DIN 4226 Teil 2, Zuschlag mit porigem Gefüge, entsprechen. Ihre Trockenrohdichte darf höchstens 2,2 kg/dm^3 betragen. Ausgangsmaterial sind Naturbims, Hüttenbims, Blähton und Blähschiefer. Bei Leichtbeton werden in der Regel die Bauteiloberflächen nicht nachträglich bearbeitet. Zur Wirkung kommt lediglich das Schalungsbild, das bei Sichtbetonflächen einer besonders gründlichen Vorplanung bedarf. Aus gestalterischen Gründen kann zusätzlich eine lasierende oder deckende Farbbeschichtung aufgebracht werden.

Einsatz von Farbpigmenten

Durch die Verwendung von Farbpigmenten läßt sich ein Beton auf sehr einfache Weise durchfärben. Hierbei werden der Betonmischung vor allem für Rot-, Gelb-, Braun- und Schwarztöne vornehmlich Eisenoxid-Pigmente zugesetzt, für Grünfärbungen Chromoxid- und Chromoxidhydrat-Pigmente und für Blaueinfärbungen Pigmente auf Mischkristallbasis, wie zum Beispiel Kobalt-Aluminium-Chromoxid-Pigmente. Die Einfärbung des Betons ist dauerhaft und witterungsbeständig. Bei Verwendung von grauem Zement wirken die Farbtöne gedeckter und dunkler, bei weißem Zement dagegen heller und reiner. Leichte Oberflächenprofilierungen lassen die Farbigkeit besser zur Wirkung kommen (Bild 2.2.2).

Auswirkungen der Schalung

Beton hat nach dem Erhärten die Eigenschaften und das Aussehen eines Gesteins. Er zeigt an der Oberfläche den Schalungsabdruck. Das kann eine sägerauhe oder eine gestaltete Brettstruktur sein, eine glatte oder eine durch Strukturmatrizen gestaltete Oberfläche. Die optischen Wirkungen, die mittels Schalungsabdruck auf den Beton erreicht werden können, sind nahezu unbegrenzt.

Schalungsstrukturen

Eine Betonoberfläche wird durch die verwendete Schalung jeweils in einer bestimmten Weise modelliert. Unterschiedliche Schalungsarten und -materialien führen zu unterschiedlichen Strukturbildern (Tabelle 2.2.11). Hierbei fallen neben den Flächen hauptsächlich die Stöße der einzelnen Schalungselemente auf. Sie können durchgehend oder versetzt angeordnet werden. Große Stahl-, Holz- und Kunststofftafeln werden naturgemäß völlig andere Rasterstrukturen erzeugen als Schalungen, die aus kleinteiligen Elementen oder Einzelbrettern zusammengefügt sind. Beim Holz spielt auch die Bearbeitungsart, zum Beispiel sägerauh oder gehobelt, eine wesentliche Rolle für die Gestaltung einer Sichtbetonfläche (Bilder 2.2.3 bis 2.2.7).
Die optische Wirkung von Schalungsstrukturen beruht ganz allgemein auf der Ausnutzung bestimmter grafischer Effekte. In Bild 2.2.1 sind einige Grundmuster dargestellt: Dichte senkrechte Linien lassen eine Fläche höher und schmaler erscheinen (a), breite Abstände zwischen horizontalen Linien (b) verringern die Höhe und verlängern die Fläche in der Horizontalen. Ungerichtete Strukturen (c) ergeben ein flächiges, tapetenhaftes Aussehen, Materialstrukturen führen zu Material-Assoziationen (d). Bestimmte Linienanordnungen lassen eine Fläche perspektivisch erscheinen (e) oder aber eine ebene Fläche scheint sich durch eine Verdichtung von Linien zu runden (f).

Neben der materialabhängigen Oberflächenstruktur können Flächen auch gestaltete Ornamente erhalten, um bestimmte Wirkungen zu erzielen. Das Ornament ist in der Lage, Flächen aufzulösen und scheinbar aus dem Gesamtzusammenhang eines Bauwerks her-

2.2.2

2.2.3

2.2.4

2.2.5

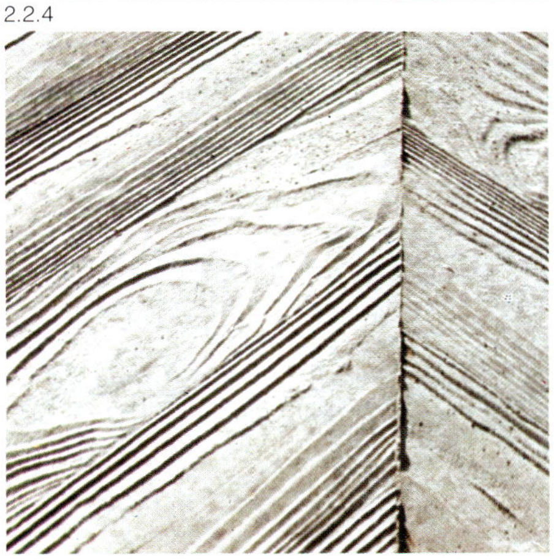
2.2.6

2.2.7

2.2.8

2.2.9

2.2.2 Durchgefärbter Beton mit 2% Eisenoxidgelb sowie weißem und grauem Zement

2.2.3 Glatte Betonoberfläche, Betonplanschalung, grauer Zement

2.2.4 Sägerauhe Brettstruktur, ungehobelte Bretter, grauer Zement

2.2.5 Industrieschalung und sägerauhe Brettstruktur, Portlandölschieferzement

2.2.6 Industrieschalung, Holzstruktur, Reckli-Strukturschalung Nr. 2/23 Alster, grauer Zement

2.2.7 Industrieschalung, Steinstruktur, Reckli-Strukturschalung Nr. 2/30 Havel, weißer Zement

2.2.8 Bossierte Betonoberfläche, Kalkstein, grauer Zement

2.2.9 Gespitzte Oberfläche, Rheinkies, grauer Zement

2.2.10 Flächengestaltung durch Fugen, Ornament und Relief

auszulösen. Das Ornament vermittelt zwischen den einfachen geometrischen Formen der Bauteile und der Phantasie des Betrachters. Beim ornamentalen Gestalten kommt es in der Regel durch die Verwendung der dritten, räumlichen Dimension zur Ausbildung von Reliefs. Sie können große zusammenhängende Flächen gliedern und beleben und so dem jeweiligen Bauteil ein unverwechselbares Aussehen geben. Die Herstellung von ornamentalen und reliefartigen Betonoberflächen erfordert in der Regel besonders aufwendige Schalungen. Notwendige Betonüberdeckungen der Bewehrung sind hier ebenso zu beachten wie das nachträgliche Ausschalen komplizierter Formen (Bild 2.2.10).

Anforderungen an Schalungen

Nach DIN 18217 unterliegt eine sichtbar bleibende Betonoberfläche bestimmten Anforderungen an ihr Aussehen. Sichtbeton erfordert daher eine besonders sorgfältige Herstellung der Schalung sowie des Betons selbst, wobei seine Verarbeitung auf der Baustelle eine wichtige Rolle spielt. Als Eigenschaften werden gefordert:

- fluchtgerechte, einheitliche, weitgehend geschlossene Oberfläche
- weitgehend gleiche Farbtönung innerhalb zusammenhängender Flächen
- Maßgenauigkeit im Rahmen festgelegter Toleranzen
- unauffällige und einwandfreie Arbeitsfugen.

Da das Erhärten des Betons ein chemischer Vorgang ist, darf das Schalungsmaterial diesen Prozeß nicht beeinflussen oder von ihm selbst beeinflußt werden. Diese Anforderungen werden von Holz in seinen verschiedenen Anwendungsformen sowie von Stahl und Kunststoff erfüllt. Auf die Sauberkeit der Schalhaut ist größter Wert zu legen, wenn hohe Ansprüche an die Betonsichtfläche gestellt werden. Eine dichte Schalung verhindert das Abfließen des Zementleims beim Einbringen und Verdichten des Betons. Hierdurch werden Verfärbungen, Absanden und Schlierenbildungen vermieden. Deshalb sollte bereits in der Ausschreibung auch die Spundungsart der Bretter festgelegt werden (Tabelle 2.2.12). Holzschalungen müssen vor dem Gebrauch gewässert werden, um die nötige Dichtigkeit durch das Quellen der einzelnen Bretter zu erreichen. Dies muß jedoch beim Herstellen der Schalung berücksichtigt werden, da andernfalls Verwerfungen auftreten können.

Wirkungen der Trennmittel

Aufgabe der Trennmittel ist vor allem, das einwandfreie Lösen der Schalung von der Betonoberfläche zu gewährleisten und das Schalungsmaterial zu schützen. Sie können Schäden, die oft beim Ausschalen entstehen, weitgehend vermeiden helfen und das Aussehen der Sichtflächen verbessern (Tabelle 2.2.13). Fleckenbildung sowie unterschiedliche Grautönungen auf Sichtbetonflächen sind häufig auf unsachgemäßes Auftragen der Trennmittel zurückzuführen. So kann das Auftragen von Hand bei Wachsen und Pasten, die nachträglich erhärten, zu einer Abzeichnung der Wischspuren auch auf der Betonoberfläche führen. Daher ist es vorteilhafter, sich mechanischer Hilfen, wie zum Beispiel Bohnergeräte und Polierscheiben, zu bedienen. Bei flüssigen Trennmitteln werden Sprühgeräte eingesetzt, um ein gleichmäßigeres Auftragen zu erreichen.

Möglichkeiten der Oberflächenbearbeitung

Ein wesentliches Charakteristikum von Bauteilen aus Beton ist die Möglichkeit, sie nachträglich auf der Baustelle am fertigen Bauwerk, aber vor allem bei Vorfertigung von Fertigteilen im Betonwerk, entsprechend den Definitionen der DIN 18500 werksteinmäßig zu bearbeiten. Die genannte Norm gilt für vorgefertigte Bauteile aus Beton mit werksteinmäßig bearbeiteter oder besonders gestalteter Oberfläche, wobei die Behandlung der frischen Betonoberfläche, z.B. durch Besenstrich oder Walzen, ebenfalls als Bearbeitungsart angesehen wird. Der Sammelbegriff »Betonwerkstein« gilt ganz allgemein für Bauteile und Werkstücke aus unbewehrtem und bewehrtem Beton.

Bei den verschiedenen Möglichkeiten der Bearbeitung von Betonoberflächen wird das sichtbare Zuschlagkorn in unterschiedlicher Größe freigelegt. Die Farbwirkung ist daher sehr verschieden. Die einzelnen Bearbeitungsweisen rufen differenzierte Lichtbrechungen an der Kornoberfläche hervor und lassen eine Fläche jeweils heller oder dunkler erscheinen. Bearbeitete Oberflächen zeigen zu über 80% der Gesamtfläche die Farbigkeit des Zuschlags. Die restlichen Flächen aus Zementstein können durch die Feinstanteile des verwendeten Zements oder zusätzlich durch Farbpigmente eingefärbt sein.

Für die Betondeckung der Bewehrung gestalteter Betonflächen gelten auch die Festlegungen der DIN 1045. Als Maß für die Betondeckung ist der geringste Abstand der Bewehrungsoberfläche von der fertig bearbeiteten bzw. gestalteten Bauteiloberfläche maßgebend, z.B. bei Waschbeton die tiefste ausgewaschene Stelle. Kombinationen verschiedener Bearbeitungen sind bei Beachtung der notwendigen Vorhaltemaße der Betondeckung der Bewehrung möglich, z.B. Schleifen und Sandstrahlen (4 mm + 2 mm = 6 mm). [2], [19]

2.2.11 Anwendungsbereiche verschiedener Schalungsarten nach ZM Schalung für Beton

Schalungsart	Schalungsmaterial	Anwendungsbereich	Richtwerte über Einsatzhäufigkeit bei geeigneter Vorbehandlung
Schwarten-brettschalung	Tanne bzw. Fichte mit Borkenkante und Astverharzung	Sichtbeton	2 bis 3
Brettschalung, rauh	Tanne bzw. Fichte mit sägerauher Oberfläche	Beton ohne besondere Anforderungen an seine Sichtfläche	4 bis 5
Brettschalung, glatt	Tanne bzw. Fichte mit gehobelter Oberfläche	Beton mit besonderen Anforderungen an seine Sichtfläche	bis 10
Brettschalung, einseitig profiliert	Tanne bzw. Fichte mit sandgestrahlter oder abgeflammter Oberfläche	Sichtbeton mit Holzstruktur	bis 10
Brett-Plattenschalung (Schaltafeln)	Tanne bzw. Fichte, imprägniert mit Standardmaß 150 x 50 cm	Beton ohne besondere Anforderungen an seine Sichtfläche	bis 50
Sperrholz, beharzt	Tischlerplatte beharzt aus Nadelholz (Stab- oder Stäbchenmittellage	Beton ohne besondere Anforderungen an seine Sichtfläche	bis 30
Sperrholz, befilmt	Tischlerplatte aus Nadelholz (Stab- oder Stäbchenmittellage) mit Natron- oder Kraftpapier		
Sperrholz, polyesterbeschichtet	Tischlerplatte aus Nadelholz (Stäbchenmittellage) mit Polyesterbeschichtung	Glatter Beton	bis 100
Schichtstoff-platten	Melamin- bzw. Phenolbeschichtung auf Stab- bzw. Stäbchenmittellage		80 bis 100
Polysulfid-Schalung	Polysulfid	Strukturierter Sichtbeton	30 bis 50
Gummi-schalung	Polypropylen-Silikonkautschuk	Strukturierter Sichtbeton (Gummimatrizen); Rohrherstellung (aufblasbare Schalung)	bis 50
Polystyrol-Schalung	Polystyrol-Hartschaum	Strukturierter Sichtbeton, Verdrängungskörper für Systemdecken und Aussparungen	1 bis 5
Stahl-schalung	Stahl	Beton ohne besondere Anforderungen an seine Sichtfläche	bis 500
Stahlblech-wickelrohre	Bandstahl mit spiralförmig verlaufenden Falznähten	Sichtbeton	1

2.2.12 Unterschiedliche Brettspundungen für Schalungen nach ZM Schalung für Beton

	Art der Spundung	Auswirkung
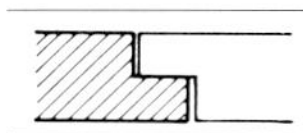	Wechselfalzspundung	Nasenbildung möglich
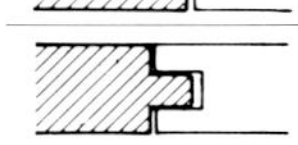	Nut- und Federspundung	Dichte Schalung, schwierige Wiederverwendung (Federn brechen leicht ab)
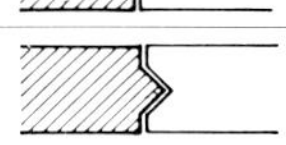	Dreiecks- oder Schweinsrückenspundung	Nasenbildung möglich
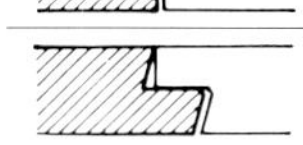	untergefügte Keilspundung	Dichte Schalung, leichte Wiederverwendung
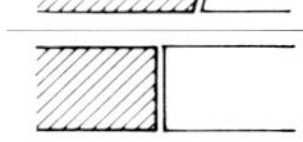	keine	Nasenbildung möglich

2.2.13 Trennmittel für verschiedene Schalungsarten nach ZM Schalung für Beton

Schalungsart	Holz			Metall	Kunststoff	
Schalungs-oberfläche	sägerauh	gehobelt glatt	kunstharz-vergütet	sehr glatt	sehr glatt	strukturiert
Saugverhalten der Schalung	saugend			nicht saugend		
Mineralöl-Lack, Emulsion	gut geeignet			ungeeignet		
Mineralöl mit Trennzusätzen (physikalisch-chemisch)	mäßig geeignet			gut geeignet		
Schalwachs flüssig	mäßig geeignet		gut geeignet	mäßig geeignet	gut geeignet	mäßig geeignet
Schalpaste	ungeeignet	mäßig geeignet	gut geeignet	mäßig bis gut geeignet		ungeeignet

Handwerkliche Bearbeitung

Durch die handwerklichen, steinmetzmäßigen Bearbeitungsweisen wird die oberste Zementschicht vom Beton abgetragen. Es entsteht eine rauhe aufgehellte Oberfläche, auf der der teilweise gebrochene Zuschlag sichtbar wird. Die Verwendung von weißem Zement, farbigem Zuschlag oder Farbpigmenten führt dabei zu besonderen Effekten, die durch die Wirkung von Licht und Schatten ergänzt werden. [2], [19]

Bossieren

Bossiert ist nach DIN 18500 die Benennung für eine Oberfläche, die mit dem Bossierhammer oder dem Setzeisen rund 5 bis 6 mm tief bearbeitet wurde. Der Bossierhammer wird in der Regel für die grobe Bearbeitung einer Steinoberfläche verwendet, die nur bei relativ weichen Betonen, z.B. mit Kalksteinzuschlag geringer Festigkeit, angewandt werden kann. Das Setzeisen ist eine Art Scharriereisen, mit dem die Kanten des Werkstückes bearbeitet werden (Bild 2.2.8).

Spitzen

Gespitzt ist nach DIN 18500 die Benennung für eine Oberfläche, die mit dem Spitzeisen rund 5 bis 10 mm tief bearbeitet wurde. Eine Oberfläche wird hierbei Schlag für Schlag mit Hammer (Klöpfel oder Fäustel) und Spitzeisen bearbeitet. Die Kanten sollten abgefast oder anderweitig bearbeitet werden, um eine exakte Eckausbildung zu ermöglichen. Die Farbe des Betons wird durch die entstehende Rauhigkeit der Oberfläche aufgehellt (Bild 2.2.9).

Stocken

Gestockt ist nach DIN 18500 die Benennung für eine Oberfläche, die mit dem Stockhammer rund 6 mm tief bearbeitet wurde. Die Fläche wird manuell oder mit einer Stockmaschine gleichmäßig aufgeschlagen, wobei der verwendete Zuschlag freigelegt wird und sich eine wesentliche Aufhellung der differenzierten Betonoberfläche ergibt (Bilder 2.2.14 und 2.2.15).

Scharrieren

Scharriert ist nach DIN 18500 die Benennung für eine Oberfläche, die mit dem Scharriereisen rund 4 bis 5 mm tief bearbeitet wurde. Eine zunächst glatte Fläche wird hierbei manuell oder mit einer Scharriermaschine durch gleichmäßig parallele Schläge aufgeschlagen, wobei das Zuschlagkorn freigelegt und eine Aufhellung der Fläche erreicht wird. Bei Werkstücken mit Hartgesteinzuschlägen ist diese Bearbeitung nicht möglich (Bild 2.2.16).

Mechanische Bearbeitung

Andere mechanische Möglichkeiten zur Bearbeitung der Betonoberfläche finden hauptsächlich bei der Herstellung von Fertigteilen Anwendung. Zum einen handelt es sich um herstellungsbedingte Strukturen (Sägen und Spalten), zum anderen um reine Oberflächenbearbeitungen (Schleifen, Feinschleifen und Polieren), bei denen wiederum die oberste Zementschicht abgetragen wird, um den Zuschlag als Gestaltungselement besser zur Geltung kommen zu lassen. Der so hergestellte Betonwerkstein ist vielfältig verwendbar, zum Beispiel für Gehweg-, Brüstungs- und Gesimsplatten, für Fenstersohlbänke aber auch für die Verkleidung von Stützen sowie Wand- und Widerlagerflächen. [2], [19]

Sägen

Gesägt ist nach DIN 18500 die Benennung für eine sägerauhe Oberfläche ohne weitere Strukturierung. Diese Bearbeitung erfolgt bei Betonblöcken ohne Bewehrung (Blockbeton) mittels Steinsägen oder Steingattern. Sie kann kreisförmig oder parallel angeordnete Spuren ergeben. Die Betonoberfläche ist geschlossen und zeigt farblich das gemeinsame Bild von Zementstein und Zuschlag. Die Weiterbearbeitung mittels Schleifen, Feinschleifen und Polieren ist möglich (Bild 2.2.17).

Spalten

Gespalten ist nach DIN 18500 die Benennung für eine bruchrauhe Oberfläche ohne zusätz-

2.2.14

2.2.15

2.2.16

2.2.17

2.2.18

2.2.19

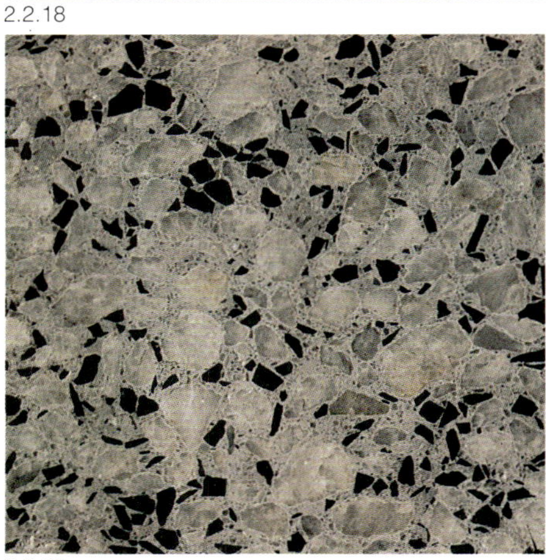
2.2.20

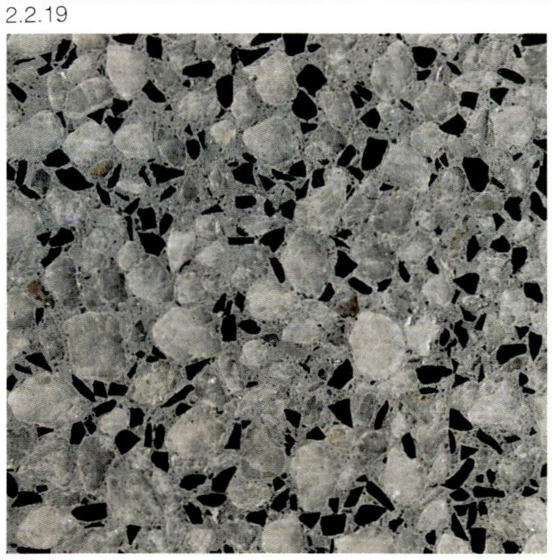
2.2.21

2.2.14 Gestockte Betonoberfläche, farbiger Zuschlag, grauer Zement

2.2.15 Gestockte Betonfläche, heller Zuschlag, Portlandölschieferzement

2.2.16 Scharrierte Betonoberfläche, roter Granit, grauer Zement, 0,3% Eisenoxidbraun

2.2.17 Gesägte Betonoberfläche, eingefärbt, weißer Zement

2.2.18 Gespaltene Betonoberfläche, heller Zuschlag, weißer Zement

2.2.19 Geschliffene Betonoberfläche, heller und dunkler Zuschlag, grauer und weißer Zement

2.2.20 Feingeschliffene Betonoberfläche, heller und dunkler Zuschlag, weißer Zement

2.2.21 Polierte Betonoberfläche, heller und dunkler Zuschlag, weißer Zement

liche Bearbeitung. Gespalten werden in der Regel Betonelemente ohne Bewehrung, wie Mauersteine oder Verblender, die dann als »Spaltsteine« oder »Bossensteine« gehandelt werden. Die vorgefertigten Werkstücke werden in Spaltmaschinen zerteilt, wobei die bruchrauhen Oberflächen mit ihren hellen und lebendigen Strukturen entstehen (Bild 2.2.18).

Schleifen
Geschliffen ist nach DIN 18500 die Benennung für eine Oberfläche, die durch einmaliges Schleifen ohne Spachteln rund 4 mm tief bearbeitet wurde. Schleifspuren (Rillen) und Poren dürfen hierbei noch sichtbar sein. Die Bearbeitungstiefe ist von dem freizulegenden Korndurchmesser des Zuschlags abhängig, weil die Bearbeitung in der Regel so lange fortgesetzt wird, bis der größte Korndurchmesser freigelegt ist. Durch das Schleifen wird die oberste Betonschicht abgetragen, es entsteht eine gemeinsame Farbwirkung von Zementstein und Zuschlag (Bild 2.2.19).

Feinschleifen
Feingeschliffen ist nach DIN 18500 die Benennung für eine Oberfläche, die durch Schleifen, falls erforderlich anschließendes Spachteln und Feinschleifen, rund 5 mm tief bearbeitet wurde. Es handelt sich hierbei also um eine Weiterbearbeitung der vorher grobgeschliffenen Betonoberfläche, durch die eine deutliche Farbvertiefung erzielt wird (Bild 2.2.20).

Polieren
Poliert ist nach DIN 18500 die Benennung für eine Oberfläche, die durch Schleifen und Feinschleifen mit feinsten Schleifmitteln rund 5 mm tief bis zum Glanz bearbeitet wurde. Durch das Feinschleifen selbst ergibt sich keine zusätzliche Materialabtragung. Im Gegensatz zu dieser »Naturpolitur« steht die Glanzwirkung, die durch Auftragen von zusätzlichen Behandlungsmitteln (Paraffine oder Harze) entstehen kann. Sie wird auch bei Verwendung andersartiger Mittel allgemein als »Wachspolitur« bezeichnet und zählt zu den Oberflächenbehandlungen und nicht zu den Oberflächenbearbeitungen. Die Farbvertiefung der Betonoberfläche wird durch das Polieren in besonders starkem Maß erreicht (Bild 2.2.21).

Technische Bearbeitung
Im Gegensatz zu den mechanischen Methoden der Oberflächenbearbeitung, erfordern die technischen Verfahrensweisen, wie zum Beispiel Strahlen und Flammstrahlen, kompliziertere Geräte und Anlagen. Ziel der Bearbeitung ist auch hier das Erreichen einer speziellen feinen oder groben Oberflächenstruktur der Betonflächen für verschiedene Anwendungen. [2], [19]

Strahlen
Gestrahlt ist nach DIN 18500 die Benennung für eine Oberfläche, von der die oberste Feinmörtelschicht durch Strahlen, z.B. mit Sand, Stahlkugeln, Korund oder einem Wasser-Sand-Gemisch, rund 1 bis 2 mm tief entfernt wurde. Häufig wird diese Bearbeitungsart, die sowohl bei der Vorfertigung von Betonelementen im Betonwerk als auch am fertigen Bauwerk auf der Baustelle erfolgen kann, ganz allgemein als »Sandstrahlen« bezeichnet, auch wenn dabei andere Strahlmittel verwendet werden. Das Strahlgut wird mit hohem Druck auf die verfestigte Oberfläche geschleudert und bewirkt so die Materialabtragung. Die freigelegten Körnungen werden leicht aufgeraüht und wirken so farblich heller, was jedoch keinerlei Einfluß auf die Schmutzempfindlichkeit einer solchen sandsteinähnlichen Betonoberfläche hat (Bild 2.2.22).

Flammstrahlen
Flammgestrahlt ist nach DIN 18500 die Benennung für eine Oberfläche, von der die ursprüngliche Deckschicht durch hochgradiges Beflammen rund 4 bis 8 mm tief entfernt wurde. Nach dem Erhärten des Betons wird seine Oberfläche mit einer Flamme von 3200 °C bearbeitet, wobei die äußere Zementmörtelschicht und gegebenenfalls auch Zuschlagkörnungen aus Kalkstein bei der hohen Temperatur schmelzen. Bei quarzitischem Zuschlagmaterial springen die obersten Kappen der Körnungen auf Grund der Temperaturspannungen ab und eine stark zerklüftete bunte Oberfläche entsteht (Bild 2.2.23).

Waschen von Betonflächen
Die wohl am häufigsten angewendete Technik der Oberflächenbearbeitung ist das Auswaschen der obersten Zementschicht. Unterschiedliche gestalterische Wirkungen lassen sich hierbei durch die Verschiedenartigkeit des Zuschlags erreichen. Ob eckig oder rund, hell oder dunkel, einfarbig oder gemischt, immer ist das Erscheinungsbild des Waschbetons ein anderes. Durch die Verwendung eines Verzögerers, der auf die Schalung aufgebracht wird, ist das Auswaschen von nur rund einem Millimeter der Oberfläche möglich. Der Beton erhält dadurch ein sehr interessantes, sandsteinartiges Aussehen, das durch entsprechende Zuschläge und Farbpigmente farblich verändert werden kann. [2], [19]

Auswaschen
Ausgewaschen ist nach DIN 18500 die Benennung für eine Oberfläche, von der die oberste Feinmörtelschicht in einer Tiefe von mehr als 2 mm, in der Regel rund 4 bis 6 mm, durch Auswaschen entfernt wurde. Ausgewaschen wird eine Betonfläche im frischen Zustand oder mit Hilfe eines Kontaktverzögerers nach dem Erhärten des Bauteils. Beim sogenannten »Negativverfahren« liegt die auszuwaschende Fläche immer an der Schalung, d.h. unten

oder seitlich, beim »Positivverfahren« oben, also an der freien Seite. Wenn die Sichtflächen gegen die Schalung ausgebildet werden, müssen immer Kontaktverzögerer eingesetzt werden, wenn es nach der offenen Seite erfolgt, kann auch im direkten Auswaschverfahren das gewünschte Aussehen erreicht werden (Bilder 2.2.24 und 2.2.25).
Bei Verwendung von Zuschlagkörnungen über 50 mm wird das Auswaschen im Sandbettverfahren vorgenommen. Hierbei werden die groben – meist runden – Kiesel vor dem Betonieren in der Schalung auf ein Sandbett gegeben, um für das Auswaschen nicht vollständig von Mörtel umhüllt zu sein. Ganz allgemein darf beim Waschvorgang nicht mehr als die Hälfte des Größtkorndurchmessers freigelegt werden. Bei dieser Bearbeitung kommt die jeweilige Art des Zuschlags in ihrer natürlichen Farbigkeit am besten zur Wirkung.

Feinwaschen
Feinwaschen ist nach DIN 18500 die Benennung für eine Oberfläche, von der die oberste Feinmörtelschicht in einer Tiefe von höchstens 2 mm durch Auswaschen entfernt wurde. Diese Bearbeitung kann ebenfalls im Positiv- und Negativverfahren durchgeführt werden. Sie unterscheidet sich nur in der optischen Wirkung, weil hierbei nur die Spitzen der Zuschlagkörner freigelegt werden. Der verwendete Korndurchmesser einer Betonoberfläche liegt beim Feinwaschen in der Regel bei 16 mm, in Ausnahmefällen bei 8 mm, wenn eine besonders feinkörnige Struktur erreicht werden soll (Bild 2.2.26).

Absäuern
Ein Sonderfall des Waschbetons ist das Behandeln mit verdünnter Säure und das anschließende Abwaschen der Betonoberfläche mit Wasser. Abgesäuert ist nach DIN 18500 die Benennung für eine Oberfläche, von der die oberste Feinmörtelschicht durch Behandlung mit Säuren rund 0,5 mm tief auf chemischem Wege entfernt wurde. Diese Bearbeitungsart wird angewendet, wenn lediglich eine leichte Rauhigkeit der Betonoberfläche erreicht werden soll. Auch die so zu erreichende Textur kommt einer Sandsteinoberfläche sehr nahe, denn das einzelne Zuschlagkorn wird freigelegt und gereinigt. Abgesäuert wird nur im Betonwerk und fast ausschließlich bei relativ kleinen Flächen, da so das durch die Verwendung von verdünnten Säuren bedingte Umweltproblem sicher zu beherrschen ist (Bild 2.2.27).

Verwendung von Beschichtungen

Die Einstellung der Menschen zur Gestaltung von Bauwerken ändert sich mit den technischen und wirtschaftlichen Möglichkeiten und mit dem jeweiligen Zeitgeschmack. Noch vor rund 25 Jahren galten große, kühn entworfene Bauwerke im Grenzbereich des technisch Möglichen sowie sehr geringe Baukosten und eine schnelle Abwicklung als entscheidende Maßstäbe für Bauausführungen. Der Zeitgeschmack bevorzugte technische Formen und unverkleidete Baustoffe. Heute sind Änderungen in der Bewertung erkennbar. Sie betreffen unter anderem die Hinwendung zur Qualität, die Beurteilung der Wirtschaftlichkeit unter Einschluß der Dauerhaftigkeit und eine veränderte Einstellung zum Erscheinungsbild der Bauwerke ganz allgemein. Die Vorliebe für große und gewaltige Bauwerke, die das städtische Umfeld oder die Landschaft beherrschen, weicht dem Bestreben, sie möglichst in den Landschaftsraum einzuordnen. Die Tendenz zeigt auf eine stärkere Strukturierung der Bauwerke sowie auf farbliche Gestaltung durch Kombination von Baustoffen, durch Bekleidungen oder durch farbige Beschichtungen der Werkstoffoberflächen. [6], [15]

Voraussetzungen für das Beschichten

Beim Bauwerksentwurf muß die Leistungsfähigkeit von unbeschichtetem Beton im Hinblick auf Dauerhaftigkeit, Beständigkeit und Aussehen beachtet werden. Sie ist abhängig von der Planung, der Konstruktion, der Betonzusammensetzung, der Sorgfalt bei der Betonherstellung, -verarbeitung und -nachbehandlung sowie von der Intensität der Einwirkungen, denen der Beton ausgesetzt ist. Betonbauteile, die mit angemessener Sorgfalt nach dem derzeitigen Stand der Technik entworfen und hergestellt werden, besitzen eine hohe Dauerhaftigkeit und Beständigkeit. Beschichtungen aus diesen Gründen sind nur in Ausnahmefällen notwendig. Auch der sogenannte saure Regen macht grundsätzlich keine Beschichtung erforderlich. Zum Ausgleich vorhersehbarer unzureichender Ausführungsqualität sind Beschichtungen abzulehnen. Zur Verringerung der Empfindlichkeit von Bauteilen gegen unvermeidliche Mängel in der Ausführung und im Erscheinungsbild können sie jedoch sinnvoll sein. Ausblühungen und besonders Verschmutzungen wechselnd durchfeuchteter Sichtbetonbauteile sind auch bei sorgfältiger Planung und Ausführung nur schwer zu verhindern. Hier können planmäßig angewendete Imprägnierungen und Beschichtungen zu einer Verbesserung des Aussehens beitragen.

Farbigkeit kann jedoch nicht mangelnde bauliche Gestaltung ersetzen. Sie sollte daher nur unterstützend und ergänzend eingesetzt werden. Die Art der Farbgebung kann materialbezogen oder autonom sein. Entweder das Hervorheben oder die Einordnung in einen größeren Zusammenhang können als Wirkung angestrebt werden. Jede Farbgestaltung sollte Bestandteil der Planung sein und aus einer inneren Notwendigkeit heraus getragen werden.

Arten der Beschichtung

Betonbauteile müssen gemäß DIN 1045 geschützt werden, wenn sie dauernd sehr starken chemischen Angriffen gemäß DIN 4030, zum Beispiel durch Säuren, ausgesetzt sind. In diesem Fall müssen die Schichtdicken jedoch bis zu mehreren Millimetern groß sein, weil jede Fehlstelle zur Unterwanderung führt. Verwendet werden Epoxidharze, Teerepoxidharze und Polyurethane, aber auch säurefeste Kunststoffolien oder Keramikbekleidungen.

Betonbauteile im Hoch- und Ingenieurbau können mit Vorteil beschichtet werden, wenn dadurch

- die dunkle Verfärbung durch Regen (Trocken-Naß-Unterschied),
- die Anlagerung von Schmutz,
- Ausblühungen und
- unschöne Markierungen der vorherrschenden Wasserablaufwege

vermieden werden sollen. Die Mindestforderungen, die auch in diesem Zusammenhang an die Beschichtungsstoffe gestellt werden müssen, sollten jedoch sein, daß sie wenigstens 20 Jahre ohne nennenswerte Veränderungen der Witterung standhalten und danach leicht überarbeitbar sind. Dies gilt auch für lasierende, dünne Beschichtungen (Versiegelung), die so ausgeführt werden können, daß sie für den Laien nicht erkennbar sind. Sie bieten auch die Möglichkeit, zum Beispiel mit Pigmenten eingefärbte und/oder nachträglich bearbeitete Oberflächen in ihrem Aussehen langfristig zu erhalten, indem die Beschichtung den gleichen Farbton aufweist wie der Beton.

Um größere Flächen, die Addition gleichartiger Flächenanteile oder auch besondere Bauteile in ihrer Wirkung auf das Bauwerk als Ganzes besonders hervorzuheben, können Betonflächen jedoch durch farbigen Anstrich gestaltet werden. Die zu verwendenden Farben sind dabei stets auf den Untergrund Beton abzustimmen. Die Anforderungen, die an Farbanstriche gestellt werden müssen, sind umfangreich. Sie beruhen auf den Festlegungen der DIN 55945. Auch von Anstrichen, die aus künstlerischen Gründen auf eine Betonfläche aufgebracht werden sollen, wird unter anderem allgemein gefordert:

- Beständigkeit gegen alkalische Einwirkungen aus dem Beton
- gute Haftung auf dem Beton
- guter Verbund innerhalb des Anstrichsystems
- Überstreichbarkeit mit dem gleichen Anstrich
- Beständigkeit gegen Witterungseinflüsse
- unter Umständen Beständigkeit gegen Industrieatmosphäre und/oder gegen im Wasser gelöste Stoffe
- Licht- beziehungsweise UV-Beständigkeit
- geringe Neigung zu Verschmutzung
- ausreichende Wasserdampfdurchlässigkeit
- unter Umständen Widerstand gegen fließendes Wasser
- unter Umständen Wasch- oder Scheuerbeständigkeit.

Als Anstrich- beziehungsweise Beschichtungsstoffe kommen vor allem an der Luft oder hydraulisch erhärtende Mineralfarben, Silikatfarben, Kunststoffdispersionsfarben oder Polymerisatharzfarben in Frage. Hydrophobierende Imprägnierungen bewirken eine zeitlich begrenzte Reduzierung der kapillaren Wasseraufnahme. Unverändert bleibt dagegen die Wasserdampfdurchlässigkeit der Betonoberfläche, da keine geschlossene Filmbildung erfolgt. Der anfangs zu beobachtende Abperleffekt verschwindet mit der Zeit, ohne daß die Schutzwirkung nachläßt. Versiegelungen füllen die oberflächennahen Kapillarporen des Betonuntergrundes teilweise aus, bei gleichzeitiger Bildung eines dünnen zusammenhängenden Oberflächenfilms. Sie reduzieren unter anderem die Wasseraufnahme und die Kohlendioxiddiffusion. Beschichtungen sind in der Lage, ein sehr breites und vielfältiges Leistungsspektrum abzudecken, zu dessen Grundmerkmalen stets die Reduzierung oder Verhinderung des Eindringens von Wasser gehört (Bilder 2.2.28 und 2.2.29).

Einflüsse der Witterung

Die Alterung von Fassaden hat zum Teil baustoffbedingte Ursachen und es stellt sich die Frage, wie sich das Aussehen eines Gebäudes im Laufe der Zeit verändert. Voraussetzung für eine dauerhafte Ansehnlichkeit von Bauwerken ist die Berücksichtigung der im Laufe der Zeit zwangsläufig auftretenden Verschmutzung und die kontrollierte Ableitung des Regenwassers an einer Fassade. Windrichtung und Windschatten sind mit dafür ausschlaggebend, wieviel Wasser bestimmte Stellen erreicht und wo sich Schmutzablagerungen bilden können. Die Beachtung des Strömungsbildes des Wassers ist besonders wichtig, denn hier werden Verschmutzungen abgewaschen und unter Umständen an anderen Stellen teilweise wieder angelagert (Bilder 2.2.30 bis 2.2.34).

Das Gefälle beziehungsweise die Neigung einer Betonfläche sind ebenfalls wichtige Faktoren. Eine senkrechte Fläche bekommt relativ wenig Wasser ab und wird leicht sauber gespült. Wenn eine Fläche nach hinten geneigt ist, bekommt sie viel mehr Wasser ab. Die

2.2.22

2.2.23

2.2.24

2.2.25

2.2.26

2.2.27

2.2.28

2.2.29

2.2.22 Gestrahlte Betonoberfläche, Singhofener Quarzit 0–16 mm, weißer Zement, 0,2% Eisenoxidgelb

2.2.23 Flammgestrahlte Betonoberfläche, Rheinkies 0–16 mm, weißer Zement, 3% Titandioxid

2.2.24 Ausgewaschene Betonoberfläche, Zuschlag mit rundem Korn, grauer Zement

2.2.25 Ausgewaschene Betonoberfläche, Zuschlag mit eckigem Korn, Portlandölschieferzement

2.2.26 Feingewaschene Betonoberfläche, Reinsand, Porphyr 0–16 mm, weißer Zement, 1 % Eisenoxidrot

2.2.27 Abgesäuerte Betonoberfläche, heller Zuschlag, weißer Zement

2.2.28 Betonoberfläche mit deckender Beschichtung, Acrylharzfarbe

2.2.29 Betonoberfläche mit transparenter Lasur, Mineralfarbe

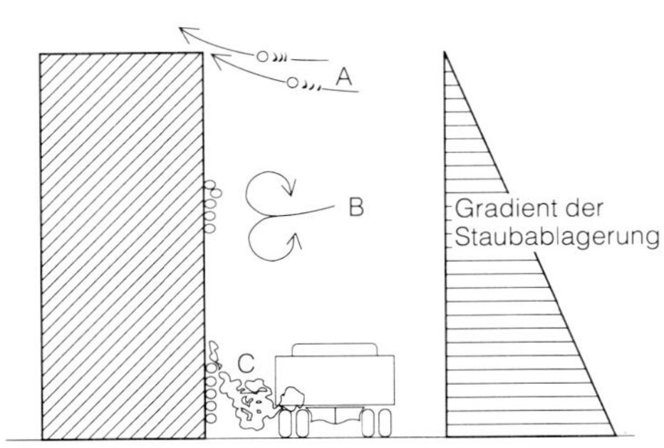

2.2.30 Staubablagerung auf Fassadenflächen (A hohe Windgeschwindigkeit – geringe Staubablagerung, B vermehrte Staubablagerung durch Turbulenzen und C Verkehr)

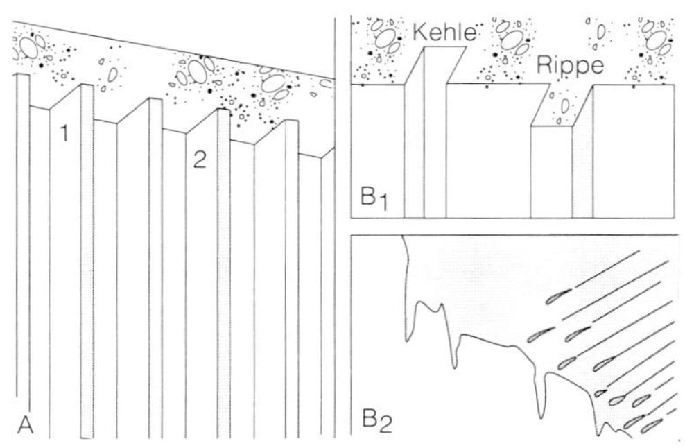

2.2.31 Abrieseln von Regenwasser an der Fassade (A Absorption, B Beginn des Abfließens und Absorption, C Untergrund gesättigt und Abfließen, D Abfließen und Abtropfen)

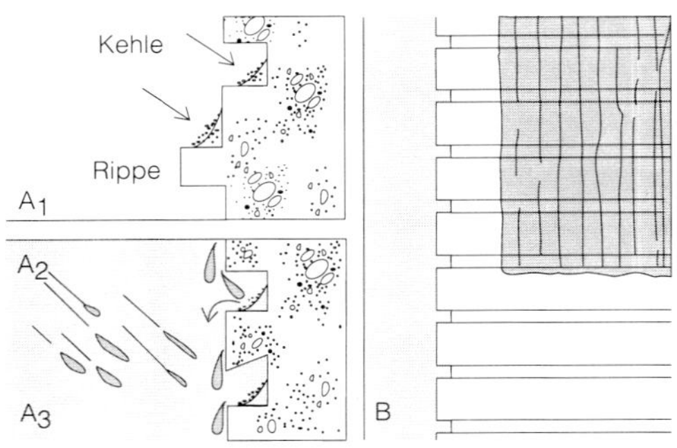

2.2.32 Tiefe Oberflächenstrukturen bilden Staubnester (A), aber regulieren auch den gleichmäßigen Wasserabfluß

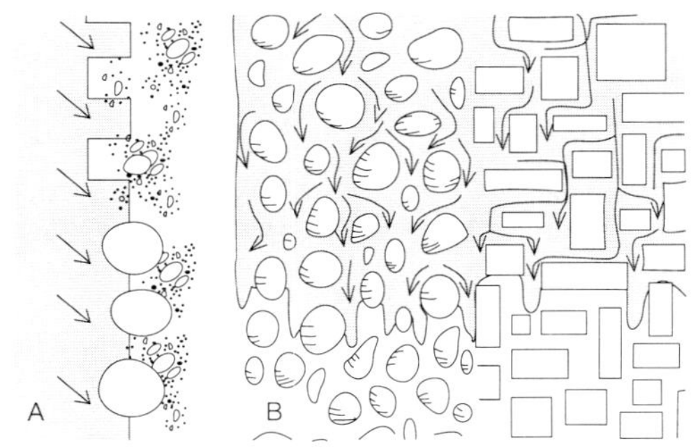

2.2.33 Horizontale Kehlen und Rippen bilden Staubnester (A1, A2, A3), aber regulieren auch den gleichmäßigen Wasserabfluß (B)

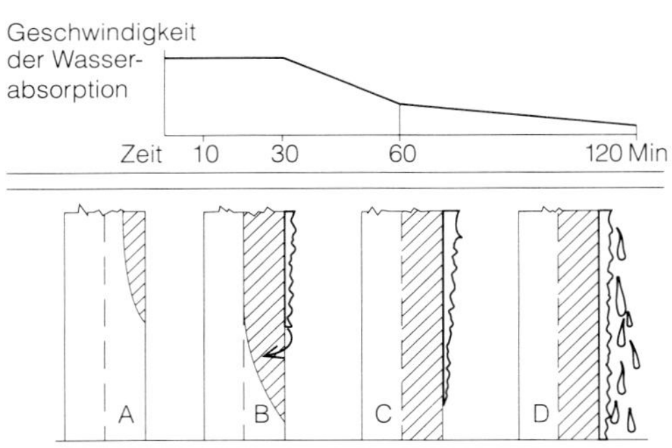

2.2.34 Senkrechte Kehlen und Rippen (A1, A2, B1) verhindern die ungleichmäßige Regenbeaufschlagung durch Seitenwind (B2)

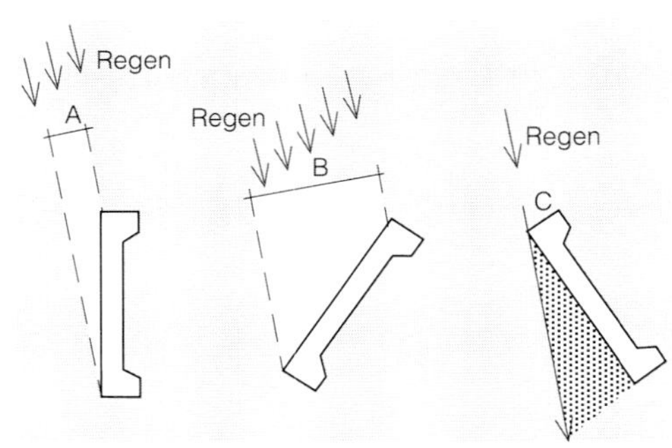

2.2.35 Unterschiedliche Regenwassermengen an verschieden geneigten Flächen (A, B, C)

reinigende Wirkung ist jedoch etwas geringer. Besonders an unteren Rändern setzt sich der Schmutz oft wieder ab. Eine nach vorne geneigte Fläche wird am geringsten verschmutzt und bleibt in der Regel trocken. Der obere Bereich muß jedoch so ausgebildet werden, daß kein Wasser über die Fläche abfließt, denn sonst wird das Strömungsbild auch hier sehr rasch unschön in Erscheinung treten und zur Beeinträchtigung des Gesamterscheinungsbildes einer Bauwerksfassade führen (Bild 2.2.35).

Die Beachtung dieser Entwurfsvoraussetzungen ist eine wichtige Grundlage für das materialgerechte Gestalten und Konstruieren mit dem Baustoff Beton. Bei richtiger Ausbildung der baulichen Details kann die unkontrollierte Verschmutzung der Betonflächen einer Fassade infolge des Witterungs- beziehungsweise Umwelteinflusses auf Dauer verhindert werden. Dabei kommt es nicht auf komplizierte Lösungen an, sondern auf das logische Nachvollziehen der bauphysikalischen Gegebenheiten.

Literatur

Bücher und Aufsätze

[1] Belz, Walter: Materialgerecht, werkgerecht – eine skizzenhafte Betrachtung. Deutsche Bauzeitung 9/1987

[2] Betonfassaden. Arbeitskreis Fassaden der Fachvereinigung Deutscher Betonfertigteilbau, Bonn und Dyckerhoff Weiss Marketing und Vertriebsgesellschaft, Wiesbaden 1993

[3] Brandt, Jörg; Heene, Gerd Volker; Kind-Barkauskas, Friedbert; Kuschel, Elmar; Schwerm, Dieter; Werner, Jürgen: Fassaden – Konstruktion und Gestaltung mit Betonfertigteilen. Beton-Verlag GmbH, Düsseldorf 1988

[4] Durability of Appearance of Concrete Facades, Hrsg.: Cembureau – The European Cement Association, Brüssel 1993

[5] Gestalten mit Farbe, Hrsg.: Bayer AG, Leverkusen 1993

[6] Grube, Horst: Oberflächenschutz von Stahlbeton. Beton 10/1981

[7] Grube, Horst; Kind-Barkauskas, Friedbert: Beschichtungen auf Beton. Beton 12/1991

[8] Huberty, J. M.: Fassaden in der Witterung, Beton-Verlag GmbH, Düsseldorf 1983

[9] Kind-Barkauskas, Friedbert: Bauen mit Beton-Fertigteilen. Der Architekt 3/1993

[10] Kind-Barkauskas, Friedbert: Gestalten mit Beton. Beton 12/1986

[11] Kind-Barkauskas, Friedbert: Gestalterische Aspekte der Behaglichkeit. Beton 12/1983

[12] Kind-Barkauskas, Friedbert: Gestaltung von Betonfassaden – Entwicklungen und Tendenzen. Fertigteilbau + Industrialisiertes Bauen 3/1983

[13] Kind-Barkauskas, Friedbert; Wolf, Heinrich: Bauen mit Leichtbeton. Der Architekt 1/1992

[14] Klose, Norbert: Alterung von Betonbauteilen. Betonwerk + Fertigteil-Technik 9/1986

[15] Lamprecht, Heinz-Otto; Kind-Barkauskas, Friedbert; Pickel, Ulrich; Otto, Horst; Schmincke, Peter; Schwara, Herbert: Betonoberflächen – Gestaltung und Herstellung. Expert-Verlag GmbH, Grafenau 1984

[16] Luley, Hanspeter; Kampen, Rolf; Kind-Barkauskas, Friedbert; Klose, Norbert; Tegelaar, Rudolf: Instandsetzen von Stahlbetonoberflächen. Beton-Verlag GmbH, Düsseldorf 1994

[17] Pickel, Ulrich: Architekturbeton – mehr als Beton. In: Beton + Fertigteil-Jahrbuch 1993, Bauverlag, Wiesbaden und Berlin 1993

[18] Pickel, Ulrich: Hinweise für die Ausschreibung bei Beton Werksteinarbeiten, In: Beton + Fertigteil-Jahrbuch 1994, Bauverlag GmbH, Wiesbaden und Berlin 1994

[19] Pickel, Ulrich: Oberflächenbearbeitung, In: Betonfassaden, Arbeitskreis Fassaden der Fachvereinigung Deutscher Betonfertigteilbau, Bonn 1993

[20] Plenker, Heinz-Herbert: Dosierung und Verteilung von Pigmenten in Beton. Concrete Precasting Plant and Technology 9/1991

[21] Schmincke, Peter: Sichtbeton – gewußt wie. Beton 7/1990

[22] Trüb, Ulrich: Die Betonoberfläche, Bauverlag GmbH, Wiesbaden und Berlin 1993

[23] Zimmermann, Thomas: Künstliche Oberflächen. Der Architekt 12/1990

Normen und Richtlinien

DIN 1045 Beton und Stahlbeton. Bemessung und Ausführung, Ausgabe 1988

DIN 4226 Zuschlag für Beton
Teil 1: Zuschlag mit dichtem Gefüge; Begriffe, Bezeichnungen, Anforderungen, Ausgabe 1983
Teil 2: Zuschlag mit porigem Gefüge (Leichtzuschlag); Begriffe, Bezeichnungen, Anforderungen, Ausgabe 1983
Teil 3: Prüfung von Zuschlag mit dichtem oder porigem Gefüge, Ausgabe 1983
Teil 4: Überwachung (Güteüberwachung), Ausgabe 1983

DIN 18216 Schalungsanker für Betonschalungen, Ausgabe 1986

DIN 18500 Betonwerkstein. Begriffe, Anforderungen, Prüfung, Überwachung. Ausgabe April 1991

DIN V ENV 206 Beton; Eigenschaften, Herstellung, Verarbeitung und Gütenachweis, Ausgabe 1990

Merkblatt Betondeckung, Ausgabe 1991

Merkblatt für Ausschreibung, Herstellung und Abnahme von Beton mit gestalteten Ansichtsflächen (Sichtbeton), Ausgabe 1989

Merkblatt (II und III) Leichtbeton und Stahlleichtbeton mit geschlossenem Gefüge, Ausgabe 1974

Merkblatt über die Reduzierung von Ausblühungen bei Betonwerkstein, Ausgabe 1991

Richtlinien für die Lieferung, Anwendung und Prüfung von Trennmitteln für Betonschalungen und -formen, Ausgabe 1977

Richtlinie zur Nachbehandlung von Beton, Ausgabe 1984

Zement-Merkblatt Schalung für Beton, Ausgabe 1988

Bauphysik

Jörg Brandt

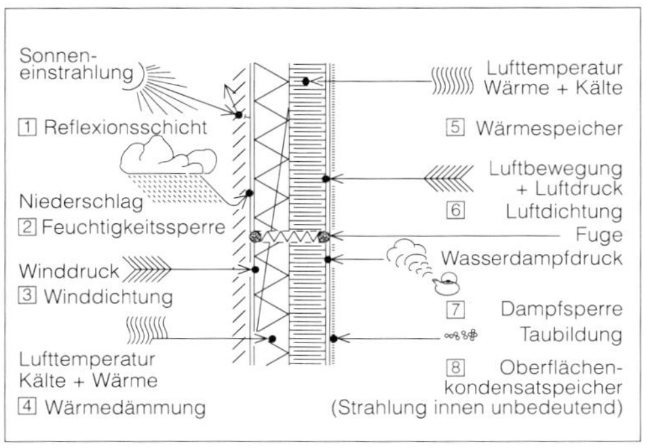

2.3.1 Einflüsse auf Außenbauteile und deren Funktion

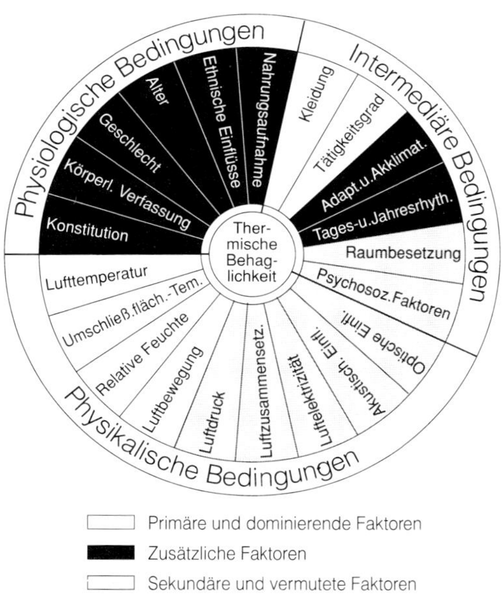

2.3.2 Thermische Behaglichkeit in Abhängigkeit von physiologischen, intermediären und physikalischen Einflüssen

Allgemeines

Innerhalb der Bautechnik ist die Bauphysik eine eigene Disziplin, bei der das Raumklima, der Wärme- und Feuchteschutz, die Bau- und Raumakustik und der Brandschutz im Vordergrund stehen. Es gilt eine gute Raumqualität zu erzielen, den Erhalt des Gebäudes sicherzustellen sowie umweltbewußte und energiesparende Technik anzuwenden.
Die Qualität des Raumklimas hat einen wesentlichen Einfluß auf die Gesundheit und Leistungsfähigkeit, denn der Mensch verbringt mehr als zwei Drittel seines Lebens in Wohn- und Arbeitsräumen. Bei der Planung von Gebäuden, die zum Aufenthalt von Menschen bestimmt sind, gewinnen Maßnahmen zur Gesundheitsvorsorge immer größere Bedeutung. Früher waren Seuchen, wie Pest, Typhus oder Cholera, der Anlaß für Maßnahmen zur gesundheitlichen Vorsorge. Heute befaßt sich die Wohnhygiene mit dem Erkennen und der Beseitigung von Ursachen für moderne Zivilisationskrankheiten. Dabei geht es um die Erforschung von Einflüssen aus der Wohnumwelt auf die Gesundheit und die Beschreibung raumklimatischer Zustände, bei denen Leistungsfähigkeit und Wohlbefinden erhalten bleiben. Im wesentlichen beziehen sich Forderungen der Hygiene zum Beispiel auf Aussagen über Temperatur und Feuchte der Raumluft, auf Luftbewegung, Licht und Beleuchtung, Lärmeinwirkungen und Schadstoffbelastungen, Lüftung und Heizung sowie auf die Gestaltung und Ausstattung der Gebäude. Für die Bauplanung bedeutet dies vor allem die Beachtung bauphysikalischer Anforderungen und Zusammenhänge.

Je nach Gebäudeart und -nutzung sowie ihrer Lage im Gebäude ergeben sich unterschiedliche Anforderungen an die Bauteile, die jeweils vorrangig beachtet werden müssen. Erst die wirtschaftliche Erfüllung der Summe dieser Anforderungen ist für die Wahl der Baustoffe und für die Konstruktion der Bauteile ausschlaggebend (Bild 2.3.1).
Die Gebäudegestaltung und die bauphysikalischen Eigenschaften der raumumschließenden Bauteile können aber lediglich die Voraussetzungen dafür schaffen, daß durch Heizung und Lüftung wichtige Raumklimafaktoren in optimale Bereiche gesteuert werden können.

Grundforderungen

Die Planung und Gestaltung der Umwelt muß sich an den Bedürfnissen der Menschen orientieren. In den Bauordnungen der Bundesländer sind Grundforderungen für die Planung und Errichtung von Gebäuden enthalten, die gesundheitliche Belange der Bevölkerung und der Nutzer von Gebäuden berücksichtigen. In § 3 der Musterbauordnung heißt es:
»Bauliche Anlagen sind so anzuordnen, zu errichten, zu ändern und zu unterhalten, daß öffentliche Sicherheit oder Ordnung, insbesondere Leben und Gesundheit, nicht gefährdet werden.«
Diese allgemeinen Aussagen werden in § 16 wie folgt näher beschrieben:
»Bauliche Anlagen müssen so beschaffen sein, daß durch Wasser, Feuchtigkeit, fäulniserregende Stoffe, durch Einflüsse der Witterung, durch pflanzliche oder tierische Schädlinge oder durch andere chemische oder physikalische Einflüsse Gefahren oder unzumutbare Belästigungen nicht entstehen.«
Aus diesen Grundforderungen lassen sich Anforderungen an Gebäude, Bauteile und Baustoffe ableiten, deren Erfüllung die Voraussetzungen für ein leistungsförderndes Raumklima schafft. Die Grundforderungen bilden also den Rahmen, den es in fachübergreifender Zusammenarbeit möglichst vollständig auszufüllen und einzuhalten gilt.

Raumklima

Unter Raumklima wird das Zusammenwirken vielfältiger Raumklimafaktoren verstanden. Die wichtigsten davon sind Temperatur, Bewegung, Zusammensetzung und Schadstoffgehalt der Raumluft, die Oberflächentemperaturen der raumumschließenden Bauteile, deren Feuchte und Feuchteverhalten sowie die Radioaktivität der Bauteile und der Raumluft. Nachfolgend wird auf diese Raumklimafaktoren eingegangen, werden Randbedingungen aufgezeigt und bautechnische Anforderungen oder Maßnahmen abgeleitet.

Thermische Behaglichkeit

Das körperliche und geistige Leistungsvermögen des Menschen ist in der Regel am größten, wenn er sich thermisch wohl fühlt. Dabei befindet sich der Wärmehaushalt des Körpers im Gleichgewicht bei einer konstanten Körperkerntemperatur von etwa 37 °C. Dieser Gleichgewichtszustand der thermischen Behaglichkeit ist von einer Vielzahl von Einflüssen abhängig, die in physikalische, physiologische und intermediäre Bedingungen unterteilt werden können. Von den in Bild 2.3.2 dargestellten 21 Einflußfaktoren werden sechs als primäre und dominierende, acht als zusätzliche und sieben als sekundäre und vermutete Faktoren eingestuft.

Von den primären und dominierenden Bedingungen wirken sich folgende physikalische Einflüsse auch auf die Bauplanung aus:

- Raumlufttemperatur
- Oberflächentemperaturen der raumumschließenden Bauteile
- relative Raumluftfeuchte
- Luftbewegung in Körpernähe.

Thermische Behaglichkeit kann also durch meßbare Größen beschrieben werden, die je nach Bekleidung und Tätigkeitsgrad sowie nach individuellem Empfinden in bestimmten Grenzen variieren.

Werden diese Größen mit der Raumlufttemperatur in Beziehung gesetzt, so ergeben sich die auf den Bildern 2.3.3 bis 2.3.7 dargestellten Behaglichkeitsfelder.

Hygienisch erforderlicher Wärmeschutz

Daraus und nach [32] lassen sich für Aufenthaltsräume die in Tabelle 2.3.10 zusammengestellten Grenzwerte und Bereiche für Behaglichkeitsfaktoren im Winter und im Sommer angeben.

Den Berechnungen der k-Werte auf dieser Tabelle liegen eine Raumlufttemperatur von 22 °C, eine Außenlufttemperatur von −10 °C und ein Wärmeübergangskoeffizient auf der Raumseite von 8 W/m² K zugrunde.

Anforderungen im Winter

Die niedrigsten k-Werte in Tabelle 2.3.10 ergeben sich in den Zeilen 3 und 5 mit 0,75 W/m² K, also bei der Forderung, daß die Temperaturdifferenz zwischen Raumluft und Bauteiloberfläche beziehungsweise zwischen Decke und Fußboden 3 K nicht überschreiten soll. Dieser Wert liegt deutlich unter dem Höchstwert von 1,39 W/m² K nach DIN 4108, Wärmeschutz im Hochbau, der dort den Grenzwert für den Mindestwärmeschutz angibt.

Der wesentlich höhere k-Wert des Fensters mit ≤ 2,0 W/m² K in Zeile 4 unten ist eine Konzession an das technisch und wirtschaftlich Machbare; günstiger wäre ein niedrigerer k-Wert auch für die Fenster. Hier muß in Kauf genommen werden, daß der Wärmeaustausch durch Strahlung zwischen einer Person und der

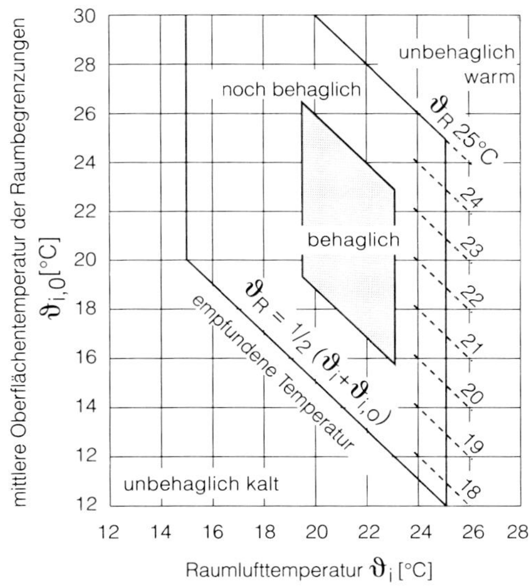

2.3.3 Behaglichkeitsfeld des Menschen in geschlossenen Räumen in Abhängigkeit von Raumlufttemperatur und mittlerer Oberflächentemperatur der Raumbegrenzungen [19]

Geltungsbereich
rel. Luftfeuchte φ_i von 30 bis 70%
Luftbewegung v von 0 bis 20 cm/s
weitgehende Temperaturgleichheit aller raumbegrenzenden Flächen (nach H. Reiher und W. Frank)

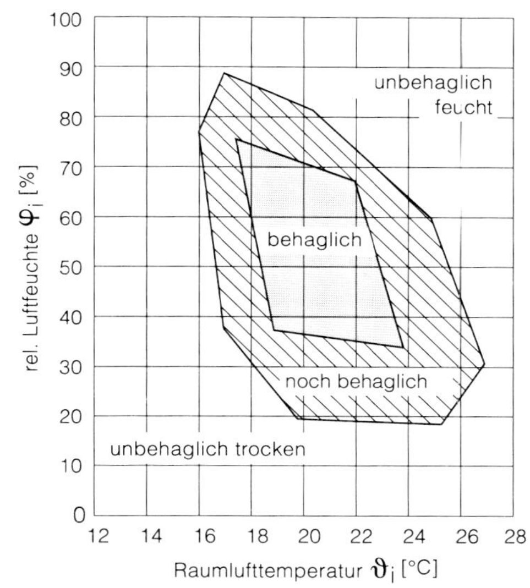

2.3.4 Behaglichkeitsfeld des Menschen in geschlossenen Räumen in Abhängigkeit von Raumlufttemperatur und relativer Luftfeuchte [19]

Geltungsbereich
mittlere Oberflächentemperatur der Raumbegrenzung $\vartheta_{i,0}$ von 19,5 bis 23 °C
Luftbewegung v von 0 bis 20 cm/s
(nach F. P. Leusden und H. Freymark)

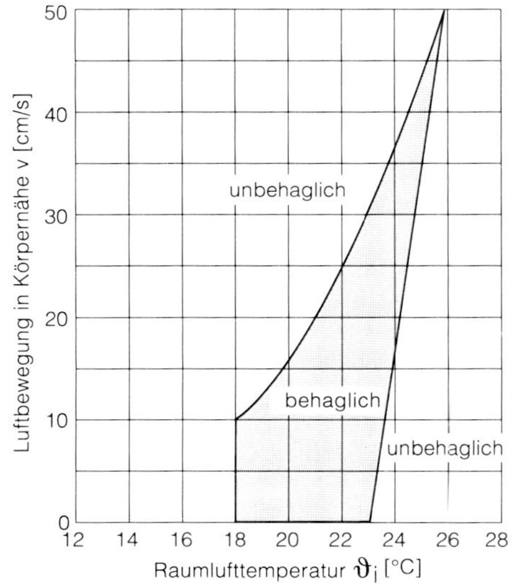

2.3.5 Behaglichkeitsfeld des Menschen in geschlossenen Räumen in Abhängigkeit von Raumlufttemperatur und Luftbewegung [19]

Geltungsbereich
mittlere Oberflächentemperatur der Raumbegrenzung $\vartheta_{i,0}$ von 19,5 bis 23 °C
relative Luftfeuchte φ_i von 30 bis 70%
(nach Rietschel-Raiß)

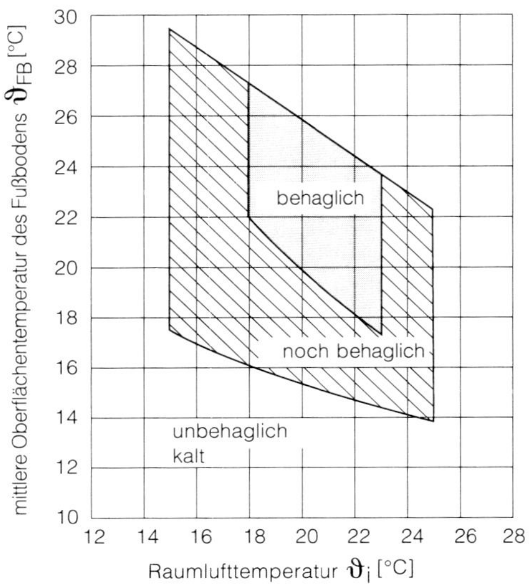

2.3.6 Behaglichkeitsfeld des Menschen in geschlossenen Räumen in Abhängigkeit von Raumlufttemperatur und Fußbodentemperatur [19]

Geltungsbereich
rel. Luftfeuchte φ_i von 30 bis 70%
Luftbewegung v von 0 bis 20 cm/s
(nach H. Reiher und W. Frank)

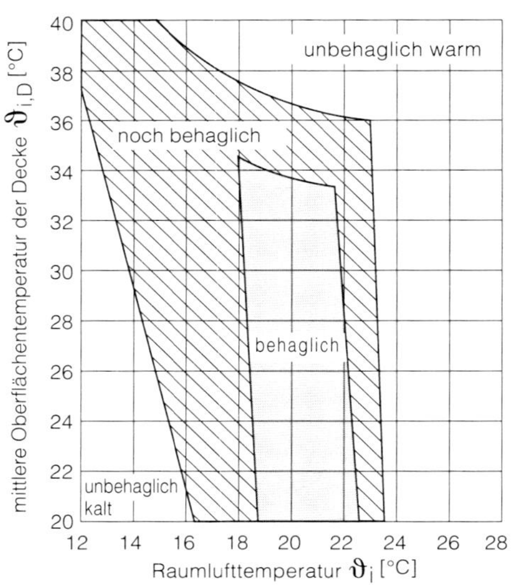

2.3.7 Behaglichkeitsfeld des Menschen in geschlossenen Räumen in Abhängigkeit von Raumlufttemperatur und Deckentemperatur [19]

Geltungsbereich
rel. Luftfeuchte φ_i von 30 bis 70%
Luftbewegung v von 0 bis 20 cm/s
(nach H. G. Wenzel und A. Müller)

2.3.8 Wassergehalt eines Betons für Außenbauteile B 25/KR, Zementgehalt 300 kg/m³ [24]

Zustand des Betons	Wassergehalt [kg/m³]
Frischbeton	
freies Wasser	175
Festbeton – 28 Tage alt (bei 70% Hydratation)	
gebundenes Wasser	85
ausgetrocknet	25 bis 45
freies Wasser	65 bis 45
Festbeton – 3 bis 6 Monate alt (bei 90% Hydratation)	
gebundenes Wasser	105
ausgetrocknet	35 bis 50
freies Wasser	35 bis 20
DIN 4108 – Wärmeschutz	
praktischer Feuchtegehalt	50

Fensterfläche besonders hoch ist, und daß in der Nähe von Fenstern eine unbehagliche, asymmetrische Wärmeabstrahlung vom Körper zur Fensterfläche hin stattfindet.
Welchen Einfluß die Fensterflächen auf die Behaglichkeitszonen in einem Raum haben können, zeigt Bild 2.3.9. Deutlich ist dort die fensterseitige Grenze des Behaglichkeitsbereiches angegeben. Wird dieser Raum als Büro genutzt, müßte der Schreibtisch innerhalb dieser Zone aufgestellt und der Rücken des Schreibtischstuhles zu den beiden Innenwänden orientiert werden, um dieser asymmetrischen, gesundheitsschädigenden Wärmeabstrahlung vom Körper zum Fenster hin zu begegnen.

Anforderungen im Sommer
Um die raumseitigen Oberflächentemperaturen im Sommer nicht über die in Tabelle 2.3.10 angegebenen Höchstwerte hinaus ansteigen zu lassen und damit die Raumlufttemperatur im Tagesgang nicht zu sehr schwankt, ist als Wärmepuffer eine raumseitig wirksame Wärmespeicherfähigkeit der Bauteile erwünscht. Das Temperaturamplitudenverhältnis TAV ist ein Kennwert, der die Wirkung der Wärmespeicherfähigkeit von Außenbauteilen beurteilt. Ein TAV von 0,1 bedeutet zum Beispiel, daß nur 10 % der Temperaturamplitude auf der Außenseite eines Bauteils auf die Raumseite übertragen werden. Ein kleines TAV, insbesondere von Dächern und Decken, wirkt sich günstig auf die Raumtemperatur im Sommer aus. Deshalb sollte der TAV-Wert von Außenwänden 0,15 und der von Dächern 0,10 nicht überschreiten. Bauteile mit raumseitig nutzbaren Speichermassen erfüllen diese Forderung. Dazu gehören alle Wände aus Mauerwerk sowie mehrschichtige Wände, Decken und Dächer aus Beton mit außen oder in der Mitte angeordneten Dämmschichten. Werden wärmespeichernde Baustoffe innen durch Dämmschichten abgedeckt, liegen die TAV-Werte dieser Bauteile in der Regel erheblich höher als 0,15.

Wasser und Feuchtigkeit
Um die Bedingungen der thermischen Behaglichkeit auf Dauer sicherzustellen, müssen Bauteile gegen Durchfeuchtung geschützt werden. Der Wärmeschutz von Bauteilen verringert sich mit zunehmendem Feuchtegehalt, und damit gehen auch die raumseitigen Oberflächentemperaturen zurück.
Im Winter sind feuchte Außenbauteile durch Frost gefährdet. Feuchtigkeit auf den raumseitigen Oberflächen führt zu Schimmelpilzbildung, deren Sporen die Gesundheit der Bewohner beeinträchtigen können.

Baufeuchte
Bauteile von Neubauten enthalten Wasser, das zum Beispiel aus dem Anmachwasser von Mörtel und Beton stammt oder Regenwasser, das vom ungeschützten Mauerwerk

im Rohbauzustand aufgenommen wurde. Neuere Untersuchungen über das Austrocknungsverhalten von Normalbeton, Mantelbeton und Hohlblocksteinen aus haufwerksporigem Blähtonbeton zeigen, daß die Wasserverdunstung in den ersten Monaten sehr schnell verläuft. Bereits nach vier bis sechs Monaten sinkt die Austrocknungsgeschwindigkeit unter 5 g pro m² und Tag. Damit ist eine nachteilige Beeinflussung des Raumklimas durch die Wasserdampfabgabe der Bauteile nicht mehr zu erwarten. Den typischen Austrocknungsverlauf von Beton zeigt Tabelle 2.3.8. Den praktischen Feuchtegehalt erreicht Beton in der Regel bereits während der Bauzeit.

Feuchtigkeit bei Bauteilen im Erdreich
An das Erdreich grenzende Bauteile können durch drückendes und nicht drückendes Wasser beansprucht werden. Zum Beispiel Drainagen, waagerechte und senkrechte Abdichtungen oder die Verwendung eines wasserundurchlässigen Betons und die Ausbildung einer »Weißen Wanne« verhindern eine Durchfeuchtung der Bauteile und der aufgehenden Wände.

Schlagregen
Das bei Schlagregen in die Außenwand eingedrungene Wasser soll in den Trockenperioden wieder an die Außenluft abgegeben werden. Dies geschieht um so schneller, je niedriger der Teildiffusionswiderstand s_d der Oberflächenschicht, zum Beispiel des Putzes, ist. Eine solche Oberflächenschicht soll also im Hinblick auf den Regenschutz wasserhemmend oder wasserabweisend sein, jedoch gleichzeitig möglichst durchlässig für Wasserdampf bleiben.
Die Beanspruchung von Gebäuden oder Gebäudeteilen durch Schlagregen wird durch Beanspruchungsgruppen gekennzeichnet.
Zur Beanspruchungsgruppe I (geringe Schlagregenbeanspruchung) zählen windarme Gegenden mit weniger als 600 mm Niederschlag pro Jahr sowie besonders windgeschützte Lagen auch in Gebieten mit größeren Niederschlagsmengen.
Zur Beanspruchungsgruppe II (mittlere Schlagregenbeanspruchung) zählen Gegenden mit Jahresniederschlagsmengen von 600 bis 800 mm und geschützte Lagen in Gebieten mit höheren Niederschlagsmengen sowie Hochhäuser und Häuser in exponierter Lage, die sonst in die Beanspruchungsgruppe I fallen würden.
Zur Beanspruchungsgruppe III (starke Schlagregenbeanspruchung) zählen Gegenden mit mehr als 800 mm Jahresniederschlag sowie windreiche exponierte Lagen, die sonst in die Beanspruchungsgruppe II fallen würden.
Je nach Schlagregenbeanspruchung sind Schutzmaßnahmen, zum Beispiel durch entsprechende Beschichtungen und Putze oder durch hinterlüftete Vorsatzschalen, erforderlich.

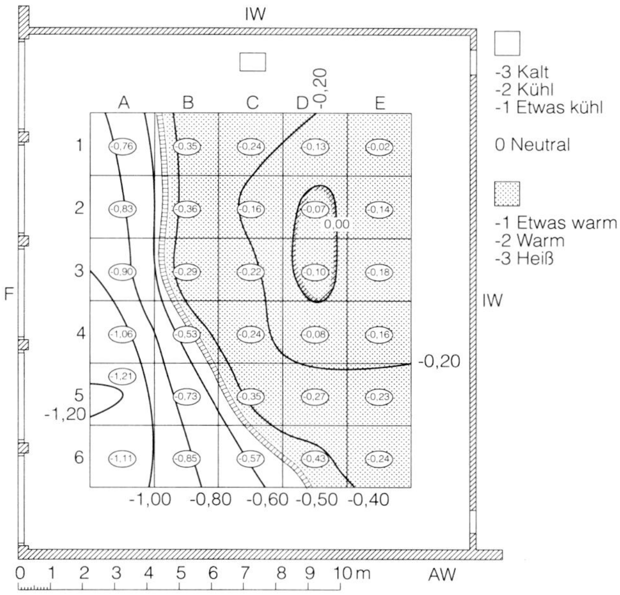

2.3.9 Einfluß des Fensters auf die thermische Behaglichkeit in einem Raum.
F = Fenster; AW = Außenwand; IW = Innenwand;
= Optimaler Behaglichkeitswert mit Empfindungsaussage »neutral« (= »behaglich«, Empfindungswert 0,00);
= Fensterseitige Grenze des Behaglichkeitsbereichs im weiteren Sinne, bestimmt von der normalen, mittleren Breite der individuellen thermischen Behaglichkeitszone. [32]

2.3.10 Grenzwerte und Bereiche für Behaglichkeit in Aufenthaltsräumen und Anforderungen an Außenbauteile

	Einflußgröße für die Behaglichkeit		Jahreszeit	Grenzwerte Bereiche		k-Wert W/m²K	TAV 1
1	Raumlufttemperatur	ϑ_i	Winter Sommer	20 bis 22 ≤ 25	°C °C		
2	Mittlere Umschließungsflächen-Temperatur	$\vartheta_{i,m}$	Winter Sommer	≥ 17 ≤ 25	°C °C	≤ 1,25	≤ 0,15
3	Temperaturdifferenz zwischen Raumluft und Bauteiloberfläche (ϑ_i = 21 °C)	$\Delta\vartheta$	Winter	≤ 3	K	≤ 0,75	
4	Temperaturdifferenz gegenüberliegender vertikaler Bauteile	$\Delta\vartheta$	Winter (Wand) (Fenster)	≤ 5	K K	≤ 1,25 ≤ 2,00	
5	Temperaturdifferenz zwischen Decke und Fußboden	$\Delta\vartheta$	Winter	≤ 3	K	≤ 0,75	
6	Temperatur der Fußbodenoberfläche	$\vartheta_{i,o}$	Winter Sommer	17 bis 26 ≤ 26	°C °C	≤ 1,25	≤ 0,15
7	Temperatur der Deckenoberfläche	$\vartheta_{i,o}$	Winter Sommer	17 bis 34 ≤ 34	°C °C	≤ 1,25	≤ 0,10
8	Wärmestromdichte	q	Winter	≤ 40	W/m²	≤ 1,25	
9	Relative Feuchte der Raumluft	φ_i	Winter Sommer	40 bis 60 40 bis 60	% %		
10	Luftbewegung in Körpernähe	V_L	Winter Sommer	≤ 0,15 ≤ 0,30	m/s m/s		

2.3.11 Zuordnung von Wandbaugruppen und Beanspruchungsgruppen nach DIN 4108

Spalte	1	2	3
Zeile	Beanspruchungsgruppe I geringe Schlagregenbeanspruchung	Beanspruchungsgruppe II mittlere Schlagregenbeanspruchung	Beanspruchungsgruppe III starke Schlagregenbeanspruchung
1	Mit Außenputz ohne besondere Anforderungen an den Schlagregenschutz nach DIN 18550 Teil 1 verputzte • Außenwände aus Mauerwerk, Wandbauplatten, Beton o.ä. • Holzwolle-Leichtbauplatten, ausgeführt nach DIN 1102 (mit Fugenbewehrung) • Mehrschicht-Leichtbauplatten, ausgeführt nach DIN 1104 Teil 2 (mit ganzflächiger Bewehrung)	Mit wasserhemmendem Außenputz nach DIN 18550 Teil 1 oder einem Kunstharzputz verputzte	Mit wasserabweisendem Außenputz nach DIN 18550 Teil 1 oder einem Kunstharzputz verputzte
		• Außenwände aus Mauerwerk, Wandbauplatten, Beton o.ä. • Holzwolle-Leichtbauplatten, ausgeführt nach DIN 1102 (mit Fugenbewehrung) oder • Mehrschicht-Leichtbauplatten mit zu verputzenden Holzwolleschichten der Dicken ≥ 15 mm, ausgeführt nach DIN 1104 Teil 2 (mit ganzflächiger Bewehrung) • Mehrschicht-Leichtbauplatten mit zu verputzenden Holzwolleschichten der Dicken < 15 mm, ausgeführt nach DIN 1104 Teil 2 (mit ganzflächiger Bewehrung) unter Verwendung von Werkmörtel nach DIN 18557	
2	Einschaliges Sichtmauerwerk nach DIN 1053 Teil 1, 31 cm dick[1)]	Einschaliges Sichtmauerwerk nach DIN 1053 Teil 1, 37,5 cm dick[1)]	Zweischaliges Verblend-Mauerwerk mit Luftschicht nach DIN 1053 Teil 1[2)]; Zweischaliges Verblendmauerwerk ohne Luftschicht nach DIN 1053 Teil 1 mit Vormauersteinen
3		Außenwände mit angemörtelten Bekleidungen nach DIN 18515	Außenwände mit angemauerten Bekleidungen mit Unterputz nach DIN 18515 und mit wasserabweisendem Fugenmörtel[3)]; Außenwände mit angemörtelten Bekleidungen mit Unterputz nach DIN 18515 und mit wasserabweisendem Fugenmörtel[3)]
4			Außenwände mit gefügedichter Betonaußenschicht nach DIN 1045 und DIN 4219 Teil 1 und 2

1) Übernimmt eine zusätzlich vorhandene Wärmedämmschicht den erforderlichen Wärmeschutz allein, so kann das Mauerwerk in die nächsthöhere Beanspruchungsgruppe eingeordnet werden.
2) Die Luftschicht muß nach DIN 1053, Teil 1, ausgebildet werden. Eine Verfüllung des Zwischenraumes als Kerndämmung darf nur nach hierfür vorgesehenen Normen durchgeführt werden oder bedarf eines besonderen Nachweises der Brauchbarkeit, z.B. durch allgemeine bauaufsichtliche Zulassung.
3) Wasserabweisende Fugenmörtel müssen einen Wasseraufnahmekoeffizienten $w \leq 0{,}5 kg/m^2h^{0,5}$ aufweisen, ermittelt nach DIN 52617.

Tabelle 2.3.11 zeigt, daß Wandbauarten mit Oberflächen aus gefügedichtem Beton schlagregensicher sind. Mauerwerk und Bauteile aus Porenbeton dagegen erfordern je nach Beanspruchung besondere Schutzmaßnahmen, wie wasserhemmende oder wasserabweisende Putze, Beschichtungen oder hinterlüftete Vorsatzschalen.

Tauwasser an raumseitigen Oberflächen
Um Tauwasserbildung an den raumseitigen Oberflächen zu vermeiden, sind durch ausreichende Wärmedämmung Oberflächentemperaturen der Bauteile einzuhalten, die über dem Taupunkt der Raumluft liegen. Die durch die Nutzung des Raumes anfallende Feuchtigkeit ist durch Lüftung abzuführen, um so die relative Luftfeuchte in dem gewünschten Bereich von 40 bis 60 % zu halten. Außenbauteile aus Beton machen daher in den Klimazonen Mitteleuropas immer eine ausreichende Wärmedämmung erforderlich. Je nach Funktion des Gebäudes und des Bauteils ist dem unterschiedlich Rechnung zu tragen.
Besonders gefährdet durch Oberflächenkondensat sind geometrische und konstruktiv bedingte Wärmebrücken sowie schlecht belüftete Raumecken hinter Vorhängen oder Schränken. Die Zunahme der Tauwasserschäden an Bauteiloberflächen in letzter Zeit hängt mit dem Bestreben zusammen, Heizenergie einzusparen: die Raumlufttemperaturen werden herabgesetzt, die Fensterfugen abgedichtet und dadurch der »automatische« Luftwechsel vermindert. Eine ausreichende Raumlüftung, zum Beispiel durch regelmäßiges Öffnen der Fenster (Stoßlüftung), wird nicht durchgeführt.

Tauwasser infolge von Wasserdampfdiffusion
Die im Querschnitt eines Bauteils im Winter anfallende Tauwassermasse ist unproblematisch, wenn die Wärmedämmwirkung dadurch nicht wesentlich beeinträchtigt wird, keine Frostschäden auftreten und im Sommer eine Austrocknung erfolgen kann. Dabei ist das Material und die Lage des Taupunktes im Bauteil wichtig und zu kontrollieren.
Bei einschichtigen Bauteilen, wie Wänden aus Leichtbeton-Mauerwerk, erfolgt die Wasserdampfdiffusion in der Regel reibungslos.
Bei mehrschichtigen Konstruktionen gilt die Grundregel, daß der Diffusionswiderstand der einzelnen Schichten von innen nach außen abnehmen sollte. Sehr poröse dampfdurchlässige Baustoffe erfordern bei mehrschichtigen Bauteilen häufig besondere konstruktive Maßnahmen zur Hinterlüftung oder Dampfsperren auf der Raumseite, um eine Durchfeuchtung der Bauteile zu vermeiden.
Der Nachweis der Unschädlichkeit der Wasserdampfdiffusion erfolgt nach DIN 4108, Teil 3, mit genormten Festlegungen für die Klimadaten. Kann der geforderte Nachweis für eine kontrollierte Wasserdampfdiffusion für eine Konstruktion nicht geführt werden, muß

unter Umständen der Schichtaufbau geändert werden oder es ist zusätzlich eine Dampfsperre anzuordnen.
Für folgende Bauteile ist ein Nachweis nach DIN 4108, Teil 3, nicht erforderlich:

- Mauerwerk nach DIN 1053, Teil 1, aus künstlichen Steinen ohne zusätzliche Wärmedämmschicht als ein- oder zweischaliges Mauerwerk, verblendet oder verputzt oder mit angemörtelter oder angemauerter Bekleidung nach DIN 18515 (Fugenanteil mindestens 5 %) sowie zweischaliges Mauerwerk mit Luftschicht nach DIN 1053, Teil 1, ohne oder mit zusätzlicher Wärmedämmschicht.
- Mauerwerk nach DIN 1053, Teil 1, aus künstlichen Steinen mit außenseitig angebrachter Wärmedämmschicht und einem Außenputz mit mineralischen Bindemitteln nach DIN 18550, Teil 1 und Teil 2, oder einem Kunstharzputz – wobei die diffusionsäquivalente Luftschichtdicke s_d der Putze $\leq 4{,}0$ m ist – oder mit hinterlüfteter Bekleidung.
- Mauerwerk nach DIN 1053, Teil 1, aus künstlichen Steinen mit raumseitig angebrachter Wärmedämmschicht mit – einschließlich eines Innenputzes – $s_d \geq 0{,}5$ m und einem Außenputz oder mit hinterlüfteter Bekleidung.
- Mauerwerk nach DIN 1053, Teil 1, aus künstlichen Steinen mit raumseitig angebrachten Holzwolle-Leichtbauplatten nach DIN 1101, verputzt oder bekleidet, außenseitig als Sichtmauerwerk (keine Klinker nach DIN 105) oder verputzt oder mit hinterlüfteter Bekleidung.
- Wände aus gefügedichtem Leichtbeton nach DIN 4219, Teil 1 und Teil 2, ohne zusätzliche Wärmedämmschicht.
- Wände aus bewehrtem Porenbeton nach DIN 4223 ohne zusätzliche Wärmedämmschicht mit einem Kunstharzputz mit $s_d \leq 4{,}0$ m oder mit hinterlüfteter Bekleidung oder mit hinterlüfteter Vorsatzschale.
- Wände aus haufwerksporigem Leichtbeton nach DIN 4232, beidseitig verputzt oder außenseitig mit hinterlüfteter Bekleidung, ohne zusätzliche Wärmedämmschicht.
- Wände aus Normalbeton nach DIN 1045 oder gefügedichtem Leichtbeton nach DIN 4219, Teil 1 und Teil 2, mit außenseitiger Wärmedämmschicht und einem Außenputz mit mineralischen Bindemitteln nach DIN 18550, Teil 1 und Teil 2, oder einem Kunstharzputz oder einer Bekleidung oder einer Vorsatzschale.
- Dächer mit einer Dampfsperrschicht ($s_d \geq 100$ m) unter oder in der Wärmedämmschicht, wobei der Wärmedurchlaßwiderstand der Bauteilschichten unterhalb der Dampfsperrschicht höchstens 20 % des Gesamtwärmedurchlaßwiderstandes beträgt.
- Einschalige Dächer aus Porenbeton nach DIN 4223 ohne Dampfsperrschicht an der Unterseite.

Bei Dächern mit einem belüfteten Raum oberhalb der Wärmedämmung muß kein Nachweis geführt werden, wenn die folgenden Bedingungen erfüllt sind:
a) Bei Dächern mit einer Dachneigung ≥ 10° beträgt

- der freie Lüftungsquerschnitt der an jeweils zwei gegenüberliegenden Traufen angebrachten Öffnungen mindestens je 2 ‰ der zugehörigen geneigten Dachfläche, mindestens jedoch 200 cm^2 je m Traufe
- die Lüftungsöffnung am First mindestens 0,5 ‰ der gesamten geneigten Dachfläche
- der freie Lüftungsquerschnitt innerhalb des Dachbereiches über der Wärmedämmschicht im eingebauten Zustand mindestens 200 cm^2 je m senkrecht zur Strömungsrichtung und dessen freie Höhe mindestens 2 cm
- die diffusionsäquivalente Luftschichtdicke s_d der unterhalb des belüfteten Raumes angeordneten Bauteilschichten in Abhängigkeit von der Sparrenlänge a:

$a \leq 10$ m : $s_d \geq 2$ m
$a \leq 15$ m : $s_d \geq 5$ m
$a \geq 15$ m : $s_d \geq 10$ m

b) Bei Dächern mit einer Neigung < 10° beträgt

- der freie Lüftungsquerschnitt der an mindestens zwei gegenüberliegenden Traufen angebrachten Öffnungen mindestens 2 ‰ der gesamten Dachgrundrißfläche
- die Höhe des freien Lüftungsquerschnitts innerhalb des Dachbereiches über der Wärmedämmschicht im eingebauten Zustand mindestens 5 cm
- die diffusionsäquivalente Luftschichtdicke s_d der unterhalb des belüfteten Raumes angeordneten Bauteilschichten mindestens 10 m.

c) Bei Dächern mit etwa vorhandenen Dampfsperrschichten ($s_d \geq 100$ m) sind diese so angeordnet, daß der Wärmedurchlaßwiderstand der Bauteilschichten unterhalb der Dampfsperrschicht höchstens 20 % des Gesamtwärmedurchlaßwiderstandes beträgt (bei Dächern mit nebeneinanderliegenden Bereichen unterschiedlicher Wärmedämmung ist der Gefachbereich zugrundezulegen).

d) Bei Dächern mit massiven Deckenkonstruktionen sowie bei geschichteten Dachkonstruktionen ist die Wärmedämmschicht als oberste Schicht unter dem belüfteten Raum angeordnet.

- Dächer aus Porenbeton nach DIN 4223 ohne zusätzliche Wärmedämmschicht und ohne Dampfsperrschicht an der Unterseite.

Wasserdampf-Sorption
Das Sorptionsverhalten der raumumschließenden Bauteile spielt in Räumen eine Rolle, in denen vorübergehend größere Mengen Wasserdampf anfallen, wie in Badezimmern, Küchen, Klassenzimmern oder Versammlungsräumen. Hier sollen die Bauteile Feuchtigkeit kurzfristig aus der Luft aufnehmen, speichern

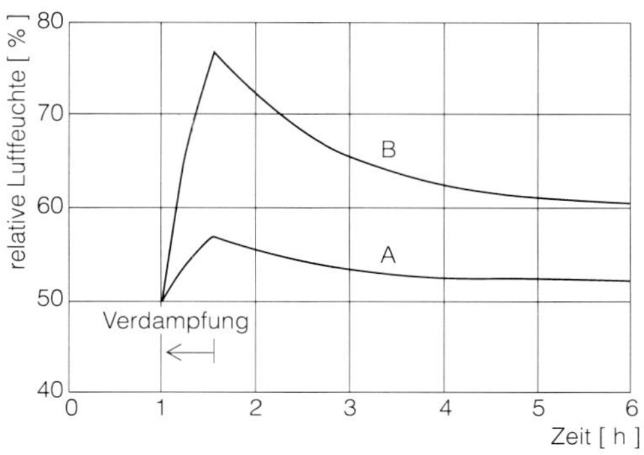

2.3.12 Änderung der relativen Luftfeuchte bei Verdampfen von 200 g Wasser innerhalb 1/2 Stunde in Räumen mit 4 x 2,5 m Größe, jedoch mit unterschiedlicher Beschaffenheit der Innenoberfläche von Wänden und Decken:
A Kalkputz, B Ölfarbe auf Putz [25]

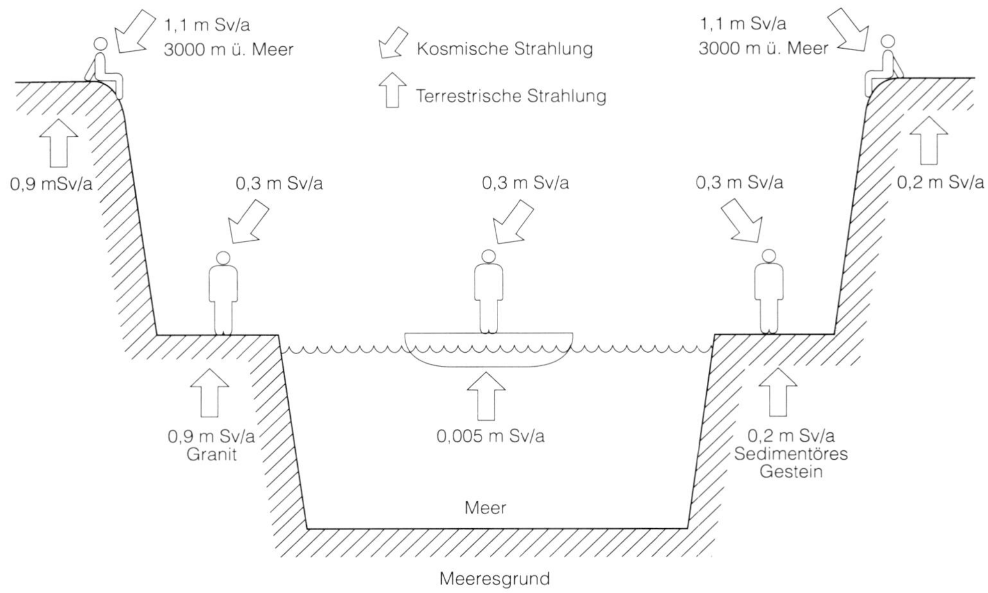

2.3.13 Natürliche Radioaktivität im Freien

2.3.14 Wasserdampf-Absorptionskoeffizienten, Ergebnisse von Untersuchungen nach [26]

Material	Wasserdampf-Absorptionskoeffizient d $g/m^2h^{0,5}$
Beton B 15	11
Beton B 25	9
Beton B 45	8
Kalkzementputz, Blech	13
Kalkzementputz, Beton B 15	10
Kalkzementputz, Leichtziegel	10
Kalkgipsputz, Blech	13
Kalkgipsputz, Beton B 15	13
Gipssandputz, Blech	11
Papiertapete, Beton B 15	12
Papiertapete, Leichtziegel	12
Dispersionsfarbe, Papiertapete, Beton B 15	11
Dispersionsfarbe, Papiertapete, Leichtziegel	11
Holz	
Fichte, Kiefer, Buche natur	20–25
Eiche natur	12
Eiche gewachst (Fußboden)	3
Textilien	
Vorhangstoffe aus natürlichen Fasern 0,15–0,3 kg/m^2	5–15
Teppiche aus natürlichen Fasern	30–36
Teppiche aus synthetischen Fasern	15

2.3.15 Mittlere natürliche Äquivalentdosis H der Bevölkerung der Bundesrepublik Deutschland im Jahr 1989; Angaben in mSv/a nach [14]

Herkunft	H	
Durch kosmische Strahlung	ca. 0,3	
Durch terrestrische Strahlung von außen	ca. 0,5	
bei Aufenthalt im Freien		ca. 0,43
bei Aufenthalt in Gebäuden		ca. 0,57
Durch Inhalation von Radon in Wohnungen	ca. 1,3	
Durch inkorporale, natürliche radioaktive Stoffe	ca. 0,3	
Summe der natürlichen Strahlenexposition	ca. 2,4	

und wieder abgeben können, um so die sonst auftretenden starken Schwankungen der relativen Feuchte der Raumluft auszugleichen.
Den Vorgang der Wasserdampf-Sorption schildert folgender Versuch: In zwei Räumen mit den Abmessungen 4 x 4 x 2,5 m und mit 50 % relativer Luftfeuchte werden je 200 g Wasser in 30 Minuten verdampft. Die relative Luftfeuchte müßte danach auf 79 % ansteigen. Im Fall A mit Kalkputz auf den Wänden und der Decke steigt die relative Luftfeuchte nur auf 58 % an. Im Fall B war der Putz mit Ölfarbe gestrichen, so daß er keinen Wasserdampf aufnehmen konnte. Dort stieg die relative Luftfeuchte nahezu auf die erwarteten 79 %. Noch vier Stunden nach der Verdampfung lag die relative Luftfeuchte im Fall B um 10 % über derjenigen im Raum A (Bild 2.3.12).
An diesen Vorgängen sind nur die oberflächennahen Schichten der Bauteile, also die Putze und Tapeten, beteiligt. Dies geht deutlich aus den in Tabelle 2.3.14 aufgeführten Ergebnissen entsprechender Untersuchungen hervor. Es ist für die Wasserdampf-Sorption von Bauteilen danach gleichgültig, welcher Baustoff Träger der Oberflächenschichten ist.

Natürliche Radioaktivität

Seit Beginn ihrer Entwicklung ist die Menschheit ionisierenden Strahlen ausgesetzt. Die sogenannte Höhenstrahlung stammt aus der Kernfusion auf der Sonne; sie ist von der Höhenlage des Aufenthaltsortes abhängig.
Ein zweiter Anteil der ionisierenden Strahlung entsteht durch radioaktive Stoffe im Boden, zu denen Uran, Radium und Thorium gehören. Durch diese Strahlung wird eine Belastung des menschlichen Körpers verursacht, die als Ganzkörperdosis in mSv/a angegeben wird. Kosmische und terrestrische Strahlung zusammen liegen in der Bundesrepublik Deutschland zwischen 0,3 auf einem Schiff im Meer und 2,0 mSv/a in 3 000 Meter Höhe über Granit (Bild 2.3.13).
Zu dieser von außen auf den Körper einwirkenden Strahlung kommt noch ein Beitrag aus eingeatmeten oder mit der Nahrung aufgenommenen radioaktiven Stoffen im Freien und in Gebäuden, so daß die durchschnittliche natürliche radioaktive Belastung in der Bundesrepublik bei 2,4 mSv/a liegt (Tabelle 2.3.15).

Radioaktivität von Betonen
Alle natürlichen Gesteine und Erden enthalten geringe Mengen an Kalium 40, Radium 226 und Thorium 232, bei deren Zerfall das radioaktive Edelgas Radon entsteht. Daraus hergestellte Baustoffe, so auch Betone, senden also eine von den Rohstoffen bestimmte Strahlung aus und geben geringe Mengen Radon an die Raumluft ab.
Die spezifische Radioaktivität von Betonen ist abhängig von ihrer Zusammensetzung. Ihren Massenanteilen entsprechend ist der Einfluß des Zements auf die Radioaktivität

des Betons gering. Der Einfluß des Zuschlags überwiegt bei weitem.
Die natürliche Radioaktivität von in Deutschland üblichen Betonen ist sehr gering, auch im Vergleich zu anderen Baustoffen. Dies geht aus Tabelle 2.3.16 hervor. Die Werte sind dem Jahresbericht 1987 des Bundesministeriums für Umwelt, Naturschutz und Reaktorsicherheit über Umweltradioaktivität und Strahlenbelastung entnommen.
Der Summenwert ist nach der sogenannten Leningrader Formel ermittelt. Bleibt dieser Wert unter 1, so liegt die Strahlenbelastung einer Person unter 1,5 mSv/a, wenn sie sich in einem Raum aufhält, dessen Hüllflächen ausschließlich aus dem betrachteten Baustoff bestehen und unendlich dick sind.

Radon in Innenräumen
Untersuchungen an bestehenden Häusern haben nachgewiesen, daß die Radon-Belastung von Innenräumen hauptsächlich aus dem Erdboden kommt und nicht aus dem verwendeten Baumaterial. Durch die Abschirmwirkung von Bodenplatten und Kellerwänden aus Beton haben entsprechende Häuser deutlich geringere Radon-Konzentrationen gezeigt als vergleichbare Altbauten mit Stampflehmfußboden und fugenreichem Naturstein-Mauerwerk im Kellerbereich.
In Deutschland wird empfohlen, daß die Radonkonzentration in der Innenraumluft über einen längeren Zeitraum nicht mehr als 250 Bq/m³ betragen soll. Der Mittelwert liegt bei 50 Bq/m³.

Luftschadstoffe und Luftwechsel
Die notwendige Versorgung der Bewohner mit Frischluft erfordert unter normalen Wohnverhältnissen einen Mindestluftwechsel zwischen 0,5 und 0,8 je Stunde. Das bedeutet, daß das Luftvolumen einer Wohnung aus hygienischen Gründen 0,5- bis 0,8mal je Stunde durch Frischluft ersetzt werden muß. Gleichzeitig werden mit diesem Mindestluftwechsel Luftinhaltsstoffe abgeführt und deren Konzentration unter bestimmten Schwellenwerten gehalten, die kein nennenswertes Gesundheitsrisiko und keine Belästigung darstellen. Als Quellen für die Schadstoffbelastung in Wohnungen kommen unter anderem in Frage:

- Ausscheidungen des Menschen, vor allem Wasserdampf, Kohlendioxid, Gerüche, Krankheitskeime
- Wasserdampf und Gerüche durch Waschen, Baden, Kochen, Zimmerpflanzen
- Inhaltsstoffe von Putz-, Wasch- und Reinigungsmitteln
- Gase von Feuerstellen, wie Öfen, Herde und offene Kamine
- Gase aus Baustoffen und Inneneinrichtungen, wie Holzschutzmittel, Formaldehyd oder Radon.

Der Mindestluftwechsel kann also auch vom Schadstoffanfall und dessen Beseitigung

2.3.16 Natürliche radioaktive Stoffe in Baustoffen nach [13]

Baustoffe	Kalium 40 [Bq/kg]		Radium 226 [Bq/kg]		Thorium 232 [Bq/kg]		Summen
	Mittelwert	Spannweiten	Mittelwert	Spannweiten	Mittelwert	Spannweiten	
Natursteine:							
Granit	1000	600–4000	100	30–500	80	50–200	0,79
andere Erstarrungssteine	< 400	< 20– 900	< 40	< 20–200	< 40	< 20–300	< 0,35
Tuff, Bims	1000	500–2000	100	< 20–200	100	30–300	0,86
Schiefer	900	500–1000	40	30– 70	50	40– 70	0,49
Kalkstein, Marmor	40	< 40– 200	< 20	< 20–<30	< 20		< 0,14
Sandstein, Quarzit	500	< 40–1000	< 30	< 20–<70	< 30	< 20– 70	< 0,30
sonstige Natursteine	1000	< 40–2000	< 40	20– 50	< 50	< 20– 80	< 0,51
Mauersteine usw.:							
Ziegel, herkömmlicher Art	600	100–2000	60	20 – 100	60	20–200	0,52
Kalksandstein, Gasbeton	200	40– 800	< 20	< 20– 80	< 20	< 20– 60	< 0,17
Leichtbetonsteine:							
Zuschlag aus Bims	900	500–2000	80	20–200	90	30–300	0,75
Blähton, Blähschiefer	400	40– 700	< 30	< 20– 80	< 30	< 20– 60	< 0,28
Schlacke	500	300–1000	100	20–700	100	20–200	0,76
Ziegelsplitt	500	400– 600	40	30 – 70	60	30–100	0,44
Beton:							
Normalbeton	370	150– 500	< 20		< 20		< 0,21
Leichtbeton	1100	70–1600	30	< 20– 90	30	< 20– 80	< 0,43

2.3.17 Luftwechselzahl β nach dem Wasserdampfmaßstab bei unterschiedlicher absoluter Feuchte der Außenluft h

	Außenluft			Raumluft			Differenz	Luftwechselzahl
	ϑ_a	φ	h	ϑ_1	φ	h	Δh	β
	°C	%	g/m³	°C	%	g/m³	g/m³	h^{-1}
1	– 10	80	1,64	+ 22	50	9,26	7,62	0,5
2	± 0	80	3,70	+ 22	50	9,26	5,56	0,7
3	+ 10	70	6,27	+ 22	50	9,26	2,99	1,3

2.3.18 Aus dem Raum abgeführte Feuchtigkeitsmengen durch Dampfdiffusion und durch Luftwechsel nach [25]

Außenlufttemperatur in °C	Aus dem Raum abgeführte Feuchtigkeitsmenge [g/h] durch Dampfdiffusion durch die Außenwand	durch Luftwechsel (einfach)
– 20	5,5	436
– 10	4,8	378
0	3,2	242
10	0,4	15

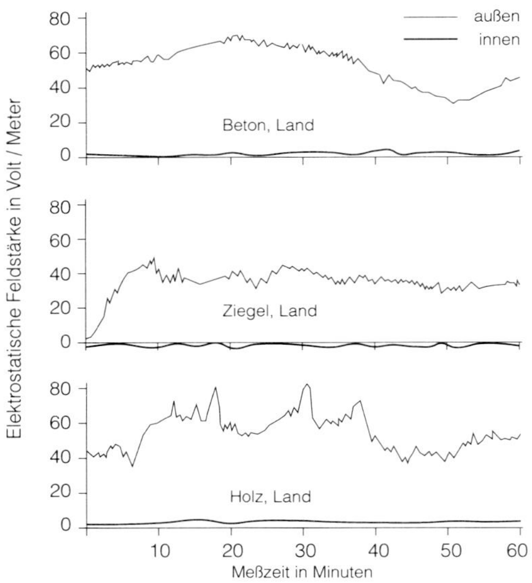

2.3.19 Elektrostatisches Feld im Freien und in nicht genutzten Innenräumen mit Bauteilen aus bewehrtem Beton, Mauerziegel beziehungsweise Holz [27]

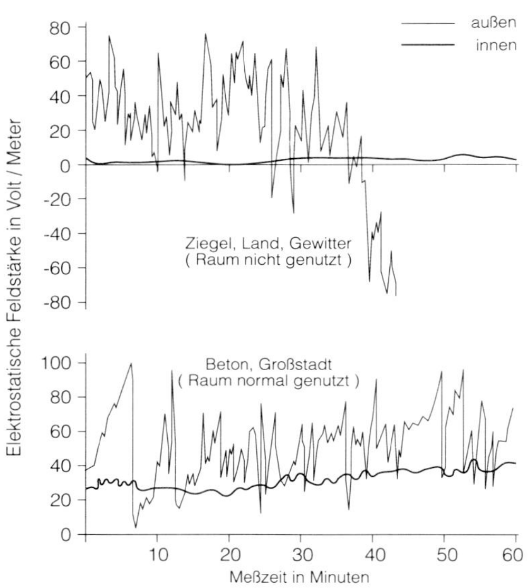

2.3.20 Elektrostatisches Feld im Freien und im Innenraum [27]
a) obere Bildhälfte: bei Gewitter, Innenraum nicht genutzt, ländliche Gegend
b) untere Bildhälfte: bei schönem Wetter, Innenraum normal genutzt, Großstadt

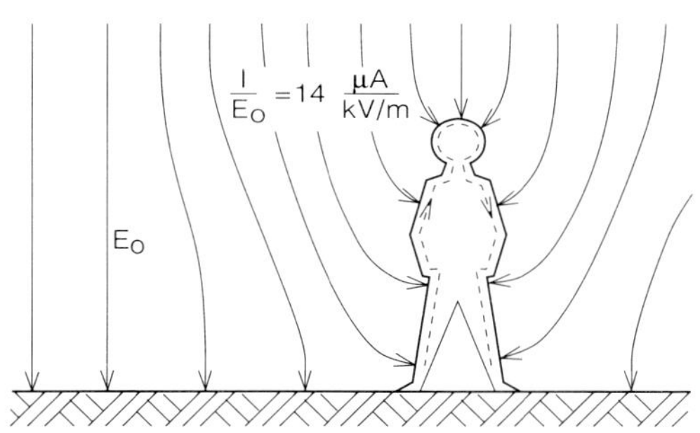

2.3.21 Luftelektrische Felder dringen nicht in den Körper ein (nach Hauf)

bestimmt werden. Je nach der Nutzung der Räume, der Belegungsdichte und der Tätigkeit kann zur Vermeidung von Tauwasserniederschlag an den Bauteiloberflächen, aber auch der Wasserdampfanfall den Mindestluftwechsel bestimmen.
Dieser sowohl hygienisch als auch bauphysikalisch begründete Mindestluftwechsel wird bestimmt durch den Wasserdampf- und Schadstoffgehalt der Raum- beziehungsweise Außenluft, also von der Differenz der Inhaltsstoffe zwischen Zu- und Abluft.
Tabelle 2.3.17 zeigt, daß zur Abführung der gleichen Menge Wasserdampfes die Luftwechselzahl mit steigenden Außenlufttemperaturen zunimmt. Sie erreicht in der Übergangszeit bei +10 °C und 70 % relativer Feuchte den 2,6fachen Wert des entsprechenden Wertes im Winter bei –10 °C und 80 % relativer Feuchte der Außenluft.
Der Luftaustausch kann je nach Wohnungsgrundriß durch Querlüftung über Fenster und Türen erfolgen oder er muß über Lüftungseinrichtungen sichergestellt werden.

»Atmende Wände«
Ein »Atmen« der raumumschließenden Bauteile zum Zweck des Luftaustausches zwischen Raum- und Außenluft findet nicht statt. Ein solches Verhalten der Bauteile wäre auch unerwünscht, da hierdurch ein unkontrollierter Wärmeverlust eintreten würde und die Luftschalldämmung unzureichend wäre. Trotzdem wird immer wieder von »Atmungsaktivität« oder »Atmungsfähigkeit« gesprochen, als einer besonders günstigen Eigenschaft von Bauteilen im Hinblick auf die Verbesserung der Luftqualität im Raum. Wenn damit aber Diffusions-Vorgänge gemeint sein sollten, so sind diese vernachlässigbar gering gegenüber dem Luftaustausch durch Lüftung.
In [25] wird folgender Vergleich angestellt: »Die Entfeuchtungswirkung sowohl durch Dampfdiffusion als auch infolge des Luftwechsels nimmt mit sinkender Außenlufttemperatur zu. Ein Vergleich über die Wirksamkeit der beiden Effekte (Dampfdiffusion und Luftwechsel) wird unter folgenden Annahmen durchgeführt:

Raum (4 × 6 × 2,6 m) mit zwei Außenwänden, bestehend aus 24 cm Hochlochziegelmauerwerk (Diffusionswiderstandszahl $\mu = 10$) mit Außen- und Innenputz.

Fensterfläche:	6 m²
Luftwechsel:	einfach
Raumlufttemperatur:	22 °C
Raumluftfeuchte:	40 %
Außenluftfeuchte:	80 %

Unter diesen Gegebenheiten werden, abhängig von der Außenlufttemperatur, die in Tabelle 2.3.18 zusammengestellten Feuchtigkeitsmengen aus dem Raum abgeführt.
Die durch Diffusion transportierte Feuchtigkeitsmenge beträgt somit bei winterlichen Außentemperaturen nur 1 bis 3 % der durch Luftwechsel abgeführten Menge. Dabei wurden bei der Berechnung für den Diffusionseffekt günstige Verhältnisse zugrundegelegt, nämlich zwei Außenwände und relativ dampfdurchlässiges Mauerwerk. In anderen Fällen kann der Diffusionsanteil noch geringer sein. Die Folgerung aus dieser Betrachtung ist, daß hinsichtlich einer Feuchtigkeitsabfuhr aus Räumen auf die Wirkung der Dampfdiffusion durch Außenbauteile hindurch völlig verzichtet werden kann. Die Verhältnisse der Raumluftfeuchtigkeit werden durch die Dampfdurchlässigkeit der Außenwände nicht merklich beeinflußt.«

Elektrische und magnetische Felder
Vielfach wird behauptet, daß elektrische und magnetische Felder besondere Einflüsse auf die menschliche Gesundheit ausüben. Bisher konnte dies bei den üblichen Feldstärken wissenschaftlich nicht nachgewiesen werden. Baustoffe, die physikalisch nur Halbleiter sind, schirmen den umhüllten Raum gegenüber dem äußeren elektrischen Feld ab. Im Inneren von Häusern kann daher kein elektrisches Feld gemessen werden, gleichgültig, ob die Außenbauteile aus Beton, Ziegel oder Holz bestehen (Bilder 2.3.19 und 2.3.20). Das trifft ebenso für die höheren Feldstärken während eines Gewitters zu. In einem genutzten Aufenthaltsraum entstehen dagegen allein schon durch die Reibung bei der Bewegung von Menschen immer elektrische Felder in Gewitterstärke, ebenfalls unabhängig vom verwendeten Baustoff.
Auch die feuchte Haut des menschlichen Körpers schirmt ab. Sie wirkt wie ein Faraday-Käfig und hält das Innere des Körpers von den Einwirkungen eines natürlichen elektrischen Feldes frei (Bild 2.3.21).
Technisch bedingte Wechselfelder entstehen im Umfeld von Wechsel- und Drehstrom-Leitungen in Innenräumen und unter Überlandleitungen. Weltweite Untersuchungen haben ergeben, daß diese technischen Wechselfelder nur mit einem extrem geringen Anteil (ca. 1:10 Millionen) in den Körper eindringen, so daß sich selbst unter Hochspannungsleitungen von 380 000 Volt nur minimale elektrische Felder im Körper aufbauen. Sie machen etwa ein Millionstel derjenigen natürlichen Spannungen aus, welche unsere Nerven- und Gehirnzellen zur Erregung bringen können. Sie sind also wirkungslos. [12]
Im Inneren von Wohn- und Arbeitsräumen sowie in Industriebetrieben beträgt die Stärke der elektrischen Felder nur etwa ein Tausendstel jener unter Überlandleitungen. Diese Felder liegen weit unterhalb jeder möglichen biologischen Wirksamkeit. Nur bei starken Feldern mit sehr hoher Frequenz, wie z.B. im Mikrowellenbereich, können Gefahren auftreten. Sie wirken sich in einer Überwärmung des biologischen Gewebes, also betroffener Körperteile, aus.
Magnetische Felder durchdringen alle Bauteile, unabhängig vom verwendeten Baustoff.

Sie durchdringen auch den menschlichen Körper. In der Natur gibt es nur das bekannte geomagnetische Gleichfeld, welches die Magnetnadel ausrichtet. Die Feldstärke beträgt 0,05 Millitesla. Wenn auch aufgrund von Untersuchungen angenommen wird, daß einige Tierarten, wie Fische und Vögel, dieses magnetische Feld wahrnehmen und zur Orientierung nutzen können, sind solche Fähigkeiten für den Menschen nicht nachgewiesen worden. Eine gesundheitsschädigende Wirkung geht von den natürlichen magnetischen Feldern nicht aus.
Die Wirkung von Magnetfeldern, die durch Wechselstrom künstlich erzeugt werden, sind ebenfalls weltweit untersucht worden. Wenn überhaupt Effekte in Wohnräumen und im Freien beobachtet worden sind, so bewegen sie sich innerhalb der natürlichen physiologischen Schwankungsbreite der Organfunktionen. Die gemessenen magnetischen Feldstärken bleiben unter 0,1 Millitesla, betragen also kaum mehr als die Stärke des natürlichen magnetischen Gleichfeldes. Solche Feldstärken haben sich bislang in Experimenten als wirkungslos erwiesen. Auch in der Nähe von Transformatorstationen treten keine gesundheitsschädlichen magnetischen Wechselfelder auf. [12]
»Erdstrahlen-Theorien« sind weit verbreitet, entbehren aber jeglicher physikalischen Grundlage.
Es ist festzustellen, daß weder das Vorhandensein noch eine krankmachende Wirkung sogenannter Erdstrahlen oder geopatogener Reizzonen als bewiesen gelten kann. [12]

Energieeinsparung, Wärmeschutz

Die Einsparung von und ein intelligenter Umgang mit Energie ist in unserer heutigen Gesellschaft ein wesentliches Ziel. Reduzierung des Energieverbrauches ist immer auch ein Beitrag zum Umweltschutz.
Im Bauwesen gibt es zwei Bereiche, in denen Energie verbraucht wird, und zwar:

- bei der Herstellung von Baustoffen, Bauteilen und Gebäuden sowie
- beim Betrieb der Bauten.

Energiebedarf zur Herstellung von Bauteilen

Der Energiebedarf zur Herstellung von Baustoffen und Bauteilen kann mit der Methode der Prozeßkettenanalyse ermittelt und als Primär-Energieinhalt je Tonne und je Kubikmeter Baustoff beziehungsweise je Quadratmeter Bauteil ausgewiesen werden. Vergleiche auf dieser Basis sind in Tabelle 2.3.22 dargestellt. Sie zeigen, daß zum Beispiel Bauteile aus Bims-Leichtbeton den niedrigsten Primär-Energieinhalt aufweisen gegenüber vergleichbaren Bauteilen aus anderen Materialien. Hier hat die Natur die Energie zur Herstellung des Leichtzuschlags vorab geliefert. Auch bei

2.3.22 Primärenergieinhalt PEI von Baustoffen, Beispiele nach [28]

Baustoff	Rohdichte kg/m³	PEI kWh/t	PEI kWh/m³
Bimsbetonsteine	700	290	203
Kalksandsteine	1400	242	339
Blähtonbetonsteine	700	678	475
Porenbetonsteine	550	863	475
Leichtmauerziegel (porosiert mit Styropor)	800	681	545
Betondachsteine	2300	206	474
Dachziegel	2000	754	1508
Normalbeton B 25	2300	196	451

2.3.23 Energiesparende Gebäude, Hinweise für die Planung

Grundlage	Maßnahme	Beispiele
Wärmeverluste im Winter verringern	Standortwahl	Windrichtung, Himmelsrichtung, Geländegestaltung, Baugrund, Grundwasserstand
	Kleinklima beachten	Schlagregen, Sonneneinfall, Verschattung, Wind, Kältesee, Nebel
	Ausrichtung des Gebäudes	Kleine Flächen nach Norden und zur Hauptwindrichtung
	Kompakte Gebäudeform wählen	Kleineres Verhältnis von Außenflächen zu Volumen
	Grundriß-gestaltung	Räume mit hohen Temperaturen nach Süden, Wohnräume
		Räume mit niederen Temperaturen nach Norden, Pufferzonen bilden, Abstell-, Vorratsräume
		Windfang von Außentüren
	Wärmedämmung	Niedrige k-Werte der Außenbauteile
		Wärmebrücken vermeiden
		Kleine Fensterflächen zur Nord- und Windseite
		Temporärer Wärmeschutz der Fensterflächen durch Roll- und Klappläden
	Lüftung	Mindestluftwechsel einhalten
		Stoßlüftung über Fenster ermöglichen
		Fensterfugen möglichst dicht ausführen. Zufallslüftung vermeiden
		Lüftungseinrichtung einbauen, Kanäle, Schächte, Ventilatoren
		Wärmerückgewinnung vorsehen

Grundlage	Maßnahme	Beispiele
Wärmeverluste ausgleichen	Heizung	Richtige Bemessung der Anlage
		Hoher Wirkungsgrad
		Temperaturabhängige Steuerung
		Nachtabsenkung
	Nutzung der Sonnenenergie passiv	Orientierung der großen Gebäudefläche nach Süden
		Wohnräume nach Süden
		Große Fensterflächen nach Süden
		Wärmespeichernde Innenbauteile vorsehen
		Betonwände hinter Glas als Wärmesammler
		Betonwände hinter lichtdurchlässigen Wärmedämmschichten als Wärmesammler
	Nutzung der Sonnenenergie aktiv	Betonbauteile als Energieabsorber ausbilden (Massiv-Absorber-Heizsystem) Außenwände, Dächer, Gartenmauern, Garagen
		Innenbauteile als Energiespeicher ausbilden Wände, Decken, Bodenplatten des Gebäudes
Vor Wärme schützen im Sommer	Sonneneinstrahlung vermindern	Außenbauteile durch Bepflanzung verschatten
		Dachüberstand vorsehen
		Fenster verschatten durch Roll- oder Klappladen, Markisen
	Temperaturdurchgang vermindern	Kleines TAV, insbesondere bei Dächern
	Wärmespeicherung	Wärmespeichernde Innenbauteile vorsehen
	Lüftung	Tags: Mindestluftwechsel
		Nachts: erhöhter Luftwechsel

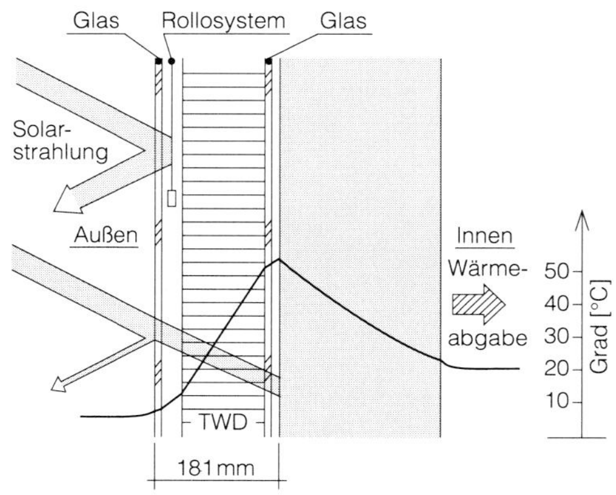

2.3.24 Vergleich von transparenter und opaker Wärmedämmung [1]

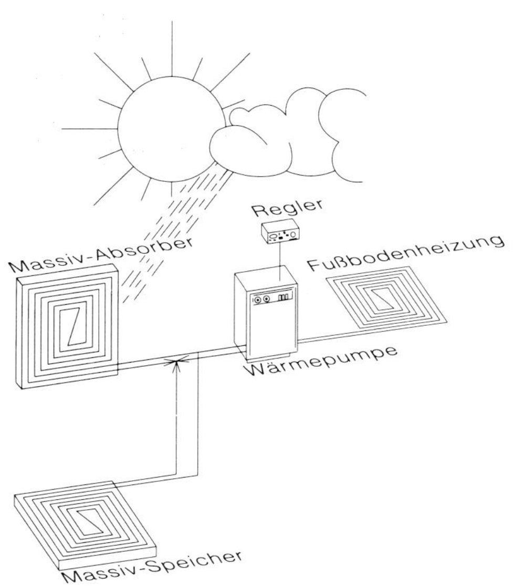

2.3.25 Massiv-Absorber-Heizsystem [30]

Bauteilen aus Normalbeton liegt der Primär-Energieinhalt sehr niedrig. Er steigt aber mit zunehmendem Bewehrungsanteil beim Stahlbeton durch den hohen Energieinhalt des Stahls.

Energiesparende Gebäude
Der Energiebedarf für den Betrieb von Gebäuden für Heizung und Lüftung im Winter und gegebenenfalls für eine Klimatisierung im Sommer ist über die gesamte Nutzungsdauer des Gebäudes in der Regel wesentlich höher als derjenige zur Herstellung des Gebäudes. Entsprechend größer ist auch die Einsparmöglichkeit. Einige Hinweise zu Planung und Betrieb energiesparender Gebäude sind in Tabelle 2.3.23 zusammengestellt. Sie zeigen, daß eine gute Wärmedämmung der Bauteile nur ein – wenn auch wichtiger – Faktor von vielen ist, die den Wärmehaushalt eines Gebäudes bestimmen.

Maßnahmen zur Energieeinsparung
Maßnahmen zur Reduzierung des Brennstoffverbrauches für die Raumheizung sind um so wirkungsvoller, je mehr es gelingt, entsprechende Regelungen nicht nur bei Neubauten, sondern auch im Altbaubestand durchzusetzen. Rund 40 % des Primär-Energiebedarfs in der Bundesrepublik werden für die Raumheizung benötigt. Zur Verringerung dieses Energiebedarfs sind beim Bauen unter anderem folgende Maßnahmen geeignet:

Wärmeverluste verringern
Den Wärmebedarf von Gebäuden zu reduzieren bedeutet eine Planung nach Standort, Orientierung und Funktionen zu optimieren, Wärmeschutzmaßnahmen wie Dämmung gezielt einzusetzen und intelligente Technik zu integrieren.
Wie aus Tabelle 2.3.23 hervorgeht, beginnt das Energiesparen mit der Standortwahl. Hier sind die Himmelsrichtung, die Geländegestaltung, ob Süd- oder Nordhang, der Baugrund und die Grundwasserverhältnisse zu beurteilen.
Das Kleinklima, wie Verschattung durch Bäume oder Bauten, Schlagregen, Kältesee oder Nebel, können sich negativ auf den Heizenergieverbrauch auswirken.
Bei der Ausrichtung des Gebäudekörpers sollten kleine Flächen nach Norden oder zur Hauptwindrichtung gestellt werden.
Kompakte Gebäudeformen mit niedrigem Verhältnis von wärmetauschenden Außenflächen zu Volumen sind günstig.
Für die Grundrißgestaltung gilt, daß Räume mit hohem Wärmebedarf, wie Wohnräume, nach Süden und solche mit niedrigem Wärmebedarf, wie Vorrats- und Abstellräume, nach Norden orientiert werden.

Es sollte ein wirtschaftlich optimaler Wärmeschutz angestrebt werden, der in unseren Breiten und bei dem derzeit herrschenden Preisniveau für Bau- und Dämmstoffe beziehungsweise für Heizenergie, bei Außenwänden zwischen 0,4 und 0,6, bei Dächern zwischen 0,2 und 0,3 und bei Kellerdecken zwischen 0,3 und 0,4 W/m² K liegt.
Ein temporärer Wärmeschutz der Fenster (z.B. Schiebeläden, Rolläden) sollte unnötige Wärmeverluste bei Nacht verhindern.
Der Lüftungswärmeverlust kann bei kompakten Gebäuden mit guter Wärmedämmung den Transmissionswärmeverlust der Bauteile übersteigen. Aus hygienischen und bautechnischen Gründen muß jedoch ein Mindestluftwechsel eingehalten werden; dieser sollte aber aus Energiespargründen nicht wesentlich überschritten werden. Das bedeutet, daß wilder Luftwechsel über undichte Fugen vermieden und regelbare Lüftungseinrichtungen vorgesehen werden sollten. Anlagen zur Wärmerückgewinnung aus der Fortluft können die Lüftungswärmeverluste weiter verringern.

Wärmeverluste ausgleichen
Eine richtige Bemessung und Steuerung der Heizungsanlage ist ein weiterer wichtiger Faktor zur Energieeinsparung.
Die passive Nutzung der Sonnenenergie erfolgt heute noch vornehmlich über die Fensterflächen, deren Wirkung als Sonnenkollektoren am günstigsten bei einer Orientierung nach Süden ist. Entsprechende Entwürfe zeigen große Fensterflächen nach Süden und massive Innenbauteile zur zeitweiligen Speicherung der eingebrachten Wärme.
Die Nutzung der Sonnenenergie bei den üblichen Konstruktionen der Außenwände und Dächer ist relativ gering. Sie beträgt 2 bis 12 %. Tabelle 2.3.26 enthält Angaben über Solargewinnfaktoren von Bauteilen in Abhängigkeit von ihrer Orientierung zur Himmelsrichtung.
Bringt man jedoch lichtdurchlässige Dämmschichten auf die Außenseite von Außenbauteilen, so können solche Flächen von Wärmeverlust- zu Wärmegewinnflächen werden.
Bild 2.3.24 zeigt den Vergleich zwischen transparenter und opaker Wärmedämmung.
Das Prinzip des sogenannten TWD-Systems (Transparente Wärme-Dämmung) ist einfach: Auf eine massive Außenwand, zum Beispiel aus Beton, wird eine lichtdurchlässige (transparente) Wämedämmschicht aufgebracht, die direkte und diffuse Sonnenstrahlung durchläßt. Diese trifft auf die massive, dunkel gefärbte Außenwand und wandelt sich von kurzwelliger Licht- in langwellige Wärmestrahlung um.
Für die Wärme aber ist die TWD nicht mehr so durchlässig. Die Wärme wird in der massiven und gut wärmeleitenden Außenwand aus Beton gespeichert und nach innen an den Raum abgegeben.
Ein System, das zur aktiven Solarenergienutzung im monovalenten Heizbetrieb eingesetzt werden kann, ist das sogenannte Massiv-Absorber-Heizsystem (Bild 2.3.25).
Dabei werden in Außenbauteilen aus Beton, wie Außenwänden, Balkonbrüstungen oder

Stützwänden, sowie in Dachflächen flüssigkeitsdurchströmte Rohrleitungen eingebettet. Der Solekreislauf auf der kalten Seite einer Wärmepumpe kühlt die Absorberflächen geringfügig unter Umgebungstemperatur ab. Dadurch wird Umweltenergie aufgenommen und durch die Wärmepumpe auf ein für die Raumheizung nutzbares Niveau gebracht. Beton ist für beide Systeme (TWD und Massivabsorber) der ideale Baustoff, da seine thermischen Eigenschaften (Wärmespeicher- und Wärmeleitfähigkeit) über Wanddicke, Rohdichte und Zuschläge nach Maß einstellbar sind.

Vor Wärme schützen
Im Sommer geht es darum, das Gebäude vor eindringender Wärme zu schützen. Dies kann vor allem dadurch geschehen, daß die Fenster durch Bepflanzung, Markisen oder Läden vor Sonneneinstrahlung geschützt werden.
Ein niedriges Temperatur-Amplituden-Verhältnis TAV, insbesondere von Dachdecken, wirkt sich günstig auf die Raumtemperatur im Sommer aus. Deshalb sollte das TAV einer Decke 0,1 nicht überschreiten. Das heißt, daß nicht mehr als 10 % der äußeren Temperaturschwankungen auf die Raumseite übertragen werden. Bauteile mit raumseitig nutzbaren Speichermassen, wie eine Dachdecke aus Beton mit außenliegender Wärmedämmschicht, erfüllen diese Forderung. Wärmespeichernde Innenbauteile schließlich können darüber hinaus die tagsüber eingebrachte Wärme speichern, um sie nachts bei kühleren Temperaturen über die Lüftung wieder abzuführen.

Folgerungen
Alle Maßnahmen zur Reduzierung des gebäudespezifischen Wärmebedarfs wirken sich in der Regel positiv auf die physikalischen Faktoren der thermischen Behaglichkeit aus. Sie schaffen also auch bauliche Voraussetzungen für ein gesundes Raumklima.

Entwicklungen bei Wärmeschutzanforderungen
Die Vorschriften für den Wärmeschutz im Hochbau enthalten Mindestanforderungen an einzelne Bauteile, die ihre Funktionsfähigkeit auf Dauer sicherstellen sollen und erhöhte Anforderungen an die wärmetauschende Hülle ganzer Gebäude mit dem Ziel, möglichst viel Heizenergie einzusparen.

Mindestanforderungen
Die DIN 4108 enthält Grundlagen für den Wärmeschutz im Hochbau, wie Kennwerte von Baustoffen und Bauteilen, Berechnungsverfahren und Hinweise für Planung und Ausführung. Die dort enthaltenen Anforderungen sind Mindestwerte für den Wärmeschutz von Bauteilen. Auch eine zukünftige auf europäischer Ebene harmonisierte Norm wird lediglich die Grundlagen des Wärmeschutzes enthalten und Mindestanforderungen, zum

2.3.26 Solargewinnfaktoren für Außenwände und Dächer nach [31]

Orientierung	ψ_W-Werte für Wände		
	übliche Außenwand		Kollektorwand
	Farbe hell	Farbe dunkel	Transluzenz T = 0,5
Süd	0,04	0,12	1,14
Ost, West	0,03	0,07	0,93
Nord	0,02	0,06	0,85
	ψ_D-Werte für Dächer		
allgemein	0,07		
horizontal	0,12		

2.3.27 Maximale Werte des auf das beheizte Bauwerksvolumen V oder die Gebäudenutzfläche AN bezogenen Jahres-Heizwärmebedarfs in Abhängigkeit vom Verhältnis A/V

A/V	Maximaler Jahres-Heizwärmebedarf	
	bezogen auf V Q'_H [1]	bezogen auf AN Q''_H [2]
in m^{-1}	in kWh/(m^3 • a)	in kWh/(m^2 • a)
1	2	3
≤ 0,2	17,3	54,0
0,3	19,0	59,4
0,4	20,7	64,8
0,5	22,5	70,2
0,6	24,2	75,6
0,7	25,9	81,1
0,8	27,7	86,5
0,9	28,4	91,9
1,0	31,1	97,3
≤ 1,05	32,0	100,0

[1] Zwischenwerte sind nach folgender Gleichung zu ermitteln: Q'_H = 13,82 + 17,32 (A/V) in kWh/(m^3 • a).

[2] Zwischenwerte sind nach folgender Gleichung zu ermitteln: $Q''_H = Q'_H/0{,}32$ in kWh/(m^2 • a).

2.3.28 Anforderungen an den Wärmedurchgangskoeffizienten für einzelne Außenbauteile der wärmeübertragenden Umfassungsfläche A bei zu errichtenden kleinen Wohngebäuden

Zeile	Bauteil	max. Wärmedurchgangskoeffizient k_{max} in W/(m² • K)
Spalte	1	2
1	Außenwände	$k_w \leq 0{,}50$ [1)]
2	Außenliegende Fenster und Fenstertüren sowie Dachfenster	$k_{m, F eq} \leq 0{,}7$ [2)]
3	Decken unter nicht ausgebauten Dachräumen und Decken (einschließlich Dachschrägen), die Räume nach oben und unten gegen die Außenluft abgrenzen	$k_D \leq 0{,}22$
4	Kellerdecken, Wände und Decken gegen unbeheizte Räume sowie Decken und Wände, die an das Erdreich grenzen	$k_G \leq 0{,}35$

1) Die Anforderung gilt als erfüllt, wenn Mauerwerk in einer Wandstärke von 36,5 cm mit Baustoffen mit einer Wärmeleitfähigkeit von $\lambda \leq 0{,}21$ W/(m • K) ausgeführt wird.

2) Der mittlere äquivalente Wärmedurchgangskoeffizient $k_{m, F eq}$ entspricht einem über alle außenliegenden Fenster und Fenstertüren gemittelten Wärmedurchgangskoeffizienten, unter Berücksichtigung der solaren Wärmegewinne.

2.3.29 Zumutbare Lautstärken nach VDI-Richtlinie 2058, 1973

Bereich	Zumutbare Lautstärke tags	nachts
im Bereich rein gewerblicher Anlagen	70 dB(A)	
im Bereich vorwiegend gewerblicher Anlagen	65 dB(A)	50 dB(A)
im Bereich von allgemeinen Wohngebieten	55 dB(A)	40 dB(A)
im Bereich von reinen Wohngebieten	50 dB(A)	35 dB(A)
im Bereich von Kurgebieten, Krankenhäusern, Pflegeanstalten	45 dB(A)	35 dB(A)

2.3.30 Grundlärmpegel in Wohnungen (Nach Angaben der Deutschen Gesellschaft für Wohnungsmedizin e.V., Baden-Baden, 1985)

Raumart, Bereich	Empfohlene Lärmpegel tags	nachts 22–7 h
in Schlafräumen bei geöffneten Fenstern (unabhängig von Wohngebietseinteilung)	30 dB(A)	25 dB(A)
in Wohnräumen	45 dB(A)	35 dB(A)
in Gärten, Balkonen usw.	35 dB(A)	30 dB(A)

Beispiel nach hygienischen Gesichtspunkten, stellen.

Erhöhte Anforderungen
Die Anforderungen eines energiesparenden Wärmeschutzes werden auch in Zukunft von Land zu Land unterschiedlich sein und je nach Klimaverhältnissen in gesonderten Regeln festgelegt werden.
Die bisher gültige Wärmeschutzverordnung vom Februar 1982 (gültig ab 1.1.1984) enthielt Anforderungen an den mittleren k-Wert k_m der Bauteile.
Bereits im September 1988 ging der Bundesbauminister mit den Empfehlungen »Wege zum Niedrigenergiehaus« an die Öffentlichkeit. Die Notwendigkeit zur weiteren Heizenergieeinsparung wurde auch mit der dringend erforderlichen Reduzierung der Schadstoffbelastung der Atmosphäre begründet.
Die wichtigsten schädlichen Verbrennungsprodukte aus dem Heizungsbereich sind Schwefeldioxid, Stickoxide, Kohlenmonoxid und insbesondere Kohlendioxid, das die Klimatologen für weltweite, in ihrer Folge unabsehbare Klimaveränderungen verantwortlich machen.

Die Neufassung der Wärmeschutzverordnung trat am 1.1.1995 in Kraft. Sie regelt die in Bild 2.3.33 dargestellten Anwendungsbereiche. Bei Neubauten, die gemäß ihrem üblichen Verwendungszweck auf mindestens 19 °C beheizt werden, sind die wichtigsten inhaltlichen und methodischen Änderungen gegenüber der bisherigen Fassung erfolgt. Diese Gebäudegruppe stellt auch den weitaus größten Teil der von der Wärmeschutzverordnung erfaßten Neubauten dar, wie Wohngebäude, Büro- und Verwaltungsgebäude, Krankenhäuser und Schulen.
In Abhängigkeit vom Verhältnis der wärmetauschenden Hüllfläche A zum dadurch umschlossenen Volumen V eines Gebäudes, wird der Jahresheizwärmebedarf Q_H je m³ beheiztes Volumen bzw. je m² beheizte Fläche nach oben begrenzt (Tabelle 2.3.27).
Mit einem vorgeschriebenen Rechenverfahren und einheitlichen für die ganze Bundesrepublik festgelegten Randbedingungen sind diese Anforderungen nachzuweisen. Dabei werden die Wärmeverluste mit den Wärmegewinnen bilanziert nach dem Zusammenhang:

$$Q_H = 0{,}9\,(Q_T + Q_L) - (Q_I + Q_S)\ \text{kWh/a}$$

Darin bedeuten:

Q_T der Transmissionswärmebedarf, d.h. der vom Wärmedurchgang durch die Außenbauteile verursachte Anteil des Jahresheizwärmebedarfs.

Q_L der Lüftungsbedarf, d.h. der durch Erwärmung der gegen kalte Außenluft ausgetauschten Raumluft verursachte Anteil des Jahresheizwärmebedarfs.

Q_I die internen Wärmegewinne, d.h. die bei bestimmungsgemäßer Nutzung innerhalb eines Gebäudes auftretenden nutzbaren Wärmegewinne, z.B. aus Haushaltsgeräten, Beleuchtung oder der Wärmeabgabe des Menschen.

Q_S die solaren Wärmegewinne, d.h. die bei bestimmungsgemäßer Nutzung durch Sonneneinstrahlung nutzbaren Wärmegewinne.

Der Faktor 0,9 berücksichtigt, daß die Gebäude im allgemeinen weder zeitlich noch räumlich voll beheizt werden und daß ggf. Nachtabsenkungen durchgeführt werden.
Architekten sind dadurch nach wie vor beim Entwurf in ihrer gestalterischen Freiheit nicht eingeengt. Stark gegliederte Baukörper oder große Fensterflächen bis hin zu Ganzglasfassaden sind möglich. Wie bisher kann dies allerdings im Vergleich zu kompakten Baukörpern oder kleineren Fensterflächen zu höheren Anforderungen an den Wärmeschutz der Bauteile und damit bei ungünstiger Gebäudegeometrie zu höheren Baukosten führen.
Für kleine Wohngebäude mit bis zu zwei Vollgeschossen und nicht mehr als drei Wohneinheiten gelten die Anforderungen auch als erfüllt, wenn die in Tabelle 2.3.28 angegebenen maximalen k-Werte einzelner Bauteile nicht überschritten werden.
Anforderungen an Einzelbauteile sind ein Bruch mit dem Wärmebilanzverfahren, denn dabei wird ein wesentlicher Einfluß auf den Heizwärmebedarf, nämlich die Kompaktheit des Gebäudes nicht berücksichtigt. Mit dem Bauteilverfahren können freistehende Ein- und Zweifamilien- sowie Reihenhäuser errichtet werden, die trotz niedriger k-Werte der Einzelbauteile einen hohen Heizwärmebedarf aufweisen. Damit wird das wichtigste Ziel der Wärmeschutzverordnung, Heizenergie einzusparen, nicht konsequent verfolgt.

Lärmeinwirkung, Schallschutz

Zu den wichtigsten wohnmedizinischen Forderungen gehört der Schutz der Bewohner vor Lärm, um so das Recht und das Bedürfnis des einzelnen auf akustische Ungestörtheit in seinem Wohnbereich zu sichern. Dabei ist der Schutz vor Außenlärm, insbesondere vor Verkehrsgeräuschen, ebenso zu beachten wie vor Innenlärm etwa durch Hämmern, Trampeln, Rufen, Musik und Hundegebell im Haus oder durch haustechnische Anlagen.
Aus wohnmedizinischer Sicht sollten die in Tabelle 2.3.29 aufgeführten Grundlärmpegel in Räumen nicht überschritten werden.

Außenbauteile
Der Schallschutz der Außenbauteile muß also bewirken, daß die örtlichen Schallpegel im jeweiligen Bebauungsgebiet (Tabelle 2.3.29) auf den wohnmedizinisch empfohlenen Wert (Tabelle 2.3.30) im Innenraum vermindert werden. Die Grenzen des Schallschutzes der Außenbauteile liegen bei den technischen und wirtschaftlichen Möglichkeiten im Fensterbau einschließlich der Roll- und Klappläden.

Innenbauteile
Der Schallschutz der Innenbauteile, also der Wände und Decken innerhalb von Wohnungen, Einfamilien- und Reihenhäusern, ist eine Frage der individuellen Bedürfnisse der Bewohner, ihrer Lebensgewohnheiten, der Altersstruktur der Familie, der psychischen und physischen Verfassung jedes einzelnen und damit eine individuelle Planungsaufgabe. Außerdem ist zu berücksichtigen, daß im Laufe der Zeit Nutzungsänderungen der einzelnen Räume eintreten können.

Bei der Planung gilt der Grundsatz, daß innerhalb von Gebäuden leise neben leisen (Schlafzimmer) und laute neben lauten Räumen (Wohnzimmer) angeordnet werden sollen. Zwischen die lauten und leisen Bereiche sollten Pufferzonen (Gänge, Abstellräume, Schrankzimmer, Bad, WC) gelegt werden. So ergeben sich für die verschiedenen Wände und Decken innerhalb von Wohngebäuden unterschiedliche Anforderungen an ihre Luft- und Trittschalldämmung, die bei der Planung zwischen Architekt und Bauherr vereinbart und festgelegt werden müssen.
Zu den Innenbauteilen gehören auch Trennwände und -decken von Aufenthaltsräumen zu fremden Wohn- und Arbeitsbereichen. Unzureichender Schallschutz wird hier als besonders störend empfunden, was durch zahlreiche Klagen und Prozesse belegt werden kann. Hier ist zu empfehlen, bei Planung und Bau nicht nur die Mindestanforderungen, sondern einen erhöhten Schallschutz vorzusehen beziehungsweise auszuführen. Eine nachträgliche Verbesserung ist schwierig und kostenaufwendig.

2.3.31 Bewertetes Schalldämm-Maß $R'_{w,R}$ [1), 2)] von einschaligen, biegesteifen Wänden und Decken (Rechenwerte), DIN 4109

Spalte	1	2
Zeile	Flächenbezogene Masse m' kg/m²	Bewertetes Schalldämm-Maß $R'_{w,R}$ dB
1	85[3)]	34
2	90[3)]	35
3	95[3)]	36
4	105[3)]	37
5	115[3)]	38
6	125[3)]	39
7	135	40
8	150	41
9	160	42
10	175	43
11	190	44
12	210	45
13	230	46
14	250	47
15	270	48
16	295	49
17	320	50
18	350	51
19	380	52
20	410	53
21	450	54
22	490	55
23	530	56
24	580	57
25[4)]	630	58
26[4)]	680	59
27[4)]	740	60
28[4)]	810	61
29[4)]	880	62
30[4)]	960	63
31[4)]	1040	64

1) Gültig für flankierende Bauteile mit einer mittleren flächenbezogenen Masse $m_{L,Mittel}$ von etwa 300 kg/m². Weitere Bedingungen für die Gültigkeit der Tabelle 1 siehe Abschnitt 3.1.

2) Meßergebnisse haben gezeigt, daß bei verputzten Wänden aus dampfgehärtetem Porenbeton und Leichtbeton mit Blähtonzuschlag mit Steinrohdichte ≤ 0,8 kg/dm³ bei einer flächenbezogenen Masse bis 250 kg/m² das bewertete Schalldämm-Maß $R'_{w,R}$ um 2 dB höher angesetzt werden kann. Das gilt auch für zweischaliges Mauerwerk, sofern die flächenbezogene Masse der Einzelschale m' ≤ 250 kg/m² beträgt.

3) Sofern Wände aus Gips-Wandbauplatten nach DIN 4103 Teil 2 ausgeführt und am Rand ringsum mit 2 mm bis 4 mm dicken Streifen aus Bitumenfilz eingebaut werden, darf das bewertete Schalldämm-Maß $R'_{w,R}$ um 2 dB höher angesetzt werden.

4) Diese Werte gelten nur für die Ermittlung des Schalldämm-Maßes zweischaliger Wände aus biegesteifen Schalen nach Abschnitt 2.3.2.

2.3.32 Erforderliche Schalldämm-Maße erf. $R'_{w,res}$ von Kombinationen von Außenwänden und Fenstern, DIN 4109

Spalte	1	2	3	4	5	6	7
Zeile	erf. $R'_{w,res}$ in dB nach Tabelle 8	Schalldämm-Maße für Wand/Fenster in ... dB/ ...dB bei folgenden Fensterflächenanteilen in %					
		10%	20%	30%	40%	50%	60%
1	30	30/25	30/25	35/25	35/25	50/25	30/30
2	35	35/30 40/25	35/30	35/32 40/30	40/30	40/32 50/30	45/32
3	40	40/32 45/30	40/35	45/35	45/35	40/37 60/35	40/37
4	45	45/37 50/35	45/40 50/37	50/40	50/40	50/42 60/40	60/42
5	50	55/40	55/42	55/45	55/45	60/45	–

Diese Tabelle gilt nur für Wohngebäude mit üblicher Raumhöhe von etwa 2,5 m und Raumtiefe von etwa 4,5 m oder mehr, unter Berücksichtigung der Anforderungen an das resultierende Schalldämm-Maß erf. $R'_{w,res}$ des Außenbauteiles nach Tabelle 8 und der Korrektur von – 2dB nach Tabelle 8, Zeile 2.

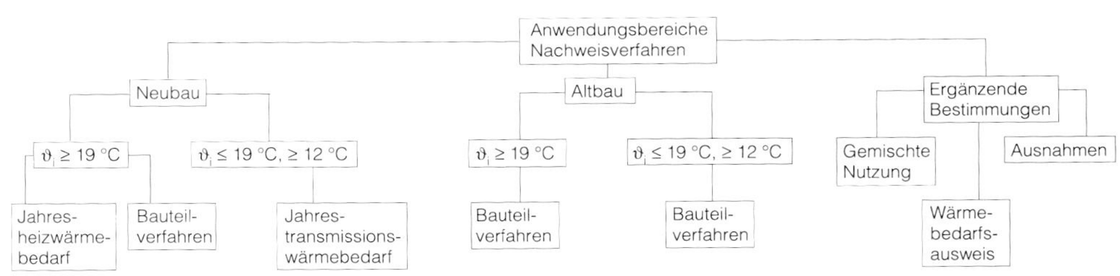

2.3.33 Die neue Wärmeschutzverordnung, Anwendungsbereich und Nachweisverfahren, Übersicht

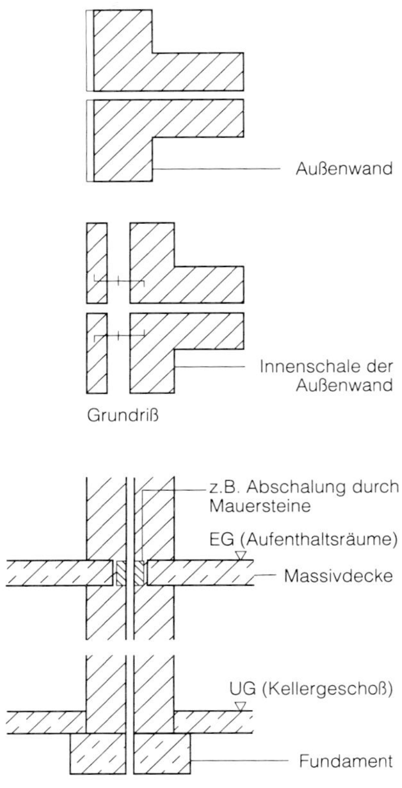

2.3.34 Zweischalige Hauswand aus zwei schweren, biegesteifen Schalen mit bis zum Fundament durchgehender Trennfuge (schematisch), DIN 4109

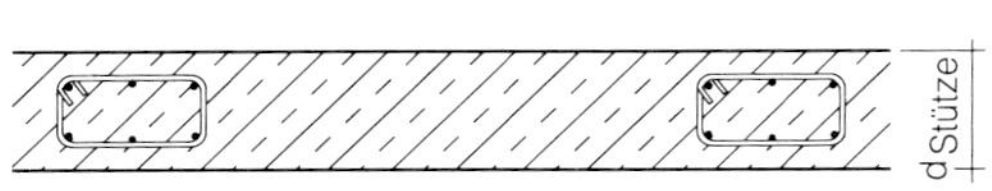

2.3.35 In einer Wand versteckt angeordnete Stützen (Schema) [9]

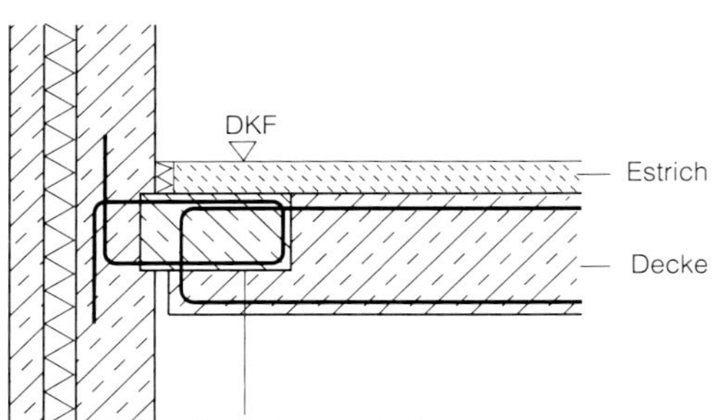

2.3.36 Brüstung mit ausbetonierter Anschlußfuge [8]

2.3.37 Einteilung der Baustoffklassen nach DIN 4102, Teil 1

Baustoffklasse	Bauaufsichtliche Benennung
A A1 A2	nichtbrennbare Baustoffe
B	brennbare Baustoffe
B1	schwerentflammbare Baustoffe
B2	normalentflammbare Baustoffe
B3	leichtentflammbare Baustoffe

Normenanforderungen
Der Schallschutz im Hochbau wird in DIN 4109 geregelt. Die Norm enthält Mindestanforderungen, Richtwerte und Vorschläge für einen erhöhten Schallschutz raumumschließender Bauteile. Dabei werden untere Grenzwerte für das bewertete Schalldämm-Maß und obere Grenzwerte für den bewerteten Norm-Trittschallpegel angegeben. Zum Schutz gegen Geräusche aus haustechnischen Anlagen werden die Schalldruckpegel in den betroffenen Aufenthaltsräumen ebenfalls nach oben begrenzt.

Einschalige biegesteife Bauteile
Bei einschaligen Wänden und Decken wie bei Wänden und Decken aus Beton, Leichtbeton, Porenbeton oder Wänden aus Betonstein-Mauerwerk ist die Luftschalldämmung nicht nur von der flächenbezogenen Masse des trennenden Bauteils, sondern auch von derjenigen der flankierenden Bauteile abhängig. Die Werte in Tabelle 2.3.31 gelten für eine flächenbezogene Masse der flankierenden Bauteile von etwa 300 kg/m². Die Anforderungen für Außenwände einschließlich Fenster enthält Tabelle 2.3.32.

Zweischalige biegesteife Wände
Haustrennwände werden z.B. aus zwei biegesteifen Schalen mit über die ganze Haushöhe und -tiefe durchgehender Fuge ausgeführt (Bild 2.3.34). Die Fuge muß mindestens 30 mm, besser 50 mm, dick sein und als Luftschicht ausgebildet oder mit Mineralfaserdämmstoff ausgefüllt sein. Dadurch wird die Flankenübertragung unterbrochen, und es lassen sich Werte für die Luftschalldämmung erzielen, die um etwa 12 dB über denen einschaliger Bauteile mit gleicher flächenbezogener Masse liegen.
Die Mindestanforderungen an den Luftschallschutz von Haustrennwänden betragen 57 dB, an diejenigen für Wohnungstrennwände 53 dB. Der im Beiblatt 2 zu DIN 4109 vorgeschlagene erhöhte Schallschutz für Haustrennwände beträgt ≥ 67 dB und der für Wohnungstrennwände ≥ 55 dB.

Begehbare Decken
Bei begehbaren Decken ist neben der Luftschalldämmung auch die Trittschalldämmung von Bedeutung. Die Anforderungen an die Trittschalldämmung werden als bewerteter Norm-Schallpegel in dB, bisher als Trittschallschutzmaß angegeben.
Als Mindestanforderung müssen begehbare Decken im allgemeinen einen bewerteten Norm-Schallpegel L'n,w ≤ 53 dB aufweisen. Das entspricht einem Trittschallschutzmaß TSM ≥ 10 dB. Zwischen den beiden Größen besteht die Beziehung:
TSM = 63 – L'n,w dB.
Für einen erhöhten Trittschallschutz werden im Beiblatt 2 zu DIN 4109 für begehbare Decken in der Regel Werte für L'n,w von ≤ 46 dB, entsprechend TSM ≥ 17 dB, empfohlen.

Die Trittschalldämmung von Betondecken setzt sich zusammen aus dem Wert für die Rohdecke zuzüglich dem Trittschallverbesserungsmaß, zum Beispiel von schwimmenden Estrichen und/oder von weichfedernden Bodenbelägen, wie Linoleum, Kunststoff oder Teppich. Auch biegeweiche Unterdecken können die Trittschalldämmung verbessern.

Brandverhalten, Brandschutz

Im Brandfall sollen Mensch und Tier sich selbst retten oder durch die Feuerwehr in Sicherheit gebracht werden können. Dazu ist eine ausreichende Feuerwiderstandsdauer der Bauteile, insbesondere der vorgesehenen Fluchtwege, erforderlich. Außerdem sollte der Brandschutz der Bauteile eine Ausbreitung des Brandes verhindern und so den Schaden in Grenzen halten (Brandabschnitte).

Baustoffe
Die bauliche Sicherheit im Brandfall wird durch die Auswahl der Baustoffe und ihre konstruktive und planerische Verarbeitung bestimmt. Es werden nicht brennbare (Klasse A) und brennbare (Klasse B) Baustoffe unterschieden. Bei den brennbaren Baustoffen gibt es schwer (B 1), normal (B 2) und leicht (B 3) entflammbare Stoffe (Tabelle 2.3.37). Leichtentflammbare Stoffe der Klasse B 3 dürfen im Bauwesen nicht verwendet werden.
Alle Betonarten aus natürlichen Zuschlägen und aus Blähton, Blähschiefer oder Hüttenbims sind nichtbrennbare Baustoffe der Klasse A 1.

Bauteile
Die Bauteile werden nach ihrer Feuerwiderstandsdauer ebenfalls in Klassen eingeteilt. Die Klassifizierung unterscheidet Mindestzeiten im Brandversuch von 30, 60, 90, 120 und 180 Minuten, in denen die Funktionsfähigkeit des Bauteils erhalten bleiben muß.
Bei mehrschichtigen Bauteilen ist die Feuerwiderstandsklasse von Baustoff und Dicke der Tragschicht sowie von der Baustoffklasse der Dämmschicht abhängig (Tabelle 2.3.38). Bauteile mit einer durchgehenden Wärmedämmschicht aus Hartschaumplatten der Baustoffklasse B 1, deren Tragschicht einen Feuerwiderstand von 90 Minuten hat, werden in die Feuerwiderstandsklasse F 90-AB eingestuft. Wird F 90-A gefordert, muß eine Mineralfaserplatte der Baustoffklasse A 2 eingebaut werden. In Tabelle 2.3.39 wird das System der Klassifizierung von Bauteilen erläutert und eine Zuordnung der bauaufsichtlichen Benennung zur Normbenennung vorgenommen. Mit Bauteilen aus Beton lassen sich alle Anforderungen des baulichen Brandschutzes wirtschaftlich erfüllen.

Bauteildimensionierung
Um die ausreichende Dimensionierung einer Konstruktion für die geforderte Feuerwider-

standsklasse nachzuweisen, gibt es zwei Möglichkeiten, nämlich über DIN 4102 oder über ein Prüfzeugnis.
Der letztgenannte Weg ist dann sinnvoll, wenn Einsparungen durch das Abweichen von der Norm den mit den Prüfungen verbundenen Zeit- und Kostenaufwand rechtfertigen.
Tabelle 2.3.40 enthält die Mindestabmessungen der wichtigsten Betonbauteilarten. Die Angaben sind für Feuerwiderstandsklassen F 30, F 90 und F 180 gemacht, weil diese Klassen den in den Bauordnungen und in den Richtlinien der Sachversicherer enthaltenen Anforderungen mit den Bezeichnungen »feuerhemmend«, »feuerbeständig« und »hochfeuerbeständig« entsprechen.
Außerdem muß die Bewehrung eine von der jeweils geforderten Feuerwiderstandsklasse abhängige Betondeckung erhalten, die den Betonstahl vor übermäßiger Erwärmung und damit vorzeitigem Verlust seiner Tragfähigkeit schützt. Bis zur Feuerwiderstandsklasse F 60 reichen in der Regel die nach DIN 1045 notwendigen Betondeckungen aus, so daß erst ab F 90 die Werte von DIN 4102 maßgeblich werden.
Falls die Schlankheitsbegrenzung in Einzelfällen zu Schwierigkeiten führen sollte, läßt sie sich umgehen, wenn die lotrechten Kräfte versteckt angeordneten Stützen zugewiesen werden (Bild 2.3.35). Bei der Feuerwiderstandsklasse F 90 müssen nämlich Stützen in raumabschließenden Wänden nur eine Mindestdicke von 140 mm aufweisen; eine Schlankheitsbegrenzung für Stützen gibt es nicht. Die Wandteile zwischen den bündig angeordneten Stützen sind dann nur noch nichttragende Ausfachungen.
Beton-Sandwichtafeln werden in der Regel als nichttragende Außenwände ausgeführt. Hierzu zählen auch Brüstungen, Schürzen sowie Brüstungen in Kombination mit Schürzen. Für derartige Bauteile gelten dieselben Anforderungen wie für nichttragende Außenwände. Soweit dies in Einzelfällen nicht möglich ist, darf nur die Tragschicht der Beton-Sandwichtafel in der Konstruktionsebene angeordnet liegen. Dämmschicht und Vorsatzschale müssen in jedem Fall außen liegen. Konsolen nehmen z.B. die Vertikallasten aus den Brüstungen auf. Zur Aufnahme der durch Wind verursachten Horizontallasten dienen zusätzliche meist stählerne Halterungen, die am einfachsten und wirkungsvollsten in Vergußtaschen angeordnet werden, die anschließend ausgegossen werden. Es erübrigen sich dann die sonst notwendigen brandschutztechnischen Bekleidungen. Besonders zu beachten ist die sorgfältige Ausbildung der Fugen zu den anschließenden Bauteilen. Hier empfiehlt sich eine Mineralfaserdichtung, die folgenden Anforderungen genügt: Baustoffklasse A, Schmelzpunkt ≥ 1000 °C, Rohdichte ≥ 30 kg/m³. Sie muß außerdem gestaucht eingebaut werden (Stauchung ≥ 1 cm). Bild 2.3.36 zeigt eine Ausführungsmöglichkeit.

2.3.38 Baustoffklassen von Dämmstoffen nach [21]

Produktgruppe	Baustoffklasse nach DIN 4102 Teil 1				
	nicht brennbar		brennbar		
	A1	A2	B1	B2	B3
Holzwolle-Leichtbauplatten			☐		
Mehrschicht-Leichtbauplatten					
Mineralfaser-ML-Platten			☐		
Hartschaum-ML-Platten			☐	☐	
Korkerzeugnisse				☐	Im Bauwesen nicht zulässig
Phenolharz-Hartschaum			☐	☐	
Polystyrol-Partikelschaum			☐		
Polystyrol-Extruderschaum			☐		
Polyurethan-Hartschaum			☐	☐	
Polyurethan-Ortschaum			☐	☐	
Harnstoff-Formaldehydschaum			☐	☐	
Mineralfaserdämmstoffe	☐	☐	☐		
Schaumglas	☐				
Perlite-Dämmplatten		☐	☐	☐	
Calciumsilikat-Dämmplatten		☐			
Blähperlit	☐				
Zellulosefaser-Dämmstoffe				☐	

2.3.39 Zuordnung der bauaufsichtlichen Benennung und der Benennung nach DIN 4102, Teil 2 für Bauteile

Bauaufsichtliche Benennung	Benennungen nach DIN 4102 Teil 2	Kurzbezeichnung
feuerhemmend	Feuerwiderstandsklasse F 30	F 30-B
feuerhemmend und in den tragenden Teilen aus nichtbrennbaren Baustoffen	Feuerwiderstandsklasse F 30 und in den wesentlichen Teilen aus nichtbrennbaren Baustoffen	F 30-AB
feuerhemmend und aus nichtbrennbaren Baustoffen	Feuerwiderstandsklasse F 30 und aus nichtbrennbaren Baustoffen	F 30-A
feuerbeständig	Feuerwiderstandsklasse F 90 und in den wesentlichen Teilen aus nichtbrennbaren Baustoffen	F 90-AB
feuerbeständig und aus nichtbrennbaren Baustoffen	Feuerwiderstandsklasse F 90 und aus nichtbrennbaren Baustoffen	F 90-A

2.3.40 Mindestdicken d beziehungsweise Mindestbreiten b und zugehörige Achsabstände u[1] von verschiedenen Betonbauteilen in unbekleideter Ausführung für die Feuerwiderstandsklassen F 30, F 90 und F 180 nach [29]

	Bauteilart		Mindestdicken d bzw. Mindestbreiten b und zugehörige Achsabstände u in mm für die Feuerwiderstandsklassen F 30–A		F 90–A		F 180 A	
			d bzw. b	u	d bzw. b	u	d bzw. b	u
Decken	Vollplatte ohne Estrich	stat. best. gelagert	60		100		150	
		stat. unbest. gelagert	60		100		150	
	Vollplatte mit Verbundestrich							
	Dicke der Platte		50		50		75	
	Gesamtdicke von Platte	stat. best. gelagert	60		100		150	
	und Estrich	stat. best. gelagert	80		100		150	
	Vollplatte mit schwimmendem Estrich							
	Dicke der Platte	stat. best. gelagert	60		60		80	
		stat. unbest. gelagert	80		80		80	
	Dicke des Estrichs		25		25		40	
	Achsabstand der Feldbewehrung							
	einachsig gespannt	BSt 420 S BSt 500 S		12		35		60
	zweiachsig gespannt vierseitig gelagert	BSt 420 S BSt 500 S		12		15		30
Wände	nichttragend		80		100		150	
	tragend	$\sigma \leq 0{,}5\ \beta_R/2{,}1$	120		140		200	
		$\sigma \leq 1{,}0\ \beta_R/2{,}1$	120		170		300	
	Achsabstand bei crit T = 500 °C							
		$\sigma \leq 0{,}5\ \beta_R/2{,}1$		12		25		55
		$\sigma \leq 1{,}0\ \beta_R/2{,}1$		12		35		65
Balken	dreiseitig beflammt und crit T ≥ 450 °C	stat. best. gelagert	80	25	150	55	240	80
			120	15	200	45	300	70
			160	12	250	40	400	65
			≥ 200	12	≥ 400	35	≥ 600	60
		stat. unbest. gelagert	80	12	150	35	400	60
			≥ 160	12	≥ 250	25	≥ 400	50
Stützen	mehrseitig vom Feuer beansprucht		150	18	240	45	400	70
			150	18	300	35	500	60
Siehe auch Tabellen 2.1.11, Seite 49 und 2.1.19, Seite 52								

[1] u ist der Abstand von der Bauteilaußenfläche bis zur Stabmitte der Bewehrung

Bauphysikalische Anforderungen, Übersicht

Viele bisher erläuterte bauphysikalische Zusammenhänge und Einflüsse auf das Raumklima lassen sich nicht als Einzahlenwert in Form eines Mindest- oder Höchstwertes ausdrücken. Sie lassen sich aber, wie im Falle der Behaglichkeitsfelder, als Bereiche angeben, die dann als Zielgrößen für die Planung gelten können. Andere Einflüsse auf das Raumklima und das Wohlbefinden der Bewohner sind vom Nutzerverhalten, den individuellen Bedürfnissen und den Gegebenheiten im Einzelfall abhängig.
Aus diesen Gründen lassen sich nicht alle Belange des »Gesunden Wohnens« in Bauvorschriften erfassen. Andere hygienische Grundforderungen dagegen sind seit langem in Rechtsvorschriften und technischen Regeln berücksichtigt. So sollen die Mindestanforderungen an den Wärme- und Feuchteschutz den Niederschlag von Tauwasser auf der raumseitigen Oberfläche der Bauteile und damit Schimmelpilzbildung verhindern. Die gegenüber dem Mindestwärmeschutz erhöhten Anforderungen an den energiesparenden Wärmeschutz führen zu höheren raumseitigen Oberflächentemperaturen der Bauteile und verbessern damit die Voraussetzungen für thermische Behaglichkeit. Auch die Vorschriften und Anforderungen an den Schall- und Brandschutz von Bauteilen berücksichtigen hygienische Gesichtspunkte.
Die wichtigsten Anforderungen aus den Vorschriften an die Bauteile sind in den Tabellen 2.3.41 und 2.3.42 zusammengestellt.
Die Mindestwerte für den Wärmeschutz sind DIN 4108, Teil 2, entnommen. Die Werte für den erhöhten Wärmeschutz entsprechen der Verordnung über einen energiesparenden Wärmeschutz bei Gebäuden vom Januar 1995. Sowohl die Mindestanforderungen an das bewertete Schalldämm-Maß R'_w als auch die Vorschläge für einen erhöhten Luft- und Trittschallschutz stammen aus DIN 4109, Schallschutz im Hochbau. Darüber hinaus wurden auch Anforderungen nach dem Gesetz zum Schutz gegen Fluglärm aufgenommen.
Die Brandschutz-Anforderungen entsprechen der Landesbauordnung Nordrhein-Westfalen. Die Bauordnungen anderer Bundesländer können davon abweichen.
Die Benutzung der Tabellen 2.3.41 und 2.3.42 entbindet daher nicht vom Studium der jeweiligen Vorschrift, weil diese weitere Einzelheiten für besondere Anwendungsfälle enthält und wichtige Hinweise für die konstruktive Durchbildung der Bauteile gibt.

2.3.41 Wände, Anforderungen und Empfehlungen

Bauteil	Wärmeschutz				Schallschutz				Brandschutz			
	Wohngebäude	m_d $\left[\frac{kg}{m^2}\right]$	$1/\Lambda$ $\left[\frac{m^2K}{W}\right]$	k_w $\left[\frac{W}{m^2K}\right]$	Lärmpegelbereich	Krankenhäuser	Wohnungen	Büros	Gebäudeart	Wohngebäude geringer Höhe mit ≤ 2 Wohnungen	Gebäude geringer Höhe	Sonstige Gebäude außer Hochhäuser
						R'_w in dB						
	erhöhter Wärmeschutz nach WVO Entwurf 1993				Schallschutz gegen Außenlärm von Wand/Fenster				tragend aussteifend nach BauONW			
Außenwände (AW)	mit $k_{m, Feq}$ ≤ 0,70 W/m²K				Fensterflächenanteil mit $R_{W,res}$ = 40 dB							
	≤ 2 Geschosse ≤ 3 Wohnungen	–	≥ 1,83	≤ 0,50	10%			45/30	Wohngebäude	F 30–B	F 30–AB	F 90–AB
					20%			40/35				
					30%			45/35				
	An das Erdreich angrenzend	–	≥ 2,73	≤ 0,35	40%			45/35	in Kellergeschossen	F 30–AB	F 90–AB	F 90–AB
	Mindestwerte an Wärmebrücken nach DIN 4108 Teil 2				Mindestwerte nach DIN 4109				nicht tragend bzw. Teile davon nach BauONW			
	–	0	1,75	0,52	I	35	30	–	alle Gebäude	–	–	A oder F 30
		20	1,40	0,64	II	35	30	30				
		50	1,10	0,79	III	40	35	30				
		100	0,80	1,03	IV	45	40	35				
		150	0,65	1,22	V	50	45	40				
		200	0,60	1,30	VI	[1]	50	45				
		≥ 300	0,55	1,39	VII	[1]	[1]	50				
Wohnungstrennwände (IW)	–		≥ 0,25	≤ 1,96	erhöht mind.	55 53	55 53	55 53	–	F 30–B	F 60–AB	F 90–AB
Treppenraumwände (IW)	erhöht mindestens		≥ 1,56 ≥ 0,25	≤ 0,55 ≤ 1,96	erhöht mind.	55 47	55 52	55 52	alle Gebäude	F 90–AB	Bauart von Brandwänden	
Gebäudeabschlußwände, Gebäudetrennwände (IW)	–		–	–	erhöht mind.	67 57	67 57	67 57		F 90–AB	Brandwand oder F 90–AB	Brandwand

[1] Anforderungen sind nach örtlichen Gegebenheiten festzulegen

2.3.42 Decken und Dächer, Anforderungen und Empfehlungen

Bauteil	Wärmeschutz nach DIN 4108 Teil 2 (mind.) und WVO 93 (erhöht)[1]					Schallschutz nach DIN 4109				Brandschutz nach BauONW		
	m_d	$1/\Lambda$ in m² K/W		k in W/m²K		R'_w in dB		TSM in dB		Wohngebäude geringer Höhe mit ≤ 2 Wohnungen	Gebäude geringer Höhe	Sonstige Gebäude außer Hochhäuser
	[kg/m²]	mind.	erhöht	mind.	erhöht	mind.	erhöht	mind.	erhöht			
Decken in Einfamilien- und Reihenhäusern	–	–		–		–	55	15	25	F 30-B	F 30-AB	F 90-AB
Wohnungstrenndecken (DE) mit Wärmestrom nach oben (DE_O) nach unten (DE_U)	– –	0,35 0,35	– –	1,64 1,45	– –	54	55	10	17	keine Anforderungen		
Fußböden an Erdreich grenzend (FB)	–	0,90	≥ 2,86	0,93	≤ 0,35	–		–		–		
Decken unter nicht ausgebauten Dachräumen (DD)	0 20 50 ≥ 83 Wärmebr.	1,75 1,40 1,10 0,90 0,45	≥ 4,51	0,51 0,62 0,76 0,90 1,52	≤ 0,22	53	55	10	17	F 30-B keine Anforderungen, falls Aufenthaltsräume nicht möglich	F 30-AB	F 90-AB
Kellerdecken (DK)	– Wärmebr.	0,90 0,45	≥ 2,86	0,81 1,27	≤ 0,35	52	55	10	17	F 30-B	F 90-AB	
Decken über Durchfahrten u. dgl. (DL)	– Wärmebr.	1,75 1,30	≥ 4,51	0,51 0,66	≤ 0,22	55	–	10	17		F 90-AB	
Decken, die Aufenthaltsräume nach oben gegen die Außenluft abgrenzen (DA)	0 20 ≥ 50 Wärmebr.	1,75 1,40 1,10 0,80	≥ 4,55	0,52 0,64 0,79 1,03	≤ 0,22	wie AW Tafel 47	Fluglärm: Z1 50 Z2 50	–		F 30-B	F 30-AB	F 90-AB
Treppen allgemein Reihenhäuser	–	–		–		–		5 10	17 17	F 30-AB	F 30-AB	F 90-AB
Dächer (nicht ausgebaut)	–	–		–		–	Fluglärm Z1 30 Z2 25	–		gegen Flugfeuer und strahlende Wärme widerstandsfähige Dachhaut		

1) In Wohngebäuden mit ≤ 2 Vollgeschossen und ≤ 3 Wohnungen

2.3.43 Aufbau der Bauteile und bauphysikalische Kennwerte der Bauteiltypen

Spalte	1	2	3	4	5	6	7	8	9	10
Typ	Schichten von außen nach innen	Baustoff	Schichtdicke	Wärmeschutz				Masse	Schallschutz	Brandschutz Feuerwiderstandsklasse
			s	λ_R	$1/\Lambda$	k	TAV	m	R'_w	
			m	W/mk	m^2K/W	W/m^2K	1	kg/m^2	dB	
A 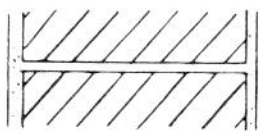	Außenputz	Kalk-Zement-Mörtel	0,02	0,87				30		
	Leichtbetonvollblöcke mit Leichtmauermörtel	Vbl – 0,6 L – 30 S – W, Naturbims	0,30	0,18				177		
	Innenputz	Kalk-Gips-Mörtel	0,015	0,70				15		
	AW	Einschichtige Wand aus LB-Mauerwerk	0,335		1,71	0,53	0,05	222	46	F 180 – A und Brandwand
B 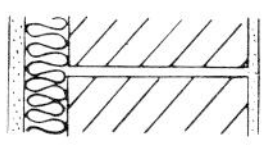	Außenputz	Zement-Mörtel, faserbewehrt	0,02	1,40				40		
	Hartschaumplatte	PURP – W – 035 – 60 – B1	0,06	0,035				2		
	Leichtbetonvollsteine	V2 – 0,7 – 5DF	0,24	0,37				175		
	Innenputz	Kalk-Gips-Mörtel	0,015	0,70				15		
	AW	LB-Mauerwerk mit Außendämmung	0,335		2,49	0,38	0,02	232	46 50[1]	F 90 – AB F 90 – A[1]
C 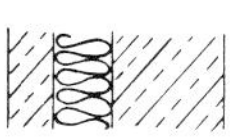	Gestalteter Beton	B25, wasserundurchlässig	0,06	2,1				138		
	Hartschaumplatte	PSP – W – 035 – 80 – B2	0,08	0,035				2		
	Stahlbeton	B25	0,15	2,1				345		
	AW	NB-Fertigteil mit Kerndämmung	0,29		2,04[2]	0,45	0,02	485	53	F 90 – AB,$u_1 \geq 25$ mm F 60 – AB,$u_2 \geq 25$ mm
D 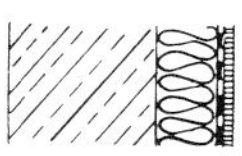	Gestalteter Beton	B25, wasserundurchlässig	0,20	2,1				460		
	Mineralfaserplatte	P-WVs – 35 – 80 – A2	0,08	0,035				3		
	Dampfbremse	Alu-Folie, auf Dämmplatte kaschiert	50 µm					–		
	Gipskartonplatte	GKB	0,012	0,21				11		
	AW	NB-Wand mit Innendämmung	0,292		2,44	0,38	0,26	474	50	F180 – A,$u_1 \geq 55$ mm F 90 – A,$u_2 \geq 35$ mm
E 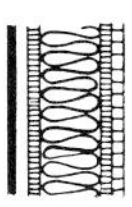	Fassadenplatte	Faserzement	0,01					20		
	Hinterlüftung	Luft	0,02					–		
	Holzspanplatte	V100G – B1	0,013	0,13				9		
	Mineralfaserplatte	P -Ww – 035 – 80 – A2	0,08	0,035				3		
	Holzspanplatte	V20 – B1	0,013	0,13				9		
	Gipskartonplatte	GKF	0,012	0,21				11		
	AW	Leichtbauwand	0,148		2,54	0,37	0,78	52	42	F 30 – B

[1] mit Mineralfaserplatte
[2] 15% Abzug bei Dämmschicht für Stahlanker

2.3.44 Rechenwerte der Leitfähigkeit und Wärmeleitfähigkeitsgruppen für Wärmedämmstoffe nach [21]

Rechenwert λ_R W/mK) Wärmeleitfähigkeitsgruppe	0,020 020	0,025 025	0,030 030	0,035 035	0,040 040	0,041	0,045 045	0,050 050	0,055 055	0,060 060	0,080	0,090	0,150
Holzwolle-Leichtbauplatten Dicke ≥ 25 mm												□	
Dicke = 15 mm													□
Mehrschicht-Leichtbauplatten Poystyrol-Hartschaumschicht von ML-Platten					□								
Mineralfaserschicht von ML-Platten					□		□						
Holzwolleschichten (Einzel- schichten) von ML-Platten Dicken ≤ 10 bis < 25 mm													□
Dicken ≥ 25 mm												□	
Polyurethan-Ortschaum			□	▽									
Harnstoff-Formaldehyd- Ortschaum						□							
Korkdämmstoffe							□	□	□				
Polystyrol-Hartschaum		□	□	□	□								
Polyurethan-Hartschaum	□	□	□	□									
Phenolharz-Hartschaum		▽	□	□	□		□						
Faserdämmstoffe				□	□		□	□					
Schaumglas					▽		□	□	□	□			
Calciumsilikatplatten										▽			
Perlite-Dämmplatten									▽	▽			
Blähperlit									▽	▽			
Zellulosefaser-Dämmstoffe					▽		▽						

□ Wärmeleitfähigkeit IR nach DIN 4108 Teil 4, November 1991
▽ Rechenwert der Wärmeleitfähigkeit IR nach Einführungserlaß oder bauaufsichtlicher Zulassung

Eigenschaften von Bauteilen

Die vielfältigen und je nach ihrer Lage im Gebäude unterschiedlichen Anforderungen müssen die Bauteile optimal und wirtschaftlich erfüllen. Für Außenbauteile sind entsprechende Konstruktionstypen in der Praxis eingeführt.

Bauteiltypen
Tabelle 2.3.43 zeigt fünf Konstruktionstypen für Außenwände. Entsprechend ihrem konstruktiven Aufbau weisen diese Bauteiltypen unterschiedliche bauphysikalische Kennwerte auf. Sie sind daher auch im Hinblick auf ihre Auswirkungen auf das Raumklima unterschiedlich zu bewerten. Die Bewertung gilt für alle Außenbauteile ähnlichen Aufbaus, also auch für Decken und Dächer.

Einschichtige Bauteile
Bei einschichtigen Bauteilen (Typ A) muß der tragende Baustoff gleichzeitig die notwendige Wärmedämmung liefern. Eine Wand aus verputztem Mauerwerk gehört zu diesem Typ.
Bei einschichtigen Konstruktionen ist die Luftschalldämmung ausschließlich vom Gewicht des Bauteils abhängig. Soll bei solchen Bauteilen zur Verbesserung der Wärmedämmung die Rohdichte vermindert werden, ist immer zu prüfen, ob dann die Schalldämmung noch ausreicht oder ob die Dicke des Bauteils erhöht werden muß.

Mehrschichtige Bauteile
Bei mehrschichtigen Bauteilen werden Trag- und Dämmfunktion verschiedenen Baustoffen zugewiesen, was eine dritte Schicht zur Abdeckung der Dämmschicht erfordert. Rechenwerte der Wärmeleitfähigkeit der verschiedenen Dämmstoffe enthält Tabelle 2.3.44. Die Tragfunktion übernimmt ein schwerer Baustoff, zum Beispiel Stahlbeton oder Leichtbeton-Mauerwerk. Die Wärmedämmschicht kann dabei außen (Typ B), im Kern (Typ C) oder auf der Innenseite (Typ D) angeordnet sein. Fehlt die tragende Schicht aus einem massiven Baustoff, entsteht eine Leichtbauweise (Typ E).
Bei mehrschichtigen Konstruktionen der Typen B und C spielt der Biegewiderstand der einzelnen Schichten für den Schallschutz eine große Rolle. Bei einer steifen Dämmschicht wie einer Hartschaumplatte wird mehr Schallenergie auf die massive Innenschale übertragen und damit in den Raum weitergeleitet als bei einer weichen Dämmschicht aus einer Mineralfaserplatte. Auch die Eigenfrequenz ist von dem Schwingungsverhalten des Masse-Feder-Masse-Systems abhängig und sollte nach Möglichkeit unter 100 Hz liegen.
Die Bauteiltypen B und C haben auf der Innenseite schwere, wärmespeichernde Schichten. Dadurch wird die Erwärmung der Raumluft infolge von Sonneneinstrahlung durch die Fenster niedrig gehalten. Die in diesen Schichten gespeicherte Wärmemenge wird erst dann an den Raum gegeben, wenn die Außenlufttem-

peratur wieder niedriger ist und die Wärme durch Lüftung abgeführt werden kann. Im Winter kann die tagsüber gespeicherte Sonnenenergie abends zur Raumheizung genutzt werden.
Bei Bauteiltyp D wird die massive Betonschicht durch eine raumseitige Wärmedämmschicht abgedeckt. Diese Maßnahme vermindert sowohl die Dämpfung als auch die Nutzung der Sonnenenergie. Eine Hartschaumplatte auf der Innenseite des Bauteils begünstigt die Schall-Längsleitung. Bei mehrgeschossigen Gebäuden muß deshalb eine biegeweiche Mineralfaserplatte angeordnet werden. Jetzt wird aber eine innen angeordnete Dampfbremse erforderlich, um Kernkondensat zu verhindern.
Die Leichtbauweise Typ E hat keine wärmespeichernden Schichten. Die Höchstwerte der bei Sonneneinstrahlung zugeführten Wärmemenge und damit die Schwankungen der Raumlufttemperatur sind wesentlich größer als bei den Wandtypen A bis C. Durch die außenseitige Hinterlüftung sind dagegen die Diffusions- und Schlagregenprobleme gelöst.

Kennwerte von Bauteilen
Die Auswahl der besten Konstruktionsart und der richtigen Bauteilabmessungen ist oft schwierig, weil die für den Wärmeschutz günstigen Konstruktionen für den Schall- oder Brandschutz falsch sein können. Deshalb wurden in den folgenden Tabellen für häufig verwendete Beton-Bauteile die für die Beurteilung des Wärmeschutzes im Winter, des Schallschutzes und des Brandschutzes wichtigen Kennwerte zusammengestellt.
Die Schallschutzwerte sind nach DIN 4109, Beiblatt 1, Schallschutz im Hochbau, Ausführungsbeispiele und Rechenverfahren, ermittelt worden. Einige Angaben entstammen Prüfzeugnissen. Bei mehrschichtigen Bauteilen wurde, soweit möglich, auch die Eigenfrequenz aufgenommen. Für den Trittschallschutz wurde das wirksame Trittschallschutzmaß ef TSM angegeben, das bereits das Vorhaltemaß von 3 dB berücksichtigt.
Die Feuerwiderstandsklassen der Bauteile wurden DIN 4102, Teil 4, Brandverhalten von Baustoffen und Bauteilen, Zusammenstellung und Anwendung klassifizierter Baustoffe, Bauteile und Sonderbauteile, sowie einigen Prüfzeugnissen entnommen.

2.3.45 Einschichtige Außenwände, Mauerwerk aus Leichtbetonbausteinen, Porenbetonblöcken sowie großformatige Bauteile und Wandbauplatten aus Leichtbeton und Porenbeton (Beispiele)

Spalte	1	2	3	4	5	6
	Rohdichte	Wärmeschutz			Schallschutz	
Steinbreite mm	ρ t/m³	λ_R W/(mK)	$1/\Lambda$ m²K/W	k W/(m²K)	m kg/m²	R'_w dB
240	0,5	0,12	2,04	0,45	165	42
300	0,5	0,12	2,54	0,37	195	44
365	0,5	0,12	3,08	0,31	227	46
240	0,5	0,13	1,98	0,49	165	42
300	0,5	0,13	2,35	0,40	195	44
365	0,5	0,13	2,85	0,33	227	46
240	0,5	0,14	1,75	0,52	165	42
300	0,5	0,14	2,18	0,43	195	44
365	0,5	0,14	2,65	0,35	227	46
240	0,6	0,15	1,64	0,55	187	44
300	0,6	0,15	2,04	0,45	222	46
365	0,6	0,15	2,47	0,38	260	47
240	0,7	0,16	1,54	0,58	208	45
300	0,7	0,16	1,92	0,48	249	47
365	0,7	0,16	2,32	0,40	293	49
300	0,7	0,17	1,88	0,51	249	47
365	0,7	0,17	2,18	0,43	293	49
300	0,7	0,18	1,71	0,53	249	47
365	0,7	0,18	2,07	0,45	293	49
300	0,7	0,19	1,62	0,56	249	47
365	0,7	0,19	1,96	0,47	293	49
300	0,8	0,20	1,54	0,58	279	48
365	0,8	0,20	1,87	0,49	329	50
365	0,8	0,21	1,78	0,51	329	50
365	0,8	0,22	1,70	0,54	329	50
365	0,8	0,23	1,63	0,56	329	50
365	0,8	0,24	1,56	0,58	329	50
365	0,8	0,25	1,50	0,60	329	50

Zum Brandschutz werden keine Angaben gemacht, da alle aufgeführten Wände die höchste Feuerwiderstandsklasse F180-A erreichen.

2.3.46 Bauphysikalische Kennwerte von Außenwänden aus Normalbeton (Beispiele)

Wandaufbau		Wärmeschutz		Masse	Schallschutz	Brandschutz
Schichtfolge	s mm	1/Λ m²K/W	k W/m²K	m_d kg/m²	R'_w dB	Feuerwiderstandsklasse
Vorsatzschalen aus	60					s_i = 120 mm:
gestaltetem Beton						F 30 – A, $u_2 \geq$ 12 mm
Kerndämmung aus Mineral-	60	1,36	0,65			
faserplatte der WLF 040[1]	80	1,79	0,51			s_i = 140 mm:
(15% Abzug für Anker)	100	2,11	0,44			F 60 – A, $u_2 \geq$ 25 mm
	120	2,55	0,37			
Tragschale aus	120			414	53	s_i = 170 mm:
Normalbeton	150			483	55	F 90 – A, $u_2 \geq$ 35 mm
Vorsatzschale aus						s_i = 120 mm:
gestaltetem Beton	60					F 30 – AB, $u_2 \geq$ 12 mm
Kerndämmung aus Hart-	60	1,55	0,58			
schaumplatte der WLF 035[1]	80	2,04	0,45			s_i = 140 mm:
(15% Abzug für Anker)	100	2,51	0,37			F 60 – AB, $u_2 \geq$ 25 mm
	120	2,96	0,32			
Tragschale	120			414	51	s_i = 170 mm:
aus Normalbeton	150			483	53	F 90 – AB, $u_2 \geq$ 35 mm
Außendämmung						
Dispersionsputz	5					
Mineralfaserplatte	60	1,59	0,56			
WLF 040[1]	80	2,09	0,44		54	F 90 –A,
	100	2,59	0,36			$u_1 \geq$ 25 mm
	120	3,09	0,31			
Hartschaumplatte	60	1,80	0,51			
WLF 035[1]	80	2,38	0,39		51	F 90 – AB,
	100	2,95	0,32			$u_1 \geq$ 25 mm
	120	3,52	0,27			
Haftmörtel	3			345		
Normalbeton	150			20		
Innenputz	10					

[1] WLF = Wärmeleitfähigkeitsgruppe

2.3.47 Dächer und Decken unter nicht ausgebauten Dachgeschossen

Spalte	1	2	3	4	5	6	7	8
Deckenaufbau		Wärmeschutz				Masse	Schall- schutz	Brandschutz
Schichtfolge	s mm	λ_R W/mK	1/Λ m²K/W	k_{DA} W/m²K	k_{DD} W/m²K	m_d kg/m²	R'_w dB	Feuerwiderstandsklasse
Wärmedämmung								
oben:								
Kiesschüttung 8/32;	60					100		einachsig
Dachhaut								gespannt:
Wärmedämmschicht,	100	0,040	2,59	0,36	0,36		54	F 30 – A,
	120	0,040	3,09	0,31	0,31		54	u ≥ 10 mm;
WLF 040, A2	140	0,040	3,59	0,27	0,26		54	F 90 – A,
	160	0,040	4,09	0,23	0,23		54	u ≥ 35 mm;
	180	0,040	4,59	0,21	0,21		54	F180 – A,
								u ≥ 60 mm
Dampfsperre								
$s_d \geq$ 100 m								
Stahlbetonvollplatte;	150	2,1				345		
Putz	15	0,87				20		

Für die Bezeichnung der Bauteilabmessungen wurden folgende Zeichen verwendet:

- d Dicke eines einschichtigen Bauteils
- s Schichtdicke bei einem mehrschichtigen Bauteil
- s_a Dicke der äußeren Schicht
- s_i Dicke der inneren Schicht
- s_K Dicke der Kernschicht
- s_b Dicke der Betonschicht
- s_D Dicke der Dämmschicht
- s_L Dicke der Luftschicht
- a_s Abstand der Bewehrungsstäbe
- u Schwerpunktabstand der Bewehrung
- u_o Schwerpunktabstand der Bewehrung zur Plattenoberseite
- u_1 Schwerpunktabstand der Bewehrung bei einer Randspannung

$$\sigma_r \leq 0{,}5 \cdot \beta_R / 2{,}1$$

- u_2 Schwerpunktabstand der Bewehrung bei einer Randspannung

$$\sigma_r \leq 1{,}0 \cdot \beta_R / 2{,}1.$$

Da die Aufzählung aller genormten und bauaufsichtlich zugelassenen einschichtigen Wandbauarten aus Leicht- und Porenbeton zuviel Raum in Anspruch nehmen würde, enthält die Tabelle 2.3.45 keine Steinbezeichnungen. Sie ist geordnet nach dem Rechenwert der Wärmeleitfähigkeit und berücksichtigt die Wanddicken 24, 30 und 36,5 cm. Die Tabelle enthält nur Außenwände mit k-Werten ≤ 0,60 W/m² K. Eine vollständige Übersicht über die bauphysikalischen Kennwerte von einschichtigen Wandbauarten aus Leichtbeton und Porenbeton enthält die Broschüre »Wärmeschutz nach Maß«. [8]
Die Tabellen 2.3.46 bis 2.3.49 enthalten bauphysikalische Kennwerte für mehrschichtige Bauteile aus Beton.

2.3.48 Haustrennwände aus Normalbeton

Spalte	1	2	3	4	5	6
Wandaufbau		Wärmeschutz		Masse	Schallschutz	Brandschutz
Schichtfolge	s mm	1/Λ m²K/W	k_{IW} W/m²K	m_d kg/m²	R'_w dB	Feuerwiderstandsklasse
zwei gleich dicke	2 x 90	1,08	0,74	400	62	F 30 – A, nicht tragend
Schalen aus	2 x 130	1,12	0,72	600	67	F 60 – A, $u_1 \geq 15$ mm
Normalbeton	2 x 175	1,16	0,70	800	72	Brandwand, $u_2 \geq 35$ mm
	2 x 220	1,20	0,68	1000	77	F180 – A, $u_1 \geq 55$ mm
Kerndämmung aus Mineralfaserplatte der WLF 040	40					

2.3.49 Kellerdecken und Decken über Durchfahrten

Spalte	1	2	3	4	5	6	7	8	9	10
Deckenaufbau				Wärmeschutz			Masse	Schallschutz		Brandschutz
Schichtfolge	s_b mm	s_D mm	λ_R W/mK	1/Λ m²K/W	k_{DL} W/m²K	k_{DK} W/m²λK	m_d kg/m²	R'_w dB	ef TSM dB	Feuerwiderstandsklasse
Stahlbeton-Rippendecken: ZE, Dämmschichtgruppe I;	35	25/20	0,035				63			Statisch bestimmt gelagert:
Stahlbetondruckplatte, s_b;	70	40	0,035	1,77	0,51	0,47	161[1)]	52	16	F 90 – A
	70	60	0,035	2,34	0,39	0,37	161[1)]	52	16	$u_0 \geq 10$ mm;
	70	80	0,035	2,92	0,32	0,31	161[1)]	52	16	$a_S \geq 100$ mm;
	70	100	0,035	3,59	0,26	0,25	161[1)]			u ≥ 35 mm
Faserdämm-Matten, s_D; Typ; WZ-w oder W-w Unterdecke										
Stahlbeton-Vollplattendecke ZE, Dämmschichtgruppe I;	35	5/10	0,035				63		14	einachsig gespannt: F 30 – A, u ≥ 10 mm;
Stahlbetonplatte, s_b;	150	40	0,035	1,52	0,58	0,54	345	58		F 90 – A,
	150	60	0,035	2,10	0,43	0,41	345	58		u ≥ 35 mm;
	150	80	0,035	2,67	0,35	0,33	345	58		F180 – A,
	150	100	0,035	2,95	0,32	0,30	345	58		u ≥ 60 mm
Faserdämm-Matten, s_D										
	35	25/20	0,035				63		20	zweiachsig gespannt:
	150	40	0,035	1,81	0,50	0,47	345	58		F 30 – A,
	150	60	0,035	2,38	0,39	0,37	245	58		u ≥ 10 mm;
	150	80	0,035	2,95	0,32	0,30	245	58		F 90 – A
	35	35/30	0,035				63		22	u ≥ 15 mm;
	150	40	0,035	2,1	0,43	0,41	345	58		F180 – A,
	150	60	0,035	2,67	0,35	0,33	345	58		u ≥ 30 mm
Unterdecke	150	80	0,035	3,24	0,29	0,28	345	58		

1) Unterdecke

Literatur

Bücher und Aufsätze

[1] Anonym: Transparente Wärmedämmung TWD zur Gebäudeheizung mit Sonnenenergie, BINE Projekt Info-Service Nr. 2, 1990, aktualisiert April 1991

[2] Arbeitsgruppe »Radonmessungen« des Ausschusses Strahlenschutztechnik bei der Strahlenschutz-Kommission des Bundesministeriums des Innern: Radon in Wohnungen und im Freien - Erhebungen in der Bundesrepublik Deutschland, Bonn, Oktober 1984

[3] Beckert, J.: Gesundheit in Innenräumen, Wohnmedizin 1, 1992

[4] Beckert, J.; Mechel, F.-P.; Lamprecht, H.-O.: Gesundes Wohnen, Wechselbeziehungen zwischen Mensch und gebauter Umwelt, ein Kompendium, Beton-Verlag, Düsseldorf 1986

[5] Brandt, J.: Energie-Einsparung mit Beton; Wärmeschutz und alternative Heizsysteme. Beton (31), Heft 6, Beton-Verlag, Düsseldorf, 1981

[6] Brandt, J.: Hochwärmedämmendes Mauerwerk - Energieeinsparung mit sinnvollen k-Werten. Beton- und Fertigteiljahrbuch 1991

[7] Brandt, J.; Moritz, H.: Bauteile – Anforderungen und Eigenschaften, Gesundes Wohnen – ein Kompendium, Beton-Verlag, Düsseldorf, 1986

[8] Brandt, J.; Moritz, H; Krieger, R.: Wärmeschutz nach Maß, 6. Auflage, Beton-Verlag, Düsseldorf, 1990

[9] Brandt, J.; Heene, G. V.; Kind-Barkauskas, F.; Kuschel, E.; Schwerm, D.; Werner, J.: Fassaden, Konstruktion und Gestaltung mit Betonfertigteilen, Beton-Verlag, Düsseldorf, 1988

[10] Brandt, J.; Lohmeyer,G.; Wolf, H.: Keller richtig gebaut, 2. Auflage, Beton-Verlag, Düsseldorf, 1990

[11] Bundesminister des Inneren. Umweltradioaktivität und Strahlenbelastung. Parlamentsbericht 1978

[12] Bundesministerium für Raumordnung, Bauwesen und Städtebau. Gesundes Bauen und Wohnen, Bonn, 1986

[13] Bundesministerium für Umwelt, Naturschutz und Reaktorsicherheit: Umweltradioaktivität und Strahlenbelastung. Jahresbericht, Bonn, 1987

[14] Bundesministerium für Umwelt, Naturschutz und Reaktorsicherheit: Umweltradioaktivität und Strahlenbelastung. Jahresbericht, Bonn, 1989

[16] Bundesverband der Deutschen Zementindustrie: Beton-Atlas. Beton-Verlag, Düsseldorf, 1984

[17] Bundesverband Deutsche Beton- und Fertigteilindustrie e.V.: Hbl-Handbuch. Beton-Verlag, Düsseldorf, 1983

[18] Deutsche Gesellschaft für Wohnungsmedizin e.V.: Wohnmedizinische Grundlagen zu kosten- und flächensparendem Bauen, Vorstudie unveröffentlicht, Baden-Baden, 1985

[19] Frank, W.: Raumklima und thermische Behaglichkeit. Bericht aus der Bauforschung, Heft 104, Wilh. Ernst & Sohn, Berlin, 1975

[20] Fraunhofer-Institut für Bauphysik: Wasserdampf-Absorption von Betonen und Putzen. Untersuchungsbericht G Ho 15, unveröffentlicht, Holzkirchen, 1985

[21] Gesamtverband der Dämmstoffindustrie: Dämmstoffe für den baulichen Wärmeschutz, Neustadt

[22] Gösele, K. und W. Schüle: Schall - Wärme - Feuchtigkeit. Bauverlag, Wiesbaden-Berlin, 9. Auflage, 1989

[23] Keller, G.; Muth, H.: Natürliche Radioaktivität. Gesundes Wohnen – ein Kompendium. Beton-Verlag, Düsseldorf, 1986

[24] Krieger, R.: Gesundes Wohnen in Beton, Zement-Mitteilungen 23, Bundesverband der Deutschen Zementindustrie, 1987

[25] Künzel, H.: Müssen Außenwände atmungsfähig sein? wksb (25), Heft 11, Grünzweig + Hartmann und Glasfaser AG, Ludwigshafen, 1980

[26] Künzel, H.: Sollen Hausaußenwände atmungsfähig sein?«, Physik in unserer Zeit, Heft 6, 1990

[27] Lenke, R.; Bonzel, J.: Luftelektrische Felder in umbauten Räumen und im Freien. Beton, Heft 12, 1975

[28] Marmé, W.; Seeberger, J.: Energieinhalt von Baustoffen, Gesundes Wohnen – ein Kompendium, Beton-Verlag, Düsseldorf, 1986

[29] Neck, U.: Baulicher Brandschutz mit Beton, 2. Auflage, Beton-Verlag, Düsseldorf, 1988

[30] Primus, J.-F.: Effiziente Solarwärmenutzung mit Massiv-Absorbern, Beton Heft 8, 1994

[31] Schwarz, B.: Solarenergienutzung durch Bauteile aus Beton, Gesundes Wohnen – ein Kompendium, Beton-Verlag, Düsseldorf, 1986

[32] Terhaag, L.: Thermische Behaglichkeit – Grundlagen. Gesundes Wohnen – ein Kompendium, Beton-Verlag, Düsseldorf, 1986

Gesetze und Normen

Gesetz zur Einsparung von Energie in Gebäuden, 22.7.76 Änderung, 20.6.80

Verordnung über einen energiesparenden Wärmeschutz bei Gebäuden (Wärmeschutzverordnung), 1.1.1995

DIN 4108 Wärmeschutz im Hochbau,
Teil 1, 2, 3 und 5, 8.81
Teil 4, 11.91

DIN 4109 Schallschutz im Hochbau,11.89

Verordnung Bauliche Schallschutzanforderungen nach dem Gesetz zum Schutz gegen Fluglärm, 4.74

DIN 4102 Brandverhalten von Baustoffen und Bauteilen, 3.81

Bauordnungen der Länder, zum Beispiel Landesbauordnung Nordrhein-Westfalen

Teil 3 • Stahlbetonkonstruktionen

Stefan Polónyi • Claudia Austermann

Dieser Teil, der die unterschiedlichen konstruktiven Möglichkeiten der Stahlbetonanwendung darstellt, stützt sich im wesentlichen auf Vorlesungen im Fachgebiet Tragkonstruktionen für die Studiengänge Architektur sowie Bauingenieurwesen – mit den Studienrichtungen Tragwerksplanung (konstruktiver Ingenieurbau) und Bauproduktion-Bauwirtschaft – an der Universität Dortmund. Mit ihm soll dem Objekt- und Tragwerksplaner für die Planungsphasen Grundlagenermittlung, Vorplanung und Entwurfsplanung der HOAI eine Hilfe an die Hand gegeben werden. Daher wird auf die Faktoren, die den Entwurf und die Abmessungen der Stahlbetonkonstruktionen beeinflussen – wie z.B. Wärmeschutz, Schallschutz, Brandschutz, technische Gebäudeausrüstung – besonders hingewiesen. Für allgemeine Fälle werden Entscheidungshilfen gegeben.
In diesen Planungsphasen interessieren die betontechnologischen Vorgänge wenig. Deshalb wird auch die Bewehrung (Bewehrungsführung, Ermittlung der Bewehrungsquerschnitte) nicht bzw. nur am Rande behandelt. Bewußt wird auch auf die Erörterung von Problemen verzichtet, zu deren Lösung der Tragwerksplaner zum Beton-Kalender greift. Ausnahmen sind nur Hilfen, die in der Literatur nicht ohne weiteres zu finden sind und die die Arbeit des Ingenieurs erheblich erleichtern.

Die Nutzer des Buches werden gebeten, Tabellen und Abbildungen nicht ohne Kenntnis der dazugehörenden Textpassagen zu verwenden.

Der Teil 3 des Buches stützt sich vorwiegend auf den Eurocode (EC 2). Wo dieser Lücken aufweist, wird auf die DIN zurückgegriffen.

Das Buch ist als Entwurfshilfe gedacht. Daher weicht die Gliederung von der üblichen Behandlung der Baukonstruktionen, in der die einzelnen Bauteile voneinander isoliert erörtert werden, ab. Hier sollen dagegen die Stahlbetonkonstruktionen im Zusammenhang gezeigt werden, und der Leser soll nicht mit Konstruktionen abgelenkt werden, die für die gestellte Aufgabe nicht in Frage kommen.

Die Gliederung des Buchteils »Stahlbetonkonstruktionen« ergibt sich aus der Nutzungsanforderung, wodurch die Art des Bauwerkes – Geschoßbau oder Hallenbau – bestimmt wird. Freilich kann es vorkommen, daß das Dachgeschoß eines Geschoßbaus wie eine Halle ausgebildet wird.

Im Kapitel »Geschoßbauten« ergibt sich eine weitere nutzungsbezogene Einteilung. Die wandgelagerten Deckensysteme kommen vorwiegend für Wohnungs- und Bürobauten in Frage, die stützengelagerten Decken für Gewerbe- und Parkbauten.

Die Hallenbauten sind in Haupttragkonstruktionen, die aus stabartigen Bauelementen zusammengesetzt sind, und in Flächentragwerke eingeteilt. Die ersteren kommen vorwiegend bei Industriebauten, die letzteren bei Ausstellungs- und Bahnhofshallen, Sakralbauten etc. zur Anwendung.

Die gewählte Zuordnung der Konstruktionsarten soll keine strenge Abgrenzung ergeben. Deshalb sind Querverweise eingefügt.
Im Kapitel »Gründung« ist eine Zuordnung zu den Geschoß- und Hallenbauten nicht zweckmäßig.

Die ausführliche Auflistung und Gliederung der Legendennummern zu den Zeichnungen finden Sie auf Seite 168.

3.0.1 Tragwerksübersicht

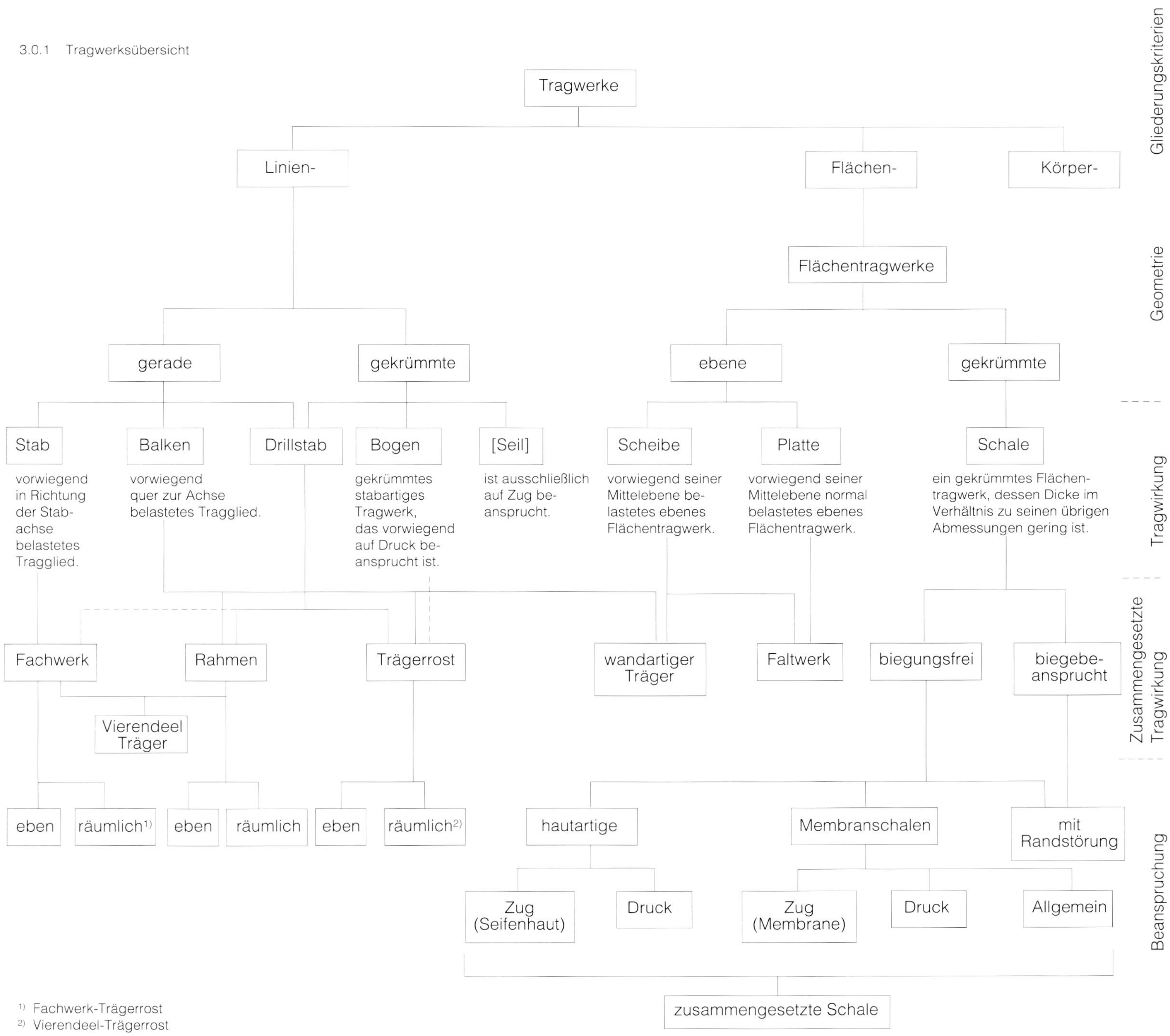

[1] Fachwerk-Trägerrost
[2] Vierendeel-Trägerrost

Geschoßbauten

Aspekte der industriellen Herstellung

Die industrielle Herstellung von Bauten wurde durch die Entwicklung von »handlichen« Baukranen ermöglicht. Zuerst wurden Krane zur Beförderung von Baumaterialien (Ziegel, Mörtel, Beton, Schalungsbretter, Schalträger) auf der Baustelle verwendet. Später faßte man die Bauhilfsmittel Schalung und Gerüst zu größeren Einheiten zusammen. Parallel zu dieser Entwicklung entwarf man größere, schwerere Bauteile, Blöcke und schließlich Wand- und Deckentafeln, die wiederum Baukrane von größerer Tragkraft erforderlich machten.

Diese verbesserten Herstellungsmethoden der Tragkonstruktion haben Konsequenzen auf den Ausbau: Da die großen Schalungsflächen glatt ausgebildet werden können und diese Schalungen bei Mehrfachverwendung auch wirtschaftlich sind, kann man auf den Putz verzichten. Der Anschluß der Ausbaukonstruktionen an die Tragkonstruktion muß sich den neuen Verfahren anpassen. Die neuen Herstellungsverfahren haben aber auch Konsequenzen für die Grundrisse:

- Bei Ortbetonkonstruktionen sollen die Grundrisse mehrfache Verwendung der Schalungs- und der Gerüsteinheiten ermöglichen. Sie sollen versetzt werden können, ohne vorher in Einzelteile zerlegt werden zu müssen.
- Bei vorgefertigten Bauteilen (Fertigteilen) wird man anstreben, die Anzahl der Elementtypen gering zu halten.

Zunächst versuchte man, die Bauten, die im Sinne der herkömmlichen Bauverfahren entworfen wurden, mit den neuen Methoden auszuführen. Daß sich der erhoffte Rationalisierungseffekt dabei nicht einstellte, ist natürlich, denn die Bedingungen, die eine sinnvolle Anwendung der neuen Bauverfahren ermöglichen und fördern, wurden erst allmählich erkannt.

Unter industrieller Herstellung verstehen wir die Produktion von Wirtschaftsgütern unter weitgehender Ausschaltung der körperlichen Arbeit. Von dieser Definition kann man die Identität von industrieller Herstellung und Vorfertigung nicht ableiten. Die örtliche Herstellung kann, was die Tragkonstruktion betrifft, als industrielles oder semiindustrielles Herstellungsverfahren gelten. In vielen Fällen ist jedoch die Vorfertigung Voraussetzung der Industrialisierung.

Das Wort »industriell« soll nicht ohne weiteres als positives Attribut angesehen werden. Es steht auch nicht unbedingt für die sinnvollste Art der Produktion. Wir können jedoch davon ausgehen, daß bei den derzeitigen Material- und Lohnpreis-Relationen in den Industrieländern die industrielle Herstellung unter bestimmten Vorausssetzungen die wirtschaftlichste ist.

Bei semi-industrieller Herstellung wird die Tragkonstruktion an Ort und Stelle, jedoch mit Hilfe von großen Gerüst- und Schalungseinheiten betoniert.

Die Konstruktionen mit industriellen Bauverfahren, die im nachfolgenden dargestellt sind, setzen die Vorfertigung in einer stationären Fabrik voraus. Die Feldfabrik ermöglicht größere Elemente, da man nicht an die Abmessungen des Straßentransportes gebunden ist. Bei der Entfernung der Fertigteilwerke zueinander in Deutschland wird man nur in Ausnahmefällen eine Feldfabrik errichten, weil die Bedingungen in stationären Werken günstiger sind. Daher werden in diesem Rahmen nur Konstruktionen behandelt, die sich für die Fertigung in einer stationären Fabrik eignen.

Die wichtigsten Voraussetzungen der industriellen und semi-industriellen Herstellung von Bauten sind bereits oben erwähnt. Eine weitere Differenzierung ergibt sich aus den nachfolgenden Erörterungen der Bauverfahren. Es gelten jedoch als Planungskriterien allgemein:

- Vereinfachung der Grundrisse,
- Vermeidung von Niveausprüngen in den einzelnen Geschossen und
- strenge Form der Baukörper.

Planungsablauf

Bei handwerklichen Herstellungsverfahren können die Schritte der Bauplanung gemäß Tabelle 3.1.1 zusammengefaßt werden. Wegen der Anpassungsfähigkeit der handwerklichen Fertigung ist eine Rückkopplung zwischen den beiden Planungsphasen nicht erforderlich.

Bei der Planung von Systembauten sind Rückkopplungen unerläßlich, weshalb eine Trennung der einzelnen Planungsgebiete nicht möglich ist. Der aus dem Englischen übernommene Ausdruck »Systembau« soll Bauwerke beschreiben, die industriell oder semi-industriell hergestellt werden. Den Ablauf versucht Tabelle 3.1.2 deutlich zu machen.

Die Wahl der Tragkonstruktion besteht aus folgenden Schritten:

- Zusammenstellung der in Frage kommenden Konstruktionen,
- Überprüfung, ob diese die Nutzungsansprüche erfüllen,
- Bewertung der Konstruktionen, die den Nutzungsansprüchen gerecht werden.

Einer der wichtigsten Aspekte in der Bewertung von Bausystemen ist der Kostenvergleich. Die Kosten einer Konstruktion können nur ermittelt werden, indem diese durchgeplant, die Massenermittlung erstellt und anschließend kalkuliert wird. Dieser Aufwand ist bei einer großen Anzahl von möglichen Lösungen unvertretbar. Deshalb wird die Bewertung in zwei Stufen vorgenommen, nämlich

- im Grobverfahren und
- im Feinverfahren.

Im Grobverfahren erfolgt die Auswahl nach nicht quantifizierten Kriterien (Tabelle 3.1.3). Dabei werden alle Faktoren, die die Kosten beeinflussen, in Form einer Kriterienliste zusammengestellt. Nur Konstruktionen, die die meisten und wichtigsten Kriterien erfüllen, werden in das Feinverfahren aufgenommen, wo der komplette oder partielle Kostenvergleich durchgeführt wird.

Technische Gebäudeausrüstung

Die technische Gebäudeausrüstung muß bei der Ausbildung der Tragkonstruktion berücksichtigt werden. Tragkonstruktion und technische Gebäudeausrüstung sind eine konstruktive Einheit, die dadurch gekennzeichnet ist, daß sich beide nicht behindern. Es bedarf also einer engen Kooperation zwischen Objektplaner, Tragwerksplaner und dem Planer der technischen Gebäudeausrüstung. Dabei sollen die Einzelheiten bereits in der Entwurfsphase und nicht erst in der Ausführungsphase festgelegt werden.

Die vertikalen Leitungsführungen erfolgen gebündelt in Schächten. Die horizontalen Leitungsführungen stören bei Flachdecken die Tragkonstruktion nicht. Es ist zweckmäßig, sie konzentriert in Bereichen (z.B. im Flur) zu führen, in denen eine niedrigere lichte Raumhöhe gestattet ist und deshalb eine abgehängte Decke angebracht bzw. tiefer gelegt werden kann. Sollten bei größeren Stützweiten Deckenträger und Unterzüge erforderlich werden, so ist deren Lage mit der Leitungsführung abzustimmen (siehe Seite 113). Die technische Gebäudeausrüstung ist so anzuordnen, daß sie die Tragkonstruktion nicht stört oder schwächt und auch bei der Herstellung keine Erschwernisse mit sich bringt. Schlitze sind zu

3.1.1 Planungsablauf der Tragkonstruktion bei handwerklichen Herstellungsverfahren

1. Planungsphase Vorentwurfs- und Entwurfsplanung	Bedürfnis → Bauwunsch → Nutzungsansprüche, Raumprogramm		
	Grundstück, Bebaubarkeit		
	Erschließung, Raumzuordnung, Grundriß, Aufriß		
2. Planungsphase Ausführungsplanung	Tragkonstruktion • Wahl der lastabtragenden Bauteile (Wände, Stützen) • Wahl des Deckensystems • Wahl der Gründungsart	Allgemeiner Ausbau	Technische Gebäudeausrüstung
	Ausführungsanweisungen (Ausschreibung)		
	Angebotsauswertung, Auftragsvergabe		

3.1.2 Planungsablauf der Tragkonstruktion bei Systembauten

1. Planungsphase Vorentwurfsplanung	Bedürfnis → Raumwunsch → Nutzungsansprüche, Raumprogramm		
	Grundstück, Bebaubarkeit		
	Raumordnung, Grundriß - und Aufrißkonzeption		
2. Planungsphase Entwurfsplanung	Wahl der Tragkonstruktion	allg. Ausbaukonstruktion	technischen Gebäudeausrüstung
	Grundriß, Aufriß		
3. Planungsphase Ausführungsplanung	Ausführungsanweisungen		

3.1.3 Entwurfskriterien für Montagebauten

- Materialbedarf (geringer Materialbedarf)
  statisch günstige Konstruktion
  (keine Abfangung)
  - Spannweite
  - Konstruktionshöhe (z.B. geschoßhohe Träger)
  - statische Mitwirkung anderer Bauteile
- Herstellung (geringer Lohnaufwand)
  - so viele Arbeitsgänge wie möglich in die Fabrik verlegen
  - kleine Anzahl verschiedener Elemente
  - kleine Anzahl der Teile (wenige aber große Teile)
  - einfache Form
  - wenige Arbeitsgänge
  - mechanisierbare und automatisierbare Produktion
- Lagerung
  - Stapelbarkeit
  - keine sperrigen Teile
- Transport
  - Transportabmessungen
  - keine sperrigen Teile
- Montage
  Verlegen
  - direkt vom Fahrzeug aus versetzbar
  - gleich große Teile
  - gleich schwere Teile
  - gleich großer Kranausleger
  - Kranausleger möglichst klein
  - kein Gerüst
  - keine Hilfsstütze
  - wenig Stoßstellen
  - einfache Justierung (keine seitliche Abstützung, z.B. bei Wandtafeln)
  - Justierung und Fertigstellung der Anschlüsse hebezeugunabhängig Anschlüsse
  - wenig Anschlüsse (möglichst nur 2 Teile in einem Punkt)
  - gleichgeartete Anschlüsse
  - keine Extra-Teile für Anschlüsse
  - keine Momentenübertragung bei Stahlbetonfertigteilen
  - bequeme Toleranzen
  - keine Zwangsstellen

vermeiden. Rohre für Elektroleitungen sollen nicht einbetoniert werden.

Beim Aufkommen der Gasbeleuchtung und später des elektrischen Lichtes wurden die Leitungen als Nachrüstung auf Putz, erst später unter Putz verlegt. Beim Mauerwerksbau ist dies verständlich, denn die Wand kann einfach geschlitzt werden. Beim Stahlbeton, vor allem, wenn die Schalung so glatt ist, daß die Fläche lediglich gespachtelt wird, ist dies nicht sinnvoll. Die Elektroleitungen sind in den Bauteilen des allgemeinen Ausbaus zu führen: in der Scheuerleiste, im Türrahmen, ggf. in Leisten in den Ecken zwischen den Wänden und der Decke. Von hier können die Leitungen zu den Deckenleuchten geführt werden. Bei in der Decke eingelegten Leitungsrohren paßt der Auslaß in der Regel nicht zur Möblierung, so daß die Leitung frei hängend zur Leuchte geführt wird; dies könnte auch von der Decken-Eckleiste erfolgen. In jedem Fall ist darauf zu achten, daß die Stahlbetonkonstruktion möglichst gering durch die technische Gebäudeausrüstung gestört wird.

Allgemeiner Ausbau

Der Begriff »Rohbau« besagt, daß die Tragkonstruktion erst roh erstellt und anschließend durch Putz oder Verkleidungen komplettiert wird. Dies gilt nicht für den modernen Stahlbetonbau und erst recht nicht für den Fertigteilbau. Um die nutzbare Fläche zu maximieren, sollen die Wände nicht dicker als erforderlich ausgebildet werden.

Die Lage der tragenden Wände ist so zu wählen, daß die Deckenstützweiten im wirtschaftlichen Bereich liegen. Dabei wird man auf die Funktion der Wände achten. In der Regel bestehen Wohnungstrennwände aus Gründen des Luftschallschutzes aus Stahlbeton (d = 18 cm). (Ggf. besteht auch die Wand zwischen dem Elternschlafzimmer und dem Kinderzimmer aus Stahlbeton). Im übrigen werden leichte Trennwände verwendet (Gips, Gipskarton-Ständerwerk, Porenbeton). Es ist nicht zweckmäßig, die Deckenplatte mit schweren Trennwänden zu belasten. Die oben genannten leichten Trennwände sind wenig empfindlich gegen Verformungen der Decken, weshalb die verschärfte Durchbiegungsbeschränkung nicht eingehalten werden muß (siehe Seite 107). Die zweiseitig gelagerte Deckenplatte verformt sich wie eine Zylinderfläche. Dabei werden die Wände, die in der Erzeugendenrichtung des Zylinders liegen, also quer zur Haupttragrichtung, von der Durchbiegung der Decke nicht beansprucht. Wände in Haupttragrichtung sind auch nicht gefährdet, wenn sie unterbrochen sind, z.B. durch Flure oder Türen, bei denen die Türöffnungen bis zur Decke reichen. Nichttragende Wände, die unter der Decke stehen, können durch geeignete Anschlußkonstruktionen an die Deckenplatte vor Zwängungen bewahrt werden.

Bauwerksfugen

Setzfugen

Setzfugen dienen zur Vermeidung von Schäden an Bauteilen infolge unterschiedlicher Setzungen von Bauwerksabschnitten. Setzungsunterschiede können bei unterschiedlicher Baugrundbelastung auftreten, z. B. wenn die Gebäudeteile verschieden hoch sind oder wechselnde Baugrundeigenschaften unterhalb einzelner Bauwerksabschnitte auftreten; ebenso sind Setzungsdifferenzen zu erwarten, wenn unterschiedliche Gründungsarten ausgeführt werden (z.B. wenn ein Bauwerksabschnitt eine Flachgründung erhält und der anschließende Abschnitt auf Pfählen gegründet wird). Setzfugen sind angebracht, wenn Teile eines Bauwerkes zeitlich versetzt erstellt werden, da sich der Baugrund unter dem zuerst gebauten Teil bereits konsolidiert hat, bevor weitergebaut wird. Da bei unterschiedlichen Setzungen in den Fugen ein Versprung entsteht, muß der Ausbau darauf Rücksicht nehmen. Um die Stufenbildung zu vermeiden, ist es oft zweckmäßig, Koppelplatten zwischen den beiden Bauwerksabschnitten vorzusehen. Die Ausbildung der Setzfuge soll im Entwurf des Objektplaners bereits im frühen Planungsstadium (M 1:200) berücksichtigt werden, wobei die Fuge bis zum Gründungsniveau fortgesetzt werden muß.

Nach Möglichkeit sollte die Setzfuge nicht nur ein Schnitt durch das Gebäude darstellen, sondern im Einklang mit der Bauwerksform, beispielsweise bei Vor- oder Rücksprüngen des Baukörpers, angeordnet werden.

Dehnfugen

Dehnfugen sollen Schäden verhindern, die infolge von Temperaturänderungen, unterschiedlicher Temperaturdehnzahlen der angewandten Baustoffe sowie Schwinden und und gegebenfalls Kriechen des Betons auftreten.

Die Vorschriften empfehlen, Dehnfugen in Bauwerken im Abstand von etwa 35 m anzuordnen. Diese Empfehlung ist richtig für den Mauerwerksbau in Kombination mit Stahlbetonbauteilen, da das Mauerwerk und der Stahlbeton unterschiedliche Temperaturdehnzahlen haben, wobei noch das Schwinden des Betons als negative Temperaturänderung wirkt. Deshalb treten bei längeren Abschnitten Verschiebungen zwischen Wand und Decke auf, die zu Rissen in den Wänden führen.

Die Bewegung der Konstruktion infolge Temperaturänderung wird durch die Wärmedämmung wesentlich reduziert. Daher bedürfen gedämmte und ungedämmte Bauwerke differenzierter Betrachtungen.

Bei gedämmten Bauwerken dauert die kritische Phase von der Fertigstellung bis zu dem Zeitpunkt, an dem das Bauwerk erstmalig

seine Betriebstemperatur erreicht hat. Danach sind die Temperaturschwankungen in der Regel so gering, daß die Betonzugfestigkeit in der Lage ist, die Zwangsspannungen aufzunehmen. Bei gedämmten Bauten kann auf Dehnfugen in der Regel auch bei größeren Gebäudelängen verzichtet werden, wenn die Schwindspannungen durch entsprechende Technologie wesentlich reduziert werden.
Das Schwinden ist eine lastunabhängige Verformung infolge des Abklingens der Hydratationstemperatur. Es ist darauf zu achten, daß die Hydratationstemperatur niedrig ist. Dies kann durch Zement mit niedriger Wärmeentwicklung und im Hochsommer ggf. durch Kühlen des Frischbetons und/oder durch Betonieren in der Nacht erreicht werden. Bekanntlich ist das Schwindmaß bei niedrigem Wasserzementwert klein. Der Beton soll nicht von einem Ende des Bauwerkes, sondern möglichst von der Mitte beginnend (in Spiralform) durch zwei oder mehrere Kolonnen eingebracht werden, so daß man jeweils an Beton anschließen kann, der noch nicht abgebundenen hat.

Die Nachbehandlung des Betons hat besondere Bedeutung. Es ist durch Folie oder Sprühfilm dafür zu sorgen, daß das Wasser nicht verdampfen kann. So kann gewährleistet werden,
- daß der Beton für die Kristallbildung ausreichend Wasser hat, und
- daß der Beton durch die Verdampfung nicht zu schnell abkühlt.

Neben der als Dampfbremse wirkenden Folie ist durch Wärmedämmung dafür zu sorgen, daß der Beton langsam und so gleichmäßig wie möglich abkühlt. Das lange Zeit praktizierte und heute noch anzutreffende Wässern des jungen Betons ist falsch. Dadurch wird der Beton plötzlich und ungleichmäßig abgekühlt, was zu Rißbildung führt.

Auch bei einem mit größter Sorgfalt hergestellten und nachbehandelten Beton sind Risse kaum zu vermeiden. Viele Autoren empfehlen, um die Rißbreiten klein zu halten, eine starke Schwindbewehrung einzulegen. Dieser Stahlaufwand ist in der Regel sehr groß, da der Querschnitt der Rißbewehrung proportional zur Bauteildicke ist. Es erscheint als die wirtschaftlichere Lösung, nur eine geringe Schwindbewehrung einzulegen und die evtl. entstehenden Risse mit Rißbreiten größer als 0,3 mm zu verpressen. Das Verpressen ist dabei keine Sanierung, sondern ein zusätzlicher Schritt im Herstellungsprozeß. Das Verpressen erfolgt, wenn das Gebäude bereits gedämmt ist und die Öffnungen (Fenster, Türen) geschlossen sind, jedoch vor dem Aufheizen auf die Gebrauchstemperatur.

Bei Tiefgaragen hält sich die Temperaturänderung in Grenzen, so daß hier auf Dehnfugen verzichtet werden kann. Die gegebenenfalls entstehenden Risse werden bei niedriger Temperatur verpreßt.

Beim Anbetonieren an Bauteile mit niedriger Temperatur (z.B. Wände an Sohlen und Decken) ist es zweckmäßig, diese Bauteile zu erwärmen, um Zwangsspannung in dem anbetonierten Bauteil infolge der Abkühlung von der Hydratationstemperatur zu vermeiden [24].

Bei Bauwerken, die starken täglichen und jahreszeitlichen Temperaturänderungen ausgesetzt sind, z.B. bei Parkhäusern, ist die Konstruktion so zu planen, daß durch die Temperaturänderungen keine nennenswerten Zwängungen auftreten. Dies erfolgt durch entsprechende Lagerung der Decken auf den Wänden, die so ausgeführt sind, daß die Scheibenwirkung lediglich zur Aufnahme der Windkräfte dient und der Verformung der Decken keinen Widerstand leistet. Soweit möglich, sollen die Stützen schlank sein, damit sie nur kleine Zwängungen hervorrufen. Die Zwangsspannungen sind nachzuweisen und mit Bewehrung aufzunehmen, ggf. durch Vorspannung zu überdrücken (Spannbetondeckenplatte Seite 113). Dies ist besonders bei direkt befahrbaren Parkdecks zu empfehlen, damit die Deckenplatte frei von Rissen bleibt. Um Zwängungen zu vermeiden, kann der Einbau von Elastomerelagern erforderlich sein, z.B. zur Ausbildung von Pendelstützen. Ein Beispiel hierfür ist das Parkhaus Bahnhofstraße in Münster (Bild 3.1.4). Die Decken sind so gelagert, daß sie sich außerhalb des Erschließungskernes zwängungsfrei bewegen können.

Das Brandverhalten von fugenlosen Bauwerken wird auf der Basis eines Brandgutachtens mit verschiedenen Szenarien beurteilt. Bei einem »Etagenbrand« wird die Konstruktion mit dem Temperaturunterschied zwischen der dem Brand ausgesetzten und den benachbarten Decken rechnerisch untersucht. Dabei werden der Stahl mit der zu der jeweiligen Temperatur gehörenden Fließspannung und der Beton mit dem entsprechenden E(t)-Modul eingesetzt. So bauen sich die Zwängungen rapide ab. Wesentlich ist die Beanspruchung der aussteifenden Kerne und/oder Scheiben. Sie dürfen in den ersten 90 Minuten des Brandgeschehens nicht abscheren. Hier ist das Szenario »Vollbrand« maßgebend. Untersuchungen zum Brandverhalten sind nur bei Bauwerken mit erhöhter Brandgefahr erforderlich.

Die obigen Ausführungen dürfen nicht kategorisch ausgelegt werden. Wenn der Grundriß des Gebäudes eingeschnürt ist, so wird man an diesen Stellen sehr wohl Dehnfugen vorsehen. Bei Fertigteilkonstruktionen ist beim Einbau der Elemente das Schwinden und Kriechen zum größten Teil abgeschlossen. Deshalb sind hier die Verhältnisse günstiger. Darüber hinaus können die Bewegungen bei entsprechender Ausbildung der Lager teilweise dort aufgenommen werden.

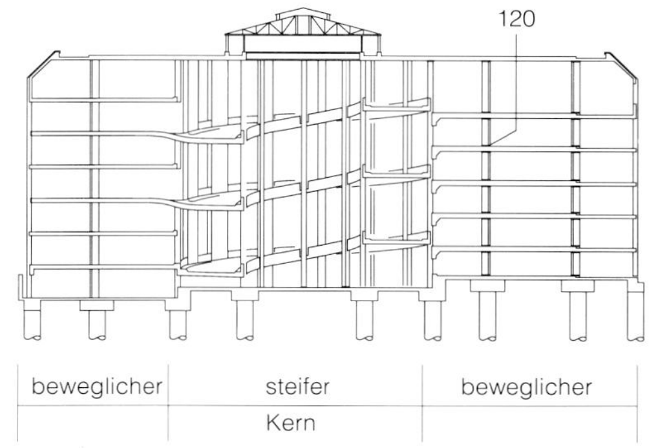

120 Elastomerlager

3.1.4 Parkhaus Bahnhofstraße Münster

Die ausführliche Auflistung und Gliederung der Legendennummern zu den Zeichnungen finden Sie auf Seite 168.

3.1.5 Belastung von Decken und Treppen

Ständige Lasten	bei Berechnung nach EC auch aus DIN 1055 Teil 1			
Veränderliche Lasten	DIN 1055		EC	*
	q_K kN/m²	Q_K kN	q_K kN/m²	Q_K kN
Nutzlasten				
Wohnräume				
Decken	1,5		2,0	2,0
Treppen	3,5	1,5	3,0	2,0
Balkone	3,5 (5,0)		4,0	2,0
Büroflächen	2,0		3,0	2,0
Versammlungsflächen	5,0		4,0	4,0
			5,0	4,0
Warenhäuser	5,0		5,0	7,0
Garagen, Parkhäuser	3,5		2,0	10,0

* Aufstandsflächen 5 × 5 cm

Der Trennwandzuschlag für unbelastete leichte Trennwände wird bei Berechnung nach EC auch aus DIN 1055 Teil 3 genommen.

Bei Wandlast	≤ 3,0 kN/m	≤ 4,5 kN/m
q_{KW}	0,75 kN/m²	1,25 kN/m²

Bei $q_K \geq 5{,}0$ kN/m² ist für Trennwandlasten ≤ 4,5 kN/m kein Zuschlag nötig.

3.1.6 Teilsicherheitsbeiwerte von Einwirkungen

Auswirkung	Art der Einwirkung	
	ständig (γ_G)	veränderlich (γ_Q)
ungünstige	1,35	1,50
günstige	1,00	0

Darüber hinaus können Kombinationsbeiwerte angesetzt werden. Bei der Berechnung der Decken wirkt sich dies lediglich bei dem Trennwandzuschlag aus:
$S_d = 1{,}35 \times G_K + 1{,}50\ (Q_K + 0{,}7\ Q_{KW})$.

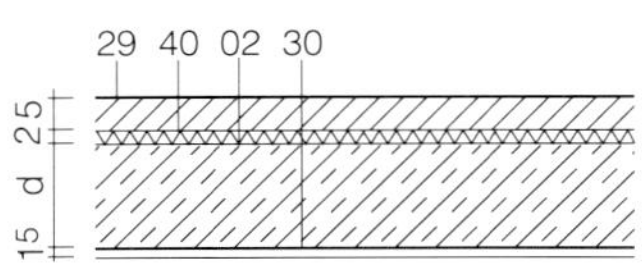

02	Stahlbeton/Ortbeton	30	Putz
29	Estrich	42	Trittschalldämmung

3.1.7 Deckenaufbau bei Wohnungsbauten

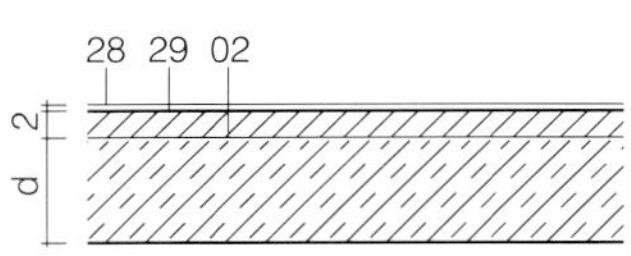

02 Stahlbeton/Ortbeton 29 Estrich
28 weich federnder Gehbelag (Textil)

3.1.8 Deckenaufbau bei Bürobauten

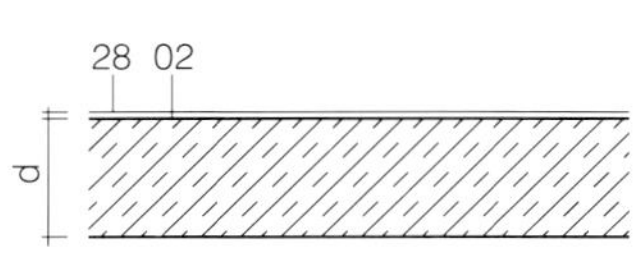

02 Ortbeton 28 weich federnder Gehbelag (Textil)

3.1.9 Deckenaufbau bei glattem Abzug der Betonoberfläche

Fugen sind Schwachstellen, außerdem sind sie kostspielig. Sie sollen nur dann eingebaut werden, wenn sie unbedingt erforderlich sind. Sie sind sowohl in der Tragkonstruktion, als auch im Ausbau gründlich zu planen und mit größter Sorgfalt auszuführen.

Arbeitsfugen

Herstellungstechnische und sonstige Aspekte beschränken die Größe eines Betonierabschnittes. Die einzelnen Betonierabschnitte werden durch Arbeitsfugen voneinander getrennt. Die Bewehrung wird in der Arbeitsfuge ungestört weitergeführt. Der Beton wird im zuerst betonierten Abschnitt abgegrenzt. Im nächsten Abschnitt wird gegen die abgegrenzte, rauhe Fläche betoniert. Arbeitsfugen werden von der ausführenden Firma im Einvernehmen mit den Entwurfsverfassern und der Bauleitung festgelegt. Die Arbeitsfuge ist am fertigen Bauwerk nicht erkennbar.

Um den Einfluß des Schwindens gering zu halten, werden oft Schwindgassen vorgesehen. Dabei werden beim ersten Betoniervorgang zwischen den Betonierabschnitten Gassen mit einer Breite von 30 – 50 cm freigelassen, die erst später zubetoniert werden, nachdem ein Teil des Schwindvorganges bereits abgeschlossen ist. Die durch Schwindgassen gebildeten Fugen werden wie Arbeitsfugen hergestellt.

Dächer

An dieser Stelle werden nur Dächer behandelt, bei denen die Tragkonstruktion aus Stahlbeton besteht. Für die anderen Konstruktionen wird auf [8], [23] verwiesen.

Geneigte Dächer

Insbesondere bei ausgebauten Dachgeschossen (Mansarden) wird das geneigte Dach heute oft in Stahlbeton erstellt. Ausführungen in Fertigteiltafeln sind bei größeren Bauten und Siedlungen üblich.

Flachdächer

Flachdächer werden als Stahlbetonplatten mit Wärmedämmung und Bitumen- oder Kunststoff(PVC)-Schweißbahnen ausgebildet. Bei Schäden in der Dichtung ist die Schadensstelle schwer zu finden. Deshalb empfiehlt es sich, das Dach durch Gefälle in kleinere Felder aufzuteilen, damit bei Undichtigkeit die Suche eingegrenzt werden kann.

Die Beispiele in Teil 4 (Seite 168ff) zeigen lediglich nicht belüftete Dächer (Warmdächer). Die belüfteten Dächer (Kaltdächer) erfordern eine doppelte Tragkonstruktion, wenn auch die zweite Ebene eine kleinere Stützweite aufweist. Da das »Warmdach« zuverlässig hergestellt werden kann, ist der Mehraufwand für das »Kaltdach« nur in Sonderfällen begründet.

Stahlbetondächer mit Bitumen-Schweißbahnen und Kiesschüttung oder Begrünung sind schwer und nur für kleinere Stützweiten (Wohnungs- bzw. Verwaltungsbauten) sinnvoll. Sie sind nicht zweckmäßig für Hallendächer.

Wird der Beton wasserundurchlässig ausgebildet, so kann die Aufgabe der Dichtung der Stahlbetonplatte zugewiesen werden (Umkehrdach). Um durchgehende Risse in der Stahlbetonplatte zu vermeiden, muß sie zwängungsfrei (gleitend) gelagert werden. Gegebenenfalls wird die Platte in Spannbeton ausgeführt (siehe auch Ortbetondecken Seite 113).
Die Stahlbetonkonstruktionen der Dächer sind im übrigen wie die der Decken ausgebildet. Gemäß Tabelle 3.1.22 ist in der Regel die Belastungsklasse I anzunehmen.

Decken

Anforderungen

Belastung
Die Tabellen 3.1.5 und 3.1.6 zeigen die Lasten und die Teilsicherheitsbeiwerte.

Schallschutz
Die Anforderungen an den Schallschutz werden nach DIN 4109 und Beiblatt zur DIN 4109 vom November 1989 festgelegt (siehe Seite 87). Bei der Ausführung der Deckenkonstruktionen, die die Anforderungen der DIN 4109 erfüllen, ist zwischen Wohnungsbauten und allgemeinen Geschoßbauten zu unterscheiden. Der akustisch erforderliche Deckenaufbau für Wohnungsbauten ist auf Bild 3.1.7 dargestellt, wobei der Putz durch größere Betondicke ausgeglichen werden kann.

Die DIN 4109, Ausgabe November 1989, bestätigt zwar, daß eine Stahlbetonplatte mit weichfederndem Gehbelag auch ausreichende Trittschalldämmung bietet, aber sie untersagt diese Ausführung offensichtlich mit der Überlegung, daß manche Nutzer Spannteppiche gegen eine den Anforderungen nicht entsprechenden Belag austauschen könnten. Mit dieser Regelung hat der Ausschuß einen wesentlichen Beitrag zur Steigerung der Baukosten geleistet. Es ist nicht auszudenken, welche Folgen die allgemeine Anwendung dieses Prinzips hätte.

Bild 3.1.8 zeigt den Deckenaufbau bei Bürogebäuden mit Vollplatte. Herstellungsbedingte Maßabweichungen in Stahlbetondecken können dazu führen, daß der Ausgleichsestrich in Teilbereichen nur 2 cm dick ist. Für die Beurteilung des Schalldämmwertes ist daher von diesem Mindestwert auszugehen.

Es gibt verschiedene Verfahren, um die Oberfläche der Betonplatte so glatt abzuziehen, daß der weichfedernde Gehbelag ohne Ausgleichsestrich direkt auf die Stahlbetonplatte aufgebracht werden kann (Bild 3.1.9, siehe auch Oberflächenbeschaffenheit Seite 108). In Bürogebäuden werden mit dem stets zunehmenden Bedarf an Verkabelung der Arbeitsplätze Doppel- und Hohlraumböden verwendet, die jedoch nicht zur Verbesserung der Luftschalldämmung angesetzt werden dürfen.

Brandschutz
Die Anforderungen an den Brandschutz sind in den Landesbauordnungen geregelt. Die Decken müssen in den meisten Fällen der Feuerwiderstandsklasse F 90 entsprechen. Hierfür beträgt die Mindestdicke d = 10 cm. Die erforderliche Betondeckung unter verschiedenen Randbedingungen z.B. Lagerung, Art der Konstruktion, Art des Estrichs, Putzes etc. sind in DIN 4102, Ausgabe 1994, Teil 4, beschrieben (siehe Seite 90).

Bei durchlaufenden Platten sind die Anforderungen reduziert, wenn z.B. 20% der erforderlichen Stützbewehrung in allen Feldern als obere Mindestbewehrung angeordnet werden (Bild 3.1.10). Die Wirksamkeit dieser Bewehrung läßt sich wie folgt erklären: Bei einem Brand sinkt die Fließgrenze der unteren Bewehrung, wodurch sich ein einseitig wirkendes plastisches Gelenk bildet. Die obere Bewehrung, die der Hitze weniger ausgesetzt ist, fließt nicht und verhindert die Bildung einer kinematischen Kette (Bild 3.1.11A). Bild 3.1.11B zeigt die kinematische Kette einer Vierfeldplatte ohne obere Bewehrung infolge plastischer Gelenkbildung. DIN 4102, Ausgabe 94, Teil 4 verlangt die Durchführung von 20% der oberen Bewehrung nur für punktgelagerte Platten. Für liniengelagerte Platten ist nur die Verlängerung der Stützbewehrung um 0,15 l erforderlich. Dies ist jedoch nicht plausibel.

Durchbiegungsbeschränkung
Durch die Beschränkung der Durchbiegung soll die Gebrauchstauglichkeit des Bauwerkes gewährleistet werden [22]. Dabei wird auch darauf geachtet, daß weder die auf der Decke stehenden, nichttragenden Wände auf Grund einer Durchbiegung der Decke Risse bekommen, noch die unter der Decke befindlichen, nichttragenden Wände belastet werden.

Der EC2 empfiehlt, die Durchbiegung f biegebeanspruchter Bauteile unter quasi-ständigen Lasten im allgemeinen auf $f = l_{eff} / 250$ (l_{eff} bezeichnet die effektive Stützweite) zu beschränken. Bauteile, bei denen übermäßige Verformungen zu Folgeschäden führen können, sollen bei der Durchbiegung den Wert $f = l_{eff} / 500$ nicht überschreiten.

Um die Durchbiegung genau zu ermitteln, müßte man folgende Einflüsse kennen [15]:

- Kennwerte des Traggliedes
  Querschnittsform
  Zug- und Druckbewehrungsmenge
  Betongüte
  Schnittkräfte
- Betonzusammensetzung
  Zementart
  Zementmenge
  Wasser/Zementwert
  Zuschlagart
- Lagerungsbedingungen
  Nachbehandlung
  Luftfeuchtigkeit
  Mittlere Temperatur während der ersten 7 Tage
- Belastungsgeschichte
  Betonieren, Datum ....
  Seitenschalungen entfernt nach ....
  Ausgerüstet nach .... Tagen
  Alle Änderungen der dauernd wirkenden Belastung.

Diese Einflüsse sind mit Ausnahme der Kennwerte des Traggliedes bei der Planung nicht im voraus festlegbar. Daher ist es zweckmäßig, nicht die Durchbiegung, sondern die Biegeschlankheit l_{eff}/d zu begrenzen, wobei d die statische Nutzhöhe (Abstand des Bewehrungsschwerpunktes von dem druckbeanspruchten Rand) und l_{eff} die wirksame Stützweite bezeichnet (Tabelle 3.1.12). Bild 3.1.13 vergleicht die statischen Höhen der verschiedenen vorschriftlichen Regelungen. Die Bezeichnung im EC2 von hoch bzw. schwach bewehrten Bauteilen wird durch den Bewehrungsgrad (Feldbewehrungs-Querschnitt bezogen auf den Betonquerschnitt) definiert. Im üblichen Hochbau sind die Bauteile in der Regel »schwach bewehrt«. Zwischenwerte können interpoliert werden. Bei der Ermittlung der Schlankheit der Decke kann die Deckenplatte im Endfeld als in Stahlbetonwände eingespannt angesehen werden (Bild 3.1.14), da die Steifigkeit der beiden anschließenden Wände im Verhältnis zu der größeren Stützweite des Deckenfeldes keine nennenswerten Winkelverdrehungen zuläßt.

Die maximalen Stützweiten von Deckenplatten mit akustischer Mindestdicke in Abhängigkeit zur Lagerung sind aus Tabelle 3.1.15 ersichtlich.

Die Tabellenwerte sind als Empfehlung zu verstehen. Größere Schlankheiten können zugelassen werden, »wenn dies die Anforderungen an das Bauwerk gestatten oder wenn übermäßige Durchbiegungen aufgrund baulicher Maßnahmen (z.B. Überhöhung, Vorspannnung), rechnerischer Nachweise und/oder auf Grund von Erfahrungen ausgeschlossen werden können« [20]. $l_i/35$ soll jedoch nicht unterschritten werden.

Die baulichen Maßnahmen, die die Beschädigung der auf der Decke stehenden, nicht tragenden Wände verhindern, liegen in der Wahl der Art der Wand und deren konstruktiver Aus-

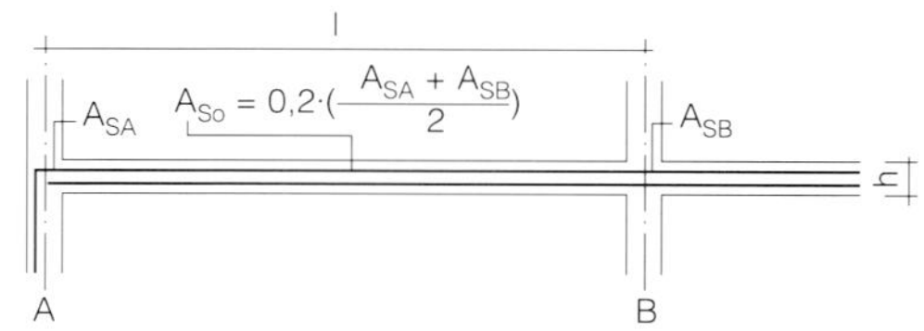

3.1.10 Durchlaufende obere Brandbewehrung

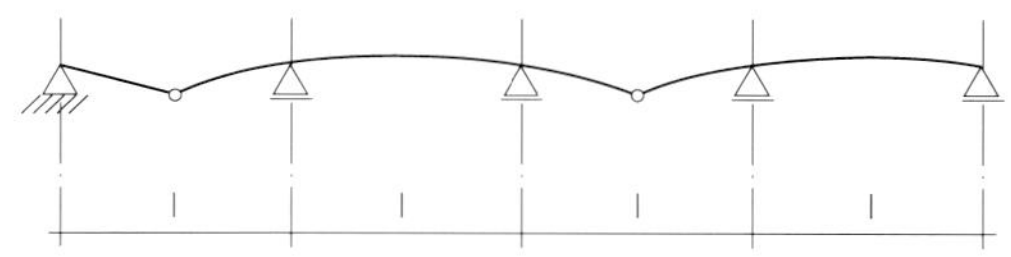

A einseitig wirkendes plastisches Gelenk

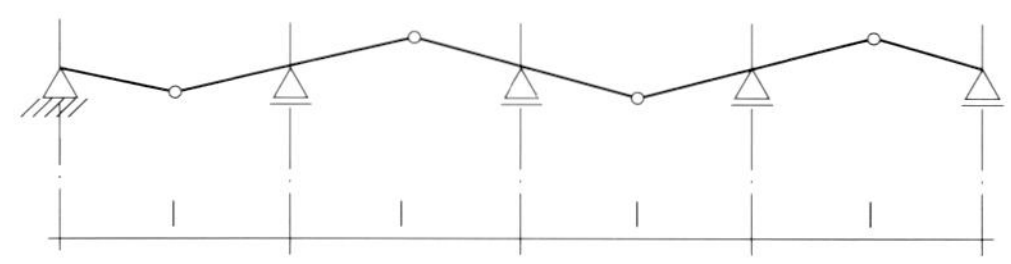

B ohne obere Bewehrung infolge plastischer Gelenkbildung

3.1.11 Kinematische Kette einer Vierfeldplatte

3.1.12 Zulässiges Verhältnis wirksame Stützweite/Nutzhöhe (Biegeschlankheit) für den vereinfachten Nachweis der Durchbiegungsbeschränkung nach Eurocode 2

	System Stabtragwerk Platte	Zulässiges Verhältnis l_{eff}/d bzw. l_1/d oder l_2/d; Bauteil ist hoch beansprucht	 gering beansprucht	Maßgebend
	1	2	3	4
1		18	25	l_1
2		23	32	
3		25	35	
4	Flachdecke	21	30	l_2
5		7	10	l_1

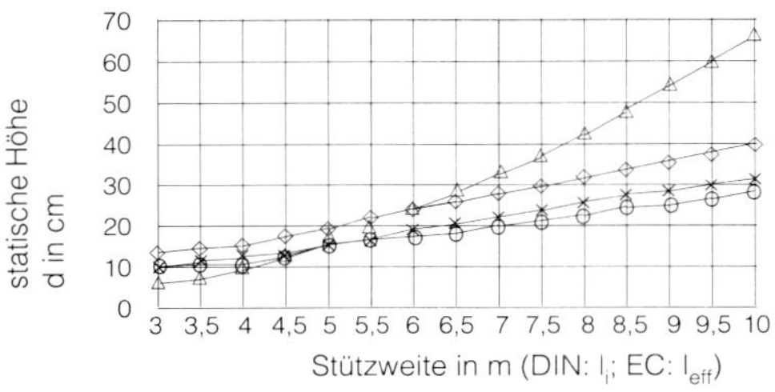

o = $l_i/35$ ◇ = $l_{eff}/25$
△ = $l_i^2/150$ × = $l_{eff}/32$

3.1.13 Statische Höhe der Deckenplatte

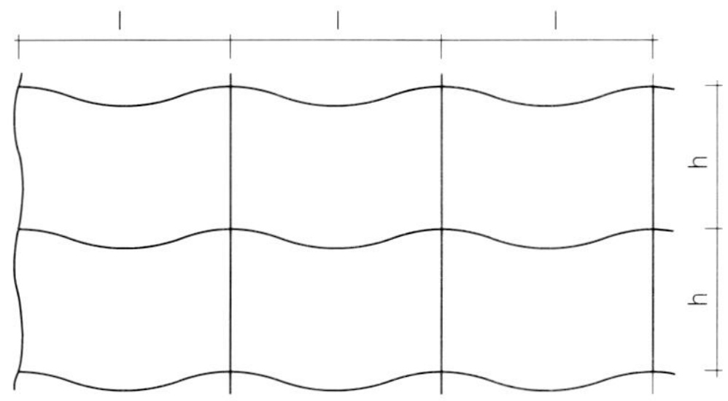

3.1.14 Verformung in Stahlbetonwand eingespannter Deckenplatten

Statisches System	Stützweite l in [m]	
	EC	DIN
	3,12	4,35
	4,00	5,40
	4,35	7,25

3.1.15 Maximale Stützweite von Deckenplatten mit akustischer Mindestdicke

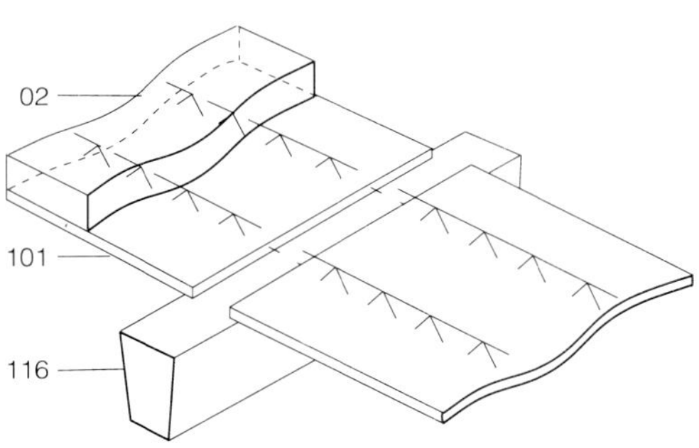

Ausbildung der Endauflage (Montagezustand)

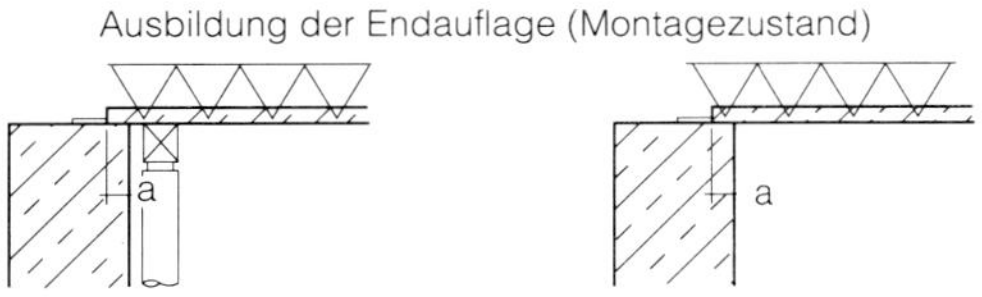

a ≤ 4 cm:
trockenes Auflager
a > 4 cm:
Auflager im Mörtelbet

Montageunterstützung am Auflager ist nicht erforderlich, wenn a ≥ 3,5 cm ist und ein Untergurtknoten jedes 2. Gitterträgers in Fertigplatte über dem Auflager liegt.

02 Ortbeton
101 vorgefertigtes Deckenelement
116 Unterzug

3.1.16 Teilweise vorgefertigte Deckenplatte

bildung. Gemauerte (spröde) Wände reagieren empfindlicher auf die Deckendurchbiegung als Ständer- oder Montagewände (Allgemeiner Ausbau Seite 104).

Oberflächenbeschaffenheit
Die Oberfläche der Betonplatte kann nicht ohne weiteres glatt abgezogen werden. Daher wird in der Regel ein Ausgleichsestrich (Verbundestrich) vorgesehen. Aufgabe des Estrichs ist es, die baubedingten Unebenheiten, aber auch eventuelle Abweichungen von der Horizontalen auszugleichen. Der Ausgleichsestrich hat in der Regel eine Nenndicke von 4–5 cm. Da der Estrich eine tote Last darstellt und die Deckendicke erhöht, sind verschiedene Verfahren für die ebene Herstellung der Plattenoberfläche entwickelt worden, wie z. B. das Vakuum-Verfahren.

Auch bei einem erdfeuchten Beton hat die Mischung etwa doppelt soviel Wasser, wie zur Kristallbildung erforderlich ist. Nun wird der verdichtete Beton mit Filtermatten abgedeckt und das überflüssige Wasser abgesaugt. Der dadurch verfestigte Beton kann glatt abgezogen werden. So hergestellter Beton hat eine höhere Festigkeit an der Oberfläche. Daher wird dieses Verfahren gerne bei direkt befahrenen Decken, z.B. in Parkhäusern, ggf. mit Einstreuung von scharfkörnigem Sand angewendet. Voraussetzung für die Wirtschaftlichkeit des Verfahrens sind große zusammenhängende Flächen.

Beim Quintling-Verfahren wird der Erhärtungsprozeß des Betons durch Beimischung eines Verzögerers so gesteuert, daß die Oberfläche noch längere Zeit nach dem Einbringen abgezogen und geflügelt werden kann.

Deckensysteme
Ortbeton
Ortbetondecken werden auf der Baustelle in die Schalung betoniert. Bei Verwendung von geeigneten Schalungen kann die Deckenunterseite so glatt hergestellt werden, daß auf Putz oder andere Verkleidung verzichtet werden kann. Moderne Schalungs- und Gerüstsysteme ermöglichen kurze Herstellungszeiten.

Liniengelagerte Platten
Die liniengelagerten Decken liegen auf Wänden auf, bzw. sind in Stahlbetonwände eingespannt. Die Plattendicke richtet sich nach den Anforderungen des Schall- und des Brandschutzes. Bei kleineren Verkehrslasten ist die Durchbiegungsbeschränkung bzw. die Schlankheit, bei höherer Belastung die Beanspruchung des Betons maßgebend.

»Elementplatten«, z.B. Filigrandecken, gelten als teilweise vorgefertigt. Dabei wird im Werk eine Stahlbetonplatte von d = 5–6 cm Dicke hergestellt, die bereits die Bewehrung in Haupttragrichtung enthält. Die Platten können auf der Baustelle wegen ihres geringen Gewichtes ohne Schwierigkeiten mit dem Turmdrehkran verlegt werden. Sie dienen als verlorene Schalung für den nachträglich aufzubringenden Ortbeton (Bild 3.1.16). Zum Teil einbetonierte Gitterträger sorgen für die notwendige Steifigkeit bei Transport und Montage. Sie ermöglichen es, bis zu gewissen Stützweiten, auf ein Gerüst zu verzichten. Bei größeren Stützweiten sind Zwischenabstützungen erforderlich. Im Endzustand dienen die Bügel der Gitterträger zur Sicherung des Verbunds zwischen Fertigteil und Ortbeton. Die Elementplattendecken tragen vorwiegend in einer Haupttragrichtung. Durch Zulagebewehrung, die auf den vorgefertigten Platten verlegt wird und somit nur mit geringerer Konstruktionshöhe wirkt, kann ein zweiachsiger Lastabtrag erzielt und auch die Scheibenwirkung gewährleistet werden.

Querwandtypen
Decken mit kleineren Stützweiten, wie in Wohnungs- und Bürobauten in der Regel vorhanden, werden als Stahlbetonplatte ohne Unterzüge oder Rippen ausgebildet.

Bei Wohngebäuden bietet sich der Querwandtyp (Bild 3.1.17) an. Die Querwände sind sinnvollerweise Wohnungstrennwände, wobei zwei Raumabschnitte durch eine Wandöffnung miteinander gekoppelt werden können (Bild 3.1.23). Öffnungen in der Decke erlauben, mit Innentreppen Duplex-, Triplex-, Semiduplex-Typen etc. zu entwerfen. Die Erschließung erfolgt durch Mittelgang, Außengang oder Laubengänge. Unterschiedliche (alternierende) Querwandabstände ermöglichen die Bildung verschiedener Wohnungsgrößen.

Die Querwandanordnung erlaubt die Verwendung von Gerüst- und Schalungseinheiten in Raumabschnittsgröße und deren Versetzung in einem Stück. Eine vorhandene Längswand im Mittelbereich ist für dieses Bauverfahren nicht hinderlich. Nach dem Versetzen der Gerüst- und Schalungseinheiten wird die Bewehrung, die vorwiegend aus Baustahlmatten besteht, verlegt und anschließend der Beton in der Regel im Pumpverfahren eingebracht. Um die Gerüst- und Schalungseinheiten ohne deren Demontage herausnehmen zu können, dürfen keine Stürze und Wandvorlagen geplant werden, auch dann nicht, wenn diese statisch günstig wären. Verstößt man gegen diese Regel, so können die Mehrkosten höher werden, als sie durch größere Bewehrungsanteile für verstärkt bewehrte Plattenstreifen und größere Wanddicken entstehen würden.

Die Fassade besteht aus leichten Elementen, die mit Fenstern und eventuell Türen eine Einheit bilden.

Der Fluchtweg von jedem Punkt eines Geschosses bis zum Treppenhaus darf nicht länger als 30 m sein. Der maximale Achsabstand von zwei anzuordnenden Treppenhäusern beträgt daher ca. 56 m.

Bei Geschoßbauten aus Stahlbeton ist es möglich Wände auf nur einer Stütze zu lagern, wobei die Lage der Wand durch die Deckenscheiben gesichert wird. Die Kräfte, die dadurch in die Decken geleitet werden, müssen bis zum Baugrund verfolgt werden. Dabei muß auch darauf geachtet werden, daß das Gerüst erst dann entfernt wird, wenn alle Bauteile, die für die Standsicherheit sorgen, die erforderliche Tragfähigkeit erreicht haben.

Bei Wohnbauten mit Läden im Erdgeschoß und/oder Parken im Untergeschoß, bei Hotels mit Restauration und Konferenzräumen in den Untergeschossen, sowie bei Krankenhäusern, in deren oberen Geschossen die Pflege und in deren unteren Geschossen die Behandlung angeordnet werden soll, ist es günstig, in den unteren Geschossen unter jeder zweiten Querwandscheibe eine Stütze wegzulassen (Bild 3.1.18). Dabei wird die Last dieser Wand auf die Außenwand bzw. auf die Stütze in der Außenwand abgegeben und das Versatzmoment von den Kräftepaaren der Decken in die Nachbarwände geleitet. Ein Unterzug ist hier völlig überflüssig, weil die Scheibenwirkung der Decken und Wände steifer ist als die Biegesteifigkeit des Unterzuges. Der Unterzug bekommt hier erst dann die ihm zugerechnete Last, wenn die Scheibenwirkung versagt hat. Daher ist es falsch, einen Unterzug anzuordnen. Das Ausnutzen der Scheibenwirkung ist auch wirtschaftlicher, da sie die Schalung und den Beton des Unterzuges einspart. Die zusätzliche Bewehrung für die Scheibenwirkung ist wesentlich geringer als die Bewehrung des Unterzuges.

Längswandtypen
Bei Bürobauten (Bilder 3.1.19 und 3.1.20) bietet sich die eine Flurwand als tragende Wand für die Lagerung der Deckenplatte an. Die Längswandtypen sind vorwiegend für Mittelganganordnungen geeignet. Die Querwände werden als nichttragende leichte Trennwände nachträglich eingebaut. Die in Querrichtung liegenden Wohnungstrennwände müssen mit entsprechender Schalldämmung in der Regel zweischalig ausgebildet werden.

Punktgelagerte Platten (Flachdecken)
Bei Gewerbebauten und insbesondere bei Parkhäusern können Wände nur beschränkt angeordnet werden. Hier werden die Decken auf Stützen, also vorwiegend auf Punkten, gelagert.

Man soll die Deckenhöhe so niedrig wie möglich wählen, weil dadurch die Geschoßhöhe minimiert werden kann. Somit kann das Bauvolumen reduziert oder bei höheren Bauten mit vorgegebener Gebäudehöhe (Traufhöhe) die Geschoßzahl erhöht werden.

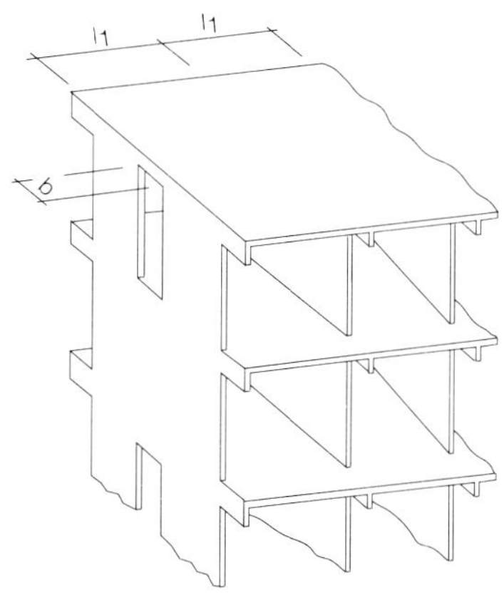

3.1.17 Querwandtyp in Ortbeton

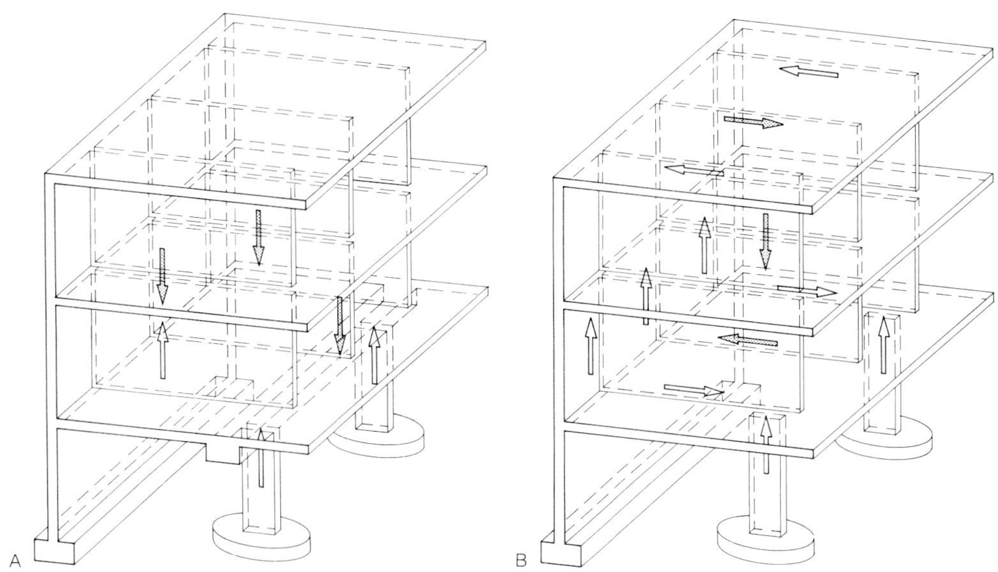

A mit Unterzug

B durch Scheibenwirkung

3.1.18 Abfangung einer Querwand

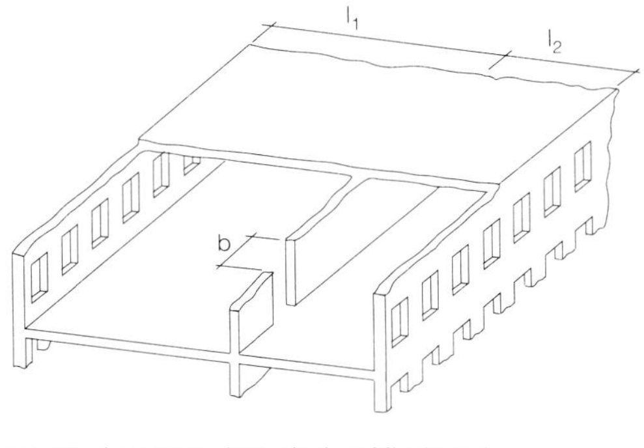

3.1.19 Längswandtyp mit einer Mittelwand

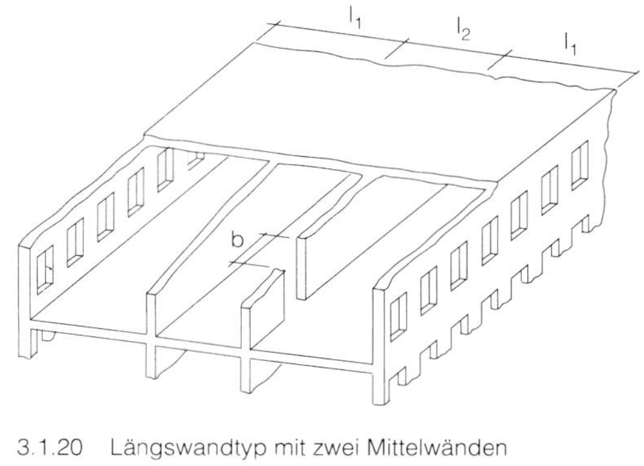

3.1.20 Längswandtyp mit zwei Mittelwänden

3.1.21 Lastzusammenstellung p* kN/m²

G_K* \ Q_K	0.75	2.00	3.00	5.00		
0	1,125	3,00	4,5	7,50		
0,5	1,80	3,675	5,175	8,175		
1,0	2,475	4,35	5,85	8,85		
1,5	3,15	5,025	6,525	9,525		
2,0	3,825	5,70	7,20	10,20		
2,5	4,50	6,375	7,875	10,875		

Die Lastzusammenstellung erfolgt nach Eurocode. Die in den Tabellen aufgeführten Werte sind mit Lastfaktoren multipliziert (ohne Eigenlast). Zwischenwerte können interpoliert werden.

3.1.22 Belastungsklassen

Belastungsklasse	I	II	III	IV
p* kN/m²	3,15	5,25	7,50	10,00

Basierend auf den Angaben des Eurocode 2 »EC 2« wird die Lastgruppe nach folgender Formel berechnet:

$p^* = \gamma_G \, G_K + \gamma_Q \, Q_K$

$p^* = 1{,}35 \, G_K + 1{,}5 \, Q_K$

mit

G_K* ständige Einwirkung (ohne Eigenlast der Stahlbetonplatte)

Q_K veränderliche Einwirkung

γ_G = 1,35 Sicherheitsbeiwert für ständige Lasten

γ_Q = 1,5 Sicherheitsbeiwert für Verkehrslasten

Ermittlung der möglichen Tür-Öffnungsbreiten bei Quer- und Längswandtypen

Beispiel 1:
gegeben:

- Querwandtyp mit einem Wandachsabstand von l = 6,00 m = a'
- Deckendicke h = 16,0 cm
- ständige Einwirkung g_K = 1,0 kN/m²
- veränderliche Einwirkung q_K = 2,00 kN/m².

Nach Tabelle 3.1.21 und 3.1.22:
Belastungsklasse II mit p* = 5,25 kN/m²
aus 3.1.23 Belastungsklasse II ergibt sich eine Öffnungsbreite b = 3,05 m.

Beispiel 2:
gegeben:

- Längswandtyp mit einem Wandachsabstand von l_1 = 5,70 m und l_2 = 3,90 m. Die Deckenplatte ist in den Außenwänden eingespannt.
- Deckendicke h = 18,0 cm
- ständige Einwirkung g_K = 1,0 kN/m²
- veränderliche Einwirkung q = 3,25 kN/m².

Nach Tabelle 3.1.21 und 3.1.22:
Belastungsklasse III mit p* = 7,50 kN/m²
Deckenspannweite $a' = (l_1 + l_2)/2 = (3{,}90 + 5{,}70)/2 = 4{,}80$ m
aus 3.1.23 Belasungsklasse III ergibt sich eine Öffnungsbreite b = 3,75 m.

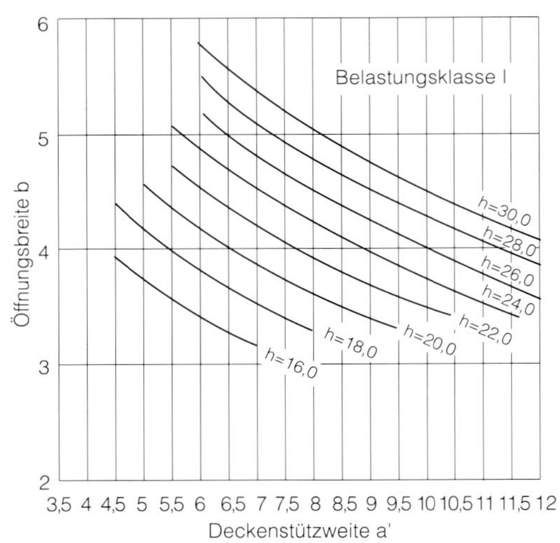

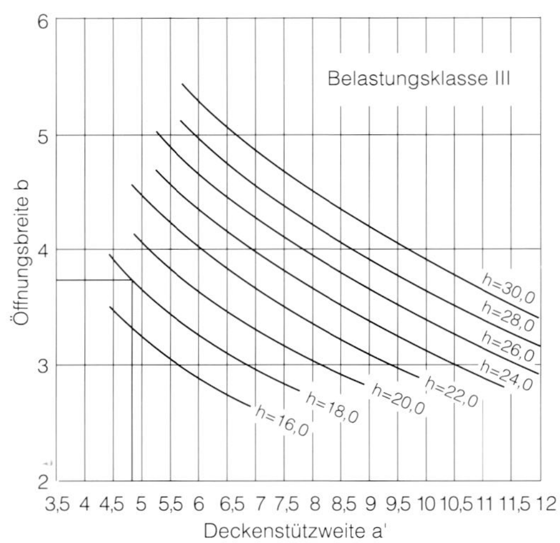

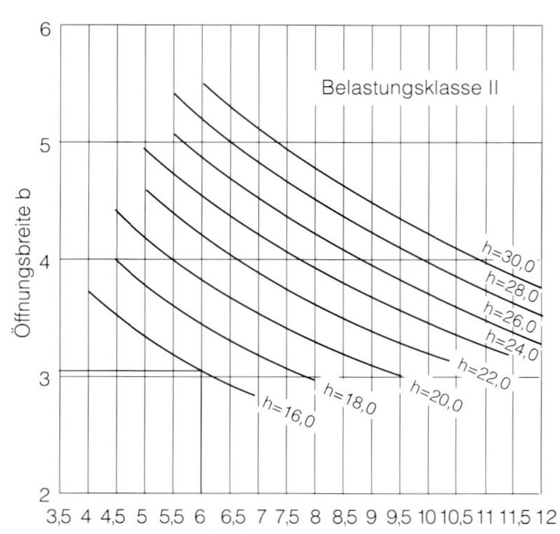

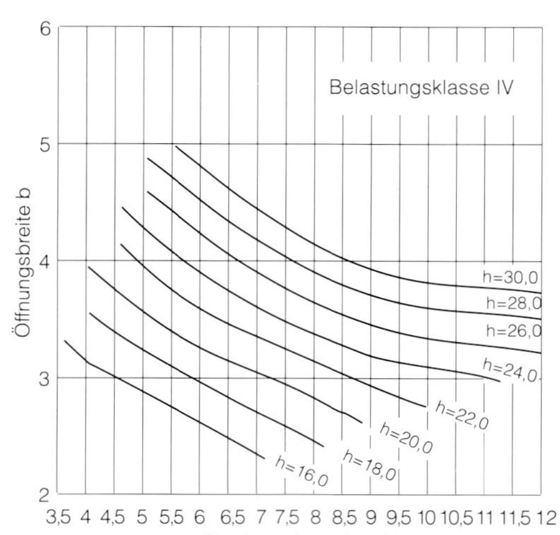

3.1.23 Ermittlung der Öffnungsbreiten in Wänden ohne Unterzug

Die maßgebende Deckenstützweite a' ergibt sich aus dem Mittelwert der benachbarten Deckenstützweiten, d.h. für einen Querwandtyp mit gleichem Wandabstand entspricht a' der Deckenstützweite l, für einen Längswandtyp ist $a' = (l_1 + l_2)/2$.
Die Belastungsklassen sind aus Tabelle 3.1.22 zu entnehmen.
Die Diagramme sind für folgende Voraussetzungen erstellt worden:

- Beton C 30/37
- auf die Anordnung von Schubbewehrung wurde verzichtet
- Durchbiegungsbegrenzung der Decke mit d = 0,6 × l/35
- größere Öffnungsbreiten als die Stützweite wurden nicht berücksichtigt, da es sich dann um einen Stützentyp und nicht um einen Längs- bzw. Querwandtyp handelt

Punktförmig gestützte Platten sind Decken, die unmittelbar auf Stützen gelagert sind. Sie zeichnen sich durch eine geringe Konstruktionshöhe aus. Für die Plattendicke ist oft das Durchstanzen im Stützenbereich maßgebend.
Vorteile von Flachdecken bestehen darin, daß Installationen unter der Deckenplatte ungehindert verlegt und nichttragende Trennwände in jeder Richtung gleich ausgeführt werden können, weil störende Unterzüge oder Stützenkopfverstärkungen nicht vorhanden sind (Bild 3.1.24). Durchbrüche in punktgelagerten Decken siehe Seite 120.

Pilzdecken
Man kann den Durchstanzwiderstand auch durch die Vergrößerung der Stützenquerschnitte bzw. Ausbildung eines Stützenkopfes (Bild 3.1.25a bis d) erhöhen. Die Kopfverstärkung kann auch oberhalb der Platte z.B. als Radabweiser in Parkhäusern ausgebildet werden (Bild 3.1.25e). Die Pilzköpfe reduzieren die Momentenbeanspruchung, bzw. gestatten größere Stützenabstände (siehe Seite 17, 21).

Hohldecken
Hohldecken sind Platten, bei denen durch Einlegen von geschlossenen Hohlkörpern (z.B. Röhren aus Blech oder Pappe) Hohlräume geschaffen werden (Bild 3.1.26). Die Hohlkörper müssen beim Betonieren gegen Auftrieb verankert werden. Durch die Hohlräume soll die Eigenlast der Platte reduziert und Beton eingespart werden. Wegen des hohen Lohnaufwandes beim Verlegen der Hohlkörper und der Notwendigkeit, die Stege zu bewehren, werden diese immer weniger verwendet. Vollbeton-Platten mit d = 35 cm Dicke sind daher heute keine Seltenheit mehr.

Rippendecken
Zur Entwicklung der Rippendecke führte die Überlegung, daß durch Weglassen eines Teils des Betons in der Zugzone bei unveränderter statischer Höhe das Eigengewicht herabgesetzt und die Tragfähigkeit für die Verkehrlast gesteigert wird. Wegen des erhöhten Aufwandes bei der Herstellung ist dies aber erst bei größeren Stützweiten und/oder größeren Plattendicken sinnvoll.

Die geometrischen Bedingungen der Rippendecke gemäß DIN 1045, Abs. 21.2.2 sind auf Bild 3.1.27 dargestellt. Weitere Bedingungen sind:

- Verkehrslast p ≤ 5,0 kN/m.
- Nicht zulässig bei Decken, die von Fahrzeugen befahren werden, die schwerer als ein PKW sind.
- Wird die Decke mit Einzellasten belastet, so ist deren Wirkung sowohl auf die Platte als auch auf die Rippen zu untersuchen (Tabelle 3.1.5, EC Q_K).
- Rippendecken sind bei Stützweiten von 8 – 15 m wirtschaftlich.

Die Rippendecke lagert auf Wänden bzw. auf Unterzügen. Bei kleineren Stützweiten kann der Unterzug auch innerhalb der Deckenhöhe untergebracht werden. Bei Durchlaufdecken ist im Bereich der negativen Momente eine Verstärkung der Rippen mittels horizontaler Vouten erforderlich (Bild 3.1.28).

Die Herstellung erfolgt mit wiederverwendbaren Schalungselementen aus Stahlblech bzw. Kunststoff oder mit »verlorener Schalung«, mit Füllkörpern aus Bimsbeton-, Schlackenbeton-, Ziegelhohlkörpern oder Holzwolle-Leichtbauplatten.

Rippendecken werden bei Deckenfeldern mit einer Haupttragrichtung verwendet.

Kassettendecke
Bei quadratischen oder nahezu quadratischen Feldern ($l_y/l_x < 1{,}5$) werden die Decken als Kassettendecken ausgebildet. Dabei sind die Rippen orthogonal zueinander angeordnet. Sinngemäß gilt das für Rippendecken Gesagte auch für Kassettendecken. Sie können jedoch ohne Zwischenschaltung von Unterzügen direkt auf Stützen gelagert werden. Im Stützenbereich wird die Decke als Vollplatte betoniert, um die negativen Momente aufzunehmen und das Durchstanzen zu verhindern. Die Herstellung erfolgt wie bei Rippendecken. Spezialfirmen verleihen entsprechende Schalungselemente.

Kassettendecken werden auch mit Dreiecksstruktur ausgebildet. Pier Luigi Nervi wollte die Rippen entsprechend dem Verlauf der Hauptbiegemomente anordnen. Für die Herstellung solcher Decken hat er Elemente aus Ferro-Cemento (drahtbewehrter Feinkornbeton) vorgefertigt und als verlorene Schalung verwendet (Seite 31).

Trägerrostdecken
Weicht man von den in der DIN 1045 für Rippendecken vorgeschriebenen Bedingungen ab, so können die Erleichterungen für den Nachweis und die Ausbildung nicht in Anspruch genommen werden. Die Kassettendecke mit größeren Rippenabständen oder, anders ausgedrückt, eine Unterzugsdecke, bei der die Kreuzungspunkte der Unterzüge nicht gestützt sind, nennt man Trägerrost. Beispiele hierfür sind die Unity Church in Oak Park bei Chicago von Frank Lloyd Wright (Seite 21).

Der Trägerrost besteht also aus der Platte und den Unterzügen, die mit der Platte zusammenwirken (Plattenbalken). Die Träger können im rechten Winkel aber auch schiefwinklig zueinander angeordnet werden.

Unterzugsdecken
Ist die Deckenplatte auf Unterzügen (Deckenträger) gelagert, wobei die Unterzüge mit der Platte zusammenwirken, so spricht man von einer Unterzugsdecke. Das ist auch der Fall,

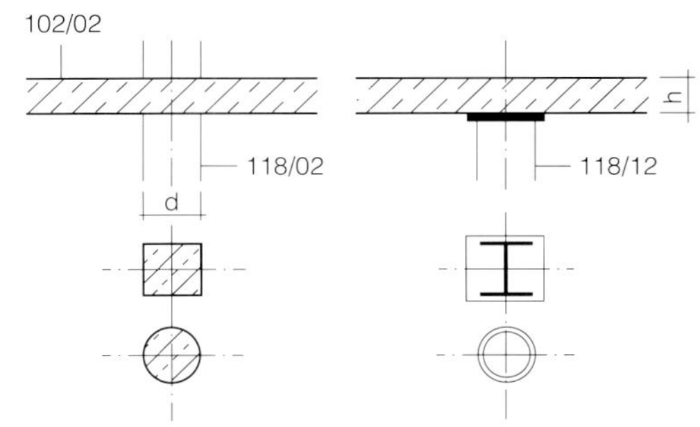

02 Stahlbeton/Ortbeton
12 Stahl
102 Flachdecke
118 Stütze

3.1.24 Flachdecke ohne Stützenkopfverstärkung

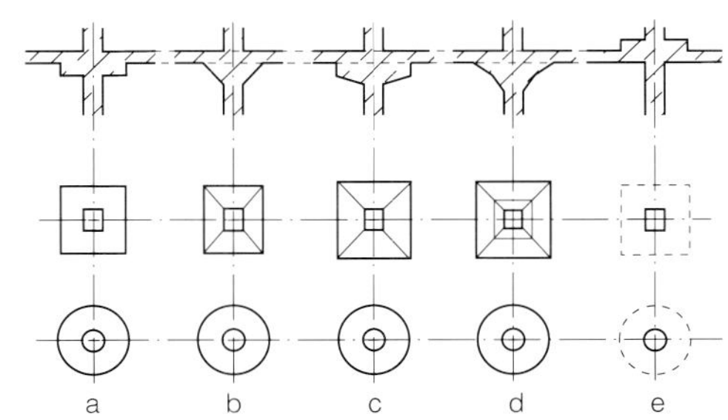

3.1.25 Flachdecke mit Stützenkopfverstärkung

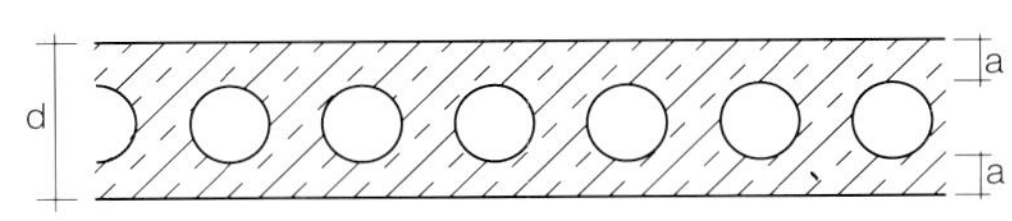

3.1.26 Hohldecke a ≥ 5 cm

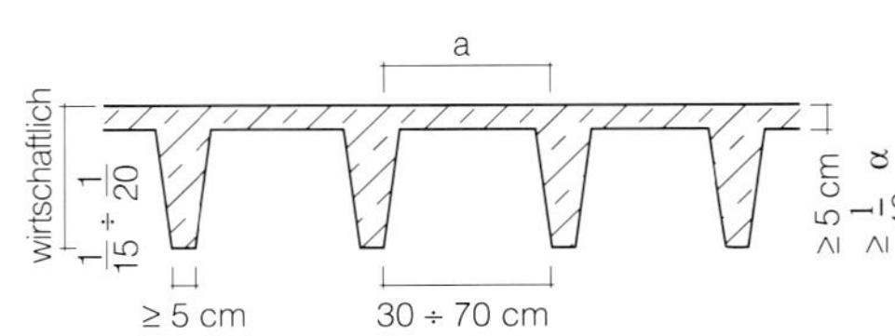

3.1.27 Rippendecke nach DIN 1045

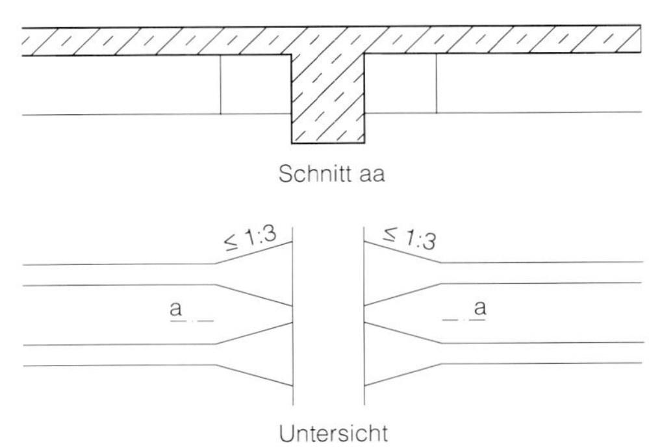

3.1.28 Anschluß Rippendecke an Unterzug

3.1.29 Orientierungswert für Bewehrungsquerschnitt	
vom Balken mit einer	
Konstruktionshöhe (d) von 50,0 cm	
M (in kNm)/10	erf A_s in cm^2
ist h < 50 cm	erf A_s > M/10
ist h > 50 cm	erf A_s < M/10

Mit Druckbewehrung kann ein maximal 30% größeres Moment aufgenommen werden als ohne Druckbewehrung (dies entspricht der Bedingung, daß die Druckbewehrung nicht größer als die Zugbewehrung ist).

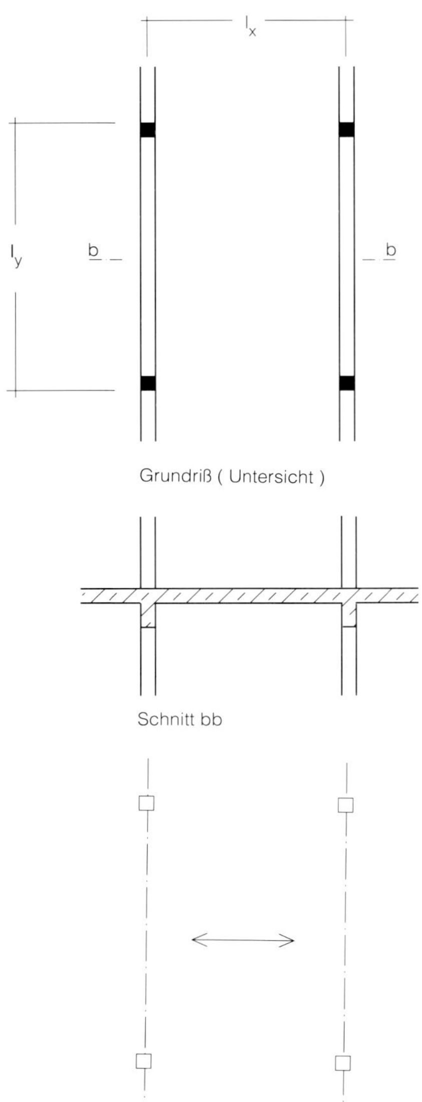

3.1.30 Unterzugsdecke, einachsig gespannte Deckenplatte

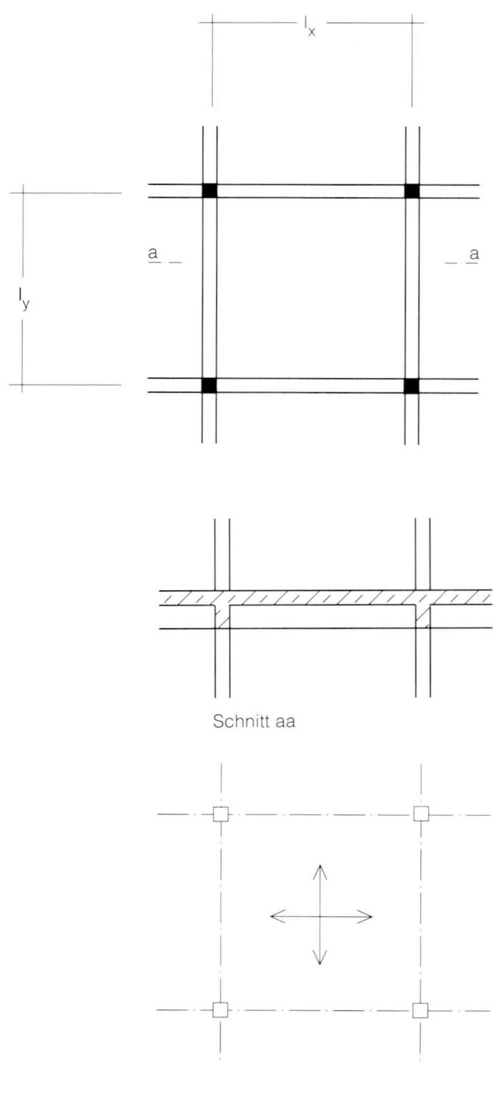

3.1.31 Unterzugsdecke, zweiachsig gespannte Deckenplatte

wenn der maximale Rippenabstand bei einer Rippendecke überschritten wird. Die Unterzüge (Deckenträger) werden auf Wänden oder Hauptträgern gelagert. In Abhängigkeit vom Stützweitenverhältnis l_y/l_x sind die Platten einachsig oder zweiachsig gespannt (Bilder 3.1.30 und 3.1.31). Im Falle einachsig gespannter Platten sind Unterzüge nur quer zur Spannrichtung vorhanden. Die Unterzüge können auch mit einem von 90 Grad abweichenden Winkel zueinander verlaufen.

Bei Balken und Unterzügen mit größerer Lasteinzugsfläche (A) als 20 m^2 kann die veränderliche Last mit dem Faktor $\alpha_A = 0{,}5 + 10/A$ abgemindert werden.

Bei Flach- und Pilzdecken ist eine völlig ungehinderte Installationsführung möglich. Wird ein System mit Unterzügen gewählt, ist die Abhängigkeit zwischen der Anordnung der Unterzüge und der Leitungsführung zu beachten. Es sind auch Systeme empfehlenswert, bei denen die Unterzüge nicht durchgehend geführt, sondern in bestimmten Bereichen weggelassen werden, damit die Leitungen frei geführt werden können. Diese Unterzugssysteme sind den Unterzügen mit Durchbrüchen vorzuziehen, da sie mehr Freiheit bei der Leitungsführung bieten (Bilder 3.1.32 bis 3.1.34).

Rechteckplatten mit dem Verhältnis l_y/l_x um 1,0 haben wesentlich kleinere Momente als Platten, die nur in eine Richtung die Last abtragen. Daher würde man geneigt sein, Unterzüge in zwei Richtungen anzuordnen. Vergleiche zeigen jedoch, daß die Bewehrung der Platte mit zwei Haupttragrichtungen und die zusätzlichen Unterzüge einen Aufwand erfordern, der die Lösung mit kreuzweise angeordneten Unterzügen nicht rechtfertigt, besonders wenn man die Auswirkungen der zusätzlichen Unterzüge auf den Ausbau und die technische Gebäudeausrüstung in Betracht zieht. An dieser Stelle wird noch einmal darauf hingewiesen, daß das Tragwerk nur im Zusammenhang mit der technischen Gebäudeausrüstung entworfen werden kann.

Überzüge

Überzüge werden in der Regel an den Plattenrändern als Brüstung oder Attika über Wandöffnungen angeordnet. Sie wirken mit der Platte zusammen. Bei den Stützmomenten liegt die Platte in der Druckzone. Mit den Brüstungsträgern (h = 1,30 m) können Stützweiten bis zu 15 m überbrückt werden. Für die Aufnahme der Feldmomente wird bei größeren Stützweiten der obere Rand der Brüstung verstärkt (siehe Seite 174).

Überzüge sind herstellungstechnisch aufwendig, weil sie erst in einem zweiten Betoniervorgang hergestellt werden können, nachdem die Seitenschalung auf den bereits erhärteten Beton der Platte gestellt wurde.

Spannbetondeckenplatte[1]
Durch das Zusammendrücken des Betons mittels vorgespannter Stahleinlagen werden

- Risse im Beton verhindert (die Zugspannungen überdrückt),
- dünnere Platten verwendet und
- bei Flachdecken im Durchstanzbereich günstigere Zustände hervorgerufen.

Dabei werden – neben einer schlaffen Grundbewehrung – Stahleinlagen in Hüllrohren (Spannglieder) in wechselnder Höhe entsprechend dem Momentenverlauf einbetoniert. Durch die in wechselnder Höhe geführten Vorspannkabel werden in plattenartigen Bauteilen Umlenkkräfte analog der Momentenlinie der Lasten im Tragwerk erzeugt, die den belastenden Kräften entgegenwirken. Hierdurch bedingt kann entweder die Plattendicke reduziert oder die Stützweite erheblich vergrößert werden (Bild 3.1.35). Ferner wird die Neigung zur Rißbildung erheblich reduziert.

Durch die Vorspannung entsteht ein weiterer Vorteil gegenüber schlaff bewehrten Decken, bei denen in den Bereichen über den Stützen eine sehr starke Bewehrungskonzentration aus Biege- und Durchstanzbewehrung erforderlich ist, die oft nur schwer untergebracht werden kann, so daß häufig zusätzlich Dübelleisten oder Stahleinbauteile angeordnet werden müssen. Die Spannglieder werden über den Stützen hochgezogen. Die Querkraft der Platte wird zum Teil durch die Vertikalkomponente der Spanngliedkraft in die Stütze geleitet, wodurch der Beton in wesentlich kleinerem Maße auf Durchstanzen beansprucht wird. Die Größe der Umlenkkräfte wird primär bestimmt durch die Höhenlage der Spannglieder. Im Feldbereich sollen sie nach oben gerichtete, im Stützbereich nach unten gerichtete Umlenkkräfte erzeugen (Bild 3.1.36).

Die im Brückenbau üblichen Spannglieder sind hierfür sowohl von der aufnehmbaren Spannkraft, als auch von den äußeren Abmessungen nicht geeignet. In Deckenplatten sind kleine Spannglieder, die zur Erzielung optimaler Umlenkkräfte in möglichst großer Exzentrizität angeordnet werden sollen, erforderlich. Die Spannkabel werden daher statt im Bündel nebeneinander, entweder im Verbund oder ohne Verbund angeordnet.

Bei Spanngliedern mit Verbund werden die im Hüllrohr gespannten Drähte oder Litzen mit Zementmörtel injiziert und letztlich die Spannkräfte auf den umgebenden Beton übertragen. Der Injektionsmörtel bildet einen ausgezeichneten Korrosionsschutz für den Spannstahl.

Bei Spanngliedern ohne Verbund werden werkseitig mit einem Korrosionsschutzfett und einem PE-Mantel versehene Litzen einbetoniert

[1] Unter Mitwirkung von E. Conrads

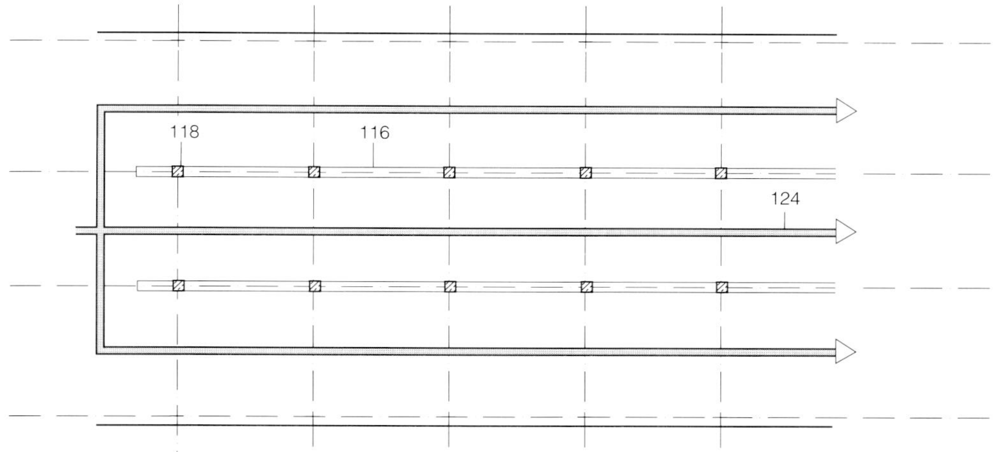

3.1.32 Einachsig gespannte Dreifeldplatte
Unterzüge durchgehend
Leitungsführung einachsig, ohne Durchbrüche

116 Unterzug
118 Stütze
124 Leitungsführung

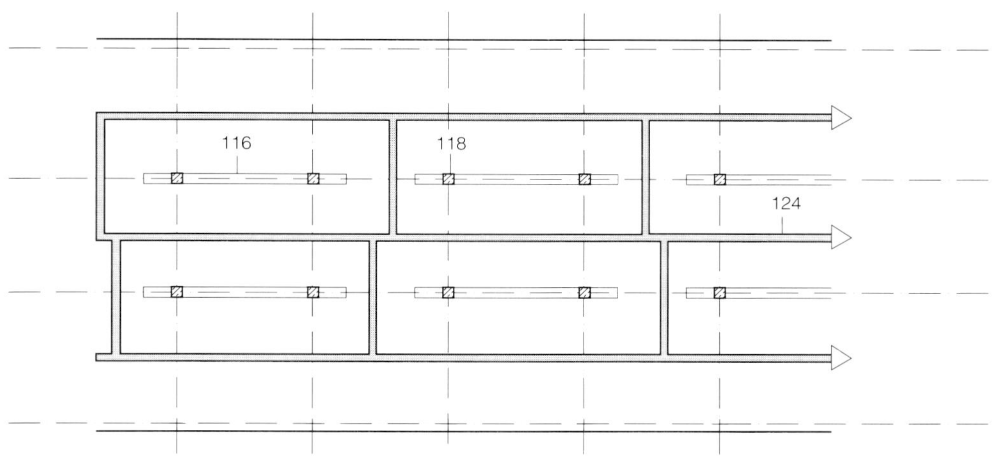

3.1.33 Einachsig gespannte Dreifeldplatte
mit Flachdeckenbereich
Unterzüge nicht durchgehend
Leitungsführung in beide Richtungen ohne Durchbrüche

116 Unterzug
118 Stütze
124 Leitungsführung

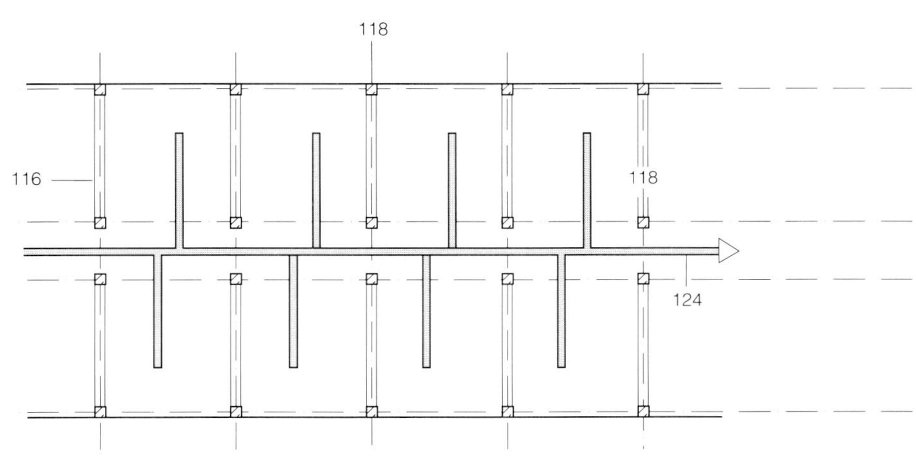

3.1.34 In Längsrichtung gespannte Durchlaufplatte
mit Flachdeckenbereich
Leitungsführung: Hauptstrang mit Abzweigungen

116 Unterzug
118 Stütze
124 Leitungsführung

3.1.35 Orientierungswerte Deckendicken in Abhängigkeit von der Stützweite

3.1.36 Spanngliederführung im Stützenkopfbereich [26]

3.1.37 Spannglieder mit Zwischenanker [26]

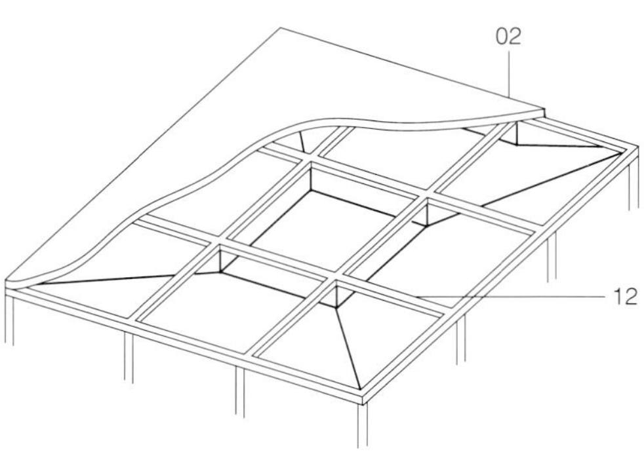

02 Stahlbeton/Ortbeton
12 Stahlträger

3.1.38 Unterspannte Decke

und nach dem Erhärten des Betons gespannt, wobei die Vorspannkraft an den Verankerungsstellen in den Beton eingeleitet wird. Die Spannglieder werden in der Regel innerhalb des Stützstreifens abgerollt und auf den Abstandhaltern in der gewünschten Höhenlage fixiert. Der in seiner Größe von der Betonmenge und vom Schalungsaufwand bestimmte Deckenabschnitt kann bereits nach Erreichen einer Betonfestigkeit von ca. 25 N/mm² vorgespannt werden. Nach dem Vorspannen kann die Decke sofort ausgeschalt werden, da das Betoneigengewicht von den Umlenkkräften getragen wird. Die Schalung steht bereits nach kurzer Zeit für den nächsten Betonierabschnitt zur Verfügung.

An den Betonierfugen werden die Spannglieder mittels Koppelankern an den vorherigen Bauabschnitt angeschlossen und ermöglichen einen raschen Baufortschritt mit einer möglichen Taktzeit von einer Woche.

Wenn die Verankerungsstellen (Stirnseiten der Platten) nicht zum Spannen zugänglich sind, wie es z.B. bei Baugrubenumschließungen ohne Arbeitsraum der Fall ist, werden die Spannglieder mit einem speziellen Zwischenanker, der innerhalb des Betonierabschnittes angeordnet ist, gespannt (Bild 3.1.37).

Beim Entwerfen von Spannbetondecken muß darauf geachtet werden, daß die Decken während des Spannvorganges in ihrer Verformung nicht wesentlich durch Wände oder Aussteifungskerne behindert werden. Daher werden die Stützen als Pendelstützen mit Elastomerlager angeordnet. Die Auflager an den Wänden und Kernen werden gleitend ausgebildet. Nach dem Aufbringen der Vorspannkraft werden die Anschlüsse zu den Wandscheiben für die Übertragung der Horizontalkräfte schubfest geschlossen.

Direkt befahrbare Decken (Parkhäuser)
Schäden an Belägen von Parkdecks haben zu Lösungen mit direkt befahrbaren Stahlbetonplatten geführt. Dazu ist es erforderlich, die Platte mit glatter Oberfläche auszuführen. Dies erfolgt im Vakuum-Verfahren. Da im Winter durch die Fahrzeuge Streusalz auf Parkdecks gelangt und der Beton auch mit Rißbreiten < 0,2 mm keinen ausreichenden Korrosionsschutz gegen das chloridhaltige Wasser bietet, ist eine Rissefreiheit an der Oberfläche anzustreben. Dies kann man mit Spannbeton erreichen.

Unterspannte Decken
Bei größeren Spannweiten kann die Stahlbetonplatte zusätzlich durch Spreizen unterstützt werden, die auf einer Unterspannung lagern. Die Kraft der Spreizen wird durch eine Kopfverstärkung (Durchstanzen) z.B. Stahlgußkapitell in die Platte geleitet. Die Konstruktion verliert ihre Grazilität, wenn die Unterspannung wegen der F-90-Forderung verkleidet werden muß.

Bei den Decken des Museums für Arbeit und Technik in Mannheim ist z.B. aus herstellungstechnischen Gründen (Einsparung des Gerüstes) ein Stahlträgerrost zwischengeschaltet worden (Bild 3.1.38).

Fertigteildecken
Liniengelagerte Vollplatte
Die Vollplatten können linien- und punktgelagert sein. Sie werden selten für Stützweiten über 6 m verwendet. Die Plattenbreiten können bis zu 3,60 m betragen, weil sie dann noch auf einem Tieflader schräggestellt transportiert werden können (siehe Entwurfskriterien für Montagebauten, Tabelle 3.1.3).

Bezüglich Fertigung der Platten siehe Fertigteilwandtafeln Seite 121.

Die freiliegenden Plattenränder werden mit Längsnut ausgebildet und vergossen (Bild 3.1.39). Der Verguß gewährleistet, daß bei der Belastung einer Platte die benachbarte Platte die gleiche Durchbiegung erfährt. Um eine Scheibenwirkung zu erreichen, erhält der Plattenrand eine Verzahnung. Um die Horizontalkräfte (Wind, ungewollte Schiefstellung der lastableitenden Bauteile) auf die Treppenkerne und Aussteifungsscheiben durch die Deckenscheibe zu führen, müssen die Decken mit einer durchgehenden Zugbewehrung versehen werden. Eine aus der Fertigteilplatte seitlich herausstehende Bewehrung ist zu vermeiden, da die Bewehrung durch eine Kammblechschalung geführt werden muß. Daher wird die durchgehende Zugbewehrung entweder in einer Fuge gelegt und vergossen oder die Aufnahme der Zugkraft durch an die Bewehrung geschweißte Einbauteile, die nach dem Verlegen der Elemente mittels Stahlplatten durch Schweißanschlüsse miteinander verbunden werden.

Die Vollplatten werden auch in Spannbeton hergestellt. Dabei werden die Spanndrähte in einem Stahlrahmen verkeilt; durch das Verschieben der Rahmenriegel mittels hydraulischer Pressen erhalten die Spanndrähte eine Zugkraft, die nach dem Erhärten des Betons durch Entfernen der Pressen als Druckkraft auf den Beton wirkt. Die Kraft aus den Spanndrähten wird durch die Verbundwirkung auf den Beton übertragen.

Wandtypen
Aus Fertigteilvollplatten können Wohn- und Bürobauten zusammengesetzt werden. Die Bilder 3.1.40 bis 3.1.42 zeigen Quer- und Längswandtypen aus Wandtafeln und Deckenplatten.

Im Stahlbeton vermeidet man biegesteife Anschlüsse, weil sie nur mit sehr hohem Aufwand ausgebildet werden können (siehe Tabelle 3.1.3, Entwurfskriterien für Montagebauten, Seite 103). Die fehlende Durchlaufwirkung erfordert größere Plattendicken und auch höheren Bewehrungsaufwand als bei Ortbetonkonstruktionen (Bild 3.1.12, 3.1.15). Dieser Mehraufwand muß durch rationelle Fertigung, Transport und Montage ausgeglichen werden. Darüber hinaus können Einsparungen in erster Linie durch einen entsprechenden Entwurf erzielt werden.

Hohlplatten
Um das Gewicht der Platten zu reduzieren, werden Hohlplatten in Stahl- und Spannbeton hergestellt. Die Breite der von der Industrie angebotenen Platten beträgt 62,5 cm. Die relativ geringe Breite soll die Anpassung an die Gebäudeabmessungen erleichtern. Die Randausbildung der Hohlplatte ist derjenigen der Vollplatte ähnlich (Bild 3.1.39).

Stegplatten
Für größere Spannweiten (≥ 7,20 m) werden Stegplatten verwendet.

Einstegplatten
Einstegplatten (Bild 3.1.43) zeichnen sich durch einen geringeren Arbeitsaufwand bei der Fertigung, aber erschwerte Montage wegen der Gefahr des Umkippens aus. Damit sich die Platte nach dem Erhärten des Betons einfach von der Schalung abheben läßt, werden die Stege leicht konisch ausgebildet. Hier gilt eine Neigung von 1:20 bei Stahlschalung, bzw. 1:10 bei Holzschalung (dies gilt auch für sonstige Stegplatten).

Zweistegplatten (Bild 3.1.44)
Die TT-Platten sind die meist verwendeten Deckenplatten. Prinzipiell gilt hier das oben Gesagte. Die Fertigteil-Firmen haben sich auf die in Tabelle 3.1.48 dargestellten Abmessungen geeinigt. Das bedeutet, daß die meisten Hersteller eine Stahlschalung mit diesen Abmessungen vorrätig haben. Die Grundschalung ist durch Schalungseinsätze variabel. Dabei werden die Stege nicht nur in der Höhe sondern auch seitlich abgeschalt. Um das Achsmaß des Stegabstandes beizubehalten, werden die Einsatzstücke nicht symmetrisch angeordnet (Bild 3.1.45). Die auskragende Platte ist variabel. Die Grenze ergibt sich aus der Transportbreite (3 m mit Genehmigung). Die von 2,40 m abweichende Elementbreite hat einen periodischen Stegabstand zur Folge.

Die Höhen der TT-Platten für unterschiedlichen Lasten können Tabelle 3.1.48 entnommen werden.

Durch Abschalen der Kragplatten mit entsprechender Ausklinkung des Stegoberteils können für die zwischen den Stegplatten liegenden

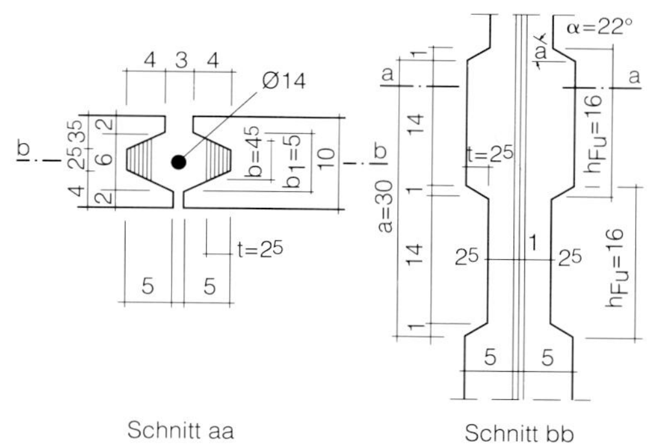

3.1.39 Fugenausbildung bei Fertigteilplatten

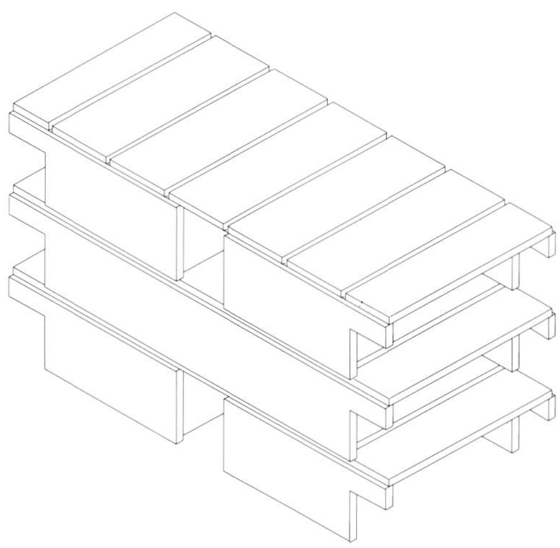

3.1.40 Querwandtyp aus Fertigteilen

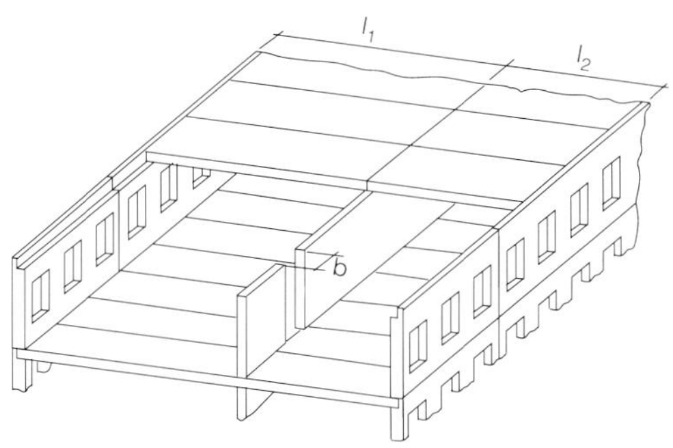

3.1.41 Längswandtyp aus Fertigteilen mit einer Mittelwand

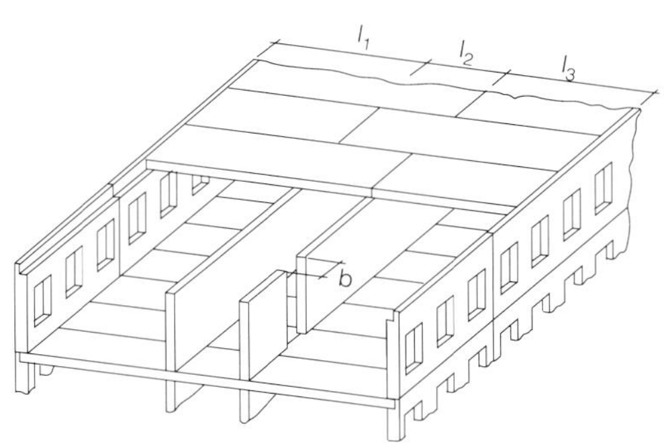

3.1.42 Längswandtyp aus Fertigteilen mit zwei Mittelwänden

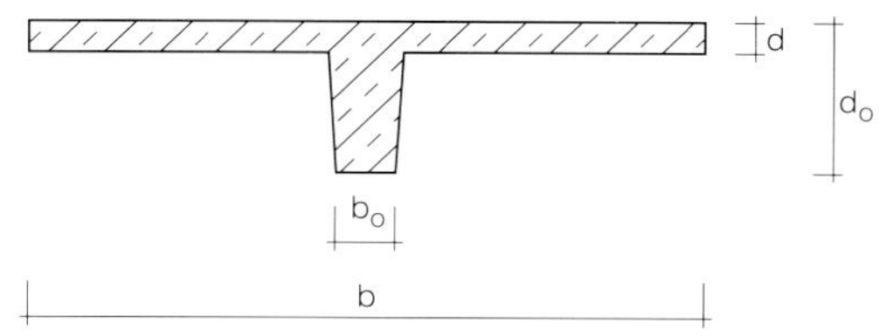

3.1.43 Einstegplatte

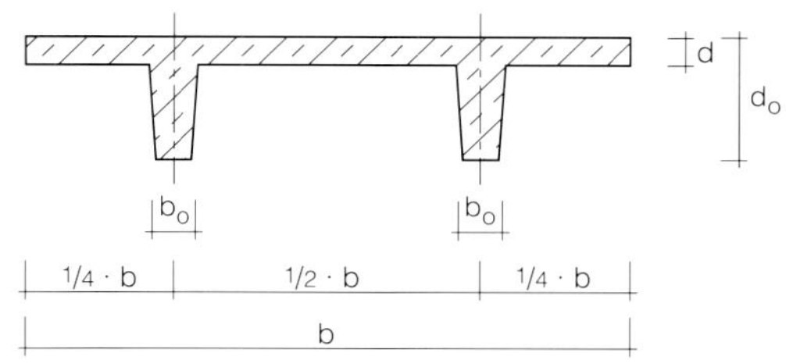

d ≥ 10 cm b_0 ≥ 20 cm d_0 ≥ 40 ÷ 150 cm

3.1.44 Zweistegplate (TT-Platte)

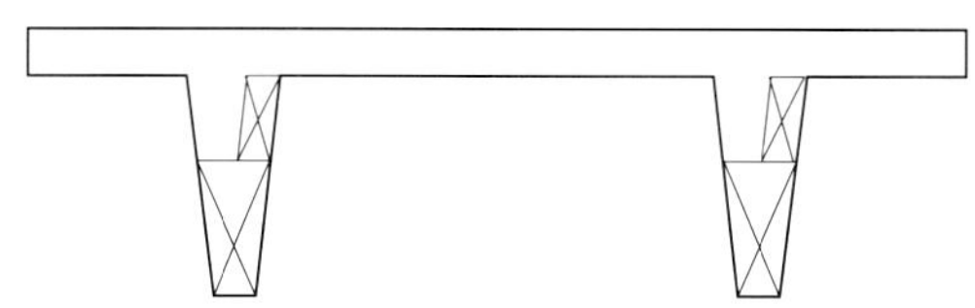

3.1.45 Schalung für TT-Platten in verschiedenen Größen

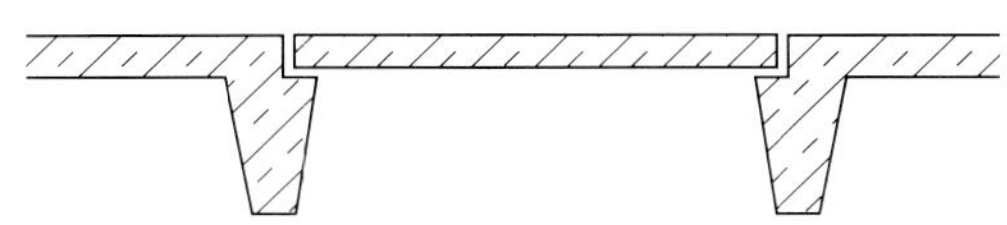

3.1.46 TT-Platte mit eingelegter Einfeldplatte

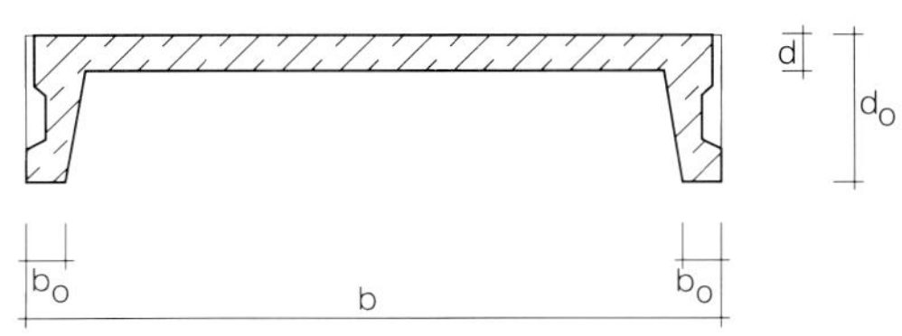

d ≥ 10 cm d_o= 40 ÷ 150 cm
b_o = 20 cm b ≤ 250 cm (300 cm)

3.1.47 Umgekehrte Trogplatte

3.1.48 Geschoßdecken TT-Platten – schlaff bewehrt

Maße in mm

d_U	200	300	400	500	600	700	800
b_U	190						
b_0	210	220	230	240	250	260	270

Alle Abmessungen ausreichend für Feuerwiderstandsklasse F 90–A nach DIN 4102

d_0	≥ 60	F 30–A
	≥ 100	F 90–A

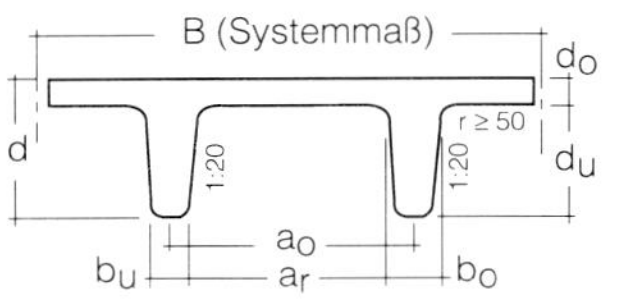

Abfasungen:
gebrochen, Katheten je 10 mm für untere Rippenkanten

Anmerkung:
Die Elemente können überhöht hergestellt werden
Aufbetonergänzte Spiegel d_0 min = 50 + 70 = 120 mm
Höhenausgleich durch Estrich oder Aufbeton

Ermittlung der TT-Plattenhöhe

Lasten:
- in der Tabelle eingearbeitet: Eigenlast g_1 TT-Platte
- frei wählbar: Auflast q (Gebrauchslast)

Systemmaß B = 2,50 m

L System (m)	Deckenhöhe d (mm) bei Auflast q (kN/m²)						
	3,5	5,0	7,5	10	15	20	25
6,00	320		350		450	500	
7,50		420	450		550	600	
10,00	520		650			700	
12,50	720		750	850		900	
15,00	820		850	950		1000	
17,50	920		950				
20,00							
Spiegel	d_0 = 120		d_0 = 150			d_0 = 200 mm	

Achtung: Aufstehende Trennwände können Zusatzmaßnahmen erfordern.

Beispiel:

Auflast	q = 10 kN/m²
Systemmaß	L = 12,50 m
abgelesen:	d = 850 mm
	d_0 = 150 mm
	d_U = 850 – 150 = 700 mm

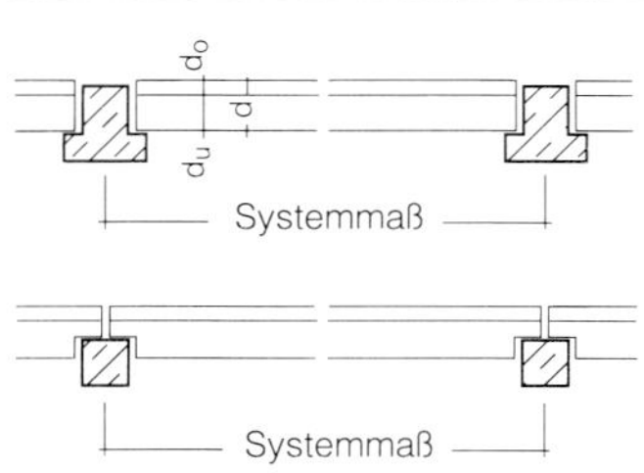

Andere Konstruktion wählen

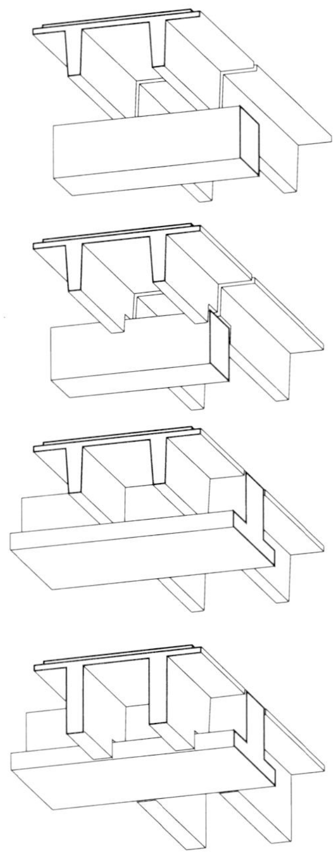

3.1.49 Lagerungsarten von TT-PLatten auf Unterzügen

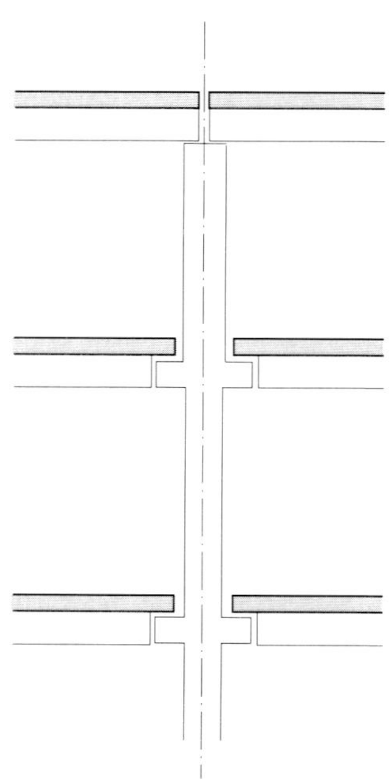

3.1.50 Lagerung von Unterzügen auf mehrgeschossigen Stützen

Vollplatten Auflager ausgebildet werden (Bild 3.1.46). Die TT-Platten werden in Breiten bis 3 m, in Höhen bis zu 80 cm und in Längen bis zu 16 m hergestellt. Die Stege haben einen Achsabstand von 1,20 m.

Eine weitere Variante der Zweisteg-Platte ist die U-Platte (umgekehrter Trog, Bild 3.1.47), die bei größeren Einzellasten oder bei Systemen, bei denen die Plattenbreite dem Stützenraster entspricht, zur Ausführung kommt. Die Stegbreite kann 10 cm betragen, wenn die U-Platten nebeneinander montiert werden und die Fuge nicht breiter ist als 1 cm (sonst verlangt die F-90-Forderung ein Mindestmaß von 20 cm). Die U-Platten lassen sich mit Einfeldvollplatten zu einer wirtschaftlichen Konstruktion kombinieren. Dabei werden gegenüber der Lösung, die nur TT-Platten einsetzt, etwa die Hälfte der Stege eingespart. Außerdem können durch das Einhängen der Einfeldplatten Herstellungs- und Montageungenauigkeiten ausgeglichen werden.

Decken mit Stegplatten können mit einer dünneren Platte gefertigt und nach dem Verlegen mit Aufbeton versehen werden. Man erreicht dadurch eine gute Querverteilung der Lasten und mit geringer Zulagebewehrung eine Scheibenwirkung. Diese Konstruktion ist besonders bei direkt befahrbaren Parkdecks zweckmäßig, wobei der Aufbeton mit dem Vakuumverfahren ausgeführt wird (siehe Seite 108).

Unterzüge

In der Regel lagern die Deckenplatten auf Unterzügen, die die Lasten zu den Stützen weiterleiten. Die Regelabmessungen der Unterzüge sind in Tabelle 3.1.51 dargestellt, wobei Abweichungen keine besonderen Kosten zur Folge haben, da es sich um eine einfache Schalung handelt. Die am häufigsten vorkommenden Lagerungsarten zeigt Bild 3.1.49.

Die Unterzüge werden auf Konsolen von durchgehenden Stützen (beim Dachgeschoß direkt auf die Stützen) als Einfeldträger (Bild 3.1.50) oder als Gerberträger auf die geschoßhohen Stützen gelegt (Bild 3.1.52). Montagetechnisch ist die durchgehende Stütze vorteilhafter. Bei größeren Stützenabständen ist der Gerberträger jedoch günstiger, da durch die negativen Momente das Feldmoment reduziert werden kann. Die Ermittlung der Lage der Gelenke ist eine Optimierungsaufgabe, wobei die Zielfunktion die Minimierung des Momentes oder der Durchbiegung ist. In jedem Fall soll die Fuge des Gelenkes nicht unter einer Rippe liegen.

Bei entsprechenden Stützweitenverhältnissen (kleiner Stützenabstand für den Unterzug, großer Stützenabstand für die TT-Platte) kann der Unterzug zwischen den Stegen der TT-Platten unterbrochen werden (Bild 3.1.52 B). Tragsysteme für verschiedene Stützenabstän-

Fortsetzung Seite 121

3.1.51 Abmessungen von Fertigteil-Unterzügen mit ⊥-Querschnitt [4]

Lasten: in der Tabelle eingearbeitet: Eigenlast TT-Platte + Eigenlast ⊥-Profil; frei wählbar: Auflast q

Stützweite Unterzug l (m)	Achsabstand der Unterzüge L (m)	Unterzugquerschnitt d/b_0 (mm) bei Auflast q (kN/m²) 1,0	2,0	3,0	4,0	5,0	7,5	10,0	15,0	20,0	25,0
5,0	6,0									500/600	600/600
	7,5		400/300						500/600	600/600	
	10,0								600/600		700/600
	12,5			500/400					700/600	800/600	
	15,0					500/600	600/600				
	17,5								800/600		1000/600
	20,0							700/600			
	25,0	500/600		600/600		700/600		800/600		1000/600	1000/800
6,25	6,0		400/400						600/600		
	7,5							600/600			
	10,0			500/500				700/600			
	12,5										1000/600
	15,0				600/600					1000/600	
	17,5							900/600		1000/800	1200/800
	20,0				700/600				1000/600		1200/800
	25,0							1000/600			
7,50	6,0		500/400				500/600				
	7,5										1000/600
	10,0				700/500					1000/600	
	12,5		500/600						1000/600		
	15,0				800/600				1000/800		1200/800
	17,5							1000/600			
	20,0							1000/800	1200/800		
	25,0				1000/600		1000/800				1400/800
8,75	6,0		600/400			600/600				900/600	
	7,5				600/600				900/600		
	10,0		600/600					900/600			
	12,5			800/600			900/600		1000/800		1200/800
	15,0									1200/800	
	17,5					900/600			1200/800		1400/800
	20,0					1000/800					
	25,0		900/600		1000/800			1200/800			– –
10,0	6,0		700/400			700/600		800/600			1000/800
	7,5						800/600			1000/800	
	10,0		700/600						1000/800		1200/800
	12,5							1000/800	1200/800		1400/800
	15,0		800/600				1000/800	1200/800			
	17,5				1000/600		1200/800		1400/800		
	20,0					1000/800					
	25,0	1000/600		1000/800		1200/800	1400/800				
11,25	6,0								1000/600	1000/800	
	7,5		800/500					1000/600	1000/800		1200/800
	10,0						1000/600	1000/800	1200/800		
	12,5		900/600			1000/600	1000/800			1400/800	
	15,0				1000/600			1200/800	1400/800		
	17,5			1000/600		1000/800	1200/800	1400/800			
	20,0		1000/600	1000/800		1200/800	1400/800				
	25,0	1000/800			1200/800	1400/800					
12,50	6,0							1000/600		1200/600	1200/800
	7,5			1000/400			1000/600	1200/800		1200/800	1400/800
	10,0						1200/600	1200/800		1400/800	
	12,5			1000/600			1200/800				
	15,0							1400/800			
	17,5					1200/800					
	20,0			1200/600		1400/800					
	25,0	1200/600		1200/800	1400/800						

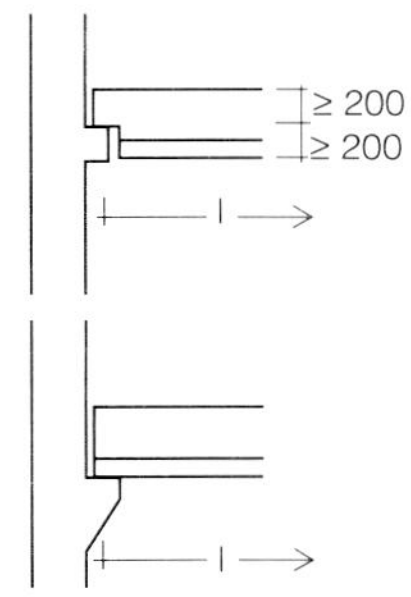

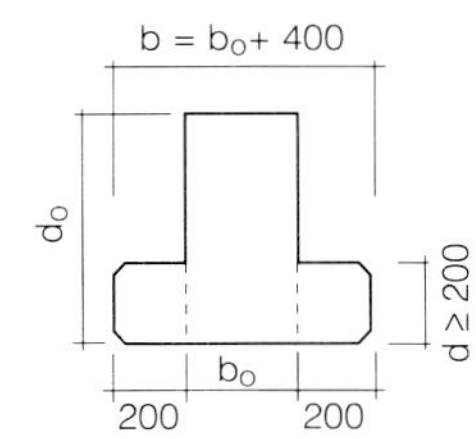

Maße in mm

b_0 \ d_0	400	500	600	700	800	900	1000	1200	1400
300	▒								
400	▒	▒	▒	▒	▒	▒	▒		
500		▒	▒	▒	▒	▒	▒		
600		▒	▒	▒	▒	▒	▒	▒	
800							▒	▒	▒

Alle Abmessungen ausreichend für Feuerwiderstandsklasse F 90–A nach DIN 4102

Beispiel:
Stützweite Unterzug l = 7,50 m
Achsabstand Unterzug L = 10,0 m
Auflast q = 5,0 kN/m²
abgelesen: d/b_0 = 700/500 mm

–·–·–·– Querschnitte unterhalb dieser Linie erst nach Rücksprache mit dem Fertigteilwerk vorsehen

▒ anderen Träger wählen

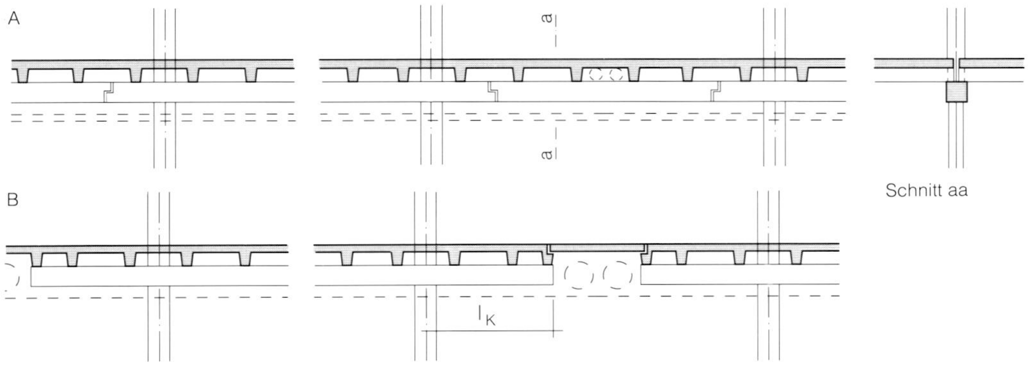

3.1.52 Lagerung von Unterzügen auf Stützen

A Ausbildung von Unterzügen gelagert auf geschoßhohen Stützen
B Unterzug als Kragträger mit Öffnungen für die Medienführung

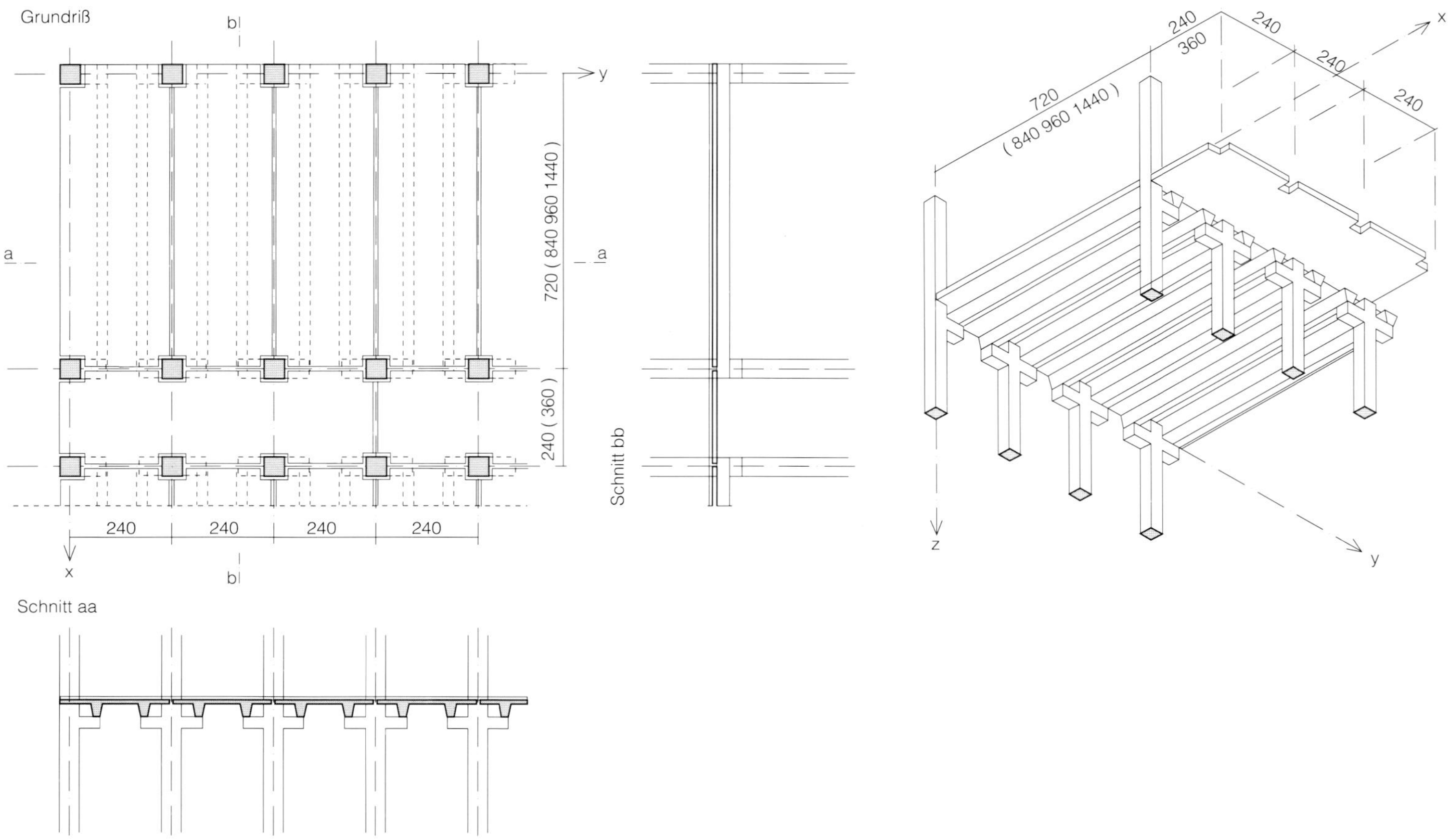

3.1.53 Konstruktion mit TT-Platten
auf Stützenkonsole aufliegend. Plattenstöße
in der Stützenachsen

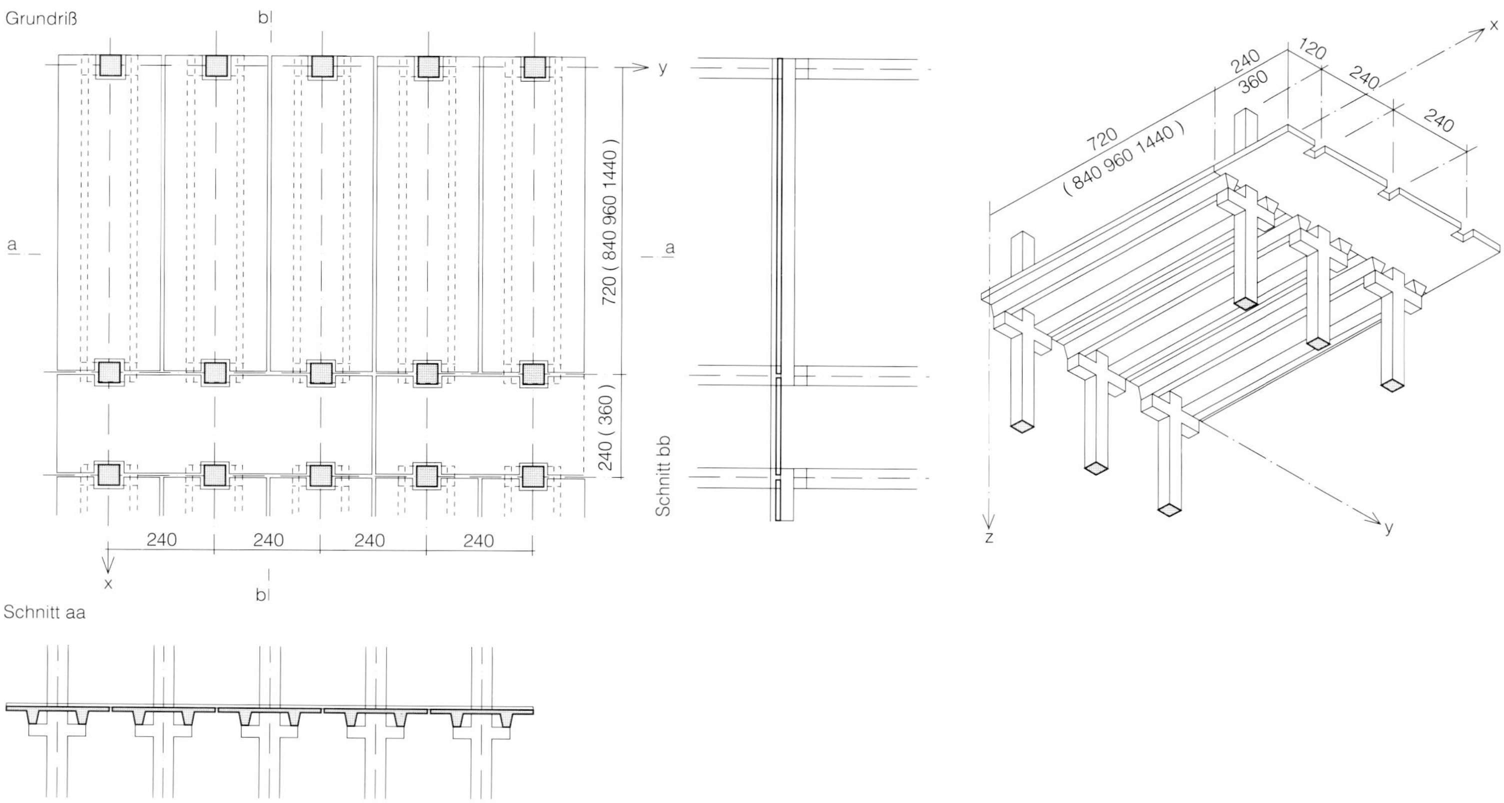

3.1.54 Konstruktion mit TT-Platten
auf Stützenkonsole aufliegend.
Plattenstöße zwischen den Stützenachsen

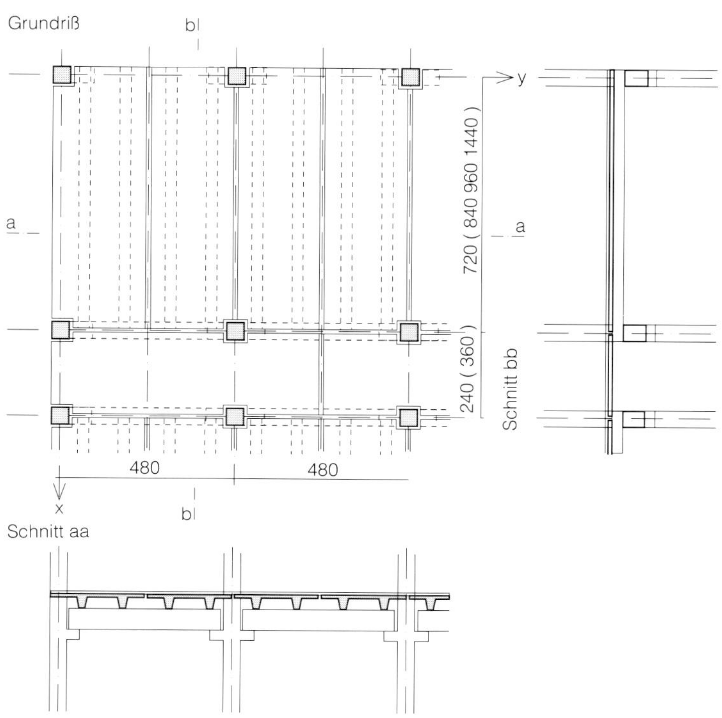

3.1.55 Konstruktion mit TT-Platten auf Unterzug

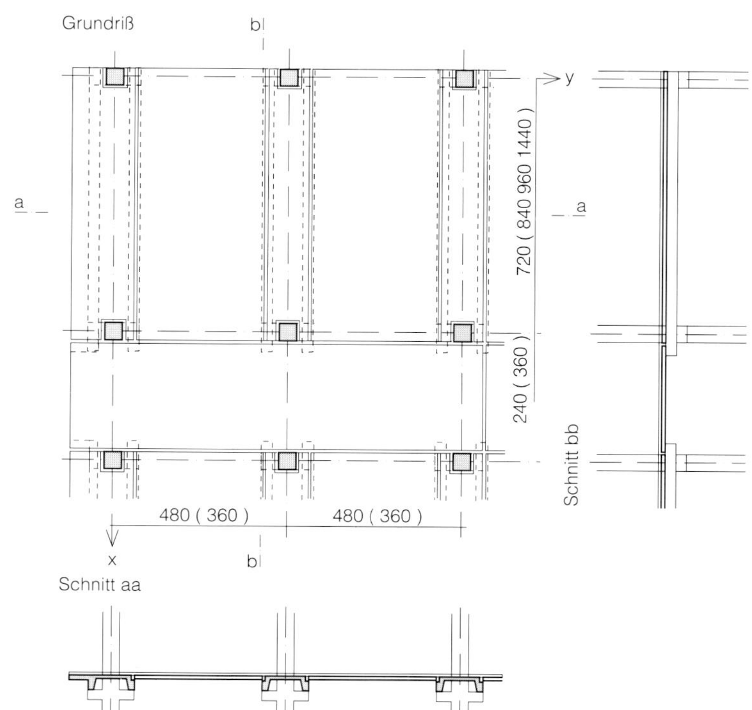

3.1.56 Konstruktion mit TT-Platten und eingelegter Einfeldplatte

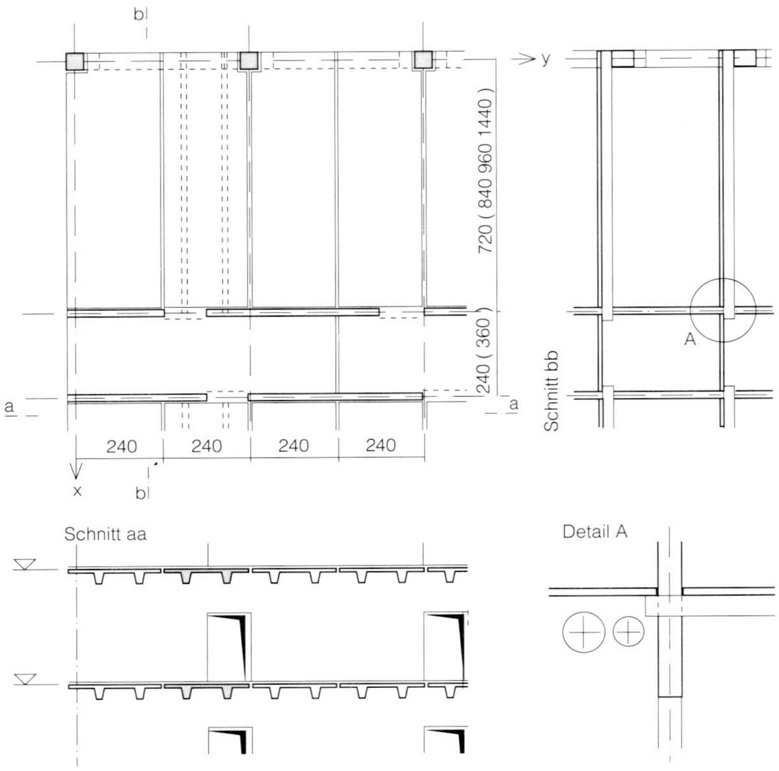

3.1.57 Konstruktion mit TT-Platten und Mittelwand

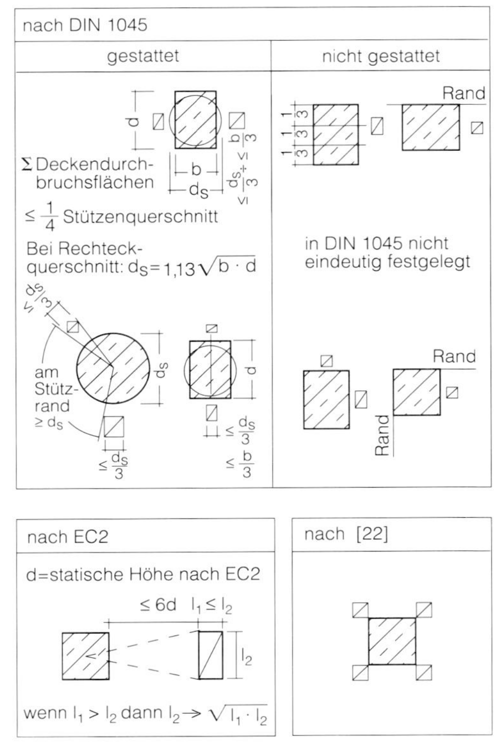

3.1.61 Beschränkung von Deckendurchbrüchen

Untersicht

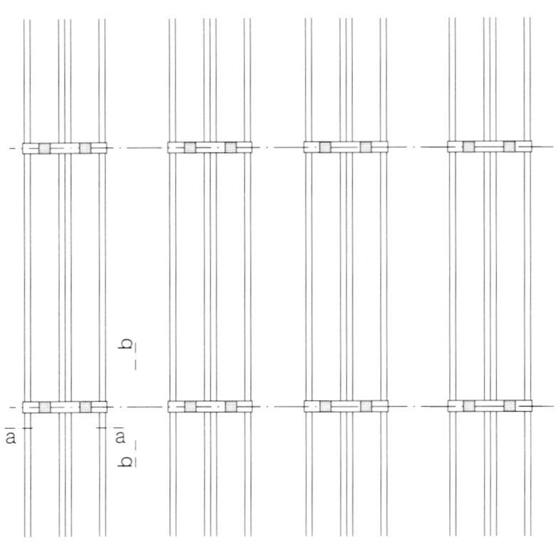

100 liniengelagerte Platte
101 vorgefertigtes Deckenelement
109 Tragplatte
110 Aufbeton
112 Konsole
118 Stütze

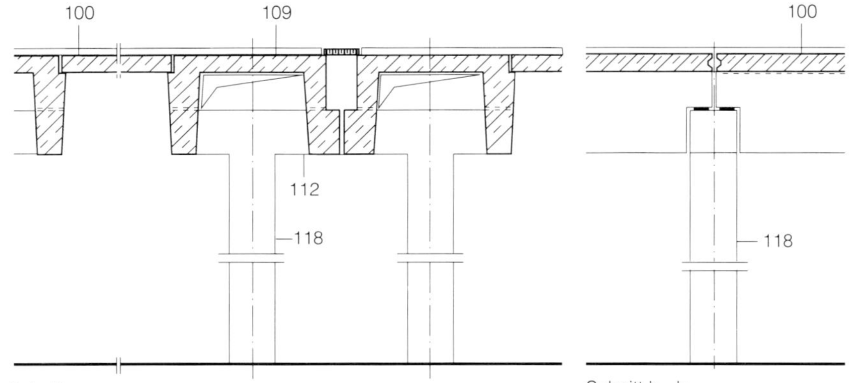

3.1.58 Decke mit Kanälen

Untersicht (in kleinerem Maßstab)

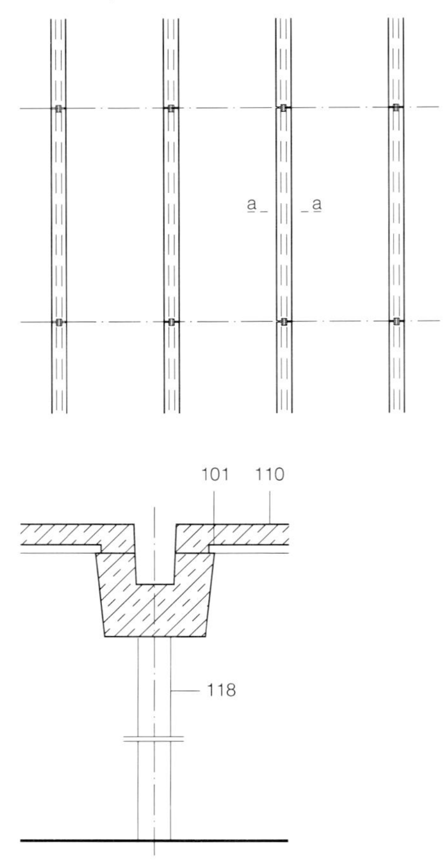

3.1.59 Decke mit Kanälen

Fortsetzung von Seite 116

de und für Mittelwandanordnungen, die eine günstige Leitungsführung bieten, sind in den Bildern 3.1.53 bis 3.1.57 dargestellt.

Decken mit Kanälen
In den Böden von Messehallen sind Kanäle für Wasser- und Elektroarbeiten erforderlich. Ist unter der Halle ein Untergeschoß angeordnet, so wird die Decke mit Kanälen ausgebildet. Hierfür eignen sich Fertigteil-Trogelemente, auf die entweder Fertigteilplatten gelegt oder Filigrandecken betoniert werden (Bilder 3.1.58 und 3.1.59).

Verbunddecken [11]
Auch Stahlträger sind als Unterzüge geeignet. Sie werden durch Dübel mit der Deckenplatte schubfest verbunden und wirken als Verbundträger (Bild 3.1.60 A). Stahlträger können durch Kammerbeton gegen Brandeinwirkung geschützt werden. Dabei wird als Ersatz für den unteren Flansch eine Brandschutzbewehrung in den Kammerbeton eingelegt. Diese Bewehrung wird abhängig von der Beanspruchung des Trägers ermittelt. Der Kammerbeton wird durch Bügel gesichert. Die Bügel sind an das Stahlprofil geschweißt.

Trapezbleche werden oft als Trapezblechdecke, aber auch als verlorene Schalung verwendet. Aus Trapezblechen werden durch Aufbeton Trapezblechdecken gebildet. Dabei verteilt der Aufbeton die Last und verhindert das Beulen des Bleches. Durch zusätzliche Profilierung der schrägen Blechbereiche kann eine Verbundwirkung zwischen Blech und Beton erzielt werden. Für die Brandschutzklasse F 90 bedürfen die Trapezblechdecken einen zusätzlichen Brandschutz. Die Holoribbleche (Bild 3.1.60 B) bieten unter bestimmten Bedingungen gute Verbundwirkung. Sie gelten ohne zusätzliche Maßnahme als der Brandschutzklasse F 90 zugehörig. Holoribbleche müssen bis zum Wirksamwerden des Betons in Feldmitte mit Überhöhung abgestützt werden. Um diesen Arbeitsgang zu vermeiden, werden die Deckenträger oft in engerem Abstand gelegt, als es statisch erforderlich wäre.

Die Deckenplatte kann auch mit Filigranplatten und Aufbeton (Bild 3.1.60 C), oder mit Stahlbeton-Fertigteilplatten gebildet werden, wobei die Verbundwirkung durch Vergußdübel (Bild 3.1.60 D) oder durch Schraubanschluß hergestellt wird (Bild 3.1.60 E).

Im Hochbau verwendet man für die Schubkraftübertragung Kopfbolzendübel. In DIN 18806 gibt es für die Tragkraft zwei Werte:
- für mit Wendel versehene Dübel und
- Dübel ohne Wendel.

Die Wendel sollen für die Aufnahme der Spaltzugkraft sorgen. Die angegebenen Kräfte sind für Dübel ohne Wendel kleiner. Es ist wirtschaftlicher, die größere Anzahl von Dübeln ohne Wendel einzubringen.

Deckenöffnungen und -durchbrüche
Deckenöffnungen für Innentreppen oder Installationsschächte in Platten ordnet man parallel zur Haupttragrichtung an, damit diese nur so wenig wie möglich gestört wird.

Bei punktgelagerten Platten ist die Anordnung der Durchbrüche im Bereich der Stützen einigen Einschränkungen unterworfen (DIN 1045, 22.6; Bild 3.1.61). Der Abstand zwischen der Aussparung in der Decke und der Stützenachse hängt von der rechnerischen Schubspannung ab. Sowohl die Angaben der DIN als auch des EC basieren auf unrichtigen Überlegungen. Die Aussparungen müssen eben dort angeordnet werden, wo die Spannungsspitzen sind, also in den Ecken, damit die Haupttragwirkung sich dorthin verlagert, wo der Tragstreifen ungestört ist, nämlich im Stützenbereich [19]. (Dies gilt sowohl nach der Plastizitätstheorie als auch nach der Elastizitätstheorie.) In diesem Falle ist der Nachweis mit zwei sich kreuzenden Plattenstreifen zu führen.

Zu viele Deckendurchbrüche sind zu vermeiden. Bei Großküchen beispielsweise ist es zweckmäßig, die Stahlbeton-Deckenplatten tiefer zu legen und die Leitungen in einer darüber angebrachten Bimsbeton-Schicht zu führen. Dies ist auch schon deshalb angebracht, da bei Änderung der Ausstattung die Stahlbetonplatte nicht angetastet werden muß.

Wände

Die veränderlichen Lasten dürfen in Abhängigkeit der Geschoßzahl wie bei Stützen abgemindert werden (siehe Seite 122).

Ortbeton
Die Mindestwanddicke beträgt unter durchlaufenden Decken 10 cm, sonst 12 cm (Tabelle 3.1.62 und 3.1.63).

Fertigteil
Die Mindestwanddicke beträgt unter durchlaufenden Decken 8 cm, sonst 10 cm (Tabelle 3.1.64 und 3.1.65).

Fertigteilwandtafeln werden auf dem Boden in einer Schalungsebene mit »Straßenfertigern«, auf Kipptischen oder in Batterieschalung hergestellt. Die Fertigung mit Straßenfertigern benötigt großen Platzbedarf, da die Tafeln bis zum Erreichen der Transportfestigkeit liegen bleiben müssen. Die Kipptische erfordern größere Investitionen, jedoch ermöglichen sie frühes Ausschalen. In der Batterieschalung werden die Tafeln nebeneinander stehend, durch Stahlschalung getrennt, betoniert und, um die Erhärtung zu beschleunigen, aufgeheizt. Der Beton muß nicht abgezogen werden. Die Wandfläche ist beidseitig per-

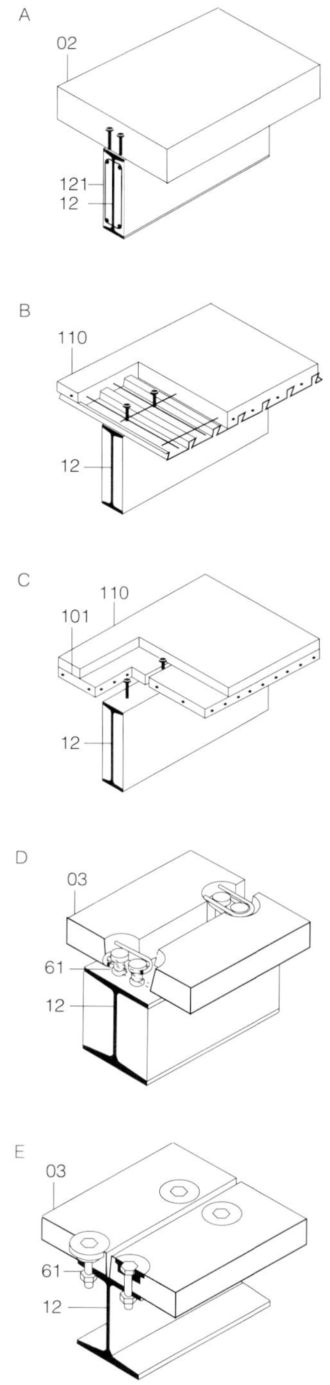

A Vollplatte
B Holoribblech
C Filigranplatte
D Fertigteilplatte mit Vergußdübel
E Fertigteilplatte mit Schraubanschluß

02 Stahlblech/Ortbeton
03 Stahlbeton-Fertigteil
12 Stahl
61 Stahlbolzen
101 vorgefertigtes Deckenelement
110 Aufbeton
121 Bewehrung

3.1.60 Verbunddecken

3.1.62 Orientierungswerte für die zulässige Belastung [kN/m] mittig belasteter, in die Deckenplatte eingespannte Ortbetonwände nach DIN 1045 (Die Knicklänge entspricht der halben Geschoßhöhe):

	μ [%] \ d [cm]	h [m]:	10	12	15	18	20	25	30
B 25	0,5	2,85	732	934	1245	1564	1779	2333	2800
	0,5	3,35	689	885	1189	1502	1715	2253	2800
	0,5	3,60	669	862	1163	1473	1684	2219	2763
	4,0	2,85	1431	1811	2390	2907	3252	4083	4900
	4,0	3,35	1357	1728	2301	2873	3217	4080	4900
	4,0	3,60	1310	1673	2235	2810	3166	4019	4846
B 35	0,5	2,85	926	1181	1575	1978	2250	2988	3586
	0,5	3,35	871	1119	1504	1900	2168	2850	3586
	0,5	3,60	847	1091	1471	1863	2130	2807	3494
	4,0	2,85	1656	2095	2740	3333	3728	4738	5686
	4,0	3,35	1570	2000	2662	3294	3689	4677	5686
	4,0	3,60	1531	1955	2611	3275	3669	4657	5645

3.1.63 Orientierungswerte für die zulässige Belastung [kN/m] mittig belasteter, in die Deckenplatte eingespannte Ortbetonwände nach EC2 (Die Knicklänge entspricht der halben Geschoßhöhe):

	μ [%] \ d [cm]	h [m]:	10	12	15	18	20	25	30
C 20/25	0,4	2,85	894	1181	1586	1986	2586	3233	3879
	0,4	3,35	779	1110	1520	1925	2192	3233	3879
	0,4	3,60	728	1047	1486	1891	2161	3233	3879
	4,0	2,85	1993	2591	3488	4382	5466	6832	8199
	4,0	3,35	1841	2436	3337	4237	4835	6832	8199
	4,0	3,60	1764	2359	3260	4163	4762	6832	8199
C 30/37	0,4	2,85	1198	1615	2188	2758	3720	4650	5580
	0,4	3,35	1064	1479	2084	2660	3040	4650	5580
	0,4	3,60	995	1408	2032	2609	2991	4650	5580
	4,0	2,85	2486	3232	4352	5465	6600	8250	9900
	4,0	3,35	2294	3038	4163	5286	6029	8250	9900
	4,0	3,60	2202	2941	4065	5192	5940	8250	9900

3.1.64 Orientierungswerte für die zulässige Belastung [kN/m] mittig belasteter Fertigteilwände nach DIN 1045:

	μ [%] \ d [cm]	h [m]:	8	10	12	15	18	20	25
B 35	0,5	2,65	535	807	1117	1281	1648	1899	2546
	0,5	3,15	449	709	978	1397	1542	1786	2414
	0,5	3,40	417	649	932	1347	1495	1734	2354
	4,0	2,65	1079	1547	2045	2312	2951	3385	4497
	4,0	3,15	967	1388	1859	2565	2785	3207	4294
	4,0	3,40	916	1329	1776	2483	2700	3126	4200
B 45	0,5	2,65	603	937	1233	1488	1915	2208	2959
	0,5	3,15	497	786	1112	1617	1793	2075	2806
	0,5	3,40	448	730	1063	1554	1737	2016	2736
	4,0	2,65	1172	1678	2187	2560	3267	3749	4980
	4,0	3,15	1043	1516	2021	2794	3084	3552	4755
	4,0	3,40	987	1439	1937	2711	2999	3461	4651
B 55	0,5	2,65	665	1064	1371	1637	2107	2429	3256
	0,5	3,15	548	863	1223	1806	1972	2283	3087
	0,5	3,40	502	812	1161	1743	1911	2217	3009
	4,0	2,65	1238	1771	2173	2708	3456	3965	5256
	4,0	3,15	1105	1603	2147	2964	3262	3757	5030
	4,0	3,40	1045	1523	2048	2853	3172	3661	4919

(Die Knicklänge entspricht der lichten Geschoßhöhe)

3.1.65 Orientierungswerte für die zulässige Belastung [kN/m] mittig belasteter Fertigteilwände nach EC2:

	μ [%] \ d [cm]	h [m]:	8	10	12	15	18	20	25
C 30/37	0,4	2,65	159	495	928	1570	2199	2639	3607
	0,4	3,15	85	259	620	1281	1920	2340	3396
	0,4	3,40	$\lambda > 140$	184	522	1121	1782	2202	3288
	4,0	2,65	988	1607	2317	3406	4530	5287	7182
	4,0	3,15	789	1327	1967	3039	4141	4893	6792
	4,0	3,40	$\lambda > 140$	1608	1813	2861	3952	4698	6594
C 35/45	0,4	2,65	161	571	1069	1831	2566	3078	4208
	0,4	3,15	86	273	715	1493	2241	2731	3962
	0,4	3,40	$\lambda > 140$	186	602	1293	2079	2576	3836
	4,0	2,65	1072	1743	2490	3659	4869	5682	7718
	4,0	3,15	872	1439	2132	3266	4450	5258	7299
	4,0	3,40	$\lambda > 140$	1310	1965	3081	4246	5048	7085
C 45/55	0,4	2,65	175	726	1359	2312	3241	3871	5292
	0,4	3,15	93	284	908	1899	2829	3446	4982
	0,4	3,40	$\lambda > 140$	203	688	1645	2643	3242	4827
	4,0	2,65	1169	1877	2654	3900	5188	6055	8232
	4,0	3,15	968	1569	2291	3480	4741	5602	7778
	4,0	3,40	$\lambda > 140$	1429	2129	3283	4524	5378	7551

(Die Knicklänge entspricht der lichten Geschoßhöhe)

fekt. In der Batterieschalung können jedoch keine Sandwichtafeln gefertigt werden (siehe Seite 129f).

Für Mauerwerkswände siehe [3].

Stützen

Stützen haben die Aufgabe, vorwiegend vertikale Lasten aus den Decken in die Fundamente zu leiten. Die Horizontalkräfte sollen nach Möglichkeit von Wandscheiben und/oder Erschließungskernen aufgenommen werden.

Belastung
Für die Dimensionierung der Stützen darf die veränderliche Deckenlast mit dem Faktor α_N abgemindert werden:

$\alpha_N = (2 + (n - 2) \times 0{,}7)/n$,
wobei n = Zahl der Geschosse ist.

Für Parkhäuser, Garagen gilt jedoch $\alpha_N = 1$.

Ortbetonstützen
Bild 3.1.66 gibt die Mindestquerschnittsabmessungen stabförmiger Ortbeton-Druckglieder (DIN1045 Abschn. 25.2.1) an, bei Überschreitung des Grenzwertes (5 × b) gilt die Stütze als Wand.

Fertigteilstützen
Fertigteilstützen werden in der Regel liegend betoniert. Ausnahmen sind Stützen mit Pilzköpfen, die stehend betoniert werden. Bei liegend betonierten Stützen ist es für die Herstellung günstig, wenn zwei gegenüberliegende Seiten eben sind. Dabei liegt die eine Seite auf dem Schalungsboden, die obere Seite wird abgezogen. Bei Stützen, die später frei im Raum stehen sollen und bei denen auf die Oberflächenqualität großer Wert gelegt wird, kann nach dem Abziehen ein Schalungselement auf die Oberfläche gedrückt werden. Bild 3.1.67 gibt die Mindestquerschnittabmessungen stabförmiger Stahlbeton-Fertigteil-Druckglieder (DIN 1045 Abschn. 25.2.1) an, bei Überschreitung des Grenzwertes (5 × b) gilt die Stütze als Wand.

Stützen mit Kreisquerschnitten, aber auch Querschnitte mit zweiachsiger Symmetrie, können im Schleuderbeton-Verfahren hergestellt werden. In die liegende, geöffnete Stahlschalung werden die Bewehrung und der Beton längsverteilt eingebracht, danach wird sie geschlossen. Die Schalung ist frei auf Rädern gelagert, die durch Elektromotoren angetrieben werden und die Schalung zum Rotieren bringen. Die Zentrifugalkraft verdichtet den Beton mit einer Drehzahl von n = 300 ÷ 400/min. Dabei wird eine radiale Beschleunigung von 25 ÷ 27 g erreicht. Die Herstellungsart gewährleistet eine blasenfreie Stützenaußenfläche. Es wird ein Verdichtungsmaß von 0,89 erreicht. Bei vollständig gefüllter Schalung verdichtet sich der Beton so, daß in der Mitte ein Hohlraum mit Kreisquerschnitt entsteht, dessen Durchmesser etwa 1/3 des Außendurchmessers beträgt und der funktional (z.B. für Fallrohre, Kabel) genutzt werden kann. Beim Schleudern können Betonqualitäten von B 85 und auch darüber erreicht werden. Da man bei der Abfassung der DIN 1045 an diese Art der Verdichtung nicht gedacht hat, gilt für Schleuderbeton-Stützen ebenfalls B 55 als obere Grenze und der maximale Bewehrungsgehalt von 9%. Die DIN 4228 für werkmäßig hergestellte Betonmaste verwendet auch Beton der Festigkeitsklasse B 65. In der Schweiz sind Stützen auch mit 30% Bewehrungsgehalt verwendet worden.

Stützen für Sonderkonstruktionen, die auch Biegebeanspruchungen erhalten, werden in Spannbeton hergestellt, um die Rißbildung zu vermeiden (Kunstmuseum Bonn, Seite 196ff). Die Spannstähle (Litzen) werden entweder in der Kopf- und der Fußplatte mit Keilen oder, wenn die Beanspruchung der Stütze es zuläßt, durch Haftung im Beton verankert. Beim Spannen stützt sich die Presse gegen die Schalung ab. Um Risse beim Transport zu vermeiden empfielt es sich, die Schleuderbeton-Stützen in Spannbeton auszuführen.

Montagetechnisch ist es günstiger, die Stützen mehrgeschossig zu fertigen (Bild 3.1.70). Fertigteilstützen werden auch in Kombination mit Ortbetonplatten, insbesondere bei Flachdecken verwendet. Dabei wird im Anschlußbereich der Decke der Beton weggelassen, so daß hier die Deckenbewehrung durchgefädelt werden kann.

Tabellen 3.1.71 bis 3.1.74 zeigen die zulässige Belastung für mittig belastete, unverschieblich gehaltene Innenstützen.

Verbundstützen [11]
Die Stützen können ebenfalls als Stahl-Stahlbeton-Verbund-System ausgebildet werden. Die Stahlprofile erhalten durch den Beton den erforderlichen Brandschutzwiderstand. Hohlprofile bzw. Rohre werden ausbetoniert, wobei ein Bewehrungskorb eingelegt wird. Offene Profile (H-Profil) werden mit Kammerbeton versehen. Für die Bewehrung des Kammerbetons gilt sinngemäß das für die Verbundunterzüge Gesagte (siehe Seite 121).

Erschließungskerne / Treppen

Die Erschließungskerne beinhalten die Treppen, Aufzugschächte und gegebenenfalls die Schächte für die Leitungen der technischen Gebäudeausrüstung. Ihre wesentliche statische Aufgabe ist die Aussteifung des Gebäudes, das heißt die Aufnahme der auf das Bauwerk wirkenden horizontalen Kräfte (wie z.B. Wind), sowie der Horizontalkomponenten von Bauteilen mit entsprechender Lagerung oder nicht planmäßig lotrecht stehenden, lastabtragenden Bauteilen.

Die Schächte für Lüftungskanäle und Leitungen sollen so angeordnet werden, daß sie auch dann, wenn sie in den Erschließungskern integriert sind, an der einen Seite offen sind, um die Kanäle und Leitungen ohne Durchbruch der Wand des Erschließungskernes herausführen zu können.

Die Tragkonstruktion der Erschließungskerne muß einer Brandwiderstandsdauer F 90 entsprechen. Sie wird auch bei Stahlskelettkonstruktionen in der Regel in Stahlbeton ausgeführt.

Ortbeton
Geschoßweise Herstellung
Die Erschließungskerne von Ortbeton-Bauten mit weniger als 8 bis 10 Geschossen werden zusammen mit den einzelnen Geschossen hergestellt. Die Wände werden mit Schalungstafeln geschalt. Die Treppenpodeste und die Treppenläufe sind ebenfalls aus Ortbeton, wobei die Treppenläufe selten in die Wände eingebunden sind, um die Wandschalung nicht aufschneiden zu müssen. Die Treppenläufe spannen von Podest zu Podest. Es ist auch wirtschaftlich, die Treppenläufe vorzufertigen und zwischen die Podeste zu hängen (Seite 180 bis 181).

Bei höheren Gebäuden, insbesondere Bauten aus Fertigteil- oder Stahlskelett-Konstruktionen, ist es zweckmäßig, die Kerne zuerst hochzuziehen, da sie während der Bauausführung für die Aussteifung sorgen. Hierfür gibt es die Kletter- und Gleitschalungsverfahren.

Kletterschalung
Die Kletterschalung wird in der Regel in geschoßhohen Schalungseinheiten hergestellt. Nach dem Erhärten des Betons kann die Schalungseinheit zur Herstellung des nächsten Geschosses versetzt werden. Kletterschalungen werden auch zum Betonieren von Türmen eingesetzt. Sie werden bevorzugt, wenn die Betonoberfläche strukturiert oder perfekt glatt sein soll.

Podeste und Treppenläufe sind meistens Fertigteile. Für den Anschluß der Decken läßt man aus den Wänden Anschlußbewehrungen herausragen.

Gleitschalung
Als wirtschaftlichstes Verfahren für die Herstellung von Erschließungskernen hat sich die Gleitschalung erwiesen, die zuerst im

Fortsetzung Seite 128

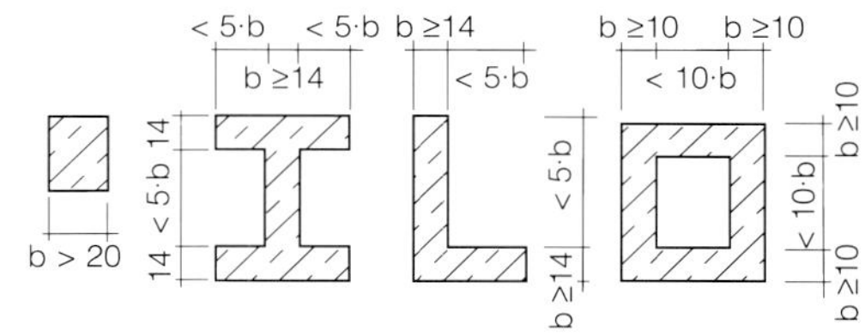

3.1.66 Mindestabmessungen in cm von Ortbetonstützen

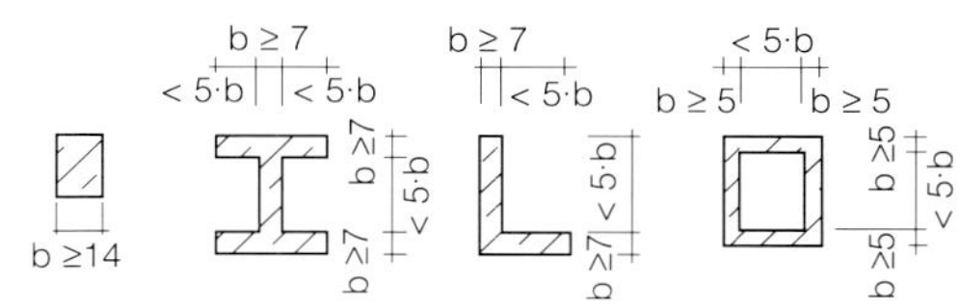

3.1.67 Mindestabmessungen in cm von Fertigteilstützen

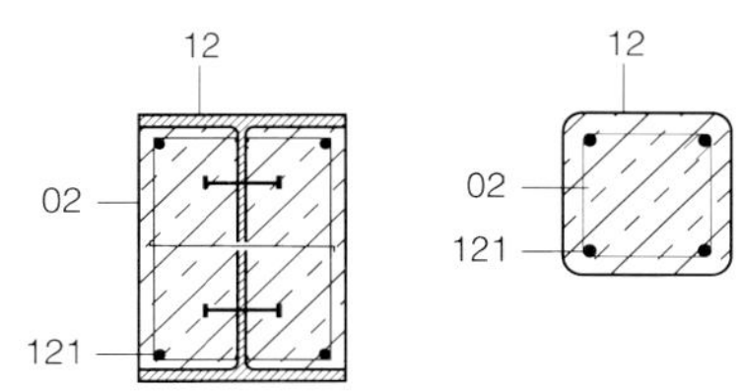

02 Stahlbeton 12 Stahl 121 Bewehrung

3.1.68 Querschnitte von Verbundstützen

3.1.69 Orientierungswert für zentrisch belastete Stützen von Geschoßbauten bei

s_k-Geschoßhöhe / d-Stützenbreite < 15
s_k-Geschoßhöhe / Ø-Stützendurchmesser < 12
Stützenlast in kN = Stützenquerschnitt in cm²,
da B 25 zul σ_i* = 1,05 kN/cm²
(B 35 zul σ_i* = 1,38 kN/cm²)

*mit 5% Bewehrungsgehalt

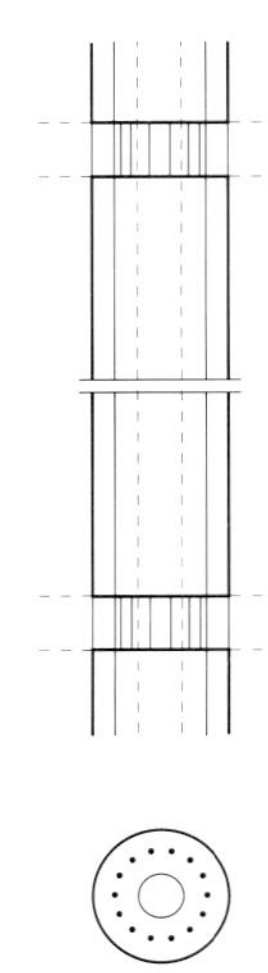

3.1.70 Schleuderbetonstütze, mehrgeschossig

3.1.71 Orientierungswerte für die zulässige Belastung in kN von mittig belasteten unverschieblich gehaltenen Stützen mit **Kreisquerschnitt** nach DIN 1045

		$\lambda < 70$			$\lambda < 45$					$\lambda < 20$		
d [cm]		20	25	30	35	40	45	50	55	60	65	70
s_k [m]												
2,50	B35	585	1129	1626	2213	2890	3658	4508	5454	6491	7618	8835
	B55	829	1590	2290	3118	4072	5153	6325	7653	9108	10689	12397
3,00	B35	550	948	1626	2213	2890	3658	4508	5454	6491	7618	8835
	B55	754	1325	2290	3118	4072	5153	6325	7653	9108	10689	12397
3,50	B35	506	891	1382	2213	2890	3658	4508	5454	6491	7618	8835
	B55	688	1222	1930	3118	4072	5153	6325	7653	9108	10689	12397
4,00	B35		824	1284	1881	2890	3658	4508	5454	6491	7618	8835
	B55		1148	1824	2655	4072	5153	6325	7653	9108	10689	12397
4,50	B35			1219	1814	2890	3658	4508	5454	6491	7618	8835
	B55			1696	2540	4072	5153	6325	7653	9108	10689	12397
5,00	B35			1171	1726	2370	3658	4508	5454	6491	7618	8835
	B55			1612	2367	3355	5153	6325	7653	9108	10689	12397
5,50	B35				1615	2283	3073	4508	5454	6491	7618	8835
	B55				2251	3204	4294	6325	7653	9108	10689	12397
6,00	B35				1553	2176	2926	3793	5454	6491	7618	8835
	B55				2165	3054	4103	5301	7653	9108	10689	12397
6,50	B35					2081	2853	3658	4590	6491	7618	8835
	B55					2941	3912	5125	6486	9108	10689	12397
7,00	B35					2023	2706	3568	4481	5528	7618	8835
	B55					2752	3817	4948	6272	7719	10689	12397
7,50	B35						2634	3432	4372	5398	6487	8835
	B55						3674	4771	6058	7549	9159	12397
8,00	B35							3297	4208	5202	6335	7612
	B55							4595	5845	7295	8860	10621
8,50	B35							3206	4098	5072	6182	7435
	B55							4477	5702	7040	8660	10391
9,00	B35								3934	4942	6029	7258
	B55								5559	6871	8462	10160
9,50	B35								3825	4812	5877	7081
	B55			$\lambda > 70$					5488	6616	8163	9929
10,00	B35									4682	5648	6904
	B55									6531	7964	9583
10,50	B35									4552	5571	6727
	B55									6192	7765	9467
11,00	B35										5419	6462
	B55										7566	9120
11,50	B35											6373
	B55											8890
12,00	B35											6196
	B55											8659

Die Tabellen der Orientierungswerte der unverschieblichen, gehaltenen Innenstützen basieren auf den Berechnungsverfahren der DIN 1045 Abschnitt 25.
Die ermittelten Werte sind Gebrauchslasten und gelten für die Betongüten:

B35 – mit 6% Bewehrung (oberer Wert)
B55 – mit 9% Bewehrung (unterer Wert).

Die angegebene Belastung stellt einen Orientierungswert dar. Für die endgültige Dimensionierung müssen die erforderlichen statischen Nachweise durchgeführt werden.

Quadratische Stützen

Zur Anwendung der Tabellen bei quadratischen Stützen sind folgende Faktoren zu berücksichtigen:

a) $\lambda < 20$
Die Kantenlänge der gegebenen quadratischen Stütze (a × a) wird mit dem Faktor 1,13 multipliziert und entspricht somit der Fläche der Kreisstütze. Der Orientierungswert kann aus der Tabelle abgelesen werden.

b) $20 < \lambda < 70$
Die Kantenlänge der gegebenen quadratischen Stütze (a × a) wird mit dem Faktor 1,13 multipliziert und entspricht somit der Fläche der Kreisstütze. Der abgelesene Orientierungswert aus der Tabelle kann dann um 10% erhöht werden.

Beispiel:
gegeben: Stütze: a × a = 40 × 40 cm
Geschoßhöhe: h = 7,00 m
Beton: B35
Umformung als Kreisstütze d = 1,13 × 40 = 45 cm
abgelesen: zul N = 2706 × 1,1 = 2976 kN

3.1.72 Orientierungswerte für die zulässige Belastung in kN von mittig belasteten unverschieblich gehaltenen Stützen mit **Kreisringquerschnitt** nach DIN 1045 (d_i = 1/3 d)

		$\lambda < 70$	$\lambda < 45$					$\lambda < 20$				
d [cm]		20	25	30	35	40	45	50	55	60	65	70
s_k [m]												
2,50	B35	519	1006	1449	1972	2576	3260	4000	4840	5760	6760	7840
	B55	726	1412	2034	2768	3616	4576	5625	6806	8100	9506	11025
3,00	B35	477	826	1449	1972	2576	3260	4000	4840	5760	6760	7840
	B55	666	1156	2034	2768	3616	4576	5625	6806	8100	9506	11025
3,50	B35		770	1202	1972	2576	3260	4000	4840	5760	6760	7840
	B55		1077	1685	2768	3616	4576	5625	6806	8100	9506	11025
4,00	B35		721	1135	1648	2576	3260	4000	4840	5760	6760	7840
	B55		1008	1587	2313	3616	4576	5625	6806	8100	9506	11025
4,50	B35			1073	1571	2164	3260	4000	4840	5760	6760	7840
	B55			1499	2196	3038	4576	5625	6806	8100	9506	11025
5,00	B35			1017	1496	2079	2751	4000	4840	5760	6760	7840
	B55			1421	2090	2906	3862	5625	6806	8100	9506	11025
5,50	B35				1427	1990	2658	3408	4840	5760	6760	7840
	B55				1994	2781	3715	4784	6806	8100	9506	11025
6,00	B35					1908	2555	3306	4136	5760	6760	7840
	B55					2666	3571	4624	5805	8100	9506	11025
6,50	B35					1832	2459	3191	4022	4933	6760	7840
	B55					2560	3437	4460	5632	6925	9506	11025
7,00	B35						2371	3083	3899	4809	5802	7840
	B55						3314	4308	5450	6740	8144	11025
7,50	B35						2289	2981	3777	4679	5666	7840
	B55						3198	4166	5278	6538	7949	11025
8,00	B35							2886	3662	4542	5529	6593
	B55							4033	5118	6348	7727	9255
8,50	B35								3554	4414	5379	6451
	B55								4966	6169	7518	9016
9,00	B35								3452	4293	5237	6287
	B55								4824	5999	7319	8787
9,50	B35									4178	5103	6132
	B55				$\lambda > 70$					5839	7131	8570
10,00	B35									4069	4975	5984
	B55									5687	6953	8363
10,50	B35										4853	5843
	B55										6783	8166
11,00	B35											5708
	B55											7978
11,50	B35											5580
	B55											7798
12,00	B35											
	B55											

3.1.73 Orientierungswerte für die Grenztraglast in kN von mittig belasteten unverschieblich gehaltenen Stützen mit **Kreisquerschnitt** nach EC 2

	λ < 140								λ < 25		
d [cm]	20	25	30	35	40	45	50	55	60	65	70
s_k [m]											
2,50 C30/37	964	1652	2515	3551	5152	6519	8050	9739	11592	13603	15778
C45/55	1359	2328	3544	5005	7225	9144	11289	13659	16256	19079	22128
3,00 C30/37	880	1547	2394	3417	4614	5982	8050	9739	11592	13603	15778
C45/55	1240	2181	3374	4814	6500	8426	11289	13659	16256	19079	22128
3,50 C30/37	792	1440	2269	3276	4459	5815	7343	9042	11592	13603	15778
C45/55	1125	2030	3196	4614	6281	8192	10344	12737	16256	19079	22128
4,00 C30/37	716	1337	2140	3129	4295	5639	7155	8843	10704	13603	15778
C45/55	995	1884	3015	4407	6050	7943	10080	12460	15079	19079	22128
4,50 C30/37	631	1226	2013	2979	4127	5454	6958	8635	10484	12506	14697
C45/55	897	1740	2836	4197	5814	7684	9801	12164	14770	17617	20704
5,00 C30/37	564	1113	1888	2829	3956	5265	6752	8416	10255	12265	14448
C45/55	802	1575	2662	3987	5573	7418	9513	11856	14446	17278	20353
5,50 C30/37	504	1022	1754	2682	3782	5072	6542	8191	10015	12014	14186
C45/55	718	1450	2486	3778	5332	7147	9217	11538	14109	16924	19983
6,00 C30/37	452	933	1612	2535	3613	4877	6329	7960	9769	11753	13913
C45/55	642	1325	2254	3577	5090	6874	8915	11212	13762	16557	19600
6,50 C30/37	406	854	1507	2375	3445	4685	6112	7723	9515	11485	13631
C45/55	579	1211	2137	3369	4856	6601	8611	10882	13406	16181	19203
7,00 C30/37	365	781	1397	2192	3274	4495	5898	7485	9259	11212	13343
C45/55	522	1110	1982	3087	4625	6333	8309	10546	13043	15794	18797
7,50 C30/37		715	1296	2087	3094	4306	5682	7249	9000	10934	13048
C45/55		1016	1839	2959	4386	6067	8008	10213	12679	15404	18382
8,00 C30/37		656	1202	1955	2844	4110	5471	7011	8741	10654	12749
C45/55		935	1708	2773	4025	5808	7711	9878	12314	15009	17960
8,50 C30/37		604	1117	1834	2762	3907	5265	6777	8481	10369	12447
C45/55		859	1586	2599	3915	5538	7417	9548	11947	14611	17535
9,00 C30/37			1038	1719	2608	3714	5040	6546	8223	10089	12142
C45/55			1475	2437	3697	5265	7130	9221	11585	14214	17108
9,50 C30/37			968	1614	2465	3530	4816	6318	7967	9808	11839
C45/55			1376	2289	3495	5006	6826	8901	11226	13820	16679
10,00 C30/37			903	1514	2329	3357	4601	6066	7715	9531	11536
C45/55			1282	2150	3304	4758	6521	8589	10872	13426	16249
10,50 C30/37			842	1423	2202	3192	4277	5819	7464	9255	11235
C45/55			1198	2020	3124	4523	6078	8247	10522	13039	15827
11,00 C30/37				1338	2083	3035	4200	5583	7187	8983	10934
C45/55				1899	2955	4303	5954	7912	10182	12656	15405
11,50 C30/37		λ > 140		1261	1972	2885	4013	5224	6920	8702	10638
C45/55				1790	2798	4092	5686	7355	9807	12279	14988
12,00 C30/37				1190	1869	2746	3836	5139	6661	8405	10346
C45/55				1688	2648	3896	5436	7282	9440	11911	14576
						λ < 140					

Die Tabellen der Orientierungswerte der unverschieblichen, gehaltenen Innenstützen basieren auf den Berechnungsverfahren des EC 2. D.h., daß die Werte mit den Einwirkungen, die mit den Teilsicherheitswerten ermittelt sind, zu vergleichen sind.
Die ermittelten Werte sind Grenztraglasten und gelten für die Betongüten:

C 30/37 – mit 6% Bewehrung (oberer Wert)
C 45/55 – mit 8% Bewehrung (unterer Wert).

Die angegebene Belastung stellt einen Orientierungswert dar. Für die endgültige Dimensionierung müssen die erforderlichen statischen Nachweise durchgeführt werden.

Quadratische Stützen
Zur Anwendung der Tabellen bei quadratischen Stützen sind folgende Faktoren zu berücksichtigen:
a) λ < 25
Die Kantenlänge der gegebenen quadratischen Stütze (a × a) wird mit dem Faktor 1,13 multipliziert und entspricht somit der Fläche der Kreisstütze. Der Orientierungswert kann aus der Tabelle abgelesen werden.
b) 20 < λ < 140
Die Kantenlänge der gegebenen quadratischen Stütze (a × a) wird mit dem Faktor 1,13 multipliziert und entspricht somit der Fläche der Kreisstütze. Der abgelesene Orientierungswert aus der Tabelle kann dann um 10% erhöht werden.

3.1.74 Orientierungswerte für die Grenztraglast in kN von mittig belasteten unverschieblich gehaltenen Stützen mit **Kreisringquerschnitt** nach EC 2

	λ < 140					λ < 25					
d [cm]	20	25	30	35	40	45	50	55	60	65	70
s_k [m]											
2,50 C30/37	834	1439	2203	3120	4191	5790	7149	8650	10295	12082	14014
C45/55	1174	2027	3103	4397	5905	8120	10024	12129	14435	16941	19649
3,00 C30/37	756	1339	2086	2991	4051	5264	6627	8650	10295	12082	14014
C45/55	1065	1888	2940	4214	5707	7415	9338	12129	14435	16941	19649
3,50 C30/37	670	1240	1967	2854	3901	5103	6456	7964	10295	12082	14014
C45/55	952	1748	2772	4023	5496	7189	9097	11219	14435	16941	19649
4,00 C30/37	593	1139	1845	2716	3745	4932	6276	7772	9422	11223	14014
C45/55	844	1611	2602	3826	5276	6948	8841	10949	13273	15811	19649
4,50 C30/37	526	1036	1729	2573	3585	4757	6085	7571	9210	11002	12947
C45/55	749	1472	2436	3626	5051	6700	8572	10665	12973	15499	18239
5,00 C30/37	467	940	1604	2433	3423	4576	5889	7359	8988	10768	12705
C45/55	665	1335	2273	3428	4821	6447	8296	10369	12661	15170	17897
5,50 C30/37	415	854	1481	2297	3262	4393	5688	7144	8757	10526	12450
C45/55	592	1213	2100	3236	4596	6189	8013	10064	12336	14828	17539
6,00 C30/37	371	775	1366	2149	3102	4211	5485	6923	8520	10276	12187
C45/55	529	1103	1939	3047	4372	5933	7728	9752	12003	14476	17168
6,50 C30/37	331	707	1261	2006	2944	4032	5283	6699	8279	10019	11916
C45/55	473	1003	1789	2832	4153	5679	7442	9438	11663	14114	16787
7,00 C30/37		644	1164	1873	2772	3854	5079	6476	8036	9758	11639
C45/55		915	1653	2630	3931	5429	7156	9123	11309	13746	16398
7,50 C30/37		588	1075	1747	2611	3668	4880	6252	7789	9493	11358
C45/55		837	1527	2479	3701	5185	6875	8807	10976	13375	16000
8,00 C30/37		537	995	1631	2458	3479	4685	6031	7546	9227	11074
C45/55		765	1412	2314	3486	4929	6602	8496	10631	13000	15601
8,50 C30/37			921	1524	2314	3276	4474	5812	7303	8962	10787
C45/55			1309	2163	3281	4599	6330	8190	10290	12626	15198
9,00 C30/37			855	1425	2178	3123	4263	5595	7061	8696	10501
C45/55			1213	2021	3091	4429	6041	7889	9951	12254	14793
9,50 C30/37			793	1332	2052	2961	4018	5357	6827	8436	10214
C45/55			1128	1891	2912	4197	5670	7592	9618	11884	14390
10,00 C30/37			737	1248	1934	2807	3869	5128	6581	8177	9931
C45/55			1050	1772	2744	3978	5485	7267	9290	11520	13991
10,50 C30/37				1170	1824	2660	3687	4865	6323	7921	9648
C45/55				1663	2588	3773	5226	6833	8961	11160	13595
11,00 C30/37				1099	1720	2524	3514	4697	6074	7648	9371
C45/55	λ > 140			1559	2441	3579	4981	6657	8608	10808	13204
11,50 C30/37				1033	1625	2395	3350	4494	5796	7371	9098
C45/55				1465	2305	3396	4747	6371	8092	10442	12819
12,00 C30/37					1536	2273	3192	4302	5604	7100	8794
C45/55					2181	3224	4527	6095	7637	10061	12441
					λ < 140						

Fortsetzung von Seite 123

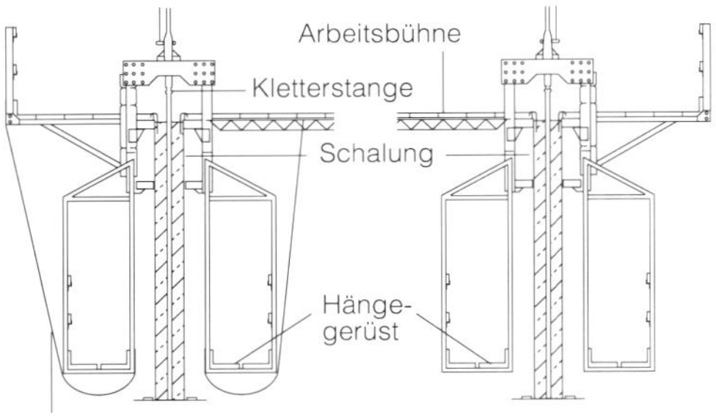

3.1.75 Gleitschalung

3.1.76 Gleitschalung (siehe Bild 3.1.96)

Schornstein-, Silo- und Fernsehturmbau angewandt wurde (Bild 3.1.75).

Im Fundament werden Gewindestangen befestigt, an denen die Schalung samt Arbeitsbühne hochgespindelt wird. Die Bewehrung wird kontinuierlich eingebaut. Der Beton wird erdfeucht eingebracht und verdichtet. Die Aufgabe des Gerüstes übernimmt der erhärtende Beton. Die richtige Lage der Schalung wird fortwährend kontrolliert. Für den Anschluß der Decken wird eine seitlich ausklappbare Anschlußbewehrung eingebaut, damit die Schalung darüber hinweggleiten kann. Die Schalungsrahmen der Öffnungen werden an der Bewehrung bzw. an den Gewindestangen befestigt. Sie müssen mit größter Sorgfalt fixiert und ihre Lage muß auch nach dem Verdichten des Betons kontrolliert werden. Man rechnet allgemein mit einer Gleitgeschwindigkeit von 5 m/Tag. Das Betonieren muß ununterbrochen, Tag und Nacht, durchgeführt werden. (In Wohngebieten wird die Nachtarbeit nicht gestattet.) Neu entwickelte Verfahren mit Betonzusätzen, die den Abbindevorgang verzögern, erlauben Unterbrechungen.

Da hier die Schalung an der noch nicht ganz erhärteten Betonfläche hochgezogen wird, kann allerdings nicht dieselbe Oberflächenqualität erreicht werden wie bei den herkömmlichen Verfahren. Eine Strukturierung der Oberfläche läßt das Verfahren nicht zu.

Fassaden [10]

Im vorliegenden Buch werden Fassadenkonstruktionen und Fassadenverkleidungen aus Stahlbeton behandelt. Zuerst werden die Fassadenverkleidungen von Ortbeton- (oder Mauerwerks-) wänden, anschließend Fertigteilaußenwände erörtert. Bezüglich der Oberflächengestaltung siehe Seite 61ff.

Fassadenverkleidung von Ortbetonbauten
Die tragende Wand bedarf einer Wärmedämmung. Diese ist jedoch in der Regel ein weiches poröses Material, das gegen Niederschlag und mechanische Einwirkungen zu schützen ist. Die Stahlbetonfassadentafeln werden so an der tragenden Wand angehängt, daß eine Luftschicht die Feuchtigkeit, die durch die Wand diffundiert, abführen kann (Bild 3.1.77 A). Die Mindestdicke der vorgehängten Tafeln sollte mit Rücksicht auf die Anker und den Transport s = 80 mm betragen. Das Beton-Fertigteil muß unter Temperatureinwirkungen freie – also ungehinderte – Dehnungen ausführen können. Die Begrenzung der Abmessungen resultiert u.a. aus der Aufhängung die – unabhängig vom verwendeten System bzw. Fabrikat – grundsätzlich nur mit zwei symmetrisch angeordneten Ankern je Platte erfolgt. Diese Anker sind in ihrer Lastaufnahme begrenzt.

Außerdem bestimmt die maximal mögliche Fugenbreite zwischen zwei Beton-Fertigteilen die Breite und Höhe der Platten. Für Fassadenplatten bis zu 30 m² gibt es verschiedene typengeprüfte Ankersysteme. Im Randbereich der Platten können zugfeste Anker zur Sicherung gegen Windsog erforderlich werden. Die Verankerungssysteme sind in drei Richtungen justierbar und lassen damit ein Ausrichten der vorgehängten Tafel zu (siehe Seite 179). Die Verankerungen müssen aus korrosionsbeständigem Material sein.

Attikatafeln
Die Attikaverkleidung kann wie die sonstige Wandverkleidung ausgeführt werden. Die Attikatafeln können die Attikawand übergreifen und dort mit Dornen gelagert werden (Bild 3.1.78). Die notwendige Beweglichkeit des einen Ankers wird z.B. durch ein Dauergleitmittel auf der Lagerplatte oder durch elastische Einbettung des oberen Dornteils erreicht. Zur druck- und ggf. zugfesten Verankerung des Fußpunktes kommen die gleichen Anker wie bei den vorgehängten Fassadentafeln zur Ausführung.

Brüstungen (im Freien)
Die Höhe wird vorrangig durch baurechtliche Forderungen bestimmt. Sie liegt im Normalfall zwischen 90 cm und 110 cm. Die Dicke sollte s = 100 mm sein. Hier gelten die gleichen Kriterien wie für Vorsatzschichten bei den unterschiedlichen Möglichkeiten der Oberflächengestaltung.

Die maximal mögliche Breite wird durch die Konstruktionsart der Befestigung bestimmt. Bei starrer Verbindung von Brüstung und Decke erfolgt die Befestigung am Tragwerk z.B. durch Bewehrungsüberlappung und Anbetonieren. Hierbei sollte die Länge maximal l = 2,5 m sein, da sonst die Spannungen unter Temperatureinflüssen zu Schäden (wie Verformungen und Rissen) führen können. Bei Verwendung von speziellen Brüstungsankern, bei denen z.B. Elastomerlager die auf Grund von Temperaturschwankungen auftretenden Bewegungen ausgleichen, sind auch wesentlich größere Plattenlängen möglich (Bild 3.1.79).

Fertigteil-Außenwände
Stahlbeton-Fertigteil-Außenwände werden dreischichtig hergestellt (Seite 174, Bild 4.2. B). Sie bestehen aus der Tragschicht, der Wärmedämmung und der Vorsatzschicht (Bild 3.1.77 B).

Hier sind Passagen mit freundlicher Genehmigung der Verfasser aus [10] übernommen worden, ohne diese als Zitat zu kennzeichnen.

Die Tragschicht ist je nach der Beanspruchung aus der Haupttragwirkung 80 bis 150 mm dick. 80 mm sind möglich, wenn die Wandtafel nur raumabschließende Funktion hat. Bei in ihrer Ebene stark belasteten Wänden und bei Wänden mit größeren Höhen (z.B. bei Industriebauten) können sich auch größere Dicken ergeben. Die Dicke der Wärmedämmung richtet sich nach den Anforderungen des Wärmeschutzes. Im Wohnungs- und Bürobau sind Dicken von 80 bis 100 mm üblich. Herstellungstechnisch bedingt, wird die Vorsatzschicht ohne Luftschicht direkt auf die Wärmedämmschicht betoniert. Die Mindestdicke der Vorsatzschicht beträgt wegen einer ausreichenden Betondeckung der Bewehrung 60 mm. Dieses Maß ist bei einer Bearbeitung der sichtbaren Fläche (z.B. Auswaschen, steinmetzmäßige Bearbeitung) um die hierdurch erzeugte Abtragtiefe zu vergrößern. Bei profilierten Querschnitten gilt das Maß für die dünnste Stelle. Die Wärmedämmschicht besteht aus Hartschaumstoffen mit geschlossenen Poren. Sie wird im allgemeinen zweilagig mit versetzten Stößen ausgeführt. Bei einlagiger Ausführung sind Dämmplatten mit Stufenfalz zu verwenden, um Kältebrücken zu vermeiden.

Die Tragschicht (innere Schicht) übernimmt die tragende Funktion und wird entsprechend nachgewiesen und bewehrt. Die maximalen Abmessungen werden u.a. durch die Produktions-, Transport- und Montagemöglichkeiten bestimmt. Aus wirtschaftlichen Gründen empfiehlt es sich, die Beton-Fertigteile möglichst groß zu wählen. Übliche Abmessungen liegen bei 4 bis 10 m. Die maximalen Abmessungen der Vorsatzschicht werden durch freie Bewegungsmöglichkeit unter Temperatureinwirkung begrenzt. Die größte Fläche der Vorsatzschicht sollte daher 15 m² nicht überschreiten, bei einer Plattenbreite von höchstens 5 m. Diese Empfehlung bedeutet, daß die Vorsatzschicht gegenüber der Tragschicht unter Umständen zusätzliche Fugen erhält. Dadurch wird der Gefahr einer Verwölbung der Vorsatzschicht wirksam vorgebeugt.

Die Erfahrung zeigt, daß die Dreischichttafel auch ohne Luftschicht bauphysikalisch einwandfrei funktioniert. Wenn die Vorsatzschicht nicht hinterlüftet wird, ist in ihr die Temperaturdifferenz zwischen Außen- und Innenfläche bei Sonnenbestrahlung kleiner, und deshalb sind Biegespannungen infolge von Temperaturzwängung geringer.

Befestigung der Vorsatzschicht an der Tragschicht
Die Vorsatzschicht wird mit Verbundankern aus nichtrostenden Stählen (DIN 17 440) an die Tragschicht angehängt. Man unterscheidet Trag-, Halte- und Torsionsanker (Bild 3.1.80). Während die horizontalen Lasten, vor allem Windsog und -druck, von allen Verbundankern entsprechend ihrem Flächenanteil übernommen werden, trägt der starre Traganker die vertikalen Lasten, hauptsächlich aus den Eigenlasten der Vorsatzschicht, und ggf. von Fenstern und anderen Zubehörteilen. Er wird oberhalb des Masseschwerpunktes der Vorsatzschale angeordnet. Die Halteanker (Nadeln) liegen am Rand, bei größeren Abmessungen werden sie auch im Zwischenbereich angeordnet. Wegen ihrer Formgebung folgen sie nahezu widerstandslos den Längenänderungen der Vorsatzschicht. Die in einer Richtung starren, in der dazu senkrechten Richtung beweglichen Torsionsanker verhindern ein Verdrehen der Vorsatzschale, wie es sich auch bei planmäßig mittiger Anordnung des Tragankers aus unvermeidlichen Fertigungsungenauigkeiten und Kräften beim Ausheben aus der Form oder bei der Montage ergeben könnte. In der Regel verwendet man zugelassene Systeme (Bild 3.1.81).

Befestigung der Sandwichtafeln am Tragwerk
Die Befestigung der Tragschicht an der tragenden Konstruktion erfolgt überwiegend durch:
- Bewehrungsüberlappung (Bild 3.1.82)
- Ankerschienen, Profilstahl und Verschrauben sowie
- Verschweißen.

In jedem Fall müssen alle Stahlteile, die nicht dauerhaft durch Einbetonieren oder durch Vergußmörtel entsprechend DIN 1045 Abschnitt 6.7.1 gegen Korrosion geschützt sind, einen geeigneten Korrosionsschutz erhalten, z.B. Korrosionsschutzsysteme nach DIN 55 928. Sonst müssen sie aus nichtrostendem Stahl bestehen.

Herstellung
Die hohen Anforderungen, die hinsichtlich Ästhetik und Gebrauchstüchtigkeit an Fassaden gestellt werden müssen, lassen sich nur mit darauf abgestimmten Produktionseinrichtungen, Produktionsverfahren und Baustoffqualitäten erfüllen. Zu den Produktionseinrichtungen gehören nicht nur die Formen (Schalungen), in denen der Beton erhärtet, sondern auch die Geräte und Einrichtungen zum Lagern und Abmessen der Betonbestandteile, zum Mischen, Transportieren, Einfüllen und Verdichten des Betons, zum Ausheben, Transportieren und Lagern der fertigen Teile, zur Bearbeitung und nachträglichen Behandlung der Sichtflächen. Eine unbedingte Voraussetzung ist auch das werkseigene Labor, in dem Eignungs- und Überwachungsprüfungen durchgeführt werden. Als selbstverständlich gilt, daß die Produktion nur in witterungsgeschützten Hallen erfolgen kann.

Die Herstellung der am Bauwerk vertikal angeordneten Fassadentafeln erfolgt ausnahmslos horizontal, was für eine gleichmäßige Qualität

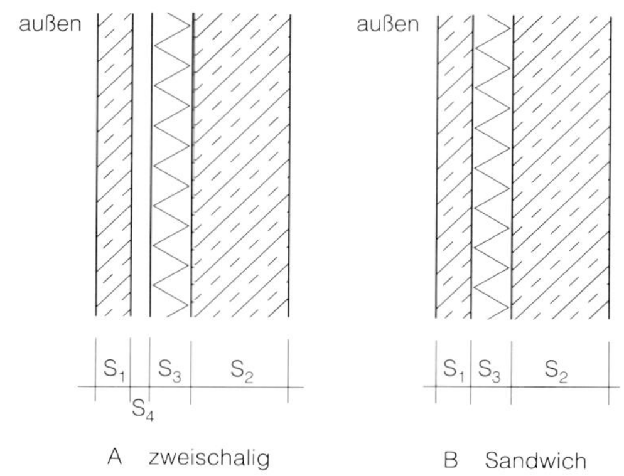

3.1.77 Fassadenschnitt

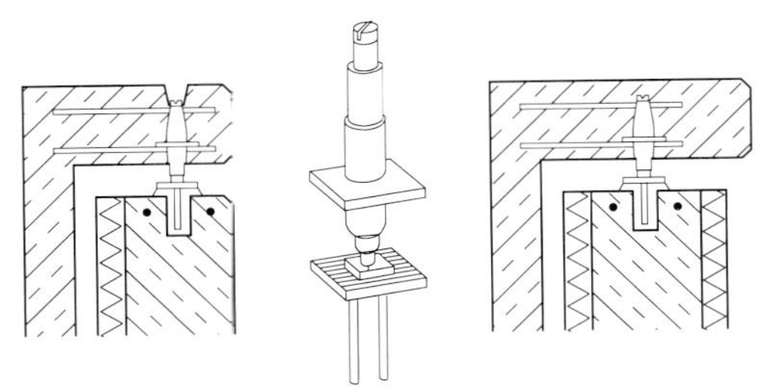

3.1.78 Befestigung von Attikatafeln

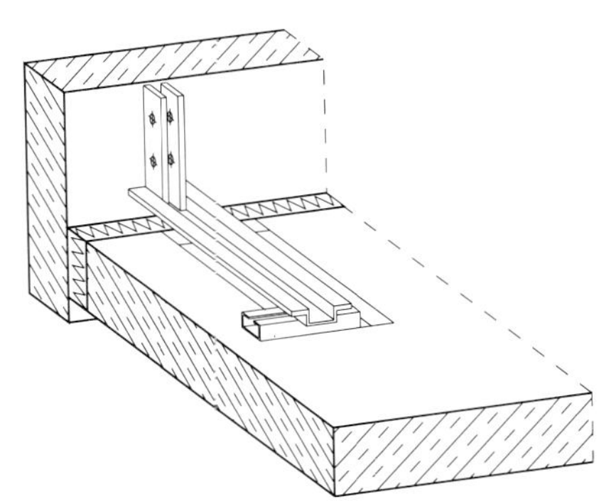

3.1.79 Befestigung von Brüstungselementen

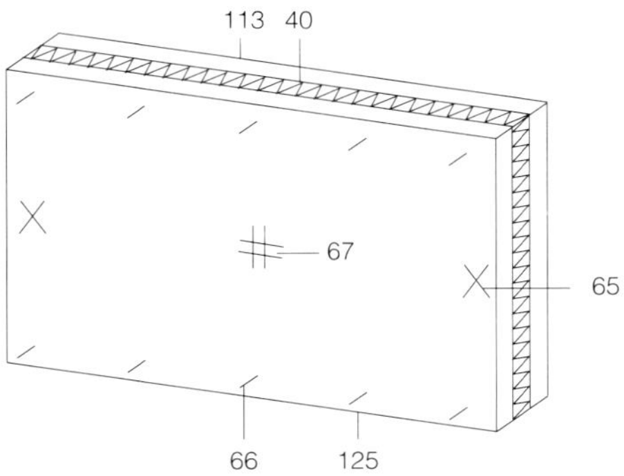

40 Wärmedämmung
65 Torsionsanker
66 Halteanker
67 Fassadenanker (Traganker)
113 Tragschicht
125 Vorsatzschicht

3.1.80 Befestigung der Vorsatzschale an der Tragkonstruktion

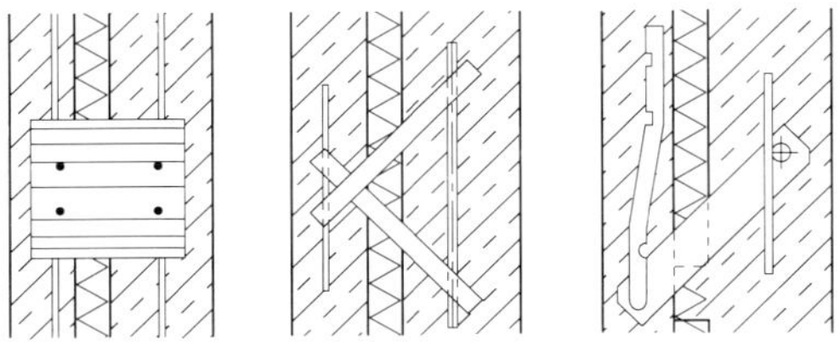

Traganker (Vertikalschnitte)

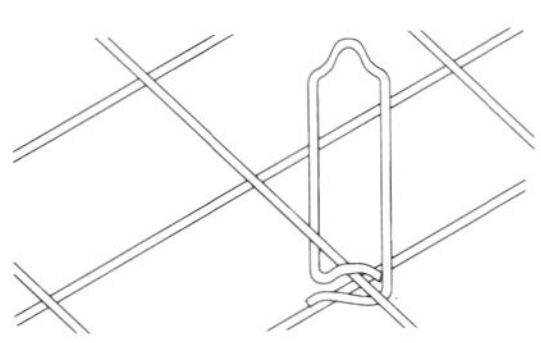

Halteanker

3.1.81 Ankersysteme

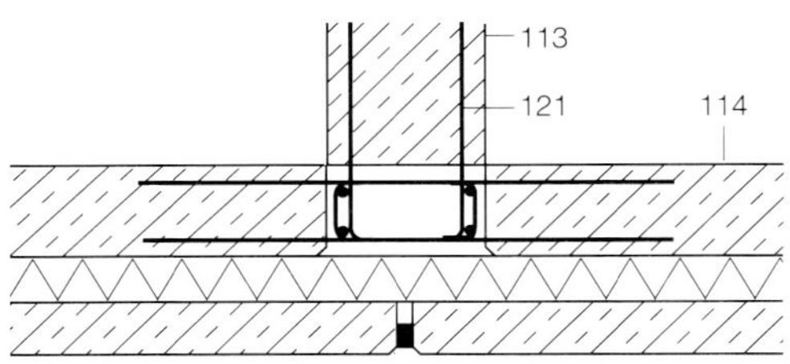

Horizontalschnitt

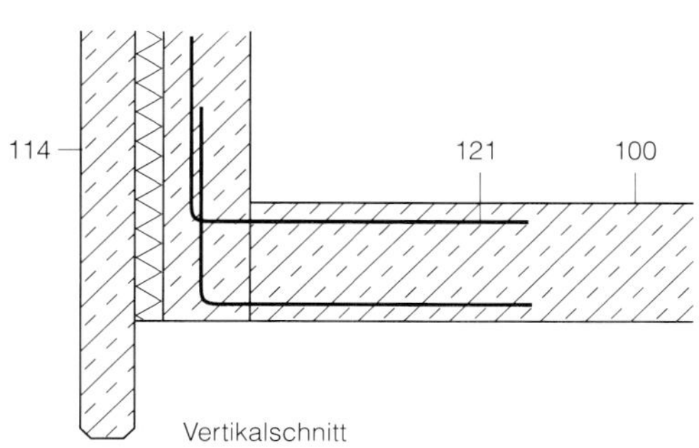

Das Betonfertigteil wird in die Schalung gestellt, die Decke anbetoniert

100 liniengelagerte Platte
113 Wand
114 Sandwichplatte
118 Stütze
121 Bewehrung

3.1.82 Befestigung von Sandwichtafeln mit Bewehrungsüberlappung

wichtig ist. Man unterscheidet dabei zwischen Positiv- und Negativverfahren.

Beim Positivverfahren bildet die Außenseite der Vorsatzschicht die Oberseite des Betons in der Form. Sie kann geglättet mit Besenstrich, mit Einstreuung versehen oder als Waschbeton ausgebildet werden.

Beim Negativverfahren liegt die im Endzustand sichtbare Seite der Vorsatzschicht auf dem Boden der Form, sie wird demnach durch deren Oberfläche selbst gestaltet. Der Formboden stellt das »Negativ« dar. Das Negativverfahren findet die weitaus häufigste Anwendung.
Als Form verwendet man Stahlträgerroste, die mit Stahlblechen belegt sind. Solche Fertigungstische (siehe Seite 121) werden wegen der Beanspruchungen beim Verdichten des Betons, der hohen Einsatzzahlen und der erforderlichen Ebenflächigkeit entsprechend robust ausgeführt. Je nach Fertigungsverfahren werden sie als Umlaufpaletten oder ortsfeste Tische eingerichtet. Beim Ausschalen können sie je nach System auch gekippt werden. Die Abmessungen der Tische ergeben sich aus den üblichen Elementabmessungen; sie liegen bei maximal 4 m Breite und 10 m Länge. Auf diese Arbeitstische wird das Negativ des zu fertigenden Elements aufgebracht. Bei ebenen Fassadenelementen nutzt man dabei den Stahlblechbelag des Tisches als Schalfläche. Von dieser Ebene aus lassen sich Profilierungen für die Fassadentafeln leicht mit Schalungskörpern aufbauen.

Die Struktur der Fassade wird in der Regel durch Gummi- oder Kunststoffmatrizen, die auf die Tischplatte geklebt werden, hergestellt. Besondere Gestaltungswünsche lassen sich mit individuell angefertigten Negativen aus geeigneten Werkstoffen erfüllen. Als Seitenschalungen dienen abklappbare oder wegziehbare Elemente aus kunststoffvergüteten Sperrholzplatten mit entsprechender Stahlunterkonstruktion. Der Fugendichtigkeit der geschlossenen Schalung kommt besondere Bedeutung zu. Um Gratbildungen an den Betonelementen zu vermeiden, werden die Schalungsecken und -kanten normalerweise mit Dreikantleisten gefüllt. Ebenso wichtig wie der dichte, maßgerechte und stabile Formenaufbau sind die Vorbereitung der Schalung für das Betonieren sowie die Reinigung nach dem Ausschalen der Betonelemente. Die Vorbereitung der Schalung zum Betonieren erfolgt durch Aufbringen von Trennmitteln. Diese sollen die Haftung zwischen Schalung und Beton verhindern und ein einwandfreies Ausschalen ermöglichen sowie Schäden an Betonoberfläche und Schalung verhindern.

Eine ausreichende Betondeckung der Bewehrung spielt für die Dauerhaftigkeit von Fassaden eine entscheidende Rolle. Die Sicherung der Lage der Bewehrung während des Betonierens erfolgt durch in ausreichender Anzahl angeordnete Abstandhalter (DBV- Merkblätter »Betondeckung und Abstandhalter«). Von der vorgesehenen Ausprägung der Vorsatzschale hängt es ab, welche Art von Abstandhalter verwendet werden kann. Es empfiehlt sich, diese Fragen zwischen Planer und Hersteller abzustimmen.

Die Einhaltung eines gleichmäßigen Wasserzementwertes, der zur Erzielung einer ausreichenden Dauerhaftigkeit nicht über 0,60 liegen darf, ist besonders wichtig. Vorsatzschichten mit besonderen Zuschlägen werden in ca. 3 bis 4 cm Dicke, je nach Körnungsgröße, in die Formen eingebracht. Aus der Herstelltechnik ergibt sich, daß diese Verfahren im allgemeinen nur einseitig flächig angewandt werden. Bei der Wahl der Zuschläge muß auf die Zementverträglichkeit und Witterungsbeständigkeit (z.B. Frostbeständigkeit) geachtet werden.

Im allgemeinen erhärtet der Beton ohne weitere Wärmezuführung in der Form und kann wegen der Verwendung von früh- und hochfesten Zementen in der Regel bereits am folgenden Tag ausgeschalt und gelagert werden. Der junge Beton hat zu diesem Zeitpunkt noch nicht seine Endfestigkeit erreicht und ist sehr empfindlich gegen Wärme, Kälte, Wind, Niederschläge, chemische und mechanische Angriffe. Die Sichtbetonflächen müssen deshalb gegen die Witterung geschützt und nachbehandelt werden. Dies geschieht mit Schutzfolien oder -planen. Dabei ist darauf zu achten, daß diese Folien die Sichtbetonfläche zwar umschließen, aber nicht berühren. Eine andere Schutzmaßnahme ist das Besprühen mit besonderen filmbildenden Nachbehandlungsmitteln.

Bei der Lagerung der Elemente ist außerdem darauf zu achten, daß sich keine ungewollten Verformungen, Beeinflussungen der Sichtbetonflächen durch Lagerunterstützungen oder Verschmutzungen ergeben. Bei Sandwichtafeln soll das Eindringen von Regenwasser in den Hohlraum zwischen Vorsatz- und Tragschicht verhindert werden, z.B. durch aufgeklebte Folien.

Außenwände aus Porenbeton
Zur Ausführung der Außenwände aus Porenbeton siehe [27].

Hochhäuser

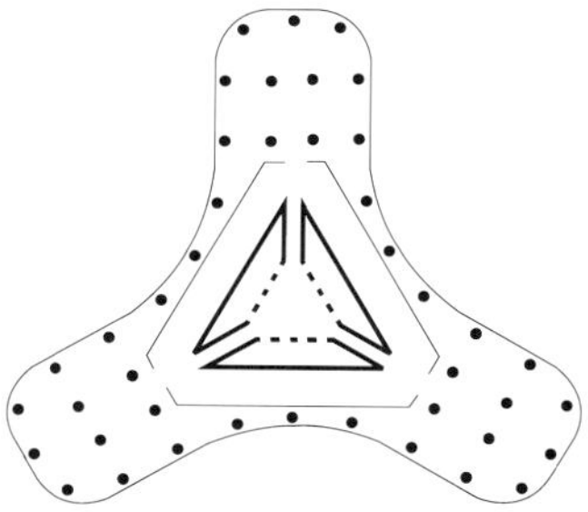
3.1.83

3.1.84

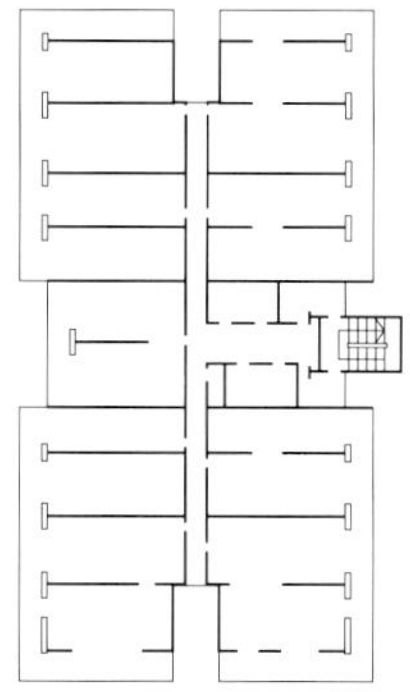
3.1.85

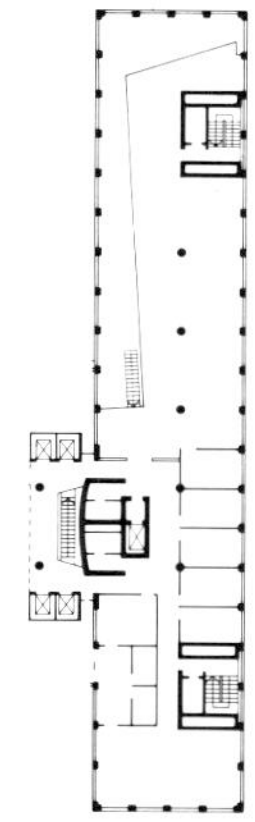
3.1.86

3.1.83 Lake Point Tower, Chicago, 1968
A: G. Schipporeit

3.1.84 Messeturm, Frankfurt (M), 1991
A: H. Jahn
I: F. Nötzold/E. Cantor

3.1.85 Colonia Hochhaus, Köln, 1969–71
A: Busch-Berger
I: W. Naumann/Strabag

3.1.86 Bürohochhaus, Dortmund, 1994
A: E. Gerber (Seite 252f)
I: S. Polónyi/Hochtief

3.1.87 National Bank Headquaters, Tampa, 1982–1988
A: Harry C. Wolf

3.1.88 Marina City, Chicago, 1964–1967
A: B. Goldberg

3.1.89 Torhaus Messe, Frankfurt (M), 1980–1983
A: O. M. Ungers
I: Hochtief

3.1.90 Ontario Center, Chicago, 1979–1986
A: Skidmore Owings and Merrill

3.1.83

3.1.84

3.1.85

3.1.86

3.1.87

3.1.88

3.1.89

3.1.90

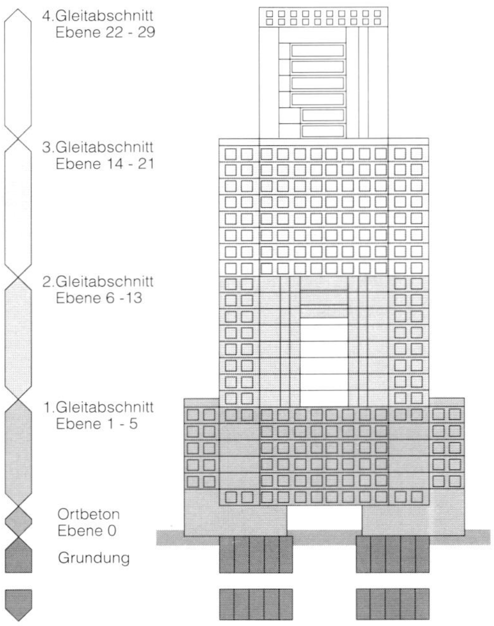

3.1.91 Gleitschalungsvorgang (siehe Bild 3.1.89)

Hängehäuser

3.1.93 Rathaus Marl 1958/66
A: J. H. van den Broek & J. B. Bakema
I: Franz Vaessen (Hochtief) & H. J. Ehrhardt
3.1.94 Deutschlandfunk Köln
A: Planungsgruppe Stildorf
I: Leventon, Werner, Schwarz
3.1.95 Bettenhaus der Universitätsklinik Köln, 1969/72
Kopftragwerk und Kern
A: Heinle Wischer & Partner
I: Bole und Partner
3.1.96 BMW-Hochhaus, München
A: K. Schwanzer
I: H. Bomhard (Dyckerhoff & Widmann)
3.1.97 und
3.1.98 Standard Bank Johannesburg, 1965/70
A: Hentrich-Petschnigg + Partner
I: Ove Arup + Partner

3.1.92 Hotel Budapest, 1967 A: G. Szrog

Allgemeines

Tragwerke von Hochhäusern (Landesbauordnung: Oberfläche Fußboden eines Aufenthaltsraumes mehr als 22 m über Gelände) wurden bisher bevorzugt aus Stahl errichtet. Bei Stahlbetonkonstruktionen hätte sich infolge des höheren Eigengewichtes und der geringen Festigkeit des Betons im Vergleich zum Stahl zu große Stützenabmessungen ergeben. In den letzten Jahren sind in Chicago Hochhäuser aus Stahlbeton mit Betonfestigkeiten von über 6,5 kN/cm², in Seattle sogar von 13,1 kN/cm² gebaut worden. Man rechnet damit, daß bald Betone mit einer Festigkeit von 15,0 kN/cm² eingesetzt werden können. [12] berichtet über die Anwendung von B 85 mit Zustimmung der obersten Baubehörde im Einzelfall.

Das Entwerfen von Hochhäusern erfordert eine komplexe Betrachtung im Hinblick auf Nutzung, Tragwerk, Haustechnik, Bauverfahren, Wirtschaftlichkeit in der Herstellung und in der Unterhaltung. Bezüglich der Nutzung kommt den Kennziffern der Fassadenflächen bezogen auf die Bruttogeschoßfläche besondere Bedeutung zu. Die technische Gebäudeausrüstung und das Tragwerk müssen aufeinander abgestimmt werden. Für die Lüftung und Klimatisierung sind große Leitungsquerschnitte erforderlich. Die Kanäle sind so zu führen, daß sie das aussteifende System nicht schwächen.

Aussteifung

Besonders bei hohen Bauwerken gewinnt die Aussteifungskonstruktion zur Aufnahme der Windlasten und anderer horizontaler Belastung an Bedeutung. Die Windlast ist von der Gebäudeform stark abhängig. Am günstigsten ist freilich ein kreiszylindrischer Körper (Bilder 3.1.87 und 3.1.88). Der Kreisgrundriß kann aber oft für die Nutzung nachteilig sein, weil die mit Tageslicht versorgte Zone bezogen auf die Gesamtfläche zu klein ist. So hat George Schipporeit beim Appartmenthaus Lake Point Tower in Chicago (Bild 3.1.83) einen Grundriß geplant, der als Optimum zwischen Nutzung und Windlastminimierung angesehen werden kann. Das Gebäude ist durch drei Stahlbetonscheiben ausgesteift.

Die meistgewählte Grundrißform ist das Quadrat mit Abwandlungen, wobei die Horizontalkräfte durch den Erschließungskern (Bild 3.1.84) und durch den, insbesondere bei hohen Bauten, in der Fassade angeordneten Rahmen (Vierendeel-Träger), Lochfassade (Bild 3.1.89) oder Fachwerkträger (Bild 3.1.90) gebildeten Hohlkastenträger (tube) aufgenommen werden. Bei Wohnhäusern bieten sich die Wohnungstrennwände als aussteifende Scheiben (Bild 3.1.85) an.

Im Gegensatz zu den amerikanischen Bürobauten sollen die Arbeitsplätze in Deutschland mit natürlichem Licht versorgt werden. Daraus ergibt sich der typische Grundriß mit einer Gebäudebreite von ca. 12 m. Wenn der Flur nicht durch den Kern gestört werden soll, beträgt die Kerntiefe ca. 5 m, mit dem sich hieraus ergebenden Trägheitsmoment können Horizontalkräfte von Gebäudehöhen mit 20 Geschossen aufgenommen werden. Darüber hinaus sind zusätzliche Wandscheiben z.B. in der Giebelwand oder übergreifende Kerne erforderlich (siehe Seite 252f). Für den Beitrag der Giebelwand zum Windlastabtrag als Vierendeel-Träger sind größere Stützenabmessungen erforderlich. Bei der Ausbildung als Vierendeel-Träger bilden die Brüstungen, gekoppelt mit den Stürzen, die Riegel (siehe Seite 174).

Die Lage des Schwerpunktes der Aussteifungskonstruktion sollte möglichst mit dem Schwerpunkt der Gesamtfläche übereinstimmen, damit die Beanspruchung der Aussteifung aus außermittiger Belastung gering gehalten wird. Der Kern soll eine große Lasteinzugsfläche haben, damit die Zugbeanspruchung infolge Wind überdrückt wird.

Es ist von wesentlicher Bedeutung, daß die Aussteifungen konsequent bis zum Baugrund ungeschwächt durchgeführt werden. Sie sind in den Hohlkasten eingespannt, der aus den Wänden und Decken der Untergeschosse sowie der Sohle gebildet wird. Die Wände sollen in den Untergeschossen so angeordnet werden, daß der Hohlkasten die Last ohne einen besonderen Gründungskörper in den Baugrund ableitet.

Um die Tragwirkung wirklichkeitsnah zu erfassen, soll das gesamte Tragsystem als eine Einheit (mit FEM) gerechnet werden. Die Berechnung erfordert durch die Optimierungsläufe einen hohen Arbeitsaufwand.

Die Kerne werden in der Regel mit Gleitschalung errichtet (Bild 3.1.76). Auf die gleiche Weise können auch Lochfassaden erstellt werden (Bild 3.1.91).

Das Hotel Budapest in der ungarischen Hauptstadt wurde bereits 1967 mit Gleitschalung erstellt (Bild 3.1.92). Dabei ist der Kern mit den radialen Wänden und der zylindrischen Lochfassade hochgezogen worden, die Deckenfelder wurden oben geschalt und bewehrt. Die Schalung der einzelnen Deckenfelder hing an je vier Gewindestangen, die jeweils zum nächsten Geschoß heruntergelassen wurden, um sie zu bewehren und zu betonieren. Der Vorteil dieses Verfahrens war, daß die Deckenschalung nicht ab- und wieder aufgebaut werden mußte. Für die Herstellung der Decken genügte je ein Schalsatz. Nachteilig ist, daß die Bewehrung von der Seite durch Fensteröffnungen hereingereicht werden muß. Beim Betonieren mit Pumpbeton entsteht dagegen keine Behinderung. Beim Herstellen der Decken von unten nach oben kann das Bauwerk schneller erstellt werden, ohne daß man warten muß, bis die Decke tragfähig ist. Dafür müssen jedoch zusätzliche Schalsätze mit Gerüst eingesetzt werden.

Bauwerksfugen
Bauwerke mit nahezu quardratischem Grundriß (Punkthäuser) benötigen keine Dehnungsfugen. Die Aussteifung von Rechteckgrundrissen ist in der Regel nur ohne Dehnungsfuge möglich (siehe Seite 104).

Deckenkonstruktionen
Bei der Berechnung der Decken müssen, besonders in den oberen Geschossen, die vertikalen Lagerverschiebungen im Bereich der Kerne infolge der Horizontallasten mitberücksichtigt werden.

3.1.93

3.1.94

Hängehäuser

Hängehäuser haben einen zentrischen Stahlbetonkern, der mit einem Kopftragwerk, eventuell mit weiteren Zwischentragwerken versehen ist (Bilder 3.1.93 und 3.1.94). Am Rand des Kopftragwerks sind die in der Fassade angeordneten Hängestäbe befestigt. Die Decken sind innen auf dem Kern und außen auf den Hängestäben gelagert. Der Kern erhält durch diese Ausbildung des Tragwerks die größtmögliche Normalkraft, er wird jedoch bei einseitiger Verkehrslast großen Biegebeanspruchungen ausgesetzt.

Hängehäuser mit zwei Kernen und dazwischen oder darüber angeordneten Brückenträgern erfahren die oben beschriebene, nachteilige Beanspruchung nur quer zum Brückenträger (Bild 3.1.95). Die Ausbildung des Brückenträgers ist aufwendig.

Beim Entwurf von Hängehäusern muß besonders beachtet werden, daß die Lagerung der Decken am Kern und an den Hängestäben unterschiedliche vertikale Bewegungen erfährt. Die relative vertikale Verschiebung der Lager an den Hängern setzt sich aus der Stauchung des Kernes einschließlich Kriechen und der Dehnung der Hängestäbe zusammen. Damit sich diese Verschiebung nicht ungünstig auswirkt, soll sie klein gehalten werden. Beim Standard Bank Centre in Johannesburg/RSA ist die Hängekonstruktion in drei Abschnitte unterteilt (Bild 3.1.98). So werden jeweils zehn Geschosse von einem Kopftragwerk abgehängt (Bild 3.1.97). Die Geschoßtragwerke können als Technikgeschosse genutzt werden. Bei dem BMW-Hochhaus in München (Bild 3.1.96) sind die oberen sieben Geschosse auf das Haupttraggeschoß der Gebäudemitte aufgesteltzt, die darunterliegenden Geschosse sind als Hängekonstruktion ausgebildet.

3.1.95

3.1.96

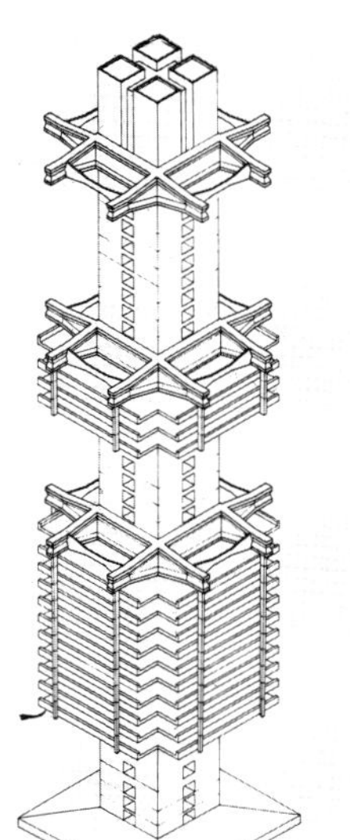
3.1.97

3.1.98

Hallen

3.2.1 Einflüsse auf Gebäudeform und Konstruktion beim Hallenbau

Funktion
- homogen/wechselnd
- linear (Bahnhof)
- dominant (Sakral)

Gebäude-Grundrißform
- Rechteck
- Kreis

Beförderungsmittel
- Band (Schüttgutlager)
- Kran

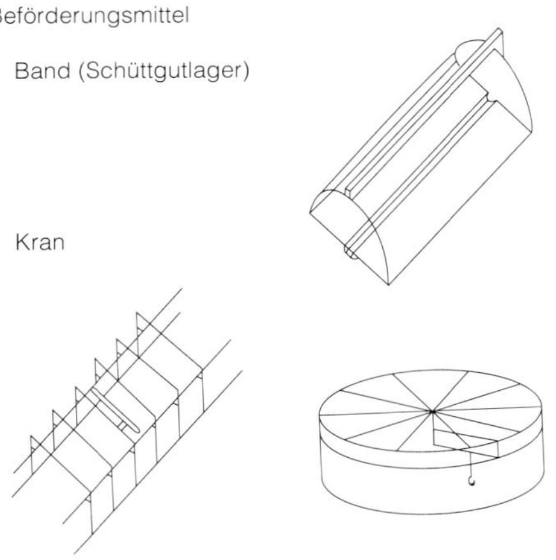

- Gabelstapler (Anprallast)
- automatische Förderanlage (Regallager)

Belichtung (Oberlicht, Nordlicht-Shed)

Klimaschutz

Schallschutz

Brandschutz

Kosten

Eingeschossige Bauten mit größeren Stützweiten werden als Hallen bezeichnet. Freilich können Hallenkonstruktionen auch auf Geschoßbauten aufgesetzt werden.

Die Nutzung hat auf die Gestalt und auf die Tragkonstruktion wesentlichen Einfluß. Die einzelnen Nutzungsgruppen zeigt die Zusammenstellung Tabelle 3.2.1.

Aus der Grundstückssituation und der Nutzung ergeben sich die Grundrißabmessungen. Für die Höhenentwicklung ist das Lagergut, die Lagerungs- bzw. Produktionsart bestimmend. Für Schüttgüter definiert die Art der Schüttung die Gebäudeform (z.B. die Bogenkonstruktion). Bei Hochregallagern ist das Regal selbst die Haupttragkonstruktion, an der die äußere Hülle befestigt wird. Daher wird hier auf die weitere Behandlung der Hochregallager verzichtet.

Wesentlichen Einfluß auf den Entwurf hat die Art der Beförderung der Güter in der Halle. Bei der Beförderung mit Gabelstaplern ist die Anprallast für die Stützen zu berücksichtigen. Die Größe der Anprallasten sind in Tabelle 3.2.2 aufgeführt. Bei der Kranbeförderung bestimmt der Kran die Hallenabmessungen und die Tragkonstruktion.

Hallenkrane
Die mit der Tragkonstruktion verbundenen Krane sind Lauf-, Hänge-, oder Säulenkonsolkrane (Tabelle 3.2.3). Die Laufkrane mit den verschiedenen Arten der Steuerung sind in Bild 3.2.4 dargestellt. Die Höhe der Halle wird durch die erforderliche Hakenhöhe, Kranart, die Traglast und die Steuerungsart bestimmt. Die Hallenbreite ergibt sich aus der Breite der Fläche, die durch den Kran bedient werden muß bzw. aus anderen Zwängen (z.B. Form des Grundstücks).

Laufkrane fahren auf Kranträgern, die auf Stützenkonsolen gelagert sind. Die Kranträger sind Walzprofile bzw. aus Walzprofilen zusammengesetzte Träger. Auf den Kranträgern ist die Schiene in der Regel angeschweißt. Erfahrungen mit Stahlbeton-Fertigteil-Kranträgern sind wenig überzeugend, da die Befestigung der Schiene auf dem Stahlbeton nicht befriedigend gelöst werden konnte.

Für kleinere Kranlasten kommen Hängekrane in Frage. Die Kranträger der Hängekrane sind

3.2.2 Gabelstapler-Regelfahrzeuge

1	2	3	4	5	6	7
zulässiges Gesamtgewicht t	Nenntragfähigkeit t	Statistische Achslast (Regellast) l kN	mittlere Spurweite a m	Gesamtbreite b m	Gesamtlänge l m	gleichmäßig verteilte Verkehrslast (Regellast) in kN/m²
2,5	0,6	20	0,8	1	2,4	10
3,5	1	30	0,8	1	2,8	12,5
7	2,5	65	1	1,2	3,4	15
13	5	120	1,2	1,5	3,6	25

Anprallast: 5× zul. Gesamtgewicht in Höhe von 0,75 m über dem Boden.

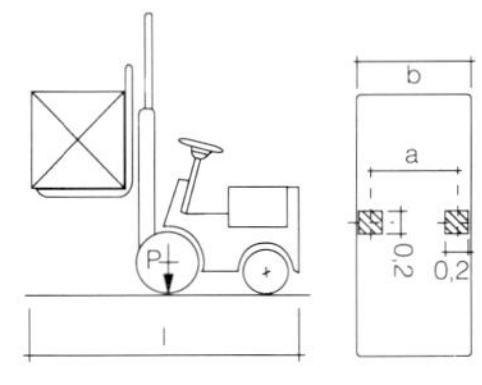

an der Unterkante der Binder befestigt. Das Fahrwerk der Kranbrücke fährt auf dem Unterflansch der Kranträger. Hängekrane bieten die Möglichkeit, die Kranbrücke zu teilen und zu koppeln, sowie durch das Zwischenschalten einer Übergangsstation die Kranbrücken so miteinander zu verbinden, daß die Laufkatze aus einem Hallenschiff in das andere herüberfahren kann.

Belichtung
Die Belichtungsanforderungen beeinflussen die Form der Halle und der Tragkonstruktion. Bei geringeren Anforderungen, bei denen die Fensterflächen an den Längswänden nicht ausreichen, setzt man Laternen auf die Binder, die gleichzeitig für die Entlüftung der Halle sorgen. Wenn die Produktion schattenfreies Licht fordert, wird man eine nach Norden gerichtete Shedkonstruktion (engl.: north light roof) entwerfen. Die Lichtausbeute ist bei schräg angeordneten Shedkonstruktionen effektiver. Zunehmend werden auch horizontal angeordnete Lichtbänder geplant, die den größten Lichteinfall zulassen, jedoch mit Sonnenschutz versehen sind.

Nachfolgend werden die Hallenkonstruktionen in zwei Gruppen behandelt. Aus stabartigen Elementen wie Stützen, Binder oder Bögen zusammengesetzten Konstruktionen, die vorwiegend für Industrie-, Lager-, Produktions- oder Wartungshallen Verwendung finden, und Flächentragwerke. Zwar können aus Flächentragwerken – wie später zu sehen ist – auch Industriehallen wirtschaftlich errichtet werden, dieser Typus findet jedoch vorwiegend bei Ausstellungshallen, Großrestaurants und Sakralbauten Anwendung.

Hallen aus stabartigen Elementen

Hallen aus stabartigen Elementen werden wegen des hohen Gerüst- und Schalungsaufwandes bei örtlicher Herstellung ausschließlich aus Fertigteilen erstellt.

Dach
Dachdeckung [31]
Trapezblech
Die Dachdeckung ist bei fast allen Hallenkonstruktionen aus Trapezblech. Trapezbleche zeichnen sich durch einen günstigen Preis, durch geringes Eigengewicht, leichte Montierbarkeit und durch eine hohe Biegetragfähigkeit aus.

Dem Trapezblech wird zusätzlich die Aufgabe der Stabilisierung einzelner Bauteile (Pfetten, Binder etc.) zugewiesen. Die Trapezblechdeckung kann auch als Schubfeld ausgebildet werden, wodurch sie in der Lage ist, die Horizontallasten auf die Stützen und sonstigen aussteifenden Bauteile zu übertragen. In Abhängigkeit von der Stützweite wird das Profil des Trapezbleches gewählt, wobei für die Dachdeckung die Durchbiegung auf l/300 begrenzt werden soll.

Bei Hallen ohne Wärmedämmung kann die Dachdichtung durch das Trapezblech in Negativlage erfolgen, wenn dieses in Gefällerichtung verlegt wird. Hierfür müssen Pfetten angeordnet werden. Damit haben alle Dächer ohne Wärmedämmung zwangsläufig Pfetten, also eine Sekundärtragkonstruktion (Bild 3.2.6). Bei wärmegedämmten Dächern ist eine zusätzliche Dachdichtung erforderlich. Die Dachdichtung besteht entweder aus Kunststoffbahnen oder bituminöser Dachdichtung.

Eine Bekiesung des Daches kommt wegen der ungünstigen Relation des Gewichtes zur Verkehrslast (Schnee) nicht in Frage; das gilt ganz besonders für Hallen mit großen Stützweiten. Bei Dächern mit zusätzlicher Dachdichtung ist die Richtung der Trapezbleche beliebig. Ist die Richtung der Trapezbleche durch die Dachdichtungsfunktion nicht gebunden, so können diese direkt auf den Bindern, Rahmenriegeln (pfettenloses Dach) (Bild 3.2.8) oder auf den Pfetten verlegt werden.

Eine der wichtigsten Untersuchungen für eine Hallenkonstruktion ist es, den optimalen Binderabstand zu ermitteln. Dabei wird auch die Frage geklärt, wann das pfettenlose, bzw. wann das Pfettendach wirtschaftlich ist [49].

Porenbeton-Dachplatten [59]
Bei gedämmten Hallen können die Dächer aus bewehrten Porenbeton-Dachplatten hergestellt werden. Sie bringen mehr Gewicht für die Haupttragkonstruktion, aber auch Vorteile in bezug auf den Wärmeschutz und den Schallschutz. Die Ausbildung einer Dachscheibe zur Aufnahme der Horizontallasten ist durch konstruktive Maßnahmen möglich.

Pfetten (Nebenträger)
Die Pfetten werden bei Haupttragkonstruktionen aus Stahlbeton/Spannbeton als Trapezquerschnitte ausgeführt. Die Abmessungen der Pfetten richten sich nach den Empfehlungen der Fachvereinigung Deutscher Betonfertigteilbau e.V. (Tabelle 3.2.5).

Binder
Für die Stahl- und Spannbeton-Konstruktionen werden auf eingespannten Stützen gelenkig gelagerte Binder gewählt. Dieses statische System hat sich eindeutig durchgesetzt, weil eine biegesteife Rahmenecke aus Stahlbeton-Fertigteilen nur mit sehr großem Aufwand ausgebildet werden kann (Montagebau siehe Seite 103). Die Elementabmessungen der Binder und Stützen richten sich nach den Empfehlungen der Fachvereinigung Deutscher Betonfertigteilbau e.V. Einerseits sind diese Quer-

3.2.3 Hallen im Kranbetrieb	
Kranarten	
Laufkran	
Hängekran	
Konsolkran	
Schwenkmast	(Derrickkran)
Steuerung der Krane	
Flur	
Kabine	
Planungsvorgang	
Hakenhöhe	
Hakenlast	
Steuerungsart	
(Übergabestation)	
Kranart (Laufkran, Hängekran)	

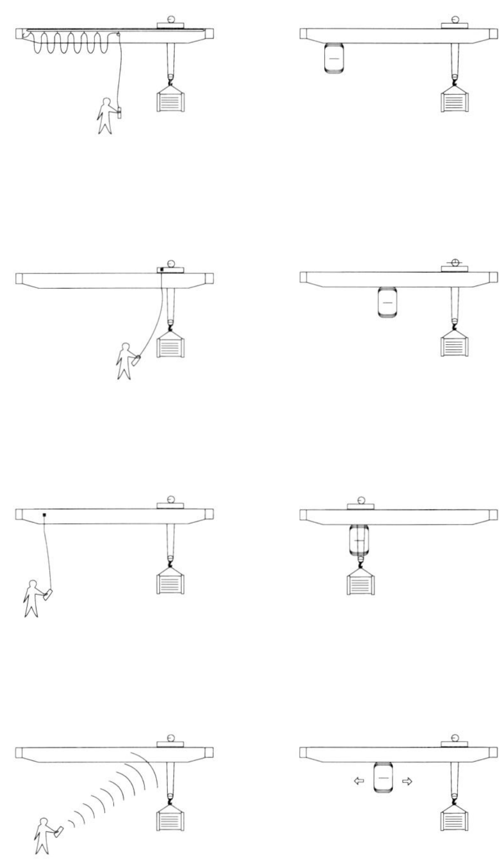

Flursteuerung Kabinensteuerung

3.2.4 Kransteuerungen [44]

3.2.5 Dachtragwerk Pfetten (Nebenträger) [29]

	Maße in mm			Stützweite	Feuerwiderstandsklasse nach DIN 4102	
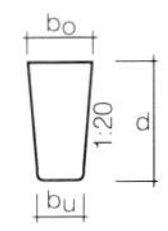	d	b_u	d_o	max. l (m)	Stahlbeton	Spannbeton
	400	150	190	7,5	F 90-A	F 30-A
		190	230	10,00		F 90-A
	500	150	200	10,00		F 30-A
		190	240	12,50		F 90-A
	600	150	210	11,00		F 30-A
		190	270	17,50		F 90-A
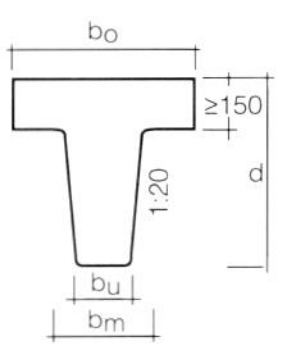	d	b_u	b_m	max. l (m)		
	850	190	250	20,00	F 90-A	F 90-A
	950	190	270	20,00		
					Durchbiegung bzw. Überhöhung ist zu beachten	
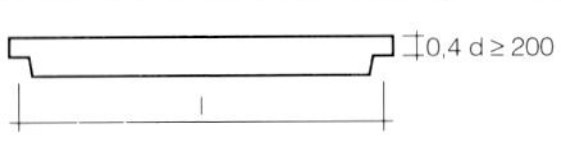					Abfasungen: gebrochen, Katheten je 10 mm für untere Kanten	

Lasten:
- in der Tabelle eingearbeitet: Eigenlast g_1 Pfette
- frei wählbar: Dachlast q

Stütz-weite l	Ab-stand a	Pfettenhöhe d (mm) bei Dachlast q (kN/m²)								
(m)	(m)	1,0	1,5	2,0	2,5	3,0	3,5	4,0	4,5	5,0
7,5	3,0									
	4,0		400							
	5,0					500				
	6,0								600	
10,0	3,0									
	4,0	400		500	600				800	
	5,0									
	6,0									
12,5	3,0	500								
	4,0			600		800				
	5,0							850		
	6,0								950	
15,0	3,0	600								
	4,0				800					
	5,0						850		950	
	6,0									
17,5	3,0									
	4,0	800			850					
	5,0					950				
	6,0									
20,0	3,0									
	4,0									
	5,0		850	950						
	6,0									

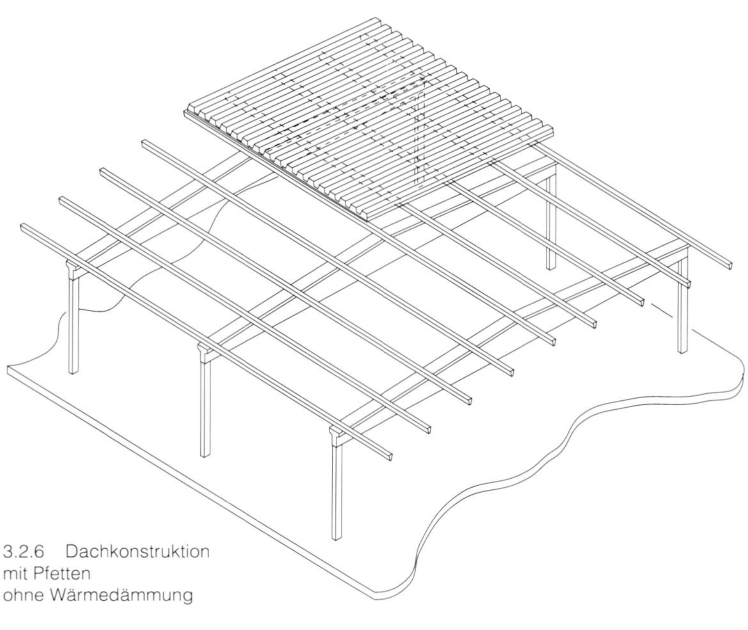

3.2.6 Dachkonstruktion mit Pfetten ohne Wärmedämmung

Beispiel 1:

leichte Eindeckung	g_2 = 0,50 kN/m²
Schneelast	s = 0,75 kN/m²
Dachlast	q = 1,25 kN/m²
	≈ 1,50 kN/m²
Stützweite	l = 10,00 m
Abstand	a = 5,0 m
abgelesen	d/b_u = 500/150 mm (F90-A) (Stahlbeton)

Beispiel 2:
Porenbeton-Dach

Belag und Schnee	g_1 = 1,0 kN/m²
Eigenlast Porenbeton (d = 150 mm)	g_2 = 1,1 kN/m²
	q = 2,1 kN/m²
	≈ 2,0 kN/m²
Stützweite	l = 12,00 m
	≈ 12,50 m
Abstand	a = 4,0 m
abgelesen	d/b_u = 600/190 mm (F 90-A) (Spannbeton)

☐ Anderes Binderprofil wählen

3.2.7 Dachtragwerk Stahlbeton-Binder (Hauptträger) [29]

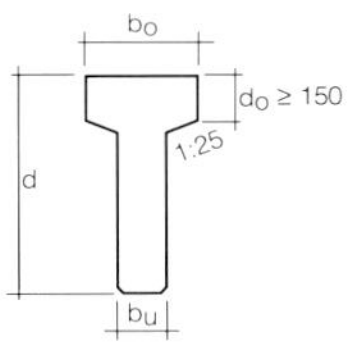

Maße in mm			Stützweite	
d	b_o	b	max. l (m)	
600	400	190	15,00	Alle Abmessungen ausreichend für Feuerwiderstandsklasse F 90-A nach DIN 4102
800	400	190	20,00	
1000	400	190	25,00	
1200	500	190	25,00	
1400	600	190	30,00	
1600	700	250	35,00	
1800	800	250	35,00	
2000	800	250	40,00	

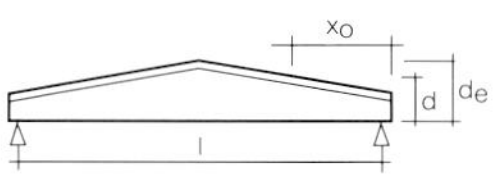

Satteldachbinder

Neigung %	Bemessungsschnittstelle X_o	Firsthöhe d_S
bis 5,0	0,40 l	1,05 d
5,0 – 10,0	0,33 l	1,10 d
10,0 – 15,0	0,25 l	1,25 d

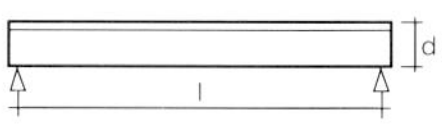

Parallelbinder

Lasten:
Wenn wegen der Dachkonstruktion (z.B. bei Stahltrapezblechen mit Stützweiten ab 7,50 m, bei Porenbetonplatten mit Stützweiten ab 6,0 m) zusätzlich Pfetten angeordnet werden, sind diese mit ca. 0,75 kN/m² bei der Dachlast zu berücksichtigen
- in der Tabelle eingearbeitet: Eigenlast g_1 Binder
- frei wählbar: Dachlast q

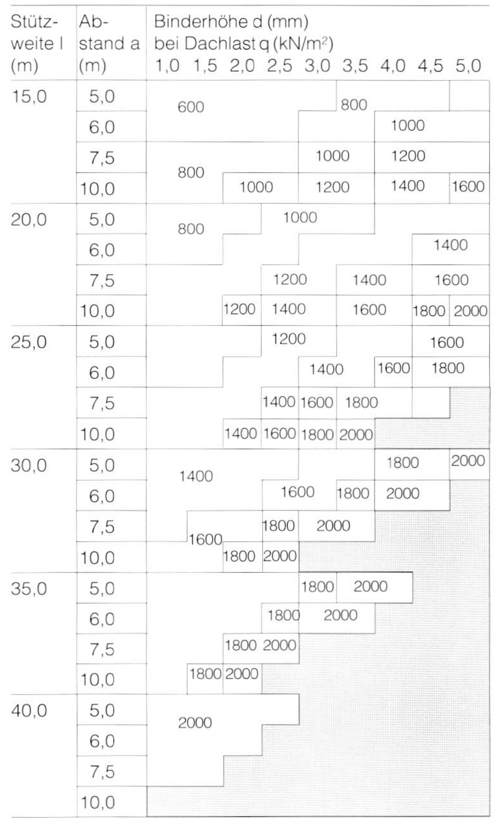

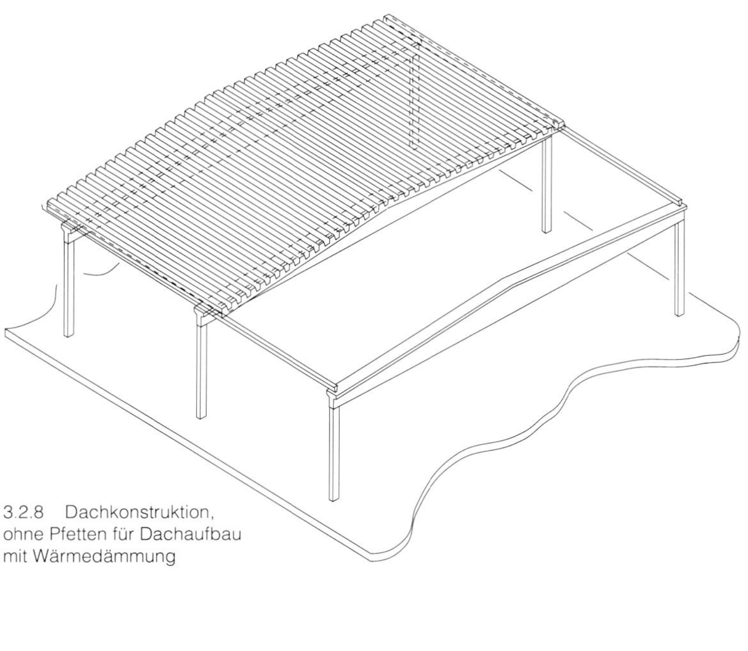

3.2.8 Dachkonstruktion, ohne Pfetten für Dachaufbau mit Wärmedämmung

Beispiel 1:

leichte Eindeckung	g_2 = 0,50 kN/m²
Schneelast	s = 0,75 kN/m²
Dachlast	q = 1,25 kN/m²
	≈ 1,50 kN/m²
Stützweite	l = 20,00 m
Abstand	a = 6,0 m
abgelesen	d/b_o = 800/400 mm (F90-A) (Stahlbeton)

Beispiel 2:

Porenbeton-Dach	g_2 = 2,00 kN/m²
Schneelast	s = 0,75 kN/m²
Leitung etc.	= 0,25 kN/m²
Dachlast	q = 3,00 kN/m²
Stützweite	l = 25,00 m
Abstand	a = 5,00 m
abgelesen	d/b_o = 1200/500 mm (F 90-A) (Spannbeton)

☐ I-Binderprofil wählen

3.2.9 Dachtragwerk Spannbeton-Binder (Hauptträger) [29]

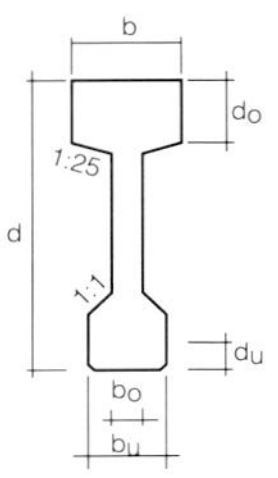

Maße in mm				Stützweite
d	b_0	b	d_U	max. l (m)
800	400	120	150	20,00
1000	400	120	150	25,00
1200	500	120	160	30,00
1400	600	120	250	35,00
1600	700	120	250	40,00
1800	800	150	250	40,00
2000	800	150	350	40,00
2200	800	150	350	40,00
2400	800	150	350	40,00

Alle Abmessungen ausreichend für Feuerwiderstandsklasse F 90-A nach DIN 4102

d = l/20 – l/16
b_0 = l/50 – l/40
d_U = 150 – 350
b_U = 300 – 400

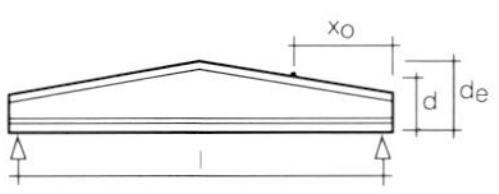

Satteldachbinder

Neigung %	Bemessungs-Schnittstelle x_0	Firsthöhe d_S
bis 5,0	0,40 l	1,05 d
5,0 – 10,0	0,33 l	1,10 d
10,0 – 15,0	0,25 l	1,20 d

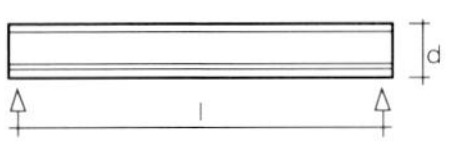

Parallelbinder

Lasten:
Wenn wegen der Dachkonstruktion (z.B. bei Stahltrapezblechen mit Stützweiten ab 7,50 m, bei Porenbetonplatten mit Stützweiten ab 6,0 m) zusätzlich Pfetten angeordnet werden, sind diese mit ca. 0,75 kN/m² bei der Dachlast zu berücksichtigen
- in der Tabelle eingearbeitet: Eigenlast g_1 Binder
- frei wählbar: Dachlast q nach S. 29.

Stützweite l (m)	Abstand a (m)	Binderhöhe d (mm) bei Dachlast q (kN/m²) 1,0	1,5	2,0	2,5	3,0	3,5	4,0	4,5	5,0
20,0	5,0					1000			1200	
	6,0		800							1400
	7,5									
	10,0		1000			1200	1400		1600	
25,0	5,0				1000					
	6,0					1200		1400		1600
	7,5					1400		1600		
	10,0			1200	1400	1600			1800	
30,0	5,0					1400				
	6,0								1600	1800
	7,5	1200					1600	1800		2000
	10,0			1400	1600	1800		2000		2200
35,0	5,0					1600		1800		
	6,0	1400								
	7,5					1800			2000	2200
	10,0			1600	1800	2000	2200		2400	
40,0	5,0									2200
	6,0	1600			1800		2000			
	7,5					2000		2200	2400	
	10,0				2000	2200		2400		

Beispiel 1:

leichte Eindeckung	g_2 = 0,50 kN/m²
Schneelast	s = 1,50 kN/m²
Dachlast	q = 2,00 kN/m²
Stützweite	l = 25,00 m
Abstand	a = 6,0 m
abgelesen	d/b_0 = 1000/400 mm
	(F90-A)
	(Stahlbeton)

Beispiel 2:

Porenbeton-Dach	g_2 = 2,00 kN/m²
Schneelast	s = 0,75 kN/m²
Leitung etc.	= 0,25 kN/m²
Dachlast	q = 3,00 kN/m²
Stützweite	l = 30,00 m
Abstand	a = 6,00 m
abgelesen	d/b_0 = 1400/600 mm
	(F 90-A)
	(Spannbeton)

☐ Andere Konstruktion wählen

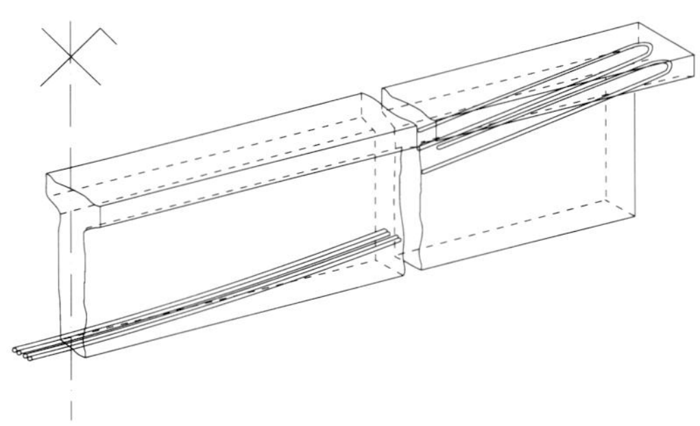

Träger-Ausschnitt

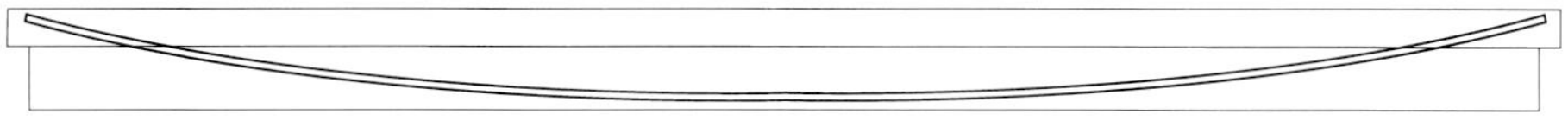

3.2.10 Bündelarmierung entsprechend neuer Stahlbetonkonzeption [47, 49]

schnitte bereits aufgrund langjähriger Erfahrungen optimiert, anderseits hält die Fertigteilindustrie dafür fertige Schalungen vor. Die Grundschalung wird durch Einsatzstücke für die verschiedenen Abmessungen hergerichtet. Andere Abmessungen als vorgeschlagen würden kostspielige Sonderschalungen notwendig machen und werden daher vermieden.

Stahlbeton-Binder
Die Binderabmessungen sind aus Tabelle 3.2.7 zu entnehmen. Schlaff armierte Stahlbeton-Binder werden im üblichen Rahmen bis ca. l = 24 m Länge verwendet. Der Binderabstand variiert in Abhängigkeit von der gewählten Dachkonstruktion von a = 4,8 m bis a = 10,8 m.

Stahlbeton-Binder können mit einer Bündelarmierung ausgeführt werden, die entsprechend der neuen Bewehrungskonzeption geführt wird (Bild 3.2.10) [45]. Dabei kann die Unterfläche des Binders ebenfalls hochgezogen werden, wodurch Beton und Transportgewicht eingespart werden können. Die Binder bedürfen einer Gabellagerung (Bild 3.2.11 A) oder anderer Haltekonstruktionen im Auflagerbereich, damit sie nicht umkippen. Die Planung einer Halle umfaßt immer die komplette Konstruktion. So ist es möglich, beim Einsatz von Stahlbeton-Wandtafeln die Gabellagerung ohne zusätzliche Maßnahme mit Hilfe der Wandtafeln zu erreichen (Bild 3.2.14, 3.2.16). Der Binder kann an den Auflagern ausgeklinkt werden, wodurch die angestrebte Gabellagerung am breiten Obergurt über die Schwerpunkthöhe des Binders von selbst gegeben ist (Bild 3.2.15). Es ist vorteilhaft, den Binder mit selbstjustierendem Steckanschluß auf den Stützen zu lagern.

Spannbeton-Binder
Spannbeton-Fertigteil-Binder können bis maximal l = 40 m in einem Stück hergestellt und transportiert werden. Größere Binder bestehen üblicherweise aus mehreren Einzelteilen, die auf der Baustelle zusammengespannt werden. Solche Binder werden jedoch nur in Ausnahmefällen ausgeführt.

Bei der Herstellung von Spannbeton-Fertigteil-Bindern sind ebenfalls die Elementabmessungen der Fachvereinigung Deutscher Betonfertigteilbau e.V. zu berücksichtigen (Tabelle 3.2.9). Bei den Spannbeton-Bindern wird die I-Form verwendet, da die Untergurtverbreiterung die Kraft infolge Eigengewicht des Binders und Vorspannung aufnehmen muß. Vor allem muß bei der Herstellung der Binder auf eine präzise Ausführung geachtet werden. Der Binder muß gerade hergestellt und gelagert werden, so daß sich keine ungewollte Verformung einstellt, die die Kippsicherheit (lateral buckling) des Binders reduzieren.

Zur Sicherung des Binders gegen Kippen kann während der Montage bei großen Stützweiten eine seitliche Verspannung erforderlich sein. Diese muß so lange angebracht sein, bis der Binder durch die Pfetten bzw. das Trapezblech gesichert ist.

Die Gabellagerung der Binder kann durch Nischen in den Stützenköpfen (Bild 3.2.11 B), durch die Wandtafeln bzw. Attikaelemente (Bild 3.2.17, 3.2.18) aber auch durch Festschrauben des unteren Flansches gewährleistet werden.

Dreigelenkbinder mit Zugband
Binder mit einer geringen Höhe im Traufbereich sind sehr wirtschaftlich, da in diesem Falle die Fassadenfläche der Halle, die einen wesentlichen Kostenanteil ausmacht, minimal ist. Es bietet sich an, insbesondere für größere Stützweiten, bei denen Spannbeton-Binder nicht mehr in einem Stück hergestellt bzw. transportiert werden können, den Stahlbeton-Binder mit Zugband zu entwickeln. Dieser Binder ist dem im Stahlbau üblichen Polonceau-Binder nachempfunden (Bild 3.2.19).

Der Binder besteht aus zwei flachen dreieckigen Stahlbeton-Binderteilen, die sich im First gegeneinander stützen und deren Lagerpunkte durch ein Zugband miteinander verbunden sind (Bild 3.2.19 A). Die Binderteile werden in einer Schalung mit keilförmigem Querschnitt hergestellt. Die Form ist so ausgebildet, daß in einer Schalung mit entsprechender Abgrenzung Elemente für diverse Stützweiten betoniert werden können (Bild 3.2.19 B). Die erhärteten Elemente werden ohne Öffnen der Schalung herausgehoben. Die Montage erfolgt mit einem fahrbaren Mittelbock (Bild 3.2.19 C). Für das Zugband wird bevorzugt Gewi-Stahl gewählt. Er kann sowohl an den Auflagern, als auch in den unteren Ecken der Dreieckelemente angeschlossen werden.

Bogenbinder
Bei Lagerhallen für Schüttgut paßt sich die Hallenform und damit das Tragwerk der Schüttform an. Zur Lösung dieser Aufgabe ist heute noch die von Miklós Gnädig 1953 geplante Salzlagerhalle vorbildlich (Bild 3.2.12). Die Hallenbogenelemente der Dreigelenkbögen wurden liegend betoniert, hochkant gestellt und aufgerichtet. Das Firstgelenk wurde mit einer einfachen Stahlplatte gebildet, die von der Seite eingeschoben wurde. Die auf die Bögen aufgesetzten Kassettenplatten wurden durch Verguß miteinander schubfest verbunden. Sie gewährleisten die Längssteifigkeit der Halle. Freilich würde man die Halle heute mit großen Autokranen montieren und mit Trapezblech decken, wenn dies die Aggressivität des Lagergutes erlaubt.

Shedhallen
Für die Tragkonstruktion ist es günstig, wenn der größere Stützenabstand in Ost-West-Richtung liegt. In diesem Falle kann die große

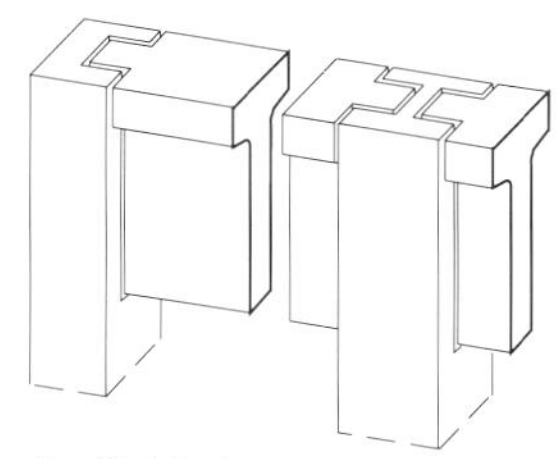

A Stahlbeton

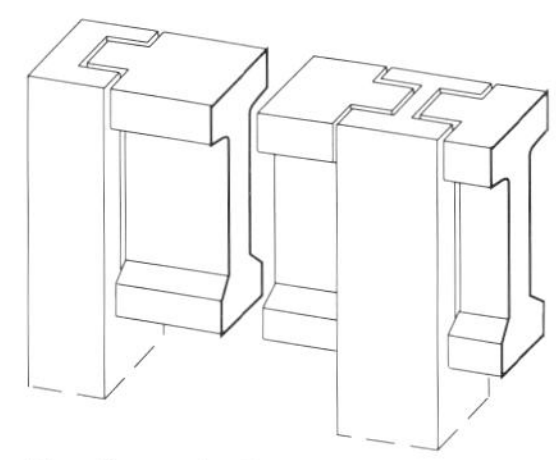

B Spannbeton

3.2.11 Kipphalterung

3.2.12 Salzlagerhalle

3.2.13 Shedhalle

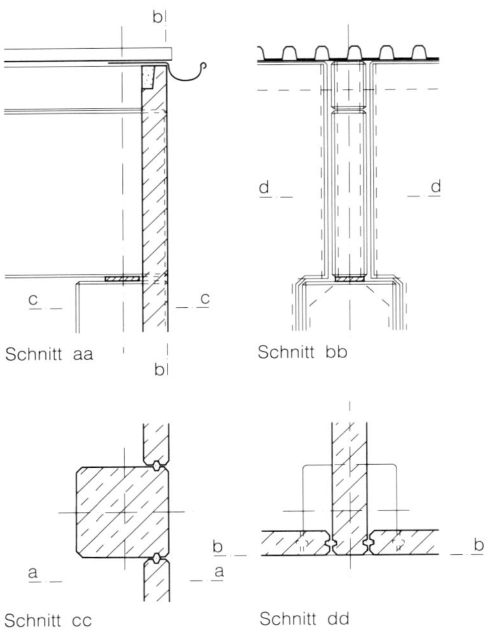

3.2.14

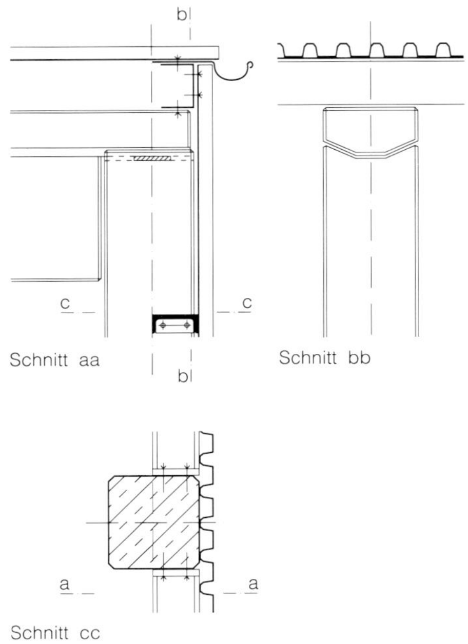

3.2.15

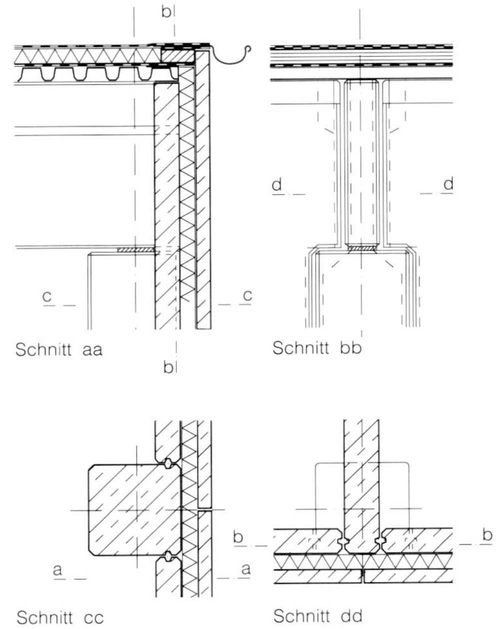

3.2.16

Kipphalterung der Binder

3.2.14 durch die Attikaplatte, Stahlbeton
3.2.15 durch ausgeklinktes Auflager, Stahlbeton
3.2.16 durch Sandwichplatte, Stahlbeton
3.2.17 durch Sandwichplatte, Spannbeton
3.2.18 durch Wandplatte, Spannbeton

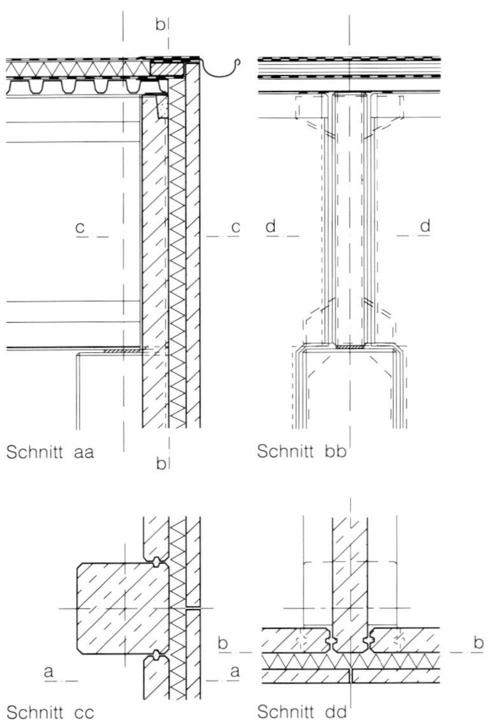

3.2.17

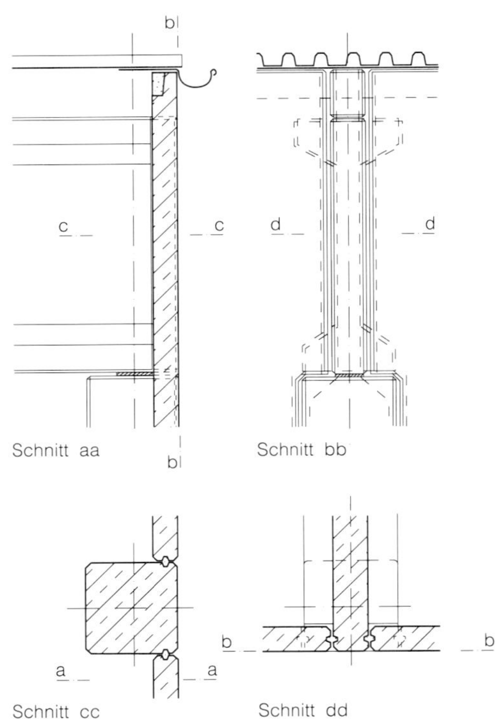

3.2.18

3.2.19 Dreigelenkbinder mit Zugband

A Schnitt
B Schalung für Trägerelement
C Montagewagen

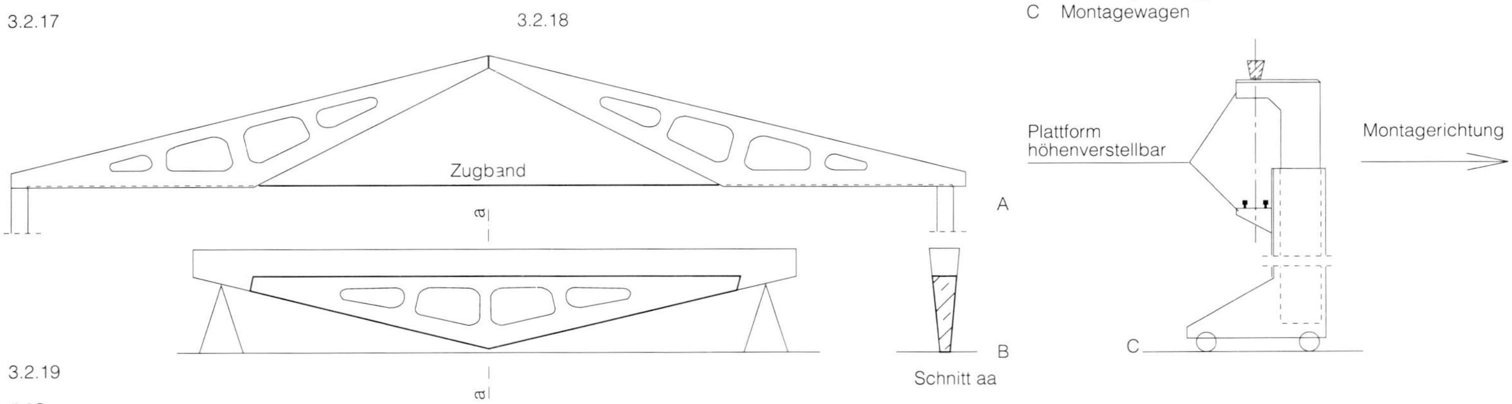

3.2.19

Stützweite mit Fachwerkträgern überbrückt werden, die in den Shedfensterebenen angeordnet sind. Die Dachelemente, z.B. Stahlbeton-Kassettenplatten, werden an der einen Seite auf dem Untergurt und an der anderen Seite auf dem Obergurt gelagert. Die als starre Scheibe ausgebildete Dachfläche bietet dem Obergurt des Binders eine horizontale Halterung. Daher erfolgt die Montage von Süden nach Norden (Bild 3.2.13).

Die Stahlbeton-Fachwerkträger werden liegend vorgefertigt und paketweise transportiert. Der Verankerung der Bewehrungsstäbe der Enddiagonalen muß besondere Aufmerksamkeit geschenkt werden. Entweder werden die Betonstähle an Stahlankerplatten angeschweißt oder mit quer zur Tragebene angeordneten Schlaufen versehen. Damit die Schlaufen in den Betonquerschnitt hineinpassen, wird man Bewehrungsbündel aus dünnen Stäben verwenden.

Shedhallen mit kleineren Stützweiten werden mit (Spannbeton)-Rinnenträgern ausgebildet. Beim Entwerfen von Shedhallen soll man sich bemühen, die Konstruktionshöhe unter der Rinne so niedrig wie möglich zu halten, damit die Außenwandflächen minimiert werden. Weitere Lösungen für Shedformen sind in Bild 3.2.25 mit balkenartigen Flächentragwerken dargestellt.

Wenn der größere Stützenabstand in Nord-Süd-Richtung angeordnet werden muß, so wird erst die große Spannweite z.B. mit Spannbeton-Bindern überbrückt, auf denen die eigentliche Shedkonstruktion lagert.

Stützen

Die Stützen werden in die Fundamente eingespannt, um die Querstabilität, gegebenenfalls die Längsstabilität der Halle sicherzustellen. Der Anschluß der Stützen an das Fundament wird allgemein mit Köchern ausgebildet. Es hat sich jedoch gezeigt, daß trotz des herstellungstechnischen Aufwandes, trotz Lagerungs- und Transporterschwernissen das mit der Stütze in einem Stück betonierte Fundament in den meisten Fällen wirtschaftlicher ist, da der komplizierte Köcher entfällt.

Der Anprallnachweis zeigt, daß Stahlbeton-Stützen mit den üblichen Abmessungen auch ohne Anprallsockel in der Lage sind, die Anprallast aufzunehmen. In der Regel reicht eine entsprechende Zusatzbewehrung. Es ist jedoch empfehlenswert, die Stützen mit einem Anprallschutz zu versehen.

Für Hallen mit Laufkranen erhalten die Stützen für die Lagerung der Kranträger Konsolen (Bild 3.2.20).

Wände

Die preiswertesten Hallenwände werden aus Trapezblech oder Porenbeton-Wandplatten erstellt. Bei erforderlicher Wärmedämmung ist das Trapezblech innenseitig mit Hartschaum und einer Deckplatte versehen. Wenn wegen ihrer Empfindlichkeit gegen mechanische Beschädigung oder aus Sicherheitsgründen Bedenken gegen die Anwendung von Trapezblech bestehen, so kommen Porenbeton-Wandplatten oder Stahlbeton-Wandtafeln in Frage.

Trapezblech

Die Trapezbleche werden vertikal angeordnet. Auf halber Wandhöhe ist ein U-Profil-Riegel über Stirnbleche mittels Schrauben an den Stahlbeton-Stützen befestigt.

Die Giebelwand benötigt bei niedrigen Hallen keinen Giebelrahmen, lediglich Anschlußprofile. Ein Z-Profil leitet die Auflagerkräfte der Pfetten in die Giebel-Trapezbleche. In den Wandecken ist jeweils ein L-Profil angeordnet, an dem die horizontalen Riegel befestigt werden. Die Torpfosten werden bis zur Dachkonstruktion geführt. Sie bilden die Auflager für die Wandriegel.

Porenbeton [59]

Porenbeton-Wände werden vorwiegend bei wärmegedämmten Hallen verwendet.
Mit liegenden Wandplatten können Flächen beliebiger Höhe ausgefacht werden. In Abhängigkeit von der Art der Befestigung und der Stapelhöhe ist es erforderlich, die Wandplatten durch Zwischenabfangungen zu unterstützen. Der Binderabstand beträgt wegen der maximalen Lieferlänge 7,50 m. Porenbeton-Wandplatten in liegender Anordnung können bis zu einer Höhe von h = 12 m ohne Zwischenabfangungen ausgeführt werden.

Für Wandplatten in stehender Anordnung ist die Schlankheit zu berücksichtigen.

Bei Giebelwänden kann je nach Art des Tores ein Torrahmen aus Stahl notwendig werden, der gleichzeitig für die entsprechende Halterung der Giebelwand sorgt.

Im Sockelbereich brauchen Porenbeton-Wandplatten wegen ihrer Hygroskopizität eine entsprechende Beschichtung (z.B. Epoxid), oder sie werden auf Stahlbeton-Sockel gestellt (Bild 3.2.21).

Sollte keine Kiesschicht in ausreichender Tiefe unter der Bodenplatte vorgesehen sein, so ist eine Fertigteilfrostschürze aus Normalbeton auszubilden, die auf die Fundamente gelagert wird.

Stahlbeton

Die maximale Breite eines Wandelementes als Fertigteil wird mit 4,20 m angenommen,

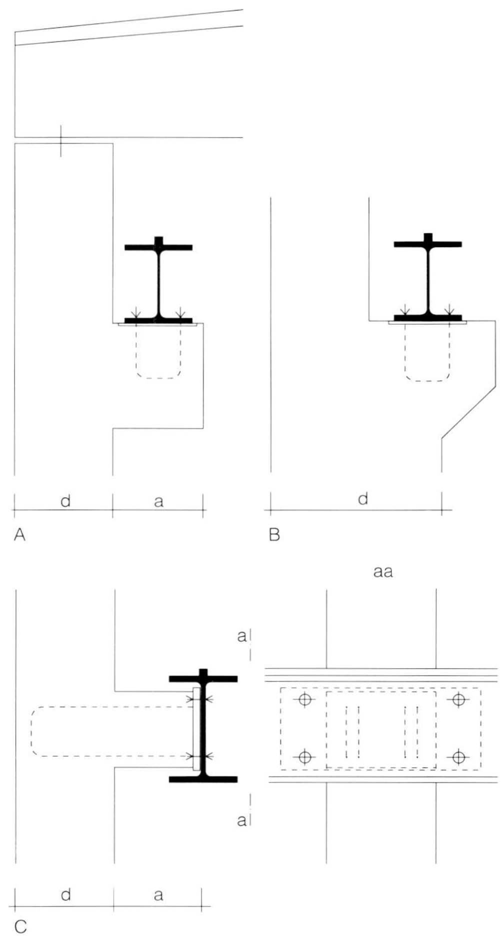

A und B auf Konsole C seitlich angeschraubt

3.2.20 Lagerung der Kranträger

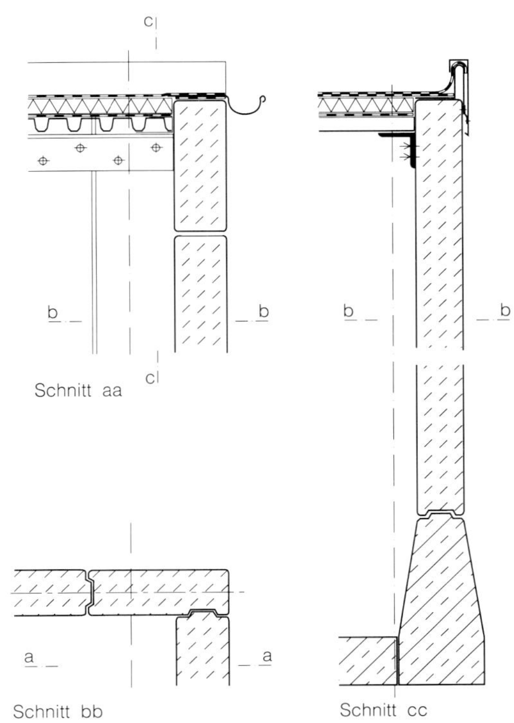

3.2.21 Porenbeton-Außenwand

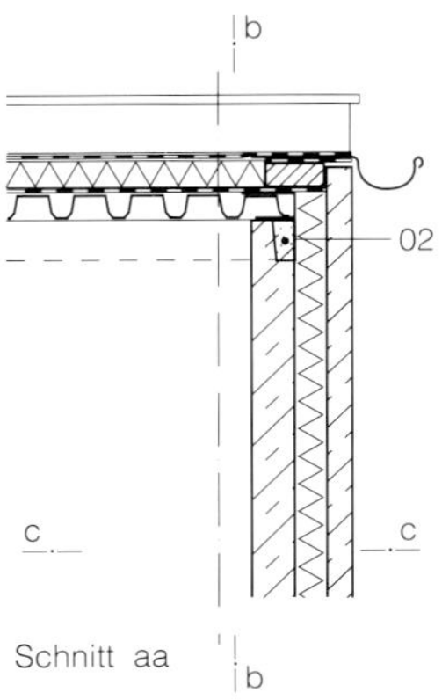

Schnitt aa

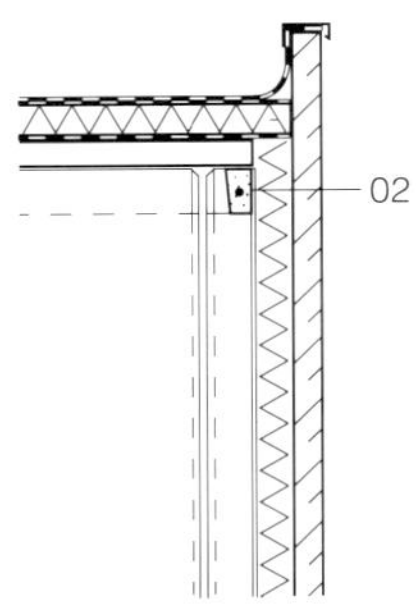

Schnitt bb

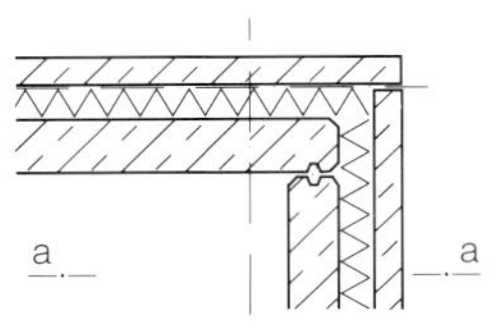

Schnitt cc

02 Ortbeton/Ringanker

3.2.22 Giebelwand aus Sandwichplatten

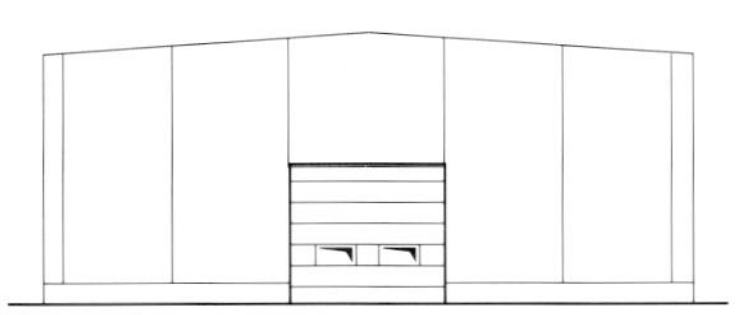

A

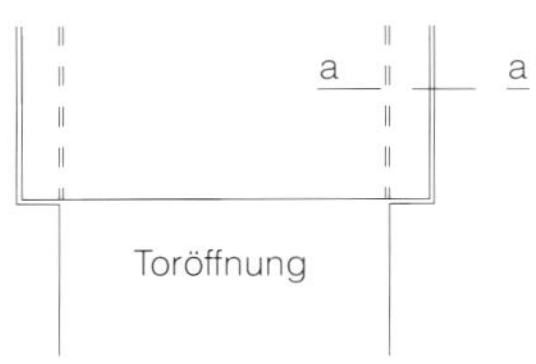

B

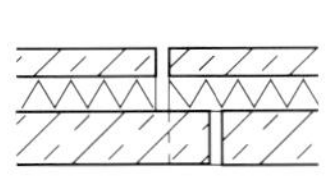

Schnitt aa

A Giebelansicht
B Teilansicht von innen

3.2.23 Torsturz mit Wandtafeln

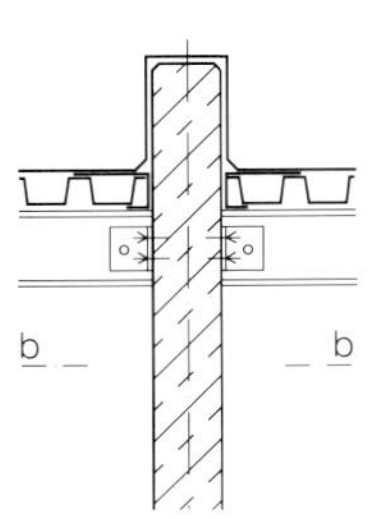

Schnitt aa

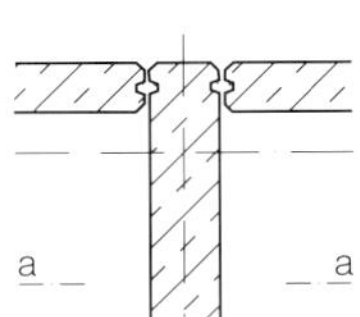

Schnitt bb

3.2.24 Brandwand

da es sich dann noch schräggestellt auf einem Tieflader transportieren läßt. Wandelemente werden zweckmäßig in der Längswand liegend, in den Giebelwänden stehend angeordnet.

Um in den Längswänden Fluchttüren vorsehen zu können, müssen die liegend verlegten Wandelemente so hoch sein, daß sie von der Türöffnung nicht durchtrennt werden. Sie erhalten ein im Bereich der späteren Türschwellen durchgeführtes Zugband. Es ist auch möglich, das Wandelement vollständig durchzutrennen, d.h. das Element aus zwei Teilen mit Abstand für die Tür auszubilden. Die beiden Wandteile werden dann durch die obere Wandplatte gehalten. Die Elemente werden zwischen den Stützen versetzt. Gehalten werden sie durch Mörtelverguß des Hohlraumes, der durch die Nut in Stützen und Wandenden gebildet wird.

Die hier beschriebene Lösung mit Mörtelverguß kann nicht bei Frost angewandt werden. Sollte die Montagezeit in die Frostperiode fallen, so sind die Anschlüsse mit Stahleinbauteilen auszubilden, die in der Regel durch Schweißen verbunden werden. Bei der Ausführung ist darauf zu achten, daß der Anschluß mit wenigen dünnen Schweißnähten erfolgt, damit nicht zuviel Wärme eingebracht wird, die zu Rissen im Beton führen kann. Die Stahleinbauteile bedürfen eines Korrisionsschutzes.

Die Auffassungen der Firmen bezüglich Verguß- oder Stahleinbau-Teilanschluß sind divergierend, ein Kostenunterschied ist jedoch nicht zu erkennen.

Wie im Bild 3.2.6 gezeigt, ist für ein ungedämmtes Dach eine Sekundärkonstruktion erforderlich. Die Wandtafeln werden bis zur Trapezblech-Unterkante geführt und dienen gleichzeitig als Randlagerung (Bild 3.2.22). Da die Wandtafeln bei den an der Unterkante gelagerten Bindern für Kipphalterung sorgen, müssen sie vor der Bindermontage verlegt werden. Hierbei wird zwischen den Wandtafeln über den Bindern ein Füllstück erforderlich. Bei ausgeklinkten Auflagern ist keine Gabelhalterung durch die Wandtafeln erforderlich; die Fläche über der Stütze kann mit auskragenden Wandteilen geschlossen werden. Der Ringanker wird durch eine in die Längsaussparung gelegte Bewehrung gebildet. Diese Aussparung wird nach der Montage mit einem seitlichen Schalbrett geschlossen und vergossen.

Die Giebelwandtafeln müssen während der Montage durch Streben gehalten werden. Es ist angebracht, die Dachkonstruktion unverzüglich zu montieren, weil die endgültige Halterung der Wände erst durch die Pfetten in Verbindung mit dem Trapezblech-Schubfeld sichergestellt wird.

Die Toröffnung wird mit Hilfe der Wandtafeln gebildet. Die selbsttragende Wandtafel über dem Tor liegt auf den Ausklinkungen der beidseitigen Nachbarelemente auf und wird durch den Fugenverguß gehalten (Bild 3.2.23).

Brandwand
Für Stahlbeton- und Spannbeton-Haupttragkonstruktionen können 12 cm dicke Stahlbeton-Wandtafeln vorgesehen werden. Sie werden auf beiden Seiten von der Dachkonstruktion gehalten, so daß die Standsicherheit jeweils von der dem Brand abgewandten Seite gewährleistet ist (Bild 3.2.24).

Aussteifung
Bei der Aussteifung müssen folgende Einwirkungen berücksichtigt werden:
- Wind
- Lotabweichung für lotrechte, aussteifende Bauteile
- Lotabweichung (planmäßige und ungewollte) lastabtragender, auszusteifender Bauteile
- Kran-, Brems- und Seitenstoß
- Temperaturänderung
- Schwinden und Kriechen.

Die Trapezblech-Dachdeckung stabilisiert die Pfetten bzw. Binder gegen Kippen. Darüber hinaus können sie als Schubfeld ausgebildet werden. Dann ist ein Dachverband überflüssig. Untersuchungen haben gezeigt, daß trotz des zusätzlichen Aufwandes bei der Dachdeckung (Befestigung in jeder Sicke, Randprofil) die Schubfeldausbildung etwas preiswerter ist, als der Windverband, es muß allerdings ein rechnerischer Nachweis erfolgen.

Da für die Aufnahme der Horizontallasten in Querrichtung die Stützen eingespannt sind, werden auch die Längskräfte durch die eingespannten Stützen aufgenommen. Bei kürzeren Hallen kann die Horizontalkraft auf die Giebelwände abgeleitet werden, wodurch die Aussteifung mittels Wandscheiben erfolgt. Es ist auch möglich, die Halle durch Verbände auszusteifen. Hierzu eignen sich besonders Gewindestäbe (Gewi-Stahl), die durch die in die Stützen einbetonierten Hülsen geführt und an der Rückseite mit Muttern verankert werden. Wenn die Aussteifung des Gebäudes durch Wandtafeln oder Verbände erfolgt, kann auf die Einspannung der Stützen verzichtet werden. Das erfordert jedoch zusätzliche Maßnahmen bei der Montage.

Wirtschaftlichkeit
Die Ergebnisse einer umfangreichen Wirtschaftlichkeitsuntersuchung sind in [49] veröffentlicht. Für viele Konstruktionen sind im Tabellenwerk in Abhängigkeit von diesen Parametern die wichtigsten Abmessungen, der Materialbedarf und die Kostenrelation angegeben.

Da die Außenwände den wesentlichen Kostenanteil der Hallen bilden, muß man bestrebt sein, diese zu minimieren. Dies erfolgt bereits beim Vorentwurf im Maßstab 1:500. Bei der Wahl der Tragkonstruktion soll darauf geachtet werden, daß die Traufhöhe niedrig ist.

Flächentragwerke

Allgemeines

Aufgabenstellung
Die Aufgabe ist, eine Fläche zur Abgrenzung des Raumes zu schaffen. Daher ist die Fragestellung: Wie ist die Fläche auszubilden, damit sie trägt? Zur Lösung dieser Aufgabe bieten sich Stahlbeton-Flächentragwerke an.

Definitionen (siehe Seite 101, 144 bis 145)

Gliederung
- nach der geometrischen Form
  Faltwerk
    prismatisches Faltwerk
    Pyramidenfaltwerk
    Faltwerkschale
  Schale
    einfach gekrümmt
    zweifach gekrümmt
      einsinnig
      gegensinnig
- nach dem Tragverhalten bzw. Beanspruchung
  balkenartiges, rahmenartiges, bogenartiges Faltwerk,
  balkenartige, rahmenartige, bogenartige Schale
  Membranschale (zug-, druckbeanspruchte, hautartige)
  biegebeanspruchte Schale
- nach der Lagerung
  flächengelagert (pneumatische Konstruktionen)
  liniengelagert
  punktgelagert
- nach der Flächenart
  kontinuierlich
  diskontinuierlich (aufgelöste Flächentragwerke: Stabwerke / Seilwerke)

Flächentragwerke für Überdachungen
Im Rahmen dieses Buches werden Stahlbeton-Flächentragwerke für Überdachungen behandelt. Behälter und Kühltürme werden nur erwähnt. Die Flächentragwerke werden durch das Tragverhalten oder nach ihrer geometrischen Form, die wiederum das Tragverhalten definiert, gegliedert. In diesem Zusammenhang hat das Tragverhalten Vorrang. Die Bezeichnung Rotationsschalen, hyperbolische Paraboloidschalen, hautartige Schalen charakterisieren auch ein bestimmtes Tragverhalten. Für die nachfolgende Betrachtung ist folgende Gliederung zweckmäßig:

- Balken-, rahmen-, bogenartige Flächentragwerke
- Rotationsschalen
- hyperbolische Paraboloidschalen
- Hautartige Schalen
- nach freien Formen gebildete Schalen
- allgemeine Faltwerke
- Hängedächer.

Alle diese Flächentragwerke sind linien- oder punktgelagert.

Balken-, rahmen-, bogenartige Flächentragwerke
Die Haupttragwirkung der hier behandelten Flächentragwerke entspricht einem ebenen stabartigen Tragwerk. Da sie dünnwandige offene Querschnitte haben, entsteht eine Beanspruchung in Querrichtung, die bei der Planung dieser Flächentragwerke berücksichtigt werden muß.

Balkenartige Flächentragwerke
Balkenartige Flächentragwerke eignen sich besonders zur Überdachung von Hallen mit Rechteckgrundriß. Je nachdem, ob die balkenartigen Flächentragwerke aus ebenen oder gekrümmten Flächen gebildet werden, spricht man von
- balkenartigen Faltwerken (Bild 3.2.25) oder von
- balkenartigen Schalen (Bild 3.2.26).

Bezüglich der Breite ergeben sich in Ortbeton keine Einschränkungen, bei Fertigteilen soll die Elementbreite die transportbedingten Abmessungen (3 m) nicht überschreiten. Daraus können formale Probleme entstehen, falls die kleine Teilung nicht in der richtigen Proportion zu den Gebäudeabmessungen steht.

Die Faltwerke und Schalen sollen so entworfen werden, daß die Dicke 10 cm nicht wesentlich überschritten wird.

Die üblichen Querschnitte der balkenartigen Faltwerke sind in Bild 3.2.25, die der balkenartigen Schalen in Bild 3.2.26 dargestellt. Im Bereich der Feldmomente ist eine breitere Druckzone gewünscht. Bei Durchlaufträgern wird auch im Bereich der Innenauflager eine größere, auf Druck beanspruchte Querschnittsfläche erforderlich. Bei Fertigteilen ist es zweckmäßig, die Stoßfuge der Elemente nach oben zu legen. In den Stößen treten Bewegungen auf, die auch die Dichtung beanspruchen können. Deshalb ist es besser, wenn sich der Stoß nicht in der Rinne befindet.

Betoniert man die geneigten Flächen ohne Gegenschalung, so ist der Neigungswinkel und damit die Höhe des Flächentragwerkes begrenzt. Daher werden balkenartige Faltwerke und Schalen bei größeren Stützweiten oft mit Stegen versehen. Sollten bei mehrschiffigen Hallen in beiden Richtungen größere Stützenabstände gefordert sein, so können

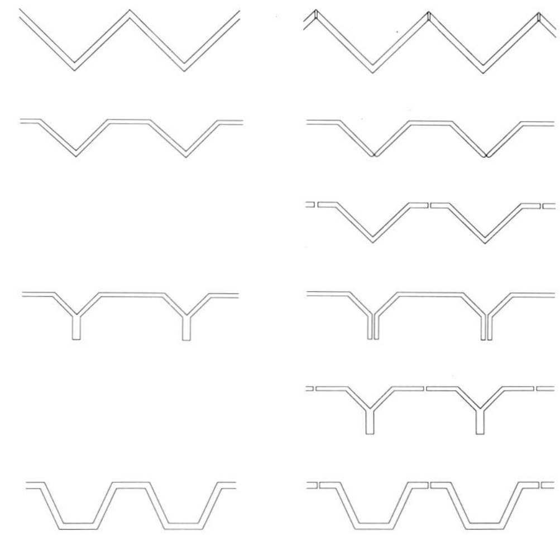

3.2.25 Balkenartige Faltwerke

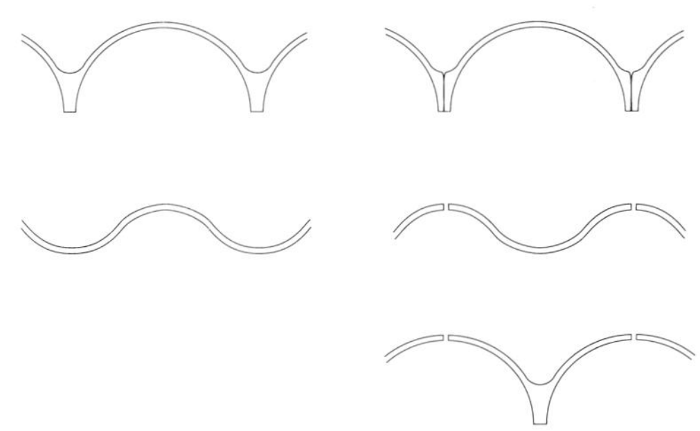

3.2.26 Balkenartige Schalen

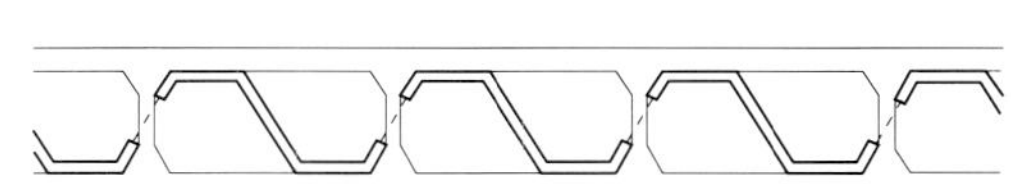

3.2.27 Vierendeelträger mit Faltwerk

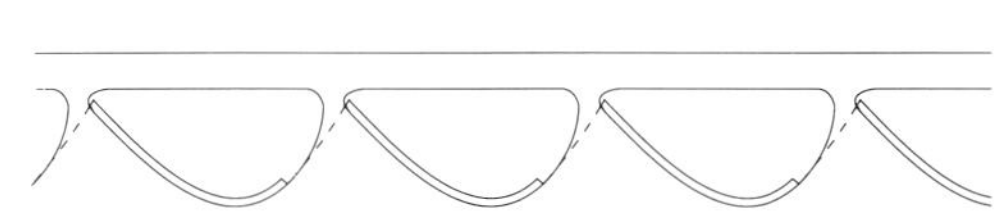

3.2.28 Vierendeelträger mit Schale

3.2.29 Stahlbeton-Flächentragwerke für Dachkonstruktionen

Tragverhalten	Faltwerke				Schalen
Vorgegebene geometrische Form					
balkenartig	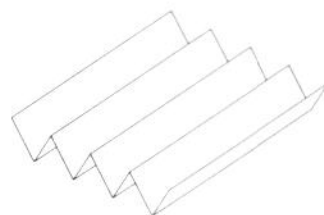 prismatisch		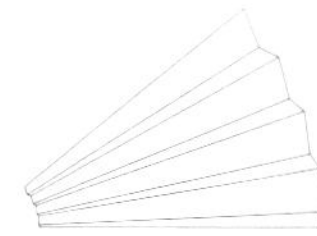 pyramidenartig		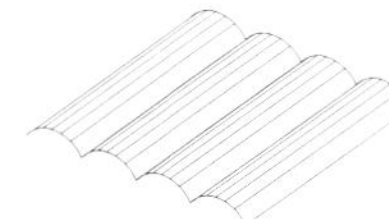 Zylinder parabolisch
rahmenartig	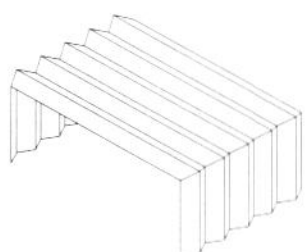				
bogenartig	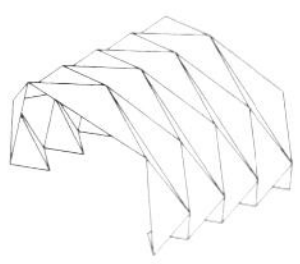	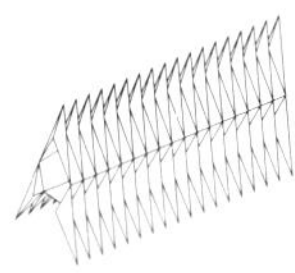	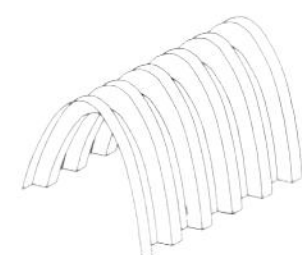 Faltwerk-Bogenschale aus Regelflächen zusammengesetzt (Orly) (Seite 23)		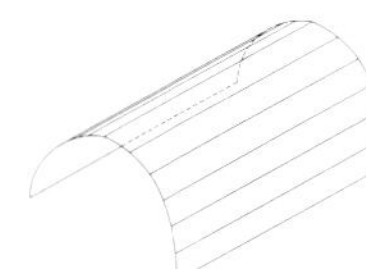 Tonne
rotationssymmetrisch (Seite 148)					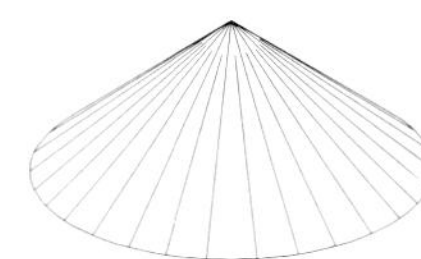 einfach gekrümmt (Kegel)
zentralsymmetrische Lagerung	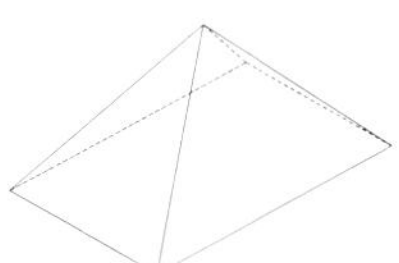 Pyramidenfallwerk	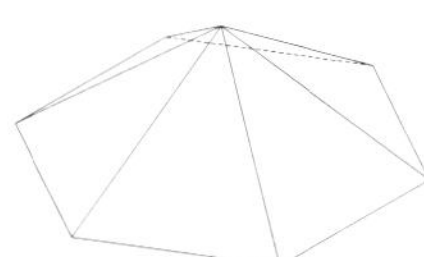		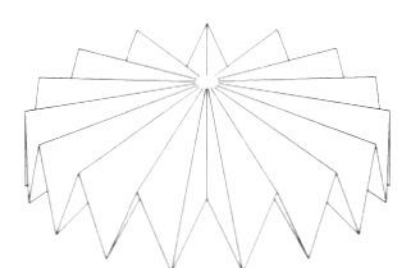	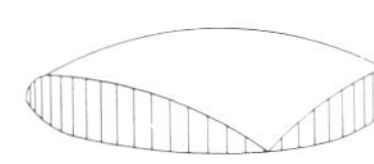 Kugel- (Elipsoid-)Kalotte
Hypar (Seite 151)					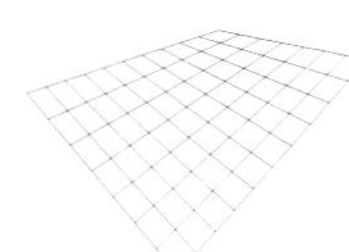
Konoid					Ränder gerade
Aus dem Idealspannungszustand ermittelte Form					
Hautartige Schalen (Spannschale) (Seite 153)					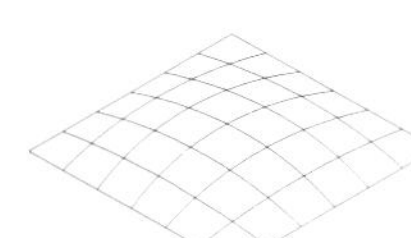
Freie Form (Seite 156)	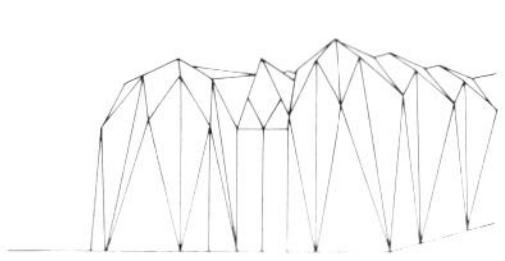 (Kirche St. Paul, Neuss) (Bild 3.2.75)				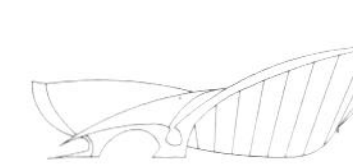 (TWA Abfertigungsgebäude Kennedy Airport New York) (Seite 33)

3.2.29 Stahlbeton-Flächentragwerke für Dachkonstruktionen

Schalen

Ausschnitt aus Rotations-
Hyperboloid

Torus-Ausschnitt
elliptische Fläche

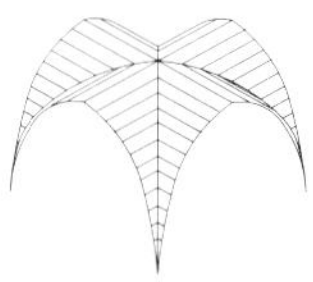

Kreuzgewölbe

Klostergewölbe

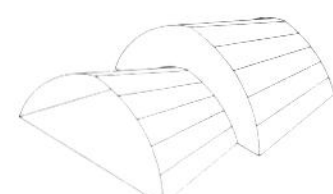

Kegel

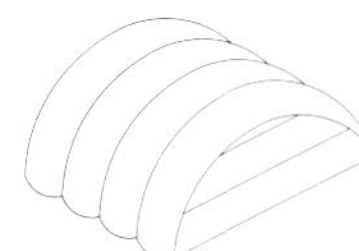

elliptische Fläche

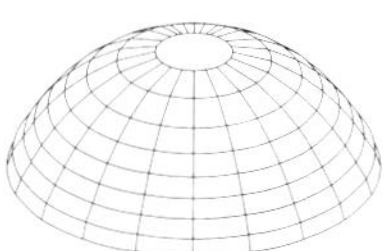

zweifach gekrümmt
gleichsinnig (Seite 23)
(Kegel, Elipsoid)

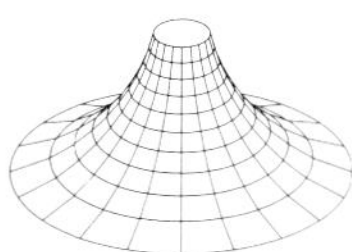

gegensinnig

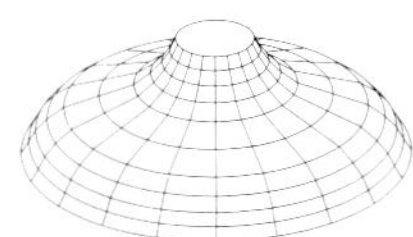

mit wechselnder Krümmung

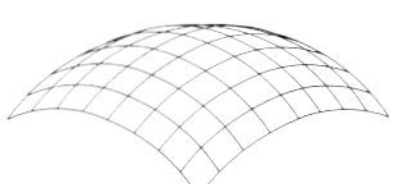

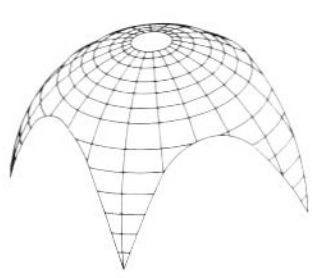

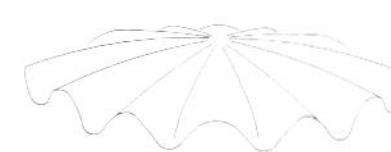

aus eliptischen Flächen
zusammengesetzt

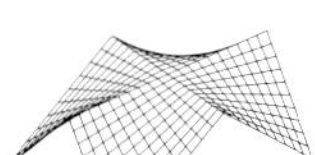

zusammengesetzt

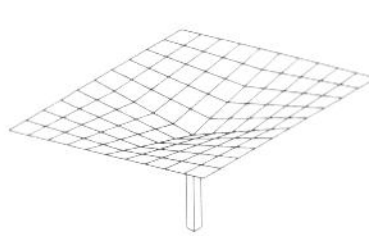

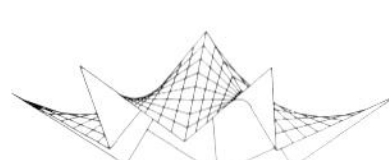

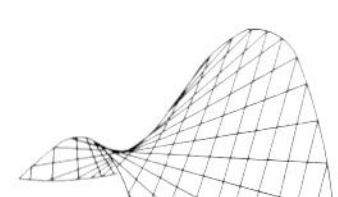

Ränder gekrümmt

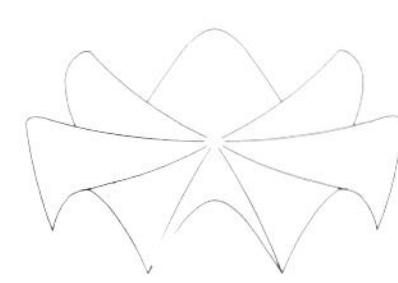

zusammengesetzt

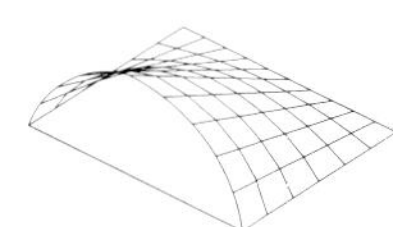

Konoid

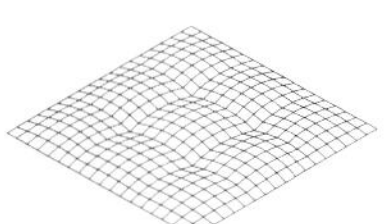

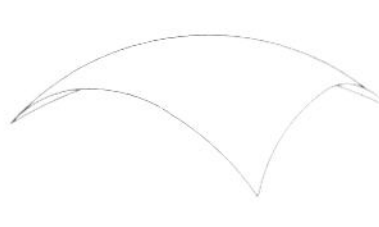

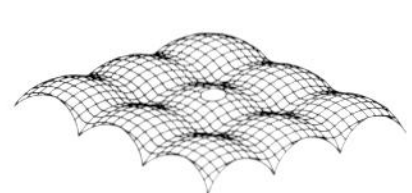

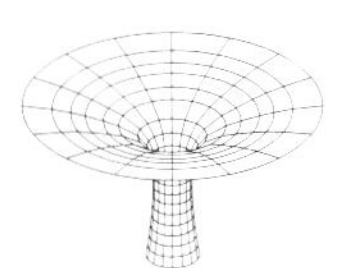

Rotationsfläche

(Keramion) (Seite 35)

(Oper Sydney)
(Seite 33)

(Bahnhof Neapel)
(Bild 3.2.73)

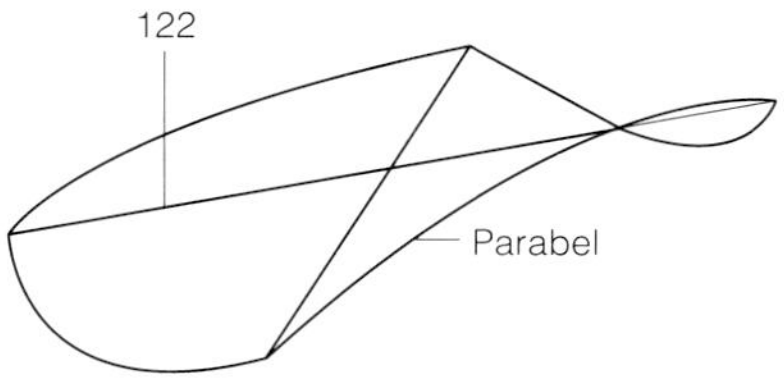

122 Spannstahl

3.2.30 Balkenartige hyperbolische Paraboloidschale

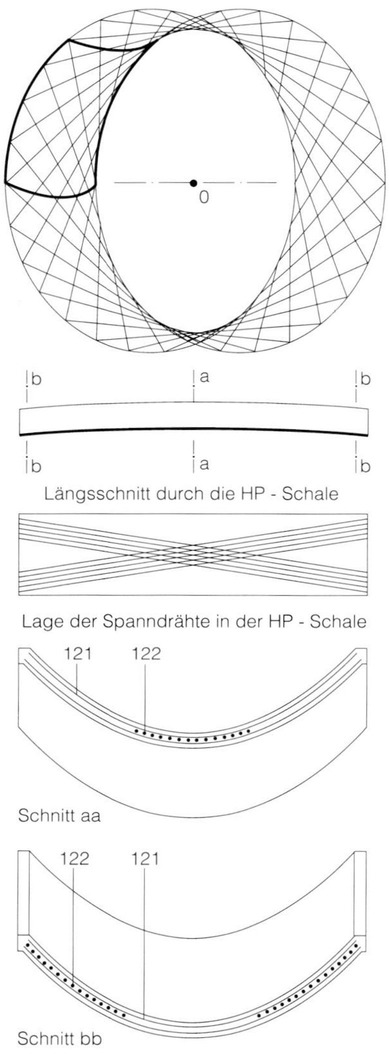

121 Bewehrung 122 Spannstahl

3.2.31 Ausbildung der »HP-Schale«

für Shedhallen balkenartige Faltwerke und Schalen z.B. mit »Vierendeelartigen« Trägern kombiniert werden (Bild 3.2.27, 3.2.28).

Für die Einleitung großer konzentrierter Kräfte, also bei den Auflagern, sind aussteifende Querscheiben erforderlich. Die Querscheiben können auch in Form von Unter- oder Überzügen ausgebildet werden (Bild 3.2.33). Die Wirkung der Querscheibe kann in bestimmten Fällen bei entsprechender Dicke der Platte bzw. Schale selbst übertragen werden.

Balkenartige Flächentragwerke größerer Stützweite werden sinnvollerweise in Spannbeton erstellt. Bei einer Ortbetonausführung erfolgt das Spannen nach dem Erhärten. Die Spannglieder können daher gekrümmt verlegt werden. Bei Einfeldträgern werden die Spannglieder an den Auflagern hochgezogen. Dadurch sind die Druckspannungen in der Unterkante und die Hauptspannungen in den stegartigen Bereichen geringer. Bei den Durchlaufträgern liegen im Stützbereich die Spannglieder zur Aufnahme der negativen Momente oben. Die Spannglieder müssen so geführt werden, daß die Umlenkkräfte keine oder nur kleine Komponenten quer zur Fläche haben. Für die Unterbringung der Verankerung sind entsprechende Querschnittsverdickungen vorzusehen.

Spannbeton-Fertigteilschalen werden im Spannbett hergestellt. Das Spannen erfolgt vor dem Betonieren. Eine Umlenkung ist nur unter großem Aufwand zu erreichen, daher wird in der Regel darauf verzichtet.

Damit in der gleichen Schalung mehrere unterschiedlich lange Elemente mit einem Spannvorgang hergestellt werden könnnen, werden die balkenartigen Flächentragwerke ohne Querscheiben betoniert. Sie müssen so dimensioniert sein bzw. so angehoben, gelagert und transportiert werden, daß die Eigenlast (einschließlich dynamischer Wirkung) ohne Querscheiben aufgenommen werden kann. Die Lagerung auf dem anschließenden Bauteil ist so auszubilden, daß für Vollast die Wirkung der Querscheibe vorhanden ist. Will man die Querscheiben mitbetonieren, so müßte die Schalung so ausgebildet werden, daß sie den Spannvorgang nicht behindert.

Zu den konsequentesten balkenartige Schalenkonstruktionen gehört die von W. J. Silberkuhl und E. Häußler entwickelte balkenartige Schale mit Längskrümmung, die sogenannte »Silberkuhl-Schale«. Die Aufgabenstellung bestand darin, eine balkenartige vorgefertigte Schale mit folgenden Bedingungen zu entwickeln:

- Breite 2,50 m, Stützweite 12 bis 24 m (es sind auch Schalen mit 31,20 m Stützweite, 3 m Breite und Dicke von 15,0 cm ausgeführt worden)
- Spannbeton ohne Umlenkung der Litzen
- ohne Gegenschalung herstellbar.

Aus diesen Bedingungen läßt sich die Form eindeutig ableiten:

- Für die gerade Führung der Spannlitzen ist eine Regelfläche geeignet z. B. hyperbolisches Paraboloid (siehe Seite 151)
- Die Höhe des Querschnittes ergibt sich aus der Neigung, mit der der Beton ohne Gegenschalung eingebracht werden kann. Dieser Winkel wurde experimentell ermittelt.
- Die Stichhöhe in Längsrichtung wurde so festgelegt, daß die Spannlitzen bei der maximalen Stützweite an der richtigen Stelle an den Endquerschnitten ankommen.

Da das Betonieren mit einem Betonierwagen mit Schlepp-Oberflächenverdichter erfolgen sollte, wurde die Kurve in Längsrichtung mit einem konstanten Radius, also ein Kreis, gewählt. So wurde aus dem ursprünglichen hyperbolischen Paraboloid ein Ausschnitt aus einem Rotationsparaboloid (siehe Seite 151 »Allgemeines, Geometrie«) (Der ursprüngliche Name »HP-Schale« war bereits eingeführt und wurde nachher nicht mehr geändert) (Bilder 3.2.30, 3.2.31). Die Endscheiben sind herstellungs- sowie transporttechnisch unangenehm und nur im Endzustand erforderlich. Daher werden die Auflagerbalken entsprechend ausgebildet (Bild 3.2.36).

Die Giebelstützen können die Windlast nur dann in die Schale ableiten, wenn die Endschalen entsprechend ausgesteift werden. Ansonsten wären die Giebelstützen nur im Fundament eingespannt zu lagern, das aufgrund der fehlenden Auflast zu großen Fundamentabmessungen führt.

Durch schräge Lagerung der HP-Schalen können Sheddächer ausgebildet werden (Bild 3.2.36).

Der Momentenfläche angepaßte Schalenformen

Die balkenartige Schale der Inspektionsstände des Technischen Überwachungsamtes in Darmstadt folgt in der Form der Momentenfläche des Einfeldträgers mit zwei Kragarmen. Dabei ist der Zuggurt gerade, und die Schale läßt sich mit Brettern schalen. Die Flächen sind im Kragarmbereich hyperbolische Paraboloide, im Feldbereich Konoide (Bild 3.2.37).

Zusammengespannte, balkenartige, prismatische und zylindrische Flächentragwerke

Überschreiten die Abmessungen eines balkenartigen Flächentragwerkes die Transportabmessungen, so werden diese zweckmäßigerweise quer zur Tragrichtung in transportable Elemente zerlegt und an Ort und Stelle zusammengespannt. Hierfür werden in die Elemente Hülsen einbetoniert, die wegen des nachträglichen Einfädelns einen etwas größeren Durchmesser haben sollen als beim üblichen Bauvorgang. Die Spannpresse stützt sich gegen den erhärteten Beton. Die Kraft der Spannglieder wird durch Anker in den

Beton geleitet. Für die Ausbildung der Kontaktfläche ergeben sich die folgenden Möglichkeiten:

- Man kann die Elemente im Abstand verlegen (5–10 cm) und die Zwischenräume ausbetonieren. Nachteil: lange Wartezeit bis die Vorspannkraft aufgebracht werden kann; Abkürzung des Bindeprozesses durch Kunstharzmörtel.
- Mit Hilfe von Kunstharzspachtelung erreicht man eine genaue Kontaktfläche.
- Mit einem Trennmittel kann man die Elemente an der Kontaktfläche gegeneinander betonieren. Nachteil: Es werden nicht nur zwei Betoniervorgänge erforderlich, sondern die Elemente sind außerdem zu numerieren und in der entsprechenden Reihenfolge zu verlegen.
- Eine exakte Schalung erreicht man z.B. mit Spiegelglas, wobei die Einstellung der Schalfläche rechtwinklig zur Tragwerksachse schwierig ist.

Zur Aufnahme der Querkräfte kann eine Verzahnung der Kontaktfläche zweckmäßig sein. Die Montage erfolgt auf einem Gerüst oder am Boden, wobei für das Versetzen des zusammengespannten Tragwerkes schwere Hebezeuge erforderlich sind.

Bilder 3.2.34 und 3.2.35 zeigen Shedhallen aus zusammengespannten Fertigteilen, die als balkenartige Schale wirken.

Wirtschaftlichkeit

In eine Wirtschaftlichkeitsbetrachtung müssen zusätzlich zu den Kosten der Flächentragwerkselemente auch die Dacheindeckung (abgewickelte Fläche, Mehraufwand für schräge und gekrümmte Flächen, Kehlausbildung), die Kosten der Auflagerträger, der Giebelriegel und der Stützen (insbesondere der Giebelstützen und der Fundamente) mit einbezogen werden.

Fertige Schalungen, die für die Elemente mit verschiedenen Stützweiten verwendet werden können, sind lediglich für HP-Schalen vorhan-

3.2.32

3.2.33

3.2.34

3.2.35

3.2.36

3.2.37

3.2.38

3.2.39

3.2.40

3.2.41

Faltwerke

3.2.32 Tankstelle bei Mailand, Favini (Feldbereich: Zylinderfläche, Kragbereich: Konoid)
3.2.33 Zementwerk Wiesbaden, E. Neufert, Dyckerhoff
3.2.34 Zentrallager der VSK (Schweiz), Heinz Hossdorf, Element AG, Tafers
3.2.35 Webereihalle Textilfabrik (Polen), J. Glowczewski, S. Sikorski, Walclaw & Zenon Zalewski, Ausführung Industriebau Posen
3.2.36 Sporthalle Herne, Denzinger, Vestakon GmbH
3.2.37 Inspektionshalle TÜV Darmstadt, H. Tuch, W. Fuchssteiner
3.2.38 Tribüne des 1. FC Köln, H. Schulten, S. Polónyi
3.2.39 Kirche St. Hedwig, Oberursel, H. Günther, S. Polónyi
3.2.40 Autobusgarage Budapest, I. Menyhárd
3.2.41 Flugzeughalle Marignane (Frankreich), Auguste Perret & Nicolas Esquillan, Ausführung Société des Enterprises Boussiron Paris

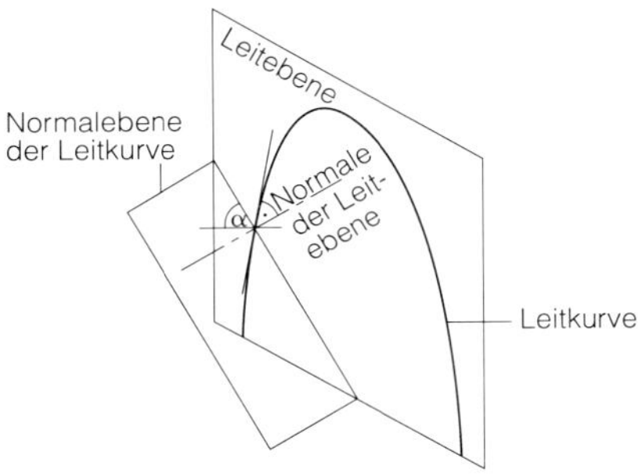

3.2.42 Definition der Regelfläche der Kirche St. Hedwig, Oberursel (Bild 3.2.39)

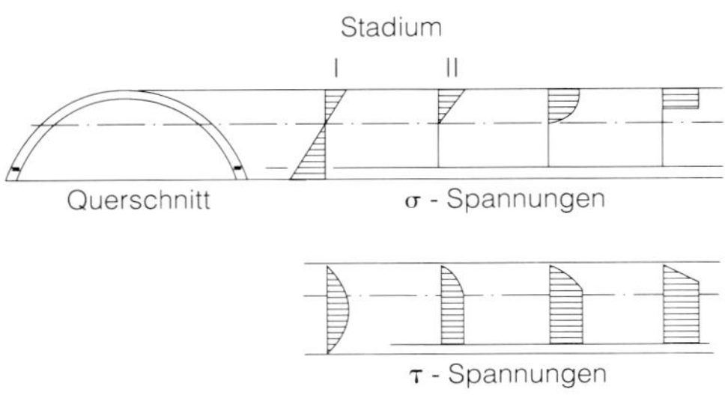

3.2.43 Längsspannungsverteilung mit den dazugehörigen Schubspannungen

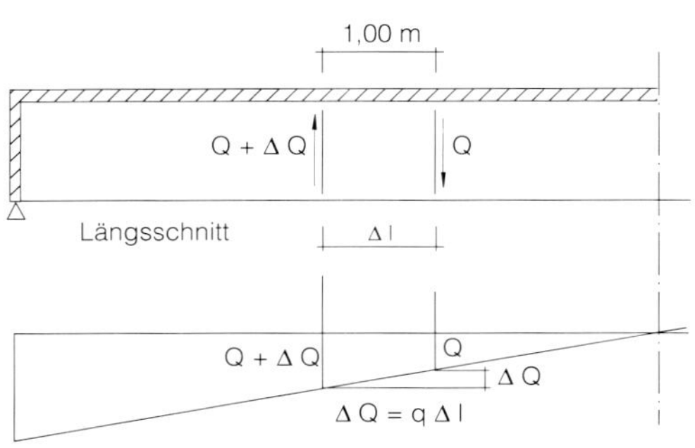

3.2.44 Querkraftbeanspruchung einer balkenartigen Schale

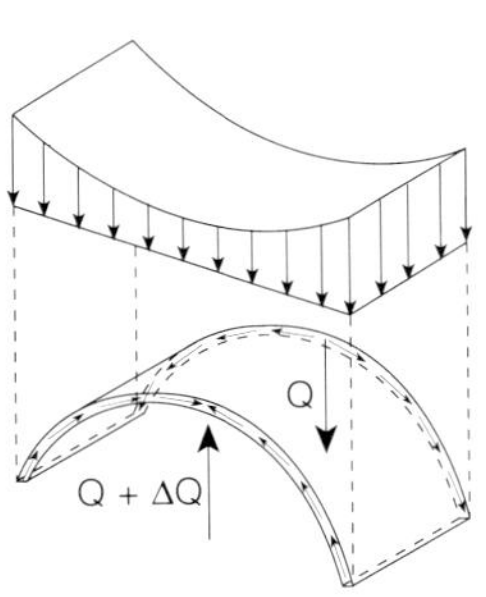

3.2.45 Auf den Ausschnitt wirkende Lasten

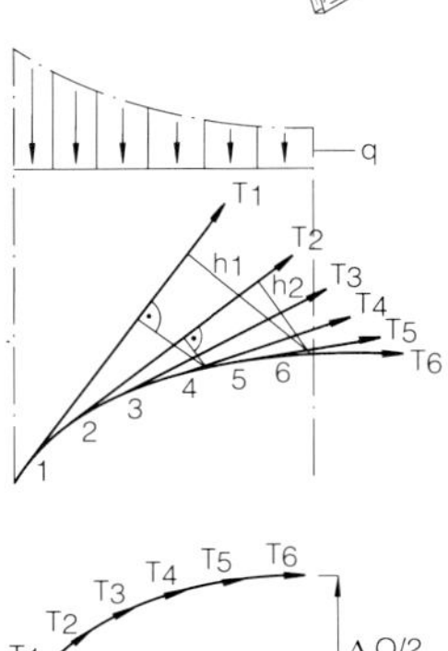

3.2.46 Ermittlung der Querbiegemomente

den. Das heißt, die anderen Elemente werden noch mit zusätzlichen Schalungskosten belastet. Solche Gesamtbetrachtungen zeigen, daß balkenartige Flächentragwerke vorwiegend bei besonderen gestalterischen Vorstellungen und bei Shedhallen infrage kommen. Wegen der preiswerteren Dacheindeckung und der allgemein vorhandenen Schalung sind Ein- bzw. Zweistegplatten (TT-Platten) insbesondere aber Binder-Konstruktionen mit Trapezblech wirtschaftlicher.

Rahmen- und bogenartige Flächentragwerke Faltwerke
Bogenartige Faltwerke können aus ebenen dreieckigen Flächen gebildet werden (siehe Seite 144, 1. Spalte, 3. Reihe).

Die Tribüne des Fußballplatzes 1. FC Köln ist ein Dreigelenkfaltwerk mit großer Auskragung. Der Querschnitt des Faltwerkes ist so gewählt, daß für die Druckzone ein Plattenstreifen zur Verfügung steht. Bei den Knickstellen des Faltwerkes nehmen die Querscheiben die Abtriebskräfte auf. Die Form des Elementes richtet sich nach den Transportbedingungen. Die ursprünglich eben geplante Stirnscheibe wurde geknickt, um die unvermeidbaren unterschiedlichen Kriechverformungen der Elemente und die Montageungenauigkeiten nicht in Erscheinung treten zu lassen. Die Montage erfolgte mit einer Hilfsabstützung des Stufenelementes (Bild 3.2.38).

Regelflächen (Flächen mit geraden Erzeugenden)
Hierzu zählen in erster Reihe dünnwandige Gewölbe, die als Zylinder oder Kegelfläche ausgebildet sind. Die Aussteifung dieser Gewölbeschalen erfolgt durch die Endscheiben und Aussteifungsrippen. Die bogenartige Schale des Luftschiffhangars in Paris-Orly von Freyssinet (abgerissen) (Seite 23) erhielt durch den Faltquerschnitt die erforderliche Biegesteifigkeit. Die Flächen selbst sind keine Ebenen, sondern Regelflächen. Im Prinzip ist die Konstruktion der Kirche in Oberursel eine bogenartige Schale (Bild 3.2.39). Die Regelfläche wird durch die Erzeugenden definiert, die in der Normalebene einer ebenen Leitkurve liegen und mit der Ebene der Leitkurve einen konstanten Winkel bilden (Bild 3.2.42).

Elliptische Flächen (Einsinnig doppelt gekrümmte Flächen)
Elliptische bogenartige Schalen mit Zugband sind die Autobusgarage in Budapest (Bild 3.2.40) und die Flugzeughalle Marseille-Marignane (Bild 3.2.41). Letztere wurde auf dem Boden betoniert und mit hydraulischen Pressen in die endgültige Lage gedrückt.

Berechnung
Die Längsspannungen einer balkenartigen Schale lassen sich aus der Balkenwirkung entsprechend der Spannungsstadien ermitteln (Bild 3.2.43). Daraus ergibt sich die Schubspannungsverteilung. Die Schubspannungen rufen die Querbiegung der Schale hervor. Man macht keinen großen Fehler, wenn man die Schubspannungsverteilung im Querschnitt als konstant annimmt. Die Querbiegung für einen 1 m breiten Ausschnitt wird aus der Querkraftdifferenz ΔQ ermittelt (Bild 3.2.44). ΔQ wird entsprechend der angenommen konstanten Spannungsverteilung auf die Querschnittabschnitte verteilt (Bild 3.2.45). Die Querkraftkomponente der Querschnittabschnitte T und die Last q ergeben die Momente in den einzelnen Punkten (Bild 3.2.46).

Die Abweichung dieser vereinfachten Methode von der exakten Lösung ist gering. Dieses Verfahren kann für schlaffarmierte und Spannbeton-Flächentragwerke gleichermaßen angewandt werden. Es liefert genügend genaue Ergebnisse für die Vorstatik, in vielen Fällen auch für den endgültigen statischen Nachweis. Die Leitkurve kann derart optimiert werden, daß die Querbiegemomente ein Minimum bilden. Das ist der Fall, wenn die positiven und negativen Momente gleich groß sind.

Mit der hier gezeigten Methode können auch balkenartige Faltwerke berechnet werden. Das Verfahren ist anwendbar für rahmenartige und bogenartige Flächentragwerke.

Besondere Sorgfalt ist der Berechnung der Umlenkkräfte an den Knickstellen zu widmen. Hier sind Querscheiben bzw. Verbindungsstäbe anzuordnen. Die umgelenkte Bewehrung muß durch entsprechende Verbügelung gehalten werden.

Die Ränder nebeneinander liegender balkenartiger Flächentragwerke stützen sich gegenseitig horizontal. Die Endfalten bzw. Schalen benötigen eine horizontale Halterung durch einen Rinnenträger oder Verbände.

Rotationsschalen
Definition
Eine um eine Achse gedrehte Kurve bildet eine Rotationsfläche.

Tragverhalten
Maßgebende Belastung:
- bei flachen Schalen vorwiegend rotationssymmetrisch: Eigenlast und Schnee
- bei hohen Schalen nicht rotationssymmetrisch: Wind

Berechnung
Membrantragwirkung
Alle Rotationsschalen können ihre verteilte rotationssymmetrische Last nur durch Membrankräfte tragen, wenn die Meridiankurve mit Ausnahme des Scheitelpunktes keine horizontale Tangente hat. Es gilt allgemein: Eine Schale, die mit paralleler Last belastet wird, darf entlang einer geschlossenen, zur

Lastrichtung normalen Niveaulinie keine zur Lastrichtung normale Tangentialebene haben, da hier die Kraftübertragung lediglich durch Querkräfte, also durch Biegung erfolgen kann (Bild 3.2.47).

Die Schalen bekommen auch im Falle einer rotationssymmetrischen Lagerung Randstörungen, die nur mit aufwendigen Lagern ausgeschaltet werden können. Durch Ringvorspannung kann die Randstörung in bestimmten Fällen reduziert werden. Biegestörungen werden mit Biegebewehrung aufgenommen.

Schnittgrößen: Meridiankräfte, Ringkräfte sind bei rotationssymmetrischer Lagerung und rotationssymmetrischer Last rotationssymmetrisch. Die meisten rotationssymmetrischen Platten und Schalen sind tabellarisch mit fertigen Formeln in [45] aufgeführt.

Für die Bestimmung der Membrankräfte von Rotationsschalen mit beliebiger Meridiankurve, die parallel zur Rotationsachse belastet sind, bietet sich ein graphisches Verfahren an (Bild 3.2.48) [30]. Die Schale wird durch zur Rotationsachse normale Ebenen in Ringabschnitte geteilt (a). Die Last dieser Abschnitte V_I, V_{II}, V_{III}, ... wird in (b) aufgetragen. Die in den Schnittfugen wirkende Last muß von einer Kraftrichtung, die tangential zur Schnittstelle 1, 2, 3, ...der Meridiankurve liegt, aufgenommen werden. Im Kräfteplan (b) sind diese T_I, T_{II}, T_{III}, ... woraus $n_{\varphi I} = T_1/2\ \pi r_1$ usw. ist. Die Ringkräfte ergeben sich aus der Differenzkraft (ΔH_I, ΔH_{II}, ΔH_{III}...) der auf den oberen und unteren Rand der Ringabschnitte wirkenden Kräfte. ΔH_I, ΔH_{II}, ΔH_{III} .... sind die Summen der radial auf den Kreisumfang wirkenden Kräfte. Die auf den Ring wirkenden Radialkraft ist $\Delta h_{III} = \Delta H_{III}/2\pi r_{III}$. Die Schnittkraftresultierende eines Ringabschnittes beträgt $N_{\psi III} = -(\Delta H_{III}/2\pi r_{III})r_{III}$. Diese Schnittkraftresultierende wird von einer Schnittstrecke s_{III} aufgenommen, wodurch die Ringschnittkraft $n_{\psi III} = -\Delta H_{III}/2\pi s_{III}$ beträgt. Ist die auf den unteren Rand wirkende H-Kraft größer als die H-Kraft, die auf den oberen Rand wirkt, so ist die n_ψ-Schnittkraft Druck, im umgekehrten Fall Zug. In unserem Beispiel ist die Ringkraft über Schnitt III Druck, darunter Zug. Dieses Verfahren ermittelt die Schnittkräfte aus der Gleichgewichtsbedingung, die nur bei entsprechender Lagerung in Auflagernähe die zutreffende Schnittkraftverteilung liefert.

DIN 1045, Abs.4.1 sagt: »Für die Ermittlung der Verformungs- und Schnittgrößen ist elastisches Tragverhalten zugrunde zu legen«. Die Berechnung nach der Plastizitätstheorie wäre günstiger. Z. B. bei zylindrischen Behältern kann dabei die Bewehrung reduziert werden. Es zeigt sich, daß der geringste Bewehrungsaufwand für die gleiche Last bei einer stärkeren Ring- und geringeren Erzeugendenbewehrung liegt, als dies nach der Elastizitätstheorie errechnet wird.

Punktlagerung
Um Biegebeanspruchungen zu vermeiden, sind konzentrierte Kräfte und Streckenlasten in die Schale, soweit möglich, tangential einzuleiten (Bild 3.2.49). Ist die nicht kontinuierliche Lagerung nicht tangential, so können die Lagerungskräfte nur durch Biegung (Plattenwirkung) in die Schale eingeleitet werden (Bild 3.2.57). Für die Vordimensionierung dieser Schalen bietet sich die Resultierenden-Methode an. Dabei bestimmt man die Resultierenden in den Symmetrie-Schnitten durch die Gleichgewichtsbedingungen (siehe auch Seite 155).

Beulung
Für Kugelkalotten gilt die kritische Last $p_k = \alpha E d^2/R_1R_2$, wobei α den Beulfaktor, E den E-Modul, d die Schalendicke, R_1 und R_2 die Hauptkrümmungsradien bedeuten. Csonka empfiehlt auch aufgrund von Untersuchungen über eingestürzte Schalen $\alpha = 0{,}05$ anzunehmen, worin der Sicherheitsfaktor und die herstellungstechnische Ungenauigkeit berücksichtigt sind [51]. Es wäre besser, anstelle des globalen, in dem Beulfaktor versteckten Sicherheitsfaktors aufgeschlüsselte Sicherheitsfaktoren zu verwenden, wobei die herstellungstechnischen Ungenauigkeiten dadurch berücksichtigt werden, daß »d« und »R« mit ihren ungünstigen Toleranzen in den Nachweis eingesetzt werden.

Herstellung
Ortbeton
Schalung:
- Pneumatische Schalung
  Da örtliche Belastungen Formänderungen hervorrufen, können mit Luftdruck gefüllte beschichtete Gewebe nur dann angewendet werden, wenn das Betonieren mit Spritzverfahren erfolgt, da andere Einbring- und Verdichtungsverfahren Bewegungen der Schalung hervorrufen.
- Holzschalung
  Bretterschalung: in Form der Meridiankurve geschnittene hochkant gestellte Bohlen mit in Radial-Richtung verlegter Bretterschalung oder ringförmig verlegte Kanthölzer mit Meridian-Bretterschalung. Es kann ein gestalterisches Problem sein, daß der Blick durch die Struktur der Schalung zum Zenit der Kuppel geführt wird.
- Faserplatten
- Verlorene Schalung
  Nervi hat bei seinen Schalen (Bild 3.2.51 und 3.2.58) rautenförmige Ferrocemento-Kassettenplatten als verlorene Schalung verwendet. Die Ferrocemento-Platten sind aus Feinkornbeton mit Drahtbewehrung hergestellt. Sie wurden auf einem Gerüst verlegt. In den Zwischenräumen liegt die Bewehrung der Rippen. Durch das Betonieren der Rippen

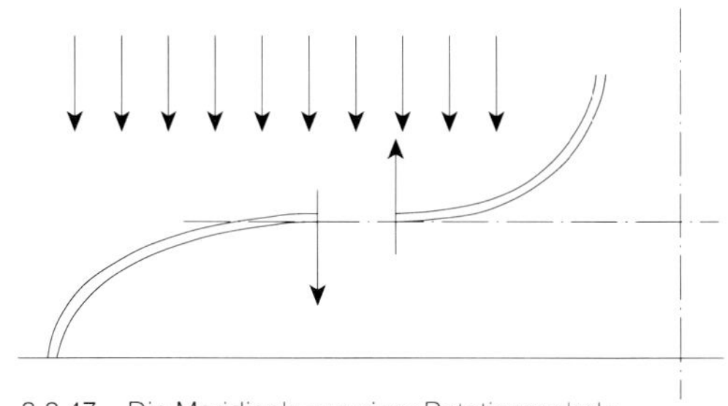

3.2.47 Die Meridiankurve einer Rotationsschale darf nur im Scheitel horizontale Tangentialebene haben

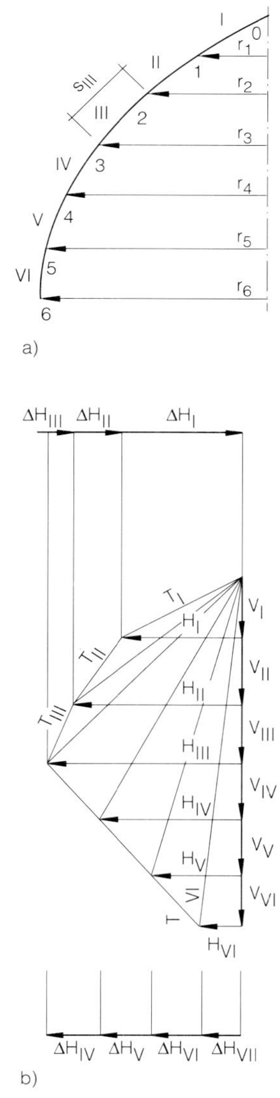

3.2.48 Graphische Ermittlung der Ringschnittkraft einer Rotationsschale [30]

3.2.49

3.2.50

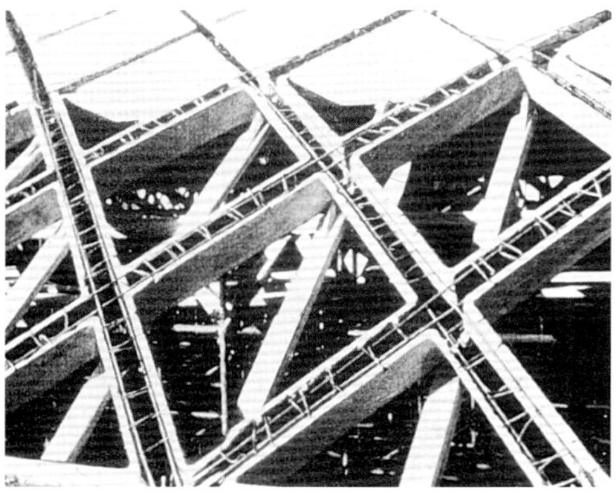

3.2.51

3.2.52

3.2.53

3.2.54

3.2.55

3.2.56

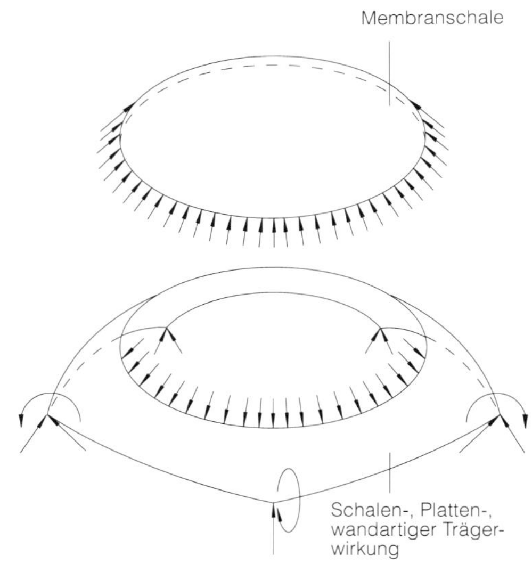

3.2.57 Punktgelagerte Kalottenschale mit biegesteif angeschlossenen Stützen Beanspruchung des Ringträgers

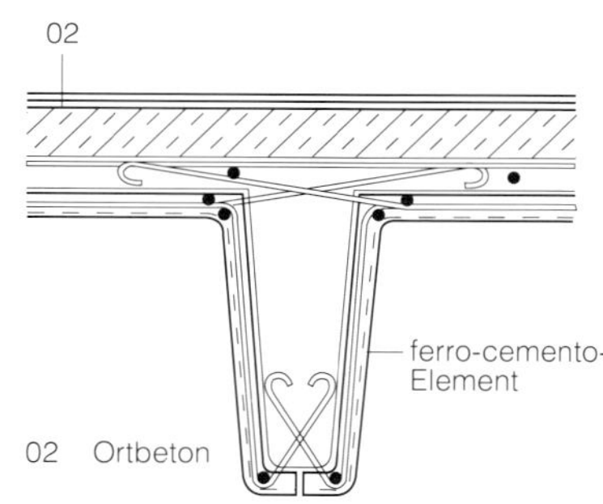

3.2.58 Schnitt durch die Rippe der Schale des Palazzetto (Bilder 3.2.50 – 3.2.52)

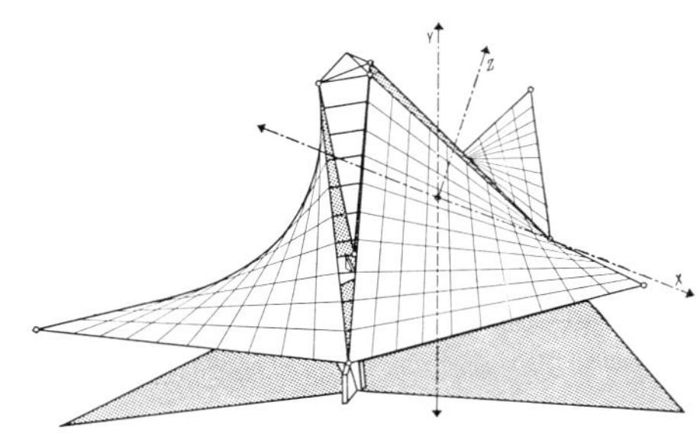

3.2.59 Zusammengesetzte »HP-Schale« mit geradem Rand [40]

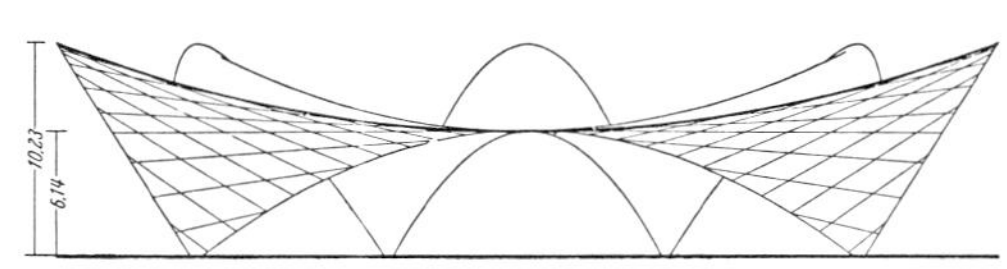

3.2.60 Zusammengesetzte »HP-Schale« mit gekrümmtem Rand

Schalen

3.2.49 Punktgelagerte Kugelkalotte Messehalle Barcelona
3.2.50 bis 3.2.52 Palazzetto Rom: Innenansicht, Montage der Ferrocemento-Elemente und der Rippenbewehrung, Lagerung der Schale auf den V-Stützen, P. L. Nervi
3.2.53 Haltestelle Messe und Stadion Düsseldorf
3.2.54 Warenhaus in Mexiko, F. Candela
3.2.55 und 3.2.56 Kirche St. Suitbert Essen: Bewehrung, Gerüst und Schalung, J. Lehmbrock, S. Polónyi

und einer Schicht über den Kassettenplatten entsteht die eigentliche Tragkonstruktion, die Rippenschale: eine sehr beeindruckende, ornamentale Konstruktion.

Bei dem Palazzetto wird der Horizontalschub der Kuppel durch schräge Stützen in die Ringfundamente geleitet (Bilder 1.69, 1.70, 3.2.52). Ein Zugring in der Traufe hätte die schrägen Stützen, die architektonisch dominieren, überflüssig gemacht [37]. Freilich hätte dies zum Verlust der reizvollen architektonischen Erscheinung geführt.

Fertigteil
Ziel einer Fertigteilkonstruktion ist es, Gerüst und Schalung zu sparen und darüber hinaus die Bewehrungs- und Betonierarbeiten in die Fabrik zu verlegen. In diesem Sinne kann die Konstruktion des Palazzetto von Nervi nicht als Fertigteilbau angesehen werden. Die Methode entspricht der Herstellung von teilweise vorgefertigten Elementdecken.

Kuppeln lassen sich aus radialen Elementen mit einem Hilfsbock unter dem Scheitel aus Fertigteilen zusammensetzen. Beispiele: St. Hedwigs-Kathedrale Berlin, Tonhalle Düsseldorf.

Hyperbolische Paraboloidschalen
Allgemeines, Geometrie
Die hyperbolischen Paraboloid-Schalen (abgekürzt: Hypar- oder HP-Schalen) werden gerne angewendet. Gründe hierfür sind:
- die ästhetisch ansprechende Form, insbesondere in der Kombination von mehreren Hypar-Schalen
- die herstellungstechnisch günstige Form: es gibt zwei Scharen gerader Erzeugende; bei Stahlbetonschalen werden in einer Richtung die Schalungsbretter, in die andere die Kanthölzer des Gerüstes verlegt
- das günstige, überschaubare Tragverhalten mit ziemlich gleichmäßiger Schnittkraftverteilung bei entsprechender Lagerung und relativ günstigem Stabilitätsverhalten.

Das hyperbolische Paraboloid ist eine zweifach gekrümmte, nicht abwickelbare Fläche, deren Hauptkrümmungen entgegengerichtet sind: eine gegensinnig gekrümmte Fläche (siehe Seite 144f).

Das hyperbolische Paraboloid kann als Regelfläche (Fläche mit geraden Erzeugenden) und als Translationsfläche definiert werden (Bild 3.2.64). Alle Geraden e_1 (Erzeugende), die zwei windschiefe Geraden g_1, g_2 (Leitgeraden) schneiden und zu einer Leitebene (L_1) parallel sind, bilden ein hyperbolisches Paraboloid (Bild 3.2.61). (Keine der Leitgeraden darf parallel zur Leitebene stehen). Eine zweite Schar von Erzeugenden g_1 ergibt sich aus der Leitebene L_2 sowie den Leitgeraden e_1 und e_2. Die gleiche Fläche kann durch Translation (Parallelverschiebung) erzeugt weden: Auf einer Leitparabel gleitet eine erzeugende Parabel parallel zu einer Leitebene (Bild 3.2.62). Welche Beschreibung verwendet wird, ist von der Aufgabenstellung abhängig. Will man eine Stahlbetonschale herstellen und die Fläche mit Brettern einschalen, so ist eine Definition als Regelfläche geboten, soll die Fläche aus Parallelogrammen als Polyeder (Verglasung) gebildet werden, so ist die Definition der Translationsfläche heranzuziehen (Bild 3.2.64).

Gleichung der Fläche
Zur Ermittlung der Schnittkräfte ist gemäß Empfehlung von Candela [32, 36] die Regelfläche zweckmäßig, wobei die z-Achse des Koordinatensystems parallel zu beiden Leitebenen ist, die x- und y-Achsen parallel zu den Leitebenen L_1 bzw. L_2 angeordnet und zur z-Achse rechtwinklig sind. Der Winkel α zwischen den Leitebenen kann beliebig sein. Die Projektion der Erzeugenden in z-Richtung auf die xy-Ebene ergibt ein Parallelogrammraster (Bild 3.2.63). Wenn das hyperbolische Paraboloid durch ein räumliches Viereck OACB abgegrenzt ist (gerade Erzeugende), legt man den Ursprung O des Koordinatensystems in eine Ecke des Viereckes. So wird die Fläche definiert durch die Projektion der Seitenlängen l_x und l_y sowie die z-Koordinaten a, b und c, die den Abstand der Eckpunkte A, B und C von der xy-Ebene bezeichnen. Die z-Koordinate eines beliebigen Flächenpunktes P mit den Koordinaten x, y läßt sich aus den Höhenverhältnissen aufschreiben:
$z = z_b + x\,(z_c - z_b)/l_x$
wobei
$z_b = b\,y/l_y$ und $z_c = a + (c - a)\,y/l_y$
ist. Woraus
$z = (b/l_y)y + (a + (c - a)\,y/l_y - b_y/l_y)\,x/l_x$
und mit den Bezeichnungen
$r = (c - a - b)/l_x\,l_y \quad r_x = a/l_x \quad r_y = b/l_y$
$z = r\,x\,y + r_x\,x + r_y\,y$
ergibt. »r« ist ein für die Krümmung der Fläche charakteristischer Wert. Ist r groß, so ist die Fläche stark gekrümmt. Bei r = 0 handelt es sich um eine Ebene.

Schnittkraftermittlung
Zuerst soll die Gleichgewichtsbedingung einer Hypar-Schale mit auf dem Grundriß bezogener gleichmäßig verteilter Last untersucht werden. Bei dieser Untersuchung soll sich die Schale in einer Lage befinden, bei der die Erzeugenden einen Parallelogrammrastergrundriß bilden, daß heißt, die Achse des hyperbolischen Paraboloids ist vertikal und die Lastrichtung dazu parallel (Bild 3.2.65).

Die Gleichgewichtsbedingungen für ein durch vier Erzeugende begrenztes, »finites« Element ist leicht aufzuschreiben. Es bleibt lediglich die Gleichgewichtsbedingung der Projektion der Kräfte in Richtung der z-Achse, da alle anderen Gleichgewichtsbedingungen ab ovo erfüllt

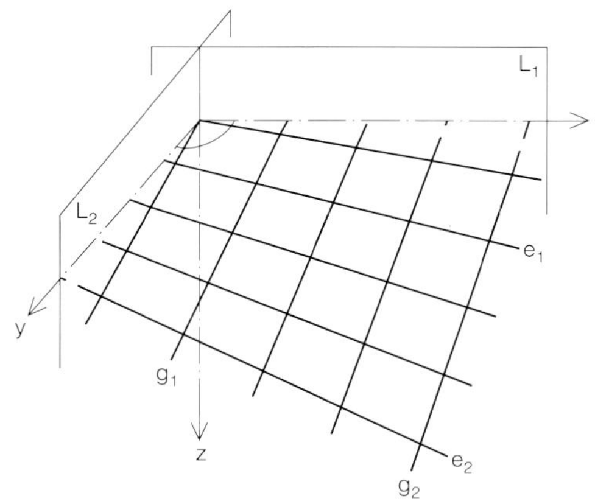

3.2.61 Definition der »HP-Schale« als Regelfläche

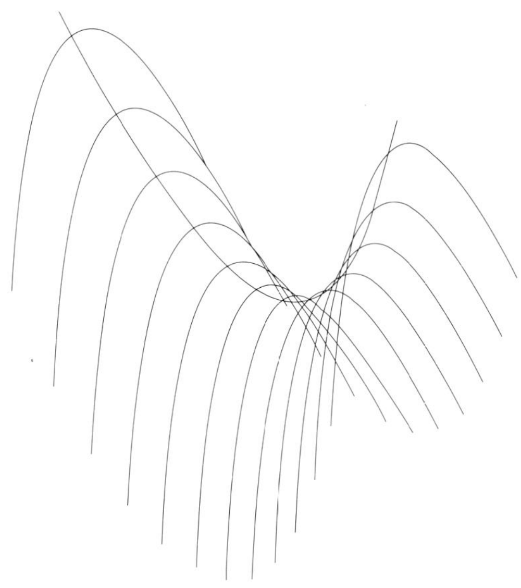
3.2.62 Definition des hyperbolischen Paraboloids als Translationsfläche

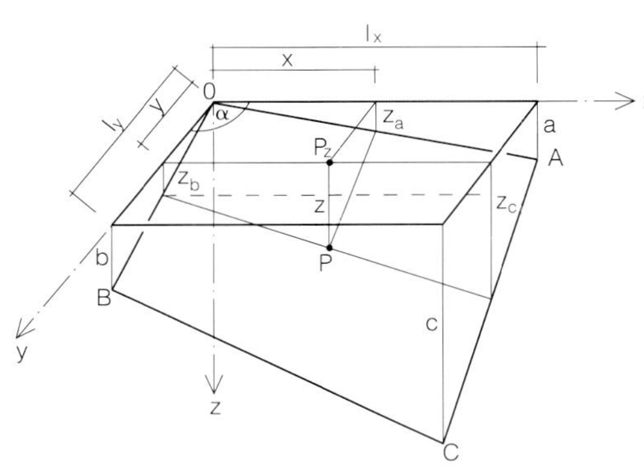

3.2.63 Koordinaten eines beliebigen Flächenpunktes

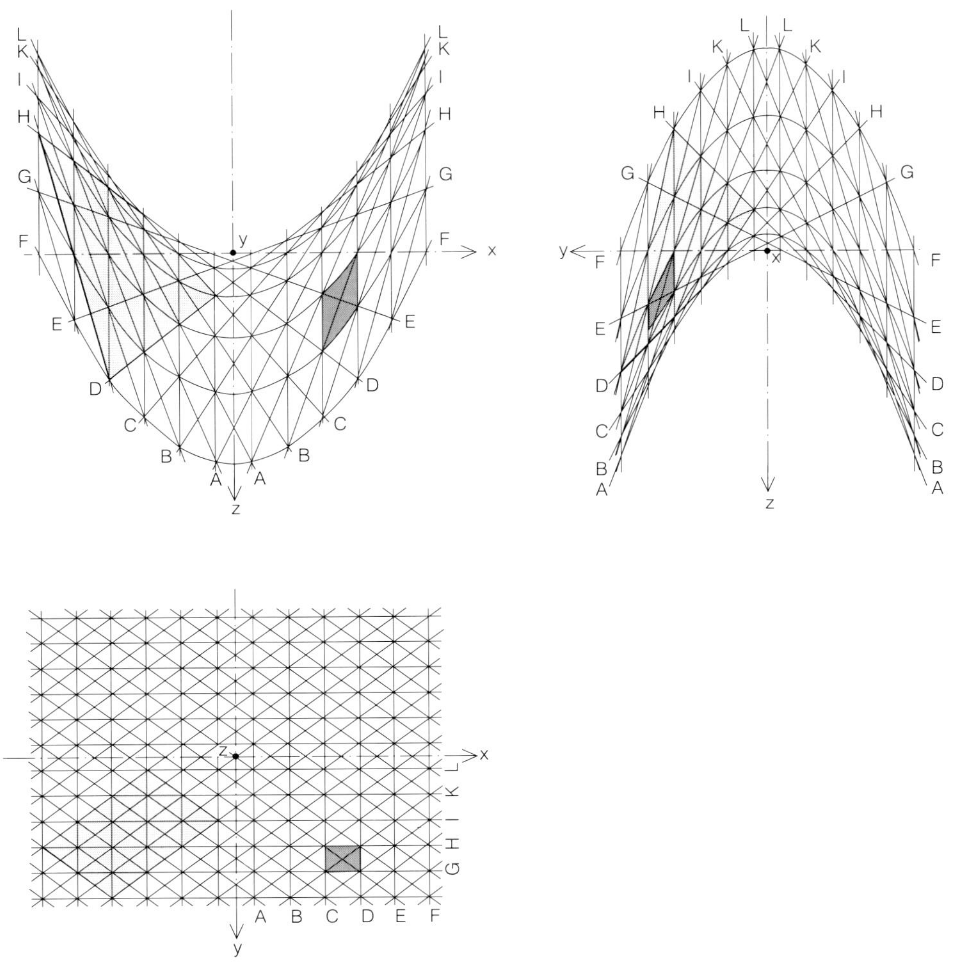

3.2.64 Hyperbolisches Paraboloid als Regel und Translationsfläche [40]

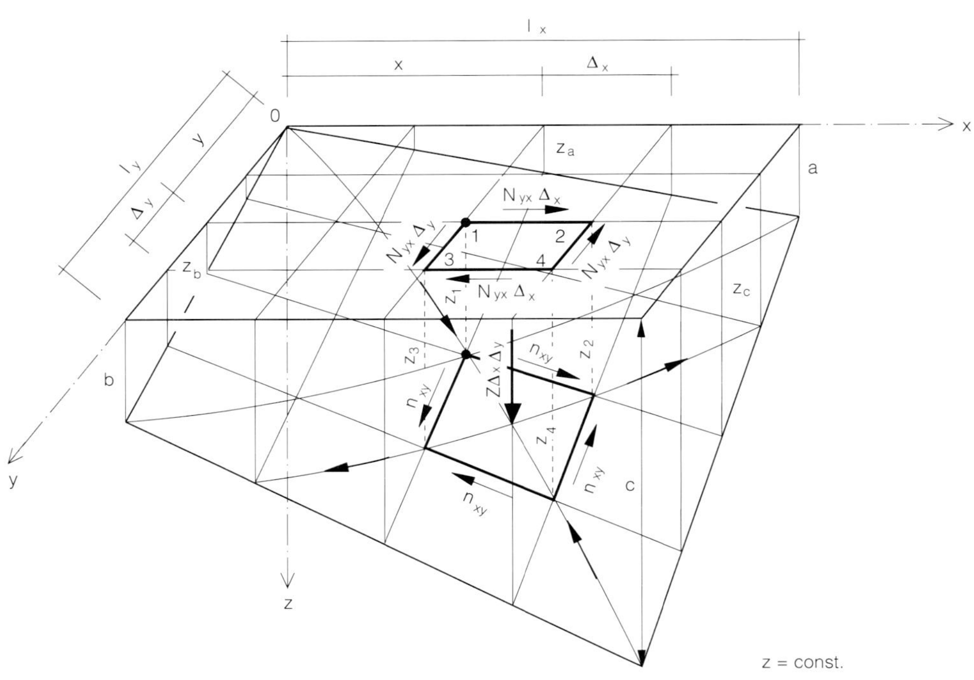

3.2.65 Schnittkräfte der HP-Schale infolge einer verteilten Belastung, die mit der z-Achse parallel ist

sind. Dabei ist es sinnvoll, mit den Projektionen der Schnittkräfte in der xy-Ebene zu rechnen. Diese werden mit N bezeichnet. Die Projektionsgleichung auf die Achse z lautet

$$Z\,\Delta x\,\Delta y = N_{xy} \cdot \Delta y\,((z_4 - z_2) - (z_3 - z_1))/\Delta y + N_{yx} \cdot \Delta x\,((z_4 - z_3) - (z_2 - z_1))/\Delta x.$$

Aus der Momentengleichung um z folgt

$$N_{xy} = N_{yx}$$

und damit

$$Z\,\Delta x\,\Delta y = N_{xy}\,(2z_4 + 2z_1 - 2z_3 - 2z_2)$$
$$= 2\,N_{xy}\,(z_4 + z_1 - z_3 - z_2)$$
$$Z/2N_{xy} = (z_4+z_1-z_3-z_2)/\,(\Delta x\,\Delta y)$$
$$= (c-b-a)/(l_x\,l_y)$$

woraus

$$N_{xy} = Z\,l_x\,l_y/(2(c-b-a)) = Z/2r$$

ergibt.

Aus der Gleichgewichtsbetrachtung ist ablesbar, daß bei einer gleichmäßig verteilten, zur Achse der Hyparfläche parallel gerichteten Belastung

- entlang der Erzeugenden lediglich Schubkräfte auftreten
- die Schale an den geraden Rändern mit Randgliedern versehen werden muß zur Aufnahme der Schubkräfte
- die Randglieder aus diesem Lastfall lediglich eine Längskraftbeanspruchung bekommen
- die Hauptzugkräfte in der Schale in Richtung der hängenden Hauptkrümmung, die Hauptdruckkräfte in Gewölberichtung verlaufen
- je flacher die Schale ist, desto größer sind die Schnittkräfte.

Die obige Herleitung ging davon aus, daß die Randglieder unendlich steif sind und daß sie die gleiche Längsverformung wie die Schale erfahren. Dies ist jedoch nie der Fall, deshalb weicht der effektive Spannungszustand von dem nach der Membrantheorie errechneten ab. Insbesondere bei flachen Schalen und/oder bei Hypar-Schalen, deren Achse von der Vertikalen wesentlich abweicht, bekommen die Randträger Querbelastung, weshalb sie sich in der Tangentialebene der Fläche nach außen durchbiegen. So entsteht eine Kräfteumlagerung, wobei die Kräfte zu den Ecken abgetragen und die Randglieder in Feldmitte entlastet werden.

Die gezeigte Schnittkraftermittlung gibt ausreichend Anhaltspunkte für den Vorentwurf. Für die endgültige statische Berechnung benutzt man die Finite-Element-Methode (FEM). Dabei wird die Steifigkeit der Randglieder, ggf. der anschließenden Bauteile (z.B. Wände) mit berücksichtigt.

Eine zwischen den Randgliedern gespannte Schale neigt nicht zum Beulen, sofern die Randglieder nicht nachgeben. Beim Versagen der Gewölbewirkung wird die Hängewirkung aktiviert.

Entlang eines Parabel- oder Hyperbel-Randes kann die Schale mit freiem Rand ausgebildet werden, da sie hier keine Schubkräfte abgeben muß (Bild 2.2.55). Das Beulen des freien Randes bedarf einer sorgfältigen Untersuchung.

Randglieder
Die Schale und ihre Randglieder sind eine Einheit. Daß der Ingenieur bei der Berechnung mit Hilfe von geschlossenen Lösungen eine Trennung vornimmt, ist noch kein Grund, die Randglieder »um der konstruktiven Ehrlichkeit willen« als gestalterisches Element zu betonen. Oft wird bedauert, daß wegen des Randgliedes nicht sichtbar wird, wie »dünn« die Schale tatsächlich ist. Um die geringe Dicke sichtbar zu machen, wurde bei einigen Bauten die Schale über das Randglied hinaus als Kragplatte weitergeführt. In diesen Fällen wird zwar die Schalendicke nach außen gezeigt, aber nicht ihre Tragwirkung.

Die Schale gibt Längskräfte an das Randglied ab. Das Randglied ist so anzuordnen, daß die Kraft aus der Schale das Randglied zentrisch belastet bzw. die Längskraft dem Biegemoment, das im Randglied z.B. aus Eigengewicht entsteht, entgegenwirkt. Die üblichen Ausbildungsformen der Randglieder sind in Bild 3.2.66 dargestellt. Die Randglieder von Stahlbetonschalen sind so auszubilden, daß sie in einem Arbeitsgang ohne zusätzliche Schalung betoniert werden können.

Zusammengesetzte Hypar-Schalen
Durch das Zusammensetzen mehrerer Hypar-Schalen können sich interessante Dachformen ergeben. Das Zusammensetzen kann entlang der
- geraden Erzeugenden (Seite 145)
- Kurvenschnitte (Seite 145)

erfolgen. Das so gewonnene Schalengebilde kann seine Stabilität dadurch bekommen, daß die Schalen bzw. die Randglieder sich gegenseitig abstützen. Es ist sinnvoll, Kombinationen zu suchen, bei denen sich die Schalenschnittkräfte am gemeinsamen Randglied aufheben bzw. gegenseitig abbauen. Die Querschnitte der gemeinsamen Randglieder ergeben sich aus den zusammentreffenden Schalen. Die Randglieder müssen die ankommenden Schalenschnittkräfte und ggf. ihr Eigengewicht tragen.

Aus Hypar-Schalen können einzeln oder in Kombinationen stehende Schirmschalen gebildet werden. Bei Vollast gleichen sich die Randgliedkräfte aus. Die Last wird durch die Kehlträger in die Stütze geleitet (Bild 3.2.53). Das Moment aus einseitiger Schneelast und Wind wird durch die Biegebeanspruchung der Kehlträger in die Stütze abgegeben.
Mit schräggestellten Schirmschalen können Sheddächer gebildet werden (Bild 3.2.54)

Herstellung
Gerüst, Schalung
Die Kanthölzer des Gerüstes werden in der einen Erzeugendenrichtung, die Bretter der Schalung in der anderen Erzeugendenrichtung verlegt (Bild 3.2.56).

Bewehrung
Schalen mit nicht zu großer Krümmung können mit Betonstahlmatten bewehrt werden. Dabei verwendet man Rechtecklistenmatten, deren Hauptbewehrung in Richtung der Hauptzugkräfte gelegt wird, wobei die Stöße versetzt werden (Bild 3.2.68). Der versetzte Übergreifungsstoß der Betonstahlmatten mit Stabdurchmesser von 4 mm trägt beim Ineinandergreifen der Stäbe 20 mm auf. Die erforderliche Betondeckung ist an beiden Seiten bei entsprechender Dachisolierung je 1 cm. Daraus ergäbe sich die Mindestschalendicke 4 cm. Beim Betonieren der verwundenen Fläche ist jedoch die Betondeckung sehr schwer einzuhalten. Daher empfiehlt es sich, die Betondeckung auf 1,5 cm zu erhöhen, was eine Schalendicke von 5 cm ergibt. Bei stark gekrümmten Schalen, bei denen die Matte sich der Form nicht mehr anpaßt, wird die Bewehrung aus Betonstahl gebildet. Bei dem Übergang zum Randglied ist die Schale zur Aufnahme der Biegestörungen allmählich zu verstärken (Bild 3.2.69). Beim Anschluß zweier Schalen reicht in der Regel die sich ergebende Querschnittsform mit geringfügiger Verstärkung und entsprechender Bewehrung (3.2.70).

Betonieren siehe Seite 159.

Hautartige Schalen [51]
Definition, Berechnung, Eigenschaften
Die bisher erörterten Schalen haben eine geometrisch vorgegebene Form. Die Schnittkräfte entstehen aus der Belastung in Abhängigkeit der Form. Es kann auch eine »ideale« Schnittkraftverteilung formuliert werden, woraus die Form ermittelt wird. Als »ideale« Schnittkraftverteilung gilt die konstante Verteilung. Das heißt, in jedem Punkt der Schale und in jeder Richtung ist die Schnittkraft gleich groß. Bei konstanter Schnittkraftverteilung entsteht in der Schale keine Schubkraft. Dieses Tragverhalten entspricht dem der Seifenhaut. Da die Seifenhaut keine Schubkräfte aufnehmen kann, verformt sie sich bei jeder Laständerung (Luftdruckänderung) so, daß die Fläche zur Belastung normal ist. Bei unseren Bauwerken können wir diese »Idealform« nur für die dominante Belastung, bei Dächern für die Eigenlast und die volle Schneelast, festlegen. Diese Last ist aber parallel gerichtet (Richtung der Gravitation). Das bedeutet, daß die Fläche, die der oben formulierten Bedingung entspricht, die horizontale Ebene mit unendlich großer Schnittkraft ist. Daher wird die ursprüngliche Formulierung dahingehend geändert, daß nicht die Schnittkraft, sondern deren horizontale Pro-

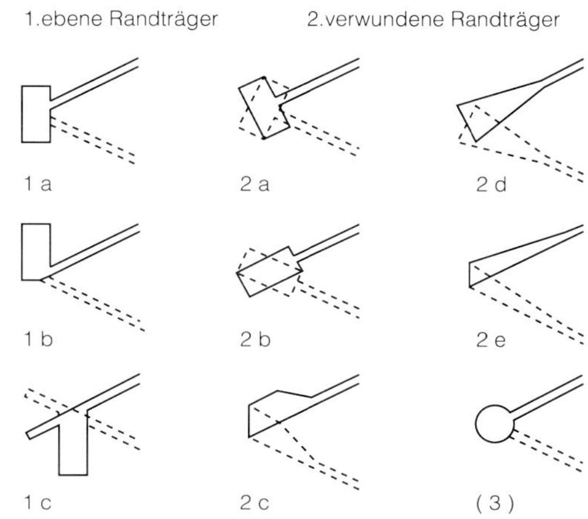

3.2.66 Prinzipielle Ausbildungsmöglichkeiten der Randglieder

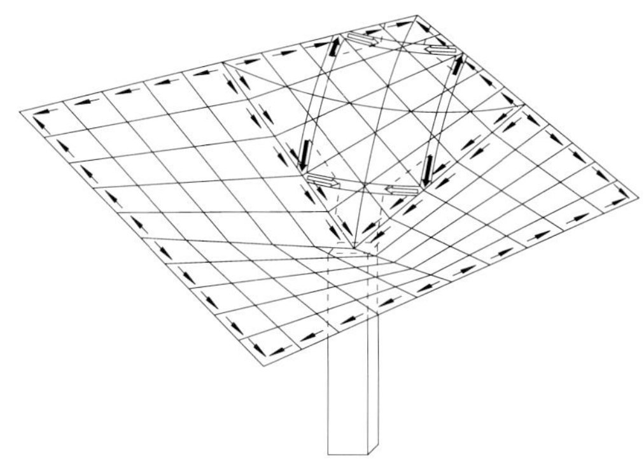
3.2.67 Tragwirkung eines HP-Pilzes

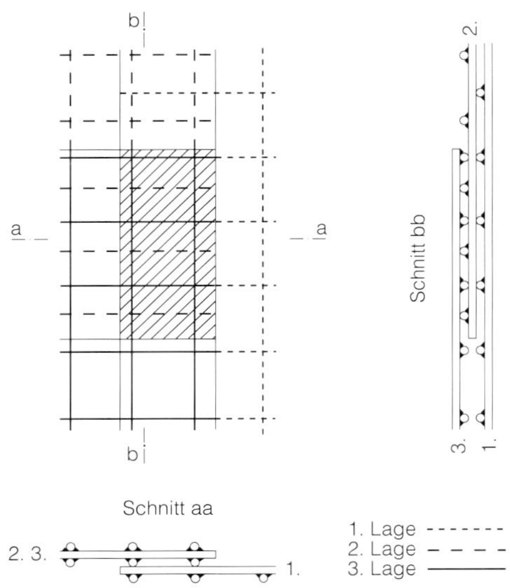

3.2.68 Übergreifungsstoß mit Drehung der Betonstahlmatten

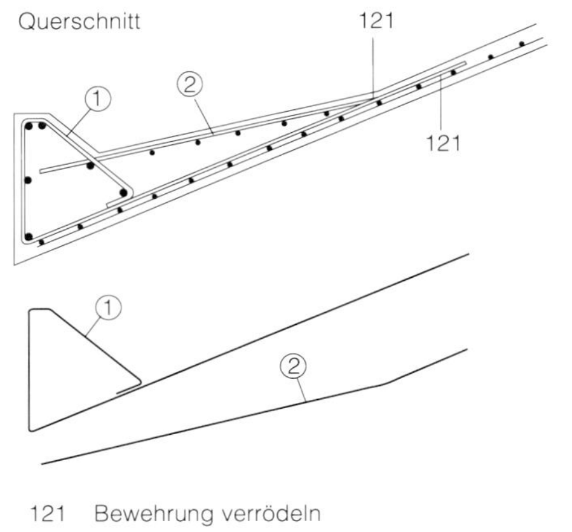

3.2.69 Bewehrung des Übergangs zum Randglied

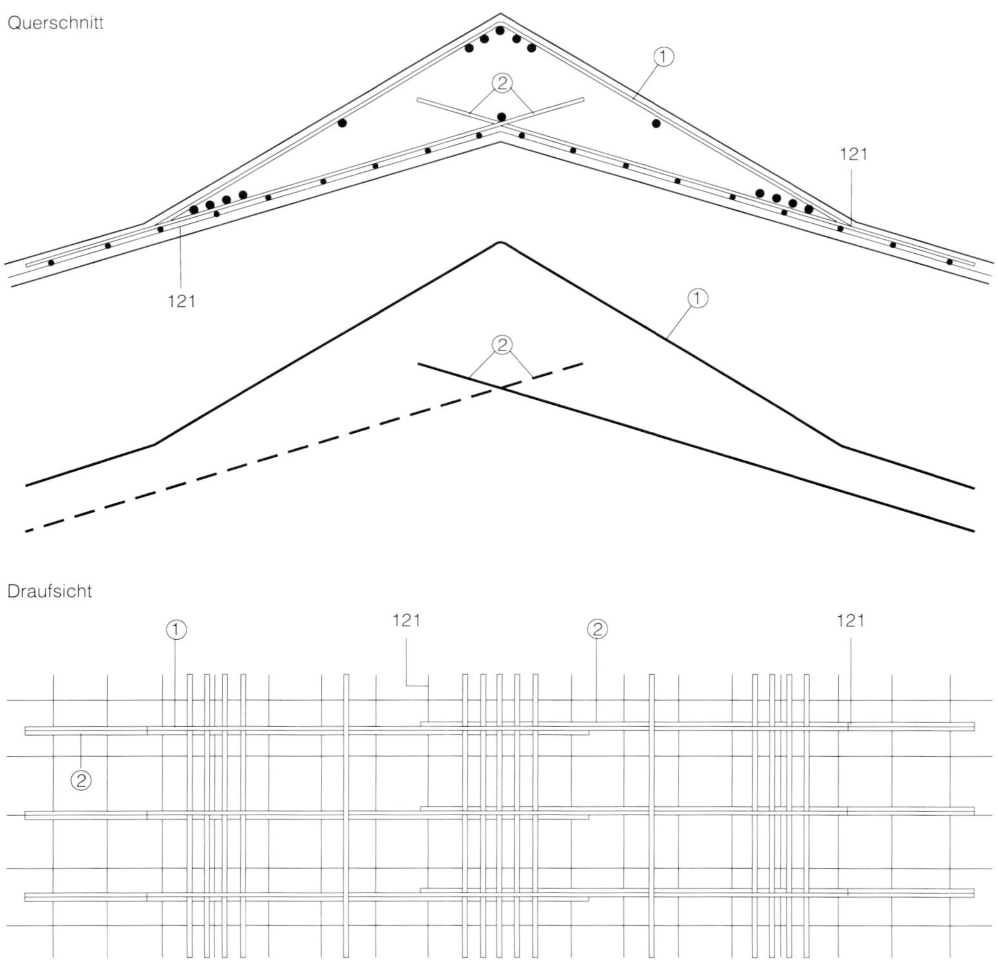

3.2.70 Bewehrung des Gratträgers

jektion konstant sein soll. Schalen, die dieser Bedingung entsprechen, werden als hautartige Schalen oder Spannschalen bezeichnet. Bei flachen Schalen liefert diese Bedingung für den Lastfall Eigenlast Schnittkräfte, die von der »Seifenhautbedingung« nicht wesentlich abweichen. Bei steileren Schalen bzw. Schalenbereichen wird der Unterschied bedeutend. Da die zulässigen Spannungen bei Schalen in den meisten Fällen nicht voll ausgenutzt werden können, haben diese Schnittkraftschwankungen keine Unwirtschaftlichkeit zur Folge. Falls erforderlich, ist es möglich, durch das Variieren der Schalendicke konstante Spannungen zu erreichen.

Die Ermittlung der Koordinaten der Fläche, die die Bedingung ›konstante Horizontalprojektion‹ der Schnittkräfte erfüllt, ist im Prinzip einfach. Das Kontinuum wird durch ein Stabnetz ersetzt, das je nach der geometrischen Grundform eine orthogonale oder polare Grundrißprojektion hat. Mit der Annahme der Größe der Horizontalprojektion der Schnittkraft »n« bzw. aus der daraus ermittelten Stabkraftprojektion wird für jeden Netzpunkt die Höhenkoordinate aus der Gleichung des Gleichgewichtes der vertikalen Kraftkomponenten infolge der auf die Knoten wirkenden vertikalen Kraft aus der dominanten Belastung ermittelt. Das Gleichgewicht der horizontalen Komponente ist durch die Annahme der horizontalen Schnittkraftprojektion bereits erfüllt. Das Gleichungssystem hat soviele Gleichungen, wie Punkte für das Netz angenommen wurden.

Für Rotationsschalen kann die Meridiankurve für die Bedingung der hautartigen Schale direkt mit einer Gleichung ermittelt werden.

Aus der Grundbedingung folgt:
- Je flacher die Schale, desto größer ist die Schnittkraft »n«.
- Durch die Multiplikation der Höhen sämtlicher Punkte einer hautartigen Schale mit einer beliebigen Zahl ändert sich nur die Größe der Schnittkraft, die Grundbedingung bleibt weiterhin erfüllt. Bei einer Lagerung in verschiedener Höhe müssen die Höhen der Lager ebenfalls multipliziert werden. Will man die Proportion der Schale unter Beibehaltung der Lagerungshöhen ändern, so sind die Höhen mit neu gewähltem »n« zu ermitteln.
- Ränder mit Kreisbogengrundriß bekommen nur konstante Zug- bzw. Druckbeanspruchung, wenn die Höhen der einzelnen Punkte der Grundbedingung entsprechend ermittelt werden.
- Zugbeanspruchte Randglieder druckbeanspruchter Schalen werden vorgespannt. Die Vorspannkraft wird so bestimmt, daß das Randglied die gleiche Druckspannung hat wie die Schale.
- Bei der Durchdringung zweier hautartiger Schalen, deren horizontale Schnittkraftkom-

ponenten gleich groß sind, müssen nur lotrechte Kräfte durch einen Kehlträger/ Bogen aufgenommen werden.
- In Bereichen, die in der Nähe von Rand- bzw. Kehlträgern liegen, entstehen durch die unterschiedlichen Dehnungen des Randgliedes und der Schale Randstörungen, die jedoch in der Regel keine besonderen Probleme verursachen.
- In Bereichen, die in der Nähe von Rand- bzw. Kehlträgern liegen, können auch aus ungewollter Einspannung Biegestörungen auftreten, die jedoch wegen der geringen Biegesteifigkeit der Scha e in der Regel klein sind.
- Kleine Abweichungen von der exakten Form bedeuten lediglich eine von der Grundbedingung abweichende Schnittkraftverteilung. Die Schale verbleibt weiterhin im Membranspannungszustand.

Planung von hautartigen Schalen
Die Planung von hautartigen Schalen besteht also aus folgenden Schritten:
- Festlegung der Randbedingungen (Lagerung und Abgrenzung der Fläche)
- Festlegung der horizontalen Komponente der Schalenkräfte »n« (mit besonderer Rücksicht auf die Lagerung)
- Wahl des Netzes
- Ermittlung der Belastung
- Aufstellung des Gleichgewichtsgleichungssystems und dessen Lösung
- Falls die Höhe der Schale nicht den Erwartungen entspricht, kann sie durch Variieren von »n« geändert werden: zum kleinen »n« gehört eine steile, zum großen »n« eine flache Schale
- Ermittlung der Schnittkräfte und der Spannungen in der Schale aus der horizontalen Komponente »n«
- Abschätzung der Beulgefahr
- Abschätzung der Einflüsse der zusätzlichen Lastfälle
- Ermittlung bzw. Abschätzung der Durchbiegung und Festlegung der Überhöhung. Nach erfolgter Verformung einschließlich Kriechen müssen die Höhenordinaten der Schalenmittelfläche mit den berechneten Werten übereinstimmen, da bei kleineren Höhen größere Schnittkräfte entstehen würden, als festgelegt bzw. errechnet sind. Dieser Umstand ist besonders bei flachen Schalen zu beachten.

Abschätzung der Beulgefahr
Die kritische Last von hautartigen Schalen kann in Anlehnung an den Nachweis der Kuppelschalen geschätzt werden. Für Kuppelschalen bedient man sich der Formel $p_{KR} = \alpha E d^2/R_1, R_2$ (siehe Seite 149). Die hier vorkommende Gaußsche Krümmung $G = 1/R_1 R_2$ bei quadratischem Raster und bei Flächen mit einer Symmetrieebene im Scheitelbereich kann aus den z-Koordinaten der Nachbarpunkte graphisch oder rechnerisch einfach ermittelt werden. Die eine Hauptkrümmung liegt in der Symmetrie, die andere in der dazu und zu der Tangentialebene der Fläche normalen Ebene. Die kritische Belastung ist bei Einfachsymmetrie

$$q_{kr} = Z_{kr} = Ed^2/10a^4 \cdot (2z_{i,j} - z_{i-1,j} - z_{i+1,j}) \cdot (z_{i,j} - z_{i,j-1})$$

und bei Flächen mit zwei Symmetrie-Ebenen

$$q_{kr} = Z_{kr} = Ed^2/5a^4 \cdot (z_{i,j} - z_{i-1,j}) \cdot (z_{i,j} - z_{i,j-1}),$$

wobei a den Rasterabstand des angenommenen Stabwerkes, d die Schalendicke, z die vertikalen Koordinaten der Knotenpunkte der Stabwerkschale bedeuten. In beiden Formeln ist ein Beulfaktor $\alpha = 0{,}05$ eingerechnet.

Die Beulgefahr kann durch
- größere Schalendicke
- Vergrößerung der Schalenstichhöhe
- Anordnung von Aussteifungsrippen, gekoppelt mit einer Vergrößerung der Krümmung der hautartigen Schalen zwischen diesen Rippen verringert werden.

Die obigen Ausführungen gelten allgemein für elliptische (gleichsinnig gekrümmte) Schalen.

Abschätzung der Einflüsse
der sonstigen Lastfälle
Durch die Bestimmung der Schalenform nach der Bedingung der hautartigen Schalen sind die Beanspruchungen infolge der dominanten Belastung, das heißt in den meisten Fällen Eigenlast und Schnee, bekannt. Der Einfluß des Windes bedarf also noch einer zusätzlichen Untersuchung. Bei flachen Schalen über geschlossenen Bauten sind die durch den Wind hervorgerufenen Beanspruchungen im Verhältnis zu denen, die infolge dominanter Beanspruchung auftreten, gering. Da bei Schalenbauten die zulässigen Spannungen allgemein weit unterschritten werden, genügt es meistens, die von der Windlast hervorgerufene Spannung zu schätzen. Die Schätzung kann durch
- Auswertung der Proportion der Windlast zu der dominanten Belastung erfolgen. Die Methode ist nur bei solchen Fällen anwendbar, bei denen die Richtung und Verteilung der Windlast von der Richtung und Verteilung der dominanten Belastung nicht stark abweichen.
- Vergleichsrechnung einer ähnlich geformten, aber mathematisch geschlossen erfaßbaren Fläche oder
- die sogenannte Resultierendenmethode erreicht werden. Dabei errechnet man nicht die Schnittkräfte, sondern ihre Resultierenden. Man nimmt diese in den extremen Lagen an und schätzt dann die Verteilung der Schnittkräfte ab.

Bei hohen Schalen mit großen, freien Auskragungen ist bereits die Annahme der Windbelastung problematisch, weil die Formbeiwerte für diese Fläche durch Vorschriften nicht allgemein geregelt werden können. Hier kann ein Windkanalversuch erforderlich sein.

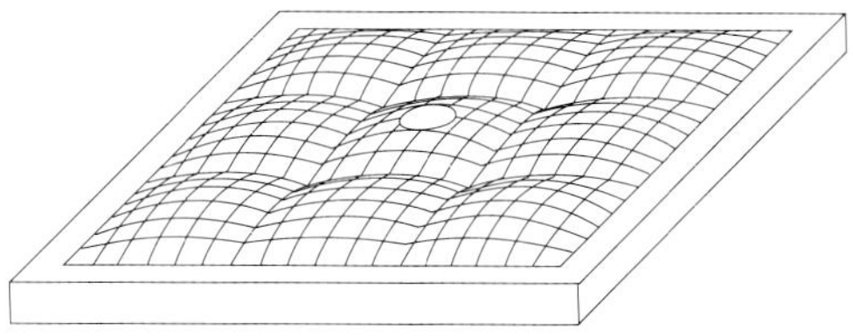

3.2.71 Hautartige Schale mit geradem Randglied

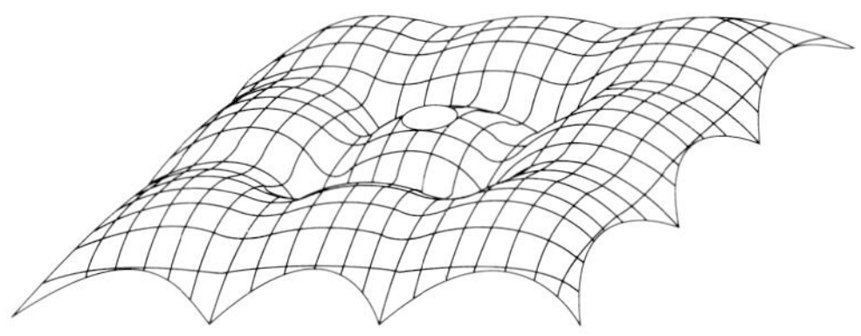

3.2.72 Hautartige Schale mit gekrümmtem Randglied (Kreisbogen im Grundriß)

Schalen von Heinz Isler

3.2.73 Lagerhalle, Spreitenbach CH, 1970 + 1983
3.2.74 Gartencenter, Solothurn CH, 1962
3.2.75 Gartencenter, Camorino CH, 1971
3.2.76 Fabrikations- und Lagerhallen, Hasel-Rüegsau CH, 1956–1991 Gerüst für verschiedene Schalengrößen

3.2.73

3.2.74

3.2.75

3.2.76

Ein genauer rechnerischer Nachweis kann mit der Methode der finiten Elemente geführt werden. Damit können auch die eventuellen Randstörungen in der Schale bei der dominanten Belastung erfaßt werden, die jedoch in der Regel nicht von Bedeutung sind. In diesem Falle dient der gezeigte Rechenweg lediglich zur Bestimmung der günstigen Schalenform. Mit der FE-Methode nach Theorie 2. Ordnung kann auch das Beulverhalten erfaßt werden.

Anwendungsformen hautartiger Schalen
Die obigen Darlegungen machen deutlich, daß dem Architekten durch die entsprechende Wahl der Randbedingungen und der Schnittkräfte unbeschränkte gestalterische Möglichkeiten offenstehen, von denen einige Grundformen nachfolgend gezeigt werden.

Die Schalen von Heinz Isler über quadratischen Grundrissen entsprechen im wesentlichen den Bedingungen der hautartigen Schalen, wobei er die Form experimentell ermittelt hat (Bild 3.2.73 [34, 39]. Da die Schale nur an den Ecken gelagert ist, wurde hier eine Korrektur der Fläche vorgenommen. Die hautartige Schale mit horizontalen geraden Randgliedern hat in den Ecken eine horizontale Tangentialebene. Damit die Schale selbst an der Aufnahme der Querkraft (Auflagerkraft) beteiligt ist, hat Isler die Fläche in den Eckbereichen derart geändert, daß die Tangentialebene der Fläche eine Neigung hat. Die Randglieder sind aus Spannbeton. Die Vorspannkraft ist so bestimmt, daß die Spannung im Randglied gleich der Spannung der hautartigen Schale ist.

Die Bilder 3.2.71 und 3.2.72 stellen Schalenformen dar, die besonders für Räume mit homogener oder wechselnder Funktion geeignet sind. Bei der ersten Lösung ist das Dach des umlaufenden Traktes so auszubilden, daß es die Horizontalkomponenten der Lagerkräfte der Schale aufnehmen kann. Bei dem Anschluß der Schalenfelder ist jeweils ein Bogen erforderlich, der infolge dominanter Last lediglich lotrechte Belastung bekommt. Es ist jedoch möglich, die Schale ohne Anschlußrippe und biegesteifen Randträger zu konstruieren. Die Randträger sind im Grundriß Kreisbögen, weshalb sie aus der dominanten Belastung ausschließlich durch Längskräfte beansprucht werden.

Das Keramion in Frechen ist eine hautartige Schale (Seite 35).

Die Schalen mit freien Rändern und die mit hoch gekrempelten Rändern von Isler sind so konstruiert, daß sie lediglich Druckspannungen erhalten (Bild 3.2.74, 3.2.75) [34, 39].

Herstellung von hautartigen Schalen
Isler hat für seine Schalen aus radial angeordneten Brettschichtträgern Gerüste konstruiert, die durch Verschiebung der Träger verschiedenen Schalengrößen angepaßt werden können (Bild 3.2.76). Es wird auf Wärmedämmplatten betoniert, die als verlorene Schalung Bestandteil der Konstruktion sind.

Die Schalung kann selbst die Bewehrung sein. Dabei wird die Bewehrung von einem über der Schale befindlichen Gerüst abgehängt. Auf die Bewehrung wird ein Drahtnetz gespannt und im Spritzverfahren betoniert (siehe Seite 159).

Nach freien Formen gebildete Schalen
Schalen können auch nach freien Formen, das heißt nicht gemäß einer geometrischen Fläche gebildet werden. Hierfür gelten als ausgeführte Beispiele das Abfertigungsgebäude von TWA in New York (Seite 33) und die Opera in Sydney (Seite 33), aber besonders die Projekte von Castiglioni für den Bahnhof in Neapel (Bild 3.2.77) und die Kirche in Syracus (Bild 3.2.78).

Das Tragverhalten der frei geformten Flächen kann für eine grobe Abschätzung mindestens bereichsweise auf eine der vorher erörterten Schalenarten zurückgeführt werden.

Bei der Formgebung soll darauf geachtet werden, daß die Tangentialebene an keiner geschlossenen Niveaulinie horizontal ist (Seite 149). Schwach gekrümmte Flächen ergeben große Schnittkräfte und haben geringe Beulsicherheit.

Bei der Ausbildung der Randglieder ist die saubere Überleitung der Schalenkräfte in die Randglieder und deren Lagerung mit besonderer Sorgfalt auszuführen. Die Standsicherheitsnachweise, früher mit Hilfe der Modellstatik ermittelt, werden heutzutage mit der Finiten Element Methode erbracht.

Bezüglich der Herstellung wird man sich an eines der vorher beschriebenen Verfahren anlehnen.

Allgemeine Faltwerke
Aus Dreiecksflächen lassen sich beliebige Großformen als Faltwerk ausbilden. Diese Möglichkeiten sind an der Kirche Neuss-Weckhofen zu sehen (Bild 3.2.79). Die Scheiben bzw. Platten erhielten eine zweilagige Betonstahlmatten-Bewehrung. Daraus ergab sich die Plattendicke von d = 7 cm. Entlang der Kanten wird die Grat- bzw. Kehlbewehrung mit Haarnadel-Steckeisen gefaßt. Die Grat- bzw. Kehlbewehrung ist räumlich. Sie kann der Eisenbieger nur unter Anleitung des Konstrukteurs biegen. Die Ecken bedürfen zur Aufnahme der Umlenkkräfte einer starken Umschnürung (Bild 3.2.80). Das Betonieren erfolgte wie bei

der Kirche in Oberursel (siehe Seite 148). Das Faltwerk wurde mit Streckmetall-Gegenschalung hergestellt. Durch das mit Kanthölzern gestützte Streckmetall konnte das richtige Einbringen des Betons beobachtet werden. Der Beton wurde mit Außenrüttlern verdichtet.

Obwohl die Tragwirkung nur durch die gefaltete Fläche mit geringem Betonbedarf entsteht, ist die Herstellung der Schalung und der Bewehrung sowie das Einbringen des Betons sehr aufwendig und deshalb nur für Repräsentationsbauten vertretbar.

Hängedächer

Frei Otto verwendet in seinem Buch [46] den Begriff »hängendes Dach«. Er definiert es so: »Das hängende Dach ist eine zwischen festen Punkten gespannte Haut, die zugleich Dachkonstruktion und Dachhaut ist. Die Hauptelemente des hängenden Daches liegen grundsätzlich in der Dachhaut, werden im wesentlichen nur auf Zug beansprucht und sind mindestens in einer Richtung negativ (durchhängend) gekrümmt. Das hängende Dach ist die Umkehrung der druckbeanspruchten Schalenkonstruktion. Das bei der Schale befürchtete Ausbeulen kann beim hängenden Dach nicht auftreten.«

Im vorliegenden Buch werden nur Stahlbeton- bzw. Spannbeton-Hängedächer behandelt. Bei Hängedachkonstruktionen stellt sich grundsätzlich die Frage nach den Abhängemöglichkeiten. Existieren Festpunkte, in denen die Hängestäbe verankert werden können, wie z. B. Felsen, anschließende Bauwerke, oder müssen die Aufhängepunkte (Pylonen, Randträger, -bogen) erst geschaffen werden?

Der an beiden Enden befestigte, biegsame Stab (Seil) ändert seine Form bei der Änderung der Belastung. Die Nutzung und die Konstruktion selbst gestattet nur kleinere Verformungen. Deshalb muß das Hängedach stabilisiert werden. Die Stabilisierung kann durch folgende

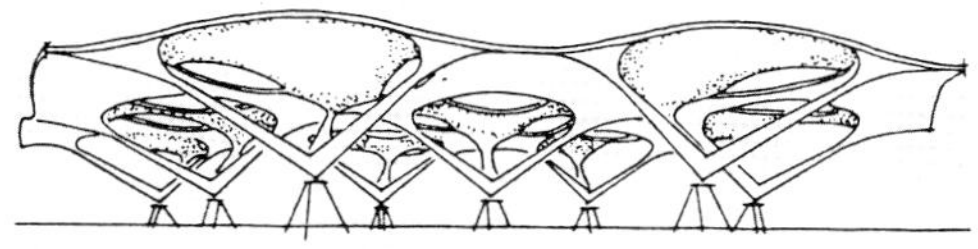

3.2.77

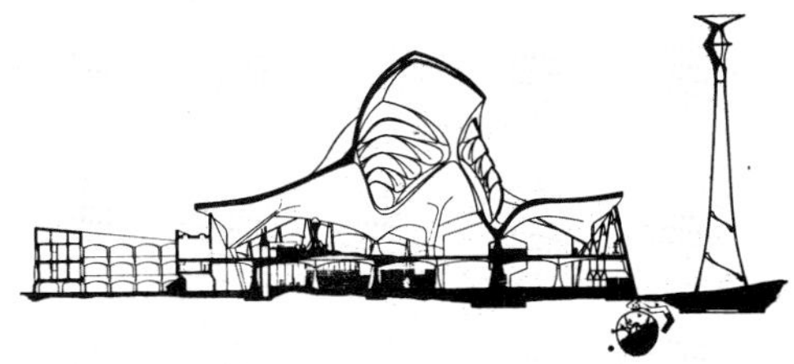

3.2.78

3.2.79

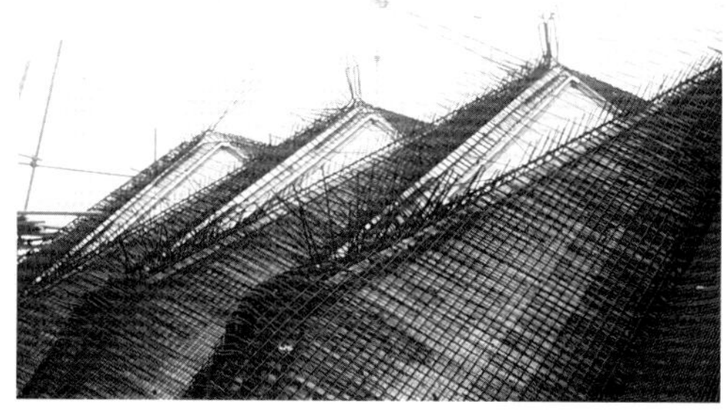

3.2.80

3.2.81

3.2.82

3.2.83

3.2.84

3.2.85

3.2.86

Freie Formen und Hängedächer

3.2.77 Bahnhof Neapel, Entwurf, E. Castiglioni
3.2.78 Wallfahrtskirche Syracus, Entwurf, E. Castiglioni
3.2.79 Kirche Neuss-Weckhofen, F. Schaller, S. Polónyi
3.2.80 Bewehrung des Faltwerks Kirche Neuss-Weckh.
3.2.81 Abfertigungsgebäude Dulles-Airport, Washington D.C., E. Saarinen, Ammann/Whitney
3.2.82 Schwarzwaldhalle Karlsruhe, E. Schelling, U. Finsterwalder
3.2.83 bis 3.2.84 Westfalenhalle IV Dortmund, W. Höltje Ansicht der Spannglieder
3.2.85 Friedrich-Ebert-Halle, Ludwigshafen R. Rainer, Dyckerhoff & Widmann
3.2.86 Betonieren im Spritzbeton-Verfahren

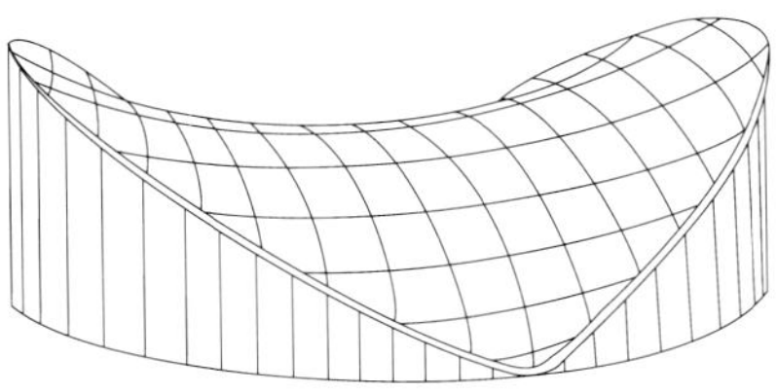

3.2.87 Stabilisieren eines Hängedachs durch Abspannung

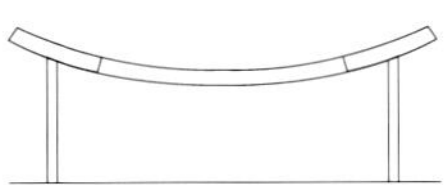

Schnitt aa

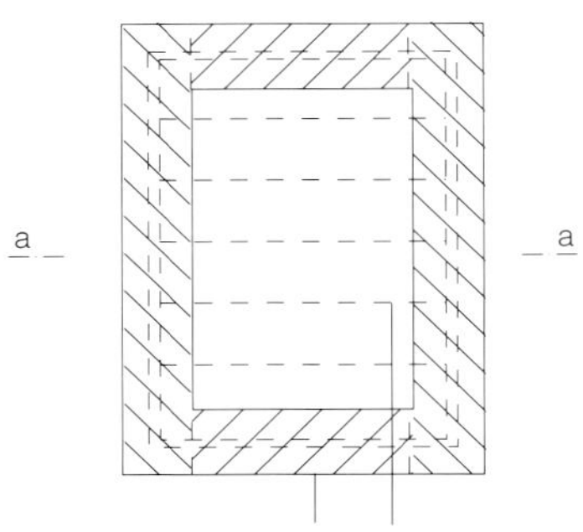

Grundriß

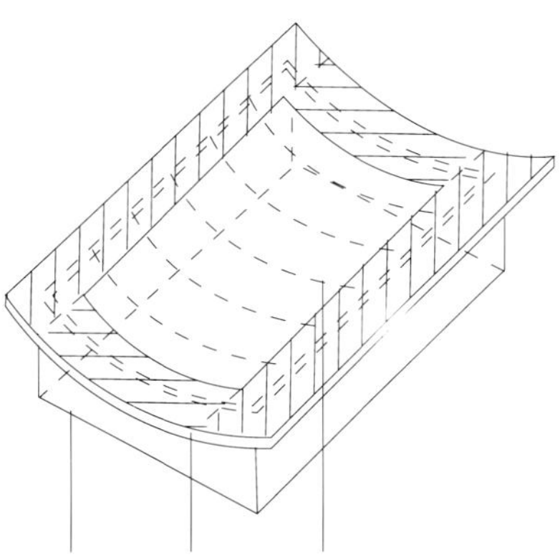

113 Wand
126 Druckstab
127 Zugstab

3.2.88 Aussteifung der Dachfläche mit gekrümmten Druckstab

Möglichkeiten erreicht werden:
- Gewicht,
- Biegesteifigkeit und
- Abspannung.

Wenn die ständige Last des Daches wesentlich größer ist als die Verkehrslast, dann sind die Bewegungen infolge der Änderung der Verkehrslast (Schnee, Wind) gering.

Die Bewegungen des Daches können auch durch die Biegesteifigkeit der Hängeglieder der Schale reduziert werden. Um die Biegesteifigkeit der Stahlbeton-Hängeglieder zu erhöhen, werden diese in Spannbeton ausgeführt. Durch die Druckbeanspruchung im Beton wird die Rißbildung vermindert, wodurch die Steifigkeit des vollen Querschnittes zur Wirkung kommt. Die Abspannung der Dachkonstruktion kann innerhalb und außerhalb der Fläche erfolgen. Zur Abspannung durch innerhalb der Fläche geführte Zugglieder muß die Fläche gegensinnig gekrümmt sein (Bild 3.2.87). Bei Stahl- und Spannbeton-Hängedächern, die in einer Richtung gekrümmt sind, erfolgt die Stabilisierung durch die Kombination von Gewicht und Biegesteifigkeit, bei gegensinnig gekrümmten Flächen durch alle drei Möglichkeiten.

Bedeutendstes Beispiel eines einsinnig gekrümmten Hängedaches ist die Abfertigungshalle Dulles Airport in Washington (Bild 3.2.81). Besondere Aufmerksamkeit verdienen die Ausbildung der Randträger durch Aufkrempeln des Randes und der Anschluß der schrägen Pfeiler, die durch die Horizontalkomponente der Auflagerkräfte des Hängedaches auch auf Biegung beansprucht sind und deshalb einen nach unten zunehmenden Querschnitt haben.

Die Aufnahme der Lagerkräfte des Hängedaches erfolgt durch die Randstreifen. Diese wirken wie in der Schalenfläche liegende Balken mit großer Konstruktionshöhe. Sie können bei Hallen mit nicht zu großer Länge die Last zu den Giebelstreifen übertragen (Bild 3.2.88). Die Giebelstreifen bilden einen gekrümmten Druckstab, die durch die Giebelwände ausgesteift in der Lage sind, die Auflagerkräfte der Randträger weiterzuleiten. Man kann die Tragwirkung auch so auffassen, daß sich am Rand der Dachfläche ein geschlossener Rahmen ausbildet, der die Kräfte aus der Hängewirkung aufnimmt. So brauchen die Horizontalkomponenten der Auflagerkräfte nicht durch die Stützen aufgenommen zu werden.

Der geschlossene Ringträger nimmt die Auflagerkräfte des Hängedaches der Schwarzwaldhalle in Karlsruhe auf, wobei der angrenzende Streifen der Schale mitwirkt (Bild 3.2.82). Durch die abgerundete Grundrißform wird die Biegebeanspruchung des Randgliedes reduziert und die Tragwirkung ablesbar. Offensichtlich aus formalen Überlegungen wurde das Hängedach über die größere Spannweite gespannt. Das Spannbetondach wurde voll eingerüstet. Die Spannglieder wurden in Tragrichtung im Abstand von a = 40 cm in Querrichtung a = 5,0 m angeordnet. In den Endbereichen nehmen zusätzliche Spannglieder die Lagerkräfte aus der Hängewirkung auf. Die Spannstäbe wurden in einbetonierten Hülsen nach dem Erhärten des Betons gespannt, verankert und die Hülsen verpreßt. Die Untersicht des Daches hat eine kassettenartige Struktur, die die Spanngliedführung nachzeichnet.

Nach dem oben geschilderten Tragverhalten ist auch erkennbar, daß die große Geste der Pylonen der Bremer Stadthalle statisch nicht erforderlich ist (Bild 3.2.89).

Die Randglieder der Westfalenhalle IV in Dortmund sind durch A-Stützen gehalten (3.2.83). Das Dach wurde auf einem 5,0 m breiten verschieblichen Gerüst hergestellt. Auf der Bohlenbühne wurden die vorgefertigten Rippenelemente verlegt, die Spannglieder in die Kanäle eingefädelt, sowie zwischen den Rippen die Bimsbetondielen aufgesetzt (Bild 3.2.84). Die Fugen zwischen den Elementen wurden mit Zementmörtel vergossen. Die Längskrümmung des Hängedaches ist sehr gering. Sie trägt nicht zur Stabilisierung der Schale bei und dient nur der Ableitung des Niederschlagswassers.

Die Friedrich-Ebert-Halle in Ludwigshafen (Bild 3.2.85) ist ein Hängedach über rautenförmigem Grundriß. Die Randglieder sind also gerade. Nach Erstellen der Randglieder wurden die Spannglieder eingehängt und die Fertigteilplatten aufgesetzt. Die Ortbetonschicht wurde auf die vorbelastete Hängekonstruktion aufgebracht. An die Spannglieder war eine Vorlast angehängt; nach Entfernen der Vorlast erhielt die Betonschale eine Vorspannung. Die Last infolge Dämmung und Dichtung sowie Schnee und Wind wird durch die Schalenwirkung eines hyperbolischen Paraboloids getragen. Für die Hängedach-Tragwirkung ist das bogenförmige Randglied günstig, da Biegebeanspruchungen im Randglied vermieden werden können. Die geraden Randglieder einer HP-Schale über Parallelogramm-Grundriß erhalten infolge der dominanten Belastung nur Längskräfte. Die optimale Randgliedform ist bei diesem Herstellungsverfahren also die Kurve zwischen dem Bogen der reinen Hängekonstruktion (Kreis) und dem geraden Rand der HP-Schale. Ihre Form ist von der Proportion der Lastanteile der beiden Tragwirkungen abhängig.

Das Spannbeton-Hängedach der Kongreßhalle in Berlin ist durch gegenseitige Krümmung stabilisiert (Bild 3.2.90). Der Architekt Hugh A. Stubbins wünschte ein auskragendes Dach. Damit das Dachtragwerk um die durch die beiden Auflager gegebene Achse nicht kippen kann, wählte man folgende Lösung: das eigentliche Hängedach spannt sich lediglich zwischen dem über der Außenwand angeordneten Ringrandträger. Die Randbögen wurden mit Spanngliedern an diesen Ringträger angehängt. Die gewählte Konstruktion wurde wegen ihrer Inkonsequenz bereits bei der Errichtung von Architekten und Ingenieuren lebhaft diskutiert. Die äußere Erscheinungsform täuscht eine Tragwirkung vor, die nicht vorhanden ist. Der Südbogen ist 20 Jahre nach der Fertigstellung durch Korrosion der nicht fachgerecht verpreßten Spannglieder abgestürzt. Bei der Instandsetzung wurde über dem intaktgebliebenen Saaldach, von diesem völlig unabhängig, ein zusätzliches Hängedach in Leicht-Spannbeton gebaut, dessen Randbögen nun in die Fundamente so eingespannt sind, daß sie die einseitige Schneelast sowie die Windlast aufnehmen können.

Hier soll erwähnt werden, daß bei der ursprünglichen Konstruktion die dünne Schale, die im Schatten lag, an den massigen, der Sonne ausgesetzten Bogen anschloß. Durch die Temperaturdifferenzen entstanden an der Anschlußstelle Risse, in die die Feuchtigkeit eindringen und die Korrosion der Spannglieder beschleunigen konnte. Es gilt ganz allgemein: Bei Flächen, die einer Sonnenstrahlung ausgesetzt sind, sollten größere Unterschiede in den Betonquerschnitten vermieden werden, weil der erwärmte Beton im dünneren Bereich schneller abkühlt. Dadurch entstehen Zwängungsspannungen, die zu Rissen führen können.

Betonieren von Flächentragwerken

Die speziellen Probleme beim Betonieren der verschiedenen Flächentragwerke ist in den einzelnen Abschnitten behandelt. Allgemein gilt: Das Betonieren der Schalen kann nur unter geeigneten Witterungsverhältnissen und sollte mit größter Sorgfalt erfolgen. Es ist dafür zu sorgen, daß die Bewehrung nicht heruntergetreten wird. Flache Schalen können auf herkömmliche Art betoniert und mit Flächenrüttlern verdichtet werden. Die maximale Korngröße soll 7 mm nicht überschreiten. Steile, dünne Schalen werden im Spritzbetonverfahren erstellt (Bild 3.2.86). Man verwendet das Trocken- oder Naßverfahren. Beim Trockenverfahren (Torkret) wird scharfkörniger Quarzsand mit Zement gemischt und durch Preßluft im Schlauch bis zur Düse befördert, wo aus einem zweiten Schlauch Wasser zugegeben wird. Beim Naßverfahren wird der Beton wie üblich, jedoch mit kleiner (≤ 7 mm) Körnung des Zuschlags gemischt und mit Preßluft zur Spritzdüse befördert. Das Aufbringen des Betons erfolgt von unten nach oben. Beim Ansetzen der neuen Betonierabschnitte sind die Stirnflächen gründlich (mit der Drahtbürste) von dem lockeren Gefüge (Rückprall) zu säubern. Die Spritzdüse muß auch so geschwenkt werden, daß der Raum zwischen Bewehrung und Schalung vollständig mit Beton gefüllt wird. Wird der Beton auf Drahtnetze gespritzt, dann muß darauf geachtet werden, daß das Netz keine Überlappung hat, weil sich dort Hohlräume bilden. Flächentragwerke mit einer Konstruktionsdicke von d ≥ 7,0 cm können mit Gegenschalung hergestellt werden (siehe Seite 156 Allgemeine Faltwerke).

Eindeckung von Stahlbetonflächentragwerken

Bei den klimatischen Verhältnissen in Mitteleuropa ist eine Wärmeisolierung vorzusehen, wenn das Bauwerk geschlossen ist. Problematisch ist die Dacheindeckung in steileren Bereichen.

Dachdeckung mit Wärmedämmung:

- Hartpolyurethanschaum im Spritzverfahren aufgetragen. Die Haltbarkeit ist besonders in steilen Bereichen nicht genügend erwiesen.
- Herkömmliche Dachdeckung

Verzinkte Drähte werden um die Bewehrungsstäbe gelegt, die aus dem Beton herausstehen. Mit diesen werden Kanthölzer an die Schale angerödelt. Zwischen die Kanthölzer wird die Wärmedämmung (Mineralwolle) verlegt. Auf die Kanthölzer wird die gleiche Schalung, mit der vorher die Betonfläche erzeugt worden ist, von unten weggenommen und oben wieder aufgenagelt, wobei freilich einige Bretter zu erneuern sind. Zwischen Wärmeisolierung und Bretterschalung ist die Luftzirkulation zu gewährleisten. Daher sind die Kanthölzer in bestimmten Abständen zu unterbrechen. Auf die Bretterschalung kann über einer Dachbahn eine Metalldeckung oder eine geklebte Foliendeckung aufgebracht werden. Faserzement- oder Schieferdeckung ist nur bei entsprechender Neigung der Flächen zu verwenden.

Die Isler-Schalen sind so geformt bzw. ihre Ränder so vorgespannt, daß die Schale ausschließlich Druckbeanspruchungen erhält und deshalb rissefrei ist. Bei entsprechender Betonrezeptur und sorgfältiger Herstellung ist die 8 cm dicke Schale wasserdicht und witterungsbeständig. Unter üblichen klimatischen Bedingungen und Nutzungsanforderungen (kein Betrieb mit hoher Luftfeuchtigkeit) entspricht die innenliegende Wärmedämmung den Anforderungen. Die Wärmedämmung sättigt sich nicht mit dem Kondenswasser, weil es durch die Betonschale diffundieren kann.

3.2.89 Stadthalle Bremen

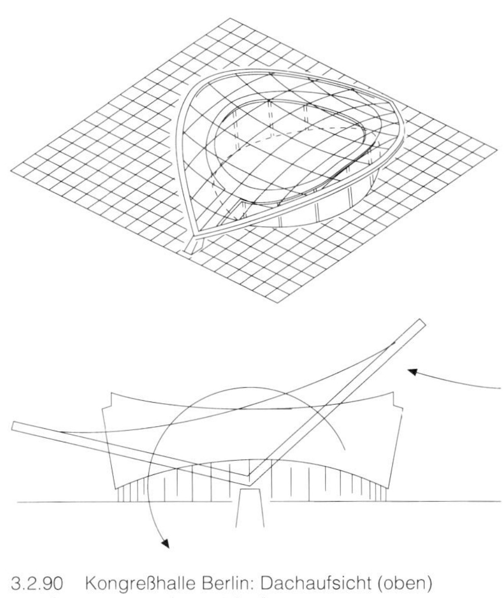

3.2.90 Kongreßhalle Berlin: Dachaufsicht (oben) und Systemskizze (unten) [57]

Gründung

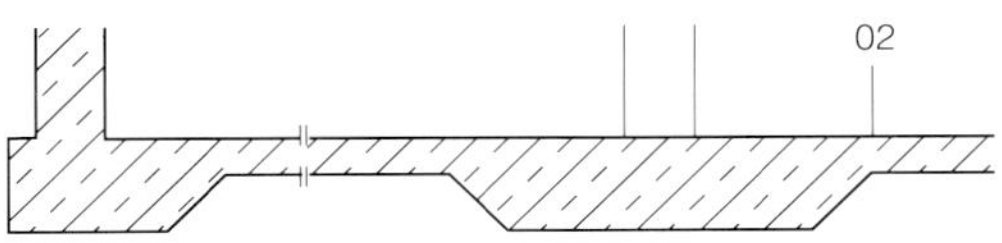

02 Ortbeton

3.3.1 In die Sohlplatte integriertes Fundament

3.3.2 n-Werte für die Lastausbreitung

	zul σ_b [kN/m²]	100	200	300	400	500
B 5		1,6	2,0	2,0	unzulässig	
B 10		1,1	1,6	2,0	2,0	2,0
B 15		1,0	1,3	1,6	1,8	2,0
B 25		1,0	1,0	1,2	1,4	1,6
B 35		1,0	1,0	1,0	1,2	1,3

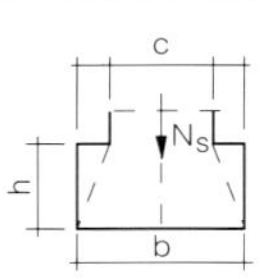

erf h ≥ nb

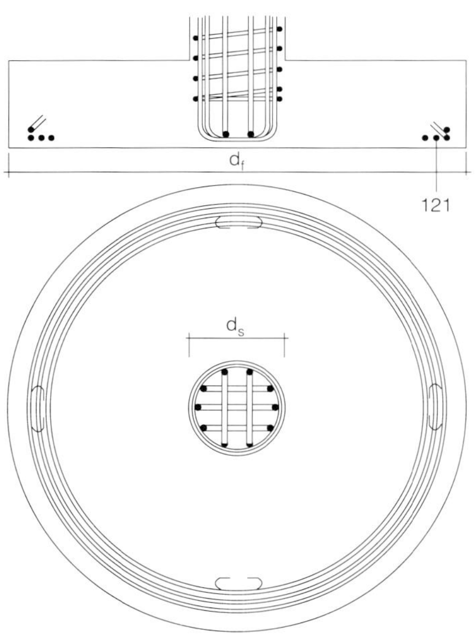

121 Bewehrung/Bündel

3.3.3 Bewehrungsführung eines Kreisfundaments

Je nach Lage des tragfähigen Bodens erhalten Bauwerke eine Flachgründung oder eine Tiefgründung.

Flachgründung

Die Flachgründung besteht aus Streifenfundamenten unter den Wänden sowie Einzelfundamenten unter den Stützen, die in der Regel als Verstärkung der Sohlplatte ausgebildet werden (Bild 3.3.1). Bei hohen Lasten und/oder geringer Tragfähigkeit des Baugrundes wird das Bauwerk auf einer Platte gegründet.

Im Frostbereich besteht die Gefahr, daß das Fundament durch Eisbildung im Boden hochgedrückt wird. Um dies zu vermeiden, wird das Gründungsniveau der Randfundamente bis zur Frostgrenze tiefergelegt, oder es wird ggf. eine Füllbetonschicht unter diesen Fundamenten eingebracht.

Streifenfundamente

Bei Fundamenten mit entsprechenden Proportionen wird auf eine Bewehrung verzichtet (Tabelle 3.3.2). Oft werden Anschlußstäbe angeordnet, die aus den Fundamenten heraus in die Stahlbetonwand ragen; diese sind in der Regel überflüssig. Sie können dann notwendig sein, wenn die Wand auf Erddruck belastet ist oder wenn das Fundament in die Scheibenwirkung miteinbezogen wird.

Bei eingeschossigen, nicht unterkellerten Bauten bekommen die Wände nur eine sehr kleine Belastung, und ihr Eigengewicht ist gering. So können die Wände direkt auf die Bodenplatte gesetzt werden. Am Außenrand der Bodenplatte ist eine Frostschürze erforderlich, wenn die Kapillarität des Bodens und die Feuchtigkeitszufuhr nicht anderweitig, z.B. durch ein Kiesbett, verhindert wird. In diesem Fall hat das Streifenfundament der Außenwände im wesentlichen den Charakter einer Frostschürze.

Einzelfundamente

Zentrisch belastete Einzelfundamente stellen ein rotationssymmetrisches Problem dar. Dementsprechend werden sie als Kreisfundamente mit Ringbewehrung ausgebildet. Dabei wird die Ringbewehrung am einfachsten als Bündel ausgeführt (Bild 3.3.3). DIN 1045, Abs. 18.11.1 spricht über Stabbündel »aus zwei oder drei Einzelstäben«. Dabei ist an eine Längsbewehrung gedacht, die durch Verbund die Kraft an den Beton abgibt. In diesem Fall wird die Kraft aus dem Bündel als Einzelstab auf den Beton übertragen. Aus diesem Grund sind Bündel auch aus mehreren Stäben möglich. Die Bündel bildet man sinnvollerweise aus Stäben Ø 12 mm, da diese in Rollen geliefert werden. EC2 kennt Stäbe Ø 16 mm, die in Ringen geliefert werden. Dabei braucht der Stab nicht gebogen zu werden. Er wird lediglich auf den erforderlichen Durchmesser auseinandergezogen. Beim Verlegen der Bewehrung ist auf eine fachgerechte Ausführung zu achten [61]. Um das Durchstanzen zu verhindern, ist die Bewehrung außerhalb eines kritischen Kreises zu legen; die Bewehrung im Bereich unterhalb der Stütze hätte Durchstanzen zur Folge.

Sollen die Fundamente nicht in die Sohlplatte integriert, sondern in einer Schalung betoniert werden, so wird die Schalung aus einem Blechstreifen hergestellt, der auf einfache Weise mit Paketblechband zusammengehalten werden kann.

Der Stahlbedarf von Kreisfundamenten ist halb so groß wie der von quadratischen Fundamenten. Fundamente, die mit Kreisringbewehrung armiert werden, sind beständiger als Rechteckfundamente, da hierbei keine Risse entlang der Bewehrung auftreten.

Auch exzentrisch belastete Fundamente können als Kreisfundamente ausgebildet werden. Der erforderliche Fundamentdurchmesser kann in Abhängigkeit der Exzentrizität für die verschiedenen zulässigen Bodenpressungen mit Hilfe des Diagramms 3.3.4, die dazu gehörenden Querschnitte der Ringbewehrung mit Hilfe von 3.3.5 ermittelt werden.

Fertigteilstützen werden mit Einzelfundamenten gegründet. Soweit Transportabmessungen und -gewicht es ermöglichen, ist es wirtschaftlich, die Fertigteilstützen mit bereits anbetonierten Fundamenten in einem Stück auf der Baustelle anzuliefern (Stützen siehe S. 122f). Die Fundamente werden sinnvollerweise mit Kreisgrundriß ausgebildet. Die Stützen mit den Fundamenten werden auf das sorgfältig vorbereitete Planum gesetzt. Anschließend werden sie justiert und – um eine satte Auflage zu gewährleisten – mit Zementmörtel unterpreßt.

Falls die Stützen und Fundamente getrennt hergestellt werden, kommen Köcherfundamente zur Ausführung. Die Köcher, in die die Stützen in diesem Fall eingespannt werden, sind in Form eines sich nach unten verjüngenden Pyramidenstumpfes ausgebildet (Bilder 3.3.7, 3.3.8). So wird es möglich, die Schalung des Köchers in einem Stück nach oben herauszuziehen. Die Abmessungen des Köchers sind so bestimmt, daß Ungenauigkeiten sowohl vertikal als auch horizontal ausgeglichen werden können. In der Regel sind die Stützen mit einem Zentrierbolzen versehen. Die Hülse hierfür ist eine Stahlplatte mit entsprechender Bohrung, die – noch vor Anlieferung der Stützen – genau eingemessen im Ausgleichsmörtel auf dem Köcherboden verlegt wird. Bei Stützen, die symmetrische Abmessungen, aber asymmetrische Bewehrung haben, wird der Zentrierbolzen außermittig eingebaut, damit die Stütze nicht verdreht eingesetzt werden kann. Beim Versetzen der Stütze wird ihre richtige Lage durch den Zentrierbolzen gesichert. Durch Keile zwischen Köcherwand und Stütze wird die Stütze annähernd ins Lot gebracht. Der Kran kann nun ausgehakt werden. Die Justierung der Stütze erfolgt durch Verstellen der Keile. Nachdem die Hauptkonstruktion der Halle fertig montiert ist, werden die Köcher mit Zementmörtel vergossen, nach dessen Erhärten die Holzkeile entfernt. Die Köchertiefe wird in der Regel auf das 1,5fache der größeren Stützenquerschnittsabmessung festgesetzt. Da die Köcherfundamente sehr montagefreundlich sind, verwendet man sie auch bei Pendelstützen, wobei die Einspanntiefe dann kürzer gewählt wird. Bei größeren Fundamenten wird der Köcher auf eine Platte gesetzt (Bild 3.3.9). Die Herstellung dieser Fundamente erfordert zwei Arbeitsgänge. Sie ermöglicht jedoch eine Materialeinsparung. Bei unserer Material/Lohnrelation ist das auf eine Platte aufgesetzte Köcherfundament erst bei einer Fundamentdurchmesser bzw. -kantenlänge von über 3,00 m wirtschaftlich. Freilich kann auch eine solche Köcherfundament-Platte mit Kreisgrundriß ausgebildet werden. Ein wesentlicher Anteil der Bewehrung wird so eingespart. Außerdem kann eine einfache Außenschalung verwendet werden.

Köcherfundamente können auch als Fertigteile ausgeführt werden. Am meisten verbreitet ist der sogenannte Schwedenfuß (Schwedisches Patent, Bild 3.3.10), mit dem durch aufwendige Formgebung und Bewehrung das Gewicht des Fundamentes auf ein Minimum reduziert wurde.

Die meisten Veröffentlichungen (auch EC 2, 5.4.10) über die Berechnung von Köcherfundamenten setzen die Normalkraft in der Sohle des Köchers zentrisch an. Dabei wird übersehen, daß infolge der H-Kraft bzw. des Momentes der eingespannte Stützenteil sich verdreht, weshalb die Normalkraft sich exzentrisch verlagert (Bild 3.3.11). Diese Exzentrizität verringert die H-Kraft, also die Beanspruchung des Köchers und auch die Hauptzugspannung im Stützen-

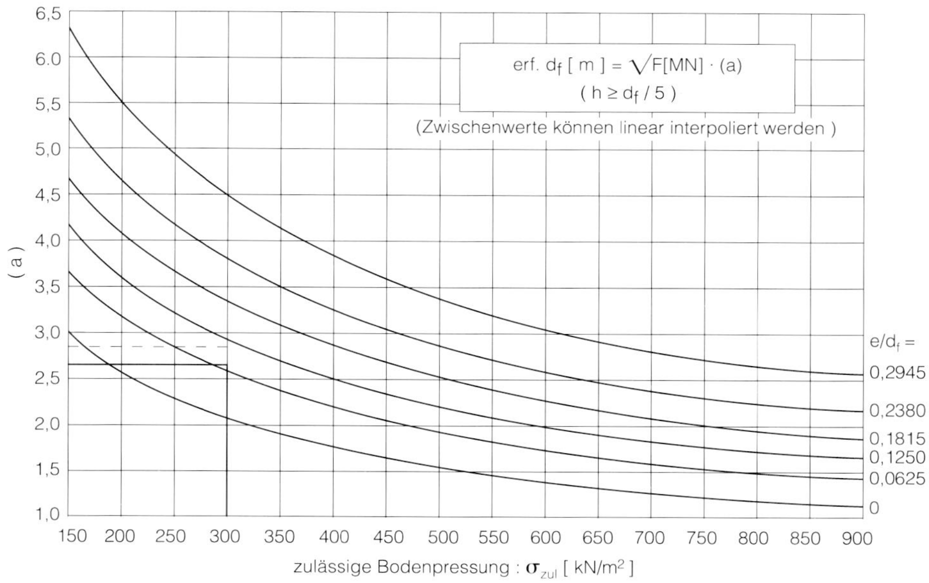

3.3.4 Ermittlung des erforderlichen Fundament-Durchmessers

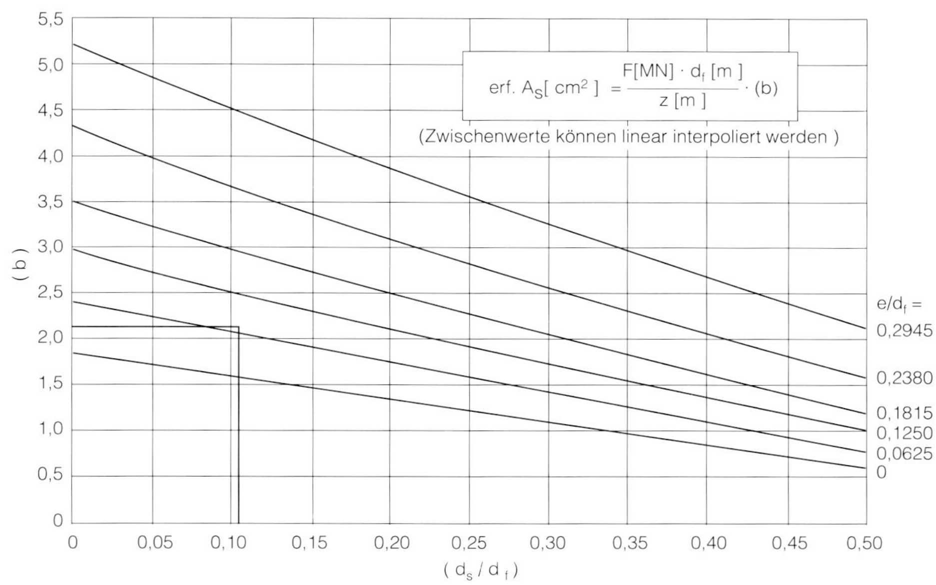

3.3.5 Ermittlung der erforderlichen Ringbewehrung

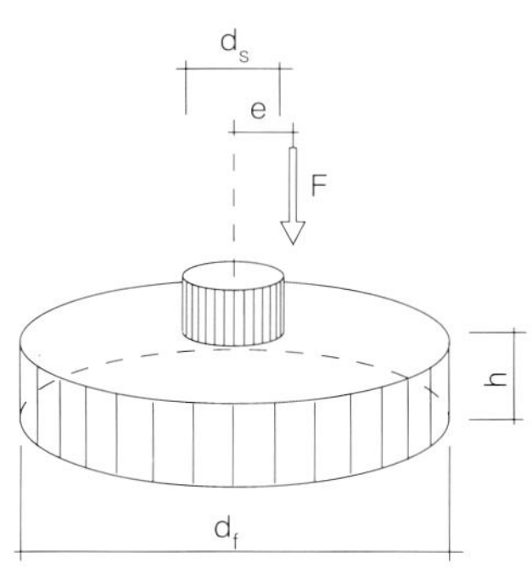

Vorwerte:

Stützendurchmesser	d_s =	0,4 m
Vertikallast	F =	1,74 MN
Moment	M =	0,609 MNm
zul. Bodenpressung	$\sigma_{zul.}$ =	300 kN/m²
gesucht:	d_f ≙	Fundamentdurchmesser
	h =	Fundamentdicke
	erf. A_s	erf. Bewehrung

1. Iteration (- - - - -)
Annahme der Exzentrizität mit geschätzten Fundamentdurchmesser: d_f = 3,0 m; h ≥ d_f/5 = 3,0/5 = 0,60 m;
$G_F = \pi\ 3{,}0^2/4 \times 0{,}60 \times 25{,}0 = 106$ kN
$\Sigma F = 1{,}74 + 0{,}106 = 1{,}846$ MN
$e/d_f = M/\Sigma F \times d_f = 0{,}609/1{,}846 \times 3{,}0 = 0{,}11$
abgelesen aus 3.3.4: (a) = 2,8
erf $d_f = 2{,}8\ \sqrt{1{,}846} = 3{,}8 > 3{,}0$ m

2. Iteration: (——)
d_f = 3,8 m; h = 3,8/5 = 0,76: gew: h = 0,8 m
$G_F = \pi\ 3{,}8^2/4\ 0{,}8 \times 25{,}0 = 227$ kN
$\Sigma F = 1{,}74 + 0{,}227 = 1{,}967$ MN
$e/d_f = 0{,}609/1{,}967 \times 3{,}8 = 0{,}0814$
abgelesen aus 3.3.4: (a) = 2,65
erf $d_f = 2{,}65\ \sqrt{1{,}967} = 3{,}72 \approx 3{,}8$ m

h = 0,8 m; d = 0,75 m
z = 0,85 d = 0,85 × 0,75 = 0,64
d_s/d_f = 0,4/3,8 = 0,105; e = 0,0814 d_f
abgelesen aus 3.3.5: (b) = 2,15
erf A_s = 1,967 × 3,8/0,64 × 2,15 = 25,1 cm²

3.3.6 Beispiel für die Bemessung eines Kreisfundaments

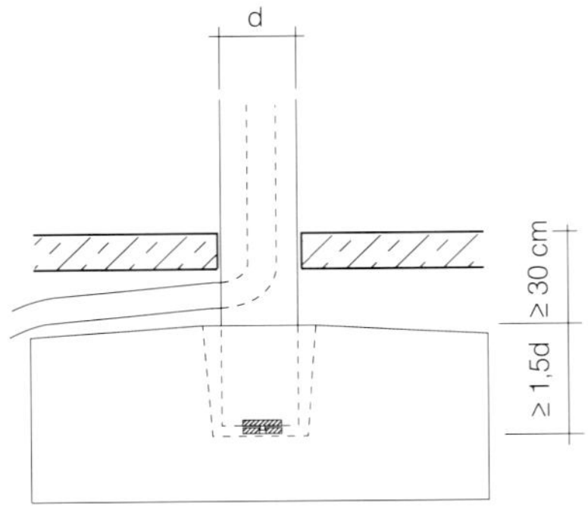

3.3.7 Blockfundament

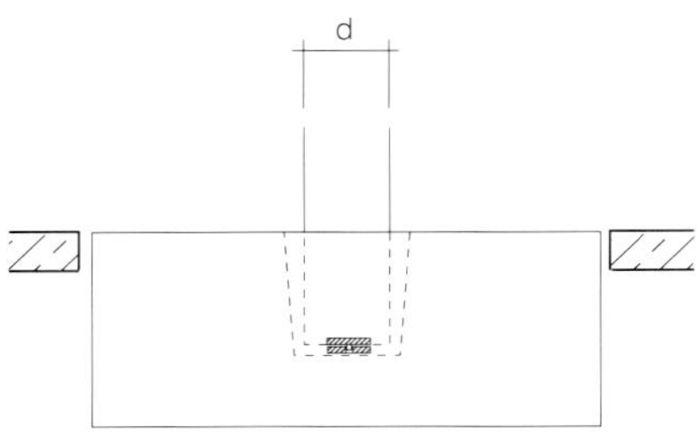

3.3.8 Blockfundament mit anschließender Bodenplatte

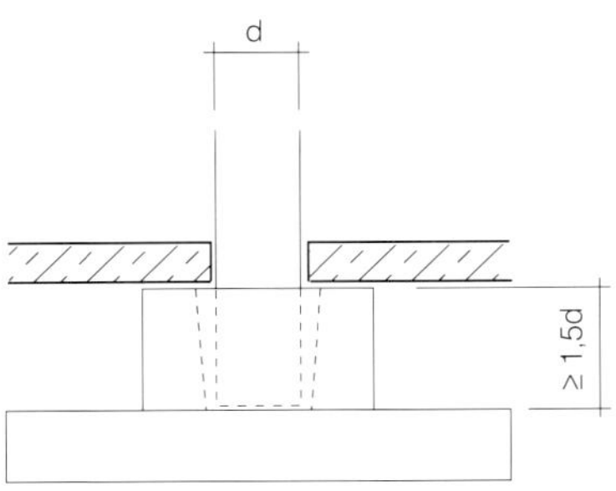

3.3.9 Köcherfundament

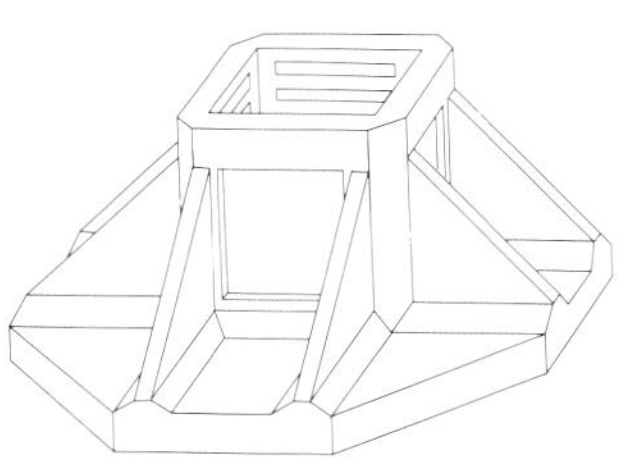

3.3.10 Schwedenfuß

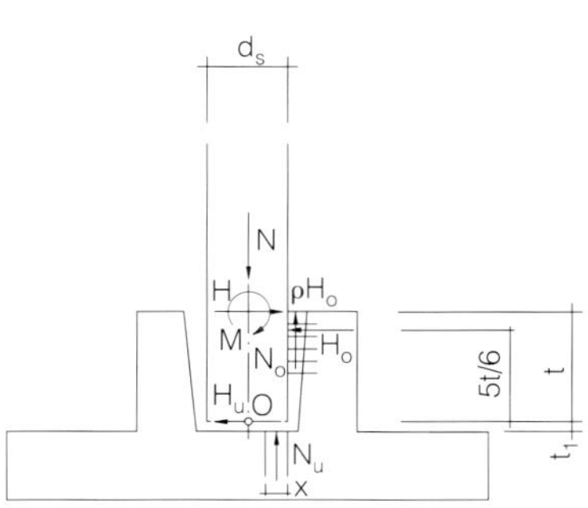

3.3.11 Auf den Köcher wirkende Kräfte

fuß. Es ist auch korrekt, die Reibung infolge H anzusetzen. Bei Verzahnung beider Vergußflächen wird das Moment durch das Kräftepaar in den Köcherwänden aufgenommen.

Plattengründung
Die Sohlplatte ist elastisch auf dem Baugrund gelagert. Sie muß als elastisch gebettete Platte gerechnet werden, da diese Berechnungsart dem effektiven Tragverhalten nahekommt und zu einer wirtschaftlichen Bewehrung führt. Es erweist sich oft als zweckmäßig, Platten unter Stützen und Wänden mit größerer Dicke auszubilden.

Wannengründung
Untergeschosse im Grundwasser werden als Wanne ausgebildet (»weiße Wanne« oder »schwarze Wanne«), wobei die Sohle als Gründungsplatte wirkt. Räume, die eines absoluten Feuchtigkeitsschutzes bedürfen, wie Tresore, Archive oder Rechnerräume und Räume für ähnlich empfindliche Nutzung erhalten in der Regel eine schwarze Wanne. Tiefgaragen und sonstige Räume, wie z.B. Lagerräume für feuchte unempfindliche Güter oder Keller im Wohnungsbau werden bevorzugt als weiße Wanne ausgeführt.

Die schwarze Wanne besteht aus einer Betonschutzsschicht unter der Sohle und aus Beton- bzw. Mauerwerkswänden mit einer Abdichtung gemäß DIN 18195 Teil 1–6. Innerhalb der Abdichtung kann die Betonkonstruktion zusätzlich als weiße Wanne ausgebildet werden.

Die weiße Wanne besteht aus Stahlbeton mit einer Mindestsohl- und Wanddicke von 25 cm. Durch entsprechende Rezeptur – Zement mit geringer Wärmeentwicklung; Begrenzung des w/z-Wertes 0,60 bzw. 0,55 und Betonzusatzmittel (Dichtungsmittel) – sowie entsprechendes Einbringen, Verdichten und Nachbehandeln, kann der Beton wasserundurchlässig hergestellt werden. Unter Wasserundurchlässigkeit versteht man, »daß das Wasser bei langzeitigem Einwirken den Beton des Bauteils nicht durchdringt und daß die dem Wasser abgewandte Seite des Bauteils keinen Wasseraustritt und keine feuchten Flecken zeigt« [Beton-Kalender 1995, Teil I, Seite 79].

Dies kann nur dann gewährleistet werden, wenn das Bauteil keine durchgehenden Risse bekommt und die Breite der sonstigen Risse durch Bewehrung beschränkt wird. Wichtig ist dabei, die Zwängzugspannungen im Beton gering zu halten. Der wesentliche Anteil der Zwängzugspannungen resultiert aus der Hydratationswärme beim Abkühlen des Betons. Es ist dafür Sorge zu tragen, daß der Beton langsam abkühlt und somit die Wärmeentwicklung bei der Hydratation gering bleibt (Dehnungsfuge siehe Seite 104).

Tiefgründung/Pfahlgründung [60]

Sofern tragfähige Bodenschichten erst in größerer Tiefe auftreten, muß die Bauwerkslast darauf abgetragen werden. Dies erfolgt in den meisten Fällen durch Pfähle. Andere spezielle Tiefgründungsarten werden im vorliegenden Buch nicht behandelt.

Die Pfähle übertragen die Last durch Spitzendruck und/oder Mantelreibung. Gründungspfähle aus Beton teilt man nach der Art ihrer Herstellung in Ortbetonpfähle und Fertigteilpfähle ein. Ortbetonpfähle werden aus Stahlbeton in einem zuvor im Baugrund durch Bodenaushub oder Bodenverdrängung erzeugten Hohlraum hergestellt. Man unterscheidet je nach Arbeitsvorgang und Geräten zwischen Bohrpfählen, Bohrverdrängungspfählen, Rammpfählen und Rüttelpfählen (Bild 3.3.12). Neuerdings werden Fertigteilpfähle auch in den Boden hineingeschraubt (Schraubpfähle). Fertigteilpfähle werden auf der Baustelle oder im Werk vorfabriziert (Schleuderbeton-Verfahren). Sie werden an der Verwendungsstelle eingerammt, eingerüttelt, eingespült, eingeschraubt oder in ein vorbereitetes Bohrloch eingeführt. Je nach Wirkung der Pfahlherstellung auf den Baugrund wird nachfolgend unterschieden zwischen Verdrängungspfählen und Bohrpfählen, bei denen der Hohlraum für den Pfahlschaft ohne nennenswerte Verdrängung hergestellt wird.

Verdrängungspfähle
Der klassische Typ des Verdrängungspfahles ist der Rammpfahl, der aus Holz, Stahl oder Stahlbeton vorgefertigt ist. Die Stahlbetonpfähle haben einen Quadrat- oder Kreisquerschnitt (Bild 3.3.12 A). Sie werden liegend, letztere im Schleuderbetonverfahren hergestellt. Die Pfähle werden von einem »langsam schlagenden Bären« mit einem auf das Rammgut abgestimmten Gewicht in den Boden getrieben. Heute werden bei geeigneten Böden stattdessen auch häufig Schnellschlagrammen oder Rüttler eingesetzt. Neuerdings wird dieser Pfahltyp in Übereinstimmung mit dem englischen Begriff »displacement pile« als »Verdrängungspfahl« bezeichnet, weil in allen Fällen das dem Pfahlschaft entsprechende Bodenvolumen verdrängt werden muß. Zu den Verdrängungspfählen gehören auch die Schraubpfähle, die Kreisquerschnitt haben und im unteren Bereich mit gewindeartigen Außenflächen versehen sind. Sie werden in den Boden unter Auflast eingeschraubt.
In dicht besiedelten Gebieten ist das Rammen meist nicht zulässig. Auch Rammhindernisse oberhalb der tragfähigen Schicht erschweren den Vorgang oder machen ihn unmöglich, so daß in solchen Fällen Bohrpfähle bevorzugt werden.

Hier sind Passagen mit freundlicher Genehmigung der Verfasser aus [60] übernommen worden, ohne diese als Zitat zu kennzeichnen.

3.3.12 Pfähle [60]

A Stahlbetonrammpfahl
B Schnecken-Bohrpfahl
C Stütze auf Pfahlkopfplatte

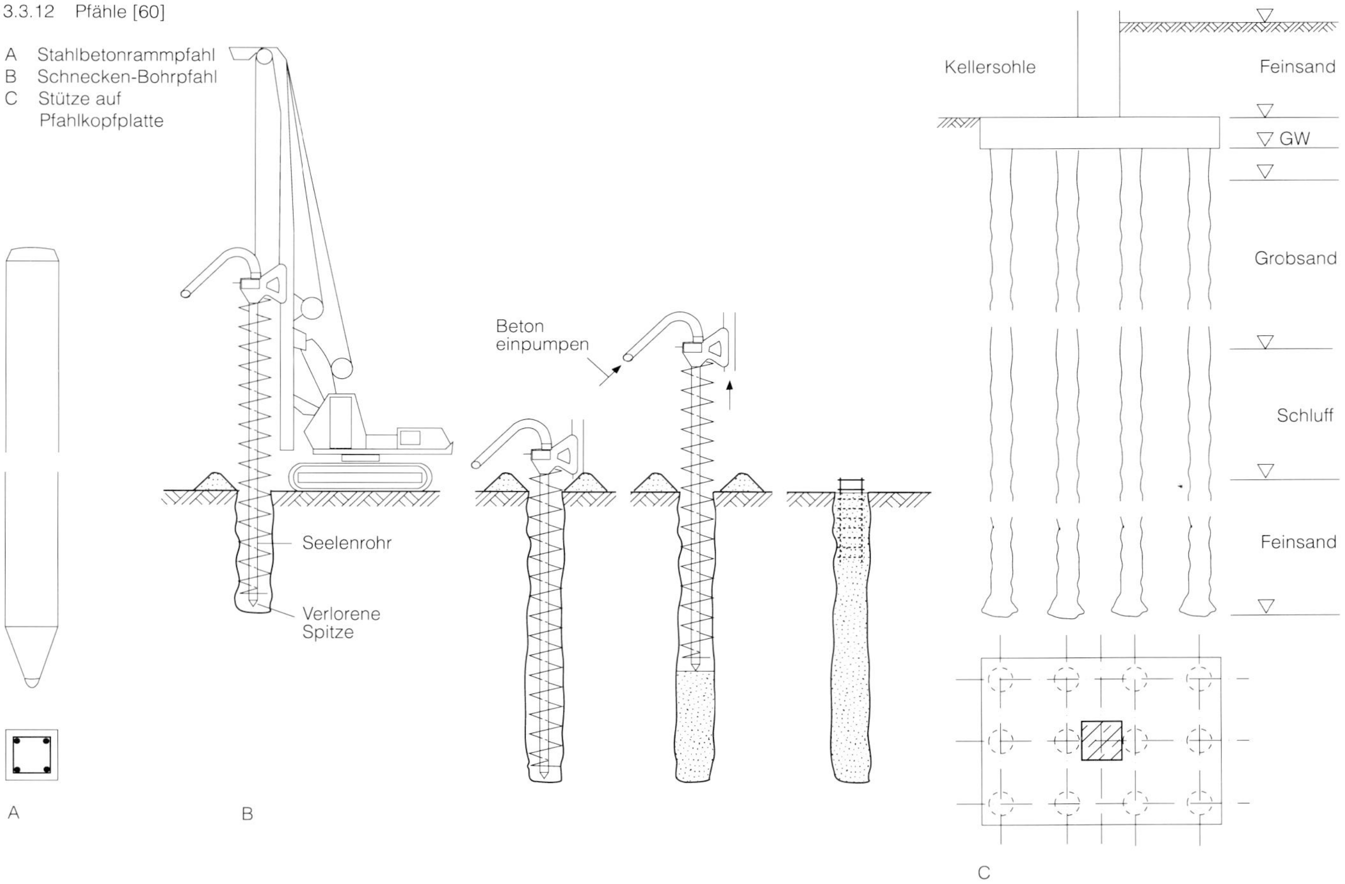

3.3.13 Herstellphasen eines Vollverdränger-Bohrpfahls [60]

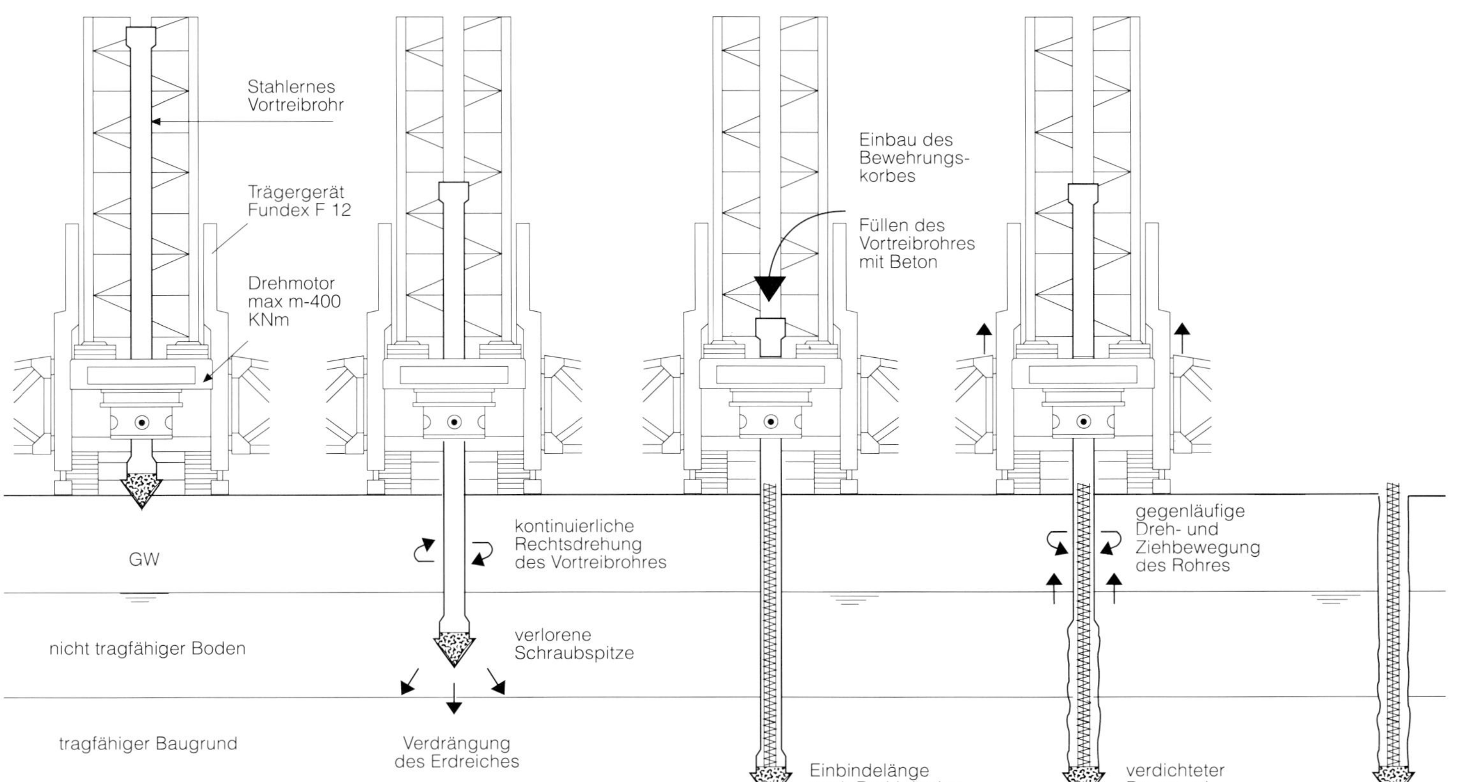

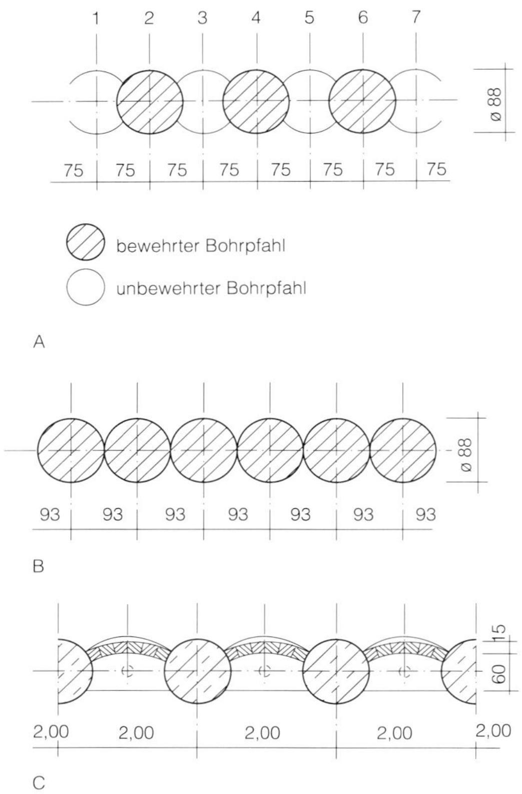

A überschnitten
B tangierend
C aufgelöst mit Spritzbeton

3.3.14 Ausführungsmöglichkeiten für Bohrpfahlwände

3.3.15 Gurtung mit Ankerkopf

3.3.16 Bewehrungskorb eines Ankerkopfes

Bohrpfähle
Bohrpfähle sind dadurch gekennzeichnet, daß ein Hohlraum in den Baugrund gebohrt und der Pfahlschaft an Ort und Stelle gegen den anstehenden Boden betoniert wird (Bild 3.3.12 B, C). Im Regelfall wird die Bohrlochwandung bis zum Betonieren durch eine Verrohrung oder durch einen Flüssigkeitsüberdruck (Bentonit) im Bohrloch gestützt, um eine Auflockerung und Entspannung der angrenzenden Bodenschichten so weit wie möglich zu verhindern. Durch den Druck des flüssigen Betons entsteht eine gute Verzahnung mit dem Baugrund. In besonderen Fällen kann die Lastübertragung durch eine nachträgliche Verpressung der Fuß- und der Mantelfläche noch weiter verbessert werden. Die Herstellung eines Vollverdrängungs-Bohrpfahls ist in Bild 3.3.13 dargestellt.

Baugrubensicherung

Baugruben, bei denen für eine Böschung kein Platz vorhanden ist, werden mit seitlichem Verbau gesichert [60]. Hier werden von den bekannten Stahlbeton-Verbauarten nur Schlitz- und Bohrpfahlwände behandelt, weil diese in der Regel gleichzeitig Bestandteil der Außenwand des Bauwerkes sein können.

Schlitzwände
Im städtischen Tiefbau und bei tiefen Baugruben mit naher Randbebauung und anstehendem Grundwasser stellt die Schlitzwand oft eine günstige Verbaumöglichkeit dar. Die Schlitzwandbauart ist ein grundwasserschonendes, geräusch- und erschütterungsarmes Verfahren, das die Herstellung von bewehrten Betonwänden im unmittelbaren Druckausbreitungsbereich bestehender Fundamente ermöglicht.

Die gebräuchlichsten Schlitzwanddicken liegen bei 60 bis 100 cm, in Sonderfällen werden auch dickere Schlitzwände bis 150 cm ausgeführt. Die Tiefe ist theoretisch unbegrenzt, bei Tiefen von über 40 m können durch Lotabweichung Spaltöffnungen entstehen.

Zur Schlitzwandherstellung werden einzelne Aushub- und Betonierabschnitte, die sogenannten »Schlitzwandlamellen«, aneinandergereiht. Zuerst wird eine ungefähr 1 m hohe Leitwand hergestellt, in deren Führung der Schlitz mit einem Schlitzwandgreifer ausgehoben wird, wobei die Wandungen durch eine Bentonit-Suspension gestützt werden. Zur stirnseitigen Begrenzung der Vorläuferlamelle gegen das Erdreich werden Stahlrohre eingebaut. Nach dem Ablassen der Bewehrungskörbe wird die Lamelle nach den Regeln des Unterwasserbetonierens mit dem Kontraktorverfahren betoniert: Beim Betonieren wird ein Schüttrohr benutzt, dessen unteres Ende in den bereits eingebrachten Frischbeton eintaucht. Hierdurch wird erreicht, daß sich nur ein geringer Teil des Frischbetons mit der Bentonit-Suspension vermischt. Die vom Beton verdrängte Stützflüssigkeit wird zur Wiederaufbereitung und Wiederverwendung abgepumpt. Nach dem Erstarren des Betons werden die seitlichen Abschalrohre gezogen. Die Wandelemente werden meist in überschlagender Reihenfolge hergestellt.

Bohrpfahlwände
Der Verbau kann auch als Bohrpfahlwand ausgeführt werden; Die Pfähle werden normalerweise in verrohrten Bohrlöchern hergestellt. Setzungen hinter der Wand können auf ein Minimum beschränkt werden, so daß sich diese Wände für Baugrubenumschließungen im unmittelbaren Druckausbreitungsbereich von Bauwerken gut eignen. Es sind drei Ausführungsarten üblich (Bild 3.3.15):

- Bei den überschnittenen Pfahlwänden werden zunächst die Pfähle 1, 3, 5 usw. ohne Bewehrung betoniert. Danach werden die bewehrten Zwischenpfähle hergestellt. Die letzteren schneiden dabei in die beiden benachbarten, bereits betonierten Pfähle ein, so daß eine durchgehende Betonwand entsteht. Für den vorübergehenden Bauzustand der Baugrubenumschließung können diese Wände als annähernd wasserdicht angenommen werden. Ausnahmsweise auftretende Leckstellen sind durch Injektionen mit Zementleim oder Epoxydharz abzudichten.
- Tangierende Pfahlwände bestehen aus aneinandergereihten Pfählen im Abstand von etwa 5 – 10 cm und sind deshalb wasserdurchlässig.
- Bei aufgelösten Pfahlwänden wird der Zwischenraum zwischen den – auf größeren Abstand – gesetzten Pfählen dem Aushub folgend mit horizontalen Gewölben abgesichert.

Abstützung und Verankerung der Baugrubenumschließung
Schlitz- bzw. Bohrpfahlwände müssen, dem Aushub folgend, abgestützt werden. Bei schmalen Baugruben lassen sich die Wände gegeneinander abstreben. Bei großen und tiefen Baugruben ist die Abstrebung aufwendig und stört die Durchführung der weiteren Bauarbeiten. Deshalb verwendet man entweder Erdanker oder man stützt die Wand durch die Deckenplatten horizontal ab (Deckelverfahren). Die Verankerung erfolgt in der Regel mit Verpreßankern, d.h. Zuggliedern aus Spannstahl, die in ein Bohrloch eingebaut werden. Der Ankerkopf ist mit dem zu verankernden Bauteil kraftschlüssig verbunden. Die Ankerköpfe stützen sich entweder gegen eine Gurtung (Bild 3.3.15) oder sie werden in Ankernischen, deren Blechwand mit dem Bewehrungskorb eingebracht wird, angeordnet (Bild 3.3.16). Die Ankerkraft wird durch Verpreßkörper an

den Baugrund abgegeben. Den Verpreßkörper bildet die in das Bohrloch eingepreßte Zementschlämme. Bei Temporärankern wird ein einfacher Korrosionsschutz gefordert. Daueranker müssen mit einem lückenlosen und dauerhaften mehrfachen Korrosionsschutz versehen werden. Dieser wird durch Überschieben eines Hüllrohrs erzielt und durch Verpressen des übergeschobenen Hüllrohrs mit Zement bzw. einer dauerplastischen Masse. Daueranker bedürfen einer bauaufsichtlichen Zulassung. Sie unterliegen zur Zeit einer Überprüfungspflicht und müssen im Zweijahresturnus begutachtet werden.

Schlitz- oder Bohrpfahlwände können auch durch die Decken der Untergeschosse eines Bauwerkes ausgesteift werden. Dabei wird die Flachdecke, nach Herstellung der Umschließungswände und der Pfähle, die bis zu der obersten Untergeschoßdecke geführt werden, auf einem am Boden bereiteten Planum betoniert. Die Decke liegt auf Wänden und Pfahlköpfen auf. Nach Erreichen der erforderlichen Betonfestigkeit wird der Boden unter der Decke bis zur nächsten Untergeschoßdecke ausgehoben. Auf dem neu erstellten Planum wird die folgende Decke betoniert, die in die Vertiefung der Wände und der Pfähle, die nun zu Stützen geworden sind, eingreifen. Die Arbeit wird auf diese Weise für die unteren Geschosse fortgeführt.

Dieses als »Deckelverfahren« genannte Vorgehen hat folgende Vorteile:

- Verankerung und/oder Abstrebung der Außenwände entfallen,
- das Gerüst in den Untergeschossen wird eingespart,
- das Planum ist billiger als die Schalung,
- die unteren Decken können witterungsgeschützt hergestellt werden,
- schneller Baufortschritt, da von der Decke über dem 1. Untergeschoß ab- und aufwärts gleichzeitig gearbeitet werden kann.

Als Nachteile zählen:

- die eingeschränkte Höhe für die Erdarbeiten, insbesondere bei niedrigen lichten Geschoßhöhen (Garagen),
- ggf. sind größere Stützenabmessungen als bei üblicher Herstellung erforderlich,
- es müssen Arbeitsöffnungen freigelassen und später wieder geschlossen werden.

Bild 3.3.17 zeigt das Deckelverfahren mit auf Schalung hergestellter Untergeschoßdecke.

Bauen unter Grundwasserniveau/ offene Wasserhaltung [60]

In vielen Fällen ist die Grundwasserabsenkung aus ökologischen Gründen oder wegen des Einflusses auf die Gründung der Nachbarbebauung (Setzungsgefahr, Holzpfahlzerfall) nicht gestattet. Deshalb muß mit offener Wasserhaltung (bei geschlossener Baugrubenwand und -sohle) gearbeitet werden. Als Wände dienen vorwiegend Schlitzwände oder überschnittene Bohrpfahlwände. Wenn der Baugrund in erreichbarer Tiefe selbst nicht annähernd wasserdicht ist, muß entweder eine Unterwasserbetonsohle oder eine Injektionssohle hergestellt werden.

Beim Bau einer wu-Betonsohle (wasserundurchlässiger Beton) wird folgendermaßen vorgegangen:
Nach dem Erstellen der Umfassungswände wird der Boden bis zum Grundwasserspiegel ausgehoben, wobei die Wände schrittweise rückverankert werden. Sollte die Sohle durch Pfähle gegen Auftrieb verankert werden müssen, so können diese (z.B. Rammverpreßpfähle) von hier aus gesetzt werden. Bei weiterem, schrittweise vollzogenem Aushub bis zur Baugrubensohle werden die Wände, soweit erforderlich, unter Wasser ausgesteift. Dann erfolgt das Betonieren der unbewehrten oder bewehrten Sohle unter Wasser. Nach Erreichen der erforderlichen Betonfestigkeit wird die Baugrube gelenzt. Sollte die Sohle mit Verpreßankern verankert werden, dann werden diese nach dem Betonieren der Sohle von einer Arbeitsbühne aus unter Wasser eingebaut (Bild 3.3.18 A).

Die Dichtungssohle kann auch als tiefliegende Injektionssohle hergestellt werden. Die Injizierung erfolgt nach einem Teilaushub vom Grundwasserniveau aus. Die Injektionssohle wird so tief angelegt, daß eine ausreichende Auftriebssicherheit vorhanden ist (Bild 3.3.18 B). Welche der beiden Auftriebssicherungen gewählt wird, ist von den Baugrubenabmessungen und dem Sohlen- und Grundwasserniveau abhängig, sowie davon, ob die wasserundurchlässige Betonsohle (wu-Beton) des Bauwerks ebenfalls verankert werden muß. In diesem Fall können dieselben Verankerungen benutzt werden.

Sowohl Unterwasserbetonsohlen als auch Injektionssohlen gelten lediglich für die Bauzeit als ausreichend wasserdicht. In der Regel wird deshalb auch die Sohle des Bauwerks aus wu-Beton hergestellt, die im Endzustand ggf. durch Verankerung gegen Auftrieb gesichert werden muß.

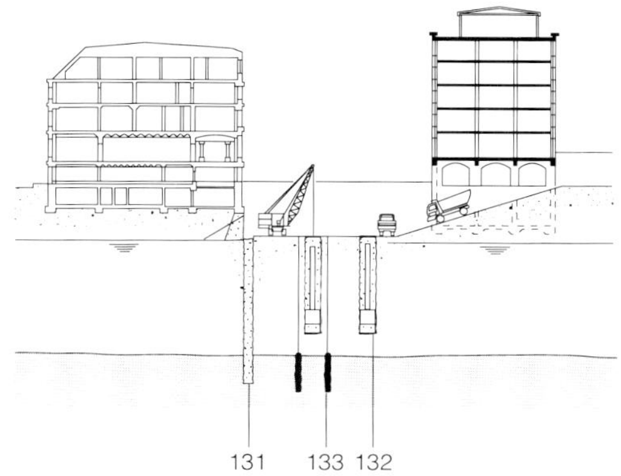

A

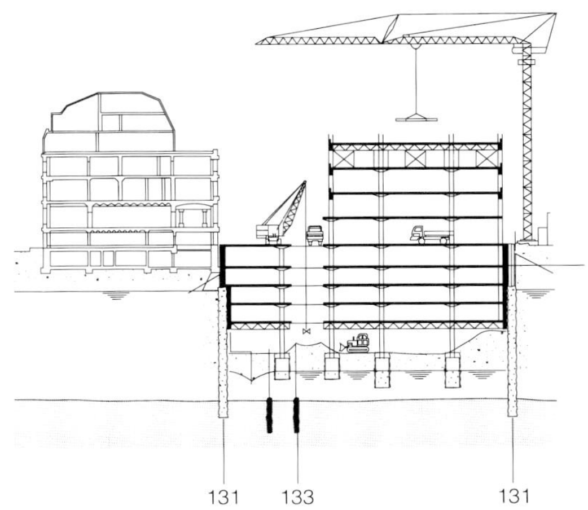

B

A Schlitzwandumschließung, Bohrung und Herstellung der Primärstützen sowie der Dauerzuganker zur Auftriebsicherung
B Gleichzeitige Herstellung der aufgehenden Stockwerke und der weiteren Untergeschosse

131 Schlitzwand
132 Primärstütze
133 Erdanker

3.3.17 Deckelbauverfahren [63]

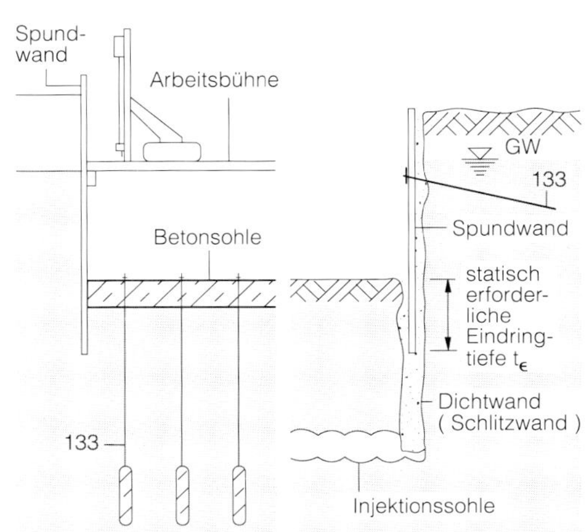

A B

A mit verankerter unter Wasser hergestellter Sohlplatte
B mit tiefliegender Injektionssohle

3.1.18 Baugrube mit offener Wasserhaltung

Literatur

Bücher und Aufsätze

Geschoßbauten

[1] Bauarchiv für Architekten und planende Bauingenieure. Bundesverband der Deutschen Transportbetonindustrie, Duisburg 1987
[2] Beck, H., Frenzel, R.: Ausbaudetails im Fertigteilbau. Fachvereinigung Deutscher Betonfertigteilbau, Bonn 1993
[3] Belz, W., Gösele, K., Jenisch, R., Pohl, R., Reichert, H.: Mauerwerk Atlas. Institut für internationale Architektur-Dokumentation, München 1984
[4] Betonfertigteile für den Skelett- und Hallenbau. Fachvereinigung Deutscher Betonfertigteilbau, Bonn, Beton Verlag, Düsseldorf 1993
[5] Betonfertigteile für den Wohnungsbau Fachvereinigung Deutscher Betonfertigteilbau. Beton Verlag, Düsseldorf, 1994
[6] Bieger, K.-W. (Hrsg.): Stahlbeton und Spannbetontragwerke nach Eurocode. Springer Verlag, Berlin Heidelberg 1993
[7] Bomhard, H.: BMW- Hochhaus München. Dyckerhoff & Widmann, München 1973
[8] Busse, H.-B. v., Waubke, N. V., Grimme, R., Mertins, J.: Atlas Flache Dächer. Institut für internationale Architektur-Dokumentation, München 1992
[9] Dierks, K., Schneider, K. J. (Hrsg.): Baukonstruktion. 3. Auflage. Werner Verlag, Düsseldorf 1993
[10] Fassaden. Konstruktion und Gestaltung mit Betonfertigteilen (Brandt, J.; Heene G. V.; Kind-Barkauskas, F. u. a.). Beton Verlag, Düsseldorf 1988
[11] Hart, F., Henn, W., Sontag, H.: Stahlbauatlas Geschoßbauten. Zweite Auflage. Institut für internationale Architektur-Dokumentation. München 1982
[12] König, G.: Hochhäuser aus Stahlbeton. Beton-Kalender 1990, Teil II, Seite 457–539. Ernst & Sohn, Berlin
[13] Kordina, K., Meyer-Ottens, C.: Beton Brandschutz Handbuch. Beton Verlag, Düsseldorf 1981
[14] Kotulla, B., Urban-Clever, B.-P.: Industrielles Bauen, Fertigteile. 2. Auflage. Expert Verlag, Renningen 1994
[15] Mayer, H.: Die Berechnung der Durchbiegung von Stahlbetonbauteilen. Ernst & Sohn, Berlin 1967, DaSt Heft 194
[16] Pfefferkorn, W., Steinhilber, H.: Ausgedehnte fugenlose Stahlbetonbauten: Entwurf und Bemessung der Tragkonstruktion. Beton-Verlag, Düsseldorf 1990
[17] Polónyi, S.: ... mit zaghafter Konsequenz. Bauwelt Fundamente 81. Friedrich Vieweg & Sohn, Braunschweig/Wiesbaden 1987
[18] Polónyi, S.: Rohbaukostenanalyse von Wohngebäuden. Mitteilungen des Lehrstuhls für Tragkonstruktionen. Universität Dortmund 1974
[19] Polónyi, S., Bollinger, K.: Ansätze in der Konzeption des Stahlbetons. Die Bautechnik 4/1983
[20] Polónyi, S., Diçleli, C.: Kosten der Tragkonstruktionen von Skelettbauten. Rudolf Müller Verlag, Köln 1976
[21] Rösler, W., Stöffler, J.: Beton-Fertigteile im Skelettbau. Fachvereinigung Betonfertigteilbau im Bundesverband Deutsche Beton- und Fertigteilindustrie, Düsseldorf 1982
[22] Scheer, J., Pasternak, H., Hofmeister, M: Gebrauchstauglichkeit – (k-)ein Problem? Bauingenieur Band 69, 1994, Heft 3, Seite 99–106
[23] Schunck, E., Finke, Th., Jenisch, R., Oster, H. J.: Der neue Dachatlas. Geneigte Dächer. Institut für internationale Architektur-Dokumentation, München 1991
[24] Staffa, M: Zur Vermeidung von hydratationsbedingten Rissen in Stahlbetonwänden. Beton- und Stahlbetonbau 1994, Heft 1, Seite 4–8
[25] Steinle, A., Hahn, V.: Bauen mit Betonfertigteilen im Hochbau. Fachvereinigung Betonfertigteilbau im Bundesverband Deutsche Beton- und Fertigteilindustrie, Bonn 1991
[26] Suspa. Suspa-Report. Firmenprospekte
[27] Weber, H.: Das Poren-Beton-Handbuch. 2. Auflage, 1995. Bauverlag, Wiesbaden, Berlin

Hallen

[28] Beck, H., Frenzel, R.: Ausbaudetails im Fertigteilbau. Fachvereinigung Deutscher Betonfertigteilbau, Bonn 1993
[29] Betonfertigteile für den Skelett- und Hallenbau. Fachvereinigung Deutscher Betonfertigteilbau, Bonn, Beton Verlag, Düsseldorf 1993
[30] Born, J.: Praktischer Schalenstatik Band I. Die Rotationsschalen. 2. Auflage. Ernst & Sohn, Berlin-München 1968
[31] Busse, H.-B. v., Waubke, N. V., Grimme, R., Mertins, J.: Atlas Flache Dächer. Institut für internationale Architektur-Dokumentation, München 1992
[32] Candela, F.: Structural Applications of Hyperbolic Paraboloidical Shells. ACI Journal, 1/1955
[33] Csonka, P.: Theory and Practice of Membran Shells. Akadémia Kiado. Budapest, 1987
[34] Die Kunst der leichten Schalen. Zum Werk von Felix Candela. arcus 18. Rudolf Müller Verlag, Köln 1992
[35] Dyckerhoff & Widmann (Hrsg.): Festschrift Ulrich Finsterwalder. 50 Jahre für Dywidag. Verlag G. Braun, Karlsruhe 1973
[36] Faber, C.: Candela und seine Schalen. Verlag Callwey, München 1965
[37] Gestalten in Beton: Zum Werk von Pier Luigi Nervi. arcus 7. Rudolf Müller Verlag, Köln 1989
[38] Hampe, E.: Statik rotationssymmetrischer Flächentragwerke I–IV. VEB Verlag für Bauwesen, Berlin 1963–73
[39] Isler, H.: Concrete Shells Derived from Experimental Shapes. SEI, Structural Engineering International, 3/94. Journal of the IABSE
[40] Joedicke, J.: Schalenbau. Konstruktion und Gestaltung. Karl Krämer Verlag, Stuttgart 1962
[41] Kaiser, U.: Wiederaufbau der Kongreßhalle in Berlin. Die Bauausführung. Die Bautechnik 10/1987, S. 329–35
[42] Kollár, L.: Schalenkonstruktionen. Beton-Kalender 1974, Teil II, Seite 327–435. Ernst & Sohn, Berlin
[43] Kordina, K., Meyer-Ottens, C.: Beton Brandschutz Handbuch. Beton-Verlag, Düsseldorf 1981
[44] Mannesmann, Demag Fördertechnik: Firmenprospekte
[45] Markus, G.: Theorie und Berechnung rotationssymmetrischer Bauwerke. Werner Verlag, Düsseldorf 1976
[46] Otto, F.: Das hängende Dach. Bauwelt Verlag, Berlin 1954, Nachdruck dva 1990
[47] Patzkowsky, K.: Bewehren von Stahlbetonbalken mit ausgeklingten Auflagern. Dissertation Universität Dortmund, 1990
[48] Polónyi, S.: Berechnung der hyperbolischen Paraboloidschalen über beliebigen Viereckgrundrissen. Beton- und Stahlbeton, 6/1962
[49] Polónyi, S., Stein, H.: Hallen. Rudolf Müller Verlag, Köln 1986
[50] Polónyi, S.: Neue Aspekte im Stahlbeton-Schalenbau. Bauwelt 32/1965
[51] Polónyi, S., Koch, P.: Hautartige Schalen für Überdachungen. Die Bautechnik 6/1973
[52] Ramm, E., Schunck, E.: Heinz Isler Schalen. Karl Krämer Verlag, Stuttgart 1986
[53] Rösler, W., Stöffler, J.: Beton-Fertigteile im Skelettbau. Fachvereinigung Betonfertigteilbau im Bundesverband Deutsche Beton- und Fertigteilindustrie, Düsseldorf 1982
[54] Rühle, H.: Räumliche Dachtragwerke. Konstruktion und Ausführung. Band 1: Beton, Holz, Keramik. Rudolf Müller Verlag, Köln 1969
[55] Schlaich, J., Kordina, K., Engell, H.-J.: Teileinsturz der Kongreßhalle in Berlin Schadensursachen, Zusammenfassendes Gutachten. Beton- und Stahlbetonbau 12/1980 Seite 281–294
[56] Schunck, E., Finke, Th., Jenisch, R., Oster, H. J.: Der neue Dachatlas. Geneigte Dächer. Institut für internationale Architektur-Dokumentation, München 1991
[57] Siegel, C.: Strukturformen der Modernen Architektur. Callwey Verlag, München 1960
[58] Steinle, A., Hahn, V.: Bauen mit Betonfertigteilen im Hochbau. Fachvereinigung Betonfertigteilbau im Bundesverband Deutsche Beton- und Fertigteilindustrie, Bonn 1991
[59] Weber, H.: Das Poren-Beton-Handbuch. Bauverlag, Wiesbaden, Berlin

Gründung

[60] Arz, P., Schmidt, H. G., Seitz, J., Semprich, S.: Grundbau. Beton-Kalender 1994, Teil II. Ernst & Sohn, Berlin
[61] Bollinger, K.: Bewehren nach neuer Stahlbeton-Konzeption II. – Tragverhalten von rotationssymmetrisch beanspruchten Stahlbetonplatten. Bautechnik 11/1985
[62] Grundbau-Taschenbuch. 4. Auflage, Ernst & Sohn, Berlin 1991
[63] Pause, H.: Deutsche Bank AG, Düsseldorf. Technischer Bericht der Fa. Philipp Holzmann Juni 1985
[64] Polónyi, S., Block, K., Bollinger, K.: Bewehren nach neuer Stahlbetonkonzeption I; Der Balken, Die Kreisplatte, Die innere Steifigkeit. Die Bautechnik 12/1984, S. 422–431
[65] Staffa, M: Zur Vermeidung von hydratationsbedingten Rissen in Stahlbetonwänden. Beton- und Stahlbetonbau 1994, Heft 1, Seite 4–8
[66] Styn, E.: Unterschiedlich gelagerte Kreisplatten mit Ringbewehrung. Dissertation TU Dortmund, 1991

Normen und Richtlinien

Eurocode Nr. 1 (EC 1) Gemeinsame einheitliche Regeln für verschiedene Bauarten und Baustoffe
Eurocode Nr. 2 (EC 2) Planung von Stahlbeton- und Spannbetontragwerken; Grundlagen und Anwendungsregeln für den Hochbau, DIN V 18932 Teil 1, Ausgabe 1992

DIN 1055 Teile 1–5 Lastannahmen für Bauten, Ausgabe 1994
DIN 1045 Beton und Stahlbeton; Bemessung und Ausführung, Ausgabe 1994
DIN 1054 Baugrund; zulässige Belastung des Baugrundes, Ausgabe 1994
DIN 4227 Teile 1–6 Spannbeton, Ausgabe 1994
DIN 4219 Leichtbeton und Stahlbeton mit geschlossenem Gefüge; Anforderungen an den Beton
Teil 1 Herstellung und Überwachung, Ausgabe 1984
Teil 2 Bemessung und Ausführung, Ausgabe 1984
DIN 4232 Wände aus Leichtbeton mit haufwerksporigem Gefüge; Bemessung und Ausführung, Ausgabe 1989
DIN 4028 Stahlbetondielen aus Leichtbeton mit haufwerksporigem Gefüge, Ausgabe 1984
DIN 18806 Verbundkonstruktion; Verbundstützen, Ausgabe 1984
Richtlinien für Stahlverbundträger, Ausgabe 1993
DIN 4014 Bohrpfähle; Herstellung, Bemessung und Tragverhalten, Ausgabe 1994
DIN 4026 Rammpfähle; Herstellung, Bemessung und zulässige Belastung, Ausgabe 1988
DIN 4126 Ortbeton – Schlitzwände; Konstruktion und Ausführung, (Vornorm) mit Erläuterungen, Ausgabe 1994

DBV-Merkblatt-Sammlung
Merkblätter, Sachstandberichte, Richtlinien. Ausgabe 1991, Deutscher Beton-Verein

Teil 4 • Konstruktionen im Detail

Gliederung der Legenden

1 – 19 **Konstruktionswerkstoffe**

1 Beton
2 Stahlbeton/Ortbeton
3 Stahlbeton-Fertigteil
4 Leichtbeton
5 Spannbeton
6 Vergußmörtel
7 Betonstein-Mauerwerk
8 Ziegel-Mauerwerk
9 Kalksandstein-Mauerwerk
10 Naturstein-Mauerwerk
11 Glasbaustein-Mauerwerk
12 Stahl
13 Aluminium
14 Holz/Holzwerkstoff

20 – 39 **Ausbaustoffe**

20 Blechverkleidung/Blechabdeckung
21 Gipskartonplatte/Gipsfaserplatte
22 Platte aus Holzwerkstoff
23 Holzverschalung
24 Plattenbelag
25 Fliesen
26 Parkett, Holzpflaster
27 Kunststoffbelag/Teppiche
28 Textil
29 Estrich
30 Putz
31 Beschichtung
32 Glas
33 Kunstglas

40 – 59 **Dämm- und Dichtstoffe**

40 Wärmedämmung
41 Wärmedämmung geschlossenzellig
42 Trittschalldämmung
43 Dichtungsbahn
44 Dichtungsanstrich
45 Gußasphalt
46 Unterspannbahn
47 Gleitfolie
48 Trennlage/Trennschicht
49 Schutzfolie
50 Dampfsperre
51 Filtervlies
52 Wurzelschutzbahn
53 Fugendichtstoff
54 Hinterfüllmaterial/Mineralwolle

60 – 79 **Befestigungsmittel**

60 Stahlschraube
61 Stahlbolzen
62 Befestigungsschiene
63 Befestigungsbügel
64 Dorn
65 Torsionsanker
66 Halteanker
67 Fassadenanker

80 – 99 **Konstruktions- und Funktionselemente**

82 Paneel
83 Wasser
84 Sonnenschutz
85 Beleuchtung
86 Be- und Entlüftung
87 Fensterelement/Türelement
88 Kiesschüttung
89 Entwässerung
90 Dachaufbau
91 Fußbodenaufbau
92 Fugenblech/Fugenband
93 Luftschicht
94 Dachbegrünung
95 Doppelboden
96 Aufkantung
97 Schalung
98 Halterung
99 Stahlkonstruktion

100 ff **Tragwerk • Tragwerkselemente**

100 liniengelagerte Platte
101 vorgefertigtes Deckenelement
102 Flachdecke
103 Hohldecke
104 Rippendecke
105 Kassettendecke
106 Trägerrostdecke
107 Einstegplatte
108 Zweistegplatte
109 Trogplatte
110 Aufbeton
111 Balkonplatte
112 Konsole
113 Wand
114 Sandwichplatte
115 Fassadenplatte, vorgehängte
116 Unterzug
117 Überzug
118 Stütze
119 Auflagertasche
120 Elastomerlager
121 Bewehrung
122 Spannstahl
123 Brüstungsträger
124 Leitungsführung
125 Vorsatzschicht
126 Druckstab
127 Zugstab
131 Schlitzwand
132 Primärstütze
133 Erdanker

Vorbemerkung

Die Auswahl der vorliegenden Konstruktionen im Detail ist in den Übersichten auf den Seiten 169 bis 171 dargestellt. Sie zeigen typische Konstruktionen zu tragenden und nicht tragenden Fassaden, tragenden Innenwänden, Fugen, Befestigungen und Treppen. Diese Konstruktionen im Detail beziehen sich nicht auf konkrete Bauaufgaben, sondern sollen zusammen mit den erläuternden Texten auf Problempunkte aufmerksam machen und Lösungsansätze aufzeigen. Einige davon sind aus dem Buchteil »Gebaute Beispiele« (Seite 184ff) entwickelt, dessen Auswahl in der Tabelle auf Seite 185 dargestellt ist.

	4.1.0 **tragende Außenwand einschichtig**	4.2.0 **tragende Außenwand zweischichtig**	4.3.0 **tragende Innenwand**
4.0.1 **Dachanschluß**	4.1.1 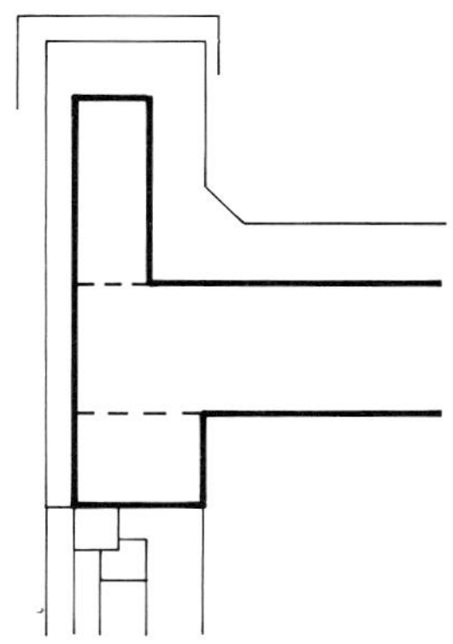	4.2.1 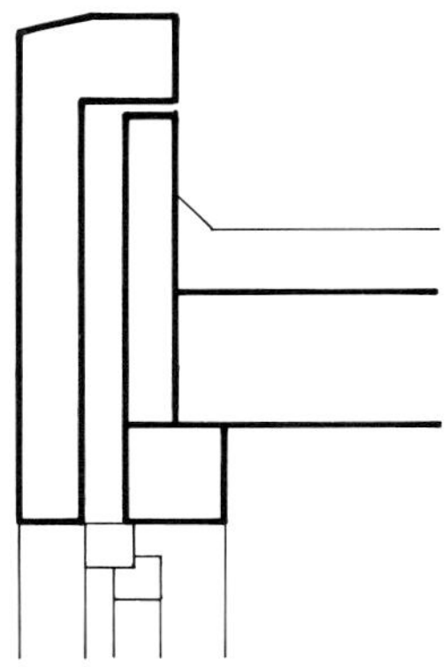	4.3.1 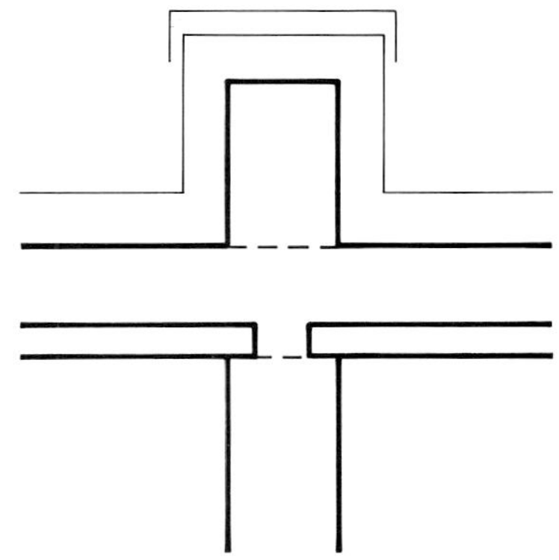
4.0.2 **Brüstung Deckenanschluß Sturz**	4.1.2 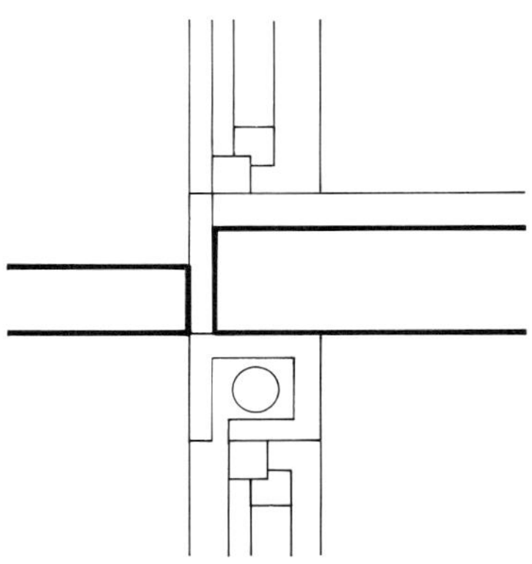	4.2.2 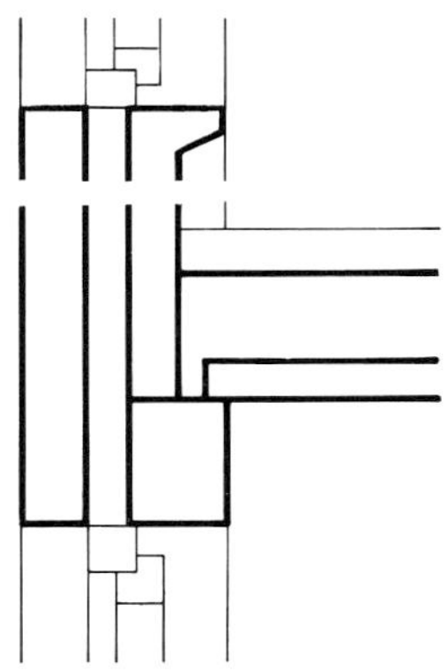	4.3.2 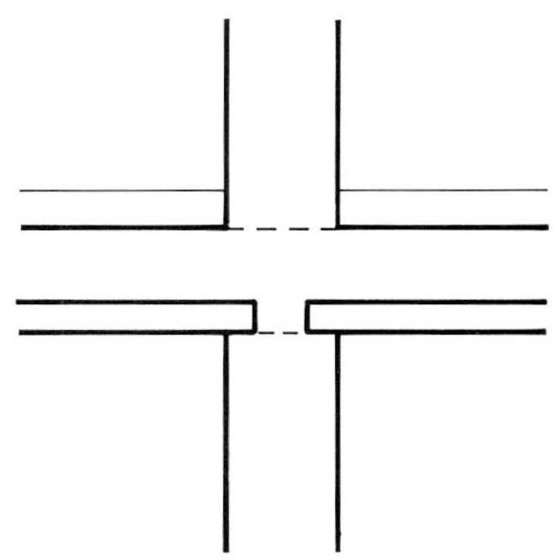
4.0.3 **Sockel Gründung**	4.1.3 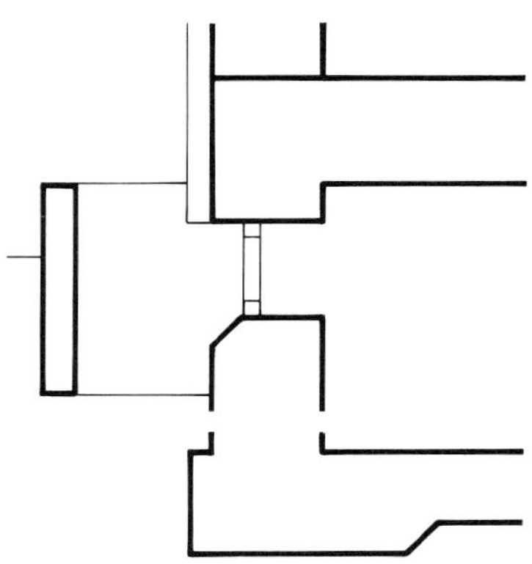	4.2.3 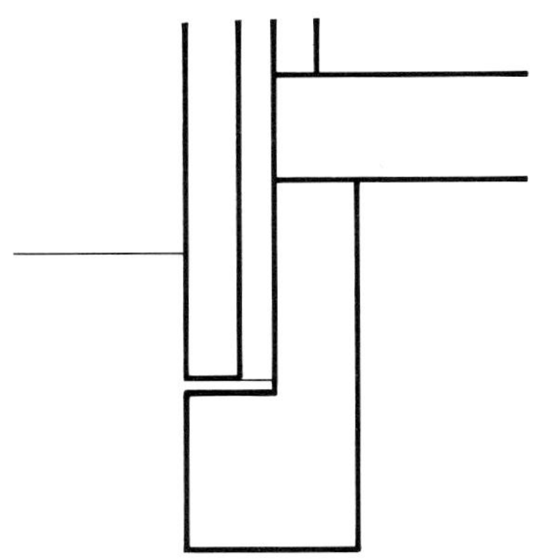	4.3.3 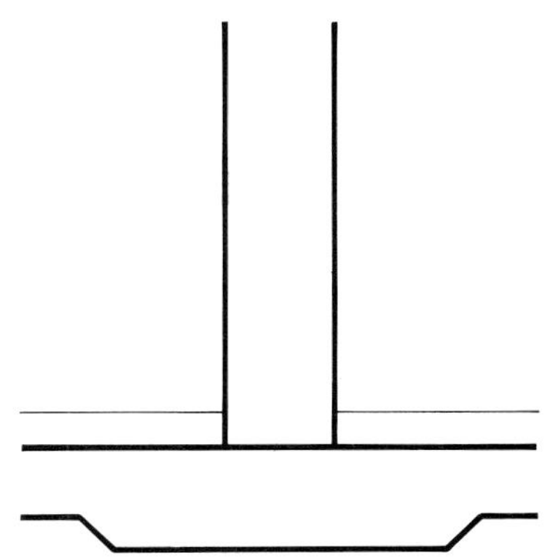

4.4.0 **nichttragende Außenwand Fassade außen**

4.5.0 **nichttragende Außenwand Fassade zwischen den Stützen**

4.6.0 **nichttragende Außenwand Fassade innen**

4.0.1
Dachanschluß

4.4.1

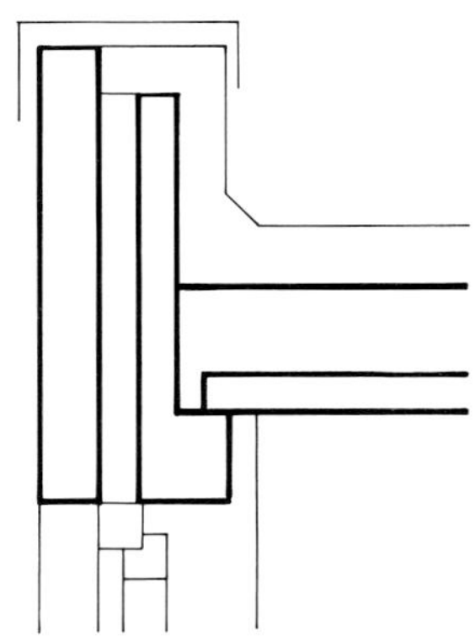

4.5.1

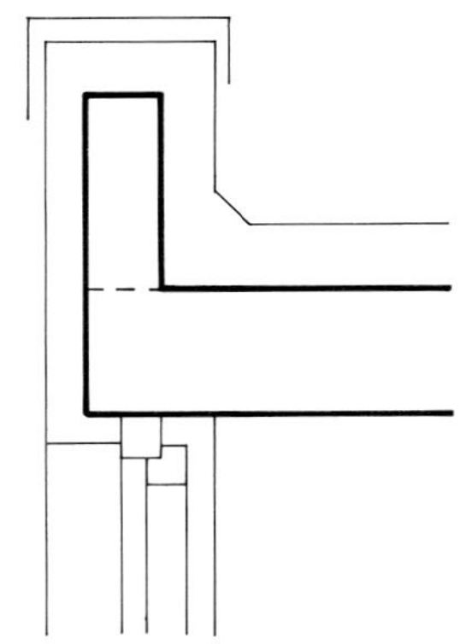

4.6.1

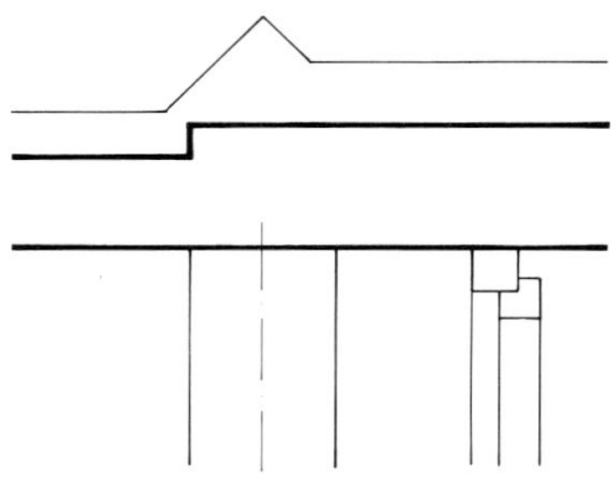

4.0.2
Brüstung
Deckenanschluß
Sturz

4.4.2

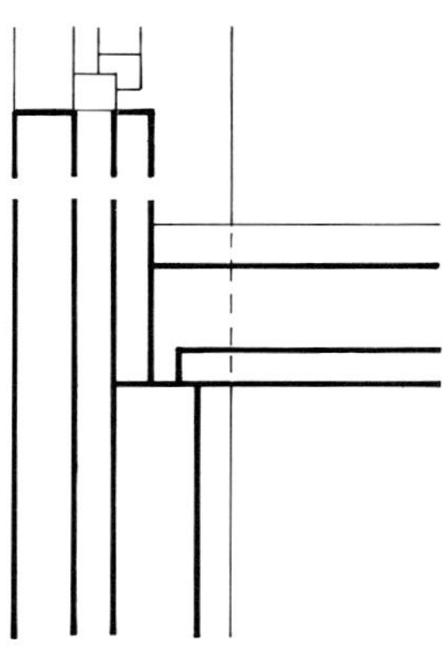

4.5.2

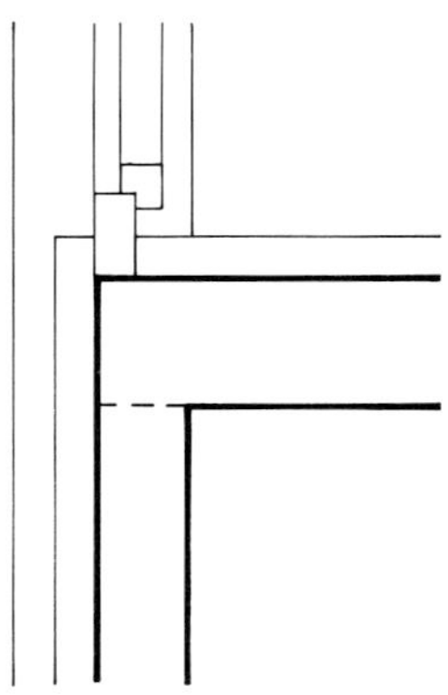

4.6.2

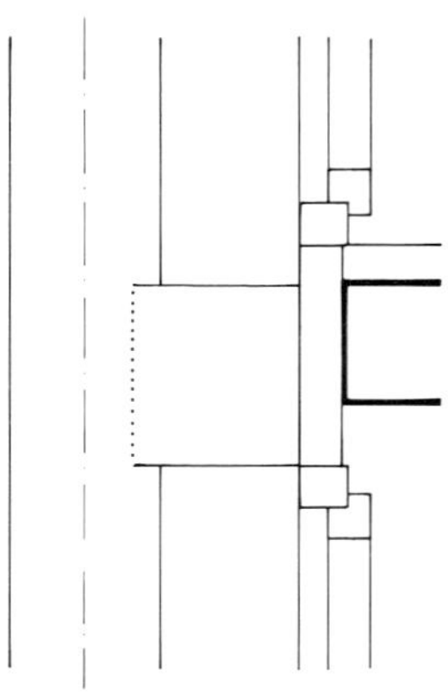

4.0.3
Sockel
Gründung

Sockel und Gründung sinngemäß
wie 4.1.3 und 4.2.3

Sockel und Gründung sinngemäß
wie 4.1.3 und 4.2.3

Sockel und Gründung sinngemäß
wie 4.1.3 und 4.2.3

4.7.0 **Fuge**
Arbeitsfuge
Konstruktionsfuge

4.8.0 **Befestigung von Fassadenplatten**

4.9.0 **Treppe**
Ortbeton zweiläufig
Ortbeton und Fertigteillauf zweiläufig
Fertigteil zwei- und dreiläufig

4.7.1

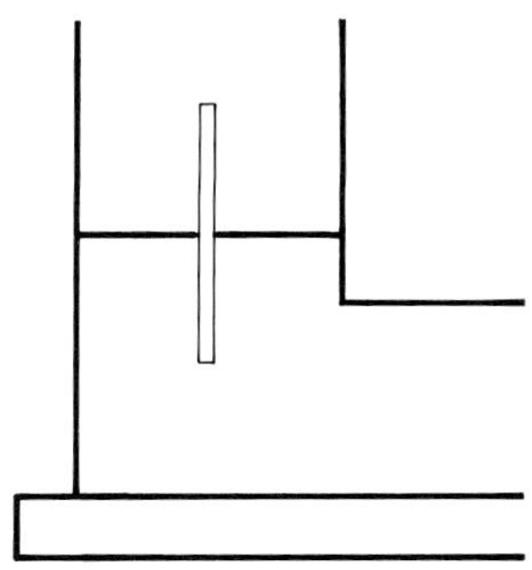

4.8.1

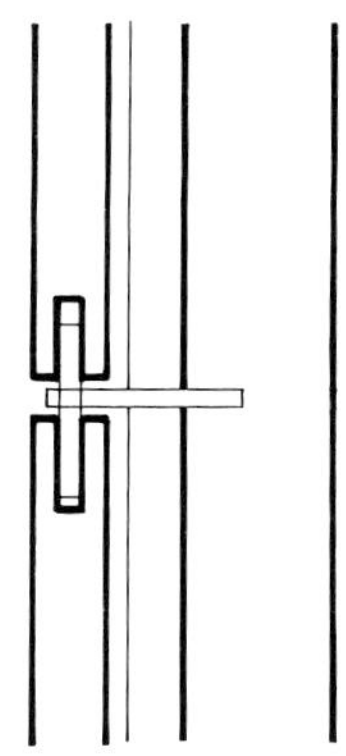

4.9.1

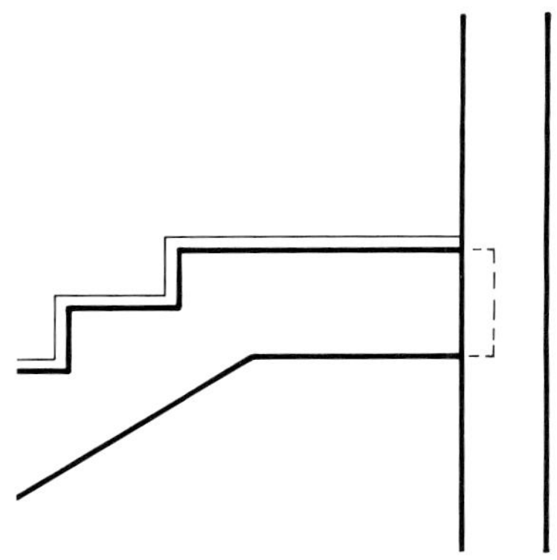

4.7.2

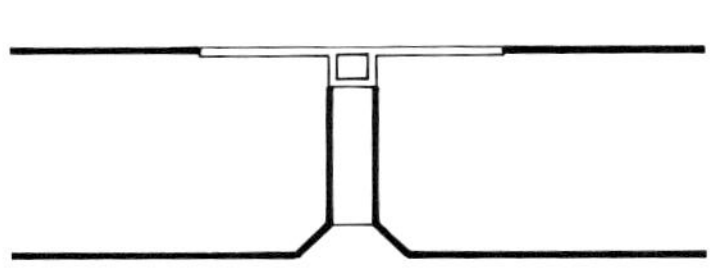

4.8.2

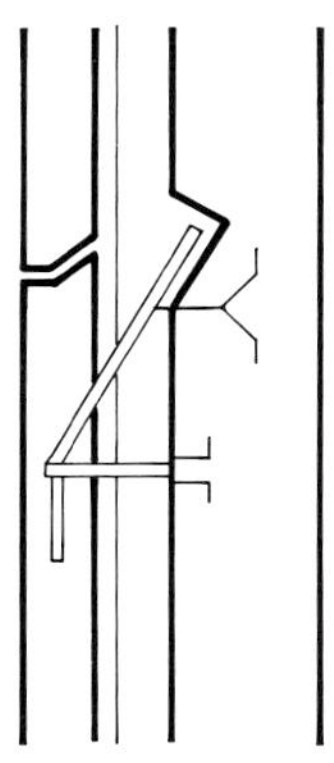

4.9.2

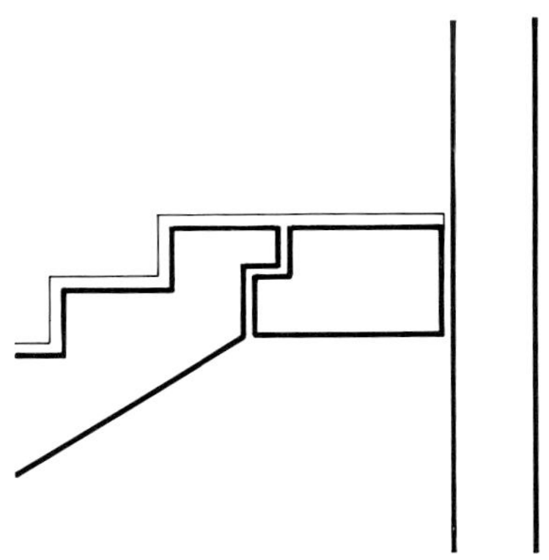

4.7.3

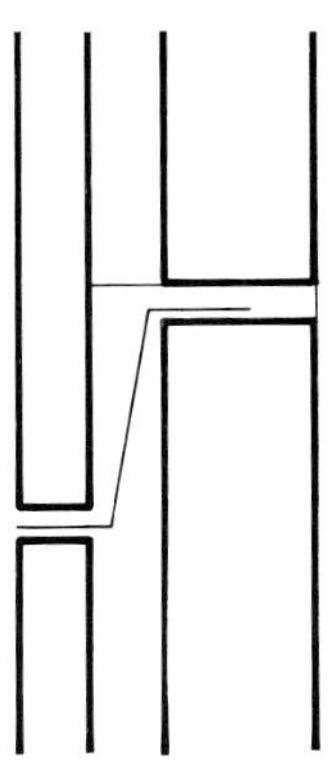

4.8.3

4.9.3

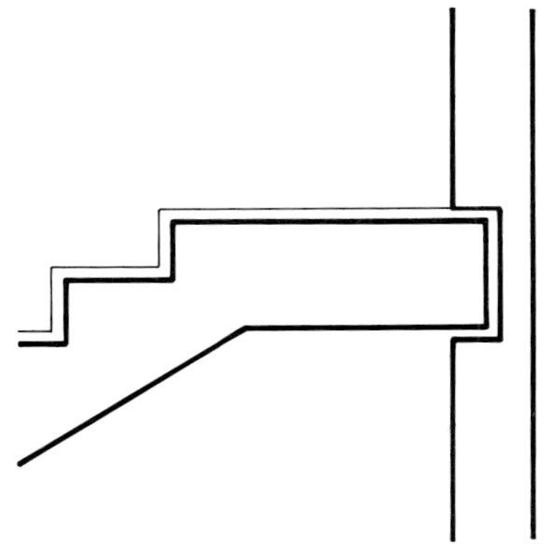

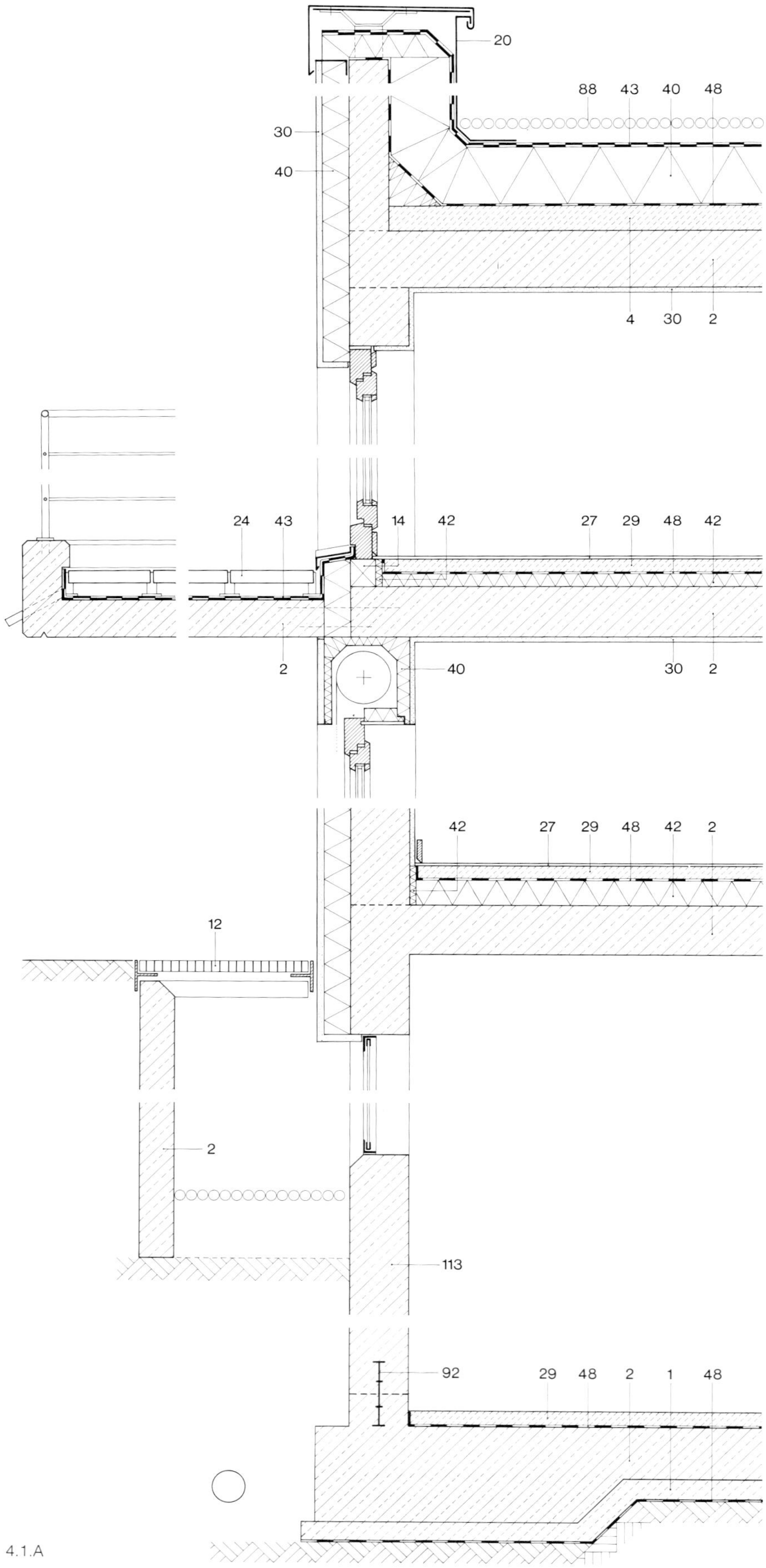

4.1.A

4.1 Tragende Außenwand, einschalig
A Ortbeton

Die einschalige tragende Wand aus gefügedichtem Ortbeton entspricht den heutigen Anforderungen an den Wärmeschutz für Wohnbauten nicht. Aus diesem Grund sind Wärmedämmschichten möglichst auf der kalten Seite der Konstruktion (außen) erforderlich. Diese müssen gegen Witterungseinflüsse (Schlagregen), mechanische Beschädigung und aus optischen Gründen geschützt bzw. verkleidet werden. Im vorliegenden Fall ist dies ein Putz, der zusammen mit der Wärmedämmschicht ein sog. Thermohautsystem darstellt.

Der Keller (unbeheizt) ist aus wasserundurchlässigem Beton als »Weiße Wanne« ausgebildet und erfordert deshalb keine zusätzliche Abdichtung. In der Arbeitsfuge zwischen Bodenplatte und Wand ist ein senkrechtes Fugendichtungsband angeordnet.
Der Lichtschacht kann als Ortbeton- oder Fertigteilelement ausgeführt werden. Als Ortbetonlösung wird der Lichtschacht durch Anschlußbewehrung, die in die Schalung der Ortbetonwand eingelegt wird, angeschlossen. Bei einem Fertigteilelement erfolgt der Anschluß durch Einbauteile.
In der Wärmedämmung der Außenwand sind Wärmebrücken bei den Anschlüssen der Kellerdecke, der Geschoßdecken (Balkon) sowie der Attikaausbildung (Dachanschluß) zu vermeiden.
Die Stahlbeton-Balkonplattenkonstruktion ist durch den Einbau eines speziellen, wärmegedämmten Bewehrungselements von der Deckenplatte getrennt.

Beim Schutz gegen Feuchtigkeit ist auf sicheren Anschluß der Dichtungsbahnen zwischen den Bauteilen (Balkon/Wand, Dach/Attika) und auf entsprechendes Gefälle sowie Ableitung des Regenwassers zu achten.

1 Beton
2 Stahlbeton/Ortbeton
3 Fertigteil
4 Leichtbeton
6 Vergußmörtel
12 Stahl
14 Holz/Holzwerkstoff
20 Blechverkleidung/Blechabdeckung
24 Plattenbelag
27 Kunststoffbelag/Teppiche

4.1 Tragende Außenwand, einschalig
B Fertigteil

Die einschalige tragende Wand besteht hier aus Stahlbeton-Fertigteilen. Wie bei Ortbetonkonstruktionen (4.1.A) ist eine zusätzliche Wärmedämmschicht mit einer geeigneten Schutzschicht gegen äußere Einwirkungen erforderlich.

Der Keller (beheizt) besteht aus einer Ortbeton-Bodenplatte und Fertigteil-Wänden mit außenliegenden Dichtungsbahnen. Der vorgestellte Lichtschacht ist im oberen Bereich an die Außenwand angehängt und somit gegen Kippen gesichert. Die Wärmedämmschicht der Wand liegt außen vor der Dichtungsebene und ist deshalb aus geschlossenzelligem, gegen Feuchtigkeit widerstandsfähigem Dämmstoff auszubilden (Perimeterdämmung). Im Balkonbereich wird durch eine konstruktive klare Trennung der Bauteile eine mögliche Wärmebrücke vermieden. Die Balkone liegen auf vorgestellten Wandscheiben auf, die ihrerseits durch Befestigungsanker an der tragenden Konstruktion gegen Kippen gesichert sind. Diese Lösung ist gegenüber der in Bild 4.1.A gezeigten zu bevorzugen. Da der Putz erst nach der Montage der Fertigteiltafeln aufgebracht werden kann, bedarf diese Lösung der Einrüstung der Fassade.

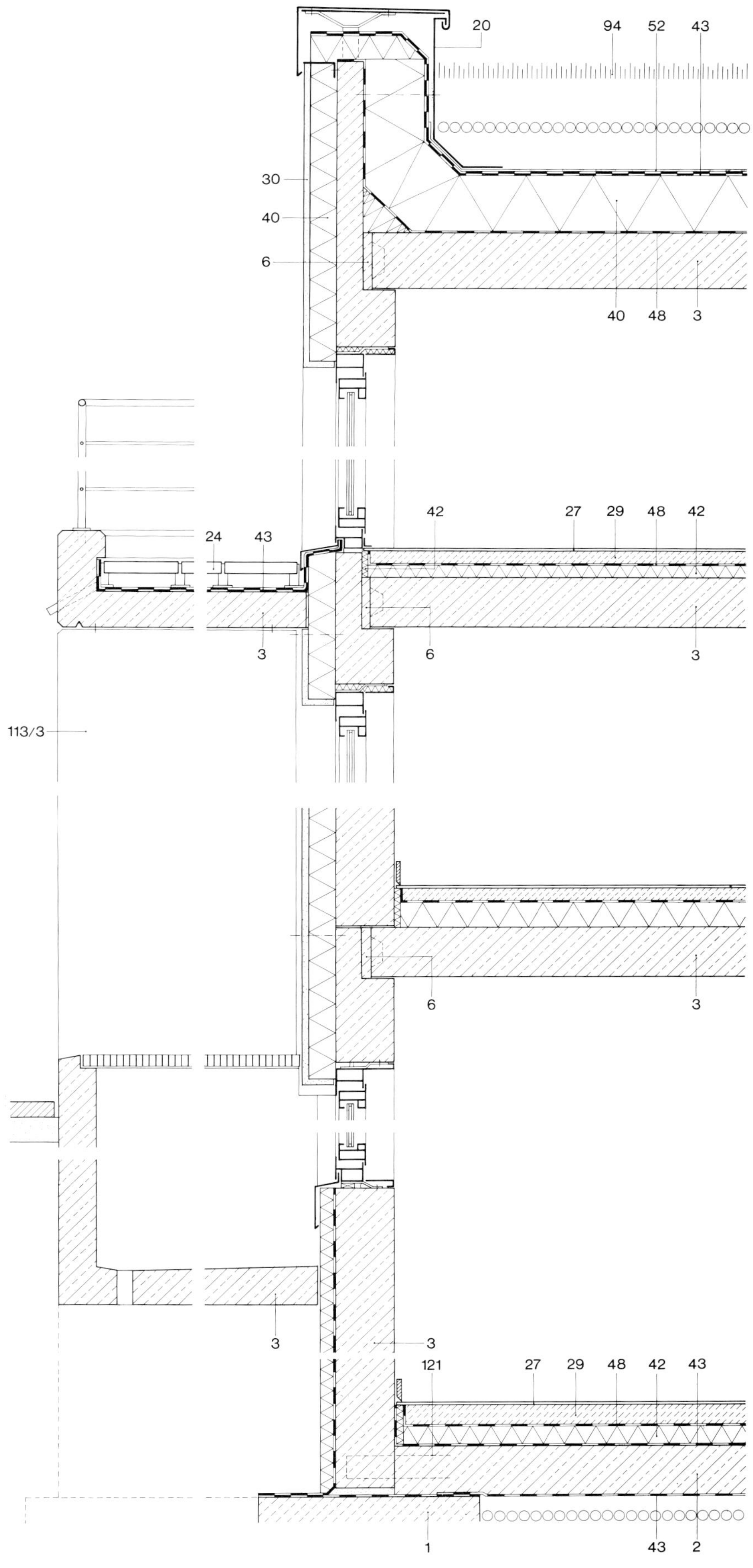

29 Estrich
30 Putz
40 Wärmedämmung
42 Trittschalldämmung
43 Abdichtung
48 Trennlage/Trennschicht
52 Wurzelschutzbahn
88 Kiesschüttung
92 Fugenblech/Fugenband
94 Dachbegrünung
113 Wand
121 Bewehrung

4.1.B

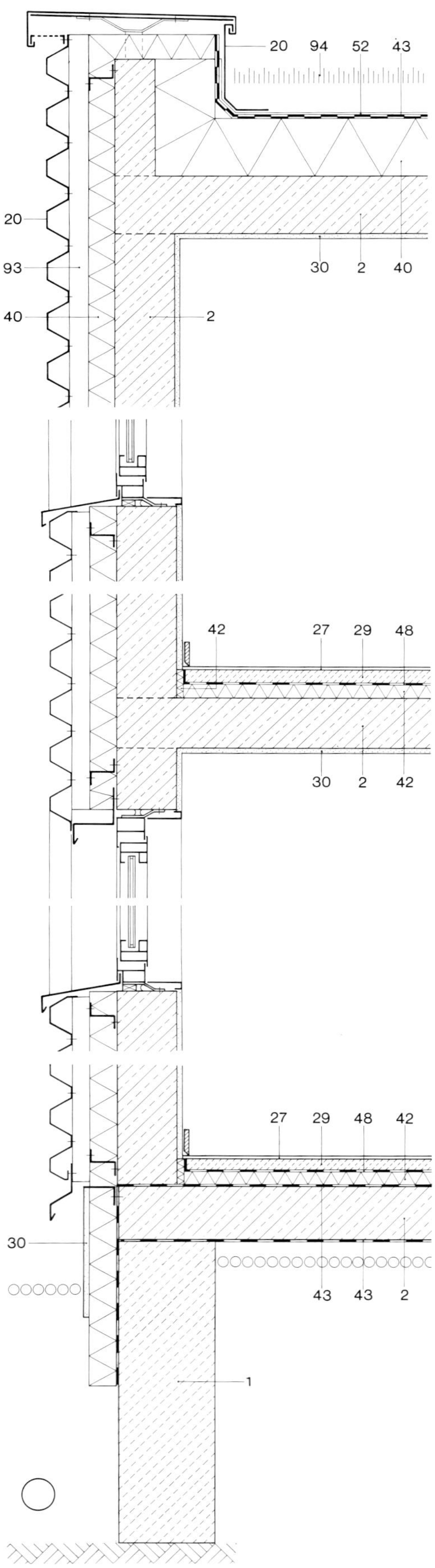

4.2.A

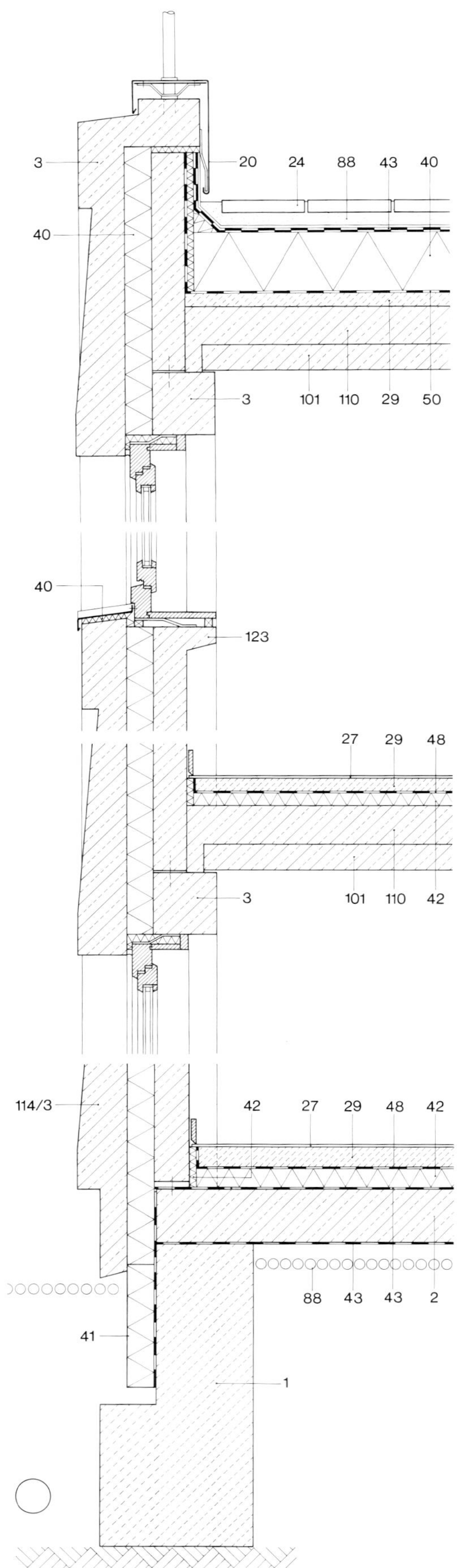

4.2.B

4.2 Tragende Außenwand, zweischalig
A Ortbeton

Aus bauphysikalischen, konstruktiven und gestalterischen Gründen werden tragende Außenwände häufig mehrschalig ausgeführt. Hier besteht die tragende Konstruktion aus Ortbeton. Die Vorsatzschale kann aus unterschiedlichen Materialien erstellt werden. Als Beispiel wird eine Trapezblechverkleidung gezeigt. Andere Materialien wie Betonwerksteinplatten, Natursteinplatten oder Mauerwerk sind als Vorsatzschale möglich. Die Betonsohle des Erdgeschosses liegt direkt auf dem Erdreich auf. Deshalb ist eine verdichtete kapillarbrechende Schicht (Kies) unter der Sohle, eine ausreichende Wärmedämmschicht unter dem schwimmenden Estrich sowie ein sicherer Abschluß der horizontalen und vertikalen Dichtungen erforderlich. Durch die ausreichend weit in das Erdreich geführte äußere Dämmschicht vor dem Streifenfundament wird eine mögliche Wärmebrücke zwischen Bodenplatte und aufgehender Wand wirksam vermindert. Das geschlossenzellige Dämmaterial ist im Sockelbereich durch einen Putz gegen Spritzwasser geschützt. Die vorgehängte leichte Fassade ist zur Verbesserung des Schallschutzes und der Diffusionsvorgänge hinterlüftet. Im Bereich der Fensteranschlüsse sind die Hohlräume mit Dämmstoff ausgeschäumt (Wärmebrücken). Auf einen lückenlosen Übergang der Wärmedämmung zwischen Wand und Dach ist zu achten.

4.2 Tragende Außenwand, zweischalig
B Fertigteil

Die tragende Außenwand besteht aus Stahlbeton-Fertigteilen mit mittlerer Wärmedämmschicht ohne Hinterlüftung (Sandwichkonstruktion). Die innere Schale übernimmt die Tragfunktion, die äußere den Witterungsschutz. Durch die Teilung der Wand wird Beton in der architektonischen Gestaltung formal und in seiner Oberflächenstruktur wirksam. Die Wärmedämmung muß vom Sockel bis zum Dach lückenlos durchlaufen. Darauf ist besonders in den Fugenbereichen zwischen den einzelnen Elementen zu achten. Der Trittschallschutz in den Geschoßebenen ist durch einen schwimmenden Estrich sichergestellt. Eine allseitig saubere Trennung des Estrichs von den Außen- und Zwischenwänden ist erforderlich. Die Dachabdichtung des begehbaren Daches muß im Bereich der Attika mindestens 30 cm hochgeführt und sicher verwahrt werden.

1 Beton
2 Stahlbeton/Ortbeton
3 Fertigteil
20 Blechverkleidung/Blechabdeckung
27 Kunststoffbelag/Teppiche
29 Estrich
30 Putz
40 Wärmedämmung
41 Wärmedämmung geschlossenzellig
42 Trittschalldämmung
43 Abdichtung
48 Trennlage/Trennschicht

4.3 Tragende Innenwand
A Ortbeton

Fundament und Bodenplatte bestehen aus Normalbeton und laufen ohne Fuge durch. Entsprechend dem Baufortschritt sind die aufgehenden Wände und die Deckenplatten durch Arbeitsfugen getrennt. Der Luftschallschutz dieser Konstruktion reicht im allgemeinen nicht für Haustrennwände, die deshalb in der Regel zweischalig ausgeführt werden müssen. Über dem ungeheizten Keller ist eine Dämmschicht angeordnet, die sowohl die Wärme- als auch die Trittschalldämmung übernimmt. Häufig werden diese beiden Funktionen getrennt und die Wärmedämmung auf der kalten Seite unter der Decke angebracht. Für den Trittschallschutz in den Geschoßebenen sind schwimmende Estriche erforderlich. Die Funktionsschichten des Dachaufbaus laufen über den tragenden Innenwänden durch.

4.3 Tragende Innenwand
B Fertigteil

Hier gelten die gleichen Aussagen zur Bauphysik wie unter 4.3.A. Die tragende Innenwand ist aus Gründen des Brandschutzes über die Dachebene herausgeführt. Auf die sicheren Anschlüsse an dieser Stelle der unterbrochenen Dämmschichten und Dichtungsbahnen ist zu achten. Der beheizte Keller erfordert eine zusätzliche Wärmedämmschicht auf der Bodenplatte, die gleichzeitig den Trittschallschutz sicherstellt.

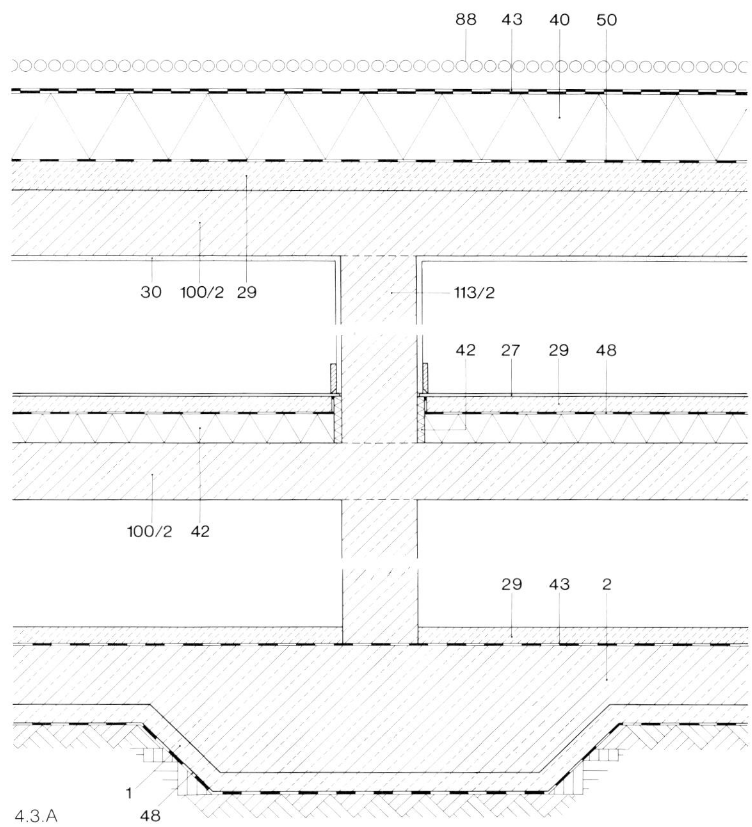

4.3.A

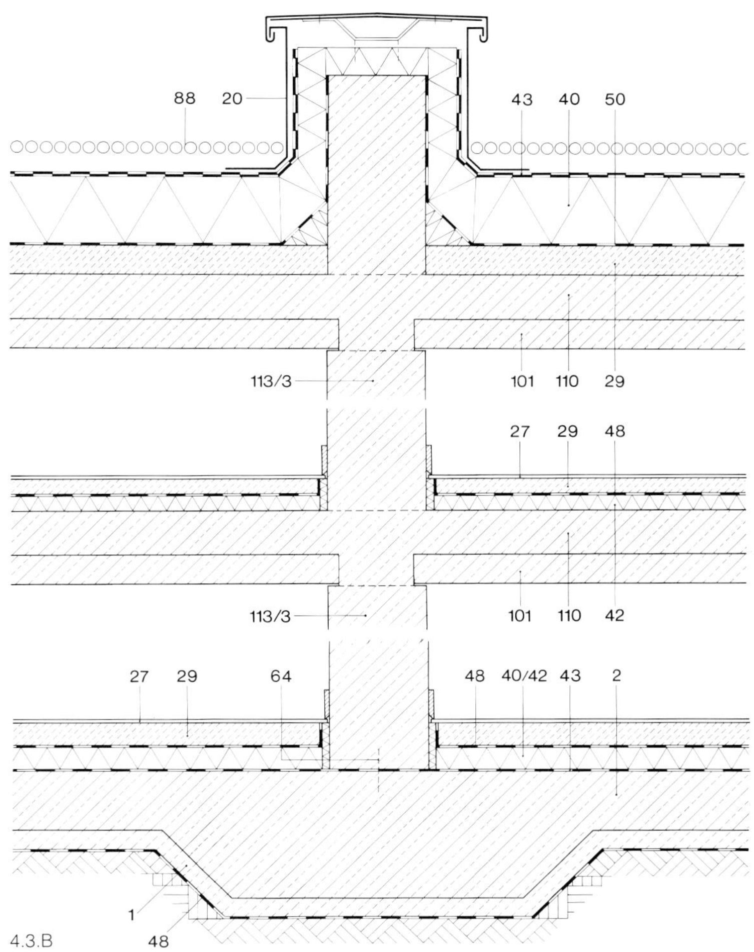

4.3.B

- 50 Dampfsperre
- 52 Wurzelschutzbahn
- 64 Dorn
- 88 Kiesschüttung
- 93 Luftschicht
- 94 Dachbegrünung
- 100 liniengelagerte Platte
- 101 vorgefertigtes Deckenelement
- 110 Aufbeton
- 113 Wand
- 114 Sandwichplatte
- 123 Brüstungsträger

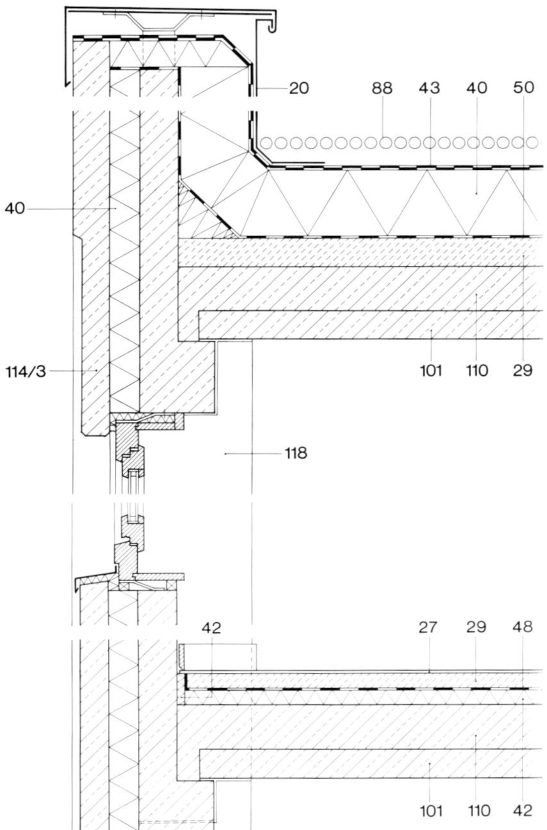

4.4

4.4 Nichttragende Fassade, außen, Fertigteil

Die Außenwand ist von der tragenden Konstruktion des Bauwerks getrennt. Dadurch können die Abmessungen der einzelnen Schichten minimiert und vor allem auf Dauerhaftigkeit bemessen werden. Zu den bauphysikalischen Anforderungen des Wärme-, Schall- und Feuchteschutzes gelten die entsprechenden Ausführungen. Die Brüstung ist als Überzug ausgebildet.

4.5 Nichttragende Fassade, zwischen tragender Ortbetonkonstruktion

Die Außenwand in Leichtbau liegt zwischen der tragenden Konstruktion aus Ortbeton. Diese ist mit einer außenliegenden Wärmedämmschicht (Paneel) versehen, die bis an die Anschlüsse der ausfachenden Leichtbauelemente heranreicht. Zu den bauphysikalischen Anforderungen des Wärme-, Schall- und Feuchteschutzes gelten die entsprechenden Ausführungen (4.1.A).

4.6 Nichttragende Fassade, hinter tragender Ortbetonkonstruktion

Die Außenwand in Leichtbauweise ist aus gestalterischen Gründen deutlich hinter die Tragkonstruktion zurückgesetzt. Die Geschoßdecken sind auf Unterzügen gelagert. Im Bereich der Fassadendurchdringung sind diese Unterzüge aus gefügedichtem Stahlleichtbeton. Die Dachdecke ist als Flachdecke ausgeführt. Sie ist im Randbereich – ausreichend weit nach innen – aus Leichtbeton ausgeführt. Hierdurch können Wärmebrücken deutlich reduziert werden. Die aus rein formalen Gründen gewählte Konstruktion ist aufwendig.

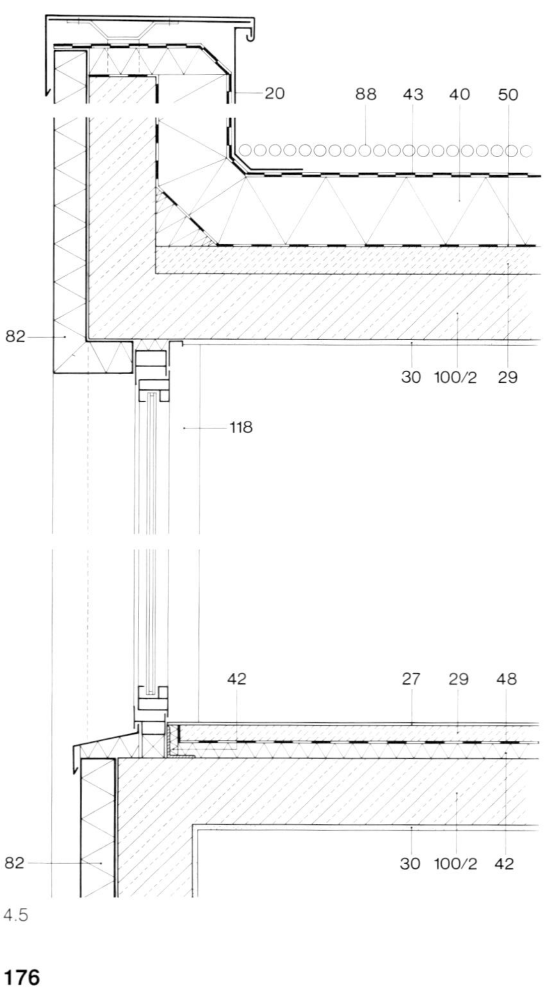

4.5

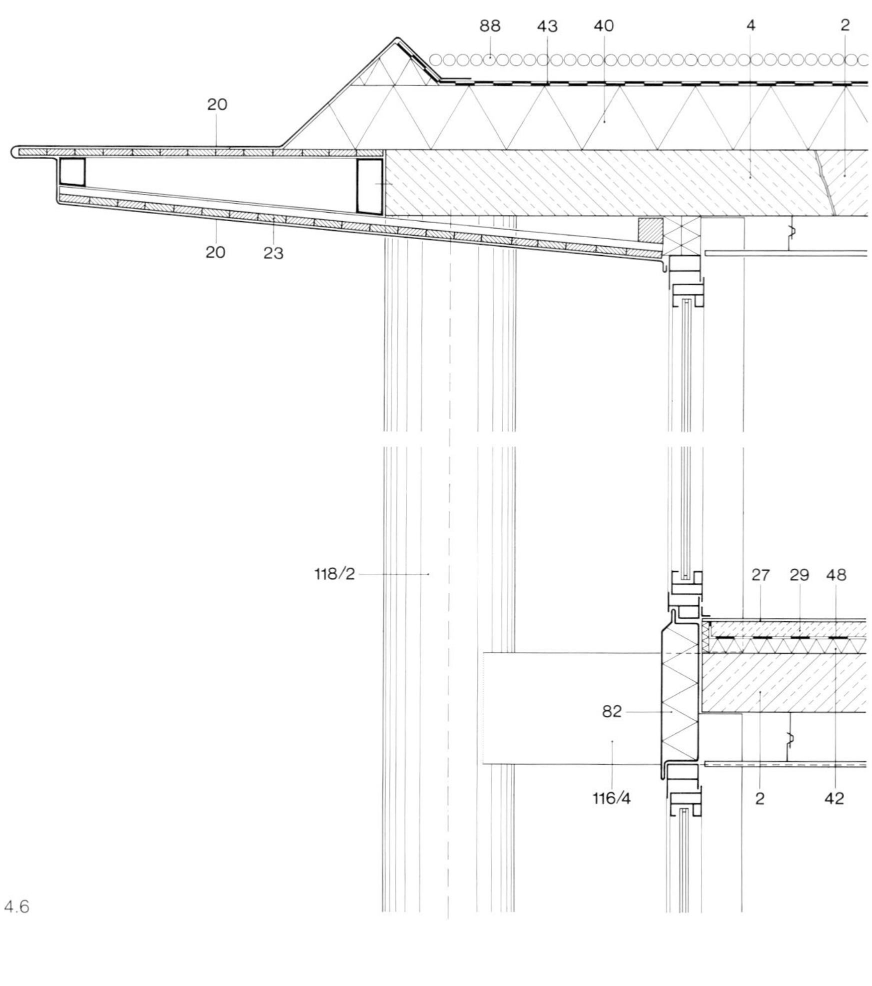

4.6

4.7 Fuge

4.7.1 Arbeitsfuge in wasserundurchlässigen Betonbauwerken (Weiße Wannen)

In der Arbeitsfuge zwischen Sohle und Wand gibt es keine Bewegungen. Die Fuge könnte durch den Anpreßdruck dicht sein, wenn der neue Beton an den vorhandenen dicht anschließt, was jedoch schwierig zu erreichen ist. Deshalb müssen diese Fugen zusätzlich durch eine Wassersperre gesichert werden. Dies kann bei Wänden von mindestens 25 cm Dicke durch eine mindestens 10 cm breite Aufkantung im mittleren Drittel der Wanddicke erfolgen (A). Das Einlegen eines 250 mm breiten und 1 mm dicken Blechstreifens in den Fugenbereich mit und ohne Sockel ist eine andere Möglichkeit (B und C). Außerdem können handelsübliche Fugenbänder mittig mit Sockel (D) sowie außen ohne und mit Auskragung der Sohlplatte eingebaut werden (E und F).

Die Abbildungen G und H zeigen die Abdichtung einer Arbeitsfuge in der Sohle oder Außenwand mit Rippenstreckmetall-Absperrung und unten- bzw. außenliegendem Fugenband (≥ 300 mm breit) sowie die waagerechte Arbeitsfuge zwischen Schachtwand und Sohle mit außen eingebautem Arbeitsfugenband, das aus zwei halben Fugenbändern (320 mm breit) zusammengeschweißt wird.

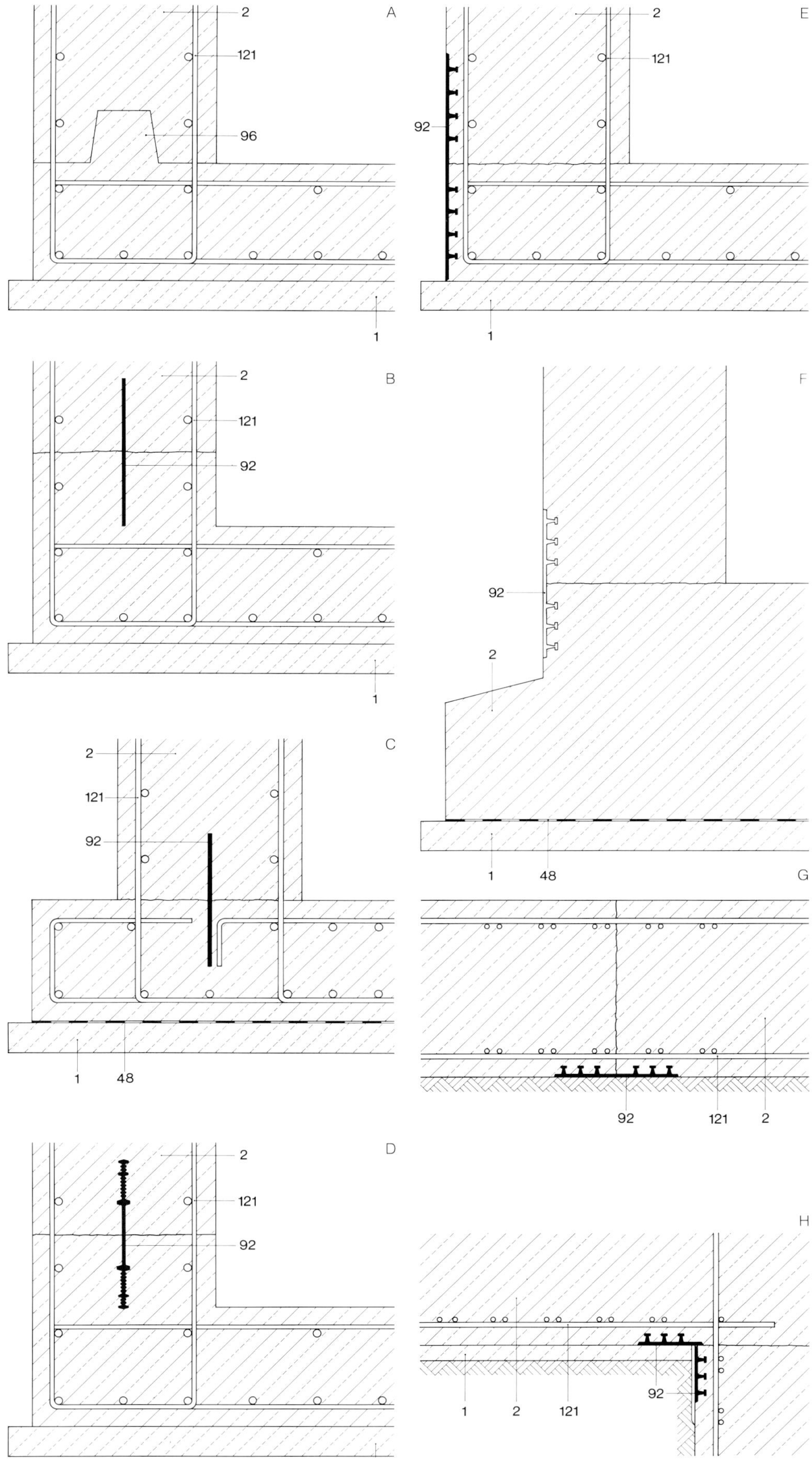

1 Beton
2 Stahlbeton/Ortbeton
3 Fertigteil
4 Leichtbeton
20 Blechverkleidung/Blechabdeckung
23 Holzverschalung
27 Kunststoffbelag/Teppiche
29 Estrich
30 Putz
40 Wärmedämmung
42 Trittschalldämmung
43 Abdichtung
48 Trennlage/Trennschicht
50 Dampfsperre
82 Paneel
88 Kiesschüttung
92 Fugenblech/Fugenband
96 Aufkantung
100 liniengelagerte Platte
101 vorgefertigtes Deckenelement
110 Aufbeton
113 Wand
114 Sandwichplatte
116 Unterzug
118 Stütze
121 Bewehrung
123 Brüstungsträger

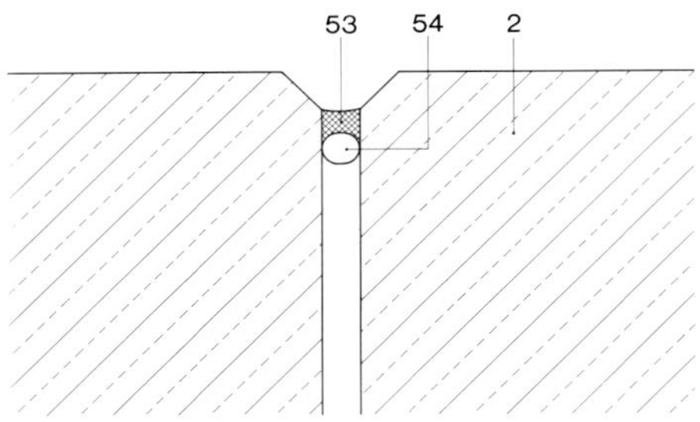

A

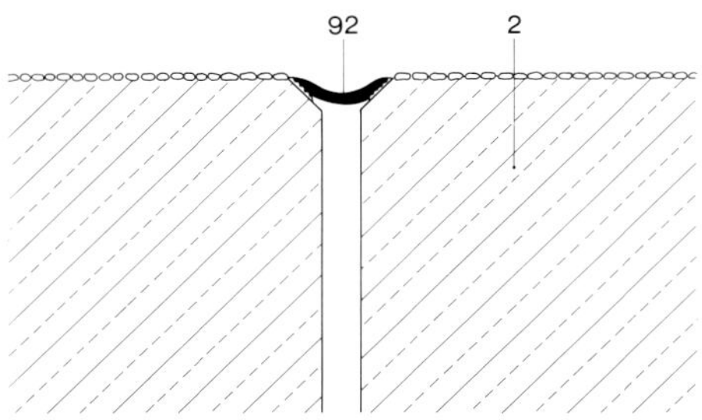

B

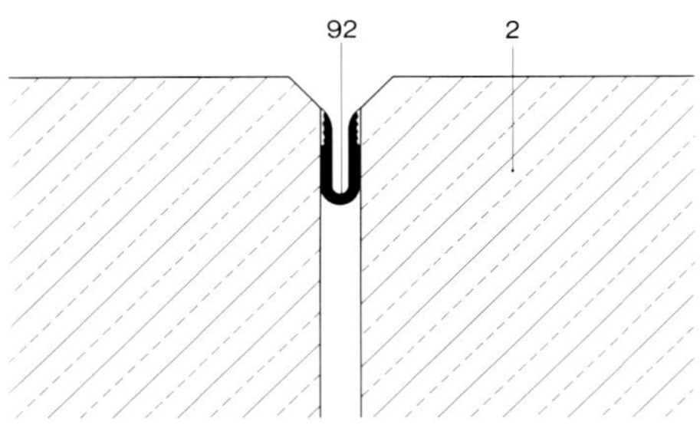

C

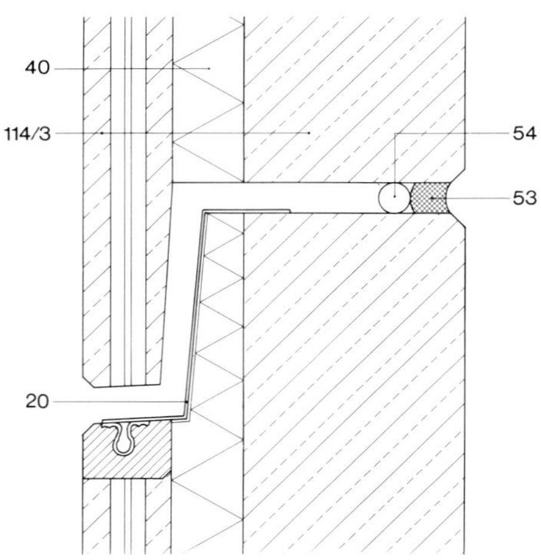

D

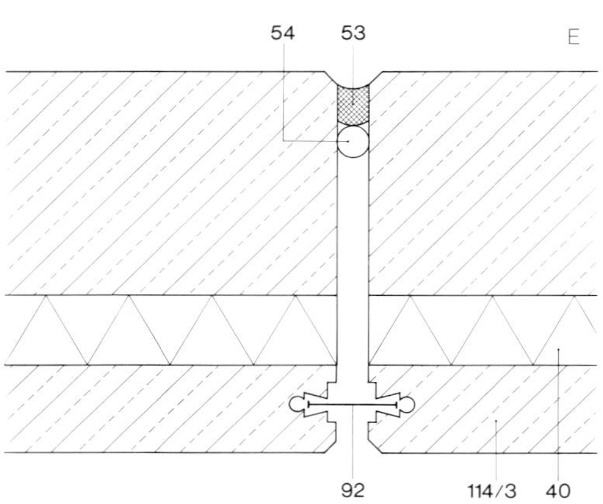

E

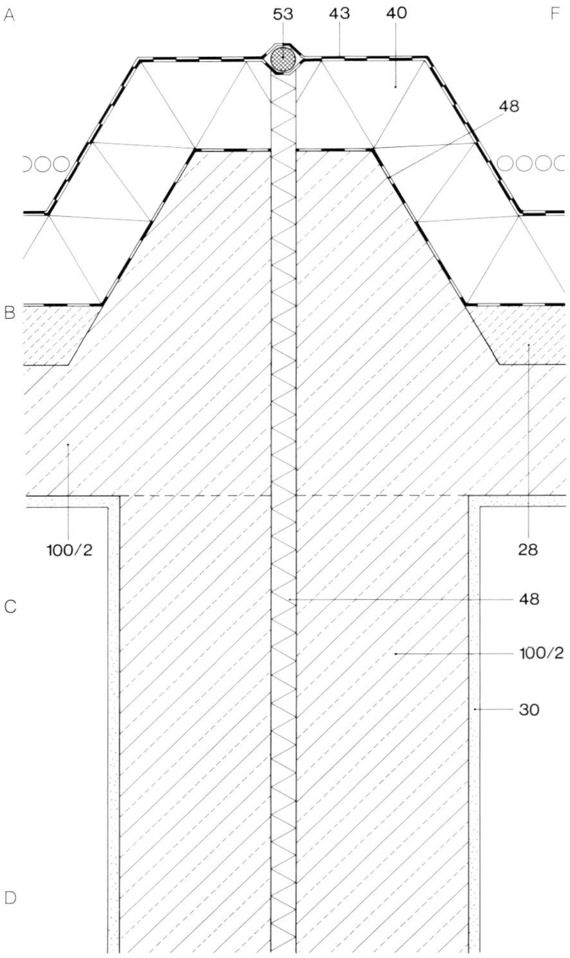

F

4.7.2 Konstruktionsfuge (Dehnfuge)

Für die Abdichtung von Außenwandfugen mit Fugendichtstoff gelten die Festlegungen der DIN 18 540. Die Brechung der äußeren Kanten durch das Einlegen von Dreiecksleisten in die Schalung ergibt einen sauberen, etwas zurückliegenden Fugenabschluß. Die Dicke des Fugendichtstoffs vor der Hinterfüllung ergibt sich aus der jeweiligen Breite der Fuge und den Fugenabständen (A).

Abdichtung von Außenwandfugen durch das Überkleben mit Fugenbändern. Als Materialien werden hierzu hauptsächlich Polysulfide, Polyurethan oder Silikon verwendet. Bei der Anwendung werden auf die Fugenränder Dichtungsmassen aus dem gleichen Material aufgespritzt, in die anschließend die Fugenbänder leicht schlaufenförmig eingedrückt werden. Je nach Ausführung liegen die Fugenbänder in der Oberflächenebene (B) oder treten in den Fugenspalt zurück (C).

Für konstruktive Fugendichtungen hat sich in der Praxis bewährt, die Vertikalfugen als druckausgleichende (belüftete) Fuge (E) und die Horizontalfugen als schwellenförmig ausgebildete, offene Fuge auszubilden (D). Hierbei ist auf die sichere Abdeckung der Wärmedämmschichten zwischen Trag- und Vorsatzschale besonders zu achten.

Die Abdichtung der Fuge zwischen zwei Giebelwänden geschieht in der äußeren Abdichtungsebene über der Aufkantung der Dachdecke. Hier wird das Fugenband in die Abdichtungsbahnen eingeklebt (F).

Fugenabstand	Fugenbreite		Dicke des Fugendichtstoffes	
	Nennmaß b	Mindestmaß b_{min}	d	Grenzabmaße
m	mm	mm	mm	mm
bis 2	15	10	8	± 2
über 2 bis 3,5	20	15	10	± 2
über 3,5 bis 5	25	20	12	± 2
über 5 bis 6,5	30	25	15	± 3
über 6,5 bis 8	35	30	15	± 3

1 Beton
2 Stahlbeton/Ortbeton
3 Fertigteil
20 Blechverkleidung/Blechabdeckung
29 Estrich
30 Putz
40 Wärmedämmung
43 Abdichtung
48 Trennlage/Trennschicht
53 Fugendichtstoff
54 Hinterfüllmaterial/Mineralwolle

4.7.3 Dehnfugen in wasserdichten Betonbauwerken (Weiße Wannen)

Ausbildung einer waagerechten Dehnfuge in einer Sohle mit weicher Fugeneinlage und Dehnfugenabstand mit Mittelschlauch. Bei sehr dicken Sohlplatten (> 60 cm) kann es auch zweckmäßig sein, das Fugenband aus der unteren Lage anzuheben und im mittleren Bereich einzubauen, wobei die beiden Bandschenkel V-förmig leicht nach oben gerichtet werden können, wodurch ein dichteres Einbetonieren möglich ist (A).

Ausbildung einer lotrechten Dehnfuge in einer Wand mit weicher Fugeneinlage und Dehnfugenband mit Mittelschlauch. Der Einbau erfolgt wie bei einem Arbeitsfugenband, wobei vor dem Betonieren des zweiten Wandabschnitts die Fugeneinlage (z.B. Mineralwollmatte) anzubringen ist (B).

Dehnfuge in einer Wand, die durch ein in der Mitte liegendes Fugenband mit Mittelschlauch und Befestigungsstreifen nach DIN 7865 gesichert ist (Form FM 300). Die Befestigungsstreifen dienen zunächst zum Anheften des Fugenbandes an der Schalung beim Betonieren des ersten Wandabschnitts (C). Vor dem Herstellen des zweiten Wandabschnitts werden die Dehnfugeneinlagen (z.B. kaschierte Mineralwollplatten) zwischen die Befestigungsstreifen gestellt (D).

4.8 Befestigen von Fassadenplatten

Die zwängungsfreie Lagerung von hinterlüfteten Vorsatzschalen erreicht man mit Hängeankern. Die Anker werden zwischen der Tragschicht und der Vorsatzschale innerhalb der Wärmedämmung angeordnet. Für die Anker dürfen nur nichtrostende Stähle verwendet werden. Sie sind dreidimensional justierbar. Die Befestigung am unteren Ende der Platte kann als Abstandshalter oder als Windanker gegen Druck/Sog ausgebildet werden.
Bild 4.8.2 zeigt die Verstiftung zweier Fertigteilplatten.

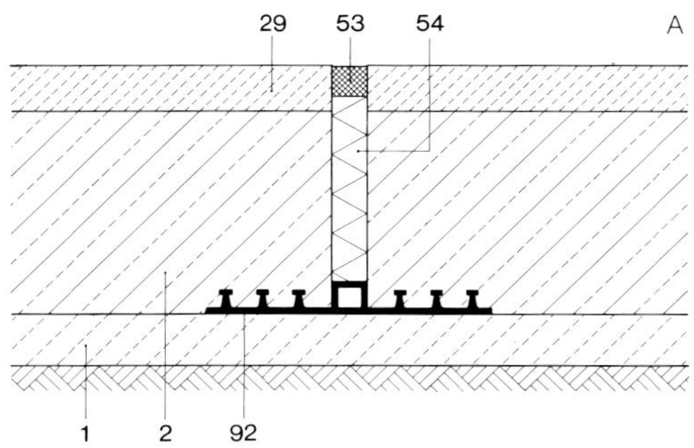

A

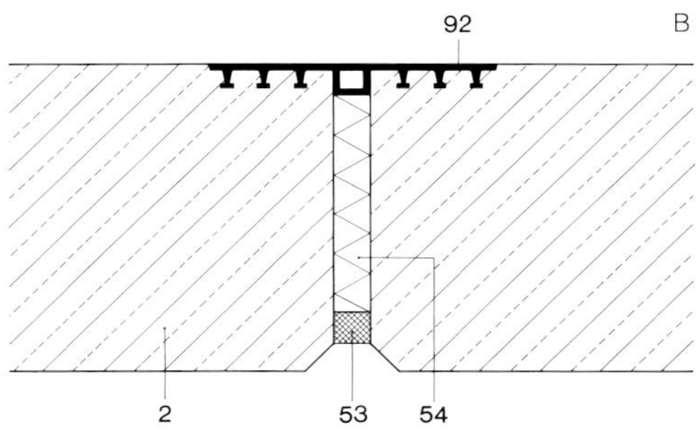

B

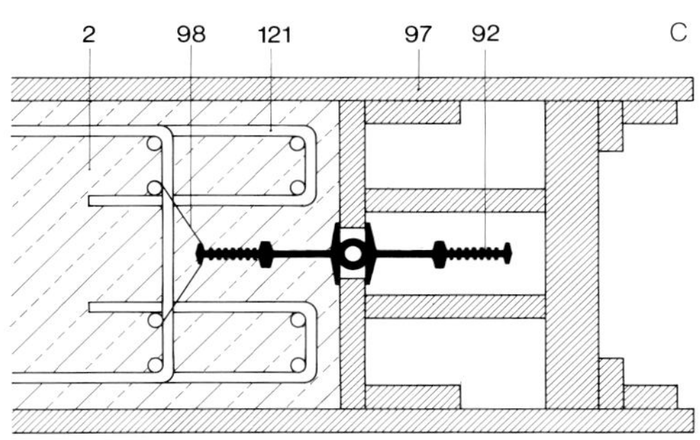

C

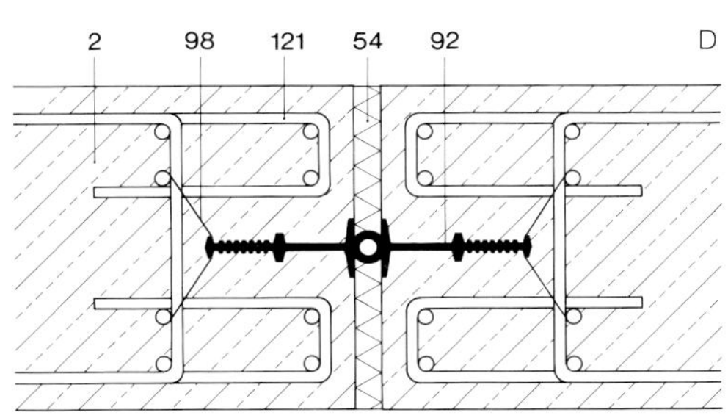

D

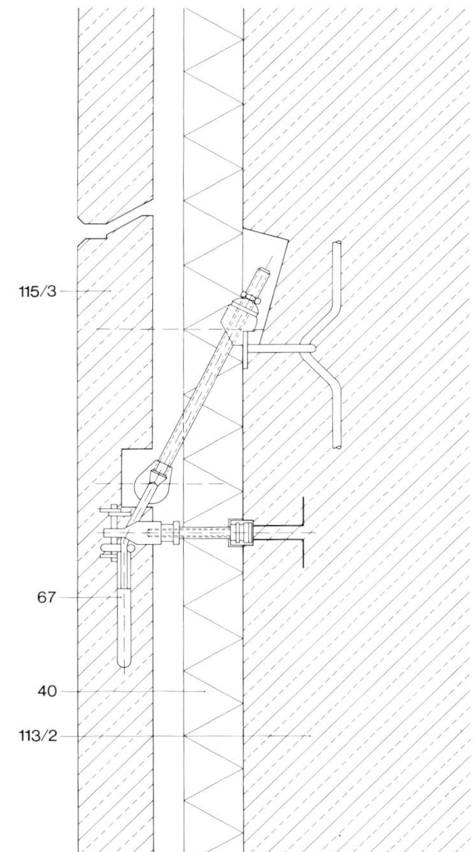

4.8.1

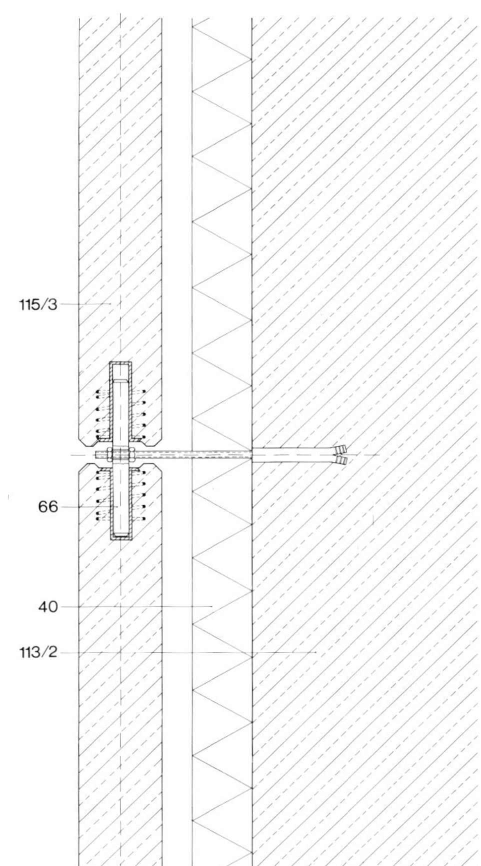

4.8.2

66 Halteanker
67 Fassadenanker
92 Fugenblech/Fugenband
97 Schalung
98 Halterung
100 liniengelagerte Platte
113 Wand
114 Sandwichplatte
115 Fassadenplatte, vorgehängte
121 Bewehrung

4.9.1

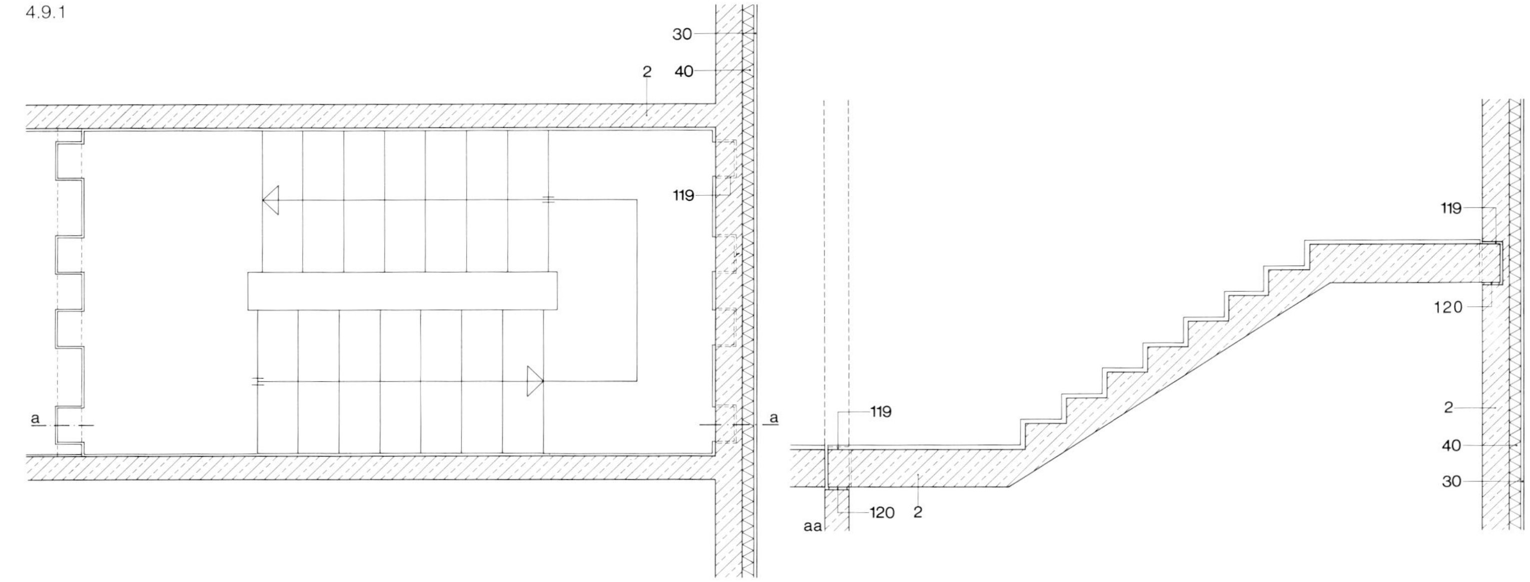
30
2 40
119
a
a
119
119
120
2
40
30
aa
120 2

4.9.2

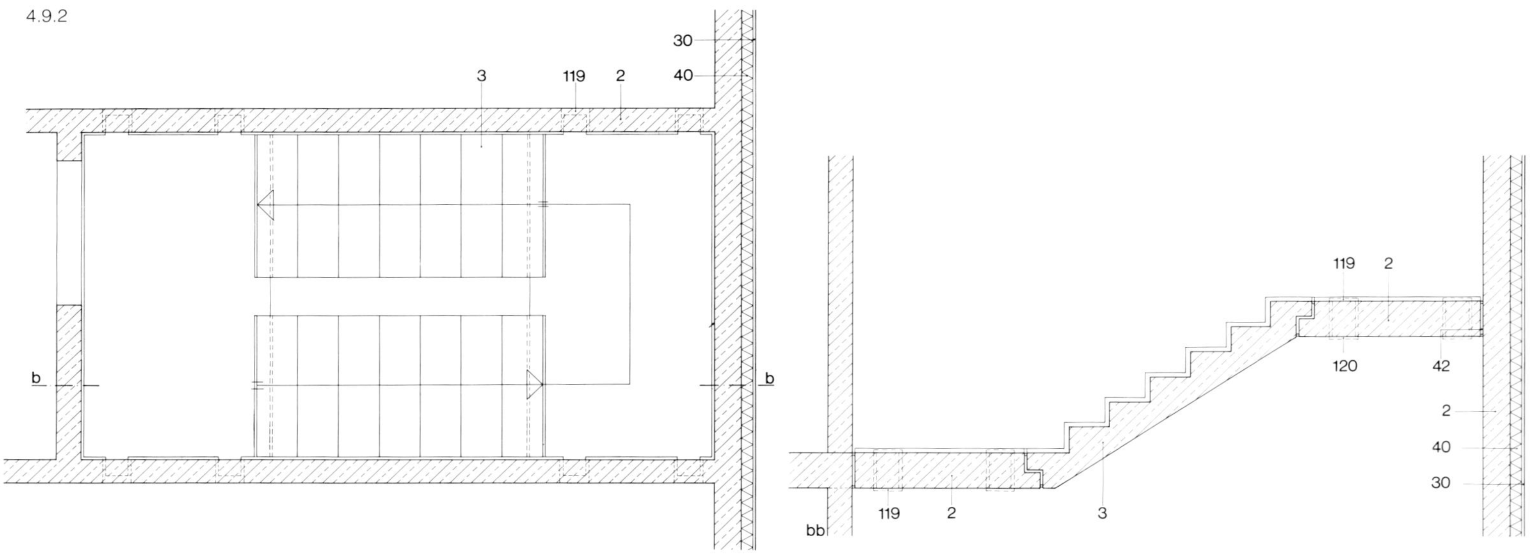
30
40
3 119 2
b
b
119 2
120 42
2
40
30
bb
119 2 3

4.9.3

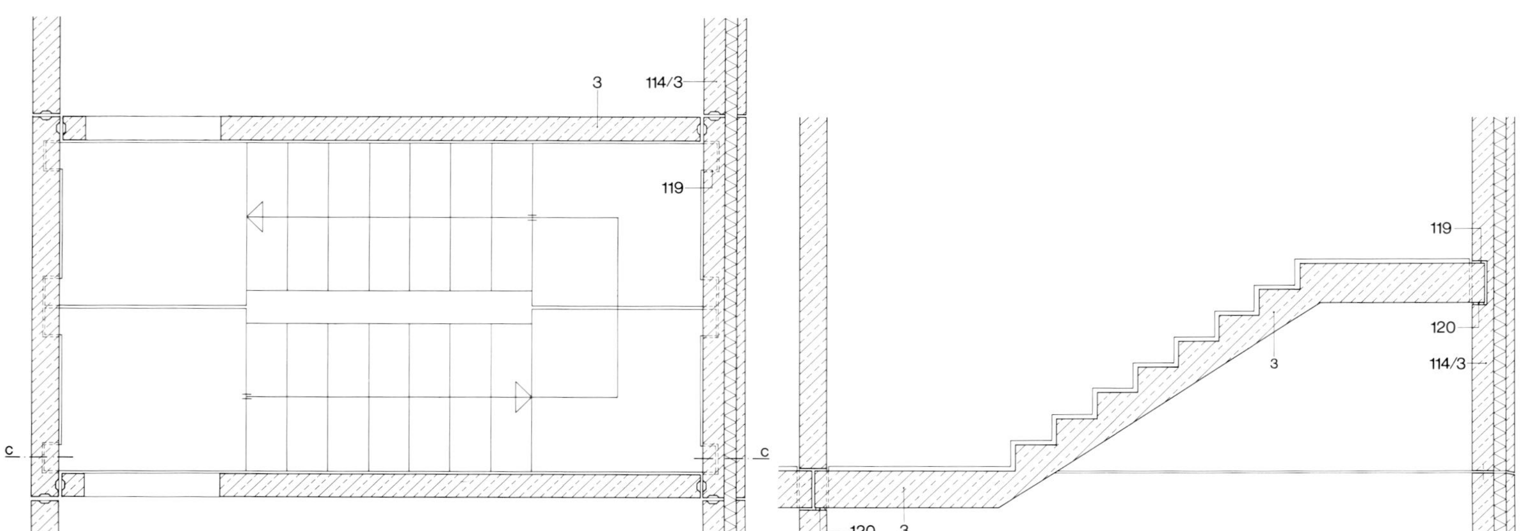
3 114/3
119
c
c
119
120
114/3
3
cc
120 3

4.9 Treppe

4.9.1 Ortbeton
Die Ortbetontreppe wird aus Gründen des Trittschallschutzes punktförmig weich gelagert. Zwischen Wand und Treppenlauf dient die offene Fuge ebenfalls dem Schallschutz.

4.9.2 Ortbeton mit Fertigteilläufen
Die Treppe ist in den Podestbereichen seitlich aus Gründen des Trittschallschutzes punktförmig weich gelagert. Die Fuge zwischen Innenwand und Treppenlauf dient ebenfalls dem Schallschutz. Die Podeste sind durch biegeweiche Dämmstreifen von der Außenwand getrennt.

4.9.3 Fertigteil (zweiläufig)
Das Fertigteil besteht aus Podest und Lauf. Es wird an den Stirnseiten punktförmig weich gelagert. Auf Podesthöhe erfolgt die Lagerung innerhalb der Auflagertaschen mit Konsolen. Auf Geschoßhöhe wird die Treppe mittels Konsolen auf den vorhandenen Unterzug aufgelegt.

4.9.4 Fertigteil (dreiläufig)
Ein Fertigteil besteht aus den Zwischenpodesten und einem Treppenlauf. Es wird seitlich punktförmig weichfedernd gelagert. Die anderen Fertigteile bestehen aus einem Lauf und dem Geschoßpodest. Die Auflagerung erfolgt mittels Konsolen, oder das Fertigteil wird auf Geschoßhöhe innerhalb von Auflagertaschen mit Konsolen weichfedernd auf den vorhandenen Unterzug aufgelegt. An den angrenzenden Treppenraumwänden ist umlaufend eine offene Fuge ausgebildet (Trittschallschutz).

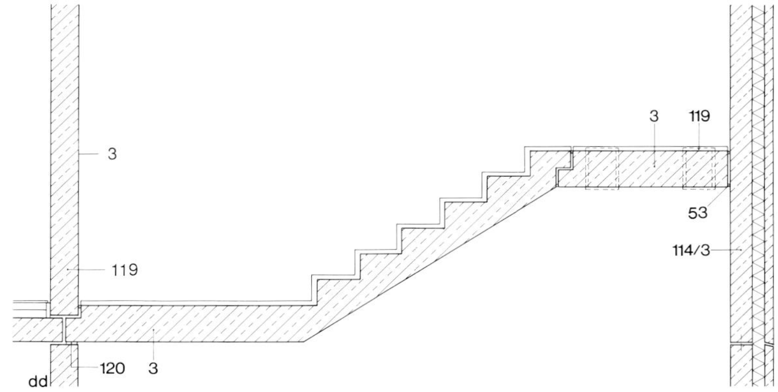

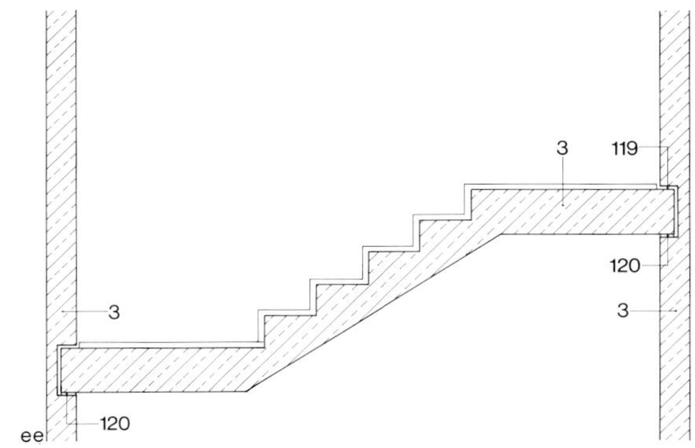

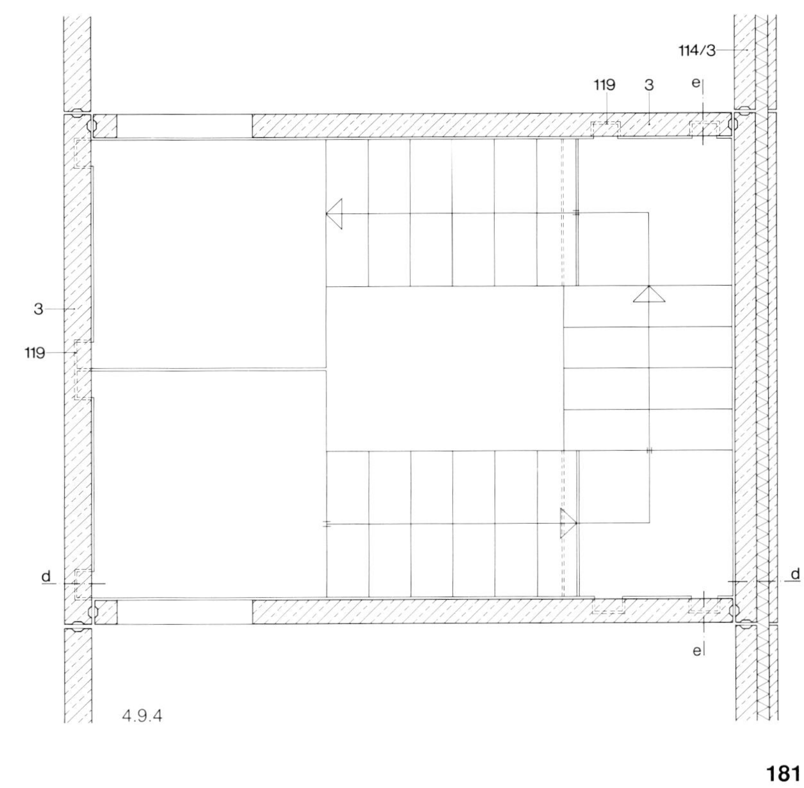

4.9.4

2	Stahlbeton/Ortbeton	53	Fugendichtstoff
3	Fertigteil	114	Sandwichplatte
30	Putz	119	Auflagertasche
40	Wärmedämmung	120	Elastomerlager
42	Trittschalldämmung		

Teil 5 • Gebaute Beispiele

Bruno Kauhsen

Die Auswahl der Bauwerksbeispiele dieses Teils ist in erster Linie nach Gesichtspunkten der Gestaltung und der Architektur erfolgt. Wenn das eine oder andere Detail nicht den neuesten deutschen Anforderungen der Wärmeschutzverordnung entspricht, dann sind dafür vor allem folgende Gründe anzuführen:

Die Vorschriften für den Wärmeschutz von 1977 wurden in Deutschland durch die Wärmeschutzverordnung wesentlich verschärft. Am 1. Januar 1995 trat eine Erhöhung der Anforderungen in Kraft. Eine erneute Verschärfung wird noch in diesem Jahrzehnt (1999) erwartet.

Die gezeigten Bauwerke stehen zum Teil geographisch an unterschiedlichen Standorten und sind nach speziellen Vorschriften des jeweiligen Landes geplant und errichtet worden.

Der erforderliche Wärmeschutz richtet sich gleichermaßen nach Nutzung (Raumklima) und Standort des Gebäudes (Außenklima).

Für die Tauwasserfreiheit auf den raumseitigen Oberflächen der Bauteile im Winter sind Heizung und Lüftung ebenso wichtige Faktoren wie die Vermeidung von Wärmebrücken.

Die ausführliche Auflistung und Gliederung der Legendennummern zu den Zeichnungen finden Sie auf Seite 168.

Nummer	Seite	Architekt (en)	Gebäude	Merkmale
1	186	Ando, Osaka	Kirche in Ibaraki, J	Qualität des Sichtbetons
2	188	Drexler + Tilch, Riederau	Einfamilienhaus in Riederau am Ammersee	Leichtbeton
3	190	Alder, Basel	Wohnhaus in Stuttgart	Sichtbeton
4	192	Hopkins, London	Geschäfts- und Wohngebäude in London, GB	Qualität des Sichtbetons
5	196	Schultes, Berlin	Kunstmuseum in Bonn	Schleuderbetonstützen, Anschluß der Stützen ans Dach
6	200	Galfetti, Bellinzona	Burganlage in Bellinzona, CH	Sichtbeton im Sanierungsbereich
7	202	Ciriani, Paris	Archäologisches Museum in Arles, F	Sichtbeton
8	206	Kücker, München	Zentralinstitut und Museum in Kassel	Leichtbeton
9	208	Atelier 5, Bern	Seminargebäude in Thun, CH	Sichtbeton
10	210	Ando, Osaka	Konferenzpavillon in Weil am Rhein	Qualität des Sichtbetons
11	214	Auer + Weber, Stuttgart	Kurgastzentrum in Bad Salzuflen	Pilzstützen
12	216	von Spreckelsen, Kopenhagen	Grande Arche de la Défense in Paris, F	Spannbeton
13	218	Fuses + Viader, Girona	Zentralgebäude der Universität in Girona, E	Sichtbeton im Sanierungsbereich
14	220	Baller, Berlin	Doppelsporthalle in Berlin-Charlottenburg	Dachkonstruktion
15	222	Galfetti, Bellinzona	Tennisanlage in Bellinzona, CH	Profilierte Sichtbetonwand
16	224	von Gerkan + Marg, Hamburg	Sportforum der Universität in Kiel	Dachkonstruktion aus vorgespannten Stahlbetonträgern
17	226	Kochta + Lechner, München	Nashorn- und Tapirhaus in München	Ortbetonschale, Spritzbetonverkleidung
18	228	Böbel + Frey, Göppingen	Werkforum Zementwerk in Dotternhausen	Leichtbetondachschale
19	230	von Gerkan + Marg, Hamburg	Parkhaus in Hamburg	Sichtbeton
20	232	Dorn + Matern, Paderborn/Köln	Stellplatzanlagen in Paderborn	Dachschale aus Spannbeton ohne zusätzliche Abdichtung
21	234	Calatrava, Zürich, Paris	Bahnhof in Lyon, F	expressives Ortbetontragwerk
22	236	Hertzberger, Amsterdam	Grundschule und Kindergarten in Amsterdam, NL	Betonsteinmauerwerk
23	238	Schürmann, Köln	Briefpostamt in Köln	Betonsteinmauerwerk
24	242	Schunck, Schuster-Pechtold, München	Kreiskrankenhaus in Eichstätt	Fertigteilbau, verkleidet
25	244	Böhm, Köln	Verwaltungsgebäude in Stuttgart	selbsttragende Fertigteilfassade
26	248	Böhm, Köln	Universitätsbibliothek in Mannheim	eingefärbte, profilierte Fertigteile
27	250	Seidler, Sydney	Bürogebäude in Canberra, AUS	Spannbeton
28	252	Gerber, Dortmund	Bürogebäude in Dortmund	Fertigteilfassade
29	254	Piano, Paris	Museum in Houston, USA	Dachlamellen aus Ferrozement
30	256	Hopkins, London	Verwaltungszentrum in Nottingham, GB	vorgefertigte, gewölbte Stahlbetondecken
31	258	Mangiarotti, Mailand	Industriegebäude in Bussolengo Barese, I	vorgefertigtes Montagebausystem
32	260	Piano, Paris	Stadion in Bari, I	Fertigteilbau

Kirche des Lichts in Ibaraki, Japan

1989

Architekten:
Tadao Ando & Associates, Osaka

Tragwerksplanung:
Ascoral Engineering Associates, Osaka

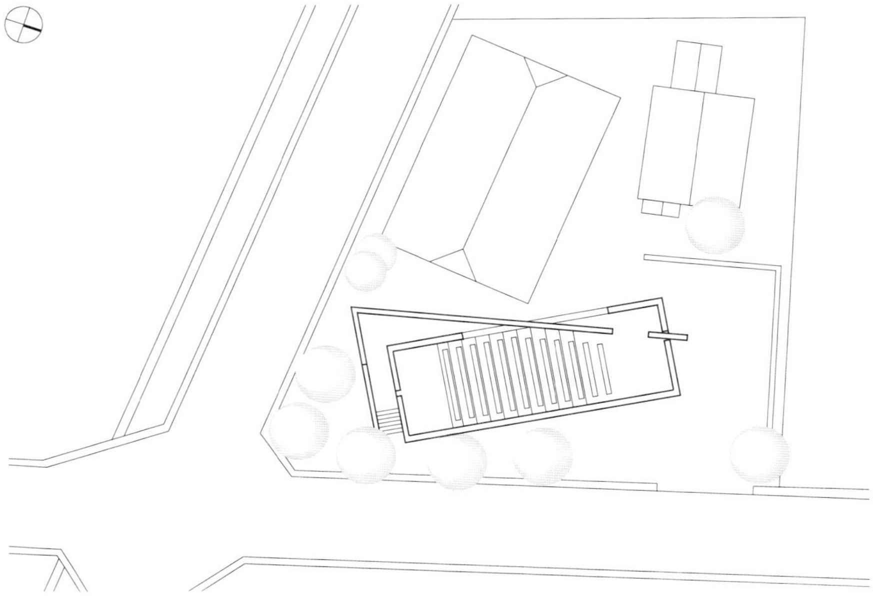

Lageplan M 1:500

Die sensibel in die Umgebung eingefügte protestantische Kirche steht in einem ruhigen Wohnort zwischen Osaka und Kyoto und ergänzt eine bestehende Kirche mit Pfarrhaus in Holzkonstruktion. Der äußerst strenge Baukörper zeigt die für Ando typische Verbindung von traditioneller japanischer Raumauffassung und moderner Architektur. In dem bescheidenen Raum mit den Maßen 6,28 x 18 m ist das stärkste architektonische Gestaltungsmittel die diagonale Wandscheibe, die den Raum in einem Winkel von 15 Grad durchdringt und sowohl den Eingangsbereich schafft, als auch die Kirche vom Verwaltungstrakt trennt. Man betritt den Kirchenbereich auf der Seite mit den in die Betonwand gefrästen Schlitzen, die das Kreuz aus Licht bilden, das der Kirche ihren Namen gegeben hat, und folgt der diagonalen Wand, die 18 cm niedriger ist als das Gebäude. Das dadurch gebildete Lichtband ist eine zusätzliche Lichtquelle für den Innenraum. Die einfachen Bänke verkürzen sich entsprechend zu der diagonalen Wand und führen wie in einem Theater über den schrittweise abgesenkten Fußboden zum tiefsten Punkt der Kirche, dem Altar.
Die Wände der Kirche bestehen aus qualitativ hochwertigem Sichtbeton. Wegen der klimatischen Gegebenheiten am Standort sind keine besonderen Maßnahmen zur Wärmedämmung erforderlich. Das Ergebnis der besonderen Betonzusammensetzung ist eine extrem glatte, das Licht widerspiegelnde Oberfläche. Die einzelnen Betonplatten wurden mit Hilfe lackierter Schaltafeln in der Größe der traditionellen Tatami-Matten vor Ort gegossen. Ihre Stöße zeichnen sich als Raster ab. Die exakt positionierten, unverputzt gebliebenen Ankerlöcher strukturieren die Wände zusätzlich. Das asketische Ambiente des Innenraums wird durch die karge Möblierung und die Bodenbretter aus Zedernholz unterstrichen.
Der eigentliche Raumeindruck aber wird durch die Lichtführung bestimmt. Die Lichtschlitze des Kreuzes in der Altarwand sowie das 18 cm breite Glasband über der diagonalen Wandscheibe sind absichtsvoll schmal gehalten, wodurch der Hell-Dunkel-Kontrast noch intensiver erlebt wird. Das von außen eindringende Licht bringt das Kreuz zum Leuchten, und seine Reflexionen im Raum wechseln ihre Lage und Größe je nach Jahres- und Tageszeit, wodurch der vom Architekten gewünschte Bezug zwischen Mensch, Natur und Architektur hergestellt wird.

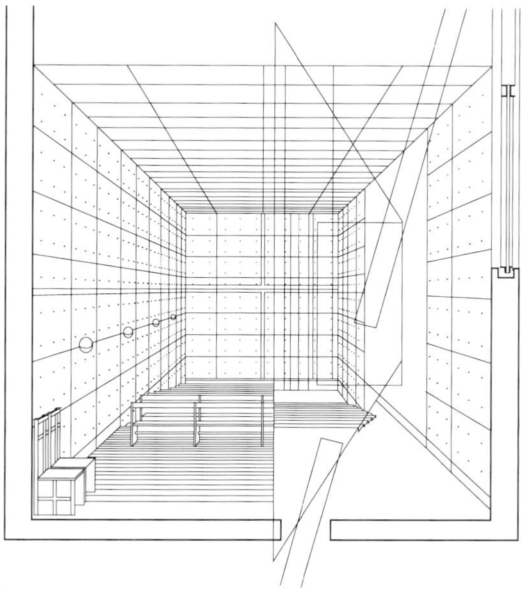

Innenraumperspektive M 1:100

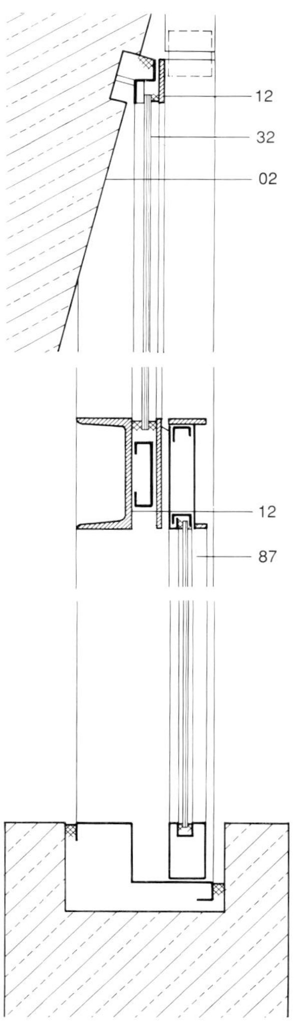

Horizontalschnitt M 1:10

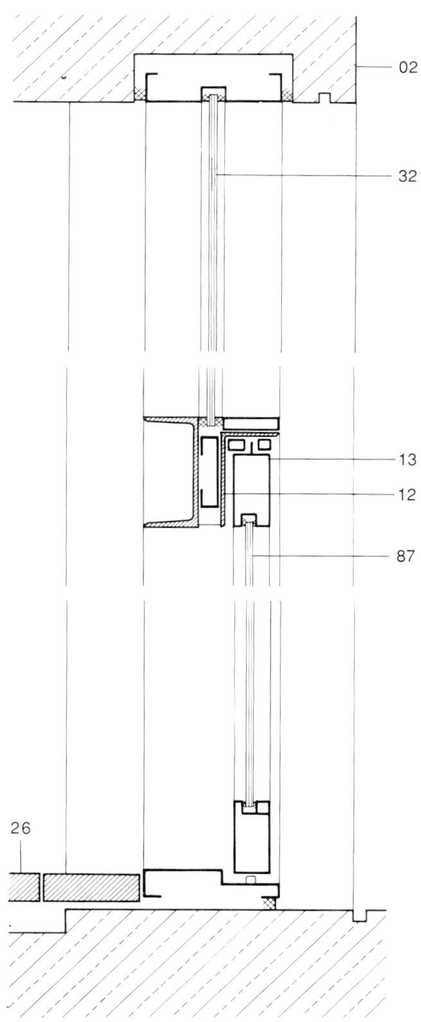

Vertikalschnitt M 1:10

02 Ortbeton
12 Stahl
13 Aluminium
20 Blechverkeidung

26 Zedernholz-Bohlen
32 Glas
87 Schiebeelement

Isometrie

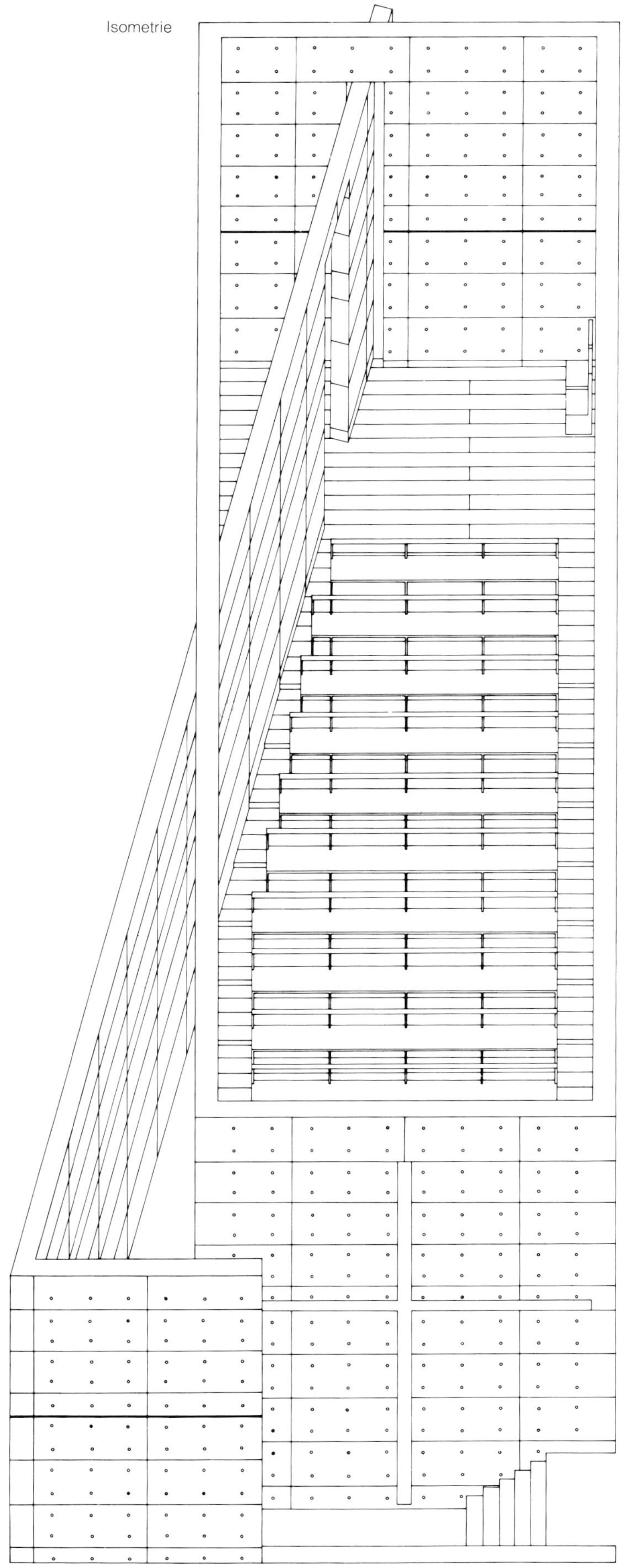

Einfamilienhaus in Riederau am Ammersee

1987

Architekten:
Axel Tilch, Gisela Drexler, Riederau

Tragwerksplanung:
Rudolph Meyer, Dettenschwang

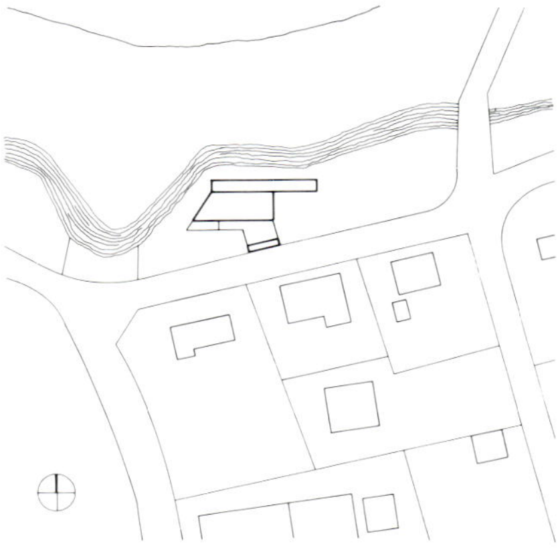

Lageplan M 1:2000

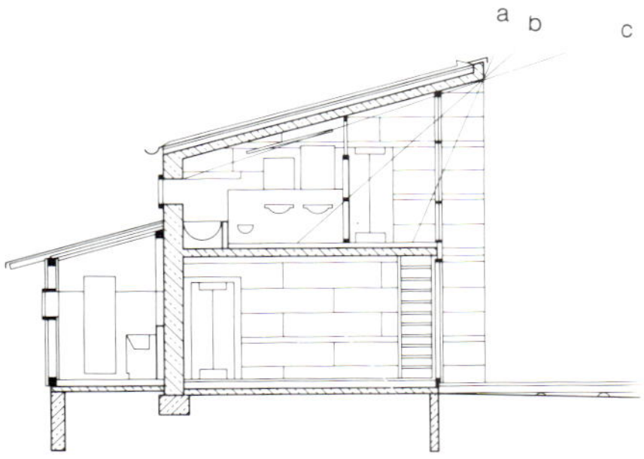

Schnitt M 1:200

Sonnenstand
a 66° am 22. Juni
b 42° am 22. März und 2. November
c 18° am 22. Dezember

Das Haus liegt am Rand eines Wohngebietes auf einem Grundstück, das im Norden durch einen Fluß begrenzt wird. Es ist nach den Gesichtspunkten passiver Solarenergienutzung geplant. Der Grundriß, ein nach Süden ausgerichtetes Rechteck, wird durch einen leicht ausgeschwenkten Wintergarten im Südwesten erweitert. Der vollständig verglasten Südfassade stehen im Norden Nebenräume mit wenigen Öffnungen als Pufferzone gegenüber. Die Neigung des Pultdaches und der Dachüberstand im Wohnbereich sind auf die jeweiligen Sonnenstände im Sommer und Winter ausgelegt. Speicherfähige Innenwände, Betondecken und die dunklen Natursteinbodenbeläge sind ein wesentlicher Bestandteil des passiven Energiekonzeptes. Für die Querlüftung sorgen kleine Öffnungen in den massiven Wänden im Osten und Westen. Außen- und Innenwände, Decken und Dach wurden aus gefügedichtem Leichtbeton errichtet.
Die einschaligen, 40 cm dicken Außenwände sind mit niedriger Rohdichte (LB 8) ausgeführt, um das Wärmedämmverhalten zu erhöhen. Nach neuer Wärmeschutzverordnung wären größere Wanddicken oder eine zusätzliche Dämmung erforderlich. Die 20 bis 30 cm starken Innenwände bestehen aus LB 15, Decken und Dach aus LB 25. Das Dach ist zusätzlich mit einer 12 cm dicken Wärmedämmung versehen.
Die Betonkanten sind nicht gebrochen, um die Wandflächen klar voneinander zu trennen. Die Holzschaltafeln in den Abmessungen von 50 cm × 200 cm sind im Verband angeordnet. Nach jeweils zwei Schaltafelreihen zeichnet sich in den Sichtbetonflächen die Einlage von 12 cm breiten Brettern ab, durch die die Spanndrähte der Schalungsanker geführt wurden. In die Schalung eingelegte Leisten führen zu Schattenfugen, die auf den Außenrändern die Deckenlage und deren Konstruktionshöhe anzeigen.

A Grundriß Erdgeschoß M 1:200

1 Wintergarten
2 Wohn-Eßzimmer, Küche
3 Schlafzimmer
4 Nebenräume

A

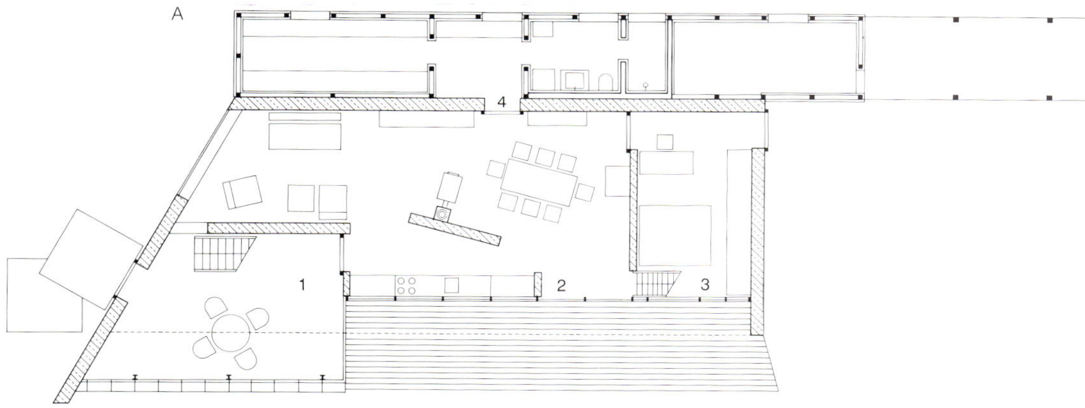

B Detailschnitt
Wintergarten M 1:50

04 Leichtbeton
12 Stahl
24 Betonplatten
33 Isolierverglasung

90 Dachaufbau:
Titanzinkblech-Deckung
Bitumenbahn
Holzschalung
Hinterlüftung
Wärmedämmung
Dampfbremse

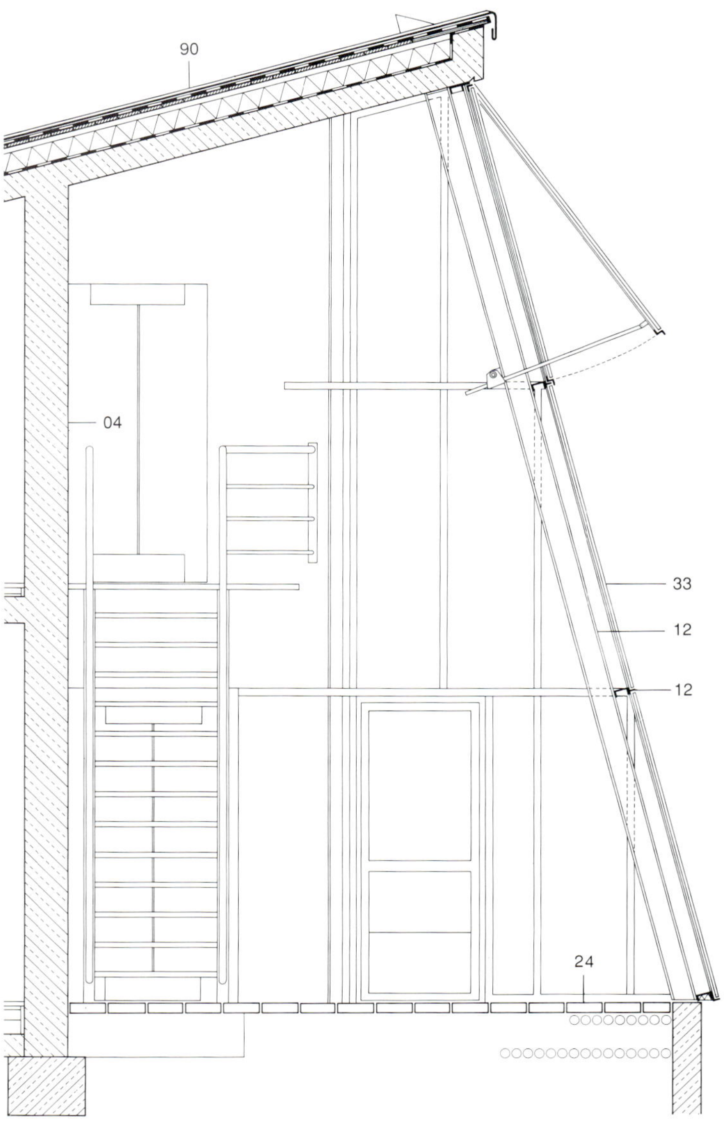

Wohnhaus in Stuttgart

1993

Architekt:
Michael Alder, Basel
Partner:
Hanspeter Müller
Mitarbeiter:
Roland Fischer

Tragwerksplanung:
Greschick & Falk, Lörrach

Lageplan M 1:3000

Grundriß Erdgeschoß M 1:400
Grundriß 1. bis 5. Obergeschoß M 1:400

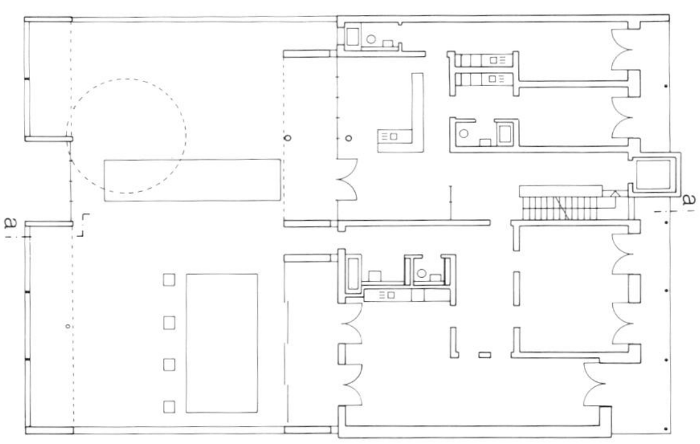

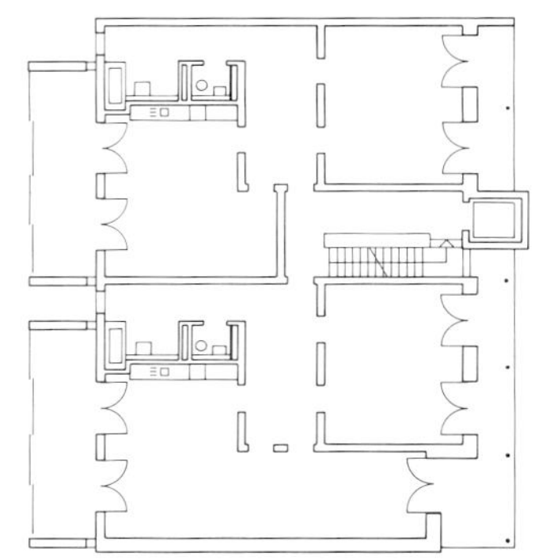

Das fünfgeschossige Wohnhaus hebt sich durch seine ruhige und strenge Fassadengestaltung von der heterogenen Umgebung ab. Schon der Eingangsbereich ist durch ein gesondertes Bauwerk vom öffentlichen Zugangsweg abgeschirmt. Der Freibereich schafft die richtige Distanz zum Hauptgebäude. Die ebenerdig angeordnete Wohnung profitiert ebenfalls davon. Die Eingangszone im Gebäude ist flächenmäßig großzügig angelegt und kann durch die Vorhaltung einer kleinen Kochnische als Hauptgemeinschaftsraum genutzt werden. Zudem ist bemerkenswert, daß alle Wohnungen behindertengerecht ausgebaut sind. Die einzelnen Wohnungsgrundrisse sind offen angelegt, können mit nachträglich einziehbaren Wänden verändert werden und lassen individuellen Bedürfnissen der Bewohner ausreichenden Spielraum. Die gewählte Anordnung von Fenstern und Türen erzeugt eine räumliche Transparenz in der ganzen Wohnung.
Die durchgehend verglaste Veranda auf der Südseite erlaubt bei entsprechender Witterung eine Nutzungserweiterung des Wohn- und Eßbereiches. Gleichzeitig dient sie als Lärmpuffer und trägt zur passiven Wärmegewinnung bei. Das Außenmauerwerk aus Ziegel bietet mit seiner Dicke von 50 cm ausreichend Speichermasse und Dämmqualität. Die auskragende Betonplatte des Daches und der Einsatz von Sichtbeton im Eingangsbereich unterstreichen die zurückhaltende und klare Erscheinung des Gebäudes.

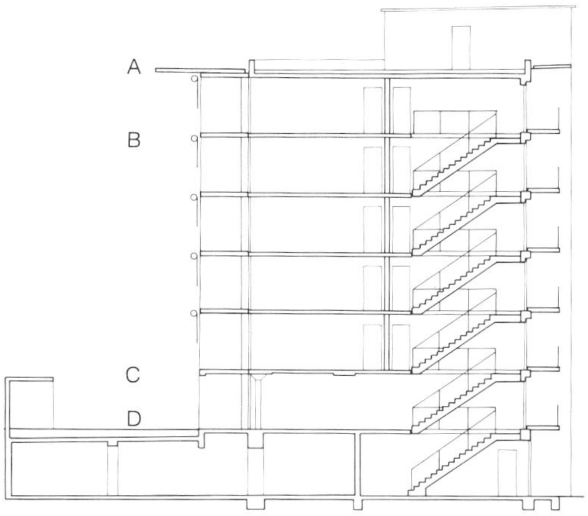

Schnitt M 1:400

Details M 1:20

02 Stahlbeton
08 Ziegel-Mauerwerk
43 luftdichte Verklebung
84 Sonnenschutz
87 Schiebeelement
89 Edelstahl-Rinne
90 Dachaufbau:
2 Lagen Bitumendachbahn
obere Lage beschiefert
Stahlbetondecke
abgehängte Metalldecke
91 Fußbodenaufbau:
Naturkautschuk
Gefälleestrich
Stahlbetondecke
Metall-Akustik-Decke

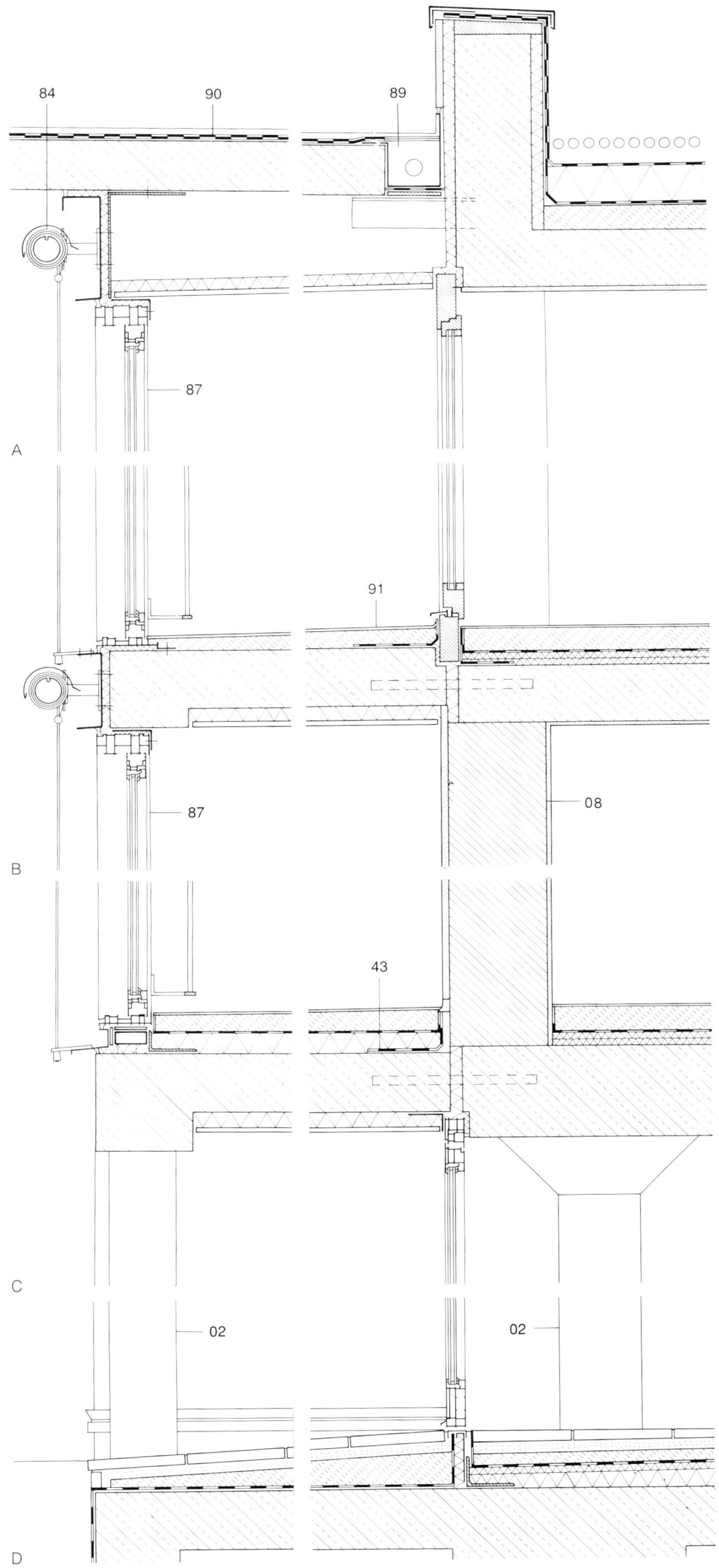

Geschäfts- und Wohngebäude in London

1991

Architekten:
Michael Hopkins und Partner, London
mit John Pringle, Bill Dunster,
Ernest Fasanya, Lucy Lavers, Neno Kezic

Tragwerksplanung:
Büro E. Happold, London

Das sechsgeschossige Geschäfts- und Wohngebäude steht am St. Saviours Dock auf der Südseite der Themse nahe der Tower Bridge. In der von Lagerhäusern und aufgelassenen Werfthallen geprägten Umgebung entstehen auf den alten schmalen Parzellen Gebäude mit neuen Nutzungen.
Das Haus für einen Designer, Hersteller und Händler von Stahlwaren beinhaltet Verkaufs- und Ausstellungsräume im Erdgeschoß, drei darüberliegende Bürogeschosse und eine zweigeschossige Wohnung, deren Staffelgeschoß zwei großzügige Dachterrassen zuläßt. Zwei Servicetürme, in denen sich die Haustechnik, Sanitärräume und ein zweiter Treppenaufgang befinden, flankieren den schlichten rechteckigen Bau.
Das Tragwerk besteht aus einem Stahlbetonskelett mit runden Sichtbetonstützen und unterzugslosen Stahlbetondecken, deren Unterseite sichtbar ist. Die Fassaden im Ausstellungsgeschoß sind vollflächig verglast, die Büroetagen erhielten raumhohe Schiebefenster in eloxierten Aluminiumrahmen, das darüberliegende Wohngeschoß zusätzlich vorgehängte Stahlbalkone. Die Seitenwände sind mit außenseitig bleiblechverkleideten Paneelen geschlossen. Nach deutschen Vorschriften sind die im Bereich der Deckenränder bestehenden Wärmebrücken zu vermeiden.
Die Architekten legten großen Wert darauf, eine Sichtbetonoberfläche von höchster Qualität zu erhalten, die wie in einem Stück »gegossen« aussieht. Besonderes Augenmerk wurde auf die Schalung gelegt. Für die ebenen Flächen kamen Sperrholzplatten mit abgeschrägten Kanten zum Einsatz. Dies führte zu einer im Querschnitt dreieckigen, plastischen Betonung der Verbindungsstellen. Die konstruktiven Knotenpunkte wurden in einem speziellen Aluminium-Formteil und die runden Stützen in Stahlformen hergestellt. Die Bewehrung wurde besonders sorgfältig vom Rost befreit und alle Schalungsteile vor dem Betonieren mit Preßluft gesäubert. Auch über die richtige Betonmischung und den effektivsten Verdichtungsvorgang machten sich die Architekten ihre eigenen Gedanken. Den letzten Schliff erhielt die Oberfläche schließlich durch das Schleifen von Hand, so daß sich eine spiegelnde Betonoberfläche einstellt.

Lageplan M 1:10000

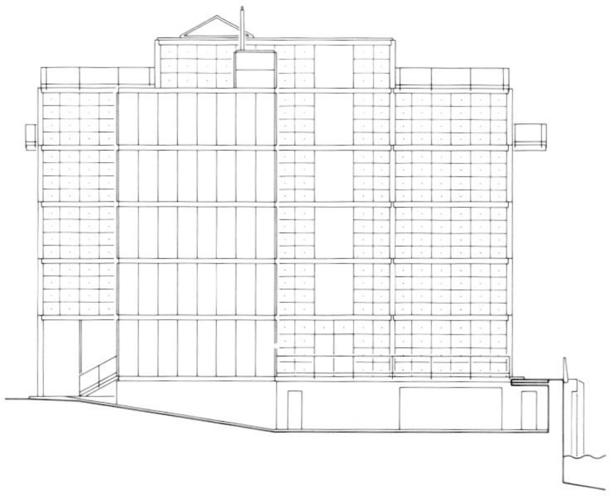

Ansicht M 1:500

Schnitt M 1:500

WHARF LTD
DAVID MELLOR

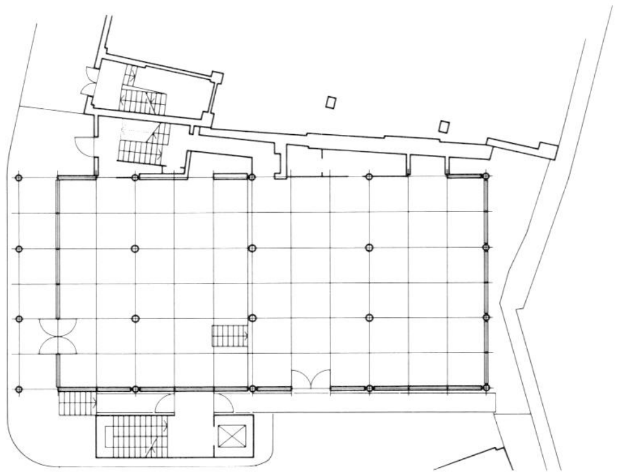

Grundriß Erdgeschoß M 1:500

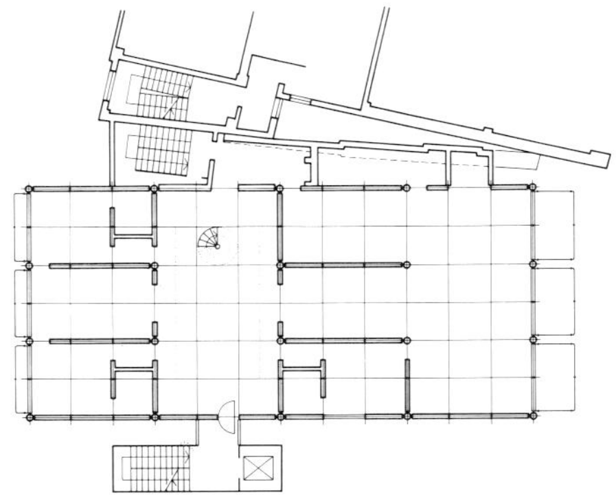

Grundriß viertes Obergeschoß M 1:500

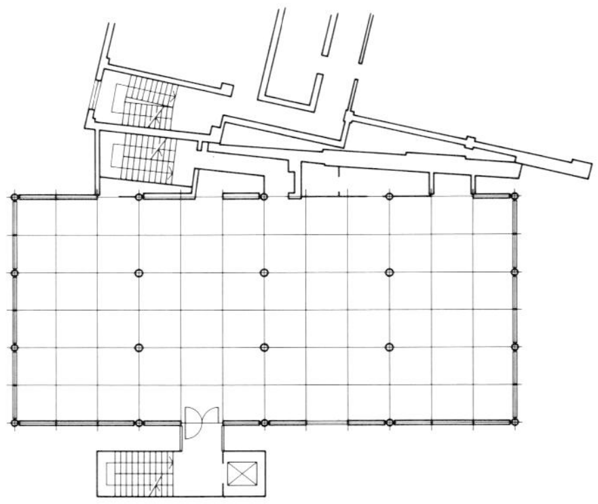

Grundriß zweites Obergeschoß M 1:500

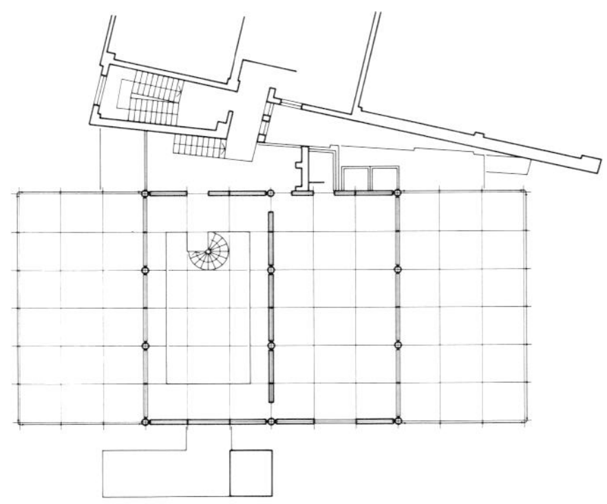

Grundriß fünftes Obergeschoß M 1:500

Detailschnitt Dachkonstruktion M 1:20

02 Stahlbeton
04 Gefälleleichtbeton
20 Bleiblechverkleidung mit Faserbetonfüllung
21 Gipskartonbeplankung
24 Betonsteinplatte
40 Wärmedämmung
41 Wärmedämmung druckfest
43 bituminöse Dichtungsbahn
50 Dampfsperre
87 Schiebefenster mit Isolierverglasung

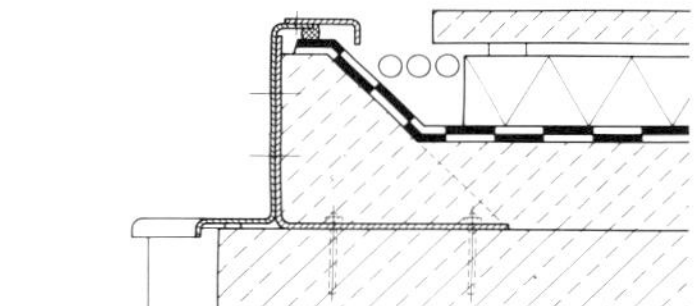

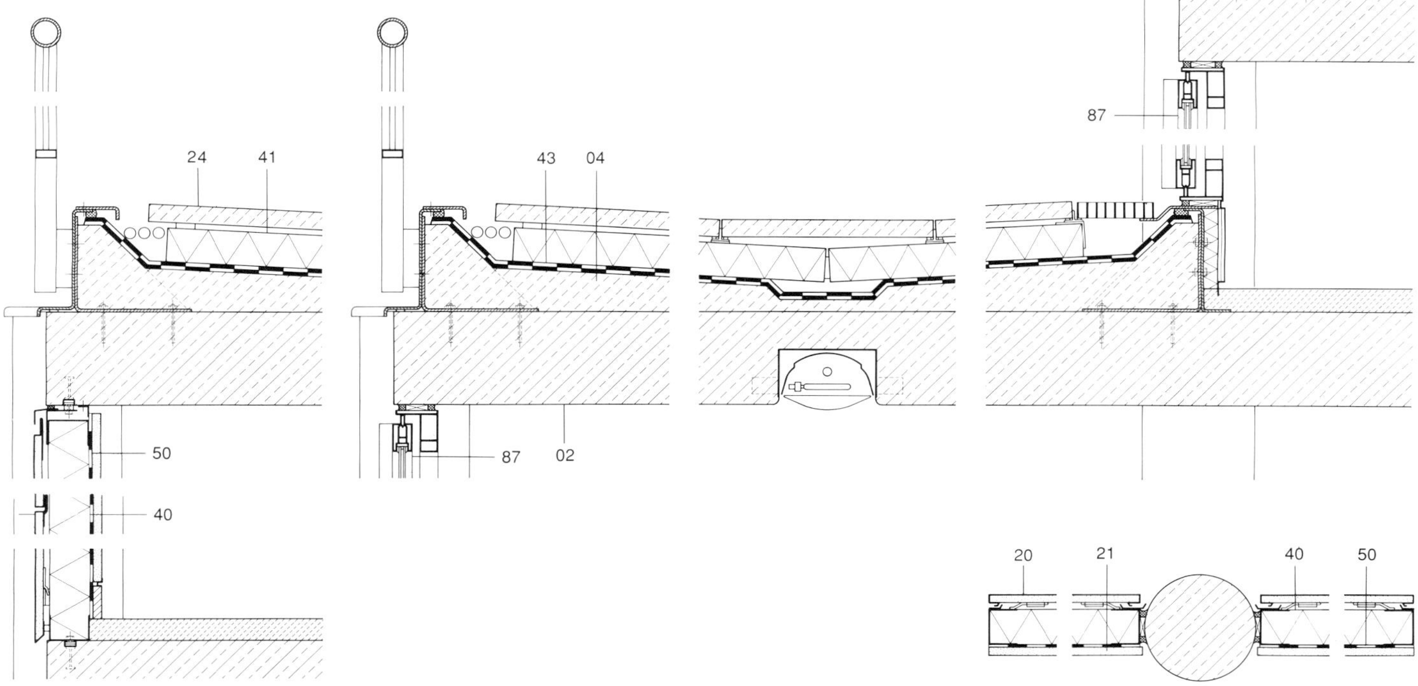

Kunstmuseum in Bonn

1992

Architekten:
Axel Schultes, Berlin
in Bangert, Jansen, Scholz, Schultes
mit Jürgen Pleuser
Mitarbeiter:
Georg Bumiller, Michael Bürger,
Margret Kister, Enno Maass, Heike Nordmann,
Volker Staab

Tragwerksplanung:
Polónyi & Fink, Köln
Spitzlei & Jossen, Siegburg
Stettner & Wald, Bonn

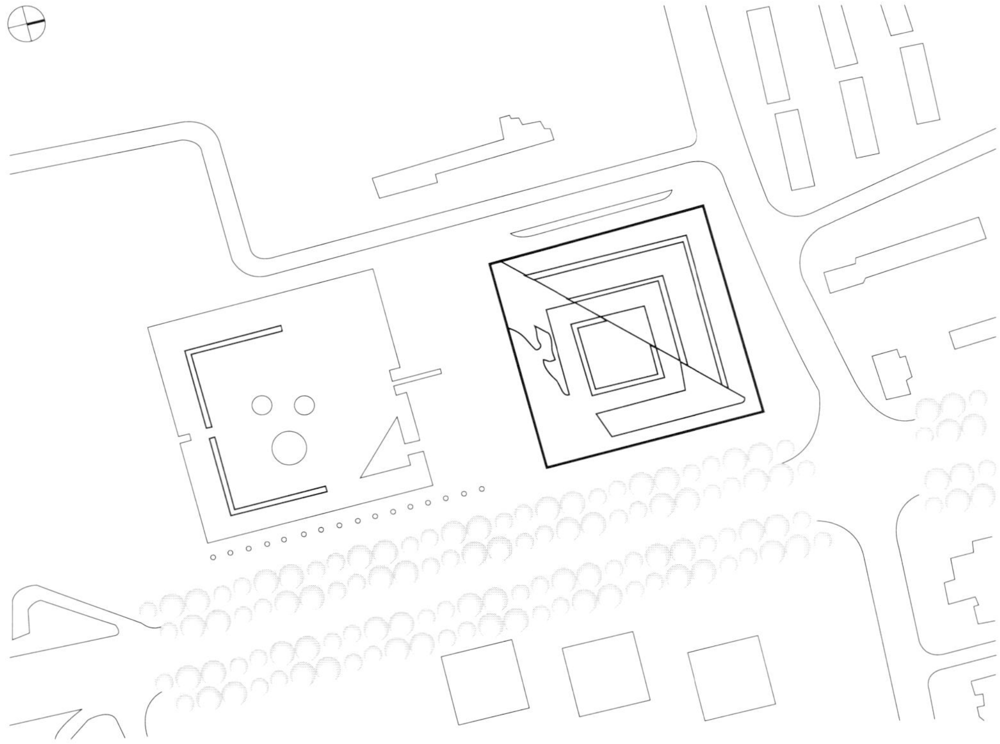

Lageplan M 1:3000

Das Kunstmuseum der Stadt Bonn ist Bestandteil der neuen Kulturmeile an der Friedrich-Ebert-Allee. Es beherbergt sehenswerte Sammlungen mit den Schwerpunkten ›Deutsche Kunst nach 1945‹ und ›August Macke und die Rheinischen Expressionisten‹.
Der Grundriß des Museums ist in ein Quadrat von 100 m Seitenlänge eingeschrieben, dessen eine Hälfte sich mit Vor- und Rücksprüngen entlang der Diagonale entwickelt. Die Straßenseite wird von einem schmalen Riegel mit Verwaltungsnutzung abgeschirmt und durch die auskragenden Deckenplatte optisch an den Hauptbaukörper angebunden. Der Zwischenraum fungiert offen und gedeckt als großzügiger Vorraum zum Museumseingang, der diagonal in den Foyerbaukörper führt.
Im Innern erwartet den Besucher eine interessante Abfolge von Ausstellungsräumen unterschiedlicher Abmessung. Die einfache Aneinanderreihung rechteckiger Räume und deren Offenheit untereinander erlauben freie Bewegung, ohne die Orientierung zu verlieren und ermöglichen immer wieder interessante Durchblicke. Besonders sorgfältig ist die Lichtführung geplant. Im Obergeschoß erfolgt die Belichtung durch kunstvoll ausgebildete Oberlichtdecken. Weiteres Tageslicht erhalten die Räume durch die Ausbildung von Innenhöfen und raumhohe Außenfenster.
Das Gebäude ist zweischalig in Normalbeton ausgeführt. Trotz des weiß-grauen Innenanstrichs im Ausstellungsbereich und der vorgesetzten Sandsteinfassade an der Straßenseite bleibt der Eindruck der vielen Sichtbetonflächen prägend. An den Stellen, wo der Beton unverkleidet geblieben ist, zeigt er, daß seine glatte Oberfläche wichtig für das räumliche Ambiente ist und die strenge, elegante Architektur unterstützt.
Interessant ist die Kopfausbildung der über 13 m hohen Stahlbetonstützen (Schleuderbeton) im Außenbereich. Die sichtbare Ortbetondecke ist über den Säulen durchbrochen, und der kraftschlüssige Verbund wird nur über einen Kranz von vier Stahlstegen hergestellt.

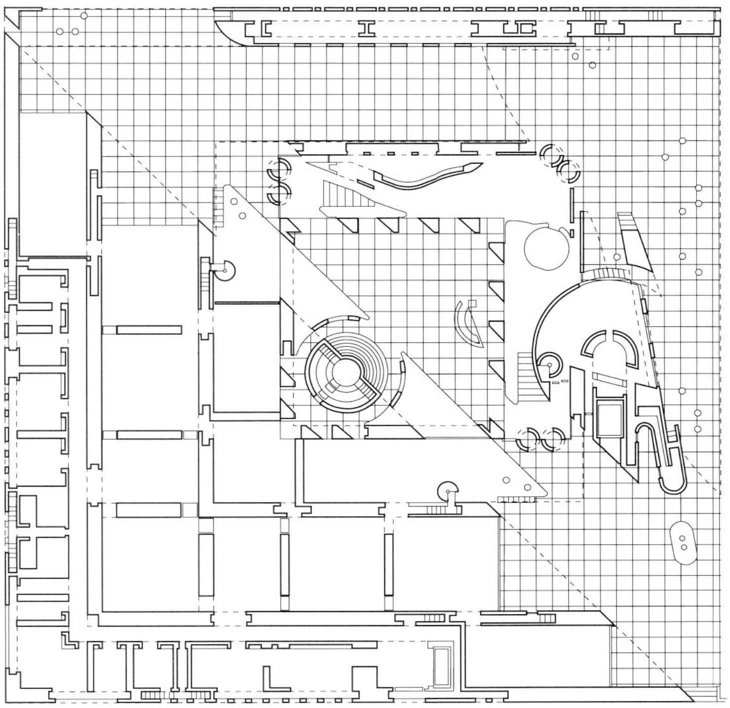

Grundriß Erdgeschoß M 1:1000

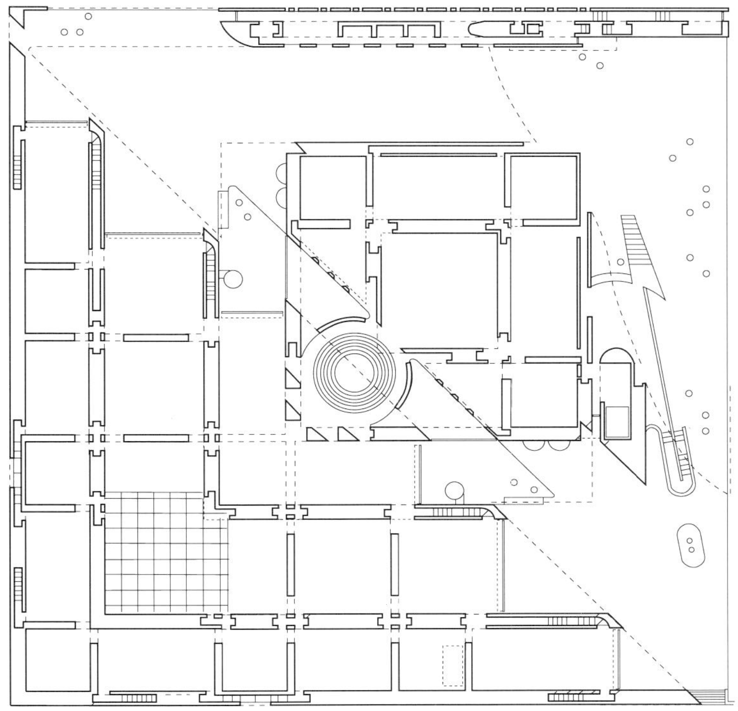

Grundriß erstes Obergeschoß M 1:1000

03 Stahlbetonfertigteil
20 Alu-Blech, weiß lackiert
28 Textiler Sonnenschutz
32 Isolierverglasung
40 Wärmedämmung
82 Rauchklappe
84 Sonnenflügel
86 Be- und Lüftung

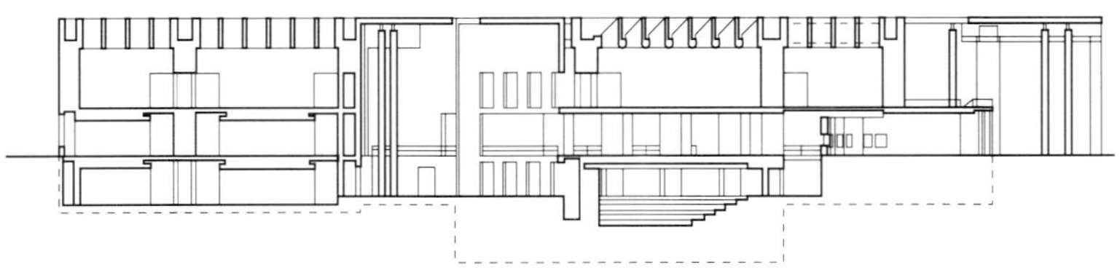

Schnitt M 1:1000

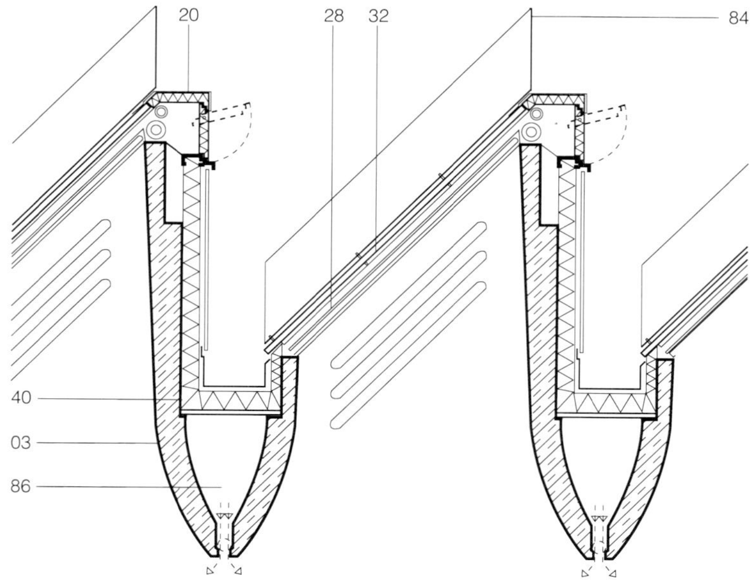

Detailschnitt M 1:50

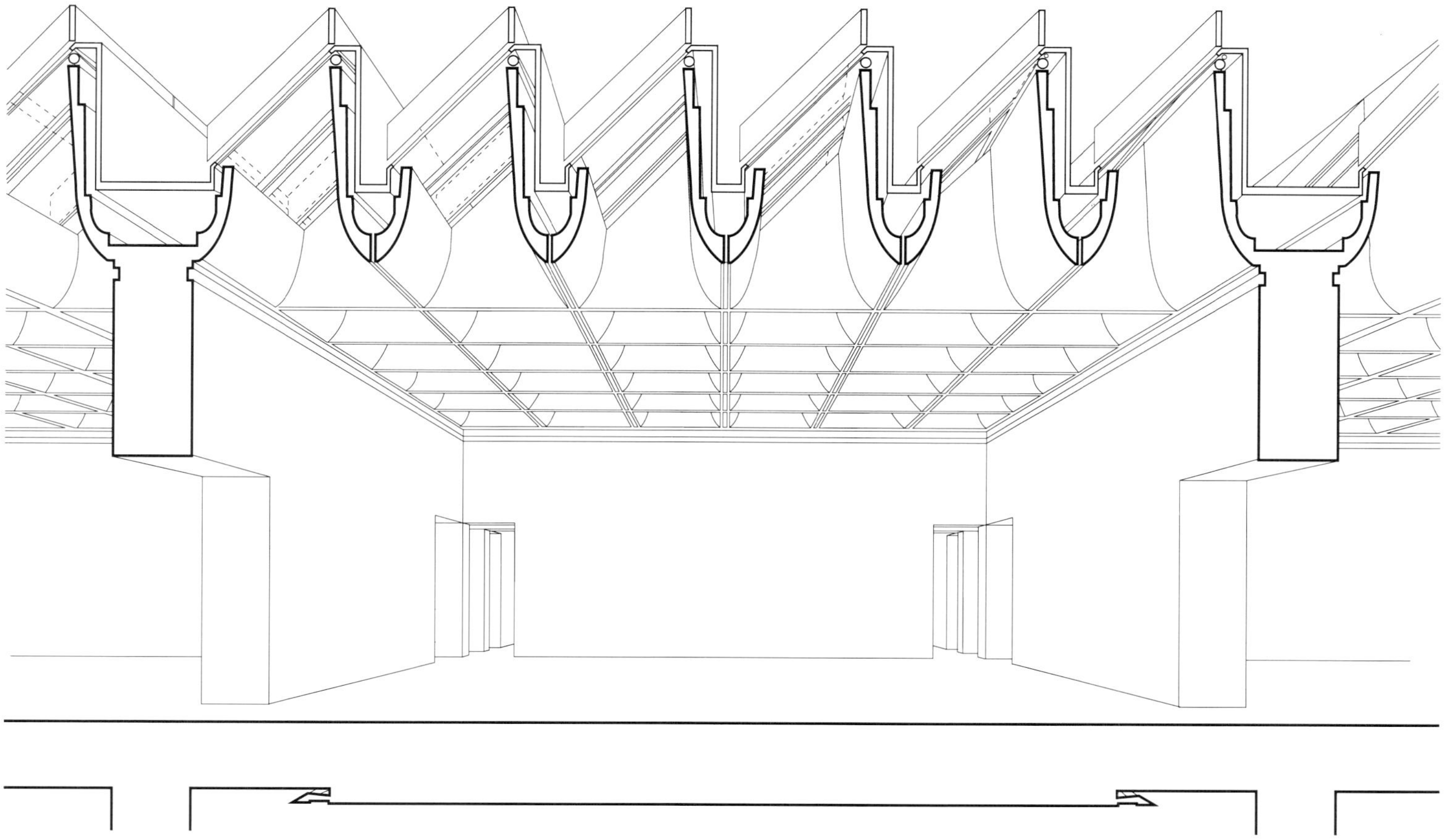

Perspektive Ausstellungsraum

Burganlage in Bellinzona, Schweiz

1989

Architekt:
Aurelio Galfetti, Bellinzona

Mitarbeiter:
Valentino Mazza, Luigi Pellegrini, Rolf Lauppi, Renato Regazzoni, Ernesto Bomger, José Ormazabal

Tragwerksplanung:
Enzo Vanetta, Lugano

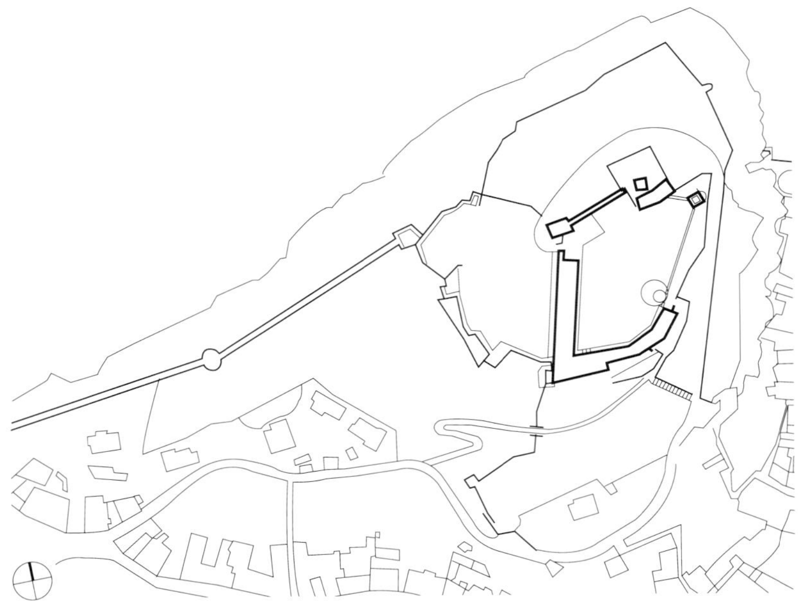

Lageplan M 1:3500

Mit der Restaurierung des Castelgrande, der größten der drei Burgen in Bellinzona, wurde 1980 begonnen. Das Bergkastell steht auf einem Basaltfelsen und wird von bis in die Stadt herunterreichenden Schenkelmauern gestützt. Gleichzeitig zur Instandsetzung des Baus wurde der Felsen von seinen Überwucherungen befreit, so daß er wieder den kargen und wehrhaften Eindruck der Burganlage unterstützt. Der neue Zugang zur Akropolis beginnt auf Stadtniveau, direkt an der Piazza del Sole. Durch einen natürlichen, jedoch mit Beton ausgekleideten Felsspalt führt ein keilförmig zugeschnittener und sich nach oben verjüngender Schlitz zu einer kuppelüberwölbten Betonrotunde tief im Berg. Von dieser schalungsrauh belassenen Halbkugel gelangt man über Aufzüge auf den Burghügel. Ebenfalls aus Beton ist die Nottreppe, die – klar vom Felsen getrennt – einen Raum bezeichnen soll, den der Mensch im Widerstand gegen die Natur für sich in Anspruch nimmt. Neben dem Aufzugschacht verläuft ein Lichtschacht, der in einer Höhe von 40 m durch ein kleines Fenster den Blick in den Himmel freigibt. Von der oberen Liftstation betritt man den Innenhof des Kastells. Das abschüssige, gepflasterte Gelände, das von einer neuen geradlinig verlaufenden und von einer alten gekrümmten Mauer eingeschlossen ist, bildet einen neuen Raum. Nach außen betont die strikte Horizontalität der Mauern die Vertikalität der aufragenden Türme.

Treppe und Aufzüge zum Castelgrande M 1:1000

Grundriß und Schnitt durch den neuen Aufgang M 1:200

1 Unterirdischer Gang
2 Grotte
3 Aufzüge
4 Lichtschacht

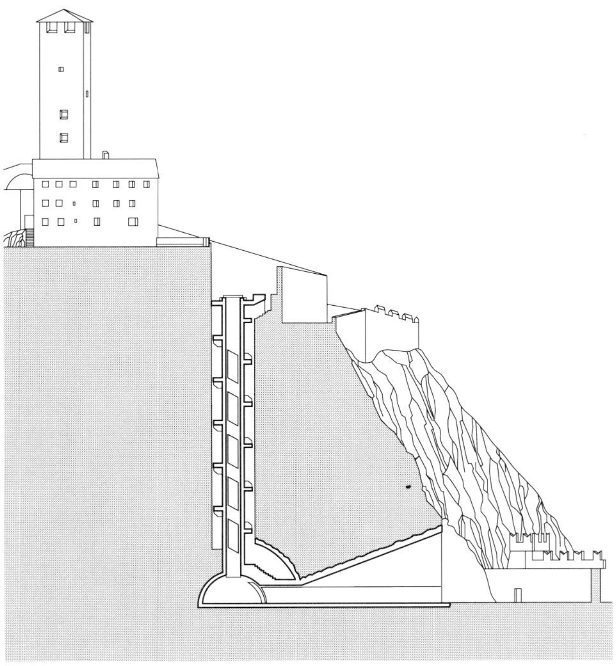

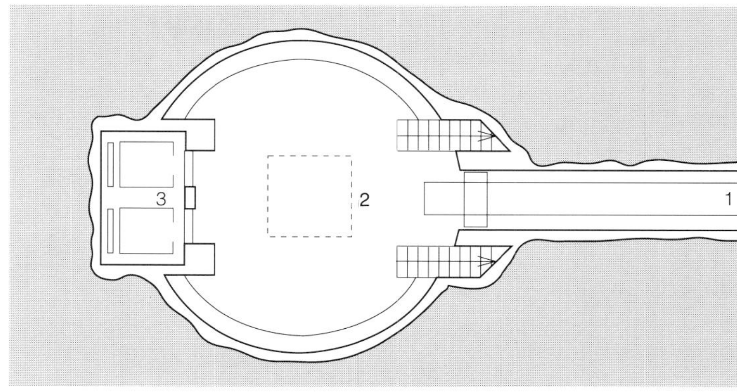

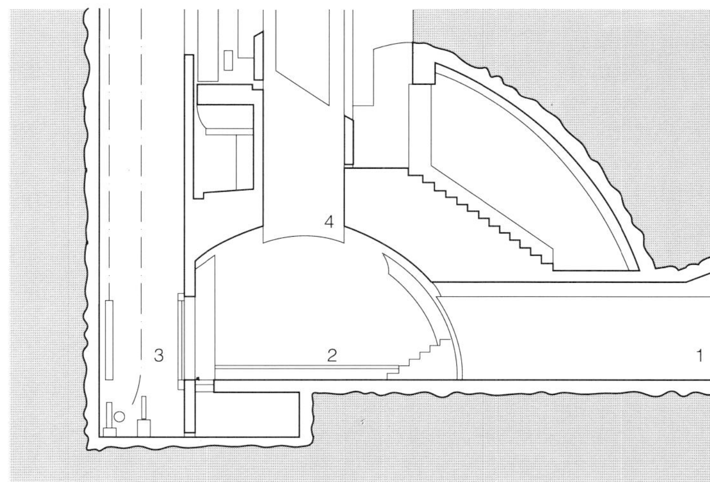

Archäologisches Museum in Arles, Frankreich

1992

Architekten:
Henri Ciriani, Paris
Mitarbeiter:
Jackie Nicolas

Tragwerksplanung:
BET Scobat, Paris
Cesba, Aix-en-Provence

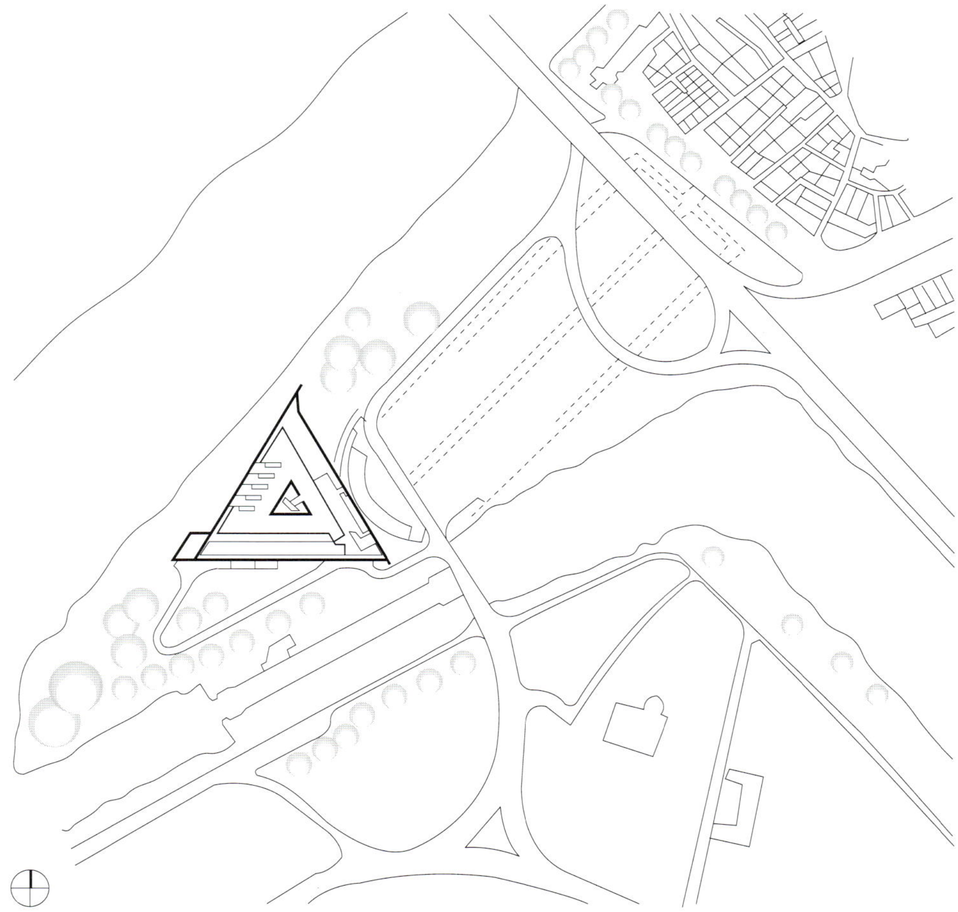

Lageplan M 1:5000

Zwischen Rhône und Canal du Midi, auf einem Landarm im Südwesten der Altstadt von Arles, liegt das dreieckige Gebäude des Archäologischen Museums. Zwei Seiten des Baus sind den Wasserläufen zugewandt, die dritte ist auf das Oval des dort entdeckten römischen Forums gerichtet. Für die ungewöhnliche geometrische Hausform waren sowohl städtebauliche, als auch funktionale Gründe ausschlaggebend.
Das Gebäude läßt sich in Forschungsbereich, Ausstellungsfläche und Schulbereich unterteilen. Es werden zwei Riegel mit Büros, Laboratorien und Schulungsräumen geformt, zwischen denen das eigentliche Museum liegt. Die beiden Ausstellungsbereiche für Dauer- und Wechselausstellungen befinden sich auf gleichem Niveau und erstrecken sich über die gesamte Höhe des zweigeschossigen Gebäudes. Die Architekten haben einen kurzen und einen langen Besichtigungsweg entwickelt. Als Rundwege um ein Zentrum mit Treppenaufgang führen beide zur Aussichtsplattform. Über zwei Geschosse ragende Ortbetonsäulen mit eingehängten Galerien sowie Oberlichtsheds und Wandflächen aus Sichtbeton mit einem großformatigen Schaltafelraster bestimmen die Raumwirkung im Inneren des Museums. Der mit Naturstein ausgelegte Hallenbereich wird durch die Obergaden und Panoramafenster mit Tageslicht durchflutet. Außen dominieren die blauen emaillierten Fassadenplatten den Bau.

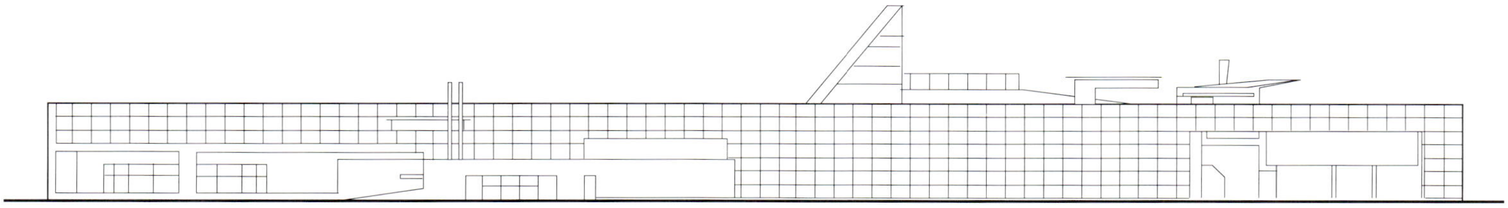

Südansicht M 1:750

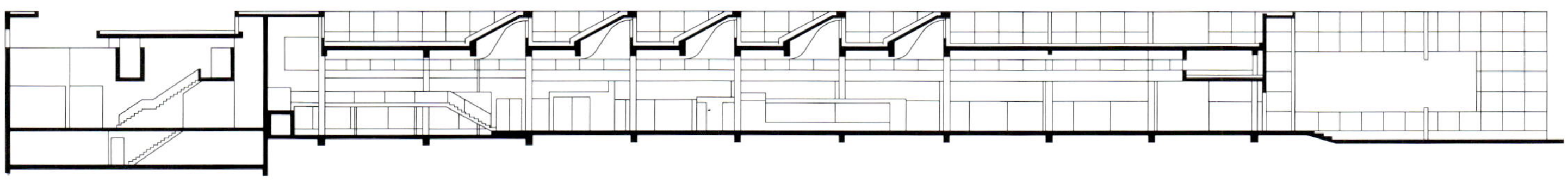

Schnitt M 1:750

Grundriß M 1:1200

1 Eingang
2 Foyer
3 ständige Ausstellung
4 Galerie
5 Wechselausstellung
6 Werkstätten
7 Anlieferung
8 Lager

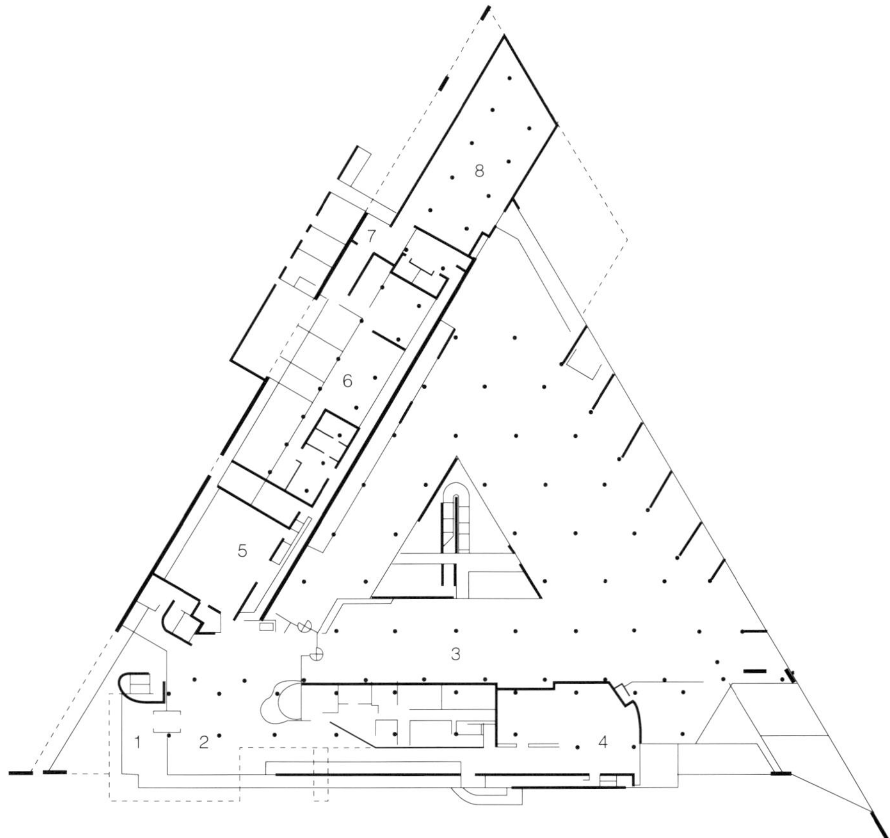

Detailschnitt M 1:100

02 Ortbeton
20 Aluminiumblech, emailliert
32 Glas
40 Wärmedämmung
90 Dachaufbau:
Betonplatten-Belag
Kunststoff-Dichtungsbahn
Wärmedämmung druckfest
Dampfsperre
Stahlbeton-Deckenplatte

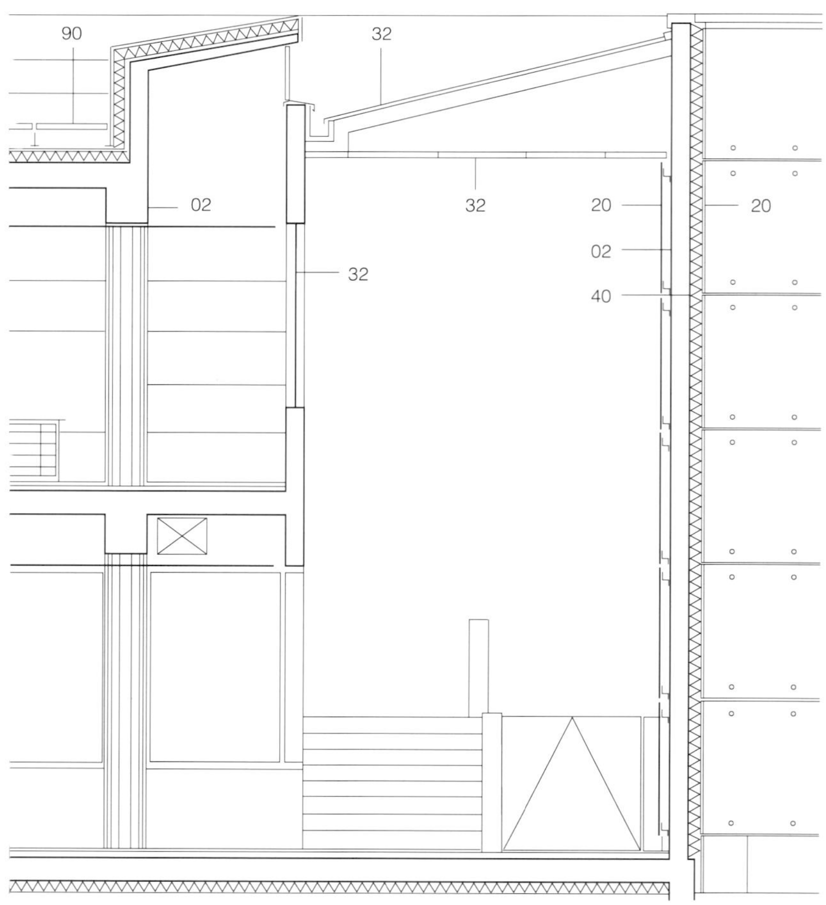

Zentralinstitut und Museum für Sepulkralkultur in Kassel

1993

Architekten:
Wilhelm Kücker, München
mit Klaus Freudenfeld
Projektleiter: Hans Joachim Ewert
Mitarbeiter: Kai Abresch, Sebastian Berz, Andrea Düchting

Tragwerksplanung:
Seeberger + Friedl, München

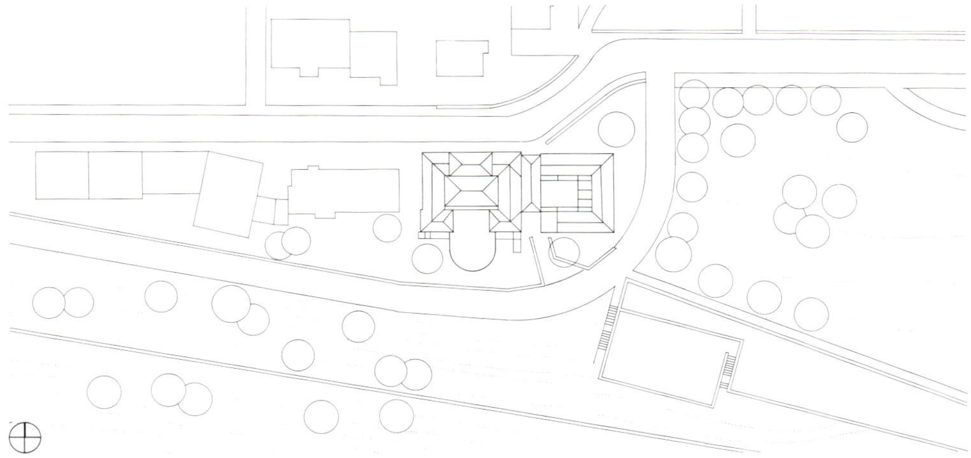

Lageplan M 1:2000

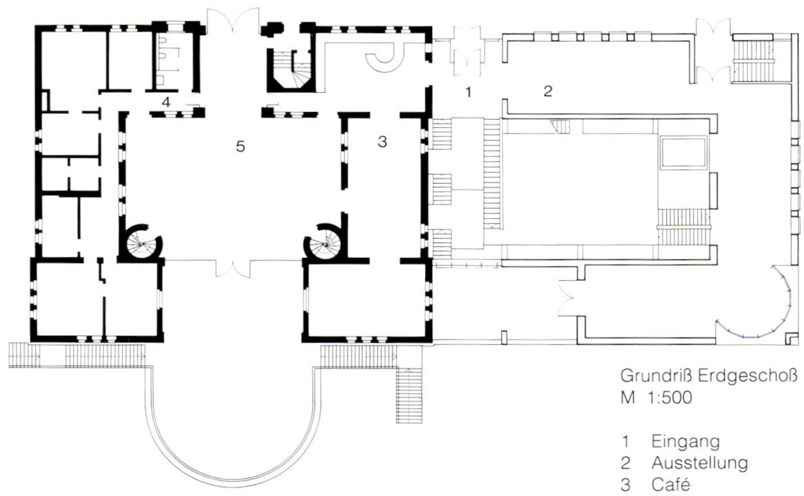

Grundriß Erdgeschoß
M 1:500

1 Eingang
2 Ausstellung
3 Café
4 Verwaltung
5 Glashalle

Am neuen Sitz der Arbeitsgemeinschaft Friedhof und Denkmal entstand unter Einbeziehung eines denkmalgeschützten Teils der ehemaligen Henschel-Residenz ein Museum, das weltweit einzig in seiner Art ist.
Der in Ziegel und Sandstein gehaltene Altbau, der um die Jahrhundertwende entstanden ist, beherbergt inzwischen die Geschäftsräume und wissenschaftlichen Einrichtungen des Institutes. Die Schauräume für die bisher nur gelegentlich gezeigten musealen Sammlungen sind in dem dreigeschossigen Neubau untergebracht.
Eine »verglaste Gasse« zwischen Alt- und Neubau dient als Eingang und lichtes Treppenhaus.
Im Gegensatz zu der Bestimmung des Gebäudes, für das es bisher kein Vorbild gibt, ist auch der Neubau weitgehend verglast. Er eröffnet weite Ausblicke in die Landschaft.
Eine Besonderheit stellt die Auswahl des tragenden Baumaterials dar: Für die einschalige Konstruktion der Außenwand wurde Leichtbeton in Sichtbetonqualität verwendet, da der Sichtbeton dem vorhandenen Sandstein am Altbau verwandt ist.
Der Leichtbeton vereinigt die besondere Tragfähigkeit des Baustoffs Beton mit der geforderten Wärmedämmfähigkeit für die Außenfassade. Dieser hochwärmedämmende Leichtbeton wurde unter Zuschlag von Blähton hergestellt. Für die Schalung wurden unbehandelte Spanplatten verwendet, die lediglich an den Stößen abgedichtet wurden. Das Fugenbild der Arbeits- und Schalungsfugen sowie die sichtbaren Schalungsankerpunkte sind sorgfältig aufeinander abgestimmt. Die tragende Innenstruktur des Gebäudes besteht aus Normalbeton. Die unterschiedlichen Betonarten gehen in den einzelnen Konstruktionselementen ineinander über.

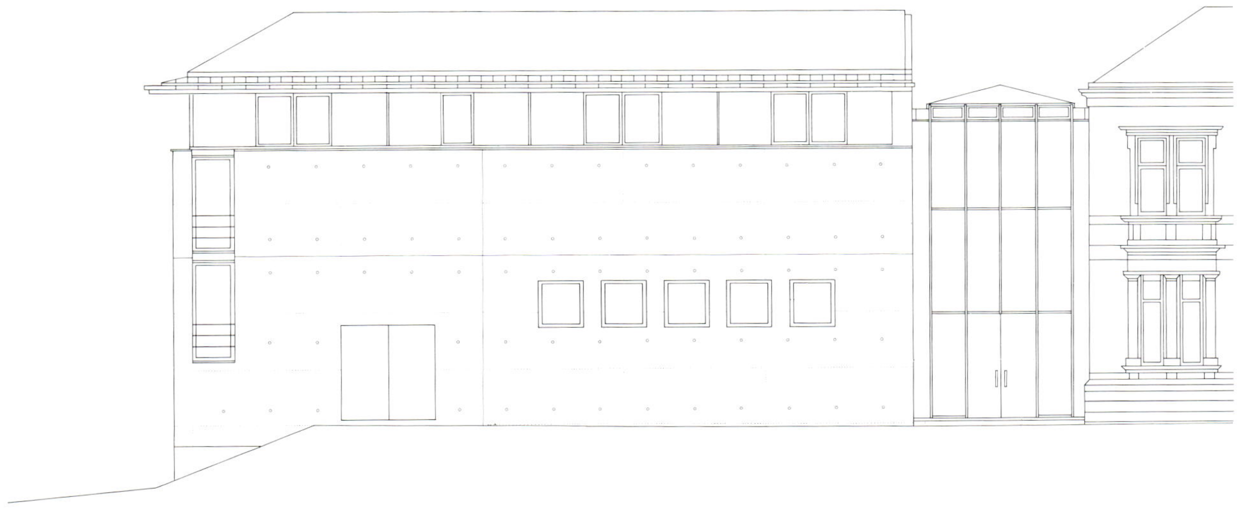

Hauptansicht M 1:500

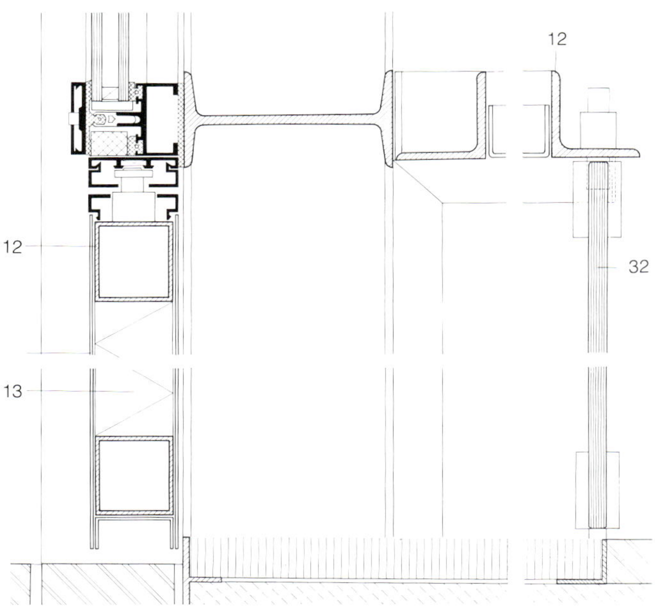

Horizontalschnitte Fenster, Windfang
M 1:5

04 Leichtbeton
12 Stahl
13 Aluminium
30 Putz
32 Glas

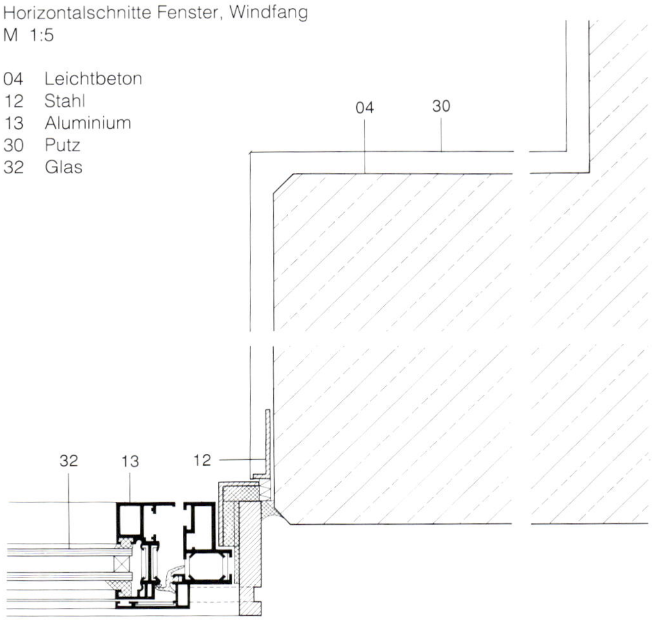

Seminargebäude in Thun, Schweiz

1991

Architekten:
Atelier 5, Bern

Tragwerksplanung:
Finger & Fuchs, Thun

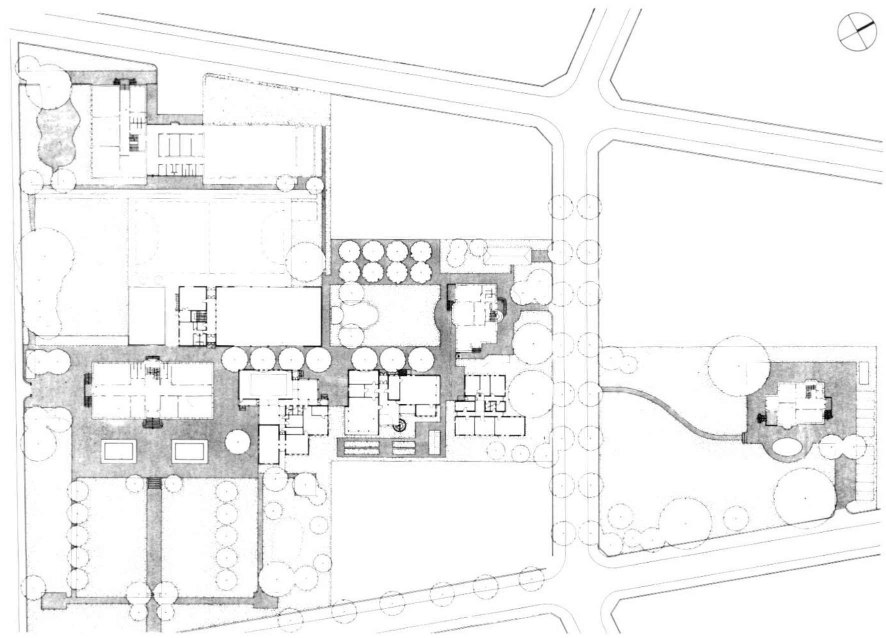

Lageplan M 1:2000

Das Seminar Thun ist eine Schule, deren Betrieb sich auch auf zwei in der Nähe liegende alte Villen ausgedehnt hat. So wurden frühere Privaträume für den Unterricht genutzt, weil lange Zeit die notwendigen Mittel fehlten, um die alten Villen der neuen Nutzung anzupassen. Das Konzept für die Erweiterung des Seminars sah schließlich vor, das Prinzip eben dieser Aufteilung der Schulräume in verschiedene kleinere und größere Gebäude beizubehalten und zu erweitern.
Eine formale Anlehnung an die Gebäude aus der Zeit der Jahrhundertwende oder der Zeit um 1920 bis 1930 stand nie zur Debatte, vielmehr sollte gerade im Rahmen dieser grundsätzlichen Einordnung in das Bestehende mit exemplarischer Einfachheit klargestellt werden, daß es sich bei den neuen Gebäuden um solche aus der Zeit um 1980 handelt – Gebäude von exemplarischer Einfachheit in Form, Material und Farbe, innen wie außen.
Der Stahlbeton wird hier unbehandelt als Sichtbeton belassen. Eine 60 mm starke dampfdichte Innendämmung der Außenwände ist mit einer Gipskartonfläche kaschiert. Stahlgeländer und wohlproportionierte Glasflächen unterbrechen die Ortbetonfassaden wohltuend, zusammenhängende Betonflächen sind begrünt.
Es ist den Architekten gelungen, Stahlbeton zur Betonung der Einfachheit einzusetzen. Die Erweiterung des Seminars Thun ist aber auch praktisch gelöst. Eine innengedämmte Konstruktion bei nur temporär genutzten Gebäuden erscheint sinnvoll.

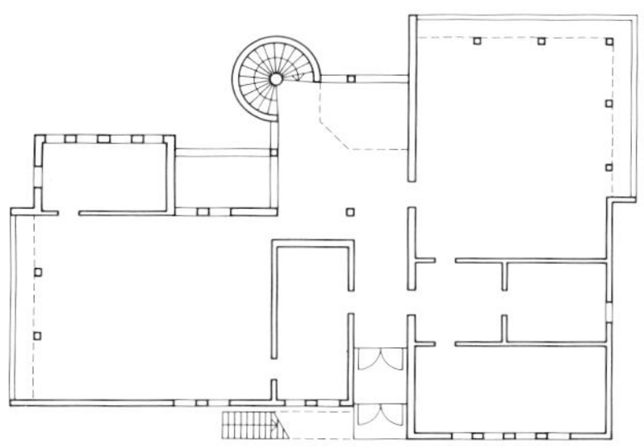

Grundriß M 1:500

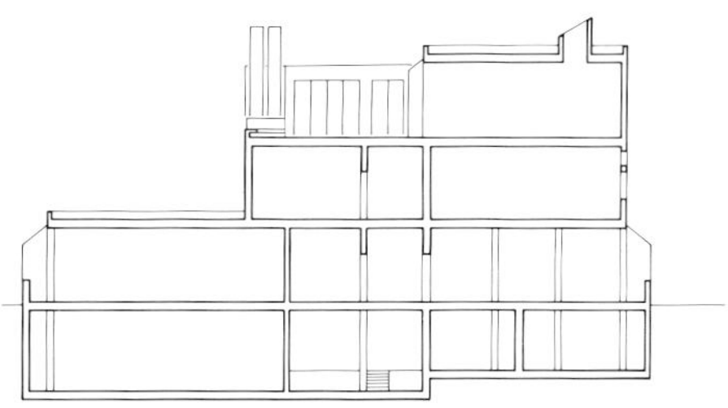

Schnitt M 1:500

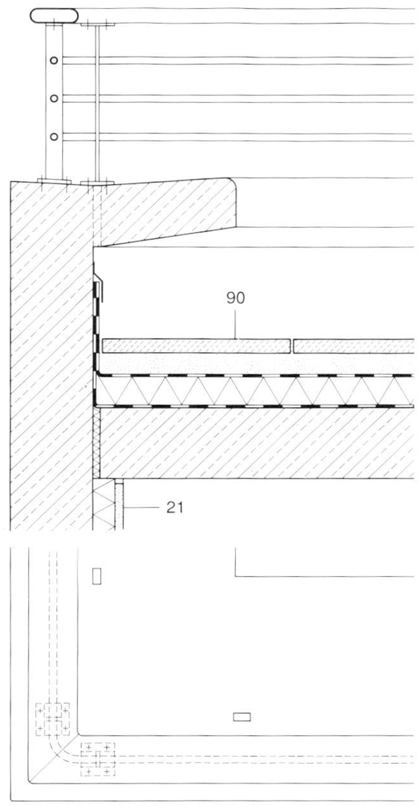

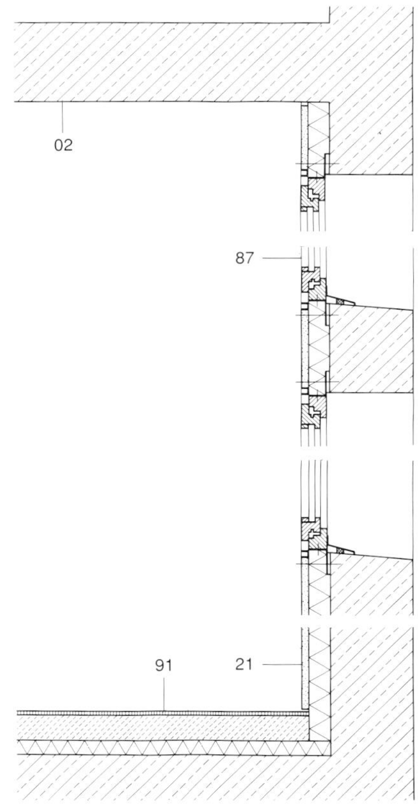

Details M 1:20

02 Stahlbeton
21 Gipskarton 20 mm
87 Fensterelement
90 Terrassenaufbau:
Plattenbelag
in Mörtelbett
Abdichtung
Wärmedämmung
Dampfsperre
91 Fußbodenaufbau:
Bodenbelag
Zementestrich
Wärmedämmung

Konferenzpavillon in Weil am Rhein

1993

Architekt:
Tadao Ando & Associates, Osaka

Werkplanung und Bauleitung:
Günter Pfeifer und Roland Mayer, Lörrach
Projektleiter: Peter M. Bährle
Mitarbeiterin: Caroline Reich

Tragwerksplanung:
Johannes C. Schuhmacher, Bad Krozingen

Das zweigeschossige Konferenz- und Schulungszentrum eines Büromöbelfabrikanten steht auf einem Wiesengelände am Rand des Firmengrundstücks inmitten von Kirschbäumen. Im Gegensatz zu dem unmittelbar benachbarten dekonstruktivistischen Museum zeichnet sich Andos Architektur durch Strenge und Klarheit aus: Entlang einer L-förmigen Mauer aus Ortbeton wird der Besucher in einen schmalen, rechteckigen Gebäudetrakt geleitet, der die Verlängerung der Mauer bildet. Dieser lange Zugang entspricht japanischen Meditationswegen. Der Grundriß des Gebäudes ist raffiniert: Zwei im spitzen Winkel aneinanderstoßende rechteckige Kuben werden an ihrer Verbindungsstelle von einem hohlen Zylinder durchdrungen. Dieser bildet das Foyer mit den Treppen.
Der mit Betonplatten belegte Hof liegt unter Geländeniveau, so daß von der Wiese aus nur ein Geschoß sichtbar ist und die Kronen der Kirschbäume den Pavillon überragen.
Die unterschiedlich großen Räume können auf zwei Geschoßebenen als kleine und große Konferenzzimmer, Gästezimmer, Lobby und Bibliothek genutzt werden.
Auch bei diesem Gebäude setzt Tadao Ando den Sichtbeton bewußt ein, um die zurückhaltende Strenge der Architektur zu unterstreichen. Die Wände wurden mit Schaltafeln in Größe der japanischen Tatami-Matten (91 x 182 cm) hergestellt. Mit Rücksicht auf die deutschen Wärmeschutzanforderungen mußten die Wände zweischalig gebaut werden, was zu Wandstärken bis zu 40 cm führte. Nur bei den Außenwänden gegen Erdreich wurden einschalige Stahlbetonwände mit Perimeterdämmung und zweischalige Stahlbetonwände mit Kerndämmung ausgeführt. Die Innenseiten zeigen auch hier Sichtbeton.
Die Außenwände mit beidseitiger Sichtbetonqualität bestehen aus zweischaligem Stahlbeton mit dazwischenliegender Dämmung. Die Innenschale ist hier tragend. Die Exaktheit, mit der Anschlüsse von drei verschiedenen Betonierebenen gelungen sind, ist für Sichtbeton in Ortbetonausführung beispielhaft.

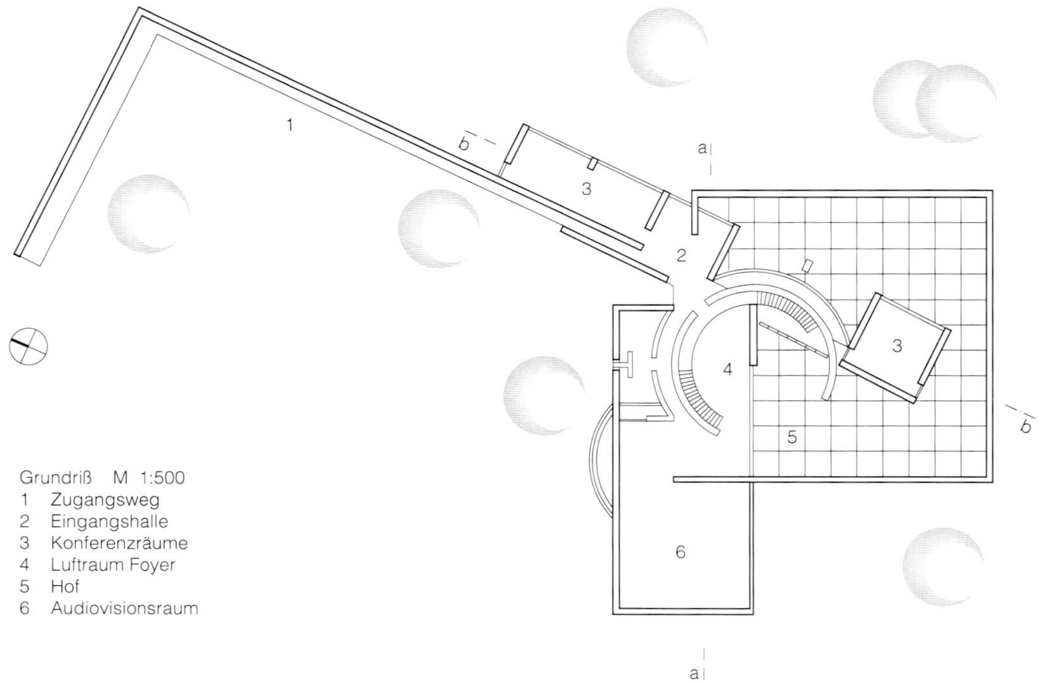

Grundriß M 1:500
1 Zugangsweg
2 Eingangshalle
3 Konferenzräume
4 Luftraum Foyer
5 Hof
6 Audiovisionsraum

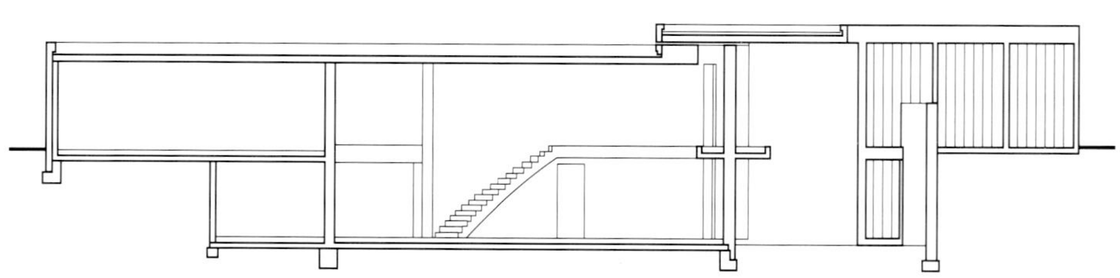

Schnitt aa M 1:300

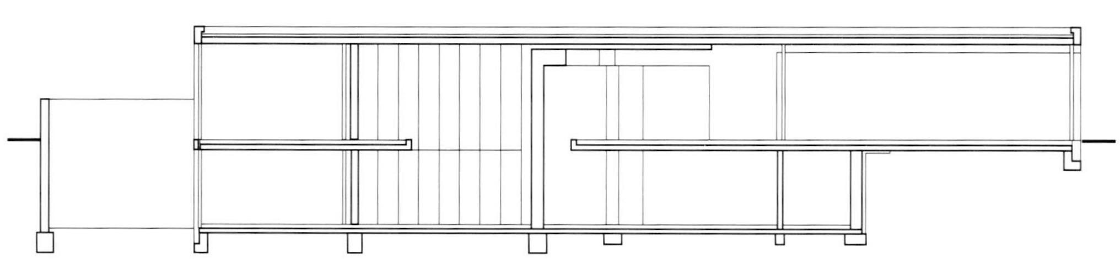

Schnitt bb M 1:300

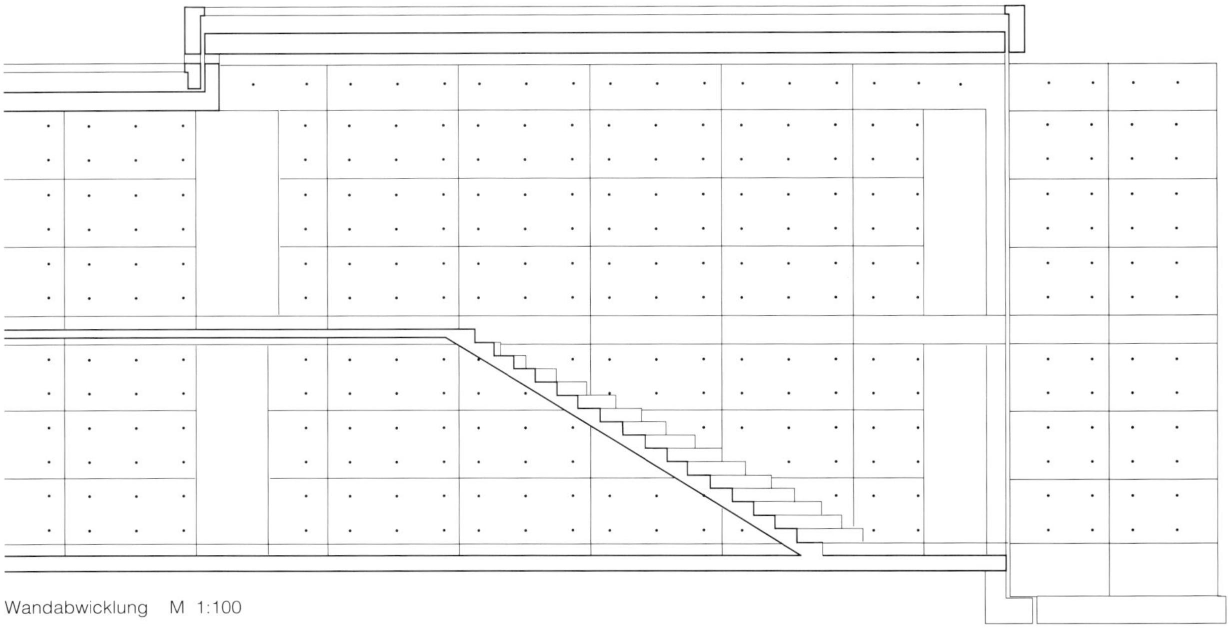

Wandabwicklung M 1:100

01	Beton	44	Dichtungsanstrich
02	Stahlbeton, Ortbeton	48	Trennlage
03	Fertigteil	49	Schutzfolie
14	Holz/Holzwerkstoff	50	Dampfsperre
40	Randdämmstreifen	62	Befestigungsschiene
41	Wärmedämmung geschlossenzellig	87	Fensterelement
43	Dachdichtung (Bahn)	88	Kiesschüttung
		92	Fugenblech

Detail Fensteranschluß M 1:10

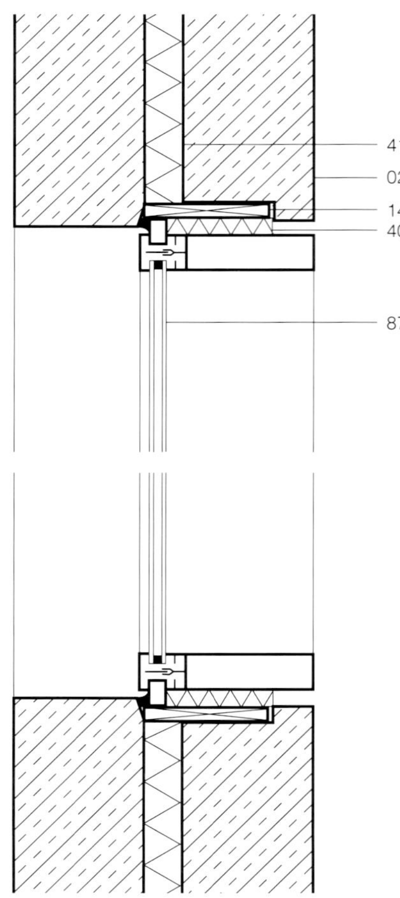

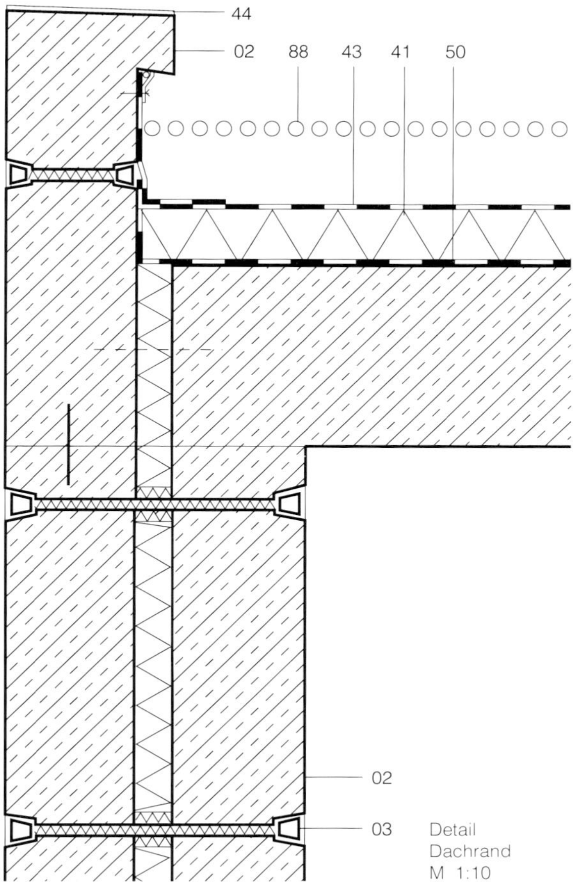

Detail
Dachrand
M 1:10

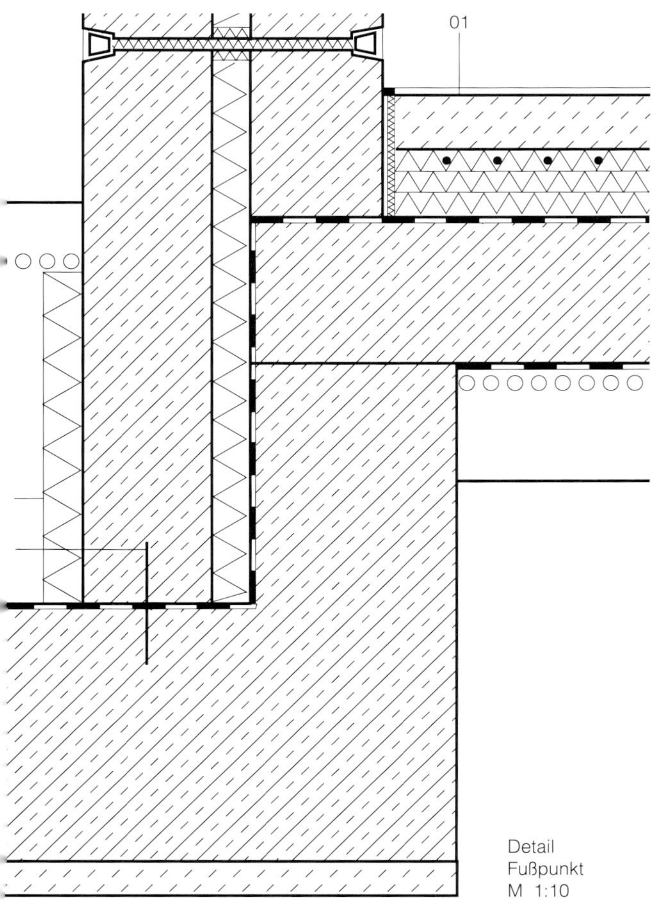

Detail
Fußpunkt
M 1:10

Kurzentrum in Bad Salzuflen

1988

Architekten:
Auer + Weber, Stuttgart

Tragwerksplanung:
Schlaich Bergermann und Partner, Stuttgart

Lageplan M 1:5000

Das Kurgastzentrum steht am Rand der Innenstadt und beherbergt neben der in den 50er Jahren erschlossenen Quelle die weitläufige Kurgasthalle, Büros der Kurverwaltung, Gesundheitsstudios, Läden, Cafés sowie Werk- und Bastelräume. Gemeinsam mit der städtischen Konzerthalle bildet der Komplex den Schwerpunkt für den Kuraufenthalt am Übergang der Stadt Bad Salzuflen zum Kurpark an der Salze.
Städtebaulich fügt sich das Kurgastzentrum sensibel in seine Umgebung ein, ohne jedoch deren vorgegebene Formen zu übernehmen. Obwohl der Kurpark klare Begrenzungslinien und Bezugspunkte aufweist, was durch die Pflastergestaltung noch unterstützt wird, entsteht kein harter Übergang zwischen alter und neuer Bebauung. Für die neue Bebauung besonders markant sind die glattgeschalten Pilzkonstruktionen aus Beton, die sich als stilisierte Baumgruppen in den Außenraum fortsetzen.
Die Seiten- und Oberlichter, die entstehen, da sich die ein- und zweistöckigen Betonpilze nur an Punkten berühren, und die begrünten flachen Pilzdächer lassen die Kurgasthalle als einen luftigen und dennoch gedeckten Platz erscheinen. Hier wird die Bewegung des Geländes geschickt in die Wirkung des Baus miteinbezogen. Beim Ineinandergreifen von Bau und Landschaft kommt der Begrünung – vor allem der Dächer – eine wichtige Rolle zu. Der Beton wurde möglichst feingliedrig ausgebildet und durch helle Zuschläge veredelt.

1 Halle
2 Kasse
3 Anmeldung
4 Ausstellung, Vortragssaal
5 Café
6 Terrasse
7 Laden
8 Kur- und Verkehrsverein
9 EDV
10 Verwaltung
11 Quelle

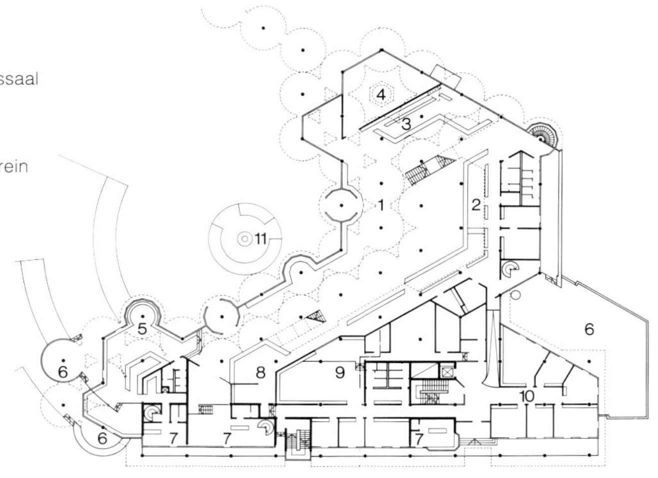

Grundriß M 1:1000

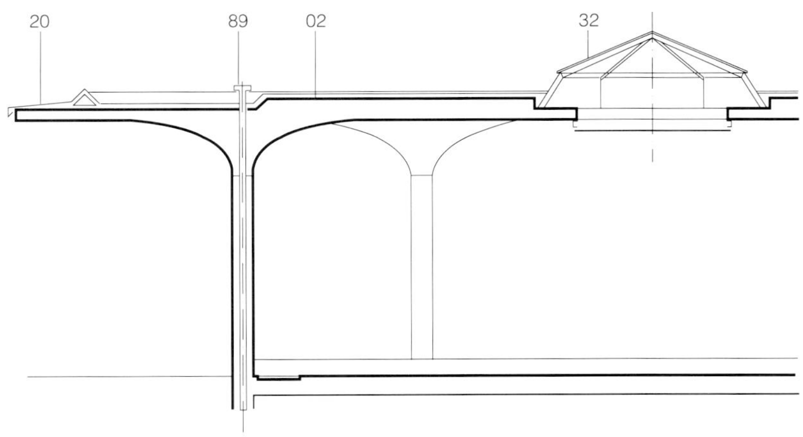

Schnitt M 1:100

02 Beton
20 Blechdeckung
32 Glas
89 Entwässerung

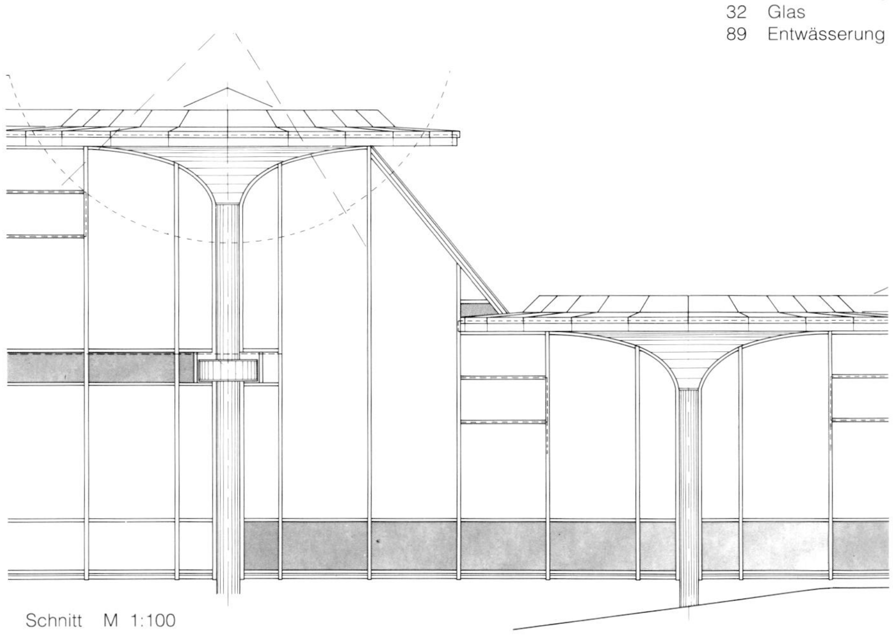

Schnitt M 1:100

Grande Arche de la Défense in Paris

1989

Johan Otto von Spreckelsen, Kopenhagen
mit Paul Andreu, Paris

Beratender Ingenieur:
Erik Reitzel, Kopenhagen

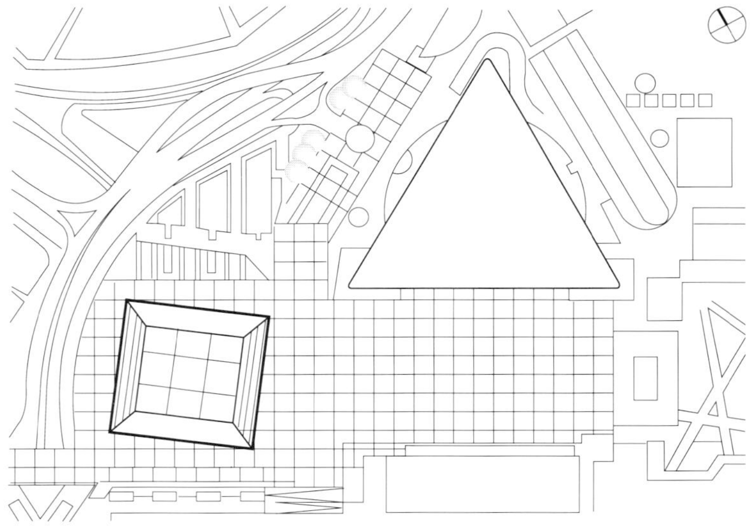

Lageplan M 1:5000

Entworfen 1983 für den Carrefour international de la Communication, soll der würfelförmige Bau ein Fenster zur Welt darstellen, ein großes Finale der Pariser Prachtachse mit einem Ausblick in die Zukunft.
Im Bürohausviertel »La Défense« steht das Gebäude um ca. 6 Grad versetzt gegen die traditionelle Achse Louvre, kleiner Triumphbogen, Obelisk, Champs-Elysées und Arc de Triomphe.
Der Würfel über einem Grundrißquadrat von 106 m Seitenlänge hat eine Höhe von 110 m. Die beiden vertikalen Scheiben des monumentalen Gebäudes sind in zweibündig organisierte Bürogeschosse aufgeteilt und umfassen ca. 40000 m² Nutzfläche. Oben sind die beiden Verwaltungsgebäude durch einen Riegel mit Ausstellungs- und Konferenzräumen verbunden, deren Dach als hektargroße Aussichtsplattform dient.
Erschlossen wird das Gebäude über zwei Freitreppen von je 100 m Breite, die über drei Geschosse auf ein Plateau führen, an dem seitlich die Gebäudeeingänge liegen.
Die Großstruktur des Würfels besteht aus vier Rahmen aus Spannbeton, die in der Querrichtung von je vier Betonbalken im Sockel und Dach gehalten werden. Die senkrechten Wände werden alle 21 m von zweischaligen Spannbetondecken gestützt. Die gesamte Großstruktur ist auf 12 Stahlbetonpfählen gegründet. Die Auflager bilden Neoprene-Platten.

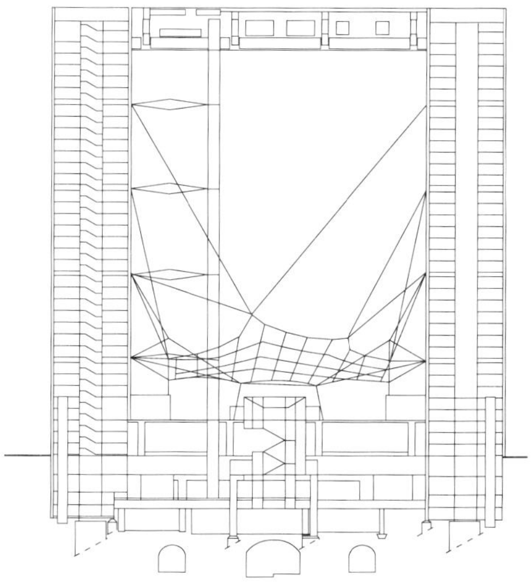

Schnitt M 1:2000

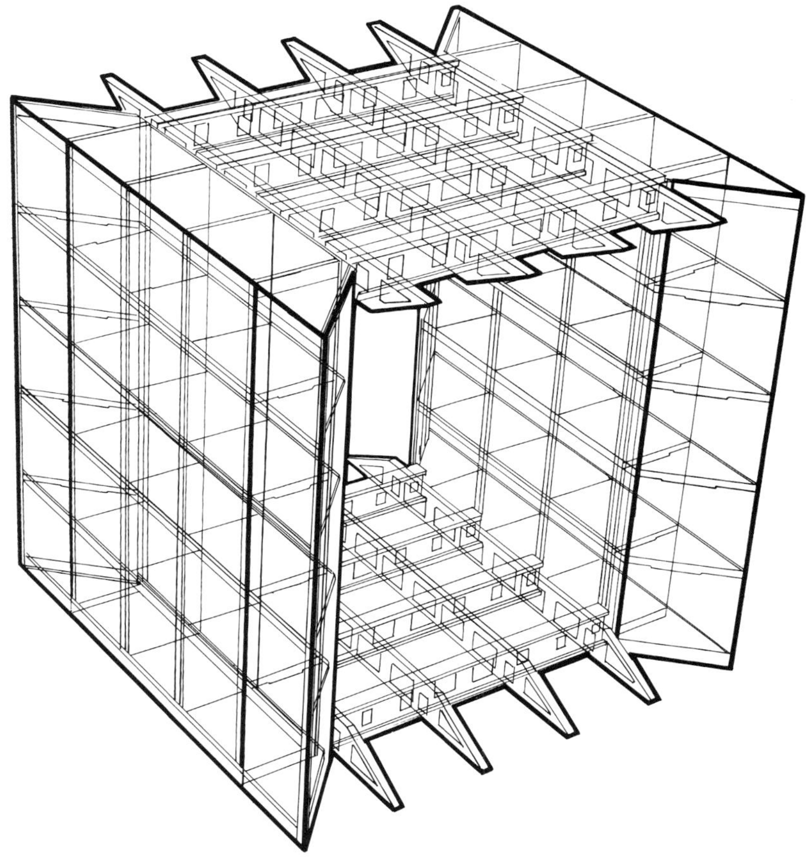

Räumliche Darstellung der Tragkonstruktion

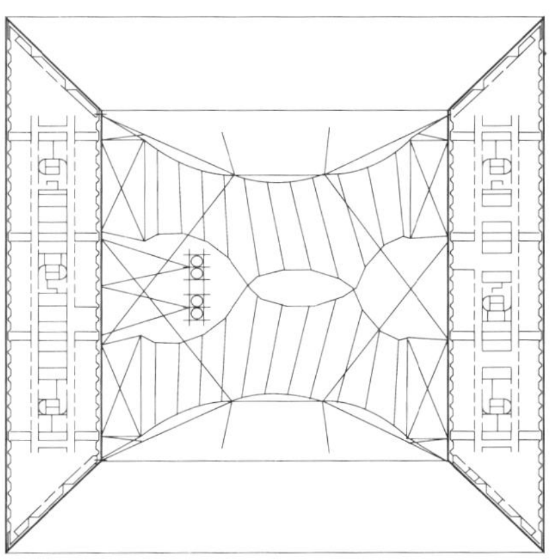

Grundriß Bürogeschoß M 1:2000

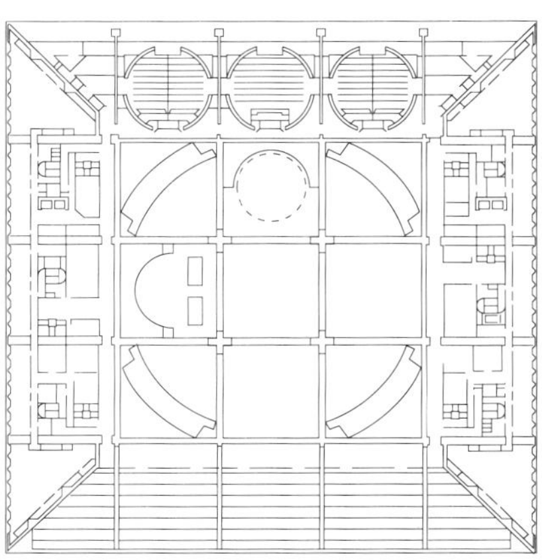

Grundriß Eingangsgeschoß M 1:2000

Zentralgebäude der Universität in Girona, Spanien

1993

Architekten:
Josep Fuses, Joan Maria Viader, Girona

Lageplan M 1:1000

1 Haupteingang
2 Pforte
3 Verwaltungstrakt
4 Informationszemtrum
5 Innenhof
6 Bibliothekstrakt

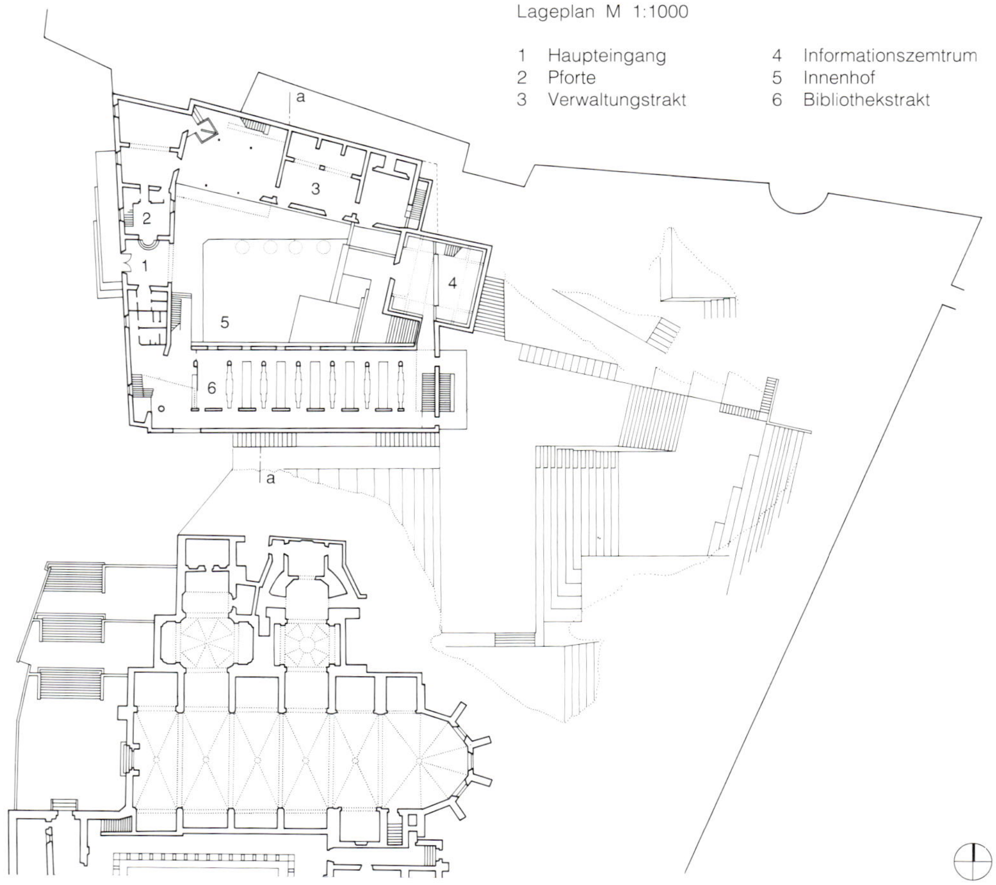

»Les Aligues« stammt aus dem 16. Jahrhundert und stellte seinerzeit das repräsentativste öffentliche Gebäude der Stadt dar. Bis ins 17. Jahrhundert diente es als Universitätsgebäude und erfüllte später verschiedene Zwecke, bis es verlassen wurde und leerstand. Lediglich die Hauptfassade an der Plaza de San Domènec und die Fassade zur alten Kirche hin hatten ihre ursprüngliche Gestalt bewahrt, als man sich entschied, die Ruine zu sanieren. Die L-förmige Struktur des alten Gebäudes ist wiederhergestellt worden, um dort die wichtigsten Verwaltungsräume der Universität unterzubringen. Die Kapelle dient heute als Informationszentrum für Studenten, während der Innenhof nach Süden durch einen Neubau für weitere Universitätsräume begrenzt wird. Dieser Innenhof, der die Gebäudeteile miteinander verbindet, hat den Charakter eines öffentlichen Platzes. Hier verdeutlicht die Einfügung einer Reihe von Betontreppen die unterschiedlichen Höhenniveaus der einzelnen Gebäude. Die Treppen ermöglichen die Erhaltung verschiedener alter Mauern und Bögen, erzwingen allerdings eine Trennung des Neubaus vom Hauptgebäude.
Der Giebel der würfelförmigen Kapelle wurde abgetragen und durch ein Glasgeschoß zur natürlichen Belichtung und ein Betondach ersetzt. Die vier Seiten des schalungsrauh belassenen Betondaches sind nach innen gewölbt, um Licht ins Gebäude zu lenken. Die Innenräume des alten Flügels sind mit Rücksicht auf die erhaltenen Elemente gestaltet. Bei der deutlichen Trennung von alt und neu spielt die Verwendung von Sichtbeton eine tragende Rolle. Außerdem wurde mit Edelstahl, geschweißten, geglätteten und lackierten Metallplatten sowie mit farbigen Einlegeelementen, die direkt an den Steinwänden angebracht oder im Putz eingelassen sind, gearbeitet.

Schnitt aa

Doppelsporthalle in Berlin-Charlottenburg

1988

Architekten:
Hinrich und Inken Baller, Berlin

Tragwerksplanung:
Gerhard Pichler, Berlin

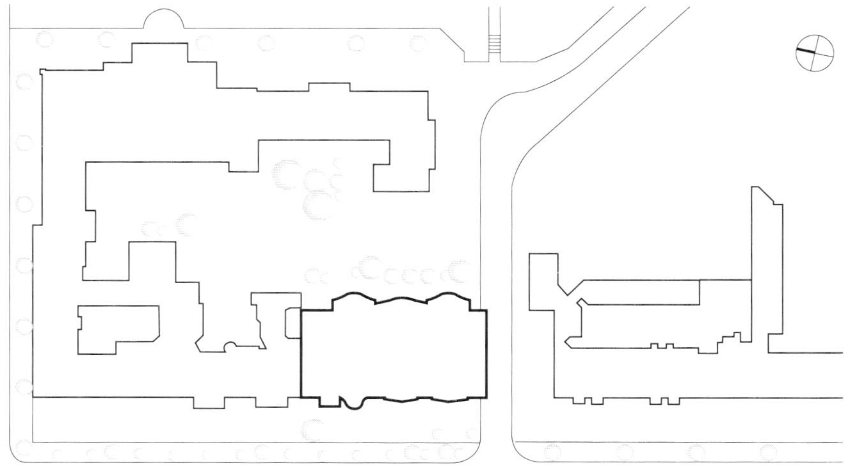

Lageplan M 1:2000

Daß Sportanlagen aus Raumnot vertikal geschichtet werden, ist in Ballungsgebieten kein Novum. In der Berliner Schloßstraße wurden zwei Turnhallen übereinander geplant und in die Blockstruktur eines Gründerzeitviertels eingefügt.
Ein Treppenhaus und daran angeschlossene ›Laubengänge‹ verbinden das offene, als Pkw-Stellplatz genutzte Erdgeschoß mit den zwei Sporthallenebenen. Die Nebenräume sind geschoßweise, seitlich am Nordgiebel, angeordnet. Die Geräteräume treten plastisch aus der Gebäuderückwand hervor. Die Straßenfassade zeigt mit großen und kleinen Giebeln sowie Balkonanlagen Elemente einer traditionellen Wohnbebauung. Das metallgedeckte Tonnendach, große verglaste Wandflächen und das ausgestellte runde Treppenhaus weisen auf die besondere Nutzung des Gebäudes hin. Neben den Pfosten und Riegeln der Holz/Glasfassade bereichern profilierte Pfeiler, Säulen und Unterzüge aus Stahlbeton in Sichtbetonqualität die Straßenfassade. In dem fugenfrei gebauten Sportkomplex erfolgt die Stabilisierung gegen horizontale Belastungen in Querrichtung durch den nördlichen Brandwandgiebel mit Aussteifungsrippen und in den Südgiebelwänden mit einem Giebelwand-Windverband aus Stahl. Außerdem tragen die Treppenhausquerwände zur Aussteifung bei. In Längsrichtung erfolgt die Aussteifung durch die beiden Treppenhausgeländerwände und durch die darin eingespannten Stützen. Fundamente, Stützen, Wände, Decken und die Verbundstützen bestehen aus Beton der Klassen B 25 bis B 45, die Verbundträger im Fassadenbereich aus Leichtbeton LB 25.
Deckenuntersichten und Wände zeigen die rauhe Brettschalung. Konische Stützen und die Windverbände sind glattgeschalt. Für die Decken der großen Hallen wurden vorgefertigte Schalelemente verwendet.

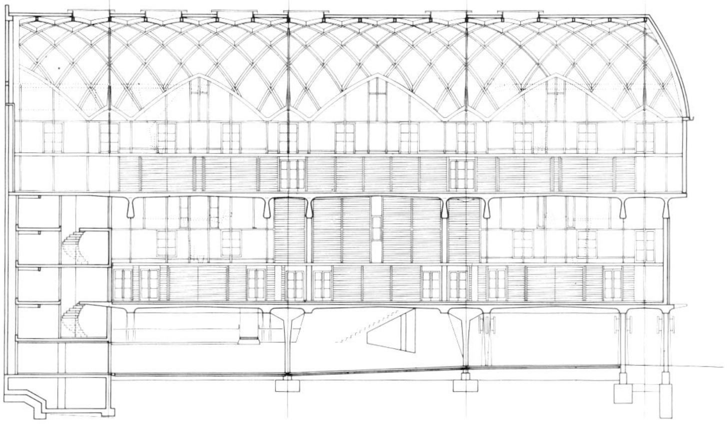

Schnitt M 1:500

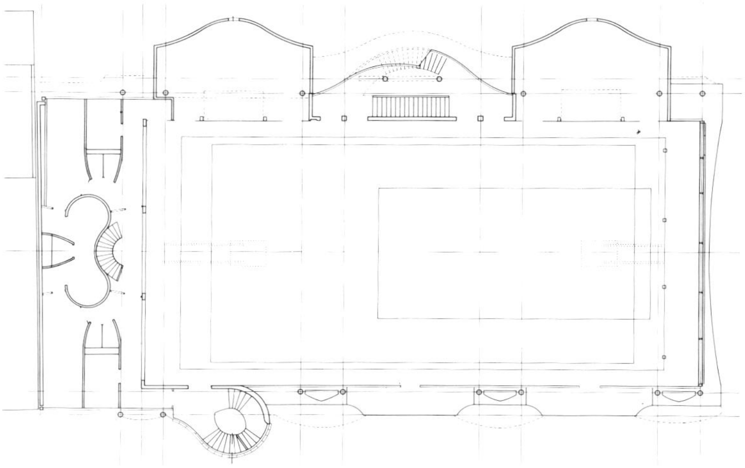

Grundriß M 1:500

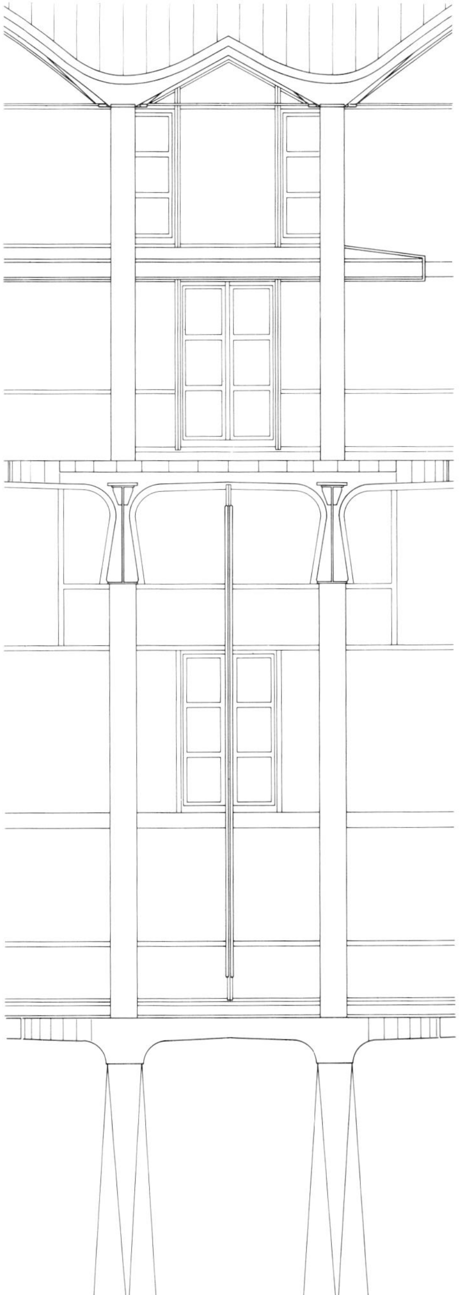

Detailschnitt
M 1:100

Tennisanlage in Bellinzona, Schweiz

1986

Architekten:
Aurelio Galfetti, Bellinzona
Mitarbeiter: Walter Büchler, Piero Ceresa

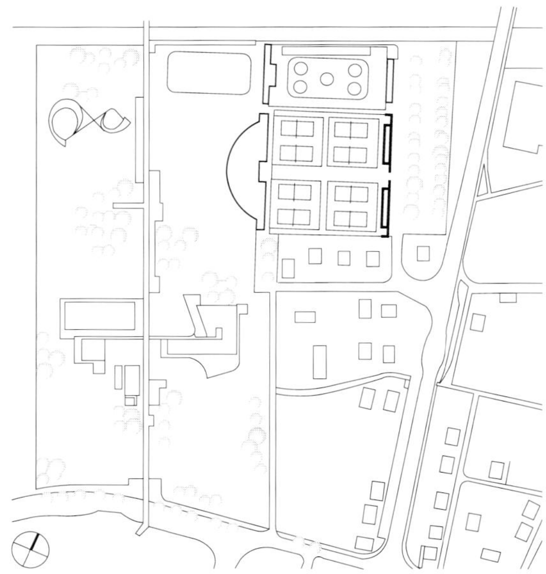

Lageplan M 1:4000

Die kommunale Tennisanlage ist mit einem bereits existierenden Freibad, einer Schwimmhalle und einer Eishockeyhalle Teil eines Sportzentrums. Sie liegt in Flußnähe, am Rand eines Wohngebietes.
Die symmetrische Anlage ist zweigeteilt und schließt gegen Nordosten mit einer langen, über zwei Geschosse reichenden Mauer ab, in deren Mitte sich der Haupteingang befindet. Dieser Eingang in die Tennisanlage erinnert an das Betreten einer Stadt durch ihr Stadttor. Unmittelbar an die Mauer grenzen auf zwei Ebenen Nutzräume, die im Erdgeschoß auf der den Tennisplätzen zugewandten Seite durchgehend verglast sind. Im linken Flügel befinden sich Verwaltung und Technikräume, im rechten Flügel sind ein Restaurant mit Küche und die Bar untergebracht.
Die Wände bestehen aus Sichtbeton. Dessen Oberflächenstruktur und Dekoration ergibt sich aus streifenförmigen Schalungskörpern, die waagerecht in die Schalungen eingelegt werden. So entstehen die erhabenen Horizontalen in der Wand, die wechselnde Licht- und Schattenmuster bilden. Auch wenn die Vorsprünge nur 25 mm aus der Wand ragen, ist die dadurch erreichte Lichtwirkung eindrucksvoll. Oben ist die Mauer mit einer tonnenförmigen Überdachung aus transparentem Kunststoff versehen, die von einer filigranen Stahlkonstruktion gestützt wird.

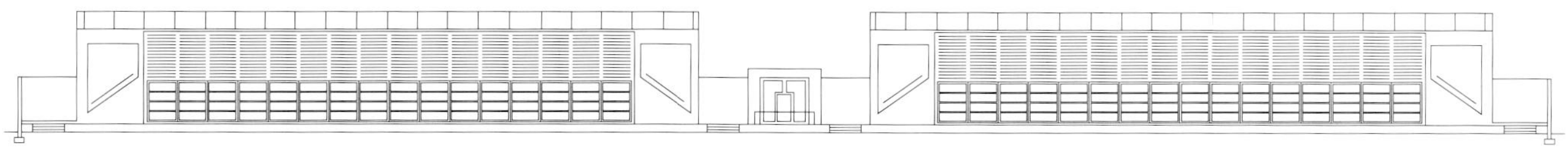

Ansicht M 1:500

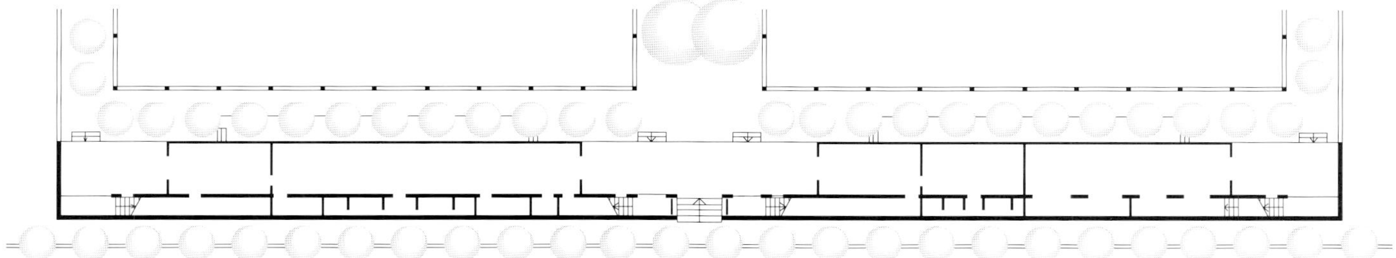

Grundriß Erdgeschoß M 1:500

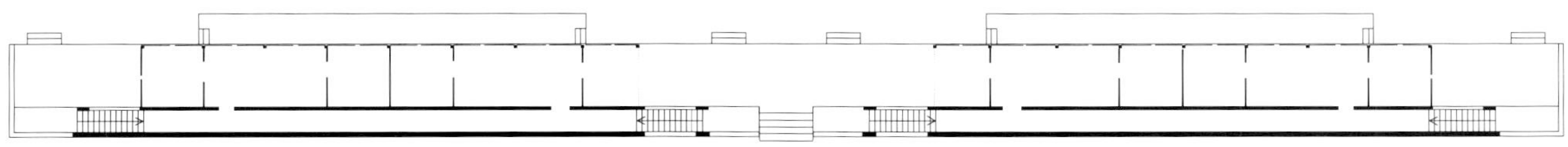

Grundriß Obergeschoß M 1:500

Detailschnitt M 1:20

02 Stahlbeton
12 Stahl
22 Platte aus Holzwerkstoff
33 Kunstglas
40 Wärmedämmung
41 Wärmedämmung druckfest
43 bituminöse Dichtungsbahn
88 Kiesschüttung

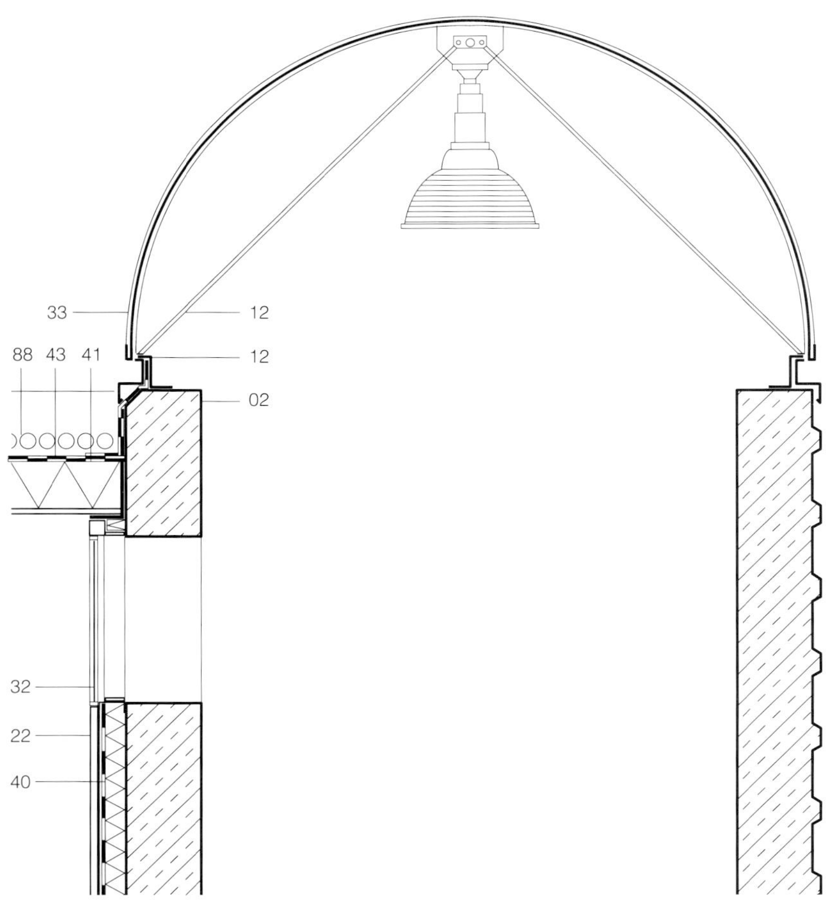

Sportforum der Universität in Kiel

1976

Architekten:
von Gerkan, Marg + Partner, Hamburg
mit Klaus Nickels

Tragwerksplanung:
Peters & Windels, Hamburg

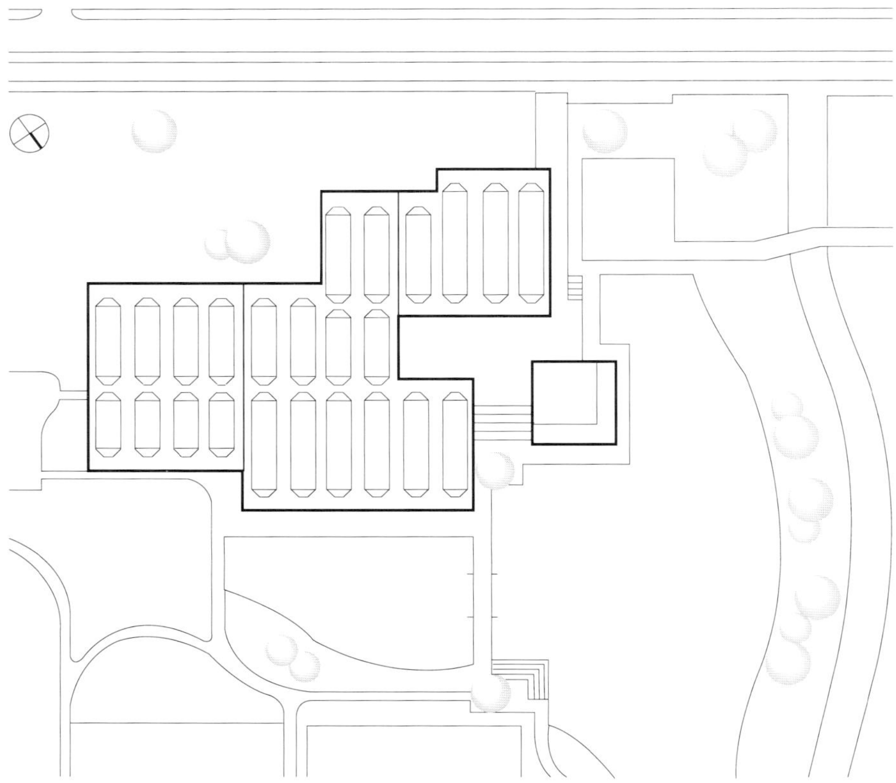

Lageplan M 1:2000

Das Sportinstitut ist zusammen mit den Schwimm- und Sporthallen als Forum für die Studenten aller Fakultäten und als Begegnungsstätte zwischen Universität und Öffentlichkeit angelegt. Es besteht aus sechs Hallen für die Disziplinen Schwimmen, kleine und große Mannschaftsspiele, Turnen, Gymnastik und Krafttraining, und aus einem gemauerten Institutsturm für die wissenschaftliche Arbeit des Sportinstitutes.
Die Sportanlagen werden ergänzt durch eine Bibliothek, Labor- und Verwaltungsräume der Sportmedizin, Räume für Dozenten und Mitarbeiter des Institutes, einen Hörsaal für 100 Personen, Unterrichtsräume sowie zwei Dienstwohnungen.
Durch die Zusammenlegung der großen Sporthalle mit der Turnhalle ergibt sich eine Halle von 78 m Länge, in der sich auch eine 60-m-Laufbahn befindet. Der Hallenkomplex gliedert sich in einen Sockelbau mit Umkleidekabinen, Sanitärräume, Sauna, Geräte- und Nebenräume sowie die um den Sockel gruppierten Hallen für Schwimm- und Trockensport. In der oberen Ebene befindet sich eine Tribünenanlage.
Der auf dem Baugelände anstehende Grundwasserstand erforderte eine besondere Gründung des Kellers und des Schwimmbeckens: So mußte eine wasserdichte Stahlbetonwanne gebaut und mit Bohrpfählen als Zugpfahlverankerung gegen Auftrieb gesichert werden.
Die Dachkonstruktion besteht aus vorgespannten Stahlbetontrögen. Je 10,50 m breit und 3,30 m hoch, erlauben sie eine stützenfreie Überbrückung von 37 m. Die Länge der Tröge beträgt maximal 93 m. Sie liegen auf kreuzförmigen Stahlbetonstützen, in die die Fallrohre der Dachentwässerung eingelegt sind. Die Hohlräume der Dachträger werden zur Fortluftführung herangezogen. Wegen der erheblichen Fassadenhöhe und den daraus resultierenden Windkräften wurde die gesamte Fassadenkonstruktion in die Dachkonstruktion eingehängt.

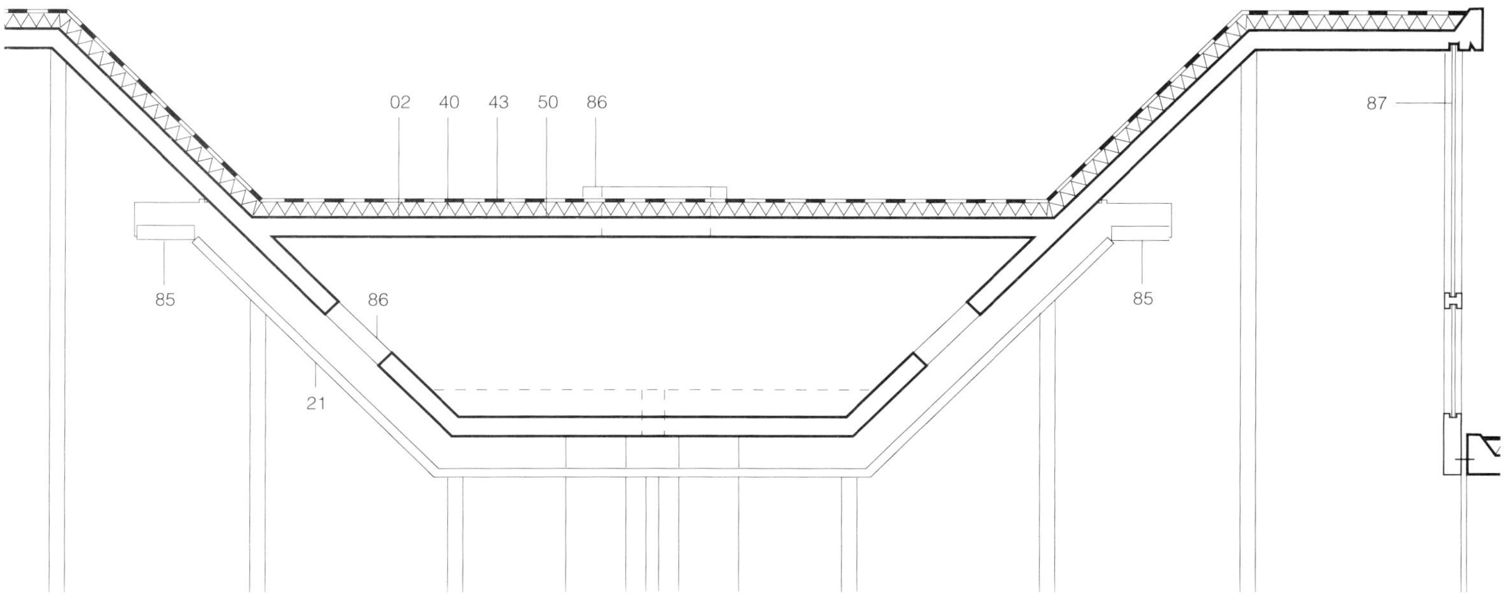

Detail M 1:50

02 Stahlbeton
20 Metall-Abhängdecke
40 Wärmedämmung
43 Dichtungsbahn
50 Dampfbremse
85 Beleuchtung
86 Abluftöffnung
87 Fensterelement

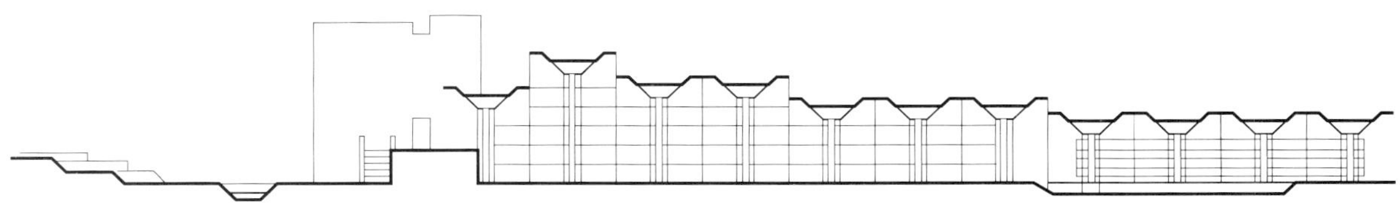

Schnitt M 1:1000

Nashorn- und Tapirhaus in München

1992

Architekten:
Kochta + Lechner, München
Mitarbeiter: Stefan Endl-Storek (Projektleiter), Reinhard Nägele

Tragwerksplanung:
Dieter Herrschmann, München

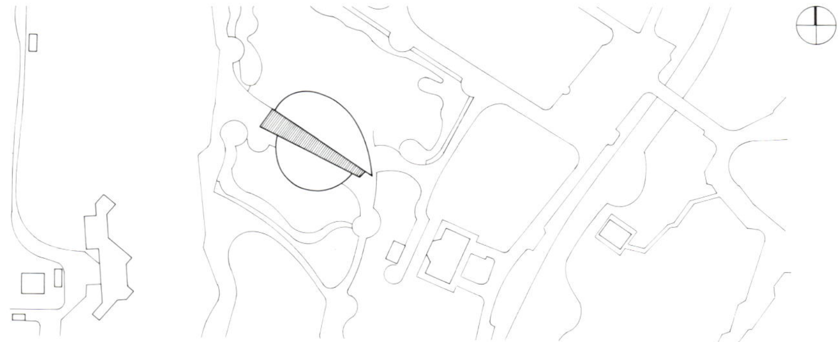

Lageplan M 1:3000

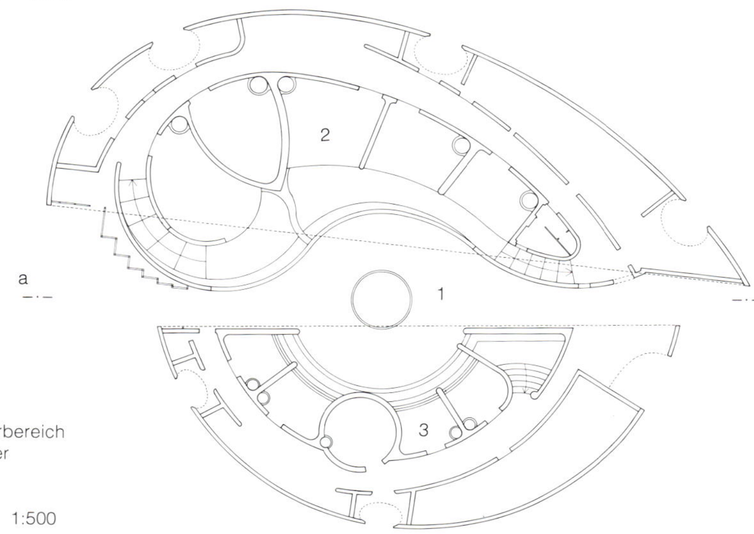

1 Besucherbereich
2 Nashörner
3 Tapire

Grundriß M 1:500

Die Anlage für Nashörner und Tapire liegt eingebettet in die Wald- und Auenlandschaft des Münchener Tierparks Hellabrunn. Die abgeflachten, rundlichen Formen des Gebäudes unterstreichen seine Einfügung in das umgebende Gehege.
Die Dachkonstruktion besteht aus zwei unterschiedlich langen (47 bzw. 34 m), im Grundriß unter einem Winkel von 7 Grad zueinander gewandten Halbschalen. Darunter befinden sich jeweils fünf Boxen für Nashörner und für Tapire. Ein konisch zusammenlaufender Glasaufbau von 3 bis 10 m Spannweite zwischen den Halbschalen bildet den wetterfesten, transparenten Abschluß des Gebäudes.
Die geometrischen Grundrißformen aus aneinandergereihten Spiral- und Kreisteilen sollen als freimodelliertes Raumgebilde dem natürlichen Lebensraum der Tiere nahekommen. Die Höhenschichtlinien der Nashornhaushälfte sind als Ellipsen, die der Tapirhaushälfte als konzentrische Kreise gestaltet.
Die gesamte Schalung der im Grundriß kreisförmigen Tapirhauskuppel wurde aus vorgefertigten Schalungssegmenten von ca. 8,50 m Länge in Ringrichtung vor Ort zusammengebaut. Im Bereich der steilen Neigung ab ca. 30° war eine zweiseitige Schalung erforderlich. Auf der 18 bis 40 cm dicken Ortbetonschale liegt eine Warmdachkonstruktion aus Dampfsperre, Mineralwolle und gitterarmierter Folieneindeckung. Die vorkonfektionierte Dachhaut ist an den Nahtstellen, an First und Traufe zusätzlich zur Verklebung punktweise mit Tellerdübeln befestigt.
Die Innenwände wurden durch Schüttlöcher in den Schalungshälften von außen mit Beton vergossen und verdichtet.
Die beiden Halbschalen sind auf Streifenfundamenten gegründet, deren Enden mit einem Stahlbetonzugband verbunden sind.
Um Schwindrissen vorzubeugen, kam ein Beton der Festigkeitsklasse B 35 mit Zuschlägen bis 32 mm Körnung zum Einsatz.
Die rauhen Sichtbetonflächen sollen den Höhlencharakter unterstreichen. Sie entstanden durch Behandeln der Schalung mit Abbindeverzögerern und Abbürsten des frisch ausgeschalten Betons. Auf der Innenschale wurde zusätzlich Spritzbeton aufgebracht.

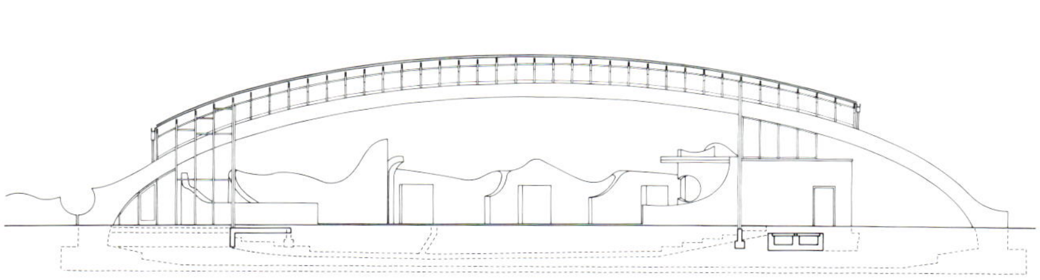

Schnitt aa M 1:500

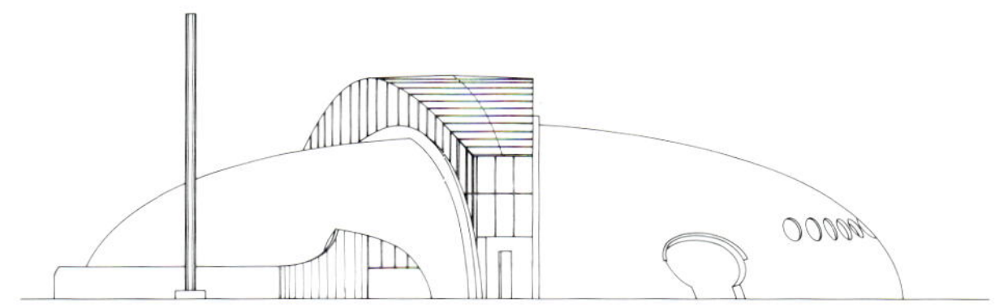

Ansicht von Südosten M 1:500

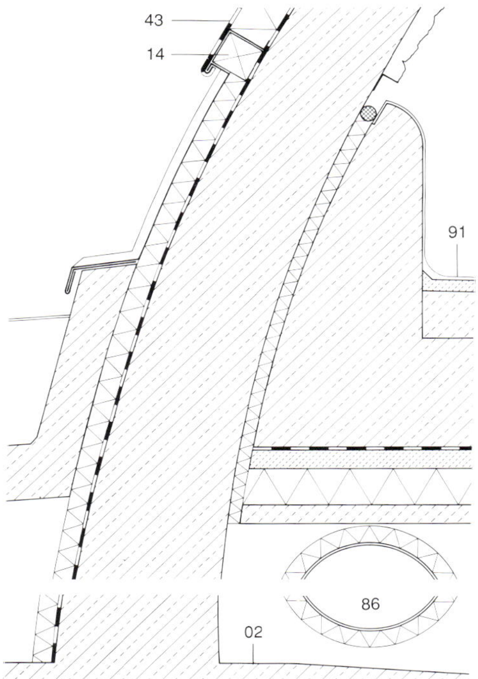

Details M 1:20
01 Spritzbeton
02 Stahlbeton, Ortbeton
12 Stahl
14 Holz/Holzwerkstoff
20 Blechverkleidung
29 Estrich
30 Putz
41 Wärmedämmung geschlossenzellig
43 Dachdichtung (Bahn)
50 Dampfsperre
86 Lüftungssammelrohr
87 Stahlschiebetür
88 Kiesschüttung
91 Bodenaufbau: Gußasphalt, Estrich, Gefällebeton, Stahlbetonplatte mit Fußbodenheizung, Trennlage, Schutzestrich, Wärmedämmung, Sauberkeitsschicht

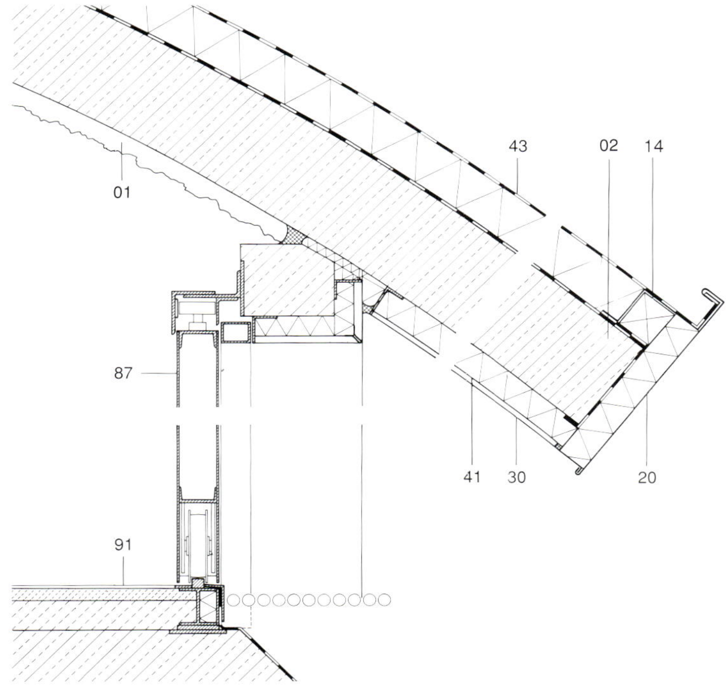

Werkforum Zementwerk in Dotternhausen

1990

Architekten:
Böbel + Frey, Göppingen

Tragwerksplanung:
Ulrich Otto, Stuttgart

Beim Abbau des Ölschiefers zur Zementproduktion werden in Dotternhausen seit über 15 Jahren Fossilien geborgen. Um die mittlerweile beachtliche Sammlung in der Nähe des Fundortes zu präsentieren, entschloß sich das Zementwerk, sein vorgesehenes Bauprogramm für einen neuen Werkseingang mit Informationspavillon, Schulungsräumen, einem Rechenzentrum und weiteren Büroeinheiten durch ein Fossilienmuseum zu ergänzen.
Dem Entwurf lag das Konzept zugrunde, dem Werk einen prägnanten Eingang zu geben, das Verwaltungsgebäude näher an die bestehende Verwaltung zu rücken und das Museum mehr zum Außenbereich hin zu orientieren. Entsprechend seiner Funktionen gliedert sich der Bau in drei Ebenen: Ebene 1 ist auf dem Boden der Schürfgrube in Ortbeton ausgeführt und umfaßt die Museumshalle, den Präparationshof im Freien und den Vortragssaal. Auf Ebene 2 befinden sich der wirkungsvolle neue Werkseingang – mit Foyer, Präparation und Schulungsräumen – und das Rechenzentrum.
Ebene 3 ist eine reine Brückenkonstruktion in Stahlbetonverbundbauweise mit 4 Auflagerpunkten auf 4 Stützen und beherbergt die Verwaltungseinheiten. Die Dachschale aus vorgefertigten Leichtbetonteilen übernimmt die Funktion der Druckzone, und die Stahlfachwerkträger wirken als Zugzone.
Die Rotunde, die das Hallendach durchdringt, beherbergt den Vortragssaal mit Galerie. Im Teil über dem Dach ist die Klimazentrale untergebracht. Der »Schieferbruchgraben« ist zugleich Museum, in dem die Entstehung eines Fossils in seiner natürlichen Umwelt für den Besucher anschaulich nachvollziehbar gemacht ist. Die enge Verbindung von Museum und Schürfgrube erfüllt das museumsdidaktische Ziel der gleichzeitigen intellektuellen und sinnlichen Wahrnehmung. Der alltägliche Verkehrsweg für Werksangehörige und Besucher wird somit ein räumliches Erlebnis ungewöhnlicher Art. Um in Anspruch genommene Grünflächen zu kompensieren, sind Teile der Flachdächer begrünt. Die sparsam bepflanzte Schieferhalde, den Nischen in einem »echten« Schieferbruch ähnlich und renaturiert, ist heute ein wertvolles Biotop. Die Verwendung von Ortbeton, Leichtbetonfertigteilen und farbigen Betonsteinen ist sinnvoll und materialgerecht umgesetzt. Nicht zuletzt stellt sie die Bandbreite der werkseigenen Produkte vor.

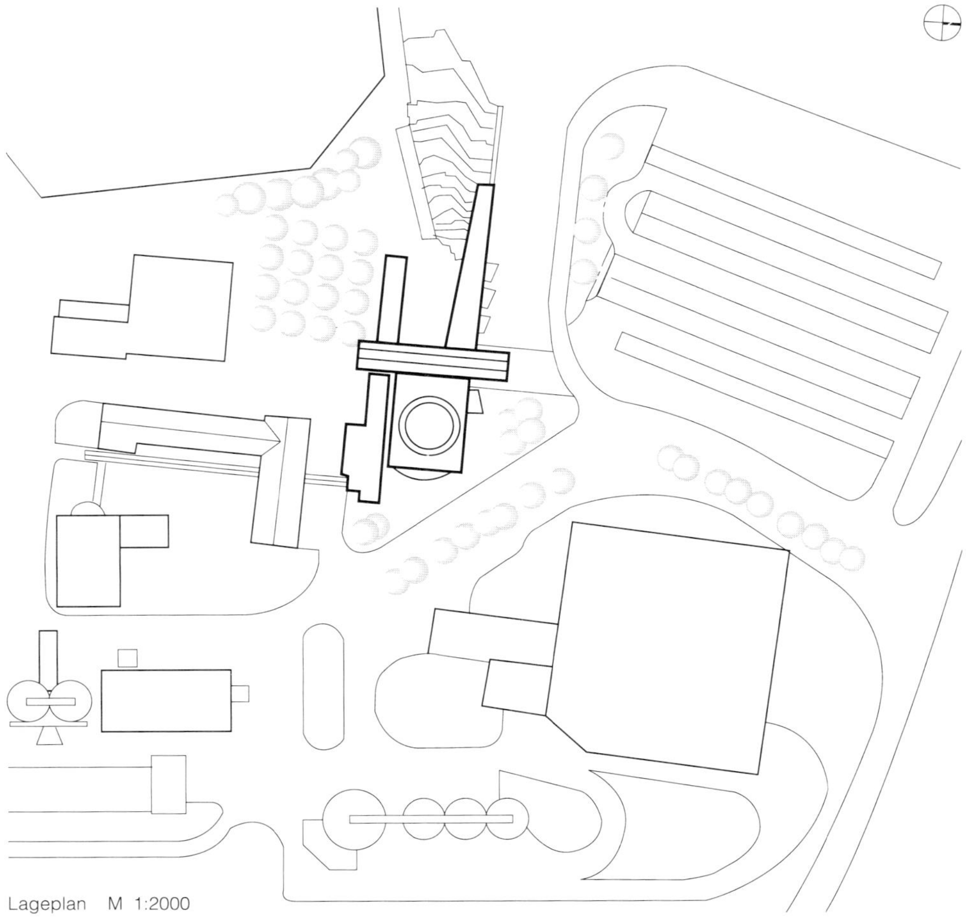

Lageplan M 1:2000

1 Ausstellung
2 Foyer
3 Halle
4 Vortrag
5 Steg
6 Schulung
7 EDV
8 Präparation
9 Besprechung
10 Hof

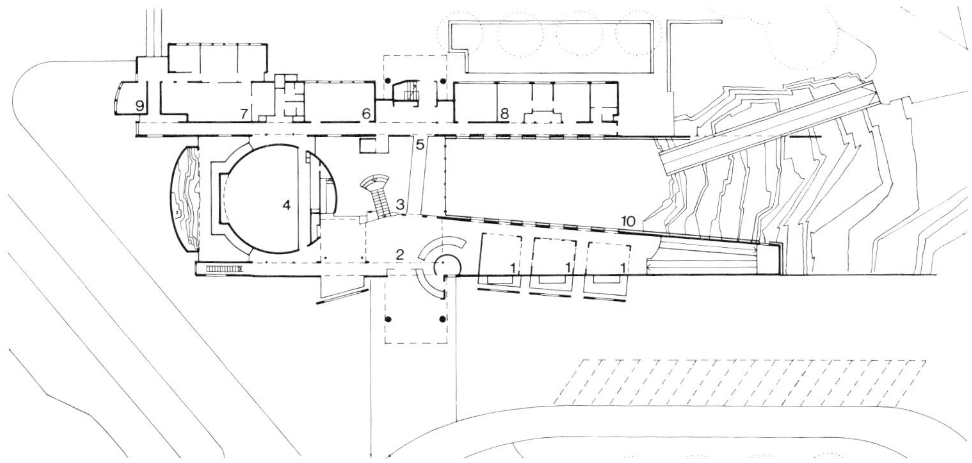

Grundriß M 1:1000

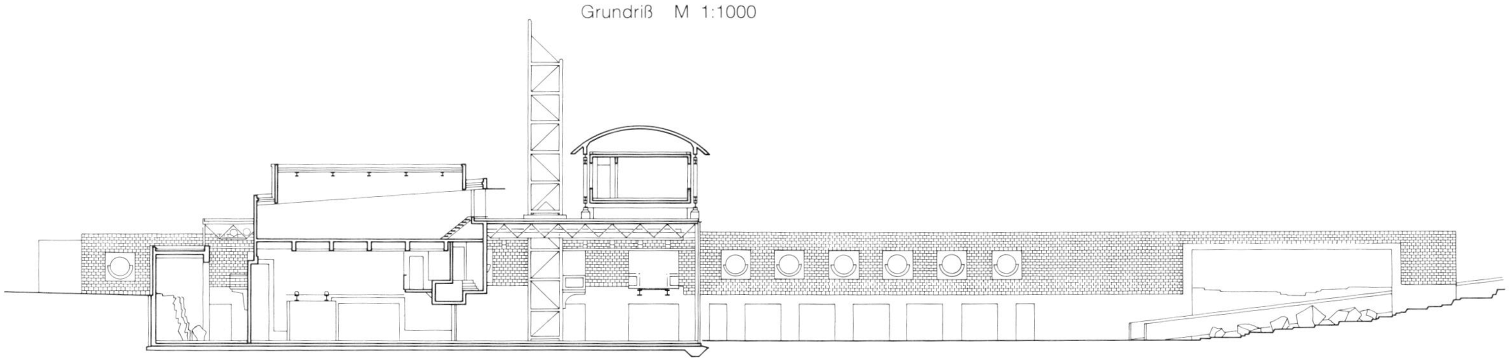

Schnitt M 1:500

Detailschnitt M 1:50

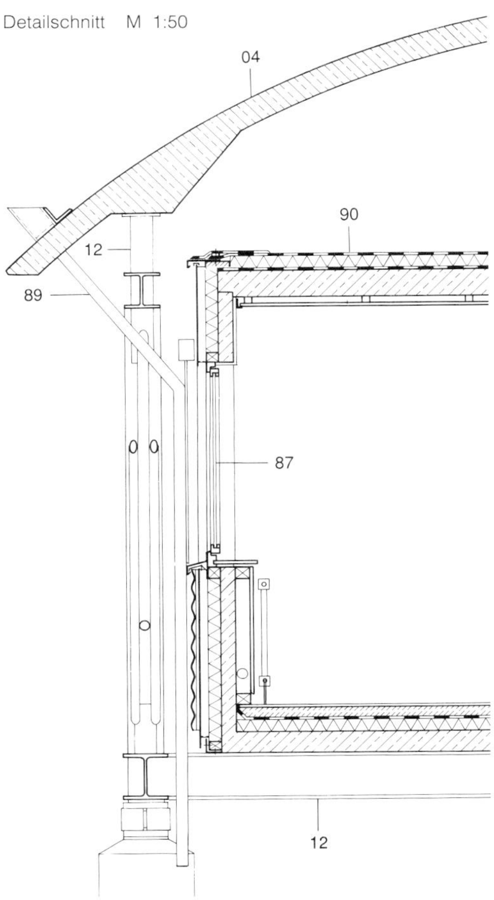

04 Leichtbeton
12 Stahl
87 Fensterelement
89 Entwässerung
90 Dachaufbau:
Dachhaut
Wärmedämmung
Dampfsperre
Stahlbeton

Parkhaus in Hamburg

1990

Architekten:
von Gerkan, Marg + Partner, Hamburg
Projektleiter: Karsten Brauer
Mitarbeiter: Klaus Hoyer

Tragwerksplanung:
Schwarz + Weber, Hamburg

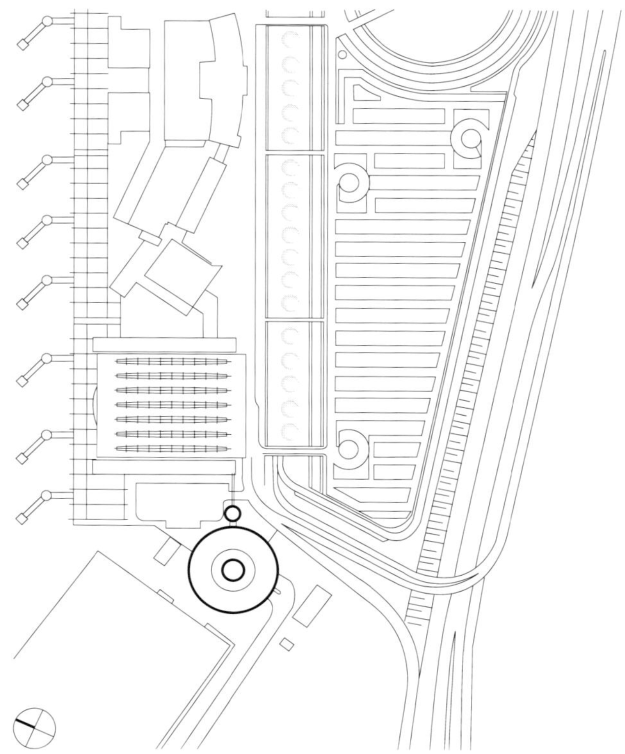

Lageplan M 1:5000

Der runde Parkhausbau mit ca. 800 Stellplätzen und der über leichte Stahlbrücken mit ihm verbundene, ebenfalls runde Treppenturm bilden durch Lage und Formensprache einen städtebaulichen Dreh- und Gelenkpunkt zwischen den unterschiedlichen Gebäudeausrichtungen und Bereichen des Flughafens.
Wesentliche Merkmale des Parkhauses sind die Gliederung der Geschosse durch den Kontrast zwischen offenen Bereichen mit dünnem Betonrand und Rohrgeländern sowie ein – vor die Ebenen gehängter – Fassaden-Gitterrost.
Die Primärkonstruktion ist eine Stahlbetonkonstruktion mit runden Parkdecks, deren Durchmesser jeweils 61 m beträgt. Die Decke ist als Flachdecke mit ringförmigen Vouten ausgeführt, ihre Dicke liegt den wechselnden statischen Erfordernissen zufolge zwischen 25 und 45 cm. Die Lastabtragung erfolgt nach innen über einen Stützenkranz von 20 Stützen à 50 × 120 cm, deren Schmalseiten als Halbkreis ausgebildet sind, und über eine zylinderförmige Wand, deren Durchmesser 45 cm beträgt, nach außen. Die Rampen sind als Kragplatten an der Innenseite des Stahlbetonzylinders ausgebildet. Ihre Dicke variiert ebenfalls zwischen 25 und 45 cm. Die Technikebene als Betonscheibe auf der zylinderförmigen Wand wird durch Rippen mit einer Höhe zwischen 25 und 75 cm und durch ringförmige Überzüge ausgesteift. Die Neigung der Parkebene beträgt 2 % nach innen, die der Rampe 3 %. Die Neigungen sind jeweils quer zur Fahrtrichtung ausgeführt, um das Fahren im Kreis zu erleichtern. Der Treppenturm ist unterteilt in einen halbkreisförmigen Stahlbetonschacht für die Aufzüge und den Elektroschacht sowie in den Treppenraum in Stahlbetonfachwerk. Letzterer wird durch die Deckenscheibe ausgesteift. Den Raumabschluß bildet die Ausfachung mit Glasbausteinen in einem geschoßhohen Stahlrahmen.
Alle Betonflächen sind in glatter Schalung hergestellt und durch Einlegesteine gegliedert. Die Kreisgeometrie hat die Wiederverwendung von Schalungsabschnitten begünstigt. Die Positionen für die Abstandhalter wurden mitgeplant, um die Trichter sichtbar zu belassen. Stahlgelände und Stahlbrücken sowie die Stahl- und Glasbausteinausfachung setzten die gestalterischen Akzente.

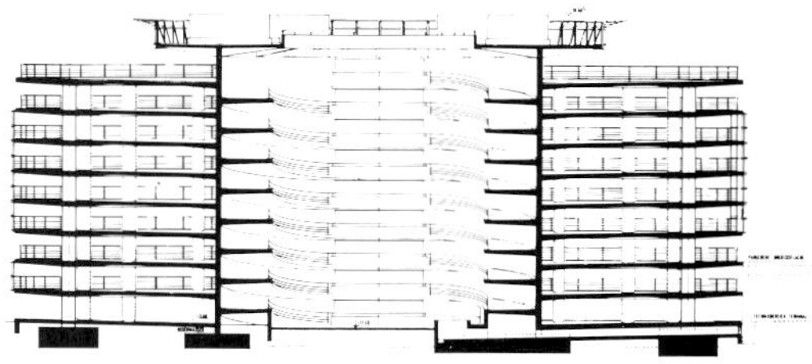

Schnitt M 1:1000

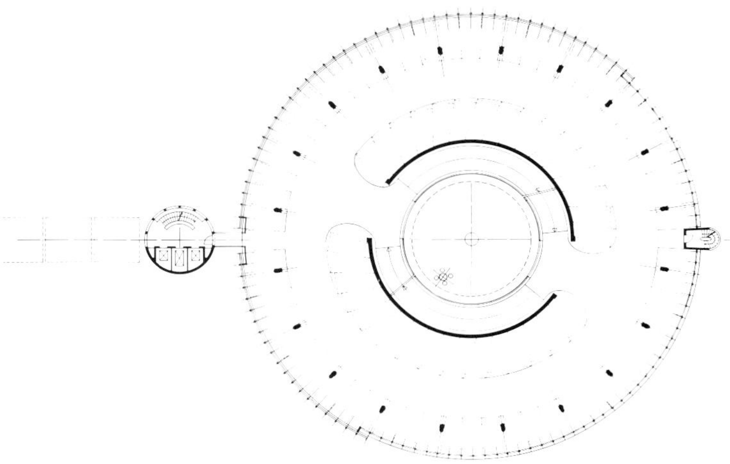

Grundriß M 1:1000

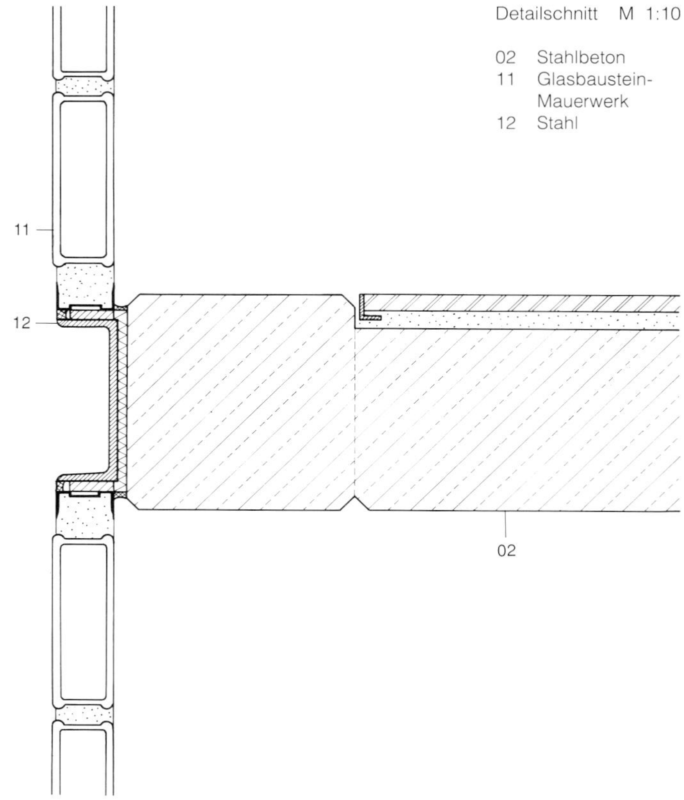

Detailschnitt M 1:10

02 Stahlbeton
11 Glasbaustein-Mauerwerk
12 Stahl

Stellplatzanlagen in Paderborn

1993

Architekten:
Roland Dorn, Eva Matern, Paderborn/Köln
Mitarbeiter: Bernhard Gieselmann,
Klaus Hovestadt

Tragwerksplanung:
Thormälen und Peuckert,
Paderborn/Aachen
mit Domostatik, Zürich

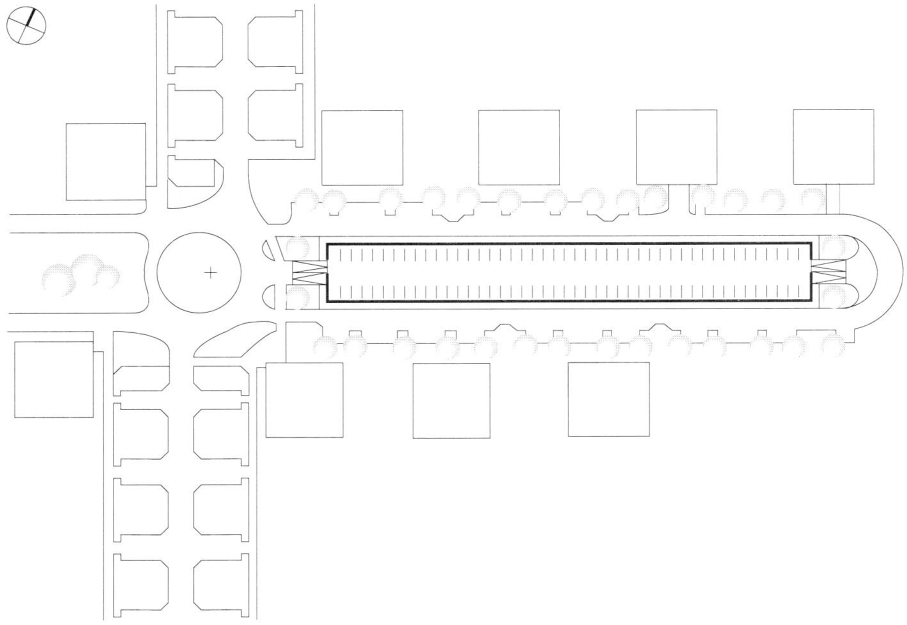

Lageplan M 1:2000

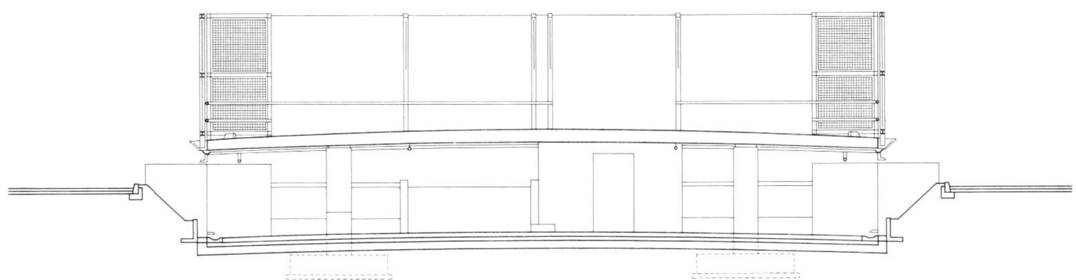

Schnitt M 1:200

Der Prototyp einer zweigeschossigen Stellplatzanlage für 207 Pkws wurde entwickelt nach Grundsätzen des einfachen und ökonomischen Bauens sowie der landschaftsbezogenen Gestaltung unter besonderer Berücksichtigung ökologischer Prozesse.
Eine gewölbte monolithische Betonplatte erstreckt sich – der Topographie folgend – mit ca. 4% Gefälle über eine Länge von 127,40 m hangabwärts. Das gleichzeitige Längs- und Quergefälle bewirkt so den raschen Niederschlagsabfluß in ein seitlich umlaufendes Rinnensystem, das das Regenwasser auf 40 Pflanzquader aus Betonfertigteilen in den seitlich flankierenden Böschungen verteilt. Hohe Rankgerüste sorgen für eine auf die Architektur bezogene Vegetation, die das Stützenraster von 3 Stellplatzbreiten akzentuiert und den Raum des oberen Parkdecks definiert. Die langgestreckte Gesamtwirkung der Anlage wird durch die Anordnung der Betonschalung aus sortierten Einzelbrettern in Längsrichtung unterstützt. Vor dem Betonieren ist die Schalung mit Zementleim vorbehandelt worden, um eine möglichst gleichmäßige Oberfläche zu erzielen, deren helle Färbung ausschließlich durch die Betonzusammensetzung, nicht aber durch Farbpigmente erzeugt werden konnte.
Die weite Spannbetonflachdecke überwölbt – ohne Fugen und Unterzüge auf schlanken Stützen ruhend – das untere Parkdeck und dient gleichzeitig als Oberdeck.
Die äußerst geringe Querschnittsdicke der Decke ist dem Momentenverlauf eines Einfeldträgers (l = 10 m) mit beidseitigen Kragarmen (l = 3,25 m), kontinuierlich von 32 auf 26 cm abnehmend, angepaßt. Die Aussteifung erfolgt über elastisch eingespannte Stützen. In Querrichtung dienen dazu alle Stützenreihen, in Längsrichtung nur die vier mittleren Stützenachsen (Kernwirkung). Die Längsdehnung von der Mitte zu den Plattenenden wird mit Hilfe von Fahrbahnübergängen an den Rampen aufgenommen. Zur Vorspannung in Längs- und Querrichtung sind korrosionsgeschützte Monolitzen verwendet worden. Die durch Vorspannung erzeugte Druckkraft begrenzt die Rißbreiten im Beton und unterstützt so die wasserundurchlässige Konstruktion ohne zusätzliche Abdichtungen.

A

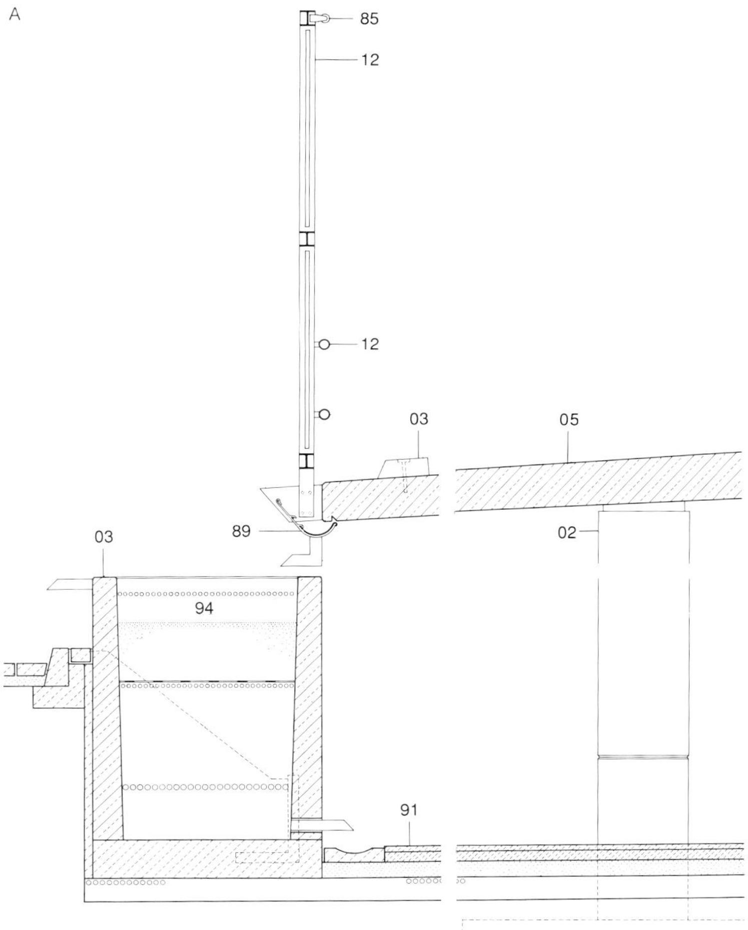

A Detail Plattenrand mit Entwässerung und Pflanztrog Schnitt M 1:50

Detail Rankgitterbefestigung – Dachrinne M 1:10

B Ansicht
C Schnitt

02 Ortbeton
03 Fertigteil
05 Spannbeton
12 Stahl
85 Beleuchtung
89 Entwässerung
91 Fußbodenaufbau: bituminöse Deckschicht 30 mm Tragschicht 100 mm Splittunterbau 100 mm Schotterbett
94 Begrünung
122 Spannstahl

B

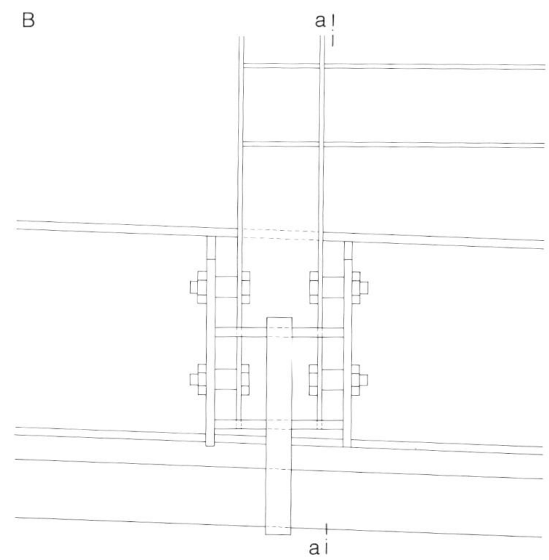

C

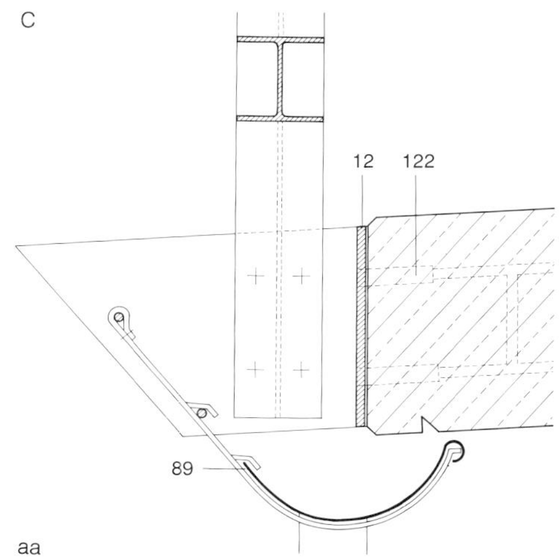

Bewehrung über der Stütze

Bahnhof in Lyon, Frankreich

1994

Architekten und Tragwerksplaner:
Santiago Calatrava, Zürich/Paris
Mitarbeiter: Alexis Bourrat, Dan Burr, Sebastian Mémet, David Long

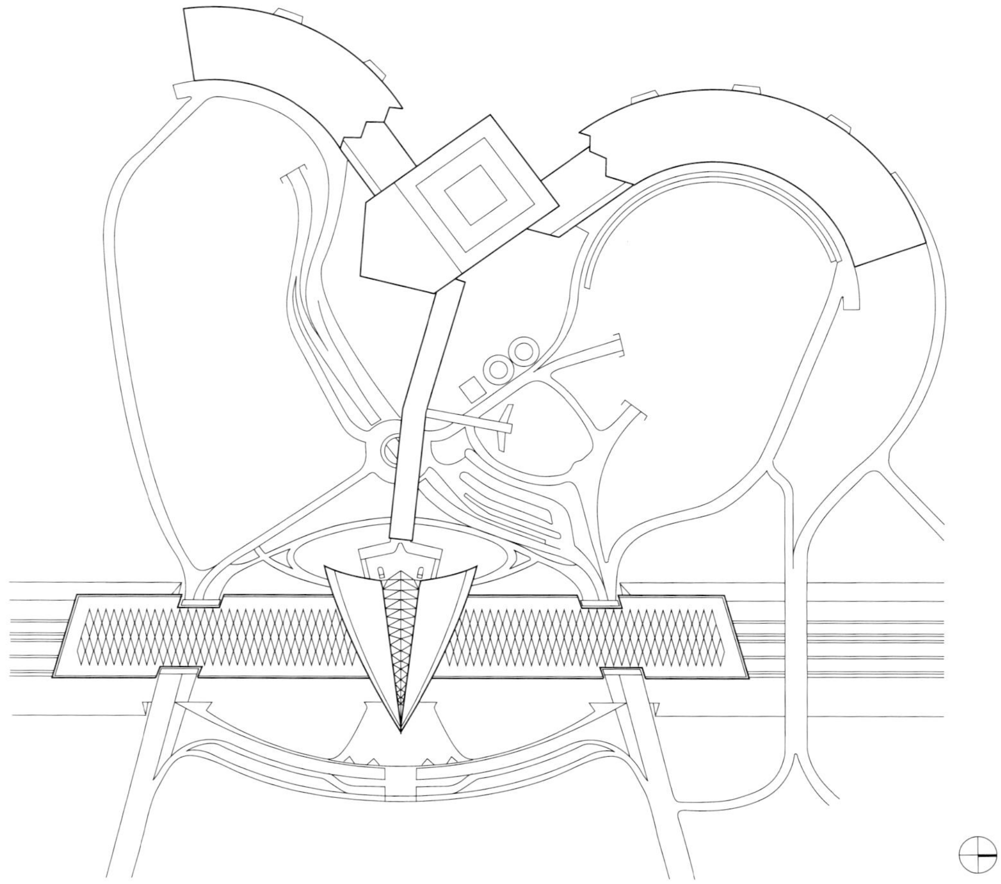

Lageplan M 1:5000

Der TGV-Bahnhof in dem Lyoner Vorort Satolas wird in Verbindung mit dem Lyoner Flughafen zu einem Schienen-, Straßen- und Luftverkehrsknotenpunkt ausgebaut.
Die Anlage gliedert sich in eine Langhalle, die die Bahnsteige überdacht, eine dazu quergestellte, 36 m hohe Haupthalle und den aufgestelzten Gang, der den Bahnhof mit dem Flughafenterminal verbindet.
Die expressionistische Architektur der Haupthalle erinnert in ihrer Organik an einen Vogel mit ausgebreiteten Flügeln, der sich über den Gleiskörper erhebt. Auflager und seitliche Abstützungen der Haupthalle bestehen aus weißem Ortbeton. Sie ergänzen und unterstützen durch ihre Plastizität die dynamische Architektur der Stahlkonstruktion der Halle.
Im Gegensatz dazu wirken die Betonkonstruktionen der Gleisüberdachung – umgekehrt V-förmige Wandelemente, die auf einer 53 m breiten, geschwungenen Stahlbeton-Binderkonstruktion ruhen – statisch repetierend. Das dreidimensionale Betontragwerk der 450 m langen und 56 m breiten Langhalle ist aus weißem Ortbeton hergestellt und ruht auf rautenförmigen Betonblöcken. Die Querschnitte der Betonblöcke verjüngen sich zu den Auflagerpunkten hin, ebenso wie sich die Betonabstützungen des gitterartig aufgelösten Betontragwerkes für das Hallendach verjüngen. Das gibt der Überdachung eine Leichtigkeit, die hier im souveränen Umgang mit dem Baumaterial überzeugend gelingt.
Das filigrane Betongitter des Gewölbes ist an den Rändern mit Betonfertigteilplatten belegt, die die metallene Dachhaut tragen. Eine Doppelreihe rautenförmiger Oberlichter gewährleistet eine natürliche Belichtung. Diese Oberlichter und diejenigen der Hallenseitenwände unterstützen die Schwerelosigkeit der Betonkonstruktion durch das interessante Licht- und Schattenspiel der Dachöffnungen und Glasunterteilungen.

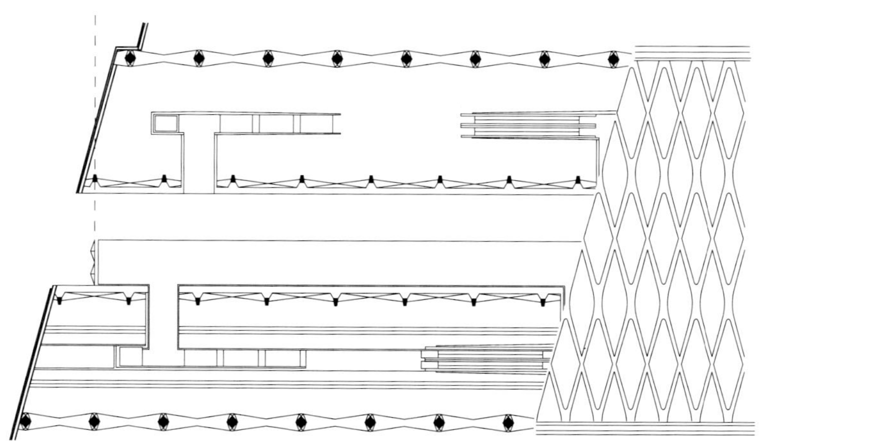

Grundriß M 1:1000

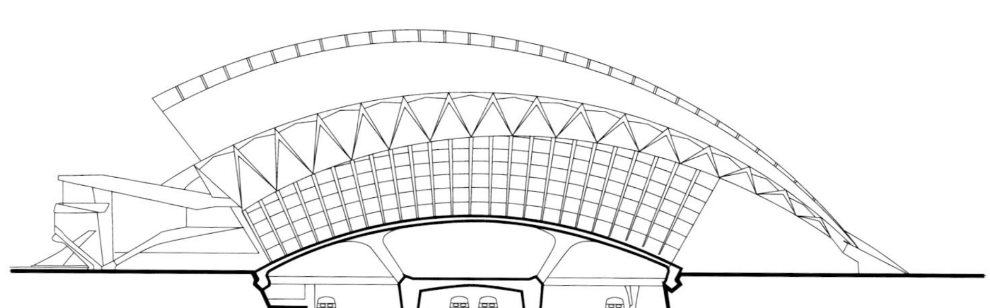

Ansicht M 1:1000

Grundschule und Kindergarten in Amsterdam

1986

Architekten:
Herman Hertzberger, Amsterdam
mit Henk de Weijer

Tragwerksplanung:
Evers Partners, Ijmuiden

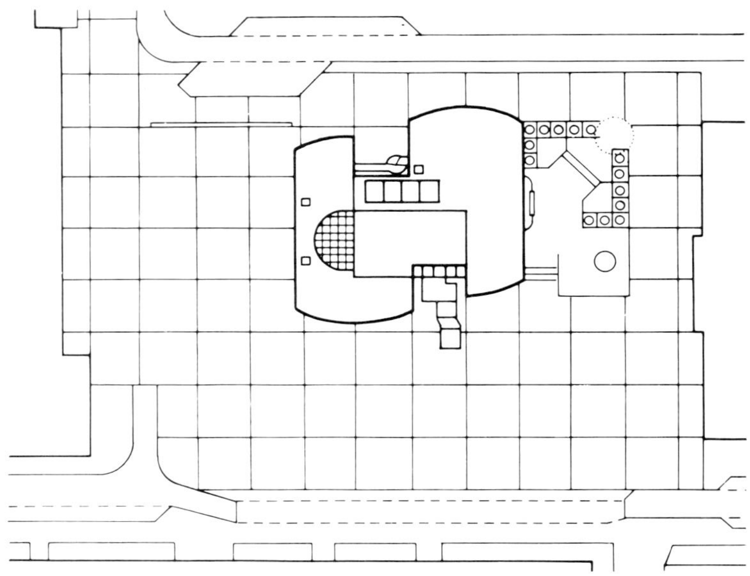

Lageplan M 1:1000

Der Neubau ersetzt ein altes Schulgebäude, das in unmittelbarer Nachbarschaft steht. Die sogenannte Primarschule, die in ein dichtbebautes Wohnviertel integriert ist, umfaßt neun Klassenzimmer, die in Dreiergruppen um einen Kern mit zentraler Halle und Aufenthaltsräumen gelegt sind. Die von oben beleuchtete Halle bildet einen Treffpunkt, in dem alle möglichen Aktivitäten zusammenlaufen, während die in den Seitenflügeln untergebrachten Klassenräume ein ungestörtes Lehren und Lernen ermöglichen. Diese Bereiche sind aber nicht abgeschlossen, sondern mit dem Zentrum durch Sitzplätze, Treppenanlagen und teilverglaste Innenwände verbunden. Die Verschränkung der verschiedenen Ebenen, die erlebnisreichen Durchblicke bis in die städtische Umgebung und die größtenteils transparente Hülle des Baukörpers bilden ein sozial anregendes Ambiente. Zwischen den Klassenzimmern befinden sich Schiebetüren, die das Zusammenlegen von Räumen ermöglichen. Der dreigliedrige Baukörper, der auf dem Ambonplein wie eine Plastik nach allen Seiten freisteht, richtet sich mit seiner weitgehend verglasten Hauptfassade nach Westen. Auf dem geschlossenen Platz, der den Mittelpunkt des Viertels bildet, verfehlt das Gebäude nicht seine Wirkung: Im Kontrast zu den horizontal betonten Seitenflügeln stellt der durch das völlig verglaste Treppenhaus geprägte Mittelteil einen vertikalen Akzent dar. Zur freundlichen, einladenden Erscheinung trägt wesentlich das maßstabgebende Sichtmauerwerk aus Betonsteinen bei. Zweischalig mit zwischenliegender Wärmedämmung schließen die Außenwände das Stahlbetonskelett. Die hellen Betonsteine und der natürlich belassene Sichtbeton bilden ein harmonisches Ensemble mit den weißen Fenster- und Türrahmen. Filigrandecken-Elemente und Stahlbetonfertigteile für Stürze und Brüstungsabdeckungen vervollständigen den Einsatz des Betons an diesem Gebäude.

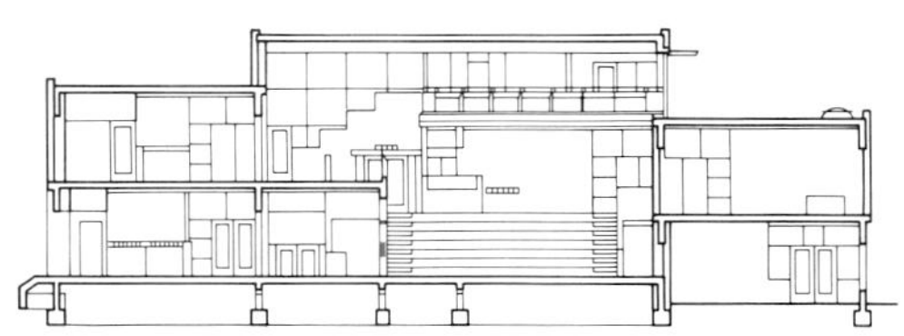

Schnitt M 1:500

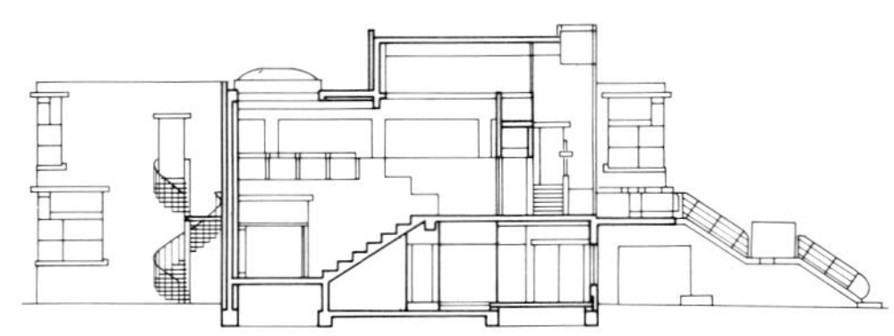

Ansicht M 1:500

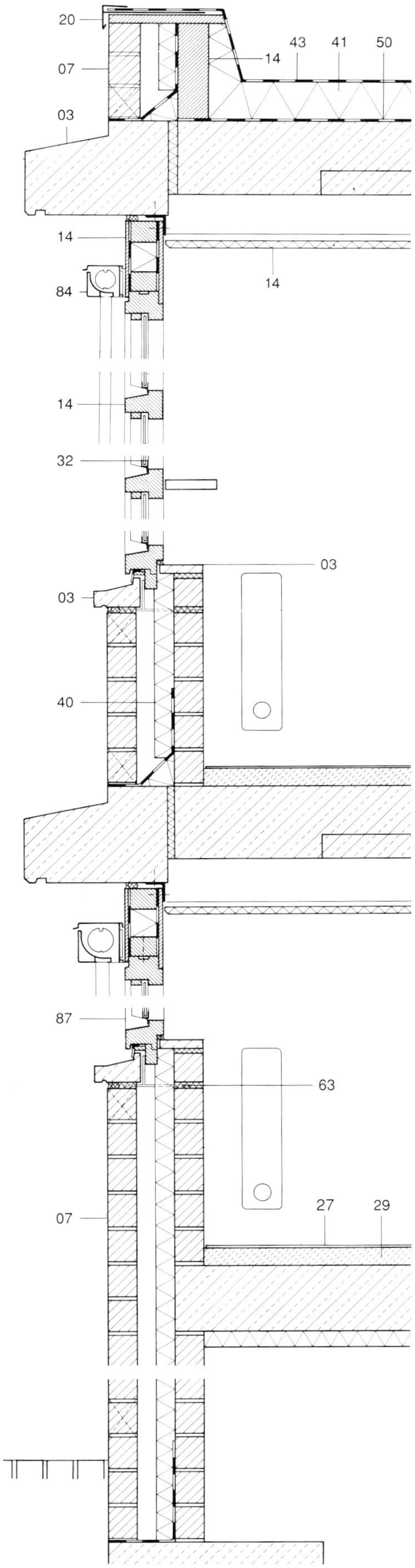

Detailschnitt M 1:20

03 Fertigteil
07 Betonstein-Mauerwerk
14 Holz/Holzwerkstoff
20 Blechverkleidung
27 Bahn aus Gummi, Kunststoff
29 Estrich (Bahn)
32 Glas
40 Wärmedämmung
41 Wärmedämmung geschlossenzellig
43 Dichtungsbahn
50 Dampfsperre
63 Befestigungsbügel
84 Sonnenschutz
87 Fensterelement

Briefpostamt in Köln

1991

Architekten:
Joachim und Margot Schürmann, Köln
mit Wolf Dittmann,
Christian Becker,
Wilfried Euskirchen

Tragwerksplanung:
Varwick–Horz–Ladewig, Köln

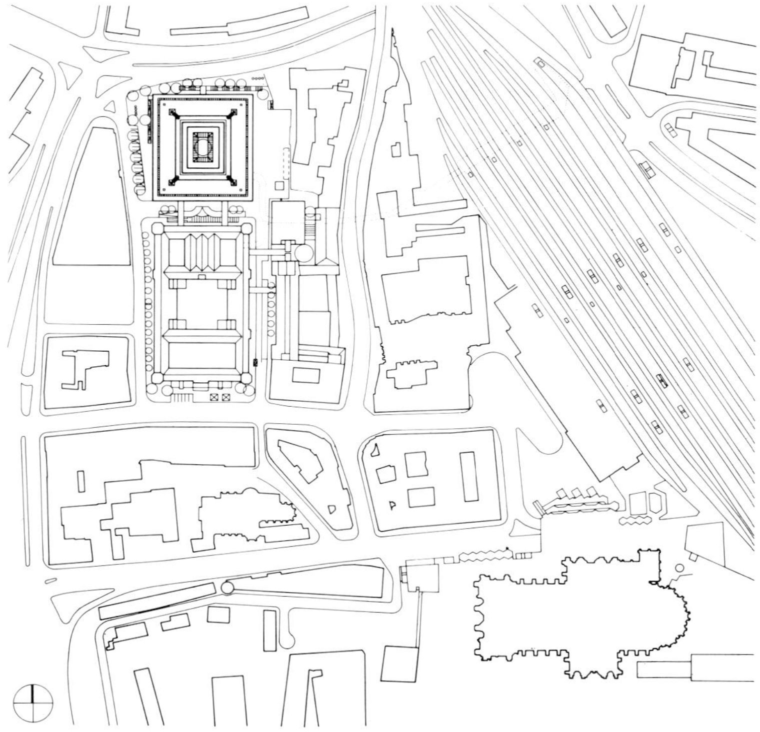

Lageplan M 1:5000

Das Gelände für das Briefpostamt 3 befindet sich in unmittelbarer Nähe des Kölner Hauptbahnhofes, mit dem es durch einen Tunnel verbunden ist.
Dem Vorteil der Bahnhofsnähe standen städtebauliche Zwänge sowie enge Grundstücksabmessungen gegenüber, die die Unterbringung der vielen funktionalen Auflagen, die ein modernes Postverteilzentrum erfüllen muß, erschwerten.
Die Architekten entschieden sich, die Betriebsräume in konzentrischen »Kreisen« um einen Innenhof anzuordnen. Der Spezialbau umfaßt insgesamt 4000 m^2 Nutzfläche, ohne jedoch eine der Umgebung angemessene Gebäudehöhe zu überschreiten. Die größte Betriebsebene befindet sich im ersten Untergeschoß. Hier liegt auch die Verbindung zum Hauptbahnhof. In den oberen Stockwerken befinden sich die Schalterhalle und Büros, die sich um den begrünten Innenhof gruppieren.
Die Geländeabmessungen machten außerdem den Bau von zwei Tiefgarageebenen notwendig, die unter dem Gebäude eingerichtet wurden und Platz für die Lkws und Pkws schaffen.
Im ganzen Gebäude erlauben große Spannweiten weitgehende Stützenfreiheit. Ein Stahlbetonskelett in Sichtbetonqualität im Raster von 7,50 × 15,00 m dient als Tragkonstruktion. Stützen und Unterzüge sind sparsam, aber wirkungsvoll profiliert. Analog zum Natursteinmauerwerk des benachbarten Postamtes Köln 1 sind die Felder zwischen den Fassadenstützen in Betonstein ausgemauert. Der Stein ist zurückhaltend in grau und der Stahl in weiß gehalten. Durch den Einsatz von Leichtbeton bei den Stützen und Kerndämmung im Attikabereich konnten Wärmebrücken vermieden werden. Auch die für den Bau der alten Hauptpost charakteristischen vier Ecktürme werden im neuen Gebäude wieder aufgenommen. Hier sind Teeküchen und Aufenthaltsräume untergebracht. Soweit es die Funktion der Räume zuläßt, wird Glas eingesetzt, um den Passanten Einblick zu geben.

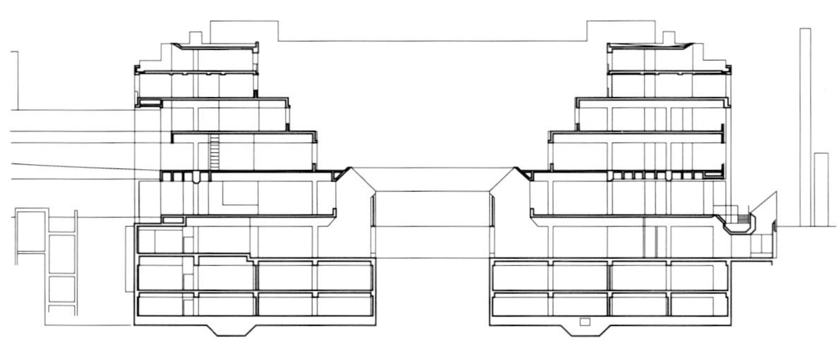

Schnitt M 1:1000

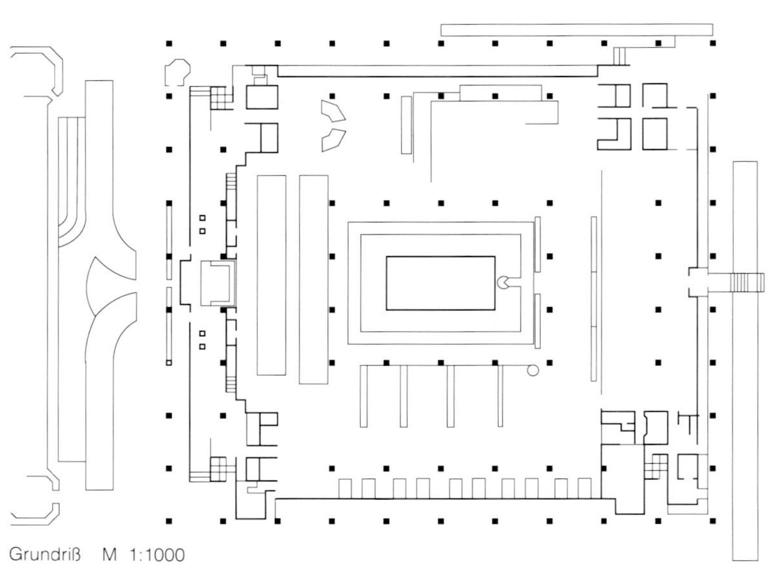

Grundriß M 1:1000

Fassadenschnitt M 1:100

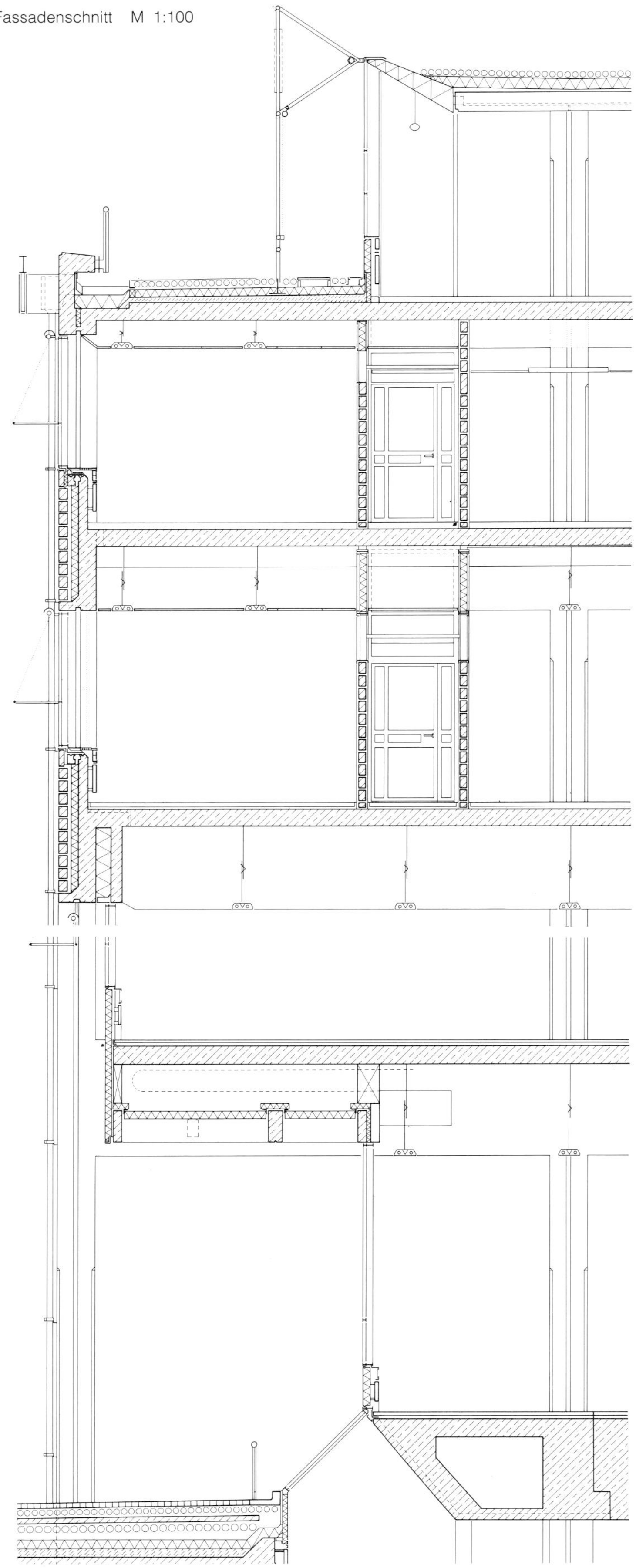

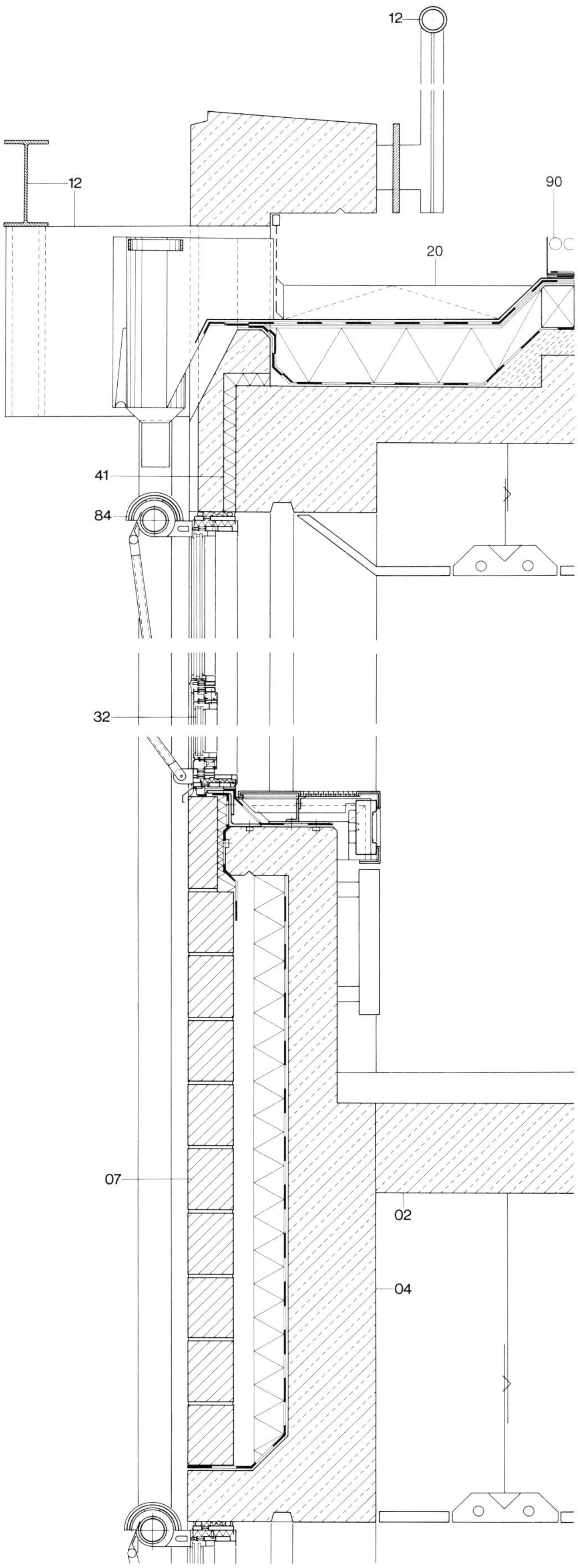

Detail Fassade M 1:20

02 Stahlbeton, Ortbeton
04 Leichtbeton
07 Betonstein-Mauerwerk
12 Stahl
20 Blechverkleidung
32 Glas
41 Wärmedämmung geschlossenzellig (Bahn)
84 Sonnenschutz
87 Fensterelement
90 Dachaufbau:
Kiesschüttung
Dichtungsbahn
Wärmedämmung
Dampfsperre
Gefälleestrich
Stahlbetondecke

Detail Loggia
Vertikalschnitt M 1:20

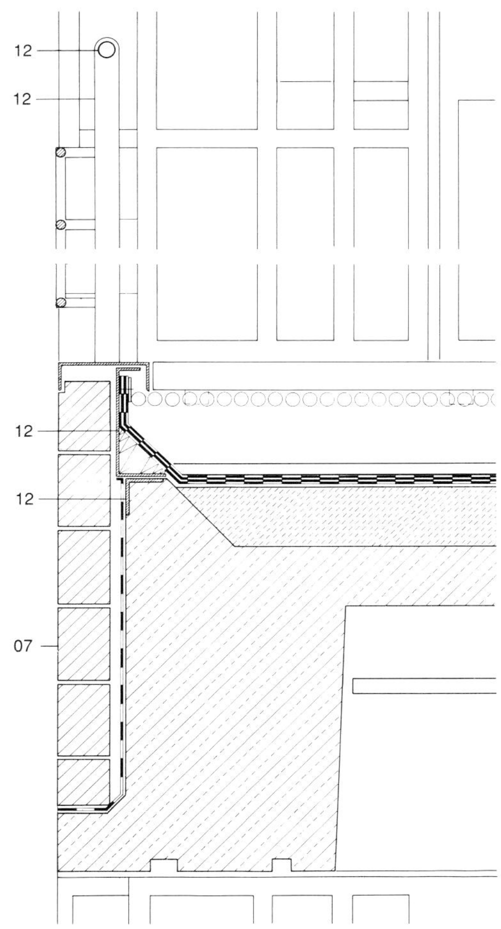

Detail Loggia
Horizontalschnitt M 1:20

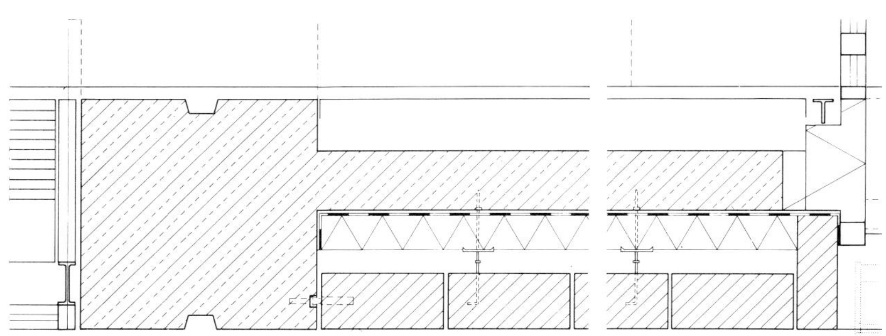

Kreiskrankenhaus in Eichstätt

1982

Architekten:
Schunck, Schuster + Pechtold, München
Mitarbeiter:
Karl J. Habermann, Richard Krippner,
Armin Tinnes

Tragwerksplanung:
Martinka + Grad, Gaimersheim,
Fries und Schittig, Ingolstadt

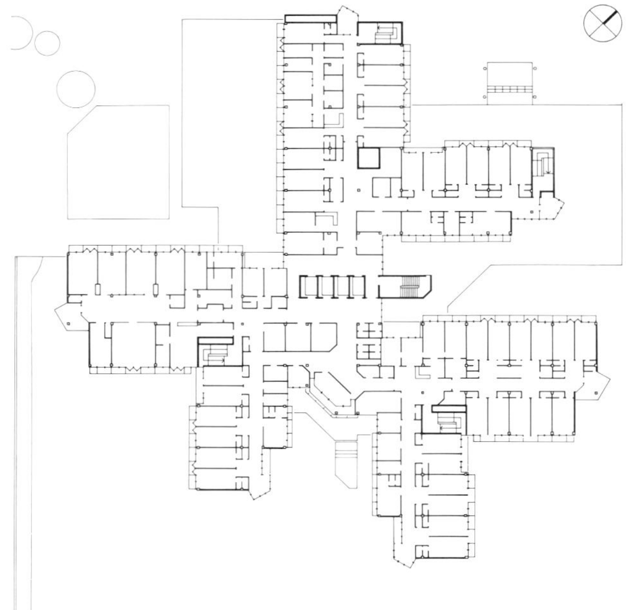

Grundriß
Pflegegeschoß
M 1:1250

Querschnitt
M 1:1000

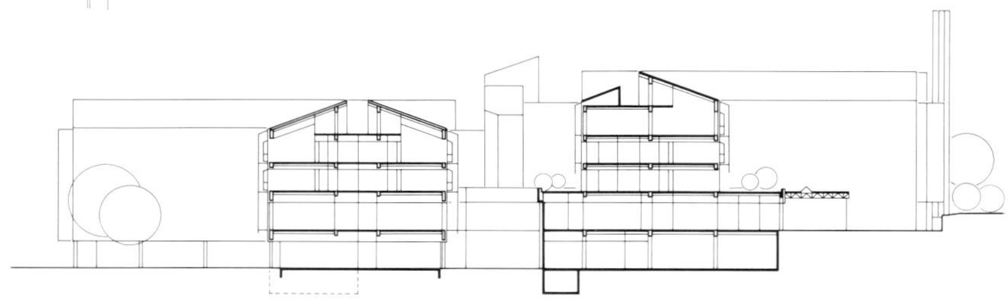

Auf die Lage im Ensemble kostbarer Bausubstanz antwortet der Entwurf mit einer möglichst geringen Höhenentwicklung. Wo immer möglich, schließen geneigte Dächer die Bauteile ab. Ihre naturgraue Eindeckung kommt den traditionellen Schieferplatten des Altmühltals nahe. Einsehbare horizontale Dachflächen sind begrünt. Der gesamte Baukörper ist zunächst so gegliedert, daß die Winkel der einzelnen Stationen außen ablesbar sind. Da jedoch die Gebäudebreiten eines Krankenhauses größer sind als die der umliegenden schmalen Hausstrukturen, sind die Giebelfronten zweigeteilt und mit verglasten Flurerkern abgeschlossen. Die Eingangs- und Mittelzone ist abweichend von den übrigen Gebäudepartien durch einspringende Balkone markiert.
Um Rohbausetzungen, die der äußerst heterogene Baugrund erwarten läßt, aufzufangen, kommt nur ein Tragwerk in Frage, das diese begrenzen und ohne Schaden aufnehmen kann. Weiterhin erfordert die Nähe zum alten Krankenhaus eine weitestgehende Reduzierung von Lärm- und Schmutzemissionen während der Bauzeit. Zudem unterstützt ein enger Terminrahmen mit Ausnutzung der Winterzeit die Ausführung des Tragwerks mit einem System aus Stahlbetonfertigteilen. Auf einer Gründung mit Stahlbetonpfählen stehen in Köcherfundamenten Fertigteilstützen. Unterzüge, Trog- und Massivplatten sorgen für den horizontalen Verbund. Zentraler Aufzugsblock wie Brandwände sind gleichfalls aus geschoßhohen Stahlbetonteilen gefügt. Sämtliche Treppenläufe sind als Fertigteile ausgebildet. Im Eingangsbereich mit Pforte, Verteilerhalle, Kapelle und Cafeteria bleiben die Stützen ohne zusätzliche Verkleidung. Die Tragstruktur ist hier direkt ablesbar.
Die differenzierte Fassade antwortet nicht nur auf die technischen Erfordernisse aus Tragsystem und Bauphysik, sondern versucht vor allem Rücksicht zu nehmen auf das Ortsbild und die Baudenkmäler in der direkten Nachbarschaft. Die Erker, die jedem Krankenzimmer zugeordnet sind, und die Balkonrücksprünge in den Gebäudeecken unterstützen die inszenierte Lebendigkeit.

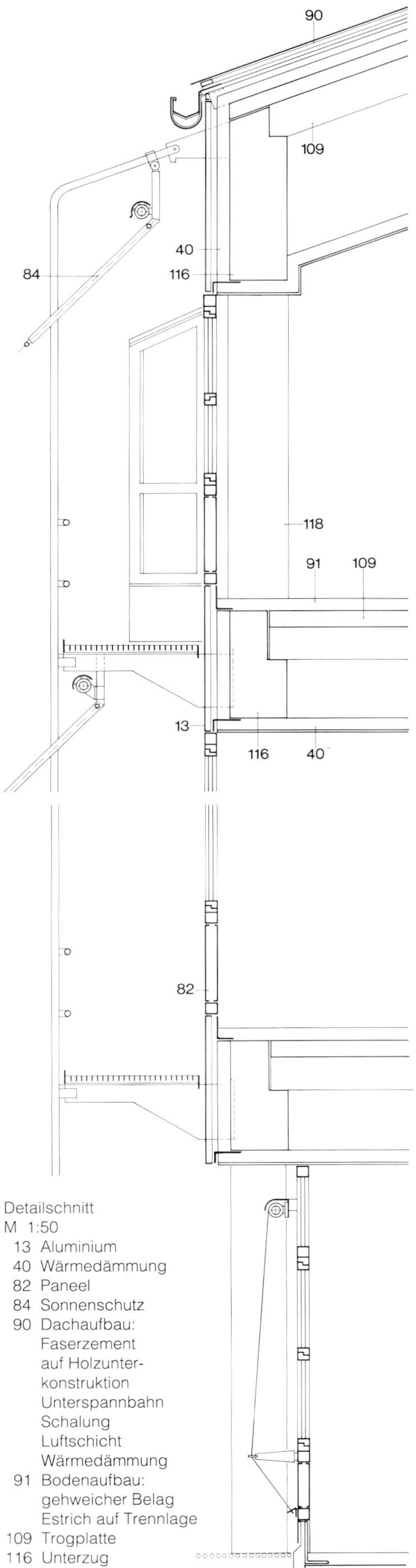

Detailschnitt
M 1:50
13 Aluminium
40 Wärmedämmung
82 Paneel
84 Sonnenschutz
90 Dachaufbau:
Faserzement
auf Holzunterkonstruktion
Unterspannbahn
Schalung
Luftschicht
Wärmedämmung
91 Bodenaufbau:
gehweicher Belag
Estrich auf Trennlage
109 Trogplatte
116 Unterzug
118 Stütze

Verwaltungsgebäude in Stuttgart

1985

Architekt:
Gottfried Böhm, Köln
Mitarbeiter: Dörte Gatermann (Projektleiterin), Jürgen Minkus, Frederico Valda, Klaus Beckmannshagen
Bertsch-Friedrich-Kalcher, Stuttgart

Tragwerksplanung:
Karl Heinz Bökeler, Züblin AG, Stuttgart

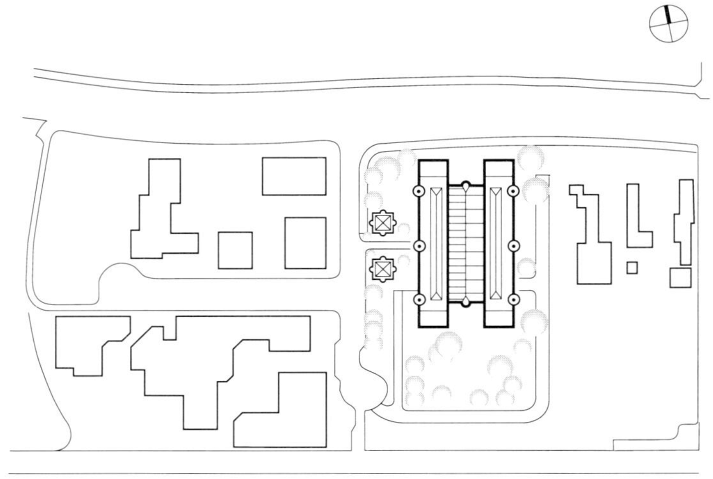

Lageplan M 1:400

Die Hauptverwaltung des Bauunternehmens steht am südlichen Rand Stuttgarts in einem Gebiet zwischen anderen Verwaltungs- und Gewerbebauten. Zwischen den eingemeindeten Dörfern Möhringen und Vaihingen definiert der Architekt in Gestalt zweier knapp hundert Meter langer, sechs bis acht Geschosse hoher Gebäudeflügel und einem dazwischenliegenden glasgedeckten Platz die städtebauliche Nahtstelle der beiden Vororte. In den Gebäudeflügeln sind 700 Arbeitnehmer untergebracht. Die riegelförmige Anlage stellt eine besonders rentable Version des Bürobaus dar. Außerdem wird die Glashalle zur passiven Solarenergiegewinnung genutzt.
Interessant ist die Verwendung von Beton in elementierter vorgefertigter Form. Alle tragenden Stützen sowie sämtliche Balken des Skelettgefüges wurden aus Stahlbeton vorgefertigt und montiert. Teile der Deckenscheiben und die aussteifenden Wände sind aus Ortbeton. Der Beton der Fassade ist mit Eisenoxid-Pigmenten rot eingefärbt, wobei für die Brüstung weißer Zement verwendet wurde, was zu den unterschiedlichen Rottönen führt. Um die durchlaufende, kräfteabtragende Wirkung der Stützen zu betonen, wurde der rechteckigen Betonstütze eine halbkreisförmige, mittragende Vorlage gegeben, die sich auch in den Hallenbindern fortsetzt. Der aus konstruktiven und bauphysikalischen Gründen senkrechte Anschluß an die Brüstungsplatte wurde durch zwei halbrunde Verstärkungen betont und damit in den beidseitigen Betonverstärkern die Möglichkeit für den Einbau einer Nut geschaffen, in die ein Fugendichtungsprofil aus Kunststoff eingeschoben werden konnte. Das Brüstungselement selber zeigt über jedem Fenster eine dachförmige Profilierung, die zum einen das einzelne Fenster betont und nicht in einem Fensterband verschwinden läßt und zum anderen als Tropfkante für Regenwasser dient.
Die Rand- und Mittelstützen tragen jeweils 5 cm dicke Filigranplatten, die mit einer bewehrten Ortbetonschicht eine Durchlaufkonstruktion bilden.

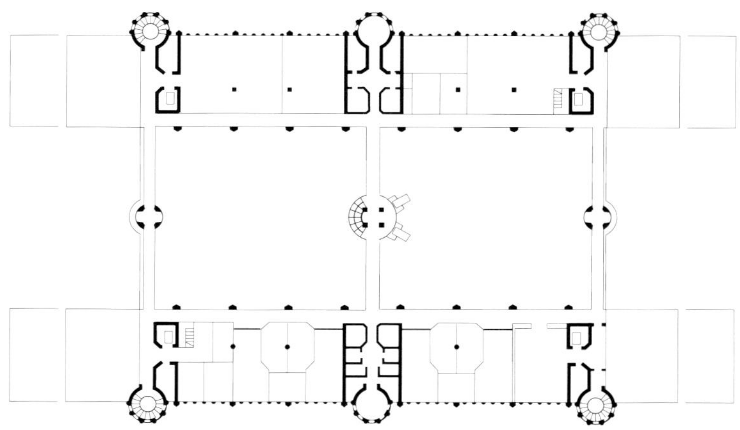

Grundriß Obergeschoß M 1:1000

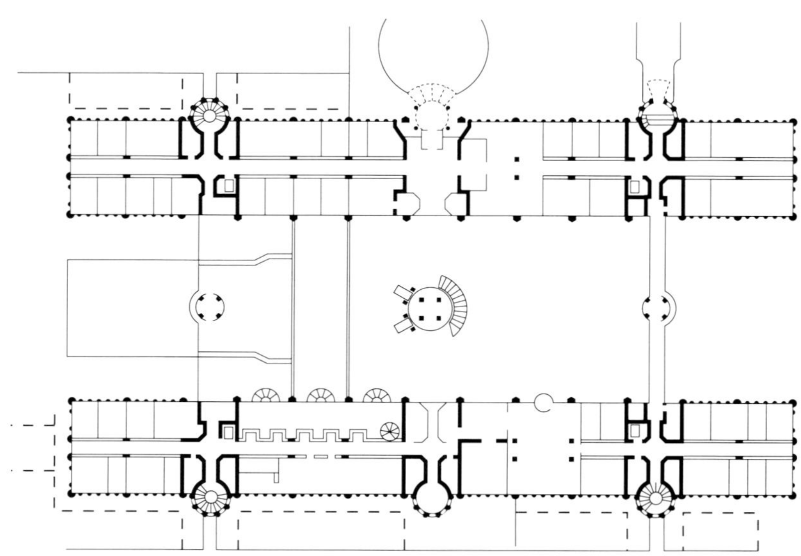

Grundriß Erdgeschoß M 1:1000

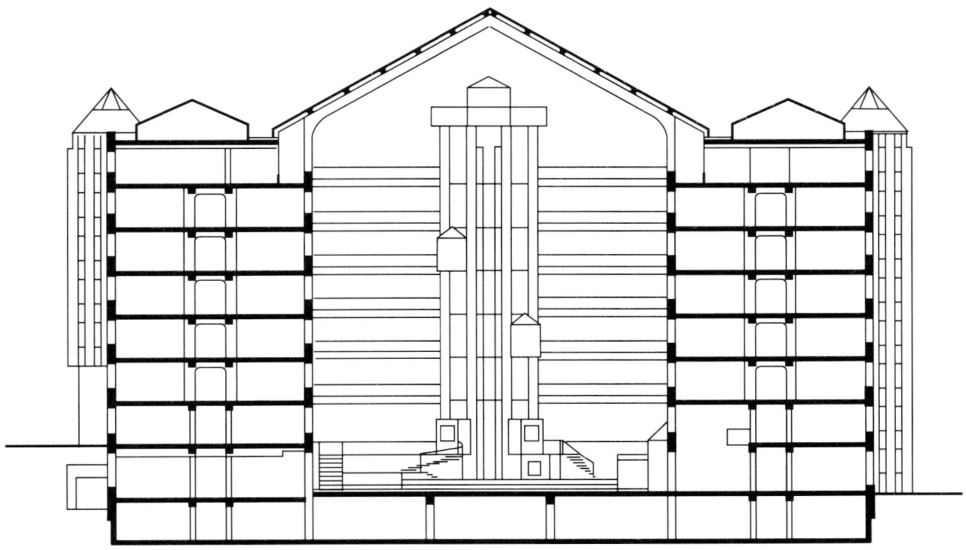

Schnitt M 1:500

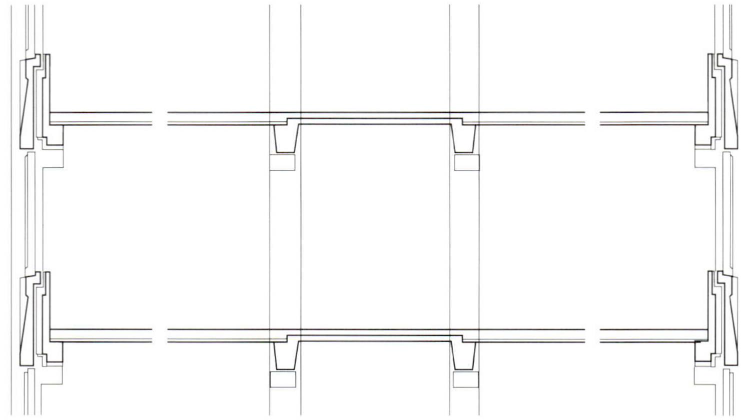

Schnitt M 1:100

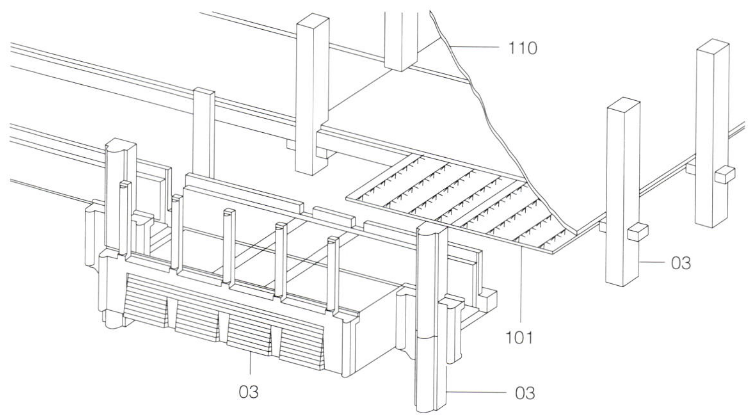

03 Fertigteil
92 einbetoniertes, vorgebogenes Fugenprofil aus Hart-PVC
101 vorgefertigtes Deckenelement
110 Aufbeton

Isometrie des Tragwerks

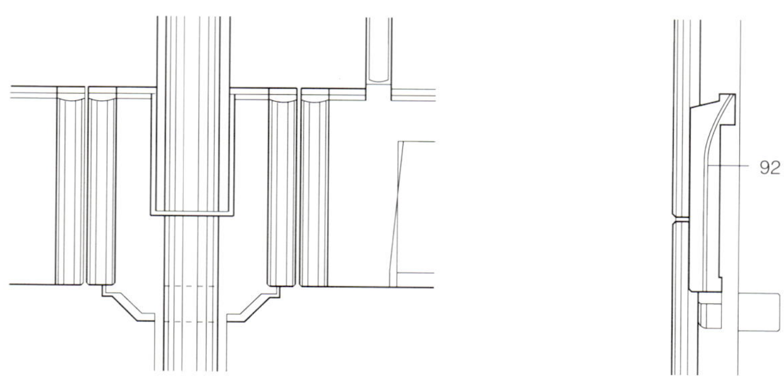

Ansicht, Vertikalschnitt M 1:50

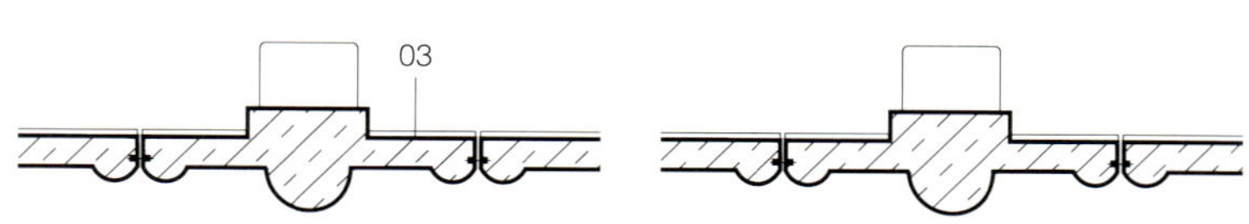

Horizontalschnitt M 1:50

Universitätsbibliothek in Mannheim

1989

Architekten:
Gottfried Böhm, Köln
Mitarbeiter: Jürgen Minkus (Projektleiter)
und Bertsch-Friedrich-Kalcher, Stuttgart

Tragwerksplanung:
Züblin AG, Stuttgart

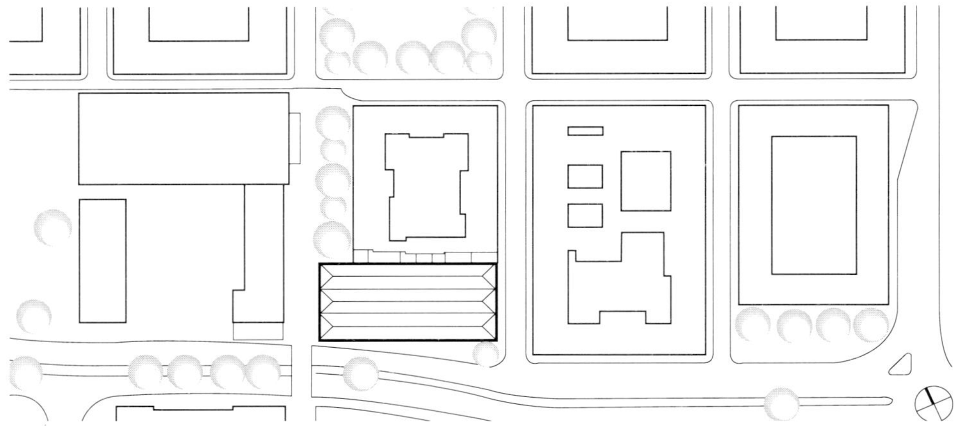

Lageplan M 1:2500

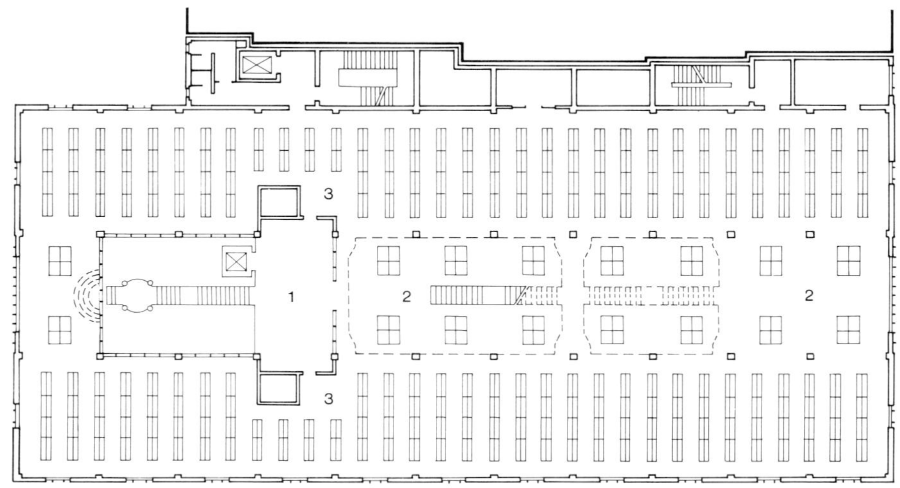

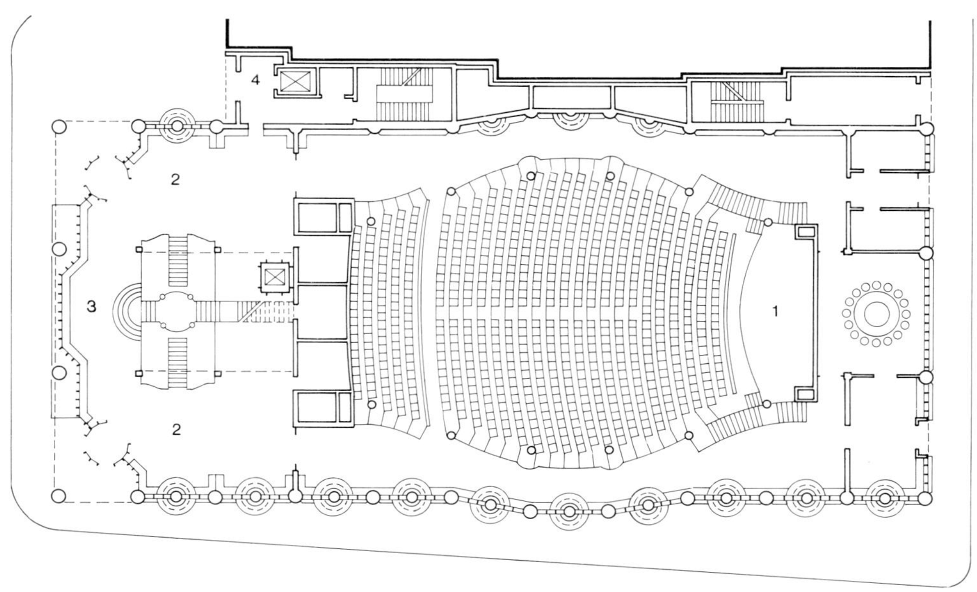

Grundriß Erdgeschoß
M 1:500

1 Hörsaal
2 Foyer
3 Zugang Bibliothek
4 Anlieferung

Grundriß Obergeschoß
M 1:500

1 Foyer
2 Bibliothek/Lesesaal
3 Magazine

Das Bibliotheksgebäude für die Universität Mannheim ist ein Beispiel für das Bauen mit Betonfertigteilen. Die Gebäudeform ist dem strengen barocken Straßenraster der Stadt untergeordnet. Durch das Herausschieben um eine halbe Gebäudeachse wird im Südteil des Komplexes zwischen den benachbarten Baublöcken vermittelt. Nach Westen hin springt die Bibliothek um zwei Joche vor.
Vertikal ist das viergeschossige Gebäude in eine hohe Sockelzone mit einem Hörsaal und die darüberliegenden Bibliotheksgeschosse unterteilt. Die horizontale Strukturierung dieser Geschosse gleicht der einer dreischiffigen Hallenkirche mit glasgedecktem durchbrochenem Mittelteil.
Die mit Architekturmotiven gespickten »Betonbäume« auf der Erdgeschoßfassade der Schloßseite sind auch als Antwort auf die angrenzende, stark befahrene Straße zu verstehen. Die Hörsaalform, die sich in der Fassadenführung spiegelt, durchbricht das strenge orthogonale Stadtraster. Die Rundfenster in den durchgefärbten Fertigteilplatten sind mit Glasbausteinrahmen und Gußgläsern verziert und dienen zur Belichtung der Bibliotheksgeschosse.
Der gestalterisch von der Verwendung von Fertigbauteilen geprägte Bau behauptet sich neben den neobarocken Nachbarhäusern durch seine ruhige, mit neuartigen Betondetails verbundene Grundform. Mit Porphyrsplitt dunkel eingefärbte Stützen und helle, mit einem juragelben Zuschlag hergestellte Fassadenplatten verdeutlichen das konstruktive System des Fertigteilbaus. Die Betonoberflächen wurden direkt nach dem Ausschalen feingewaschen.

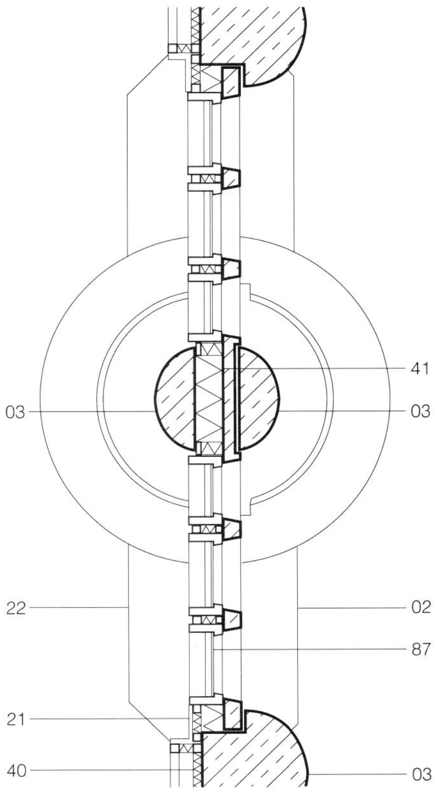

Horizontalschnitt M 1:50

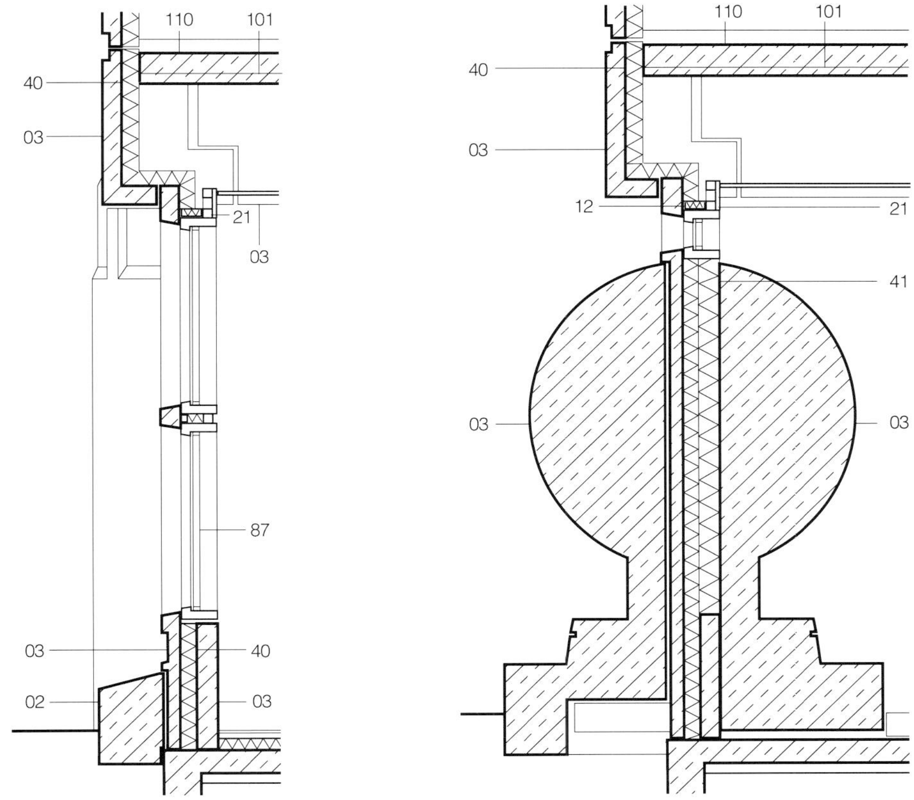

Vertikalschnitte M 1:50

02 Stahlbeton
03 Fertigteil
12 Stahl
21 Gipskarton
22 Holzwerkstoff
40 Wärmedämmung
41 Wärmedämmung geschlossenzellig
101 vorgefertigtes Deckenelement
110 Aufbeton

Bürogebäude in Canberra, Australien

1974

Architekt:
Harry Seidler, Sydney

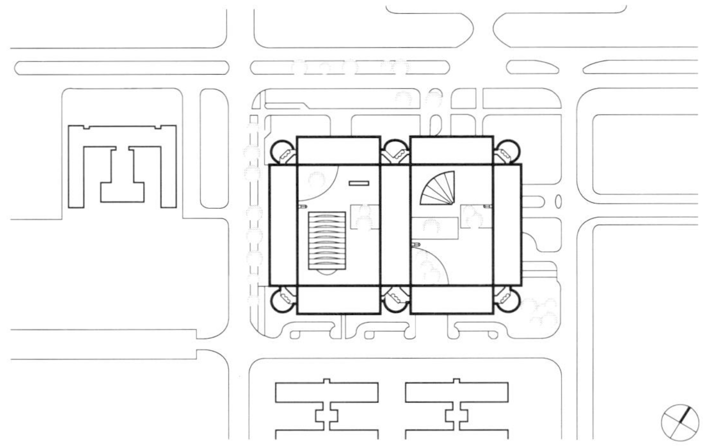

Lageplan M 1:4000

Die Trade Group Offices an der Kings Avenue in Canberras Regierungsviertel beherbergen drei eigenständige, aber miteinander verwandte Bundesministerien, die insgesamt ca. 3250 Arbeitnehmer beschäftigen. An die flexibel nutzbaren Büroflächen angegliedert sind ein Computerzentrum, eine Konferenzhalle und eine Cafeteria. Jedes Ministerium verfügt über einen separaten Eingang. Eingestellte, fensterlose Zylinder an den vier Ecken des Gebäudes und zwischen jeweils zwei großen Fassadenachsen dienen der vertikalen Erschließung. Konferenzhalle und Cafeteria sind frei in die beiden Innenhöfe hineingestellt.
Die vernetzten Büroetagen gewährleisten eine einfache Kommunikation der Abteilungen untereinander. Die Programmvorgabe für eine flexible Nutzung und Erweiterungsmöglichkeiten der Büroflächen führte zu einer Fertigteilkonstruktion mit vorgespannten Trägern und Deckenelementen sowie fensterhohen Fertigteilpfeilern.
Die 26 m langen, doppel-T-förmigen Fassadenträger ruhen auf den gedrungenen Fertigteilpfeilern, die paarweise angeordnet sind. In die Nullzone der halbgeschoßhohen Fassadenträger sind die 16 m langen Deckenelemente so eingebracht, daß die Köpfe der Spannstähle durch den Steg des Trägers außen sichtbar werden. Sie sind mit Edelstahlkappen abgedeckt.
Zwischen die Hauptträger, deren Ober- und Unterseiten Fensterbank und Sturz bilden, ist – weit zurückgesetzt – rahmenloses, hitzeabsorbierendes Glas mit einfachen Neoprendichtungen gestellt. Versorgungsleitungen für die Klimatisierung finden verdeckt Platz zwischen Obergurt und Steg des Fassadenträgers und im Randbereich des Deckenträgers, den eine abgehängte Decke verkleidet.
Die Seitenwände bestehen wie die Erschließungszylinder aus sandgestrahlten Betonfertigteilen. Die Formgebung der vorgespannten Fertigteile folgt den konstruktiven Erfordernissen, jedoch liegt der Vorteil des Systems beim Trade Group Gebäude in der Auswahl der Hauptspannrichtung und der Verknüpfung mit dem vorgespannten Deckenträger.

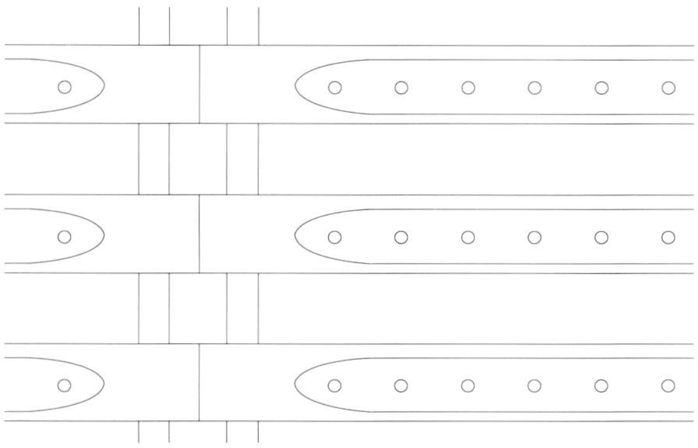

Detail-Ansicht M 1:200

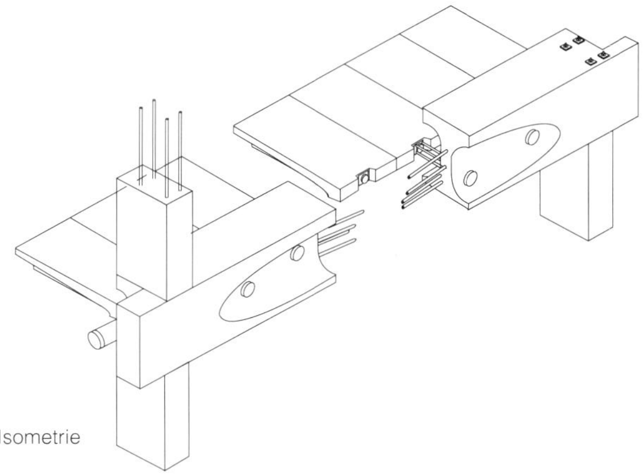

Detail-Isometrie

Details M 1:50

02 Stahlbeton
03 Betonfertigteil
05 Spannbeton
08 Ziegelmauerwerk
17 Beleuchtung
20 Blechverkleidung
32 Glas
85 Beleuchtung
86 Be- und Entlüftung
110 Aufbeton
122 Spannstahl

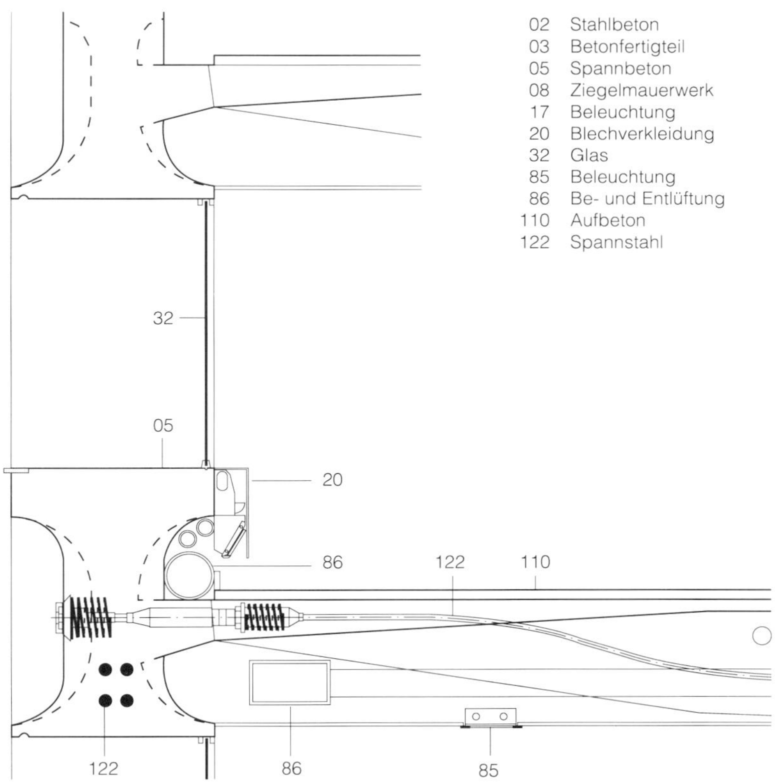

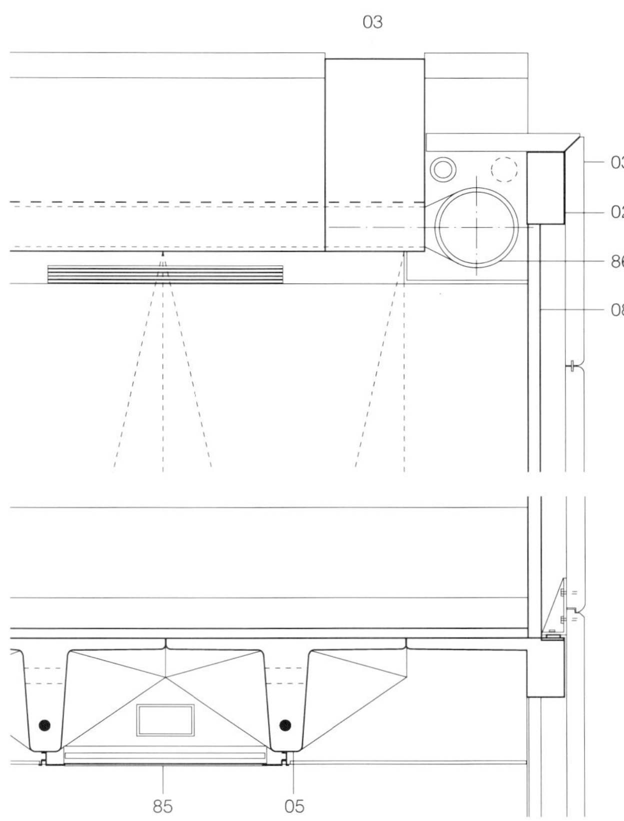

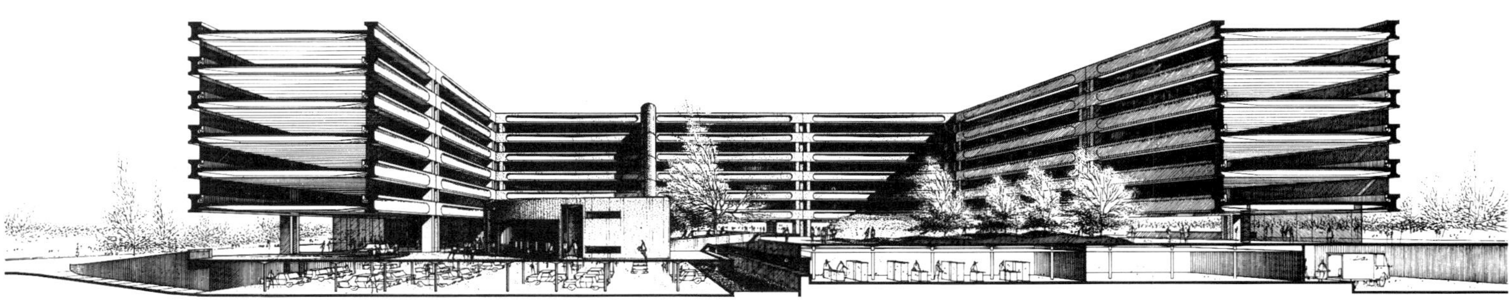

Bürogebäude in Dortmund

1994

Architekt:
Eckhard Gerber, Dortmund

Tragwerksplanung:
Polónyi & Fink, Köln
Hochtief, Essen

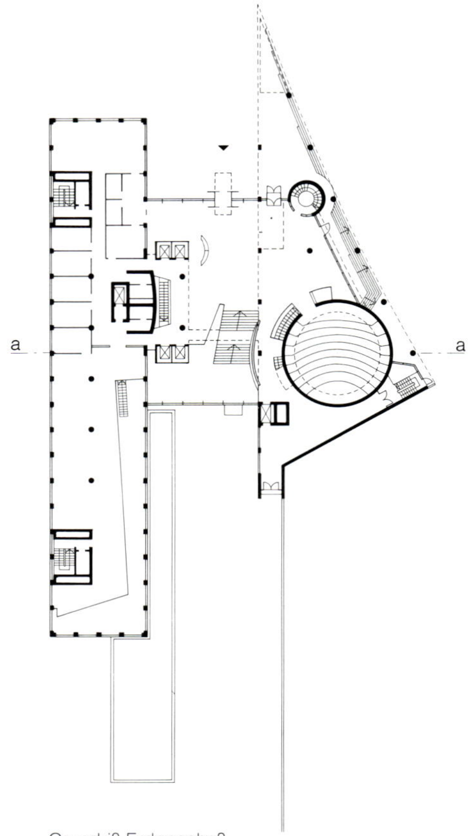

Grundriß Erdgeschoß
M 1:1000

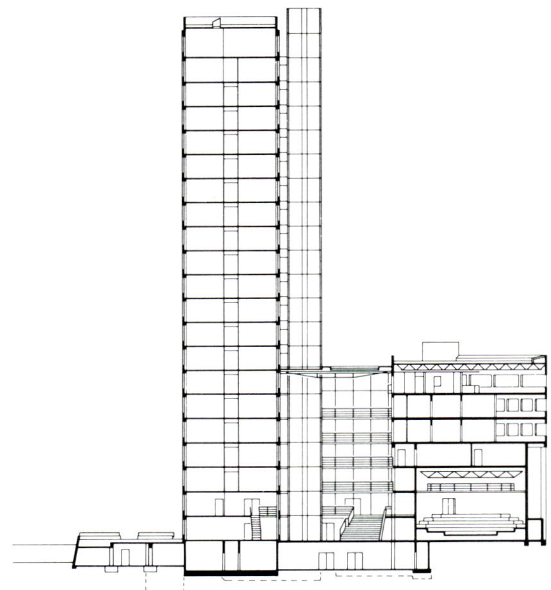

Schnitt aa
M 1:1000

Das neue Verlagshochhaus bildet die westliche Begrenzung des weiten Bahnhofsvorplatzes und schließt eine stadträumliche Lücke. Im Basisbereich nimmt ein entlang des Königswalls geschwungenes, in einem spitzen Winkel endendes Gebäudeprisma die angrenzende Blockrandbebauung auf. Eine transparente, in Stahl und Glas aufgelöste Halle verbindet diesen Gebäudeteil mit dem eigentlichen Hochhaus. Die Längsfassade wird durch ein gläsernes Treppenhaus gegliedert und aufgewertet. Die Primärfunktionen im Gebäudekomplex sind von außen klar ablesbar. Der Büronutzung im Hochhaus sind die Sonderbereiche wie Cafeteria, Konferenzräume und Auditorium im prismatischen Gebäudeteil zugeordnet.
In Konstruktions- und Materialwahl wird versucht, eine Art Werkstattcharakter zu erzielen, der der Art der Tätigkeiten im Haus möglichst großen Spielraum läßt. Die gesamte Tragkonstruktion besteht aus Stahlbeton. Den sichtbar belassenen Oberflächen im Inneren entsprechen glatte hellgraue Stahlbetonfertigteile an der Außenfassade. Diese bestehen aus Beton B 35 mit einer Körnung von 0–2 und 8–16 mm. Die helle Farbe wurde ohne besondere Zusatzmittel erreicht. Die Betondeckung innen und außen beträgt jeweils 25 mm. Unter der filigranen Stahl-Glashaut der Verbindungshalle dominieren weiß gefaßte Stahltreppen und Geländer vor dem betongrauen Untergrund und sorgen für eine wohltuende optische Einheitlichkeit.

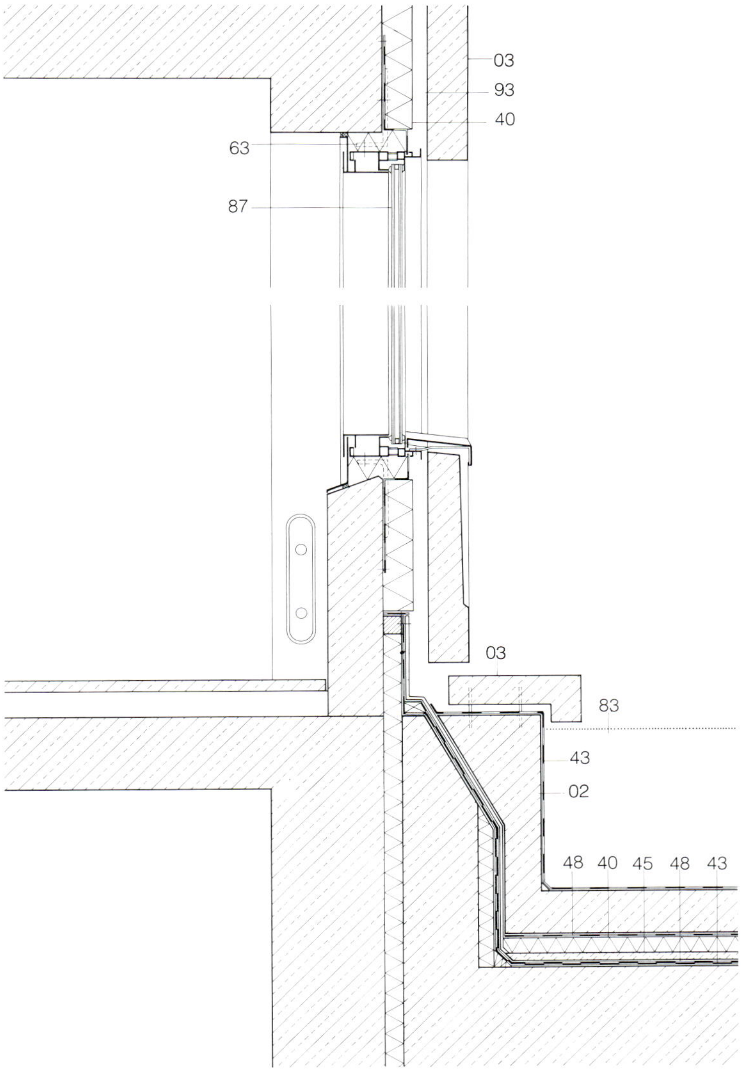

Details Fassade M 1:20
Vertikalschnitt
Horizontalschnitt

02 Ortbeton
03 Fertigteil
40 Wärmedämmung
43 Dichtungsbahn
45 Gußasphalt
48 Trennlage
63 Haltewinkel/Fenster
82 Paneel
83 Wasser
87 Fensterelement in Alu-Rahmen
93 Hinterlüftung

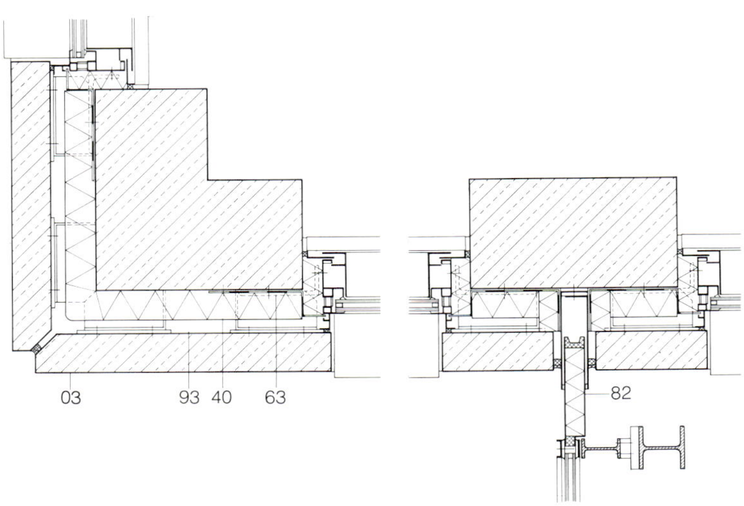

Museum in Houston, USA

1987

Architekten:
Renzo Piano, Paris
mit Richard Fitzgerald

Tragwerksplanung:
Ove Arup + Partners, London
Peter Rice

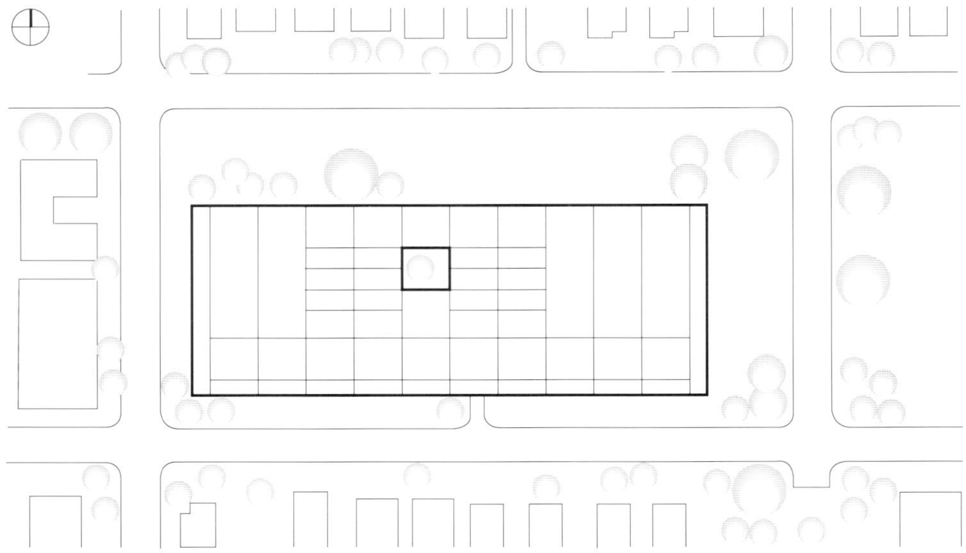

Lageplan M 1:2000

Das private Museum in Houston beherbergt bedeutende Sammlungen moderner und afrikanischer Kunst. Es liegt inmitten einer subtropischen Vegetation in einem Wohnviertel. Um das Gebäude der Umgebung anzupassen, wurde ihm die Form eines horizontalen Pavillons gegeben. Der ganze Bau ist von einem Säulenumgang gesäumt. Während sich die Restaurierungswerkstätten und Fotolabore im Untergeschoß befinden, wurden zusätzliche Einrichtungen der Stiftung – wie das Auditorium, ein Buchladen und ein Restaurant – in angrenzenden, bereits bestehenden Bungalows untergebracht.
Um eine natürliche Beleuchtung zu erreichen, wurden eigens längliche, blattähnliche Dachlamellen entwickelt, die nicht nur die Ausstellungsräume, sondern auch die Gartenhöfe, die Arbeitsräume und die inneren und äußeren Verkehrszonen überdecken.
Die Form der Lamellen wurde in zahlreichen Modellversuchen und Computersimulationen entwickelt. Das Ergebnis ist eine sehr naturnahe, organische Gestaltung der riesigen Dachlamellen, die das wesentliche Element der Museumsarchitektur bilden. Sie bestehen aus einer Kombination von Ferrozementplatten sowie einem Tragsystem aus Gußeisen und sind verstellbar aufgehängt.
Der obere Teil der Lamellen dient statisch als unterer Flansch der darüberbefindlichen Fachwerkskonstruktion aus Gußeisen, die die UV-Schutzverglasung und Abluftkanäle trägt. Der untere Teil ist so gekrümmt, daß er möglichst viel von der Technik verdeckt, das direkte Sonnenlicht abschirmt und außerdem das indirekte Licht streut.
Um die richtige Sorte von weißem reflektierendem Material für die Oberfläche zu finden, wurden verschiedene Arten von Sand und Zement untersucht. Das beste Resultat erzielte man mit weißem Marmorzuschlag.
Nachdem die Querschnitte überprüft waren, wurde ein Prototyp hergestellt und dessen Tragverhalten in England getestet. Dann wurden von der endgültigen Produktion der komplizierten Bauteile mehrere Elemente in Amerika hergestellt, und in der Nähe des Baugeländes ein 6 × 12 m großes Modell im Maßstab 1:1 errichtet.

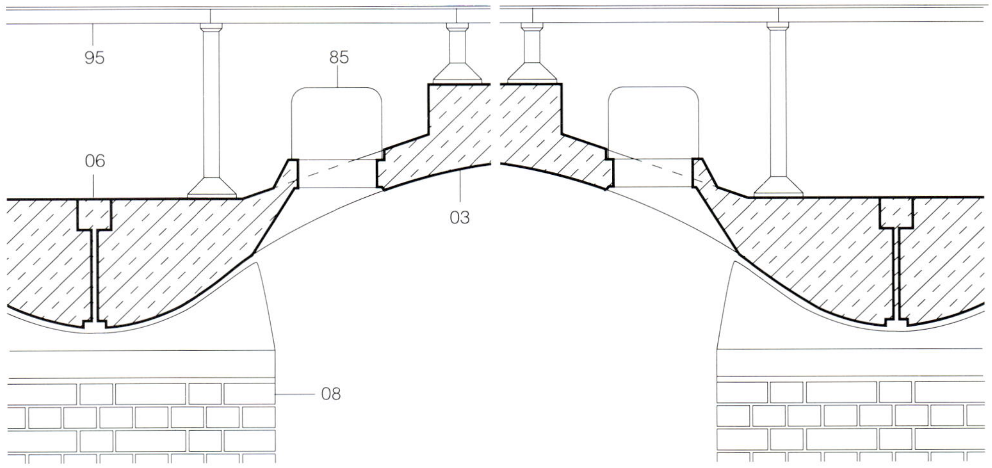

Detail Geschoßdecke M 1:20

03 Stahlbeton-Fertigteil
06 Vergußmörtel
08 Vorgefertigte Sichtmauerwerk-Stütze
85 Deckenstrahler
95 Doppelboden

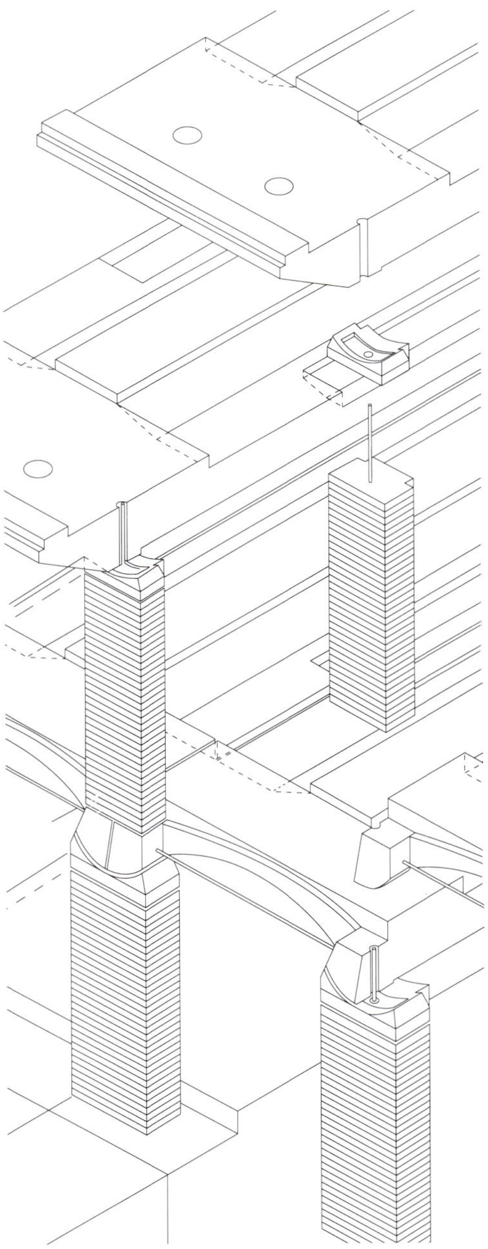

Industriegebäude
in Bussolengo Barese, Italien

1982

Architekt:
Angelo Mangiarotti, Mailand

Tragwerksplanung:
BVC STL, Mailand

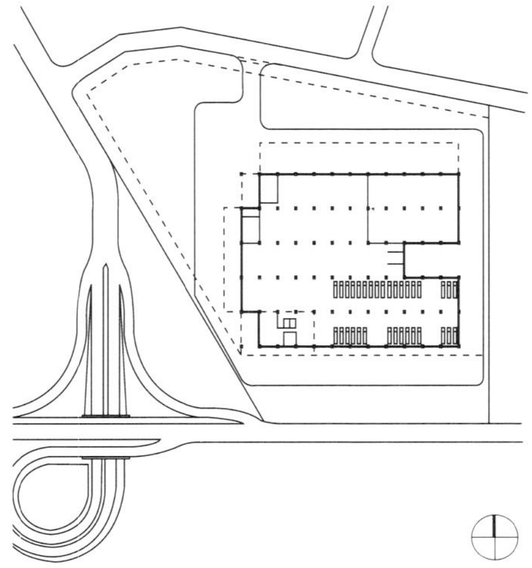

Lageplan M 1:5000

Das Industrie- und Handelsgebäude in Bussolengo ist beispielhaft für Hallengebäude in vorgefertigten Stahlbetonkonstruktionen.
Das Bausystem wurde für verschiedene industrielle Anlagen geplant, für die große stützenfreie Räume und eine gute Belichtung notwendig sind. Der hier entwickelten Konstruktion wurde ein strukturelles Schema mit rechteckigem Raster von 20,0 × 10,6 m zugrunde gelegt. In Länge und Breite addierbar, ist dieses auch auf andere industrielle und gewerbliche Nutzungen anwendbar.
Drei Hauptelemente bestimmen die Konstruktion: Stützen mit H-Querschnitt und verdeckt eingelegtem Regenrohr, vorgespannte Y-Träger und gerippte Dachelemente. Die Stützen haben anbetonierte Aufsätze, in die sich die umgekehrten Y-Träger einlegen lassen. Zum Betonieren der Stützen wurde eine kunststoffbeschichtete Sperrholzschalung verwendet, die eine vollkommen glatte Oberfläche ermöglicht.
Die Träger ruhen mit beiden Untergurten, in denen die Spannkabel verlaufen, auf Neoprenauflagern auf den Stützen. Die Dachelemente haben vier Rippen im Abstand von je 80 cm, die an den Auflagerpunkten zum vorgespannten Träger ausgeklinkt sind. Sie wurden in Stahlformen betoniert. Die Plattenstärke beträgt bei einer Elementbreite von 2,5 m nur 3,5 cm. Die Ausfachung zwischen den Stützen kann wahlweise in vorgefertigten Stahlbetontafeln mit Trapezblechen oder mit einer Pfosten- und/oder Riegelkonstruktion und Verglasung realisiert werden. Die Höhe der Stützen von fast 5,0 m sowie die Aufbauhöhe der Träger von 1,3 m lassen auch einen zweigeschossigen Ausbau mit eingezogenen Zwischendecken zu.

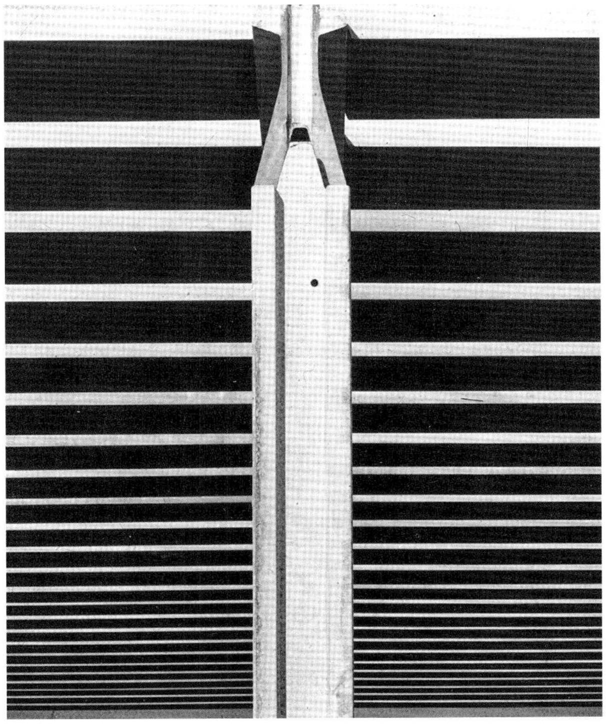

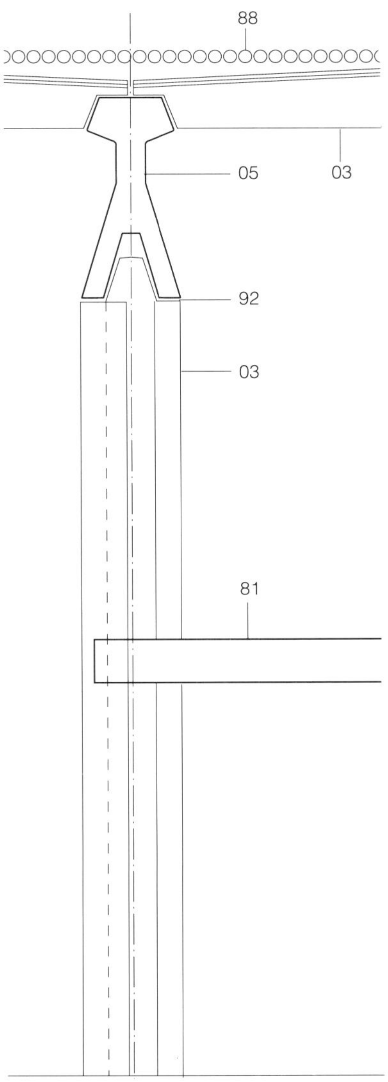

Detailschnitt M 1:50

03 Fertigteil
05 Spannbeton
81 Deckenplatte
88 Kiesschüttung
92 Neoprene Lager

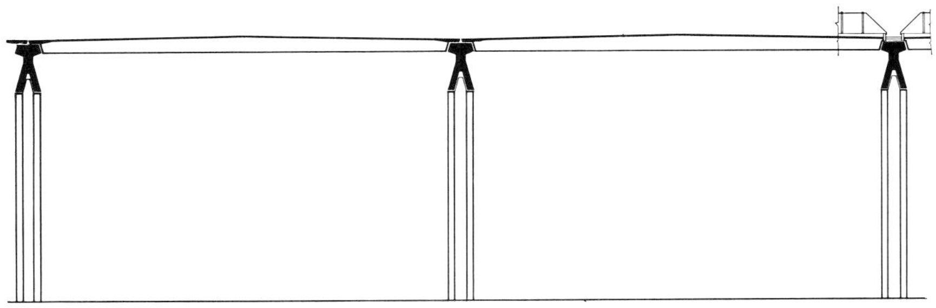

Querschnitt M 1:200

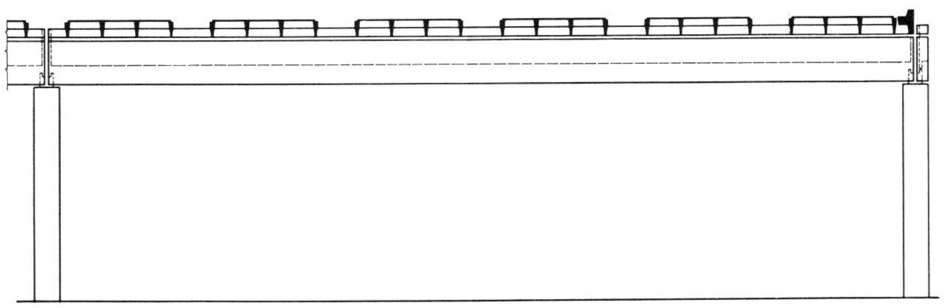

Längsschnitt M 1:200

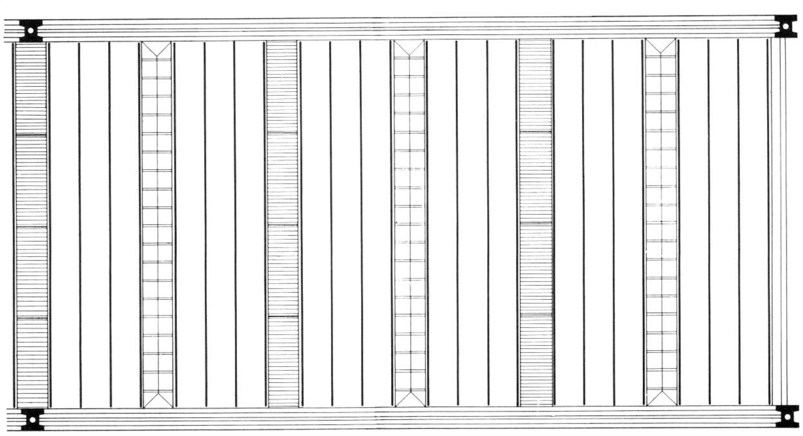

Ausschnitt Dachaufsicht M 1:200

Stadion in Bari, Italien

1989

Architekten:
Renzo Piano, Genua
mit S. Ishida, F. Marano, O. di Blasi (Projektleiter), L. Pellini

Tragwerksplanung:
Ove Arup & Partners, London
Peter Rice, T. Carfrae, R. Kinch, A. Lenczner

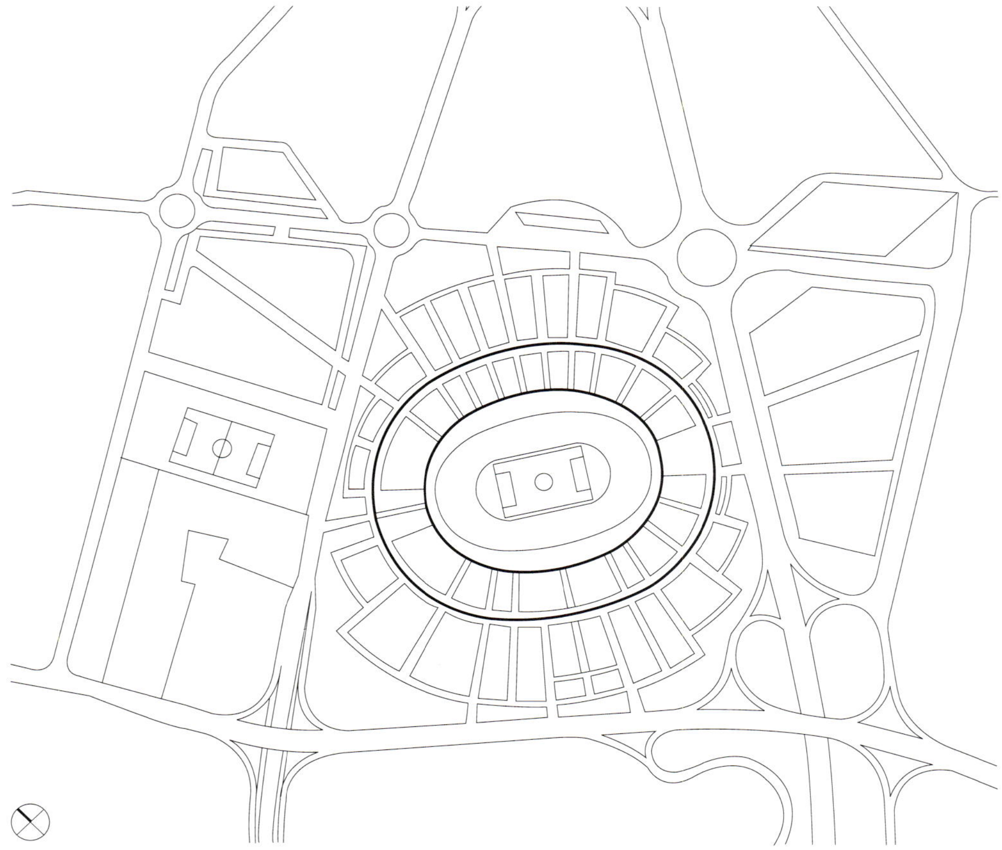

Lageplan M 1:10000

Das neue Fußballstadion in Bari ist für über 60.000 Zuschauer konzipiert und liegt außerhalb des Stadtzentrums in einem Vorort. In der ebenen apulischen Landschaft sind die Tribüne und die Aufbauten des Stadions schon von weitem sichtbar. Große Grünflächen fassen das Areal weiträumig ein und bilden einen Kontrapunkt zur monumentalen Architektur Um Ausschreitungen zu vermeiden, sind rivalisierende Zuschauergruppen auf dem Weg von und zu den Parkplätzen konsequent getrennt. Das Stadion besteht aus einem radialen System mit 26 Achsen, die den Zugängen entsprechen. Der untere Teil der Tribüne ist wie eine Arena in die Erde eingegraben. Der Haupterschließungsgang, der zwischen diesem Teil und dem Tribünenaufbau verläuft, erscheint als Fortsetzung der umgebenden Bodenfläche, so daß eine Transparenz zwischen Außenraum und Fußballfeld entsteht. Der obere Tribünenring ist vom Boden abgehoben und setzt sich aus 312 sichelförmigen Stahlbetonfertigteilen zusammen, die vor Ort auf Betonstützen vergossen wurden. Unter den auskragenden oberen Tribünen liegen Nebenräume, der Verwaltungsbereich und Serviceeinrichtungen. Darunter befinden sich die Spielerkabinen und Aufwärmhallen, deren Zugänge im Notfall als Fluchtweg dienen. Ein lichtdurchlässiges Dach aus teflonbeschichtetem Glasfaser-Gewebe ist über eine Stahlkonstruktion zwischen den sichelförmigen Fertigteilen gespannt und verbindet die Tribünensektoren. Die aus vielen Stadien bekannten unangenehmen Windwirbel werden vermieden, indem der Abstand der vorderen Dachkanten vom Spielfeldrand größer angelegt ist als die Dachhöhe über dem Spielfeld. In den hinteren Wänden der oberen Sitzreihen sind kleine Öffnungen angeordnet, die einen kontinuierlichen Luftstrom gewährleisten.

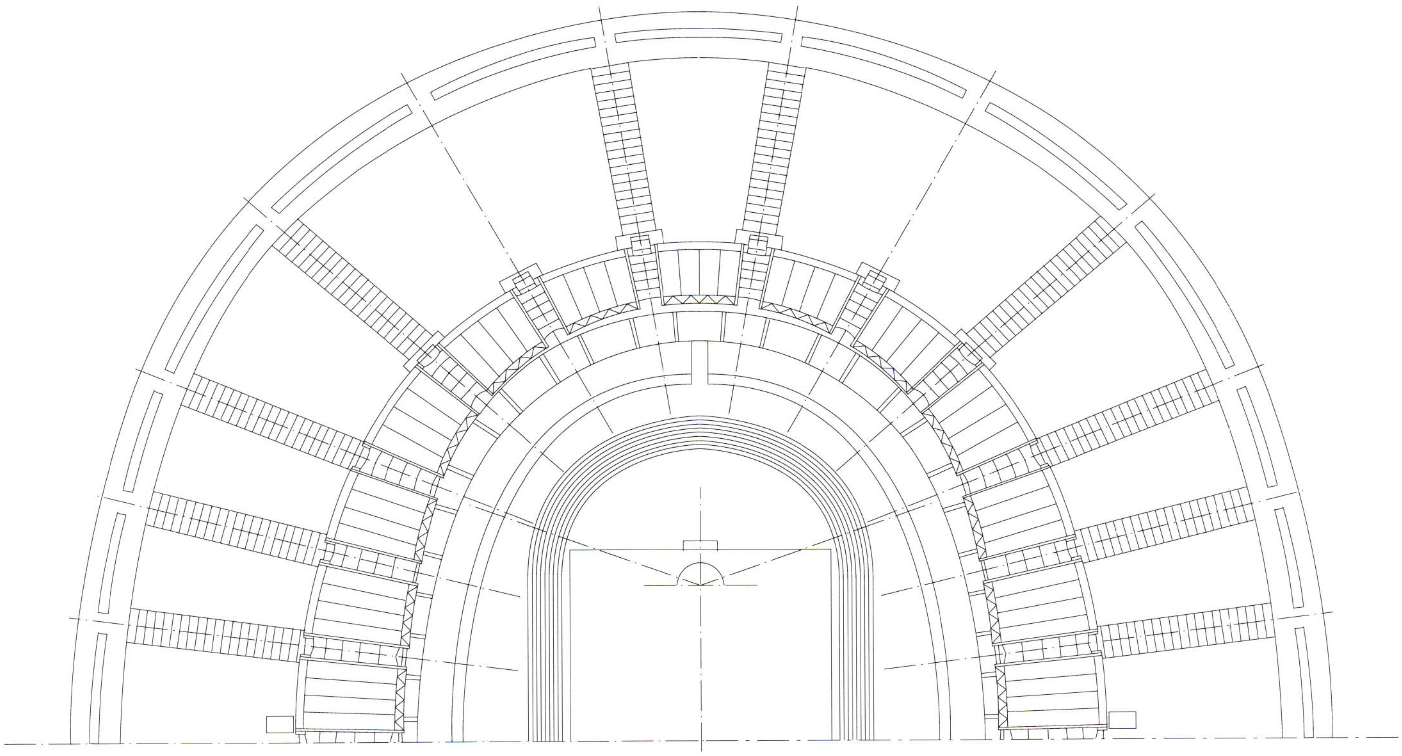

Grundriß M 1:2000

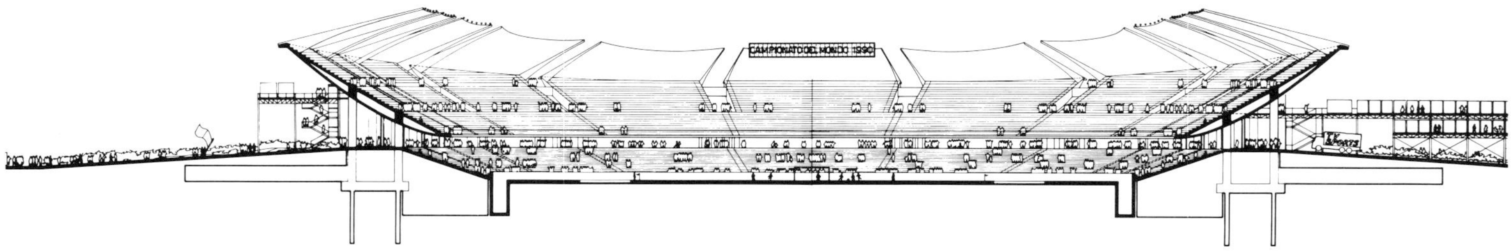

Schnitt M 1:5000

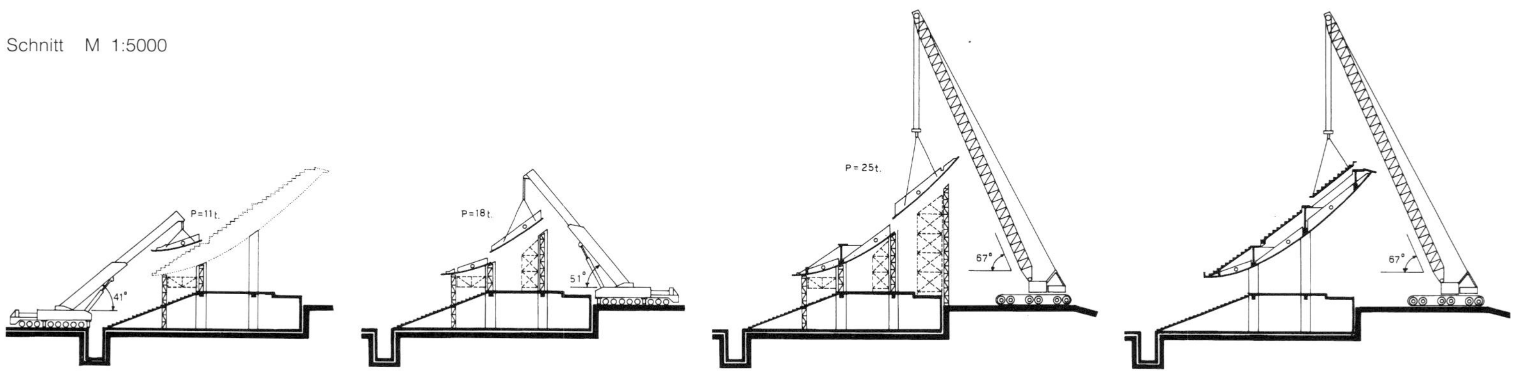

Montage der oberen Ränge

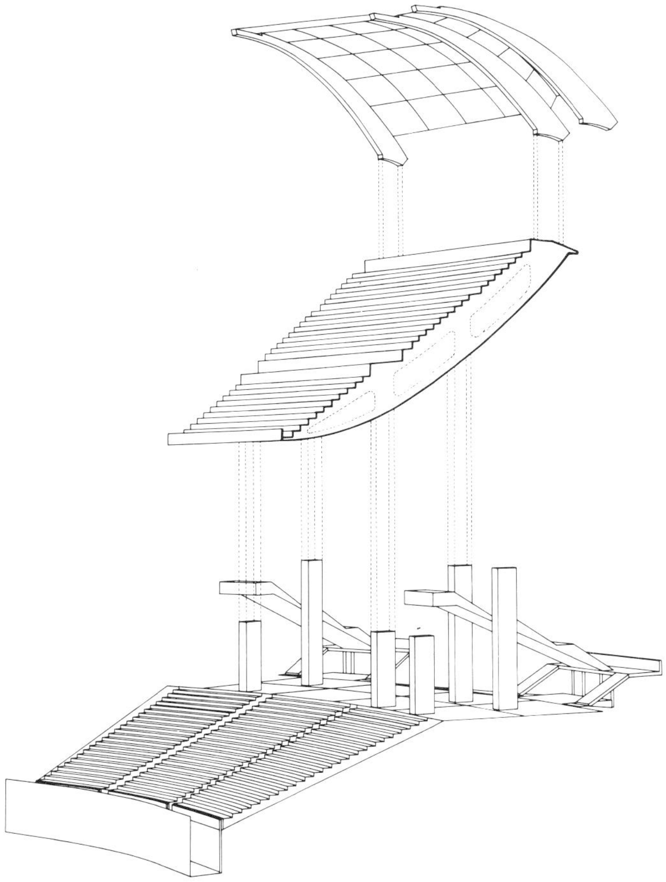

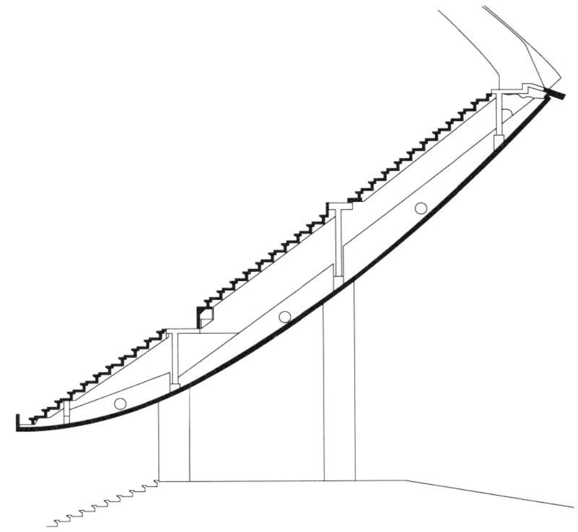

Detailschnitt M 1:500

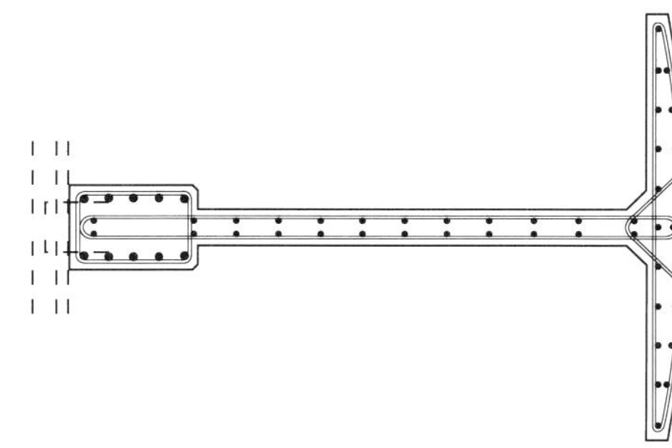

Detail M 1:50

Sachregister mit Glossar

Betonfestigkeitsklassen und mechanische eigenschaften in N/mm² nach EC 2

Festigkeitsklasse		**C12/15**	C16/20	**C20/25**	C25/30	**C30/37**	C35/45	**C40/50**	C45/55	**C50/60**
Druck-	$\lvert f_{ck} \rvert$	12	16	20	25	30	35	40	45	50
festigkeit	$\lvert f_{cm} \rvert$	20	24	28	33	38	43	48	53	58
Zug-	f_{ctm}	1,6	1,9	2,2	2,6	2,9	3,2	3,5	3,8	4,1
festig-	$f_{ctk;\,0,05}$	1,1	1,3	1,5	1,8	2,0	2,2	2,5	2,7	2,9
keit	$f_{ctk;\,0,95}$	2,0	2,5	2,9	3,3	3,8	4,2	4,6	4,9	5,3
E-Modul	E_{cm}	26000	27500	29000	30500	32000	33500	35000	36000	37000
Grenz-	$\varepsilon_{cu} \cdot 10^{-3}$ 1)	–3,6	–3,5	–3,4	–3,3	–3,2	–3,1	–3,0	–2,9	–2,8
dehnung	$\varepsilon_{cu} \cdot 10^{-3}$ 2)	–3,5	–3,5	–3,5	–3,5	–3,5	–3,5	–3,5	–3,5	–3,5

1) σ-ε-Linie für die Schnittgrößenermittlung

2) σ-ε-Linie für die Querschnittsbemessung

Die **fett** gedruckten Festigkeitsklassen sind bevorzugt.

Zwischen den Tabellenwerten bestehen folgende Beziehungen:

Druckfestigkeit
charakteristischer Wert f_{ck}
Mittelwert $f_{cm} = f_{ck} + 8$
Zugfestigkeit
Mittelwert $f_{ctm} = 0{,}3 f_{ck}^{2/3}$
unterer Fraktilwert $f_{ck;\,0,05} = 0{,}7\, f_{ckm}$
oberer Fraktilwert f_{ck}; $0{,}95 = 1{,}3\, f_{ctm}$
E-Modul
Mittelwert $E_{cm} = 9500\, f_{cm}^{1/3}$

Der Bemessungswert des Widerstands (der Tragfähigkeit) aus den charakteristischen Festigkeitswerten f_{ck} für Beton, f_{yk} für Stahl, f_{pk} für Spannstahl wird durch Division mit den Teilsicherheitsbeiwerten ermittelt.

Teilsicherheitsbeiwert für Baustoffeigenschaften

Lastkombination	Beton γ_c	Betonstahl, Spannstahl γ_s
Grundkombination	1,5	1,15
Unfallkombination	1,0	1,00

Betondeckung der Bewehrung

Die Bewehrung bedarf einer Betondeckung zu
- Korrosionsschutz
- Sicherung des Verbundes
- Brandschutz (S. 90)

Mindestmaße min c der Betondeckung zum Schutz der Bewehrung gegen Korrision in mm nach EC2

Umwelt-klasse	Beispiele für Umwelt-bedingungen	Betonstahl allg.	Flächen-tragwerke	≥ C40/50	Spannstahl allg.	Flächen-tragwerke	≥ C40/50
1	Innenräume von Wohn- oder Bürogebäuden (gilt nur dann, wenn während der Bauausführung über längere Zeit keine schlechteren Bedingungen vorhanden sind)	15	15	15	25	25	25
2 2a	• Gebäuderäume mit hoher Feuchte (z.B. Wäschereien) • Außenbauteile • Bauteile in nicht angreifendem Boden und/oder Wasser	20	15	15	30	25	25
2b	• Außenbauteile, die Frost ausgesetzt sind • Bauteile in nichtangreifendem Boden/ Wasser mit Frost • Innenbauteile bei hoher Luftfeuchte mit Frosteinwirkung	25	20	20	35	30	30
3	Außenbauteile, die Frost und Taumitteln ausgesetzt sind	40	35	35	50	45	45
4 auch mit Frost	• Bauteile im Spritzwasserbereich oder ins Meerwasser eintauchende Bauteile, bei denen eine Fläche der Luft ausgesetzt ist • Bauteile in salzgesättigter Luft (unmittelbarer Küstenbereich)	40	35	35	50	45	45
5 5a	Schwach chemisch angreifende Umgebung (gasförmig, flüssig, fest) Aggressive industrielle Atmosphäre	25	20	20	35	30	30
5b	Mäßig chemisch angreifende Umgebung (gas förmig, flüssig, fest)	30	25	25	40	35	35
5c	Stark chemisch angreifende Umgebung (gasförmig, flüssig, fest)	40	35	40	50	45	50

Betonstahl nach EC 2
kursiv: DIN zum Vergleich

Erzeugnisform	Stäbe		Ringe		geschweißte Betonstahlmatten	
Stahlsorte	B500 H	B500 N[1]	B500 H	B500 N	B500 H	B500 N
Nenndurchmesser d_s mm	6÷40 *6÷28*	6÷16		4÷16	6÷16	4÷16 *4÷12*
Steckgrenze R_e (N/mm²)	500					
Zugfestigkeit R_m (N/mm²)	540 *550*	515[2] 525	540	515[2] 525	540	515 525 *550*
Gesamtdehnung bei der Höchstzugkraft (%) *Bruchdehnung*	5,0 *1,0*	2,0	5,0	2,0	5,0	2,0 *1,0*
Dauerschwingfestigkeit (N/mm²) (Schwingbreite $2\sigma_A$)	d_s 6÷20 200 d_s>20 150	200			100	
Schweißeignung für Verfahren	*E, MAG, GP, RA, RP*					*E, MAG RP*

H N	Duktilität	hoch normal

[1] Aus Ringen abgehängt und gerichtet
[2] Noch nicht endgültig festgelegt

Schweißverfahren
E Metall-Lichtbogenhandschweißen $d_s \geq 8$ mm
MAG Metall-Aktivgasschweißen $d_s \geq 6$ mm
GP Gaspreßschweißen
RA Abbrennstumpfschweißen
RP Widerstandspunktschweißen

den Erhärtungsverlauf. Auch das Erstarrungsverhalten des Frischbetons wird durch die Temperatur beeinflußt. Die B. ist deshalb beim Betonieren während extrem kalter und extrem warmer Außentemperaturen zu beobachten. Die Einbautemperatur soll i.d.R. + 30 °C nicht über- und + 5 °C nicht unterschreiten.

Betonverarbeitung
Teilbereich der Betonherstellung mit den Arbeitsschritten → Fördern, → Einbringen, Verteilen und → Verdichten sowie Herstellen eines Oberflächenschlusses der ungeschalten Flächen, die am noch verarbeitbaren Frischbeton ausgeführt werden. Der Arbeitsablauf ist so einzurichten, daß bei möglichst kurzen und gleichbleibenden Transport- und Förderzeiten des Betons festgelegte Betonierabschnitte eingehalten werden können. Der Beton wird am besten sofort nach dem → Mischen verarbeitet. Ist dies ausnahmsweise nicht möglich, so muß er gegen Witterungseinflüsse (Sonne, Wind, Regen) geschützt werden. Im allgemeinen sollte Baustellenbeton bei trockenem und warmem Wetter innerhalb einer halben Std. und bei kühler und feuchter Witterung innerhalb einer Std. eingebracht und verdichtet sein. → Transportbeton

Betonverklebung
Für die Ausführung von schubfesten Klebeverbindungen zwischen Stahlplatten und Stahlbeton-Bauteilen ist eine bauaufsichtliche Zulassung des → DIBT erforderlich. Methode zum Verstärken von Stahlbeton-Bauteilen durch Aufkleben von Stahllaschen; im Fertigteilbau und Freivorbau zum Kleben von Segmenten. Das Verfahren darf für dynamische Beanspruchungen nicht eingesetzt werden und die Brandsicherheit muß für den Einzelfall nachgewiesen werden. Das Kleben von Segmenten ist in DIN 4227, Teil 3 geregelt. Als Bindemittel kommen Reaktions-Kunstharze oder Zemente mit Kunstharzzusätzen in Frage. Die Klebefugen (Preßfugen) werden in den Bereichen, in welchen Schubkräfte übertragen werden, mit einer feinen Verzahnung – ähnlich der Keilzinkung in Holzleimbau – ausgeführt. Praktische Kenntnisse über B. werden im Rahmen von SIVV (Schutz, Instandsetzen, Verbinden, Verstärken) - Lehrgängen vermittelt.

Beton, wasserundurchlässiger
Bei der Prüfung nach DIN 1048 darf die Wassereindringtiefe als Mittel von drei Probekörpern 50 mm nicht überschreiten. Er wird dort benötigt, wo Betonbauteile längere Zeit einseitig dem Wasser ausgesetzt sind (z.B. Wasserbehälter, Schleusen, Schwimmbecken oder Rohrleitungen). → Weiße Wanne

Das Mischungsverhältnis wird in Gewichtsanteilen der einzelnen Komponenten angegeben und festgelegt (→ Festraum, Stoffraumrechnung). Die Feuchte des Zuschlags muß entsprechend berücksichtigt werden. Der Beton muß so viel Zement enthalten, daß die geforderte Druckfestigkeit und, bei bewehrtem Beton, ein ausreichender Schutz der Stahleinlagen vor Korrosion erreicht werden können. Der Betonzuschlag, seine Aufteilung nach → Korngruppen und die Kornzusammensetzung des Zuschlaggemisches müssen bei der Herstellung des Betons der → Eignungsprüfung entsprechen und eine sachgerechte → Betonverarbeitung ermöglichen. Besonders bei Sichtbeton muß der Frischbeton leicht verarbeitbar sein und ein gutes Wasserhaltevermögen haben. Auf eine gleichbleibende Betonzusammensetzung ist besonders zu achten.

Im Stahlbeton werden die Zugkräfte durch → Betonstähle aufgenommen, die zu diesem Zweck in den zugbeanspruchten Bereich gelegt werden (Zugbewehrung). Daneben kann sie auch zur Aufnahme von Schubkräften als Schubbewehrung und zur Verstärkung der Druckzone als Druckbewehrung eingesetzt werden.

Bewehrungssuche
Feststellen der Bewehrungslage in fertigen Stahlbetonbauteilen. Bewehrungssuchgeräte arbeiten auf elektromagnetischer Basis und sind auch zum Aufspüren von Leitungen verwendbar.

Bluten
Neigung zum Wasserabsondern von Betonmischungen. Wegen seiner im Vergleich zum Wasser etwa dreimal größeren Dichte neigt der Zement im Zementleim zum Setzen. Dadurch sammelt sich an der Oberfläche des Betons eine mehr oder weniger dicke und klare Wasserschicht an. Diese Neigung zum Wasserabsondern nimmt mit dem Wasserzementwert stark zu; sie ist bei grob gemahlenen Zementen stärker als bei feingemahlenen. In Beton ist das Wasserabsondern nicht so stark ausgeprägt wie in reinem Zementleim, da die feinen Zuschlagkörner einen Teil des Anmachwassers zum Benetzen benötigen.

Carbonatisierung
Bildung von Calziumcarbonat aus dem Kalkhydrat des Zementsteins infolge der Einwirkung von Kohlensäure: $Ca(OH)_2 + CO_2$ ergibt $CaCO_3 + H_2O$. Die Kohlensäure kann aus der umgebenden Luft stammen oder durch kohlensäurehaltiges Wasser zugeführt werden. Für den Korrosionsschutz der Bewehrungseinlagen von Stahlbeton ist die C. von größter Wichtigkeit. Die Betondeckung muß immer so dick sein, daß die carbonatisierte Schicht nicht bis an die Bewehrung heranreicht.

Dampfbehandlung
Verfahren zur → Wärmebehandlung des Betons, um die → Frühfestigkeit zu erhöhen. Vorwiegend im Fertigteilbau eingesetzt, wird der verdichtete Frischbeton meist in besonderen Kammern einer Wärmebehandlung mit ungespanntem Sattdampf unter 100 °C ausgesetzt. Die Minderung der Endfestigkeit ist vernachlässigbar gering bei einer langen Behandlungszeit (ca. 1 Tag). Bei einer Verkürzung muß mit einer Minderung der Endfestigkeit von 20 % bis 40 % gerechnet werden.

DIBT
Deutsches Institut für Bautechnik, Berlin; früher: Institut für Bautechnik, IfB.

Durchfrieren
Bei kühler Witterung tritt eine Verzögerung des Erstarrens und der Festigkeitsentwicklung ein. Bei Frost kommt die Festigkeitsentwicklung praktisch zum Stillstand. Gefriert Wasser in jungem Beton, so kann das Betongefüge durch den dabei entstandenen Eisdruck gelockert oder gar gesprengt werden. Der Beton sollte so zusammengesetzt und geschützt sein, daß er möglichst schnell ein einmaliges D. ohne Schädigung übersteht. Diese Gefrierbeständigkeit ist erfahrungsgemäß dann erreicht, wenn der Beton eine Druckfestigkeit von wenigstens 5 N/mm² aufweist.

E-Modul 105
Eigenfrequenz 95
Eigenlast 56, 57, 155
- Belag 56
- Mörtel 56

Eigenspannungen
entstehen im Beton vorwiegend infolge Schwinden des Zementsteins, wobei dieser durch Wasserverdunstung austrocknet. Bei ungleicher Wärmedehnung von Zementstein und Zuschlag sind ebenfalls E. in einem Betongefüge möglich.

Eignungsprüfung
dient dazu, vor Verwendung des Betons festzustellen, welche Zusammensetzung er haben muß, um ihn mit den in Aussicht genommenen Ausgangsstoffen und der vorgesehenen → Konsistenz unter den gegebenen Verhältnissen der betreffenden Baustelle zuverlässig zu verarbeiten und die geforderten Eigenschaften sicher zu erreichen.

Einbringen
Der Frischbeton wird vor dem → Ansteifen zur endgültigen Formgebung in die Schalung eingebracht. Dabei darf er sich nicht → entmischen. Vor dem E. ist die Schalung von allen losen Materialien zu reinigen und ggf. vorzunässen. Die freie Fallhöhe des Betons sollte nicht größer als 2 m sein, ansonsten sind Schüttrohre einzusetzen. Schüttgeschwindigkeit des einzubringenden Betons – vor allem für Stützen und Wände – und Tragfähigkeit der Schalung sind aufeinander abzustimmen. Nach Möglichkeit ist der Betoniervorgang – insbesondere bei Sichtbeton – nicht zu unterbrechen. Der Beton sollte in möglichst gleichmäßig dicken waagerechten Schichten eingebracht werden. Als Richtmaß für die Schütthöhe können 50 cm gelten.

Einkornbeton
Haufwerksporiger Beton, dessen Zuschlag nur aus einer Korngruppe besteht. → Einkornzuschlag

Einkornzuschlag
Körner nahezu gleicher Korngröße (Durchmesser Größtkorn = 2 Durchmesser Kleinstkorn) mit rd. 35 Vol.-% Porenraum für haufwerksporige Betone. → Einkornbeton

Einlegestein 232

Einpressen
Einbringen des Zementmörtels unter Druck in die Spannkanäle beim Spannbeton sowie der Zementschlämme bei der Bodenverfestigung.

Einpreßmörtel
Er dient zum Verfüllen der Spannkanäle von Bauteilen aus Spannbeton mit nachträglichem Verbund. Maßgebend für seine Herstellung, seine Eigenschaften und seine Prüfung ist DIN 4227, Teil 5.

Eisbildung 160
Eisenbeton 9, 13, 14, 15, 16, 18, 19, 20, 21, 22, 23
Eisenbetonschale 24
Eisengranulat 48
Eisenoxid-Pigment 62
Eisenoxidgehalt 61
Eisenportlandzement (EPZ)
→ Portlandhüttenzement
Elastizitätsmodul 57, 58
Elastizitätstheorie 16, 121, 149
Elastomerlager 105, 113, 114, 128

Elektrobeheizung
Verfahren zur → Wärmebehandlung von Beton. Man unterscheidet zwei Verfahren: 1. Beheizung von außen durch elektrische Heizelemente. Zu dieser Methode gehören das elektrische Beheizen der Schalung oder die Verwendung von elektrisch beheizten Abdeckmatten und im Fertigteilbau das Aufwärmen des Fugenmörtels durch Heizleiter, die in der Nähe der Fugen in den Fertigteilen eingebaut sind. 2. Beheizung von innen durch Heizdrähte. Das Erwärmen erfolgt bei diesem Verfahren durch Heizdrähte im Beton, die vor dem Betonieren in der Schalung verlegt werden. Hierbei wird mit Spannungen bis zu etwa 40 Volt gearbeitet.

Emplekton 10
Endkriechzahl 58
Endschwindmaß 58
Energieeinsparung 44, 83, 84

Entmischen
Die Trennung der gröberen und feineren Bestandteile des Betons. Der Vorgang kann beim → Fördern und → Einbringen des Frischbetons auftreten. Dies muß durch geeignete Maßnahmen verhindert werden.

Epoxidharz 70, 164

Erhärten
Verfestigung des → Zementleims zu Zementstein. Die Festigkeitsentwicklung des → Portlandzements, → Portlandhüttenzements und → Hochofenzements ist in erster Linie von der → Hydratation des schnell reagierenden Tricalciumsilicats und des langsamer reagierenden Dicalciumsilicats abhängig. Im → Portlandpuzzolanzement reagiert der Traß als natürliches → Puzzolan mit dem bei der Hydratation des Portlandzementklinkers frei werdenden Calciumhydroxid unter Bildung von Calciumsilikathhydrat. Die Hydratationsprodukte des → Portlandölschieferzementes entsprechen denen des Portlandzements.

Erhärtungsgeschwindigkeit
Zeitlicher Verlauf der Festigkeitsentwicklung, der beim → Zementleim von vielen Einflüssen, wie z.B. der → Mahlfeinheit des Zements, der Zementart, der Zementleimtemperatur (→ Betontemperatur), dem → Wasserzementwert, den Zusatzstoffen und der → Nachbehandlung abhängt.

Ersatzlast 58
Erschließungskerne, Ortbeton 123

Erstarren
Definierte Viskositätszunahme von Zementleim innerhalb zeitlich festgelegter Grenzen. → Erstarrungszeit

Erstarrungszeit
Zeitspanne zwischen dem Erreichen der Viskositätszustände eines Betons. Nach der Zugabe von Anmachwasser geht der flüssige → Zementleim in den festen Zementstein über. Diese Zustandsänderung von flüssig nach fest geschieht nicht schlagartig. Es werden drei Phasen (Ansteifen, Erstarren, Erhärten) unterschieden. Ausgehend von einer Ausgangsviskosität (Vo), der Normsteife, werden den drei Phasen gemäß DIN 1164 Viskositätsbereiche zugeordnet. Die E. wird definiert durch die Viskosität VA als Erstarrungsbeginn und die Viskosität VE als Erstarrungsende. Gemessen werden diese Viskositäten mit dem Nadelgerät von Vicat. Nach DIN 1164 darf das Erstarren frühestens eine Std. nach dem Anmachen beginnen und muß spätestens nach zwölf Stunden beendet sein.

Erwärmen (von Beton)
Maßnahmen beim Betonieren bei kühler Witterung.
1. E. des Zugabewassers und/oder der Zuschläge, um die Mindesttemperatur des Frischbetons beim → Einbringen zu garantieren.
2. E. der den Frischbeton umgebenden Luft bzw. Schalung, um das → Erhärten zu beeinflussen oder Frosteinwirkung auf den jungen Beton zu verhindern. → Wärmebehandlung, → Winterbaumaßnahmen

Erzeugende 148, 151, 152, 153
Eurocode 45, 100

Fahrschalung
Schalung, die stetig (→ Gleitschalung) oder taktweise verschoben wird; Einsatz z.B. beim Tunnelbau in offener Baugrube.

Fallrohr (Schüttrohr)
verhindert das → Entmischen des Betons beim → Einbringen aus größerer Höhe. Die F. sind leicht konisch geformte Stahlblechrohre, die nach Bedarf aneinander gehakt werden können. Bereits bei der Planung sind Öffnungen in der Bewehrung für das Einführen der F. vorzusehen. Durch möglichst kurze Abstände der Schüttrohre läßt sich die Bildung von Schüttkegeln vermeiden. → Bentonitverfahren, → Unterwasserbeton

Faltwerk 23, 35, 101, 143
- allgemein 156
- balkenartig 143
- bogenartig 143
- rahmenartig 143
Farbbeschichtung 62
Farbgestaltung 70
Farbigkeit 69
Farbpigment 62
Farbwirkung 64

Faserbeton
Beton, bei dem dem → Zementleim bzw. dem Frischbeton Fasern zugegeben werden, um die Zugfestigkeit, Schlagfestigkeit und Verformbarkeit des Festbetons zu erhöhen. Praktische Bedeutung haben Asbest-, Kunststoff-, Glas- und Stahlfasern erlangt. → Glasfaserbeton, → Stahlfaserbeton, → Faserspritzbeton

Faserspritzbeton
Sammelbegriff für im Spritzverfahren hergestellten Beton, dessen Mischung zur Verbesserung bestimmter Eigenschaften Fasern in Form von Häcksel aus unterschiedlichen Materialien als Bewehrung zugegeben werden. In Frage kommen hierfür hauptsächlich Stahl-, Glas-, Kohlenstoff- sowie verschiedene Kunststoff-Fasern, z.B. Acryl und Polyaramid. Glasfasern, die als Verstärkungskomponente einer Zementsteinmatrix dienen sollen, müssen eine erhöhte Alkalibeständigkeit aufweisen. → Stahlfaserspritzbeton

Faserzement
Sammelbegriff für zementgebundene Faserverbundwerkstoffe. Ältester Vertreter der Faser-Zement-Baustoffe ist Asbestzement.

Fassade 128ff
- nichttragend
  Fassadenplatte 176
  Befestigung 179
Fassadenstruktur 130
Fassadenverkleidung, Ortbetonbau 128
Feinschleifen 66, 68
Feinsieb 103
Feinwaschen 69, 246
Feld
- elektrisches 82
- elektromagnetisches 82, 83
- elektrostatisches 82
- luftelektrisches 82
- magnetisches 82
Feldfabrik 15, 102
Feldmoment 143
Ferciment 14

Ferrozement (ferro cemento) 31, 111
Verbundwerkstoff aus Zementmörtel mit Drahtbewehrung für dünnwandige Fertigteilelemente (s. Pier Luigi Nervi, S. 31). Wird auch für den Bootsbau verwendet.

Fertigteil 15, 25, 28, 38, 39, 40, 102, 230, 234, 238, 244, 246, 248, 258
Fertigteil-Außenwand 128ff
- Herstellung 129f
  Negativverfahren 130
  Positivverfahren 130
- Porenbeton 130
- Tragschicht 128, 129
- Vorsatzschicht 128, 129, 130
- Wärmedämmschicht 128, 129
Fertigteilkonstruktion 105, 244
Fertigteilsystem 17
Fertigteiltafel 106
Fertigteilwand, Belastung 121, 122
Fertigteilwandtafel 121
Festbeton 51

Festbetonrohdichte
ist vorrangig von der Dichte der Betonausgangsstoffe, aber auch von der Verdichtung des Frischbetons und vom Feuchtigkeitsgehalt des Festbetons abhängig. Die F. im lufttrockenen Zustand schwankt z.B. bei Normalbeton zwischen 2100 und 2400 kg/m³.

Festigkeitsentwicklung 50
des Zementes und des Betons sind abhängig vom Alter, vom → Wasserzementwert, von der → Zementart, der Zementfestigkeitsklasse, den → Zusatzstoffen und den Lagerungsbedingungen (Temperatur und Feuchtigkeit). Sie nimmt anfangs schneller, später immer langsamer werdend bis zur vollständigen Hydratation zu. Die Einflüsse wirken sich besonders stark auf die Anfangserhärtung in den ersten Tagen aus. Niedriger Wasserzementwert und höhere Zementfestigkeit bringen eine schnellere F. Ebenso wird sie durch höhere Temperatur beschleunigt. Voraussetzung für eine ungestörte F. ist ausreichende Feuchtigkeit des Betons.

Festigkeitsklassen 45, 47, 54, 61, 62, 228

Festraum (Stoffraum)
Porige Körper und Schüttgüter bestehen nur z.T. aus festem Stoff, ein mehr oder weniger großer Teil von ihnen besteht aus dem Hohlraum oder Poren-

raum, der mit Luft oder aber auch mit Wasser oder einer anderen Flüssigkeit gefüllt sein kann. F. und Hohlraum ergeben den Gesamtraum.

Feuchthalten
Maßnahme zum → Nachbehandeln von Beton. Der Beton ist in den oberflächennahen Bereichen bis zum genügenden Erhärten gegen Austrocknen zu schützen. Übliche Verfahren für das F. sind: Belassen in der Schalung, Abdecken mit Folien, Aufbringen wasserhaltender bzw. wasserabhaltender Abdeckungen, Aufsprühen von flüssigen Nachbehandlungsmitteln. Das früher verwandte Besprühen mit Wasser ist schädlich, da es Temperaturspannungen und daher Risse verursacht (s. Dehnfugen S. 104ff).

Feuchtigkeitsschutz 74, 90, 162

Feuchtlagerung
Methode der → Nachbehandlung von Probekörpern aus Beton und Mörtel. Für die → Eignungsprüfung und Güteprüfung sind die Probekörper nach dem Entformen auf einem Lattenrost unter Wasser oder in einer Feuchtkammer zu lagern. Bei Probekörpern aus Leichtbeton, ist eine Feuchtigkeitsaufnahme während der Dauer der F. zu verhindern.

Feuerwiderstand 88
Feuerwiderstandsklassen 88, 89, 90, 95, 96, 97, 107, 116
Filigrandecken-Element 238
Finite-Element-Methode (FEM) 152, 156
Flachdecke 112
Flachrüttler 159
Flächentragwerk 22f, 101, 143ff
- balkenartiges 143, 146, 148
- Berechnung 148
- Betonierung 159
- bogenartiges 143, 148
- Faltwerk 143
- rahmenartiges 143, 148
- Rotationsschale 148f
- Schale 101, 143
- Überdachung 143
- Übersicht 144f
Flammstrahlen 68
Flankenübertragung 88
Fleckenbildung 64

Flickmörtel
Mörtel, der zum Ausbessern einzelner Fehlstellen an Betonbauwerken oder -bauteilen verwendet wird. Es sind entweder reine Zementmörtel (Kurzzeichen CC), kunststoffmodifizierte Zementmörtel (PCC) oder Reaktionsharzmörtel (PC).

Fließbeton 50
Frischbeton, mit einem Ausbreitmaß von mehr als 49 cm und höchstens 60 cm, der ein gutes Fließvermögen und ein ausreichendes Zusammenhaltevermögen aufweist. Er wird aus Frischbeton des Konsistenzbereichs plastisch bis weich (KP/KR) durch nachträgliches Zumischen eines sehr wirksamen Betonverflüssigers, eines Fließmittels hergestellt. Da die Fließmittel nur begrenzte Zeit wirksam sind, z.B. 30 Min., wird F. oft auf der Baustelle, durch Zugabe von Fließmittel in das Mischfahrzeug, hergestellt. Dieses Verfahren ist durch die Richtlinien für die Herstellung und Verarbeitung von F. geregelt. Entgegen früheren Annahmen muß auch F. beim Einbau verdichtet werden, jedoch ist dieser Aufwand minimal. F. unterscheidet sich in seinen sonstigen Eigenschaften – Festigkeit, Schwinden, Kriechen usw. – i.d.R. nicht von dem Ausgangsbeton ohne Fließmittel und gleicher Verdichtung.

Fließspannung 105
Flugasche 47, 61
Feinkörniger Verbrennungsrückstand von Kohlenstaub, der bei der Reinigung der Abgase von Dampferzeugern in Kraftwerken anfällt und als Zusatzstoff für Zement und Beton Verwendung findet. Sie besteht z.T. aus kugeligen Partikeln mit puzzolanischen Eigenschaften. Ihre Zusammensetzung hängt in starkem Maß von Art und Herkunft der Kohle und den Verbrennungsbedingungen ab.

Flugaschehüttenzement (FAHZ)
→ Portlandflugaschehüttenzement

Flugaschezement (FAZ) → Portlandflugaschezement

Fördern (von Beton)
des Frischbetons beginnt mit der Übergabe des Transportbetons auf der Baustelle bzw. bei Baustellenbeton mit der Entleerung des Mischers; es endet an der jeweiligen Einbaustelle. Förderart und Betonzusammensetzung sind so aufeinander abzustimmen, daß → Entmischungen zuverlässig verhindert werden. Außerdem hängt die Wahl des Fördermittels (Krankübel, Pumpe, Förderband usw.) von den Besonderheiten der jeweiligen Baustelle, der einzubringenden Menge, der Förderweite und -höhe, den Bauteilabmessungen und den verfügbaren Geräten ab. In Kran- oder Aufzugkübeln wird vorwiegend weicher Beton (KR) oder plastischer (KP) gefördert. Eine → Entmischung ist bei dieser Förderart nicht zu befürchten, solange die Verschlußklappen der Kübel dicht schließen und somit kein Zementleim auslaufen kann. Werden fahrbare Behälter, z.B. sog. »Japaner«, eingesetzt, besteht bei langen und unebenen Wegen die Gefahr einer Entmischung des Betons, vor allem bei weicher Konsistenz (KR). Auf offenen Lastkraftwagen sollte nur steifer Beton (KS) gefahren werden. Er ist dabei mit Planen oder Folien abzudecken, um das Austrocknen oder die Aufnahme von Niederschlagwasser zu verhindern. Mit Förderbändern sollte nur plastischer Beton (KP) gefördert werden. Bei der Bandförderung von steifem (KS) oder weichem (KR) Beton ist wegen der Entmischungsgefahr Vorsicht geboten. Beim Pumpen von Frischbeton durch Rohrleitungen ist besonders darauf zu achten, daß keine Entmischung auftritt, da diese zu einer Verstopfung der Rohre führen kann.
→ Pumpbeton

Fortluftführung 226
Freyssinet-Verfahren 17
Frischbetondruck 57

Frischbetongefüge
Zusammenhalt von Zementleim und Zuschlag. Ein schlechtes F. führt z.B. zu → Entmischungen, Wasserabsonderung und zu schlechter Verarbeitbarkeit. Ein gutes F. wird u.a. erreicht durch günstig zusammengesetzte Korngemische und ggf. durch die Verwendung von Betonzusätzen.

Frischbeton-Prüfung
Erforderliche Untersuchungen an frischem Beton, deren Prüfergebnisse Aussagen über die zu erwartenden Eigenschaften des Festbetons gestatten. Die Frischbetonprobe muß dem Durchschnitt der zu beurteilenden Betonmenge entsprechen. Folgende Prüfungen sind üblich: Frischbeton-Rohdichte, → Konsistenz, → Zementgehalt, → Wasserzementwert

Frischbetonrohwichte 57
Frostbereich 160
Frostschürze 160

Frostwiderstand
Eigenschaft von Beton und Beton-Zuschlag, Frostbeanspruchungen ohne Schäden auszuhalten.

Frühfestigkeit
Betonfestigkeit im Alter von einigen Std. oder Tagen; kann durch → Betonzusammensetzung und/oder → Wärmebehandlung gesteigert werden. Wichtig für schnellere Bauwerksnutzung, früheres Entschalen von Fertigteilen, verbesserte Gefrierbeständigkeit von jungem Beton.

Frühschwindrisse
häufig fälschlicherweise als »Schrumpfrisse« bezeichnet. F. entstehen in erster Linie an freiliegenden Oberflächen des frischen oder jungen Betons durch zu schnelles Austrocknen. Dieser Vorgang wird auch als »plastisches Schwinden« bezeichnet. So lange der Beton noch verformbar ist, können diese Risse durch nochmaliges Verdichten wieder geschlossen werden. Die Rißtiefe kann u.U. recht groß sein. Als Krakelee-Risse haben sie jedoch nur sehr geringe Rißtiefe.

Fuge 33, 61, 88, 89, 104, 106, 114, 121, 129, 133, 143, 177, 178, 179, 181, 188, 234
Fugenanteil 56
Fugenausbildung 116
Fugenband 177, 178, 179
Fugenbreite 128
Fugendichtigkeit 130
Fugendichtungsprofil 248

Füller
Fein aufgeteilte anorganische, natürliche mineralische oder künstliche Stoffe, die überwiegend physikalisch wirksam sind. Sie dürfen Betoneigenschaften, wie z.B. die Dauerhaftigkeit, nicht negativ beeinflussen.

Füllgrad (Füllungsgrad)
Mengenverhältnis 1 : X (nach Gewichtsteilen) zwischen einem Bindemittel (z.B. 1 Teil Reaktionsharz) und den ihm beigemischten nichtreaktiven Komponenten (z.B. X Teile feuergetrockneter Quarzsand). »Hochgefüllte« oder »abgemagerte« Mörtelmischungen sind somit durch einen verhältnismäßig niedrigen Bindemittelanteil gekennzeichnet.

Füllkorn
Korngröße, die gerade in den Raum zwischen den nächst größeren Körnern paßt, wenn sie nacheinander eingebracht werden. Theoretisch ist die Füllkorngröße das 0,155fache des nächst größeren Korns. Aus praktischen Erwägungen wird mit dem Wert 0,14 gerechnet.

Fundament 175
- Blockfundament 162
- Durchmesser 161
- Einzelfundament 160
- Köcherfundament 160, 161, 162
- Kreisfundament 160, 161
- Streifenfundament 160, 174, 228

Gabellagerung 139
Gasbeton → Porenbeton
Gaußsche Krümmung 155
Gebäudeausrüstung, technische 103, 112
Gebrauchstemperatur 105

Gefrierbeständigkeit (von Beton)
ist dann gegeben, wenn er einen einzelnen Frost-Tau-Wechsel ohne Schaden überstehen kann. Dies ist der Fall wenn die Druckfestigkeit ≥ 5 N/mm² ist. Voraussetzung dabei ist der Schutz des Betons vor starkem Feuchtigkeitszutritt.

Gefrierverfahren
Baugrundvereisung mit dem Ziel, den anstehenden Boden standfest und wasserundurchlässig zu machen. Als Vorteile können je nach Anwendungsfall genannt werden: Vermeidung einer Grundwasserabsenkung, Verminderung von Setzungen benachbarter Gebäude, Wegfall von Baugrubenumschließungen.

Gefüge, geschlossenes
Zusammenhalt von Zementstein und Zuschlag bei minimalem Gefügeporen-Anteil. Ein geschlossenes Gefüge ist bei Normalbeton die Voraussetzung für die Dauerhaftigkeit. Es entsteht einerseits durch einen günstig zusammengesetzten Frischbeton unter Verwendung sauberen Zuschlags und andererseits durch intensives → Mischen, → Verdichten und → Nachbehandeln.

Gefüge, poriges
1. Bei Normalbeton ist ein dichtes Gefüge, d.h. ein fester Zusammenhalt zwischen Zementstein und Zuschlag, Voraussetzung für seine Dauerhaftigkeit. P.G. bei Normalbeton ist i.d.R. auf eine schlechte Zusammensetzung, schlechtes Mischen, Verarbeiten und Nachbehandeln zurückzuführen und mindert die Festigkeit, Dichtigkeit und Dauerhaftigkeit. 2. Leichtbeton weist normalerweise ein p.G. auf. Es werden unterschieden → Haufwerksporen und → Kornporen. Darüber hinaus sind beide Porenarten vorhanden, wenn → Einkornbeton aus porigem Zuschlag hergestellt wird. 3. → Porenbeton.

Gefügedichtigkeit → Wasserdichtigkeit
Gelenkbildung, plastische 107
Gerberträger 116
Gesteinsmehl 47
Gewindestäbe 142
Gewölbeschub 10
Giebelstreifen 158
Gips 11
Gipskartonfläche 214
Gipsstein 61

Glasfaserbeton (GFB)
→ Faserbeton, dem alkaliresistente Glasfasern in Häckselform zugegeben werden, um die Zugfestigkeit, Schlagzähigkeit und Elastizität des Festbetons zu erhöhen. Der Anteil der Fasern im G. ist rel. gering. Er liegt zwischen 1 und 5 Vol.-%. Glasfasern lassen sich durch Einmischen, Einrieseln, Einlegen oder

Eintauchen in eine zementgebundene Matrix einbauen.

Glasstahlbeton
Bauart bzw. Konstruktion aus Glaskörpern und dazwischen angeordneten Stahlbetonrippen, bei der das Zusammenwirken dieser Baustoffe zur Aufnahme der Schnittkräfte nötig ist. Für Entwurf und Ausführung ist DIN 1045 Abschnitt 20.3 maßgebend. G. wird zur Herstellung von wenig belasteten Wänden, Decken und Dächern verwendet.

glattgeschalt 216, 224
Gleichfeld, geomagnetisches 83
Gleichgewichtsbedingung 149, 151
Griffhilfe 56
Griffloch 56

Gründruckfestigkeit
Festigkeit von Beton vor Beginn der Hydratation. Sie ist primär vom Wassergehalt und von der Verdichtungsenergie, sekundär von der Zementmenge und Zementmahlfeinheit, den Betonzusätzen und der Kornzusammensetzung der Zuschläge abhängig und kann durch Zusatz von Fasern auf mehr als das Doppelte gesteigert werden. Die G. liegt i.a. zwischen 0,1 und 0,5 N/mm².

Grundlärmpegel 86, 87
Gründung 226
- Flachgründung 160ff
- Pfahlgründung 162f
- Plattengründung 162
- Tiefgründung 162f
- Wannengründung 162
Gründungskörper 132
Gründungspfähle 162, 163
- Bohrpfähle 162, 164
- Fertigteilpfahl 162
- Ortbetonpfahl 162
- Rammpfahl 162
- Schraubpfahl 162
- Vollverdränger-Bohrpfahl 163
Grundwasserniveau 165
Gurtung 164
Gußbeton 28
Gußeisen 252
Gußgewölbe 12
Gußmauerwerk 10
Güteprüfung 51, 52

Haarnadel-Steckeisen 156
Haarriß 16

Haftbrücke
1. Schicht, die den Verbund zwischen einem vorhandenen Betonuntergrund und einer neuen Mörtelbeschichtung, z.B. bei der Instandsetzung von Stahlbetonoberflächen bzw. Betonschichten, wie z.B. bei der Herstellung von Zementverbundestrichen, verbessert. 2. Das als Hilfsstoff verwendete Mittel selbst wird häufig auch als H. bezeichnet.

Hallen
- aus stabartigen Elementen 135ff
- Aussteifung 142
- Belichtungsanforderung 135
- Dach 135ff
- Nutzungsgruppen 134
- Stahlbeton-Wände 142
- Stützen 141
- Wände 141
Hämatit 50
Hängedach
- Abhängemöglichkeit 157
- Abspannung 158
- Stabilsierung 158
- Tragwirkung 159
Hängehäuser 133
Hängestab 133

Hartbeton
Beton, dessen Zuschlag aus künstlichen Hartstoffen oder besonders hartem Naturgestein, z.B. Zechit besteht. Er wird für Betonflächen mit hohem Abnutzwiderstand verwendet, wie Hallenböden, Industrieflächen, bzw. alle Flächen, die einen hohen Verschleißwiderstand haben müssen.

Hartpolyurethanschaum 159

Haufwerk
Aus Einzelkörnern ohne Verkittung zusammengesetzter Körper. Zum Beispiel Kies oder Sand.

Haufwerksporen
Hohlräume zwischen den Körnern des Zuschlaggemisches, die im Beton vom Zementstein ausgefüllt werden müssen. Für den Beton ist aus technischen und wirtschaftlichen Gründen normalerweise ein möglichst geringer Gehalt an H. erwünscht. Dies wird u.a. durch einen günstigen Kornaufbau erreicht.

Haufwerksporigkeit
Der Gehalt an → Haufwerksporen (pH Vol. %) im Zuschlaggemisch.

hautartige Schale
- Anwendungsform 156
- Beulgefahr 155
- Herstellung 156
- Lastfälle 155
- Planung 155
- Randglieder 155

Heißbeton
Vorerwärmter Frischbeton, dessen Temperatur > 60 °C beträgt. → Wärmebehandlung

Heizenergieeinsparung 86
Heizwärmebedarf 85, 86
Hinterlüftung, außenseitige 95
Hitzebeständigkeit → Beton, feuerfester
Hochhäuser
- Aussteifung 132, 133
- Bauwerksfugen 133
- Deckenkonstruktion 133
Hochlochziegelmauerwerk 82

Hochofenzement (CEM III/A, CEM III/B früher HOZ)
Genormter Zement, der außer Zementklinker und Gipsstein und/oder Anhydrit sowie ggf. einer Zumahlung von anorganischen mineralischen Stoffen schnellgekühlte und infolgedessen glasig erstarrte Hochofenschlacke, den Hüttensand, enthält. Der Hüttensandgehalt des H. beträgt 36 bis 80 Gewichtsprozent.

Hohldecke 111
Hohlraum 56

Hohlraumverhältnis
Auf das Kornvolumen bezogener Anteil der → Haufwerksporen in einem Korngemisch.

Holoribblech 121

Holzbeton
Besondere Art der gemischtporigen Betone, bei denen der Zuschlag aus Holzspänen besteht. Das Holz ist mit Wasserglas vorzubehandeln (Mineralisierung).

Holzpfahlzerfall 165
Holzschaltafel 188
Holzwolle-Leichtbauplatte 48, 79
HP-Fläche 152
HP-Pilz 153
HP-Schale 151ff
Hüllrohr 113
Hüttenbims 62, 88
Hüttensand 61

Hüttenzemente
enthalten außer Portlandzementklinker als Hauptbestandteil auch Hüttensand. Es sind dies: Hochofenzement mit 36 bis 80 Gewichtsprozent Hüttensand, Portlandhüttenzement mit 6 bis 35 Gewichtsprozent Hüttensand, Portlandflugaschehüttenzement mit 0–20 Gewichtsprozent Hüttensand.

Hydratation
1. Allgemein: Reaktion eines Stoffes mit Wasser, bei der das Wasser an den betreffenden Stoff angelagert wird. Es handelt sich um einen chemisch-physikalischen Vorgang. 2. Beim Zement: Durch die Wasserbindung des Zements während des Erstarrens und Erhärtens entsteht aus dem → Zementleim der Zementstein. Bei vollständiger Hydratation bindet der Zement etwa 25% seines ursprünglichen Gewichts an Wasser chemisch und etwa 10 bis 15% physikalisch. Das chemisch gebundene Wasser ist nicht verdampfbar. Der Gesamtanteil des gebundenen Wassers (Hydratwasser) beträgt etwa 40 Gewichtsprozent, entsprechend einem → Wasserzementwert von w/z = 0,40. Ein höherer w/z führt im Zementstein stets zu → Kapillarporen. Die H. ist temperaturabhängig und wird von höheren Temperaturen beschleunigt. Sie läuft in den ersten Std. und Tagen schneller ab und wird im Laufe der Zeit langsamer (→ Nacherhärten). Sie wird abgebrochen, wenn nicht genügend Wasser zur Verfügung steht. Daher ist eine möglichst früh einsetzende und genügend lang wirkende → Nachbehandlung des Betons erforderlich.

Hydratationstemperatur 105
Hydratationswärme 162
hydraulisch 9, 10, 14
Hydraulizität 9, 11, 12
Wasserbindevermögen, Eigenschaft des Bindemittels, hydraulisch, d.h. mit Wasser sowohl an der Luft als auch unter Wasser zu erhärten und fest zu bleiben.

IfB → DIBT
Imprägnierung 69
- hydrophobierende 70
Injektion 165
Injektionsmörtel 113
Injektionssohle 165
Innenrüttler 54
Innenwand, tragend 175
Installationsführung 112

k-Wert 75, 86
Kalkmörtel 9, 10
Kalkmörtelanwendung 9
Kalkstein 9, 61, 62

Kalksteinbeton
Beton mit Kalksteinschotter-Zuschlag zeigt eine geringere thermische Dehnung als Sandsteinbeton und erlaubt bei der Gewährleistung der Feuerwiderstandsdauer Abminderungen von 10 % der Mindestabmessungen.

Kalksteinzement (PKZ)
→ Portlandkalksteinzement

Kalktreiben
Es kann durch freien Kalk (CaO) im Zement hervorgerufen werden, wenn der Kalk in grobkristalliner Ausbildung in größeren Mengen vorliegt, da die Reaktion mit Wasser sehr langsam abläuft und noch nicht abgeschlossen ist, wenn die Erhärtung des Zements schon begonnen hat. Normgerechte Zemente weisen kein K. auf.

Kanthölzer 151, 153, 159
Kaolin 61

Kapillarporen
Zement ist in der Lage, etwa 40 % seiner Masse an Wasser zu binden (→ Hydratation), was einem → Wasserzementwert von 0,40 entspricht. Weist ein Zementleim einen höheren Wasserzementwert auf, so bezeichnet man das Wasser, das vom Zement nicht gebunden werden kann, als Überschußwasser. Der Raum, den es im Zementstein einnimmt, stellt ein System feiner, oft zusammenhängender Poren dar, die man als K. (> 100 nm) bezeichnet. Mit steigendem Kapillarporenraum nimmt die Qualität des Zementsteins bzw. des Betons ab.

Kapillarwasser
Wasser, das sich in den → Kapillarporen befindet. Es kann entgegen der Schwerkraft infolge von Oberflächenspannungen in den Kapillarporen aufsteigen.

Kassettendecke 111
- Dreiecksstruktur 111
Keramikbekleidung 70
Kern, aussteifender 105
Kernbeton
In der Betontechnologie unterscheidet man zwischen K. und Betonrandzonen.

Kerndämmung 210, 240

Kernfeuchte
in den Poren des Betonzuschlags vorhandene Feuchtigkeit. Sie ist nur bei porösen Zuschlägen von Bedeutung.

Kernkondensat 95
Kette, kinematische 107
Kies 47, 62

Kiesbeton
Bezeichnung für Beton aus Sand und Kies. Normalbeton. Der Ausdruck K. wird meist verwendet, wenn ein Gegensatz zu einem anderen Beton – z.B. → Splittbeton – hervorgehoben werden soll.

Kieselsäure 12
Kipphalterung 139, 142
Kipplagerung 140
Kippsicherheit 139
Kipptisch 121
Kleben (von Beton) → Betonverklebung
Kleinklima 84

Kleinstkorn
Untere Prüfkorngröße einer Korngruppe oder eines Zuschlaggemischs.

Kletterschalung 123
Schalung für ein im Grundriß im wesentlichen gleichbleibendes, turmartiges Gebäude, die in regelmäßigen Taktzeiten absatzweise nach oben gezogen wird. Grundelement der K. ist ein großflächiges Element, wie es als Wandschalung bekannt ist. Die zusätzliche Kletterausrüstung besteht aus einer Kletterkonsole, die im unteren Teil des Bauwerks verankert wird. Sie dient

als Arbeitsbühne für das Ausrichten und Abstützen der Schalelemente. Darunter kann im Bedarfsfall eine Hängebühne für Nacharbeiten angeordnet werden. Typische Einsatzgebiete der K. sind z.B.: Brückenpfeiler, Fahrstuhlschächte, Kamine, Kühltürme, Silobauten und andere turmartige Bauwerke.

Klinkermauerwerk 26
Kobalt-Aluminium-Chromoxid-Pigment 62
Köcher 141

Körnungsziffer (k-Wert).
Kornzusammensetzung und Wasserbedarf von Betonzuschlägen, ermittelt als Summe der Rückstände auf den Sieben des genormten Siebsatzes in %, (Gewicht-Volumenanteil).

Kohlendioxid 86
Kohlenmonoxid 86

Konsistenz
Maß für die Verarbeitbarkeit und Verdichtbarkeit des Frischbetons. Eine Unterteilung des Betons nach der K. in steif, plastisch, weich und fließfähig erfolgt durch die Definition von → Konsistenzbereichen.

Konsistenzbereiche
Sie definieren die Grenzen, in denen das → Konsistenzmaß variieren darf. Das Konsistenzmaß wird mittels Konsistenzprüfverfahren ermittelt. DIN 1045 unterscheidet 4 K. (KS, KP, KR, KF) mit den dazugehörigen Konsistenzmaßen (Ausbreitmaß, Verdichtungsmaß). Euro-Norm EN 206 unterscheidet 4 Konsistenzklassen: Slump-Kl., Vebe-Kl., Verdichtungsmaß-Kl., Ausbreit-Kl. mit den dazugehörigen Konsistenzmaßen.

Konsistenzmaß
Die physikalische Größe, die mittels Konsistenzprüfverfahren gemessen wird. Die Euro-Norm EN 206 anerkennt folgendes K.: Setzmaß (Slump-Test) in Millimeter, Setzzeitmaß (Vebe-Grad) in Sek., Verdichtungsmaß als Verhältniswert, Ausbreitmaß in Millimeter.

Konsole 116
Kontaktflächenausbildung 147
Kontaktverzögerer 68, 69
Kontraktorverfahren 164
Kopfbolzendübel 121

Kornfestigkeit
Natürlich entstandener Sand und Kies und daraus gewonnener Zuschlag sind wegen der vorausgegangenen aussondernden Beanspruchung durch die Natur i.a. so fest, daß sie für die Herstellung von Betonen üblicher Festigkeitsklassen verwendet werden können. Die K. (Druckfestigkeit) gebräuchlicher Zuschläge liegt zwischen 150 – 300 N/mm².

Korngröße 46
Korngruppen 46

Kornklasse
Alle Korngrößen zwischen zwei benachbarten Prüfkorngrößen. Sie wird durch die untere und obere Prüfkorngröße bezeichnet.

Korrosion 129, 159
Stahl wird in Gegenwart von Wasser und Kohlensäure stark angegriffen und bildet das leicht abblätternde Eisenoxid, den R., der ungefähren Zusammensetzung $2Fe_2O_3 = Fe(OH)_3$. Entscheidend für den Rostvorgang ist das Vorhandensein von Kohlensäure, wodurch sich zunächst Eisen (II)-Karbonat bildet, das gut löslich ist. Durch Wasseraufnahme und Oxidation infolge Luftsauerstoff entsteht Eisen (III)-hydroxid. Dieses spaltet teilweise Wasser ab und geht in R. über. Rostbildung ist mit Volumenvergrößerung verbunden.

Korrosionsschutz 52, 53, 113, 114, 129, 165

Korrosionsschutz, passiver
der Bewehrung wird durch die → Betondeckung gewährleistet. → Carbonatisierung

Kostenvergleich 103
Kräfteumlagerung 152
Kran
- Hallenkran 134
- Hängekran 134
- Laufkran 134
Kransteuerung 135
Kranträger 141

Kreiden
Das Ablösen von Pigmenten und Füllstoffen, die infolge Abbau des Bindemittels an der Oberfläche einer Beschichtung freigelegt werden.

Kriechen 17, 57, 58, 104, 148

Kühlen (von Beton)
Maßnahmen zur Herabsetzung der Betontemperatur bei massigen Betonbauteilen bzw. bei heißer Witterung z.B. durch Beschatten oder durch Berieseln der Grobzuschläge mit kühlem Wasser z.B. aus Tiefbrunnen oder Zugabe von Eissplittern oder Zufuhr von flüssigem Stickstoff.

Kugelkalotte 149
Kugelschlagprüfung 51
Kunstharzbeton → Polymerbeton

Kunstharzmörtel 146
Sie unterscheiden sich vom Kunstharzbeton (→ Polymerbeton) nur durch einen i.d.R. höheren Bindemittelgehalt und durch die Begrenzung des Korndurchmessers der Zuschläge auf max. 4 mm. Hauptanwendungsgebiet ist die Ausbesserung von Oberflächenschäden (→ Flickmörtel) sowie die Herstellung von Ausgleichsschichten.

Kunstharzputz 79
Kunstharzspachtelung 146
Kunststoff-Schweißbahn 106
Kunststoffolie 70
Kurvenschnitt 153

Längskraft 153
Längskraftbeanspruchung 152
Längsspannung 148
Längsspannungsverteilung 148
Längsverformung 152
Lärmeinwirkung 44, 87
Lagerkraft 158
Lagerung
- nicht rotationssymmetrisch 149
- rotationssymmetrisch 149
Landesbauordnung 107
Lastannahme 56
Lasteinzugsfläche 132

Latent-hydraulisch
Schlummernde → Hydraulizität, die erst bei Zugabe eines Anregers geweckt wird, bzw. technisch verwertbare Festigkeiten ergibt. Der für die Betontechnik wichtigste l.-h. Stoff ist Hüttensand.

Lavazement
Nicht genormter Zement aus Portlandzementklinker und Lavamehl.

Legenden, Gliederung 168
Leichtbeton-Blöcke 55
Leichtbeton-Mauerwerk 78, 94

Leichtspannbeton
→ Spannbeton, dessen Rohdichte ≤ 2,0 kg/dm³ beträgt. Als Zuschläge werden Blähschiefer, Blähton, Hüttenbims und Naturbims verwendet.

Leitfähigkeit 94
Leitkurve 148
Leitungsführung 103
Leningrader Formel 81
Lochfassade 132

Löffelbinder
Nicht genormte Zemente, die schon während des Anrührens mit Wasser (z.B. im Labor mit einem »Löffel«) unter deutlich spürbarer Wärmeentwicklung erstarren. Einsatz z.B. im Wasserbau für Abdichtungsarbeiten.

Luftaustausch 82
Luftbewegung 75
Luftfeuchte, relative 79, 80

Luftgehalt
Gesamtmenge der auch nach sorgfältiger → Verdichtung im Beton verbleibenden Luft. Sie setzt sich zusammen aus den → Verdichtungsporen und ggf. den durch luftporenbildende Zusatzmittel erzeugten → Luftporen. Der L. wird in Vol.-% angegeben.

Luftmörtel 10
Luftporen → Porenbeton
Luftschadstoffe 81
Luftschalldämmung 48, 87, 88, 94, 107
Luftschallschutz 90, 104
Luftschichtdicke 79
Lüftungsbedarf 86
Lüftungswärmeverlust 84
Luftwechsel 81
Luftwechselzahl 81

Magerbeton
Beton mit geringem Zementgehalt und demzufolge mit geringer Festigkeit. Er wird verwendet für Sauberkeitsschichten, zum Ausgleichen von Unebenheiten im Untergrund, als Schutzschicht über/unter Dichtungen, Verfestigungen und Verfüllungen.

Magnetit 50

Mahlfeinheit
Die M. des Zements wird nach seiner spezifischen Oberfläche beurteilt und anhand von Luftdurchlässigkeitsmessungen in cm²/g nach DIN 1164, Teil 4 berechnet. DIN 1164 fordert eine M. von wenigstens 2200 cm²/g, in Sonderfällen darf sie auf 2000 cm² gesenkt werden. Eine obere Grenze ist nicht vorgeschrieben, da es hierfür keine zwingende technische Begründung gibt. Als mittlere M. gilt ein Bereich von 2800 bis 4000 cm²/g. Zemente unter 2800 cm²/g gelten als grob, solche mit über 4000 cm² als fein. Sehr feine Zemente haben M. zwischen 5000 und 7000 cm²/g. Feingemahlene Portlandzemente haben eine schnelle → Hydratation, sie weisen eine hohe Anfangsfestigkeit auf.

Mantelbeton (im Wohnungsbau)
Verfahren zum Bau von Wänden. Dabei werden Hohlsteine (aus Leichtbeton, Styropor o.a. Leichtmaterial) trocken aufeinandergeschichtet, so daß ein zweischaliger »Mantel« entsteht, der mit Beton ausgefüllt wird. Dieses Verfahren wird oft für Selbstbauer angeboten und dient zum Bau von Einfamilienhäusern, Garagen usw. Der Mantelbeton-Stein dient als Schalung, Putzträger und zur Wärmedämmung. Installationen lassen sich leicht im Kern (vor dem Betonieren) oder in der weichen Mantelschale (nach dem Betonieren) unterbringen.

Mantelreibung 162
Marmorbruch 10

Maschinenmischen
Beton muß i.d.R. mit geeigneten Mischern gemischt werden (Mischen, von Beton). Die zuvor abgemessenen Ausgangsstoffe für den Beton sind so lange miteinander zu mischen, bis ein gleichmäßiges Gemisch entstanden ist. Als ausreichend lange Mischzeiten gelten für Mischer mit besonders guter Mischwirkung wenigstens 30 Sek., für die übrigen Mischer wenigstens 60 Sek. Bei Zugabe von Betonzusätzen empfiehlt es sich, die Mischzeit wegen der geringen Zusatzmengen deutlich zu verlängern.

Massenbeton
Beton für Bauteile mit Dicken über etwa 1 m. Die Druckfestigkeit spielt meist eine geringere Rolle als die Folgen der bei der Hydratation des Zements frei werdenden Wärme. Durch das langsame Abfließen der Wärme aus dem Inneren bildet sich ein Temperaturgefälle vom Kern zu den oberflächennahen Schichten. Der Beton im Kern will sich mehr ausdehnen als in den Randzonen, was nur mit unterschiedlichen Formänderungen möglich wäre. Es entstehen Eigenspannungen, im Kern Druck-, in der Randzone Zugspannungen. Beim Überschreiten der Zugfestigkeit treten Schalenrisse auf. Betontechnologische Maßnahmen sind:
- Verwendung von Zementen mit niedriger Wärmeentwicklung (NW-Zemente),
- Kornaufbau mit möglichst geringem → Zementleimanspruch,
- großes Größtkorn des Zuschlags,
- niedrige Frischbetontemperatur ggf.durch Kühlen des Wassers und des Zuschlags (z.B. Zumischen von Eisschnee),
- Verwendung wassersparender Zusatzmittel (z.B. BV),
- Nachbehandlung zum Schutz vor schneller Austrocknung und Auskühlung.Bautechnische Maßnahmen sind:
- Anordnung von Raumfugen (Dehnungsfugen) oder von Scheinfugen,
- Betonieren in kleineren Abschnitten bzw. Blöcken,
- Rohrinnenkühlung,
- Wärmedämmende Schalung (Holz).

Massiv-Absorber-Heizsystem 84, 85
Mauermörtel 48
Mauerstein 48, 79
Membrankräfte 148, 149
Membranschale 35, 101
Membrantheorie 151
Meridiankraft 148, 149
Meridiankurve 154
Mindestluftwechsel 81, 82, 84
Mindestwanddicke 121

Mischen (von Beton)
Frischbeton entsteht durch das M. seiner Ausgangsstoffe. In der Regel und

für Qualitätsbeton wird maschinell in Mischern gemischt. Je nach Bauart werden diese M. als Trommeldurchlaufmischer oder Trogdurchlaufmischer bezeichnet. Größe, Leistung und Beurteilung der Mischwirkung sind in DIN 459, Teile 1 und 2, geregelt. M. von Hand ist nur in Ausnahmefällen für Beton sehr niedriger Festigkeitsklassen bei geringen Mengen statthaft. Die Stoffe müssen solange gemischt werden, bis eine gleichmäßige Mischung entstanden ist. Das M. darf nur von erfahrenem Personal ausgeführt werden. Dem Mischerführer muß beim Zusammensetzen des Betons bei Baustellenbeton die Mischanweisung vorliegen; bei Transportbeton ist ein Lieferschein erforderlich.
Das Mischungsverhältnis von Bindemittel zu oberflächentrockenem Zuschlag zu Wasser. Es wird in Massenteilen angegeben, da damit die Anteile der einzelnen Komponenten genau festgelegt sind. MV = Zement/ Zuschlag/Wasser = z/g/w. Die nachträgliche Bestimmung des M. am Frischbeton und von bereits erhärtetem Beton kann mit einer annähernden Genauigkeit von etwa ± 10 % nach DIN 52170 erfolgen. Die erforderliche Mischzeit für die Herstellung eines gleichmäßigen Gemisches hängt von der Mischwirkung des Mischers und der Betonzusammensetzung ab. Sie beträgt 30 Sek. bei Tellermischern bis 60 Sek. und mehr bei Trommelmischern. Bei Fließbeton sind mehrere Min. nötig.

Mörtel
Gemisch aus Bindemittel, Sand und Wasser, das nach einer bestimmten Zeit erstarrt und erhärtet. M. dienen zum Verbinden von Mauersteinen (Mauermörtel), zum Verputzen von Bauteilen (Putzmörtel) oder zum Ausbessern von Oberflächen (Reparaturmörtel). M. geringer Rohdichte zur Verbesserung des Wärmedämmvermögens heißen Leichtmauermörtel oder Dämmputz.

Mörtelgruppen
Entsprechend ihrer Zusammensetzung werden Mauermörtel in drei M. eingeteilt. Mörtel der Gruppe I ist nur für Wände zugelassen, die min. 24 cm dick sind, und für Gebäude mit höchstens zwei Vollgeschossen, außerdem für alle unbelasteten Wände. Er darf nicht verwendet werden bei Gewölben, bewehrtem Mauerwerk und Kellermauerwerk. Er besitzt heute praktisch keine Bedeutung mehr. Mörtel der Gruppen II und IIa eignen sich für alle belasteten Wände auch im Kellergeschoß, mit Ausnahme von bewehrtem Mauerwerk und Gewölben. Sie sind stets dann erforderlich, wenn das Mauerwerk frühzeitig belastet werden soll. Mörtel der Gruppe III ist für alle Wände mit Ausnahme von Außenschalen und Schalenfugen bei zweischaligem Mauerwerk verwendbar. Er wird vor allem bei höher belasteten Bauteilen wie z.B. Pfeilern oder bei bewehrtem Mauerwerk eingesetzt. Mörtel der Gruppe IIIa findet bei Mauerwerk nach Eignungsprüfung (EM) entsprechend DIN 1053, Blatt 2, Anwendung. Mörtel der Gruppen II und IIa dürfen nicht gleichzeitig auf einer Baustelle verarbeitet werden.

Mörtelliegezeit
Zeit, die ein mit Wasser angemachter → Mörtel – nach vorher erfolgter trockener Mischung des Bindemittels (Baukalk) mit Sand – vor seiner Verarbeitung liegenbleiben muß. Die Zeitangabe ist der Verarbeitungsvorschrift des Lieferwerks zu entnehmen.

Moment 146, 148
Momentfläche 146
Monier-Patent 15
Monolitze 23, 234
Montagebau, Entwurfskriterien 103

Nachbehandlung 105
Beton benötigt für den Erhärtungsvorgang ausreichend Feuchtigkeit. Darüber hinaus muß er im jungen Alter vor Schädigung durch Wärme, Kälte, Regen, Schnee, Wind (Austrocknen), fließendes Wasser, chemische Angriffe, Verschmutzungen, ferner gegen Schwingungen und Erschütterungen, sofern diese das Betongefüge lockern können, geschützt werden. Nach Umfang und Art der möglichen Einflüsse richten sich die Nachbehandlungsmaßnahmen. Zum Schutz gegen Austrocknen hat sich die trockene Nachbehandlung (ohne Wasserzufuhr) bewährt, z.B. durch Abdecken mit Folien, die bei Sichtbeton jedoch die Betonfläche nicht berühren sollen. Fremdwasser, hohe Luftfeuchtigkeit und wechselnde Temperaturen begünstigen die Entstehung von Ausblühungen besonders im Frühjahr und Herbst. → Feuchthalten

Nachbehandlungsverfahren 54

Nacherhärten
Auch nach dem 28. Tag erhärtet Beton weiter und wird dadurch fester, sofern er nicht vollständig austrocknet. Das Maß für dieses Nacherhärten ist je nach Zement, Betonzusammensetzung und weiteren Einflußgrößen unterschiedlich. Die Festigkeit kann in besonderen Fällen auf Dauer gegenüber der 28-Tage-Festigkeit sogar den fünffachen Wert erreichen. Im allgemeinen ist das N. über Jahrzehnte weniger von praktischer Bedeutung. Dagegen kann die Festigkeitsentwicklung bis zu einem Alter von drei oder sechs Monaten, in besonderen Fällen sogar einem Jahr, bedeutsam sein. Bezogen auf die 28-Tage-Festigkeit ist mit einem um so größeren N. zu rechnen, je höher der Wasserzementwert und je niedriger die Lagerungstemperatur ist. Liegt der Wasserzementwert im üblichen Bereich von etwa 0,50 bis 0,70 und beträgt die ständige Lagerungstemperatur größenordnungsmäßig + 20 °C, so kann die Festigkeit von 180 Tage altem Beton aus verschiedenen Zementfestigkeitsklassen bezogen auf die Festigkeit nach 28 Tagen zwischen 105 und 160 % liegen.

Nachverdichten (des Betons)
Zusätzliche Maßnahme zur weiteren Gütesteigerung. Ohne Erstarrungsverzögerer kann der Beton zwischen zwei und sieben Std. nach dem Mischen nachverdichtet werden. Schrumpf- und Setzrisse sowie Hohlräume unter waagerechten Bewehrungsstäben und groben Zuschlagkörnern werden geschlossen.

Naßverfahren 159
Naturbims 62
Naturpolitur 68
Naturstein 202, 218, 240
Negativverfahren 68
Netzwerk 24
Norm-Schallpegel 88
Norm-Trittschallpegel 88

Oberflächenbearbeitung 44
- handwerkliche 66
- mechanische 66
- technische 68
Oberflächenkondensat 78
Oberflächenrauhigkeit (des Zuschlags)
Neben der Kornform hat auch die Oberflächenbeschaffenheit des Zuschlags wesentlichen Einfluß auf die Verdichtungswilligkeit und damit auf den Wasseranspruch des Betons – splittige und rauhe Körnungen bedürfen zur Verdichtung eines höheren Sandanteils. Eine oberflächenrauhe Körnung weist jedoch wegen besserer Gefügeverzahnung höhere Biegezugfestigkeiten auf.
Oberflächenrüttler 54
Oberflächenstrukturierung 128
Oberflächenstruktur 61
Oberflächentemperatur 75, 90
Ölschieferabbrand 62
Ölschieferzement (PÖZ) → Portlandölschieferzement
Opus Caementitium 9, 10, 11
Ortbetonwand, Belastung 122
Ortsfertigung 102

Paraboloid, hyperbolischer 30, 159
Perimeterdämmung 210
Pfähle
- Verdrängungspfähle 162
- Verpreßrammpfähle 165
Pfetten 135, 136, 137, 138, 139, 142
pH-Wert (potentia hydrogenii = Wasserstoff-Stärke)
Meßzahl für die Wasserstoff-Konzentration und damit für die Acidität oder Alkalität, d.h. für die Stärke der sauren oder alkalischen Reaktionen einer Lösung. Der ph-W. ist gleich dem negativen dekadischen Logarithmus der Wasserstoffionen-Konzentration. Ein pH-W. von < 7 bedeutet alkalische, einer von 7 neutrale und einer von > 7 saure Reaktion der Lösung.
Kurz nach dem Mischen des Betons nimmt das Anmachwasser einen sehr hohen pH-W. über 12,5 an, weil Alkalien aus dem Zement in Lösung gehen. Auch das Wasser in den Poren des Zementsteins weist stets den hohen pH-W. einer gesättigten Calciumhydroxidlösung auf. Der Korrosionsschutz der Bewehrung wird maßgeblich vom pH-W. des sie umgebenden Mediums bestimmt. Bei einem Wert über 10 bildet der Stahl eine sog. Passivschicht, die ihn auch bei Hinzutritt von Feuchtigkeit und Sauerstoff vor einer normalen Korrosion schützt. Trocknet der erhärtete Beton aus, so kann die Kohlensäure der Luft in die sehr feinen Poren des Zementsteins eindiffundieren und dort mit dem Calciumhydroxid zu Calciumcarbonat reagieren. Dadurch sinkt der pH-W. der Lösung in den Poren des Zementsteins, d.h. das bisher hochalkalische Milieu wird von außen her langsam neutralisiert. Bei dem unter natürlichen Verhältnissen vorliegenden CO_2-Gehalt der Luft von 0,03 Vol.-% sinkt der pH-W. auf etwas unter 9. Diesen von außen in das Innere des Betons fortschreitenden Vorgang bezeichnet man als → Carbonatisierung. Bei einem pH-W. unter 9 bleibt die Passivschicht auf dem Stahl nicht stabil, d.h. es kann eine normale abtragende Bewehrungskorrosion stattfinden, wenn gleichzeitig Feuchtigkeit und Sauerstoff zur Verfügung stehen.

Phonolithzement.
→ Portlandpuzzolanzement, der aus Portlandzementklinker, 20 bis 35 Gewichtsprozent getempertem Phonolith und Gips und/oder Anhydrit besteht. Im Vergleich zum Portlandzement hat er eine langsamere Erhärtung, eine geringere Frühfestigkeit, bei niedrigen Temperaturen eine größere Erhärtungsverzögerung und damit eine längere Verarbeitungszeit und Nachbehandlungsdauer.

Pilzkonstruktion 216
Plastizitätstheorie 121, 149
Platten
- Dreifeld-Durchlaufplatte 113
- Dreifeldplatte 113
- Durchlaufplatte 113
- Einfeldplatte 116, 119
- Einstegplatte 115, 116, 148
- Ferrocemento-Platten 149
- Ferrozementplatte 252
- Fertigteilplatte 115, 121, 208, 246
- Fertigteilvollplatte 114
- Hohlplatte 115
- Koppelplatte 104
- Kragplatte 115
- liniengelagerte Vollplatte 114
- Stegplatte 115
- Trogplatte 116
- TT-Platte (Zweistegplatte) 115, 116, 117, 118, 119, 120, 147, 148
- U-Platte 116
- Vierfeldplatte 107
- zementgebundene Bauplatte 55
Plattenbau 39, 40
Polieren 66, 68

Polymerbeton (Kunstharzbeton).
Gemisch von reaktionsfähigen Kunststoffen und trockenen Zuschlägen. Als Bindemittel (Anteil rd. 5 bis 15 %) dienen dabei vor allem Duromere wie Epoxidharze (EP), ungesättigte Polyester (UP) und Polyurethane (PUR), aber auch Thermoplaste wie Polymethylmethacrylat (PMMA). Durch Verändern von Art und Menge der Zuschläge (Kies, feuergetrockneter Quarzsand, Füller) sowie der Harze lassen sich die Eigenschaften des P. weitgehend variieren. Er zeichnet sich durch besondere Chemikalienbeständigkeit, durch schnelles Erhärten und durch hohe mechanische Festigkeit aus und ergänzt den Zementbeton für spezielle Anwendungen. Der Einsatz von P. für die Herstellung tragender Bauteile wird durch die geltenden Brandschutzvorschriften und die hohen Kosten stark eingeschränkt.

Poren (im Betongefüge)
Es werden unterschieden: Eigenporen, Gelporen, → Haufwerksporen, → Kapillarporen, → Luftporen und → Verdichtungsporen.

Porenbeton (früher Gasbeton genannt) 48, 56, 79, 88, 97
Beton, der auch im erhärteten Zustand

Luftporen im → Gefüge enthält. Er wird im Autoklav hergestellt, indem man einem Mörtel (feingemahlener oder feinkörniger, kieselsäurehaltiger Zuschlag, Zement und/oder Kalk, Wasser) ein Treibmittel, z.B. Aluminiumpulver, Kalziumkarbid oder Wasserstoffsuperoxid zusetzt. Die Gase, die dabei entstehen, blähen den Beton auf, der durch → Dampfbehandlung zum schnelleren → Erhärten gebracht wird (DIN 4164/4165/4166). P. zeichnet sich durch geringes Gewicht und eine sehr gute Wärmedämmung aus. Es ist durch Fräsen, Bohren und Nageln leicht zu bearbeiten.

Porenbeton
- Dachplatten 135
- Wände 141

Porenwasser
Wasser, das sich entweder in den Gelporen und/oder in den → Kapillarporen befindet. Das in den Gelporen verbleibende Wasser wird zum großen Teil als einmolekulare Wasserschicht an der Porenwand chemisch adsorbiert. Diese Bindungskraft erreicht fast die Werte des chemisch gebundenen Wassers. Das in den Kapillarporen verbleibende Wasser ist durch Wasserstoffbrückenbindung der Wassermoleküle untereinander gebunden und haftet in seiner der Porenwand anliegenden Schicht infolge von Kapillarkräften. Diese Bindung ist rel. schwach, so daß die Wassermoleküle verdampfen können.

Porigkeit, geschlossene
Sie wird im Beton durch → Schaumbildner oder → Treibmittel erzeugt. Durch die so entstandenen, geschlossenen, kugelförmigen Blähporen kann Wasser bei normalen Lagerungsbedingungen nur dampfförmig transportiert werden.

Porphyr 62

Portlandflugaschehüttenzement (CEM II/B-SV früher FAHZ)
enthält außer Zementklinker bis zu 20 Gewichtsprozent → Flugasche und 10–20 Gewichtsprozent Hüttensand.

Portlandflugaschezement (CEM II/A-V früher FAZ)
enthält außer Zementklinker bis zu 20 Gewichtsprozent → Flugasche.

Portlandhüttenzement (CEM II/A-S, CEM II/B-S früher EPZ)
Genormter Zement, der außer Zementklinker und Gipsstein und/oder Anhydrit sowie ggf. einer Zumahlung von anorganischen mineralischen Stoffen schnell gekühlte und infolgedessen glasig erstarrte Hochofenschlacke, den Hüttensand, enthält. Der Hüttensandgehalt beträgt 6 bis 35 Gewichtsprozent.

Portlandkalksteinzement (CEM II/AL früher PKZ)
enthält neben Portlandzementklinker 6 bis 20 Gewichtsprozent Kalkstein.

Portlandkompositzement (CEM II)
Zement nach EG-Norm, bestehend aus min. 65 Gewichtsprozent Portlandzementklinkern, sowie in Abhängigkeit von ihrer Wirksamkeit festgelegten Anteilen von Hüttensand, natürlichem Puzzolan, Flugasche und/oder Füller und bis zu 5 Gewichtsprozent anderen Bestandteilen.

Portlandölschieferzement (CEM II/A-T, CEM II/B-T früher PÖZ)
enthält außer Zementklinker 6 bis 35 Gewichtsprozent gebrannten Ölschiefer.

Portlandpuzzolanzement (CEM II/A-P, CEM II/B-P früher TRZ)
Nach der europäischen Zementnorm muß der mind. 65 Gewichtsprozent PZ-Klinker enthalten. Höchstens 35 Gewichtsprozent sind natürliches Puzzolan, Flugasche und/oder Füller.

Portlandzement (CEM I, früher PZ) 12, 13, 45, 61
Genormter Zement, der hergestellt wird durch Feinmahlen von Portlandzementklinker unter Zusatz von Gipsstein und/oder Anhydrit sowie ggf. von anorganischen mineralischen Stoffen. Weißen Portlandzement erhält man aus einem Klinker ohne färbende Bestandteile, insbesondere ohne Calciumaluminatferrit.

Portlandzementklinker 61
positiv-negativ-Figuren 28
Positivverfahren 69

Preßbeton
Beton steifer (erdfeuchter) Konsistenz, der durch Pressen - ggf. kombiniert mit Rütteln - verdichtet wird. Das Verfahren wird meist in Betonwerken eingesetzt. Besonderer Vorteil des Preßbetons ist seine hohe Grünstandsfestigkeit, die ein Ausschalen der Teile direkt nach dem Verdichten erlaubt. Zur Herstellung von Pflastersteinen, kleineren Beton-Bauteilen, Betondachsteinen.

Primär-Energiegehalt 83, 84
Primärenergie-Bedarf 84
Prismenprüfung 51

Pumpbeton
Frischbeton, der durch Rohr- oder Schlauchleitungen zur Einbringstelle gepumpt wird und deshalb einen höheren w/z-Wert und eine längere Abbindzeit erfordert.

Pumpverfahren 108

Putz- und Mauerbinder
Feingemahlenes hydraulisches Bindemittel für Putz- und Mauermörtel nach DIN 4211, das als wesentliche Bestandteile Zement, Gesteinsmehl und Zusatzmittel (LP, BV, VZ) sowie zuweilen auch Kalkhydrat enthält. P-. u.M. erhärten, mit Wasser angemacht, sowohl an der Luft als auch unter Wasser und bleiben unter Wasser fest; sie müssen raumbeständig sein und nach 28 Tagen min. eine Druckfestigkeit von 5,0 N/mm aufweisen.

Puzzolan
Nach der Stadt Pozzuoli bei Neapel benannte Stoffe, wie Puzzolanerde, Santorinerde, Traß als natürliche sowie Ziegelmehl, → Flugasche als künstliche P. Chemisch bestehen die P. vorwiegend aus reaktionsfähiger Kieselsäure, betontechnologisch gehören sie zu den Betonzusatzstoffen. P. gehen mit Kalkhydrat wasserunlösliche Verbindungen ein; die Reaktionen verlaufen jedoch sehr langsam und auf niedrigem Festigkeitsniveau.

Puzzolanerde 12
Puzzolanzement → Portlandpuzzolanzement

Quarz 62

Quellzement
Nicht genormter Zement, der bei der → Hydratation nicht wie alle übrigen Zemente schwindet, sondern sein Volumen etwas vergrößert. Das Quellen, i.d.R. gesteigertes Ettringittreiben, wird aber so gesteuert, daß sich keine Treibrisse bilden.
Q. entsteht meist durch Vermahlen und Mischen von Portlandzement mit den Treibkomponenten → Tonerdeschmelzzement und Gips oder Calciumaluminatsulfat und freiem Kalk. Er wird in der Bundesrepublik nicht hergestellt.

Querbelastung 152
Querbiegung 148
Querkraftdifferenz 148
Querkraftkomponente 148
Quintling-Verfahren 108

Radioaktivität 80, 81
Radon 81
Randbewehrung 107
Randglieder 152, 156, 158
- vorgespannte 154
Randstörung 155, 156
Randstreifen 158
Raumakustik 74
Raumklima 44, 74ff., 77, 85, 90, 94
Raumluftfeuchte 75
Raumlufttemperatur 75
Regelfläche 148, 151

Reife
Ausdruck für den aktuellen Stand der Betondruckfestigkeit des noch erhärtenden Betons, angegeben in °C • d oder °C • h. Trägt man die Druckfestigkeit über der R. auf, so erhält man eine Kurve mit einem mehr oder weniger großen Streubereich, die jedoch nur für den jeweiligen Zement gilt. Sie kann jedoch als grobe Näherung auch für andere Zemente herangezogen werden.

Resultierenden-Methode 149, 155

Rezeptbeton
Beton, dessen Zusammensetzung in Vorschriften oder vom Abnehmer so festgelegt ist, daß die gewünschten Betoneigenschaften erfüllt werden. Betonbaustellen, die unter vereinfachten betontechnologischen Verhältnissen betrieben werden, verarbeiten Beton nach den Bestimmungen für Beton B I mit festgelegten Mindestzementgehalten und → Kornzusammensetzungen nach DIN 1045.

Ringbewehrung 160
Ringkraft 149
Ringvorspannung 149
Rippendecke 111
Rippenelement 158

Riß 16, 159
Es wird zwischen oberflächennahen und Trennrissen unterschieden. Oberflächennahe R. erfassen nur geringe Querschnittsteile und sind häufig netzartig ausgebildet. Trennrisse erfassen wesentliche Teile des Querschnitts (z.B. Zugzone, Steg) oder den gesamten Querschnitt. Die Rißgefahr kann durch bautechnische Maßnahmen, die Betonzusammensetzung, den Betoneinbau, eine sorgfältige Nachbehandlung und die Anordnung von Fugen verringert oder verhindert werden.
→ Frühschwindrisse, → Rißbildung, → Verpressen

Rißbewehrung 105

Rißbildung 105, 113, 158
naturgemäße Eigenschaft des Betons. Feine, meistens unsichtbare Risse treten in zug- oder biegebeanspruchten Stahlbetonbauteilen bereits unter Gebrauchsbeanspruchungen auf. Dies ist in den Stahlbetonbestimmungen berücksichtigt.Die wichtigsten konstruktiven Maßnahmen gegen unerwünschte Rißbildung sind das Einlegen von Bewehrung, die die Risse nicht verhindert, aber so verteilt, daß viele schmale und damit ungefährliche Risse entstehen, und das Anordnen von Fugen. Je nach den Umweltbedingungen werden Rißbreiten von 0,1 – 0,4 mm als unbedenklich angesehen. In den meisten Fällen genügt es im Stahlbetonbau, Risse nur optisch unsichtbar zu machen. Dies kann durch einen Anstrich oder einen Putz geschehen. In der Regel ist darauf zu achten, daß vor Aufbringen des Anstrichs der Riß zumindest an seiner Oberfläche geschlossen wird.

Rißbreite 105, 234
Rohbau 104
Rohdichte 47, 56, 85, 89, 94, 95
Rohdichteklassen 48
Romancement 12
Rost → Korrosion
Rotationsschale 148ff
- Berechnung 148
- Beulung 149
- Herstellung 149
- Membrankraft 148
- Membrantragwirkung 148
- Ringschnittkraft 149
- Schnittgröße 149
- Tragverhalten 148
Rückprall 159

Rüstung
Hilfskonstruktion zur Ausführung von Arbeiten an hochgelegenen Punkten eines Bauwerks. An Stelle von Holz wird heute meistens Stahl oder Leichtmetall verwendet, und die stationären Lehrgerüste sind verfahrbaren oder verschieblichen R. gewichen, die bodenunabhängig sind.R. gehören zu den Traggerüsten nach DIN 4420. Weitgespannte Schalungen und R. sind statisch nachzuweisen. Für die Berechnung und Bemessung sind besonders die Vorschriften DIN 1052, Holzbauwerke, DIN 1050, Stahl im Hochbau, DIN 1074, Holzbrücken und DIN 1054, zulässige Belastung des Baugrundes zu beachten. Verformungen des Trag- und Bauwerks sind durch entsprechende Überhöhungen zu berücksichtigen. Die heute verwendeten Rohrrüstungen haben einheitliche Außendurchmesser von 48,3 mm. Die unterschiedlichen Anforderungen an die Tragfähigkeit werden durch verschiedene Wanddicken und Materialien berücksichtigt. So sind alle Teile vielseitig kombinierbar, durch einfache Kupplungsvorrichtungen verbunden und dadurch wirtschaftlich. Bei stationären R. werden neben der Volleinrüstung versetzbare Rüsttürme und Rüstträger (Fachwerkträger) aus Stahlrohrstützen (Hochbaustützen) eingesetzt.

Rüttelbeton
Benennung des Betons nach der Art des → Verdichtens. Beim Rütteln

bestimmen Form und Abmessung der Bauteile die Art und Abmessung des geeigneten Verdichtungsgerätes (Rüttler). Man unterscheidet Innenrüttler, Oberflächenrüttler und Schalungsrüttler. → Rüttelverdichtung. Rütteln ist die übliche Verdichtungsart für plastischen Beton (→ Konsistenzbereich).

Rüttelverdichtung 17

S

Sägen 66

Sandanspruch
Kantige, unregelmäßig geformte Zuschläge und besonders gebrochenes Material verlangen zur Erzielung gut verarbeitbarer Betone eine sandreichere Mischung als gedrungene, gerundete aus Sand- und Kiesgruben gewonnene Zuschläge. Zementreiche Betone, Betone mit weicher Konsistenz und Luftporenbetone haben einen geringeren S.

Sandart 56
Sandbettverfahren 69
Sandstein 206
Sandsteinfassade 196
Sandstrahlen 68
Sandwichtafel 129, 122, 130
Saugbeton → Vakuumbeton
Säulenkonsolenkran 134
Schalbrettabdruck 10
Schale
- balkenartige 143, 146, 147, 148
- balkenartige hyperbolische Paraboloidschale (HP-Schale) 146
- Beulen 153
- biegungsfeste 88
- elliptische 155
- elliptische bogenartige 148
- freie Form 156
- hautartige 153f
- Hypar-Schale 151f
- hyperbolische Paraboloidenschale 150, 151f
- Kalottenschale 150
- Kuppelschale 155
- Randglieder 152, 153
- Randstörung 149
- Rippenschale 150, 151, 158
- Schirmschale 153
- Silberkühl-Schale 146
- Spannschale 154
- Vorsatzschale 174, 178, 179
- zusammengesetzte Hypar-Schale 150
Schalelement 224
Schalenbau 24, 33
Schalenkonstruktionen 30f.
Schalenrand
- freier 156
- hochgekrempelter 156
Schalldämm-Maß 87, 88, 90
Schalldämmung 47. 94, 109
Schalldruckpegel 88
Schallschutz 44, 87, 88, 90, 94, 95, 96, 97, 135
Schallschutzanforderung 91, 92, 93
Schallschutzwert 95

Schalöl (Schalungsöl, Entschalungsöl)
gehört zu den → Trennmitteln und besteht i.d.R. aus wässerigen Emulsionen von chemisch indifferenten Mineralölen; neuerdings auch auf biologischer Basis (z.B. Raps und Rübsen). Sch. wird auf Schalungen gestrichen, damit der Beton beim Ausschalen nicht haften bleibt. Es sollen nur Öle verwendet werden, die auf den Betonflächen keine Flecken hinterlassen. Es ist darauf zu achten, daß kein Öl an die Bewehrung gelangt, damit das Haften des Betons an den Stahleinlagen nicht beeinträchtigt wird.

Schaltafel 33, 186, 210

Schalung 11, 28, 29, 44, 46, 53, 54, 56, 57, 61, 62, 69, 102, 108, 116,188, 192, 222, 228, 232, 234
formgebende Hilfskonstruktion für nahezu alle Betonbauwerke und Betonbauteile. Gefordert wird eine hohe Maßgenauigkeit, die in vielen Fällen mit einer ausreichenden Tragfähigkeit gekoppelt sein muß. Oberflächenbeschaffenheit und Aussehen des Betonkörpers hängen maßgeblich von der Struktur der Sch. ab und können so weitgehend vorherbestimmt werden. Verformungen der Sch. sind zu vermeiden, um die Maßhaltigkeit des Betonkörpers zu gewährleisten. Schalhaut und Abstützung werden durch den Schalungsdruck des Betons, durch ihr Eigengewicht und durch zusätzliche Lasten wie Winddruck, Verkehrslasten, Baustoffe u.ä. beansprucht. Die Sch. muß gegen Umfallen, Zusammenstürzen, Zusammendrücken, Knicken, Beulen usw. durch Aussteifen mittels druckfester Streben, Stiele, Pfeiler und Anker gesichert werden. Außerdem muß sie sauber und dicht sein. Besonders geeignete Werkstoffe für Sch. sind Holz, Stahl (Stahlformen) und Kunststoff oder Kombinationen aus diesen. Die meisten Sch. müssen vor dem Betonieren mit einem Entschalungsmittel (→ Trennmittel) versehen werden, um eine Verbindung mit dem Beton zu verhindern. Wesentliche Schalungssysteme sind:
- Feste Sch. oder Standschalung, z.B. Fundament -, Wand-, Stützen-, Balken- und Deckenschalung,
- Bewegliche Sch., z.B. Kletter-, Gleit-, und Ziehschalung sowie
- Sonderschalungen, z.B. Vakuum-Schalung, aufblasbare Schalung.
- Anforderungen 64
- Batterieschalung 122
- Gleitschalung 123, 128, 132
- Holzschalung 64, 149
- Pneumatische Schalung 149
- verlorene 111, 149, 156
Schalungsabschnitt 232

Schalungsanker
dienen dazu, Schalungen von Wänden, Pfeilern u.ä. Betonkörpern so miteinander zu verbinden, daß sie durch den Schalungsdruck des eingebrachten Betons ihre Lage nicht verändern. Die einfachste Form des Sch. ist der Rödeldraht. Nach dem Ausschalen werden die Enden, die über die Betonoberfläche herausragen, abgeschnitten. Durch Rost entstehen jedoch häßliche Verfärbungen an der Betonoberfläche. Um dieses zu vermeiden, wurde eine Vielzahl von Systemen entwickelt und patentiert. Die Sch. können entweder vollständig wiedergewonnen werden oder verbleiben teilweise im Betonkörper (Endstücke werden abgeschraubt oder abgebrochen). Der Hohlraum im Beton wird mit Flickmörtel ausgefüllt. Oft sind die Sch. gleichzeitig als → Abstandhalter ausgebildet. Bei Kellerwänden, Gerinnen, Behältern u.ä. müssen die Sch. so ausgebildet werden, daß durch sie kein Sickerweg für Druckwasser entsteht.

Schalungsankerpunkt 206
Schalungsarten 65, 66
Schalungsdruck 62
Schalungseinheit 108
Schalungsfuge 206
Schalungshälfte 228
Schalungskasten, transportabler 31
schalungsrauh 10, 32, 37, 200
Schalungsrüttler 54
Schalungssegment 228
- vorgefertigt 228
Schalungsstruktur 28, 62ff.
Schalungstafel
Schalungsteil 192
Schalungsvorgang 19

Schalwachs (Schalungspasten, Schalpasten)
verhindert, auf die Betonschalung aufgebracht, das Verbinden zwischen dieser und dem Frischbeton. Sch. wird wie → Schalöl angewendet.

Schamottebeton
Beton, dem zur Verbesserung der Hitzebeständigkeit Schamotte als Zuschlag zugegeben wurde. → Beton, feuerfester

Scharrieren 66
Schaumbeton → Porenbeton

Schaumbildner
Sie dienen zur Herstellung von → Schaumbeton und für sehr leichte Mörtel. Sie erzeugen entweder direkt im Mörtel oder im Beton eine große Anzahl von kleinen in sich geschlossenen Luftblasen. Die Zugabe erfolgt beim Mischvorgang (verlängerte Mischzeit zur Schaumbildung erforderlich), oder sie werden zunächst mit Wasser in einem Schaumgerät zur Erzeugung von Fertigschaum eingesetzt, der danach dem Mörtel oder Beton untergemischt wird. Stabilisierende Zusätze sorgen dafür, daß der hohe Luftgehalt während des Verarbeitens erhalten bleibt.

Schaumpolystyrol-Beton
mit Zuschlagkomponenten aus Schaumstoffkugeln. Wegen der geringen Rohdichte des Zuschlags kommt es leicht zum → Entmischen. Ausgangsstoff zur Herstellung von Polystyrol (neue Bezeichnung: Polyphenylethen) ist Styrol (Vinylbenzol, Phenylethen), das aus Benzol und Ethylen hergestellt wird.

Scheibe 105
Scheibenwirkung 105, 109, 114
Schimmelpilzbildung 90
Schlagregenbeanspruchung 77, 78, 95
Schlankheitsbegrenzung 89
Schleifen 66, 68, 192
Schlepp-Oberflächenverdichter 146

Schleuderbeton
Beton, der durch Schleudern in rotierenden Hohlkörperformen verdichtet wird. Die schweren Teile des plastisch bis weich eingebrachten Betons werden durch die Zentrifugalkraft nach außen gedrückt und das Wasser läuft nach innen ab, wodurch sich ein effektiver → Wasserzementwert von etwa 0,3 ergibt. Bauteile mit zentralsymmetrischem Querschnitt, wie z.B. Schleuderbetonrohren, Masten, Pfählen, Pfeilern, Stützen und Auskleidungen von Stahl- und Gußeisenrohren als Korrosionsschutz können im Schleuderbetonverfahren hergestellt werden. In die liegende Stahlschalung wird die Bewehrung eingelegt, der Beton eingebracht und die Schalung geschlossen. Diese ist mit Stahlringen umfaßt, die auf mit Neopren ummantelten Rollen gelagert sind. Die Schalung rotiert durch einen Elektromotor um ihre eigene Achse. Mit einer Drehzahl von n = 300 – 400/min wird der Beton durch die Zentrifugalkraft verdichtet. Dabei wird eine Beschleunigung von 25 – 27 g erreicht. Der Verdichtungsgrad liegt bei 90 %. Das bedeutet, daß bei vollgefüllter Schalung die verdichtete Betonfläche 90 % des vollen Querschnittes beträgt. Der Hohlraum hat bei jedem Außenquerschnitt Kreisquerschnitt. Bei Bauteilen mit Kreisquerschnitt ergibt sich also ein Hohlraum von 1/3 des Außenradius.
Die Bewehrung ist durch kräftige Abstandhalter in ihrer Lage zu sichern. Es genügt nur eine Außenverbügelung durch Wendel. Die Längsbewehrung wird durch die Gewölbewirkung am Knicken nach Innen gehindert. Mit dem Verfahren kann bei entsprechender Rezeptur eine Betongüte C90/100 (B 100) erreicht werden.

Schleuderbetonverfahren 122, 162
Schlitzwände 164, 165
Schlitzwandlamellen 164
Schlitzwandumschließung 165

Schlupfkorn
Korngröße, die gerade noch die Engpässe zwischen den Kugeln der Ausgangskorngruppe passieren kann, wenn diese schon dicht gelagert sind. Theoretisch ist die Schlupfkorngröße ≤ 0,155 des nächst größeren Korns.

Schnellbinder
Hydraulische Bindemittel, die durch chemische Zusätze (Beschleuniger) nach dem Anmachen besonders rasch erstarren. Sie werden bevorzugt zur Dichtung von Wassereinbrüchen, für Dübelarbeiten und dgl. verwendet. Die Endfestigkeiten liegen jedoch meist weit unter denen, die von Normalbindern erreicht werden. Sch. können auch durch Zugabe von Tonerdeschmelzzement (min. 20 Gewichtsprozent) zu kalkhaltigen Bindemitteln hergestellt werden. Chloridhaltige Schnellbinder dürfen auf Grund der Korrosionsgefahr nicht mit der Bewehrung in Berührung kommen.

Schnellerhärter
Hydraulische Bindemittel, die hohe Anfangsfestigkeiten aufweisen, also besonders rasch erhärten. Der Zeitpunkt des Erstarrungsbeginns unterscheidet sich im Gegensatz zu den → Schnellbindern nicht von dem der Normzemente.

Schnellzement
Er zeichnet sich durch kurze Erstarrungszeit und hohe Anfangsfestigkeit gegenüber den Normzementen aus. Sch. ist als bauaufsichtlich zugelassen und wird mit einem erhöhten Tonerdegehalt des Rohmehls hergestellt. Vorwiegende Anwendung z.B. bei der Verbindung von Fertigteilen oder beim Einsetzen von Dübeln.

Schnittkraft 151, 152, 154
Schnittkraftbedingung 154
Schnittkraftverteilung 153, 155
Schubfeldausbildung 142
Schubkraft 152

Schubspannungsverteilung 148

Schüttbeton
Haufwerksporiger unbewehrter Beton, der meist als Leichtbeton ohne besonderes Verdichten in die → Schalung eingebracht wird.

Schüttdichte
Quotient aus Masse und Volumen einschließlich eingeschlossener Haufwerksporen. Die Schüttdichte kann wesentlich von der Vorbehandlung, der Art der Lagerung und Schüttung abhängen.
Beispiele: Kiessand Sieblinie B32
- trocken rd. 1,90 kg/dm³
- 3 % Oberflächenfeuchte rd. 1,65 kg/dm³
Zement
- lose eingefüllt 0,90 – 1,20 kg/dm³
- eingerüttelt 1,60 – 1,90 kg/dm³.

Schüttgeschwindigkeit (Steiggeschwindigkeit)
Die max. zulässige Sch. des Frischbetons beim Einbringen in die Schalung begrenzt den Frischbetondruck auf die Schalung und ist der Schalungsfestigkeit anzupassen. Der auftretende Druck ist abhängig von den Frischbetoneigenschaften wie Rohdichte, Konsistenz, Temperatur, → Erstarrungszeit und von der Art des Verdichtens.

Schüttlage → Einbringen
Schüttloch 228
Schwachbrand 12
Schwarze Wanne 162
Schwedenfuß 161, 162

Schwefelbeton
Beton, bei dem übliche Kies-Sand-Gemische mit flüssigem Schwefel (Schmelzpunkt 120 °C) als Bindemittel verarbeitet werden. Seiner hohen Beständigkeit gegen Säuren und Salzlösungen steh seine Brennbarkeitt als Nachteil gegenüber.

Schwefeldioxid 86
Schwerspat 50
Schwinden 16, 17, 57, 58,104, 105
Schwindmaß (Grundschwindmaß) 105
→ Schwinden
Schwindriß 228
Schwindspannung 105
wird im wesentlichen durch Abkühlung von der Hydratationswärme im Beton hervorgerufen. Sie entstehen an der Oberfläche eines Stahlbetonbauteiles auch infolge Austrocknen des Zementsteins und können zur Rissebildung führen.

Setzungsgefahr 165
Setzungsunterschied 104
Shedkonstruktion 135, 139, 141,
Sichtbeton, schalungsrauher 32, 37
Sichtbetonfläche 130
Sichtbetonoberfläche 64, 192, 208
Sichtmauerwerk 79, 238

Silicatbetone
Sie entstehen entweder auf der Basis nicht naturgewonnener Grundstoffe mit Dampfhärtung unter Verwendung von Kalk oder Zement oder aus einem Gemisch von Kalk und gemahlenem (silikatischem aufgeschlossenem) Natursand. Dadurch können Druckfestigkeiten bis über 100 N/mm² erreicht werden. Durch den geringen Gehalt an freiem Kalk ist ein Korrosionsschutz der Bewehrung erforderlich.

Silicatstaub 47
Sinterung 12
Skelettbau 19
slab-cast Verfahren 26
Sohlplatte 160, 162
Solarenergiegewinnung 248
Solarenergienutzung 84, 95, 188
Solargewinnfaktor 85
Spalten 66
Spaltstein 68

Spannbeton 9, 17, 106, 114, 115, 123, 146, 156, 158
Beim Spannbeton überdrückt man voll oder teilweise die (rechnerische) Zugspannung im Beton durch Vordehnung der Spannstähle. Die Vorspannkraft auf den Beton wird entweder durch Ankerkörper oder Haftung übertragen.
Bei Ortbetonbauteilen werden die Spannstähle in Hülsen einbetoniert. Nach dem Erreichen der erforderlichen Betonfestigkeit werden die Spannstähle mit Hilfe von hydraulischen Pressen gespannt, wobei sich die Presse gegen den Beton abstützt. Beim Spannen wird die Spannkraft und der Dehnweg gemessen. Die Spannstähle werden in den Ankerkörpern durch Keile, Klemmen oder Schrauben verankert. Anschließend werden die Hülsen mit Zementmörtel verpreßt, wodurch ein Verbund hergestellt wird. Der Korrosionsschutz der Spannstähle kann auch durch Korrosionsschutzfett gewährleistet werden, wobei die Spannstähle im Polyester-Mantel verlegt werden. Dieses Verfahren wird als Spannbeton ohne Verbund bezeichnet (Teil 3 Seite 115).
Bei Fertigteilen werden die Spannstähle, in der Regel Litzen, vor dem Einbringen des Betons gespannt, wobei sich die Presse entweder gegen Spannböcke oder gegen die Schalung abstützt. Nach dem Erreichen der erforderlichen Betonfestigkeit wird die Spannkraft auf den Beton gelassen, wobei die Kraft durch die Haftung an den Trägerenden in den Beton geleitet wird. Haftverankerung ist auch bei Ortbeton möglich. Auf einem Ende der Spannglieder kann durch aufgefecherte Spanndrähte (Besenverankerung, Korbverankerung) Innenverankerung hergestellt werden. Bei kleineren Spanngliedern ist es auch möglich die ankerknöpfe abzumontieren, wenn die Spannkraft durch den Verpreßmörtel über die Hülsenwand an den Beton übertragen wird (Injektionsverankerung).
Im Ortbeton werden die Spannglieder der Momentfläche entsprechend in wechselnder Höhe eingebaut. Die Umlenkkräfte wirken der Belastung entgegen (Teil 3 Seite 115). Bei Fertigteilen verzichtet man auf die Umlenkung, da deren Realisierung umständlich ist. Durch den Spannbeton können die Betonabmessungen und der Stahlbedarf gegenüber dem schlaffarmierten Stahlbeton reduziert werden.
Die bauaufsichtlich zugelassenen Spannstähle sind im Beton-Kalender I aufgelistet. die Spannverfahren bedürfen ebenfalls einer Zulassung.
- Binder 138, 139, 141
- Fertigteilschale 146
- flachdecke 234
- Flächentragwerk 148
- Hängedach 158
- Rinnenträger 141

Spannbetonbestimmungen 57

Spannbett
Schalung im Fertigteilwerk, in der die Spannstähle vor dem Betonieren des Spannbetonbauteils vorgespannt werden.

Spannbewehrung
Bewehrung, die in Bauteile aus → Spannbeton eingelegt wird. Für die Ausführung gelten die Abschnitte 13 und 18 der DIN 1045. Für Bauteile aus Spannbeton mit beschränkter oder voller Vorspannung ist DIN 4227 zu beachten.

Spanndraht 188

Spannglied 113, 158, 159
Zugglieder aus → Spannstahl, die zur Erzeugung einer → Vorspannung dienen. Hierunter sind auch Einzeldrähte, Einzelstäbe und Litzen zu verstehen, die werkmäßig vorgefertigt werden.

Spanngliederverbund 113

Spannkanal
Hüllrohre, in denen die → Spannglieder geführt werden, um sie bei nachträglichem Verbund mit Einpreßmörtel zum Zwecke des Korrosionsschutzes zu verfüllen.

Spannstahl 123
Stähle, die für Spannbetonbauteile eingesetzt werden. Sie müssen vom Institut für Bautechnik zugelassen sein. Diese Zulassung wird auf begrenzte Zeit erteilt. Spanndrähte müssen min. 5,0 mm Durchmesser oder bei nicht runden Querschnitten min. 30 mm² Querschnittsfläche haben. Litzen müssen min. 30 mm² Querschnittsfläche haben, wobei die einzelnen Drähte min. 3,0 mm Durchmesser aufweisen müssen. Für Sonderzwecke, z.B. für vorübergehend erforderliche Bewehrung oder Rohre aus Spannbeton, sind Einzeldrähte von min. 3,0 mm Durchmesser bzw. bei nicht runden Querschnitten von min. 20 mm² Querschnittsfläche zulässig.

Spannungsrißkorrosion 159
Wird ein → Spannstahl nur ungenügend gegen schädigende Einflüsse geschützt, schreitet die Korrosion von der Oberfläche her ins Innere fort und bildet im Spannstahl eine Kerbe die einen Bruch ohne Vorankündigung verursachen kann (Einsturz eines Teils des Vordachs der Berliner Kongreßhalle im Jahre 1980, s. S. 159).

Spannungsverlust
Abnahme der Spannung in einem Bauteilquerschnitt, z.B. infolge Kriechens des Betons.

Spannungszustand 152
Speichermasse, thermische 254

Sperrigkeit
Eigenschaft von Betongemischen von geringer → Verdichtungswilligkeit und großer Neigung zum → Entmischen. Zur Sp. neigen Gemische mit geringem Gehalt an Feinstteilen und Gemische mit kantigem Zuschlag. Luftporen wirken der Sp. entgegen.

Sperrkorn
Korngröße, die kleiner als das Stützkorn (meist Größtkorn), aber größer als das → Schlupfkorn ist und so die gegenseitige Berührung des Stützkorns eines → Haufwerks verhindert. Theoretisch ist die Sperrkorngröße ≥ 0,225 des nächst größeren Korns.

Spitzen 66
Spitzendruck 162
Splitt 47, 62

Splittbeton
Bei der Herstellung von Sp. wird als Betonzuschlag gebrochenes Natursteinmaterial verwendet. Er läßt sich meistens ebenso gut wie → Kiesbeton verarbeiten. Für die Konsistenzprüfung ist der Verdichtungsversuch vorzuziehen. Die Biegezug- und die Spaltzugfestigkeit von Sp. sind wegen der unregelmäßigen kubischen bis splittrigen Kornform und wegen der kantigen und rauhen Oberfläche des gebrochenen Zuschlags bei gleicher Druckfestigkeit um etwa 10 - 20 % größer als bei Kiesbeton. Auch die → Grünstandfestigkeit ist besser. Sp. findet in allen Bereichen des Betonbaus Anwendung.

Spreizen 114

Spritzbeton 159, 227
Beton, der in einer geschlossenen, überdruckfesten Schlauch- oder Rohrleitung zur Einbaustelle gefördert und dort durch Spritzen aufgetragen wird, wobei er eine hohe Verdichtung erhält. Man unterscheidet nach DIN 18 551 das Trockenspritzverfahren (Wasserzugabe erst an der Spritzdüse) vor allem zum Ausbessern von beschädigten Bauteilen und das Naßspritzverfahren (Druckförderung der feuchten Mischung) überwiegend zur Herstellung von Bauteilen.

Spritzbetonhilfen
Flüssige oder pulverförmige Betonzusatzmittel der Wirkungsgruppen BE (Beschleuniger) und – seltener – ST (Stabilisierer), deren Zusammensetzung speziell auf den Einsatz bei Spritzbetonarbeiten abgestimmt ist. Die wichtigsten Anforderungen an die Wirkungsweise einer Sp. sind das rasche Erstarren und eine möglichst geringe Beeinträchtigung der Beton-Endfestigkeit. Der Zusatz reduziert den Rückprall und verbessert im besonderen die Haftung auch dickerer Materialschichten auf lotrechten und überhängenden Spritzflächen. Ermöglicht wird ferner die Verarbeitung von Spritzbeton auf nassen, leicht wasserführenden Unterlagen.

Spritzbetonverfahren 157, 159

Spritzmörtel
Zementmörtel mit Zuschlag bis höchstens 4 mm Korndurchmesser, der wie → Spritzbeton hergestellt wird.

Spritzverfahren 156
Stabnetz 154
Stahlbetonbestimmungen 57
Stahlbetonfachwerk 230
Stahlbetonfachwerkträger 218
Stahlbetonfertigteilbau 39f.

Stahlbetonfertigteile
werden in stationären oder Feldfabriken gefertigt und von dort aus auf die Baustelle transportiert und montiert bzw. verlegt. Die Güte von S. wird durch die Güteschutzvereinigung der Beton- und Fertigteilindustrie und die amtlichen Materialprüfanstalten überwacht.

Stahlbetonflächentragwerk, Eindeckung 159
Stahlbetonkern 133
Stahlbetonkonstruktion 15, 25, 232

steigen und das Schwinden nimmt ab. Das Saugverfahren wirkt nicht besonders tief. Es verbessert aber gerade die äußersten Schichten des Betonkörpers, die den härtesten Beanspruchungen ausgesetzt sind. Bauteile und Werkstücke, die nach dem Saugverfahren behandelt werden, können frühzeitig, oft sofort nach der Saugbehandlung ausgeschalt werden. Besonders bewährt hat sich das Saugverfahren bei → Hartbeton. Das Vakuumverfahren kann an vertikalen und horizontalen Flächen eingesetzt werden.

Vakuumverfahren 108, 113, 114
Verankerungsstelle 114

Verbund
Zwischen Stahl und → Zementstein ist eine »Klebewirkung« vorhanden, die auf Adhäsion oder Kapillarkräften beruht. Diese »Klebewirkung« oder Haftung hängt u.a. von der Rauhigkeit und Sauberkeit der Stahloberfläche ab; sie allein ist für einen guten Verbund nicht ausreichend und wird schon bei kleinen Verschiebungen zerstört. Geht die Haftung verloren, dann wird zwischen Stahl und Beton Reibungswiderstand geweckt, wenn quer auf die Stahleinlagen wirkende Pressungen vorhanden sind. (Solche Querspannungen können von quergerichteten Druckspannungen aus Lasten oder vom Schwinden oder Quellen des Betons herrühren. Der Reibungsbeiwert ist wegen der Oberflächenrauhigkeit des Stahles hoch (μ = 0,3 bis 0,6). Bei mechanischer, dübelartiger Verzahnung von Stahloberfläche und Beton müssen erst in die Verzahnung eingreifende »Betonkonsolen« abgeschert werden, bevor der Stab im Beton gleiten kann.) Der Scherwiderstand ist die wirksamste und zuverlässigste Verbundart und zur Nutzung hoher Stahlfestigkeiten notwendig. Er wird i.d.R. durch aufgewalzte Rippen erzielt, entsteht aber auch bei stark verdrillten Stäben mit geeignetem Profil durch Korkenzieherwirkung. Bei geripptem Betonstabstahl hängt die Größe des Scherwiderstandes von der Form und Neigung der Rippen, ihrer Höhe und ihrem lichten Abstand ab.

Verbund, nachträglicher
Bei der → Vorspannung mit nachträglichem Verbund wird das → Spannglied gewöhnlich in kleinen Kanälen (Hüllrohren), die beim Betonieren des Bauteils freigelassen werden, untergebracht. Nachdem der Beton die erforderliche Festigkeit erlangt hat, wird das Spannglied mittels einer hydraulischen Spezialpresse angespannt und – wenn es bis zur vorgesehenen Spannung angezogen ist – am Ende des Bauteils verankert. Nach dem Spannen wird unter hohem Druck → Einpreßmörtel in den → Spannkanal gedrückt, um den → Spannstahl gegen Korrosion zu schützen und die Tragfähigkeit zu verbessern (DIN 4427, Teil 5).

Verbund, sofortiger
Der sofortige Verbund ist ein Verfahren, bei dem die → Spannglieder einer Spannbetonkonstruktion vor dem Betonieren gespannt werden. Wenn der Beton eine Festigkeit von min. 0,8 x $\beta_{w\,28}$ erreicht hat, wird das Spannglied von seiner einstweiligen Verankerung gelöst, und die Vorspannkraft wird über die Haftung zwischen Stahl und Beton in das Bauteil eingeleitet.

Verbunddecke 121
Verbundschutz 52
Verbundsicherung 108
Verbundstütze 123

Verdichten
Der dem → Einbringen folgende Arbeitsschritt, bei dem durch Austreiben der Luftblasen ein porenarmes, dichtes Betongefüge erzielt wird. Estriche werden i.d.R. mit leichten Plattenrüttlern verdichtet.
Beton kann je nach Einbauart und Konsistenz mit unterschiedlichen Verfahren verdichtet werden: Stampfen (→ Stampfbeton), Stochern, Rütteln (→ Rüttelbeton), Schocken (Schockbeton), Pressen, Schleudern (→ Schleuderbeton), Vakuumieren (→ Vakuumbeton), Walzen (Walzbeton).

Verdichtungsporen
Lufteinschlüsse, die auch nach sorgfältigem Verdichten im Beton verbleiben.

Verdichtungsvorgang 192

Verdichtungswilligkeit
Frischbetoneigenschaft, die aussagt, wieviel Arbeit aufgewendet werden muß, um eine bestimmte Menge Beton zu verdichten. Die V. ist ein Teil der Verarbeitbarkeit.

Verdrängungspfähle 162

Verdursten
Vorgang, bei dem dem erhärtenden Beton das für die → Hydratation des Zementes notwendige Wasser entzogen wird (z.B. durch Hitze, Wind). Die → Erhärtung kommt zum Stillstand.

Verformbarkeit, plastische 18
Verguß-Teilanschluß 142

Vergußbeton (Vergußmörtel)
Beton bzw. Mörtel von fließfähiger Konsistenz, der zum Vergießen von Aussparungen, Montageöffnungen u.ä., aber auch zum Untergießen von Auflagerkörpern verwendet wird, die sich wegen ihrer Ausdehnung oder Lage nicht zum Unterstopfen eignen. V. enthalten meist Quellmittel zur Kompensierung des Schwindmaßes. Ihre Fließfähigkeit wird durch Zugabe kugeliger Zusatzstoffe (z.B. Elektrofilterasche) deutlich verbessert.

Vergußtafel 89

Vermischbarkeit (von Zementen)
Jeder Zement ist hinsichtlich des → Ansteifens und → Erstarrens jeweils für sich optimiert. Zemente sollten deshalb möglichst nicht miteinander vermischt werden. Läßt sich ein Vermischen nicht vermeiden, ist mit einer Eignungsprüfung die Unbedenklichkeit der Mischung nachzuweisen.

Verpressen 105
1. Bei Spannbeton mit nachträglichem Verbund werden die Hohlräume im → Spannkanal unter Druck mit → Einpreßmörtel gefüllt. Dieser Vorgang wird mit V. bezeichnet. 2. Bei Rissen in Stahlbetonaußenbauteilen kann der Rostschutz der Bewehrung beeinträchtigt werden. Ab einer Rißbreite > 0,3 mm ist es ratsam, die Risse z.B. mit Epoxidharzen zu verpressen. In der unmittelbaren Verpreßzone sind dann auch höhere Zugkräfte übertragbar. 3. Bei Rißinjektionen an Brückenbauwerken u.ä. sind die Vorschriften ZTV-RISS zu beachten.

Verpreßkörper 165

Verpreßverfahren
Beim Verpressen von verdämmten Rissen im Beton wird unter hohem Druck Epoxidharz durch Bohrpacker gepreßt, um Bauteile abzudichten und die Rißufer kraftschlüssig miteinander zu verbinden.

Verschiebung, vertikale 133

Verschmutzungen, Beseitigung von (auf Beton)
Es kommen hauptsächlich mechanische oder chemische, in selteneren Fällen (z.B. Ölverschmutzung) auch thermische Reinigungsverfahren in Frage. Die Wahl des Verfahrens hängt ab von der Stoffbasis der Verschmutzung, ihrer Eindringtiefe in den Untergrund sowie von der Beschaffenheit (bzw. Empfindlichkeit) der zu reinigenden Betonoberfläche. Als baustoffschonendstes Verfahren ist 1. die Wasserreinigung anzusprechen, deren Wirkung sich durch Verwendung von überhitztem Wasser (Dampfstufe) und den Zusatz von Tensiden (Netzmitteln) noch erheblich steigern läßt. Die Entwicklung moderner Hochdruckstrahlgeräte (mit Drücken bis zu 3000 bar) erlaubt bei entsprechender Düsenwahl und -anordnung eine optimale Reinigungsleistung bei niedrigem Wasserverbrauch. 2. Das Strahlen mit festen Strahlmitteln (Quarzsand, Siliziumkarbid, Schlackenstaub) hat zwar ebenfalls einen hervorragenden Reinigungseffekt, unterliegt aber wegen der starken Staubentwicklung umweltbedingten Anwendungsbeschränkungen. Zudem wird die Oberfläche freiliegender Zuschlagkörner (z.B. bei Waschbeton) durch scharfkantiges Strahlgut aufgerauht und dadurch anfällig für neue Verschmutzungen. Beim Feuchtsandstrahlen ist mit ähnlichen Auswirkungen zu rechnen, wenn auch in abgeschwächter Form. 3. Die Naßreinigung mit chemischen Mitteln setzt große Erfahrung und eine genaue Produktkenntnis voraus, um Schädigungen der Baustoffoberfläche v.a. empfindlicher Bauteile (z.B. aus Glas oder Aluminium) zu vermeiden. Zum Einsatz kommen sowohl alkalische als auch saure Naßreinigungsmittel sowie organische Lösungsmittelgemische, z.T. auch in Pastenform. Bei der Entsorgung überschüssiger Reinigungsstoffe und des zum Nachspülen verwendeten Waschwassers sind behördliche Auflagen zu beachten. 4. Die Entfernung von Schmierereien und Parolen von Gebäudewänden ist mit Lösemittelgemischen allein meist nicht erreichbar, sondern erfordert oft den zusätzlichen Einsatz abrasiver Strahlverfahren. Marktgängige »Anti-Grafitti«-Produkte besitzen neben einer öl- und fettabweisenden auch eine hydrophobierende Wirkung, die das Eindringen von Farbsprays in den tieferen Untergrund verhindern und so eine spätere Reinigung erleichtern soll. Sie eignen sich somit in erster Linie für den vorbeugenden Einsatz.

Verspannung 139
Verzahnung 147
Vierendeelträger 132, 143
Vorfertigung 102

Vorhaltemaß (der → Betondeckung)
Die in DIN 1045 angegebenen Werte der Betondeckung der Bewehrung sind Mindestwerte. Um diese an jeder Stelle eines Bauteils unter Baustellenbedingungen einhalten zu können, muß der Statiker diesen Mindestwerten (min c) ein V. (Δc) hinzufügen. Das Nennmaß der Betondeckung (c) beträgt dann: c = min c + Δc. Gemäß den Empfehlungen des Deutschen Ausschusses für Stahlbeton beträgt das V. bei Außenbauteilen allgemein 1.0 cm, bei Beachtung besonderer Maßnahmen 0,5 cm.

Vorsatzbeton
Aus gestalterischen, bauphysikalischen oder auch akustischen Gründen dem tragenden Beton von Platten, Tafeln und anderen Elementen vorgesetzte Betonschicht anderer Zusammensetzung. Der V. muß mit dem Kernbeton fest verbunden sein und soll min. eine Dicke von 1 cm aufweisen. Die Zementgehalte können je nach Zusammensetzung zwischen 350 und 450 kg/m³ schwanken. Aus Gründen der Frost- und Tausalzbeständigkeit soll im V. keine Flugasche verwendet werden.

Vorsatzschale 89
- hinterlüftete 79

Vorspannung
Beton hat eine hohe Druckfestigkeit, jedoch eine geringe Zugfestigkeit (etwa 1/10). Um ein Betonbauteil in seinem gesamten Querschnitt bei Biegebeanspruchung auf Druck belasten zu können, wird der Querschnittsbereich mit → Spannbewehrung vorgespannt. Die Druckfestigkeit des gesamten Betonquerschnitts wird so voll ausgenutzt (→ Spannungszustand). Dadurch sind wesentlich höhere Belastungen und größere Spannweiten (z.B. im Brückenbau) möglich.

Vorspannung, beschränkte
Im Betonquerschnitt dürfen infolge Verkehrslast auch Zugspannungen auftreten.

Vorspannung, teilweise
nach EC 2 erlaubt, wodurch ein kontinuierlicher Übergang zwischen Stahl- und Spannbeton gegeben ist.

Vorspannung, volle
Die Zugspannungen werden im Betonquerschnitt von der Vorspannung voll überdrückt.

Wärmebedarf 84, 85

Wärmebehandlung
Die Erhärtung des Betons wird durch hohe Temperaturen beschleunigt. Zur Erzielung einer hohen Frühfestigkeit setzt man den verarbeiteten Beton einer W. aus. Neben dem Aufwärmen einzelner oder mehrerer Betonbestandteile und dem Erwärmen des Betons beim Mischen kommt die Erwärmung des verdichteten Betons durch die bei der Hydratation des Zementes entstehende Wärme, durch ungespannten Dampf (→ Dampfbehandlung), durch warme Luft, durch Aufheizen der Formen und Schalungen, durch Wärme-

strahlung, durch elektrische → Erwärmung oder durch gespannten Dampf (Dampfhärtung) in Frage. Die W. kann zeitlich in vier Abschnitte gegliedert werden (Vorlagerung, Aufwärmzeit, Verweilzeit, Abkühlzeit). Die meisten der Verfahren eignen sich nur für die Herstellung von Betonwaren und Betonfertigteilen. Für die sachgerechte Anwendung der W. müssen bestimmte Hinweise beachtet werden. Die 28-Tage-Druckfestigkeit der bei höherer Temperatur erhärteten Betone fällt i.d.R. etwas geringer aus als die Druckfestigkeit von Beton, der anfangs bei niederer oder normaler Temperatur erhärtete.
Wärmebilanzverfahren 86
Wärmedämmfähigkeit 206
Wärmedämmplatte 156
Wärmedämmschicht 79, 84, 85, 94
Wärmedämmstoff 94
Wärmedämmung 47, 48, 56, 78, 94, 104,
105, 106, 128, 135, 141, 159, 186, 188, 208, 238
- opake 84
- transparente 84, 85
Wärmedämmverhalten 188
Wärmedehnung 14
Wärmedurchgangskoeffizient 86
Wärmedurchlaßwiderstand 79
Wärmegewinn 86, 190
Wärmeleitfähigkeit 47, 48, 94, 97
Wärmerückgewinnung 84
Wärmeschutz 44, 74, 75f., 76, 83, 85, 90, 95, 96, 97, 135, 172
Wärmeschutzanforderung 85, 91, 92, 93, 210
Wärmeschutzmaßnahme 84
Wärmeschutzverordnung 86, 87
Wärmespeicherfähigkeit 76
Wärmespeicherung 85, 94
Wärmeverlust 84, 86
Wässern 105
Wannengründung 162
Waschen 68
Wasserabsonderung (des → Zementleims)
Sie entsteht durch Absinken der Zementteilchen (Sedimentieren) und Entweichen des leichteren Wassers nach oben. Dieser Vorgang wird auch → Bluten genannt.
Wasseranspruch (Wasserbedarf)
Der zur Erzielung einer bestimmten → Konsistenz des Frischbetons erforderliche → Wassergehalt (l/m³). Der W. kann bei einiger Erfahrung anhand der Sieblinie oder der Kennwerte abgeschätzt werden.
Wasserbedarf (Wasseranspruch)
Der W. des Betons ist abhängig von der Konsistenz und wird bestimmt von Art, Größtkorn und Sieblinie des Zuschlags und vom Mehlkorngehalt. Für die Abschätzung des W. von m³ verdichteten Frischbetons gibt es empirische Tabellenwerte, Formeln und Kurvenscharen, in denen er in kg/m³ und in Abhängigkeit von der Konsistenz und der Kornzusammensetzung des Zuschlags (z.B. ausgedrückt durch D-Summe oder → Körnungsziffer) angegeben wird. Die Werte gelten i.d.R. für Kiesbeton ohne Zusatzstoffe und -mittel. Sie sind zu erhöhen, wenn gebrochenes Korn verwendet wird und/oder Zusatzstoffe zugegeben werden, bzw. zu verringern bei Zugabe von BV- oder LP-Mitteln. Der tatsächlich erforderliche W. zur Erreichung einer bestimmten Konsistenz läßt sich genau erst durch die Probemischung (→ Eignungsprüfung) ermitteln.
Wasserdampf-Absorptionskoeffizienten 80
Wasserdampf-Sorption 79, 80
Wasserdampfdiffusion 78, 79
Wasserdichtheit (Wasserdichtigkeit) → Wasserundurchlässigkeit
Wassergehalt
Summe von → Zugabewasser und Oberflächenfeuchte des Zuschlags einer Betonmischung.
Wassergehalt, wirksamer
Er besteht aus dem → Zugabewasser und dem Wasser, das auf der Oberfläche der Zuschläge oder in Zusatzmitteln und Zusatzstoffen bereits vorhanden ist.
Wasserhaltung, offene 165
Wasserkalk 9
Wassermörtel 10
Wasserrückhaltevermögen
Eigenschaft des Mehlkorns (Bindemittel und Feinstzuschlag), das bei der Mörtel- bzw. Betonherstellung zugegebene Anmachwasser zurückzuhalten und nicht abzustoßen.
Wasserundurchlässigkeit 162
1. Die W. des Zementsteins bestimmt, wenn übliche Normalzuschläge verwendet werden, die → Wasserundurchlässigkeit des Betons. Die W. des Zementsteins ist abhängig von der Größe des Kapillarporenraums. Bis zu etwa 20 Vol.-% sind die → Kapillarporen untereinander nicht verbunden, so daß die Wasserdurchlässigkeit praktisch gleich Null ist. Das ist bei vollständiger Hydratation bis zu einem Wasserzementwert von etwa 0,50 der Fall. Ab Wasserzementwert gleich größer 0,70 bleibt Zementstein auch nach vollständiger Hydratation wasserdurchlässig. Bei der Forderung nach W. von Beton handelt es sich darum, daß der Durchtritt flüssigen Wassers verhindert wird und daß die dem Wasser abgewandte Seite der Bauteile keinen Wasseraustritt und keine feuchten Flecken zeigt. 2. Die W. des Betons im Bauteil oder Bauwerk wird darüber hinaus auch durch herstellungsbedingte Einflüsse, wie Temperatur, Nachbehandlung und Bewehrung, mitbestimmt. Bei der Herstellung wasserdichter Bauteile muß insbesondere durch Bauausführungs- und konstruktive Maßnahmen dafür gesorgt werden, daß solche Bauteile keine Mängel aufweisen, wie z.B. undichte Stellen, → Risse und undichte Fugen.
Wasserzementwert 15, 45, 50, 52, 53, 61, 105, 130
Wasserzementwert, wirksamer (effektiver)
1. Die für den → Wasserzementwert bestimmende Wassermenge ergibt sich aus der Oberflächenfeuchte des Zuschlags und der Zugabewassermenge. Wird ein Teil des Wassers im Zementleim durch die Zuschläge (insbesondere Leichtzuschläge) aufgesaugt, errechnet sich aus der für die → Hydratation zur Verfügung stehenden Restwassermenge, dividiert durch den Zementgehalt, der w.W. (e.W.). Ein vorgesehener w.W. wird in verhältnismäßig engen Grenzen gehalten, wenn die erforderliche Anmachwassermenge um diejenige Menge erhöht wird, die die trockenen Zuschläge (insbes. Leichtzuschläge) innerhalb der ersten 30 Min. aufsaugen. 2. Werden z.B. durch Zusatzmittel höhere Luftporengehalte als 1,5 Vol.-% erreicht, so ist der über 15 l/m³ hinausgehende Luftporengehalt p dem → Wassergehalt w in kg/m³ hinzuzufügen. Hieraus errechnet sich der w.W. = (w + p) / z.
Weiße Wanne 77, 162, 172, 177, 179
Werkstein, gefügter 10
Widerstand (gegen chemische Angriffe)
Beton kann durch längere Einwirkung von Wässern, Böden und Gasen, die chemisch angreifende Stoffe enthalten, zerstört werden. Die Beurteilung des Angriffsvermögens erfolgt nach DIN 4030. Der W.g.ch.A. des Betons hängt weitgehend von seiner Dichtigkeit ab. Er muß so dicht sein, daß die größte Wassereindringtiefe bei Prüfung nach DIN 1048 bei »schwachem« Angriff nicht mehr als 5 cm und bei »starkem« Angriff nicht mehr als 3 cm beträgt. Für Beton mit hohem Widerstand gegen »schwachen« chemischen Angriff darf der → Wasserzementwert 0,60 und bei »starkem« chemischen Angriff 0,50 nicht überschreiten. Beton, der längere Zeit »sehr starken« chemischen Angriffen ausgesetzt wird, muß vor unmittelbarem Zutritt der angreifenden Stoffe geschützt werden. Außerdem muß er so aufgebaut sein, wie dies bei »starkem« Angriff notwendig ist.
Widerstand (gegen physikalische Angriffe)
Beton zeichnet sich allgemein durch einen hohen Widerstand gegen die mechanischen Einflüsse von Belastung, Zwängung, Schlag und Abrieb aus. Je älter der Beton, je kleiner der Wasserzementwert, je besser die Verdichtung, je geringer der Hohlraumgegalt und je sorgfältiger die Nachbehandlung sind, desto besser ist sein W. Bei einem Frost-, insbesondere bei einem Frost- und Tausalzangriff wird der Widerstand vor allem durch die Einführung künstlicher → Luftporen erhöht (→ Porenbeton). Der Widerstand von hitzebeständigem Beton wird bestimmt durch die Hitzebeständigkeit des Zementsteins und des Zuschlags. Einheitliche Prüfverfahren zur Bestimmung des W. gibt es z.Zt. noch nicht.
Windeinwirkung
W., Temperatur und rel. Luftfeuchte definieren die Umgebungsbedingungen, unter denen ein junger Beton erhärten soll. Bei starker W. besteht die Gefahr des zu frühen Austrocknens des Betons (→ Verdursten). Dies muß durch geeignete Nachbehandlungsmaßnahmen vermieden werden.
→ Nachbehandlung
Windlast 155
Windverband 142
Winterbaumaßnahmen
Besondere Vorkehrungen, die bei kühler Witterung (unter + 5 °C) getroffen werden müssen. W. bei der Herstellung des Betons sind: Erhöhung des Zementgehalts, höhere Zementfestigkeitsklasse, Erhöhung der Frischbetontemperatur (→ Erwärmen von Beton). W. zum Schutz des erhärtenden Betons sind: Wärmedämmende Ummantelung, Beheizungsverfahren, Verlängerung der Ausschalfristen. Nach DIN 1045 werden Mindesttemperaturen für den Frischbeton gefordert.
Wischspuren 64
Witterungsschutz 130
Witterungsverhältnisse 159
Wohnhygiene 74
WU-Beton 165

Zement 45f.
- Hochofenzement 45
- Mindestzementgehalt 51
- Portlandflugaschehüttenzement 45
- Portlandflugaschezement 45
- Portlandhüttenzement 45
- Portlandkalksteinzement 45
- Portlandölschieferzement 62
- Portlandpuzzolanzement 45
- Portlandzement 12, 13, 45, 61
Zement, heißer
Angelieferter Zement, dessen Temperatur 70 bis 80 °C beträgt. Diese hohen Temperaturen können in Zeiten großen Zementversandes, insbesondere im Sommer, im Zement auftreten, wenn er für das Abkühlen nicht lange genug gelagert werden konnte. Der Einfluß der Zementtemperatur auf die Frischbetontemperatur wird meist überschätzt: Bei einem Zementgehalt von 300 kg/m³ bewirkt eine um 10 °C höhere Zementtemperatur nur eine Erhöhung um 1 °C der Frischbetontemperatur. »Heißer« oder »mühlenwarmer« Zement kann ohne Nachteile für den Beton verarbeitet werden.
Zement, weißer
Portlandzement, der aus weitgehend eisenfreien Rohstoffen (Kalkstein und Kaolin) hergestellt wird. Zusätzlich kann durch reduzierende Brennbedingungen die Bildung der dunkelfarbigen Bestandteile des Portlandzementklinkers (Aluminatferrit) verhindert werden. W.Z. wird als Portlandzement 42,5 R nach DIN 1164 hergestellt und kann ohne Einschränkung wie dieser verwendet werden. Er wird vorwiegend für Sichtbeton, farbigen Beton oder Betonwerkstein sowie andere Zwecke eingesetzt, bei denen neben den hydraulischen Eigenschaften des Zements die Farbe eine besondere Rolle spielt. Kennzeichnung: weiße Säcke mit schwarzem Aufdruck.
Zementanspruch
Betone mit bestimmter Güte erfordern einen Zement- und Wassergehalt in einem bestimmten Verhältnis zueinander (→ Wasserzementwert). Ändert sich z.B. die Kornzusammensetzung des Zuschlaggemisches oder die Konsistenz der Betonmischung, so ändert sich dadurch der Wasser- oder → Zementleimanspruch, d.h. bei gleichbleibendem Wasserzementwert auch der Z.
Zementarten 45
Zemente, hydrophobierte
Wasserabstoßende Portland-Zemente nach DIN 1164, denen bei der Herstellung in geringer Menge hydrophobierende Stoffe zugesetzt werden. Sie sind gegen Feuchtigkeit (Regen)

Zementarten und Zusammensetzung nach ENV-1 und DIN 1164-1 (Fassung Oktober 1994) Massenanteile in Prozent[1]

Zementart	Benennung	Kurzzeichen	Hauptbestandteile						Nebenbestandteile[2]
			Portlandzementklinker	Hüttensand	Natürliches Puzzolan	Kieselsäurereiche Flugasche	Gebrannter Ölschiefer	Kalkstein	
			K	S	P	V	T	L	
CEM I	Portlandzement	CEM I	95–100	–	–	–	–	–	0–5
CEM II	Portlandhüttenzement	CEM II/AS CEM II/B-S	80–94 65–79	6–20 21–35	– –	– –	– –	– –	0–5 0–5
	Portlandpuzzolanzement	CEM II/A-P CEM II/B-P	80–94 65–79	– –	6–20 21–35	– –	– –	– –	0–5 0–5
	Portlandflugaschezement	CEM II/A-V	80–94	–	–	6–20	–	–	0–5
	Portlandölschieferzement	CEM II /A-T CEM II/B-T	80–94 65–79	– –	– –	– –	6–20 21–35	– –	0–5 0–5
	Portlandkalksteinzement	CEM II/A-L	80–94	–	–	–	–	6–20	0–5
	Portlandflugaschehüttenzement	CEM II/B-SV	65–79	10–20	–	10–20	–	–	0–5
CEM III	Hochofenzement	CEM III/A CEM III/B	35–64 20–34	36–65 66–80	– –	– –	– –	– –	0–5 0–5

[1] Die in der Tabelle angegebenen Werte beziehen sich auf die aufgeführten Haupt- und Nebenbestandteile des Zements ohne Calciumsulfat und Zementzusatzmittel.
[2] Nebenbestandteile können Füller sein oder ein oder mehrere Hauptbestandteile, soweit sie nicht Hauptbestandteile des Zements sind.

Zementbezeichnungen
Gegenüberstellung von neuen und alten Zementbezeichnungen nach ENV 197-1 und DIN 1164-1 (Fassung Oktober 1994)

	neu	alt
CEM I	Portlandzement (CEM I)	Portlandzement (PZ)
CEM II	Portlandhüttenzement (CEM II/A-S, CEM II/B-S)	Eisenportlandzement (EPZ)
	Portlandpuzzolanzement (CEM II/A-P, CEM II/B-P)	Traßzement (TrZ)
	Portlandflugaschezement (CEM II/A-V)	Flugaschezement (FAZ)[1]
	Portlandölschieferzement (CEM II/A-T, CEM II/B-T)	Portlandölschieferzement (PÖZ)
	Portlandkalksteinzement (CEM II/A-L)	Portlandkalksteinzement (PKZ)[1]
	Portlandflugaschehüttenzement (CEM II/B-SV)	Flugaschehüttenzement (FAHZ)[1]
CEM III	Hochofenzement (CEM III/A, CEM III/B)	Hochofenzement (HOZ)

[1] bisher Zement mit bauaufsichtlicher Zulassung

Zementfestigkeitsklassen

Gegenüberstellung von neuen und alten Zementfestigkeitsklassen nach ENV 197-1 und DIN 1164-1 (Fassung Oktober 1994)

neu	alt
32,5	Z 35 L
32,5 R	Z 35 F
42,5	Z 45 L
42,5 R	Z 45 F
52,5	Z 55 L[1]
52,5 R	Z 55

[1] bisher Zement mit bauaufsichtlicher Zulassung

unempfindlich und reagieren mit Wasser erst beim maschinellen Mischen nach Aufschluß des Zementkorns durch Reibung mit Zuschlägen oder dem Boden. H. Z. werden in der Festigkeitsklasse 32,5 R hergestellt und vorwiegend zur Bodenverfestigung eingesetzt.

Zemente, schnellerhärtende
weisen hohe Anfangsfestigkeiten auf und erhärten besonders rasch. Der Zeitpunkt des Erstarrungsbeginns unterscheidet sich im Gegensatz zu den → Schnellbindern i.a. nicht von dem der Normzemente.

Zementestrich
Estrich nach DIN 18 560, der aus Zement, Zuschlag und Wasser sowie ggf. unter Zugabe von Zusätzen (Zusatzstoffe, Zusatzmittel) hergestellt wird. Er wird nach seiner bei der Güteprüfung einer Prismenserie im Alter von 28 Tagen ermittelten Druckfestigkeit in Festigkeitsklassen unterteilt. Z. der Festigkeitsklasse ZE 55 und ZE 65, werden i.d.R. als Hartstoffestriche hergestellt.

Zementgel
entsteht während der → Hydratation des Zements aus dem → Zementleim. Die Hydratationsprodukte (im wesentlichen Calciumsilicathydrat und Calciumhydroxid) werden als Z. bezeichnet. Zunächst ist das Zementkorn nur von einer dünnen Schicht umgeben. Die Hydratationsprodukte entstehen im wassergefüllten Raum, der die einzelnen Zementkörner umgibt. Sie beanspruchen etwas mehr als doppelt so viel Raum wie der Zement, aus dem sie entstehen, haben aber ein geringeres Volumen, als es der ursprüngliche Zement mit dem ungebundenen Wasser einnahm. Die zwischen den tafel- und schichtförmigen sowie folien- und faserförmigen Hydratationsprodukten verbleibenden Zwischenräume nennt man Gelporen.

Er entsteht in verschiedenen Klinkerphasen bei der Zementherstellung im Drehofen durch Erhitzen des Rohmaterials bis zur Sinterung.

Zementleimanspruch
Zement (ggf. Mischbinder), Wasser, ggf. Betonzusatzmittel und Betonzusatzstoffe bilden im Frischbeton den → Zementleim. Der Z. ist abhängig vom Zuschlag und von der → Konsistenz des Betons. Gedrungene (kugelige, würfelige), glatte Zuschlagkörner haben, da sie eine kleinere Oberfläche haben und sich besser verarbeiten und verdichten lassen, einen geringeren Z. als bruchrauhes, plattiges, längliches und splittriges Material. Der Z. wird durch Laborversuche bestimmt. Dazu wird Zementleim mit dem erforderlichen Wasserzementwert hergestellt und einer abgewogenen oberflächentrockenen Zuschlagmenge so lange zugegeben, bis die gewünschte Konsistenz erreicht ist. Dieses Verfahren ist besonders bei gebrochenem Zuschlag, bei Ausfallkörnungen oder bei hohen Mehlkorngehalten anzuwenden.

Zugabewasser
Jedes in der Natur vorkommende Wasser ist als Z. geeignet, soweit es nicht Bestandteile enthält, die das Erhärten o.a. Eigenschaften des Betons ungünstig beeinflussen oder den Korrosionsschutz der Bewehrung beeinträchtigen. → Wassergehalt, → Wasserzementwert

Zumahlstoffe
Zusatzstoffe, die dem Zement beim Mahlen zugegeben werden.

Das Glossar ist dem Beton-Lexikon, hrsg. von Heinz-Otto Lamprecht, Friedbert Kind-Barkauskas und Heinrich Wolf, Beton-Verlag Düsseldorf 1990, entnommen.

Personenregister

Architekten, Tragwerk-Ingenieure

Bildnachweis

Bildnachweis

Allen die durch Überlassung ihrer Bildvorlagen, durch Erteilung von Reproduktionserlaubnis und durch Auskünfte am Zustandekommen dieses Werkes mitgeholfen haben, sagen die Autoren und die Verlage aufrichtigen Dank. Sämtliche Zeichnungen in diesem Werk sind eigens angefertigt. Nicht nachgewiesene Photos stammen aus Archiven der Architekten, die im Personenregister genannt sind, von den Autoren und aus dem Archiv der Zeitschrift DETAIL. Die Zahlen beziehen sich auf die Seitenzahlen und die Abbildungsnummern.

Von Photographen und aus Bildarchiven

Beretta, S., Giubiasco S. 200, 201
Beton-Verlag, Düsseldorf S. 10 (1.2), S. 12 (1.7), S. 14 (1.13), S. 24 (1.45), S. 28 (1.58), S.33 (1.77, 1.78), S. 34 (1.79, 1.80), S. 35 (1.83), S. 38 (1.89), S. 62 (2.2.1), S. 63 (2.2.7, 2.2.9), S. 64 (2.2.10), S. 67 (2.2.14, 2.2.16, 2.2.19), S. 71 (2.2.24), S. 188, 189, 196–199, 214–215, 225 l.
Burkhard, B., Bern S. 35 (1.81)
Casali, Mailand S. 258
Charles, M., Ilseworth S. 193–195
Cook, P., London S. 260–263
Dupain, M., Artarmon S. 250
Dyckerhoff AG, Wiesbaden S. 63 (2.2.2, 2.2.8), S. 67 (2.2.17, 2.2.18, 2.2.20, 2.2.21), S. 71 (2.2.22, 2.2.23, 2.2.26, 2.2.27)
Dyckerhoff & Widmann, München S. 22 (1.36, 1.37), S. 23 (1.41, 1.42), S. 24 (1.44)
Ege, H., Luzern S. 235
Foto Marburg, Marburg S. 21 (1.34), S. 26 (1.52), S. 31 (1.69)
Fotoprofis, Bremen S. 159 (3.2.89)
Friedrich, R., Berlin S. 220, 221
Garnier, F. E. von, Fürfeld S. 71 (2.2.28)
Habermann, K.J., München S. 216, 243 o., 256, 257 o.
Hamilton Knight, M., Nottingham S. 257 u.
Heidersberger, H., Wolfsburg S. 226, 227 r.
Hester, P., Houston S. 254, 255
Institut Français d'Architecture, Paris S. 7, S. 15 (1.14, 1.15)
Kinold, K., München S. 26 (1.51), S. 28 (1.57, 1.59), S. 29 (1.63, 1.64), S. 36 (1.85), S. 37 (1.88), S. 38 (1.90), S. 39 (1.96), S. 40 (1.99), S. 41 (1.101), S. 43, 99, 167, 208–209, 222, 223, 236, 237
Klimek, S., Breslau S. 19 (1.26)
Knabben, T., Köln S. 131 (3.1.85), S. 133 (3.1.96)
Krase, W., Frankfurt S. 206, 207
Leiska, H., Hamburg S. 230, 231
Leistner, D., Mainz S. 249
Monthiers, J.-M., Paris S. 203–205
Neubert, S., München S. 19 (1.26), 242, 243 u.
Praßer, G., Köln S. 63 (2.2.6), S. 67 (2.2.17, 2.2.18, 2.2.20, 2.2.21)
Richters, C., Münster S. 252, 253
Rohrbach Zement, Dotternhausen S. 63 (2.2.5), S. 67 (2.2.15), S. 71 (2.2.25)
Rosendaal, J., München S. 26 (1.52)
Roth, L., Köln S. 232, 233 l.
Rühle, T., Köln S. 238–241
Schindler Archiv, University of California, Santa Barbara, Architectural Drawing Collection S. 26 (1.53, 1.54)
Schittich, C., München S. 11 (1.4), S. 21 (1.33), S. 32 (1.72), S. 33 (1.76), S. 36 (1.84), S. 37 (1.86, 1.87), S. 40 (1.97, 1.98), S. 183, 190, 191, 211–213, 217, 227
Schlesinger, H., Karlsruhe S. 157 (3.2.82)
Schmölz, K.H., Köln S. 246 o., 247
Shiratori, Y., Tokio S. 186
Suspa, Fa., Langenfeld S. 114 (3.1.36, 3.1.37)
Suzuki, H., Barcelona S. 218, 219
Universität Dortmund, Lehrstuhl Prof. A. Weißenbach (emeritiert) S. 164 (3.3.15, 3.3.16)
Wietzorek, U., München S. 33 (1.75), S. 39 (1.95)
Züblin AG, Stuttgart S. 245, 246 u.

Aus Büchern und Zeitschriften

S. 10 (1.1), 11 (1.3) Lamprecht, H. O.: Opus Caementium – Bautechnik der Römer. 4. Auflage, Beton-Verlag, Düsseldorf 1993
S. 12 (1.6), S. 13 (1.8), S. 14 (1.9, 1.10, 1.11, 1.12), S. 16 (1.17, 1.18, 1.19, 1.21) Haegermann, G. u.a.: Vom Caementum zum Spannbeton. Band 1. Bauverlag GmbH, Wiesbaden/Berlin 1964
S. 16 (1.17), S. 17 (1.20), S. 21 (1.35) Billington, D.P.: Robert Maillart und die Kunst des Stahlbetonbaus. Verlag für Architektur Artemis, Zürich/München 1990
S. 18 (1.22, 1.23) Niebelschütz, W. von: Züblin-Bau. Stuttgart 1958
S. 18 (1.24) Ackermann, K.: Industriebau. Deutsche Verlagsanstalt, Stuttgart 1984
S. 19 (1.27), S. 20 (1.28, 1.29) Perret. L'Architecture d'Aujourd'hui, Oktober 1932
S. 20 (1.30), S. 21 (1.31), S. 33 (1.74), S. 38 (1.91) Frampton, K.: Grundlagen der Architektur – Studien zur Kultur des Tektonischen. Oktagon Verlag, München/Stuttgart 1993
S. 21 (1.32), S. 27 (1.55, 1.56) Riley, T.: Frank Lloyd Wright, Architect. The Museum of Modern Art, New York 1994
S. 22 (1.38, 1.39) Hersel, O.: Die Jahrhunderthalle zu Breslau. Beton- und Stahlbetonbau 12/1987
S. 23 (1.40) Pauser, A.: Eisenbeton 1850–1950. Manz Verlag, Wien 1994
S. 23 (1.43), S. 32 (1.73) Gössel, P.; Leuthäuser G.: Architektur des 20. Jahrhunderts. Benedikt Taschen Verlag, Köln 1990
S. 25 (1.46, 1.48, 1.49) Lampugnani, V. M.; Schneider, R. (Hrsg.): Moderne Architektur in Deutschland 1900–1950. Expressionimus und Neue Sachlichkeit. Verlag Gerd Hatje, Stuttgart 1994
S. 25 (1.47) Garnier, T.: Die ideale Industriestadt. Verlag Ernst Wasmuth, Tübingen 1989
S. 25 (1.50) Joedicke, J.: Architekturgeschichte des 20. Jahrhunderts. Edition Krämer, Stuttgart/Zürich 1990
S. 28 (1.60, 1.61) Le Corbusier, Studio Paperback. Verlag für Architektur Artemis, Zürich 1972
S. 29 (1.62) Le Corbusier: Feststellungen zu Architektur und Städtebau. Ullstein Verlag, Frankfurt a.M./Berlin 1964
S. 30 (1.65, 1.66), S. 147 (3.2.33, 3.2.34, 3.2.35, 3.2.37, 3.2.41), S. 150 (3.2.50, 3.2.59, 3.2.60) Joedicke, J.: Dokumente der modernen Architektur – Schalenbau. Karl Krämer Verlag, Stuttgart 1962
S. 31 (1.68, 1.70), S. 147 (3.2.32), S. 157 (3.2.77) Siegel, C.: Strukturformen der Modernen Architektur. 3. Auflage. Verlag Georg D.W. Callway, München 1970
S. 32 (1.71) Paul Rudolph. Bauten und Projekte. Verlag G. Hatje, Stuttgart 1970
S. 35 (1.82) Nestler, P.; Bode, P.M.: Deutsche Kunst seit 1960 – Architektur. Verlag F. Bruckmann, München 1976
S. 39 (1.92, 1.93) Bomhard, H.: Konstruktion und Bau der Paketumschlaghalle in München. Hrsg. vom Deutschen Beton-Verein, Wiesbaden 1967
S. 39 (1.94) Klotz, H., (Hrsg.): Vision der Moderne – Das Prinzip Konstruktion. Prestel Verlag, München 1986
S. 40 (1.100) Domenig, G.: Werkbuch. Residenz Verlag, Salzburg 1991
S. 65 (2.2.11) Zement-Merkblatt Schalung für Beton. Bauberatung Zement (Hrsg.), Beton-Verlag, Düsseldorf 1988
S. 72 (2.2.30, 2.2.31, 2.2.32, 2.2.33, 2.2.34) Huberty, J. M.: Fassaden in der Witterung. Beton-Verlag, Düsseldorf 1983
S. 74 (2.3.2) Frank, W.: Raumklima und thermische Behaglichkeit. Bericht aus der Bauforschung. Heft 104. Wilh. Ernst & Sohn, Berlin 1975
S. 89 (2.3.39) Karl Schwanzer. Architektur aus Leidenschaft. modulverlag GmbH, Wien/München 1973
S. 131 (3.1.83, 3.1.88, 3.1.89, 3.1.90) Zukowsky, J. (Hrsg.): Chicago. Architecture and Design. The Art Institute of Chicago und Prestel-Verlag, München 1993
S. 131 (3.1.84) Klotz, H. (Hrsg): Murphy/Jahn. MesseTurm Frankfurt. Oktagon Verlag, München/Stuttgart 1991 (Schriften zur Architektur der Gegenwart)
S. 131 (3.1.87) Klotz, H.; Saban, L. (Hrsg.): New York Architektur 1970–1990. Prestel-Verlag, München 1989
S. 133 (3.1.95) 75 Jahre Welt des Betons. Deutscher Beton-Verein e.V., Wiesbaden 1973
S. 150 (3.2.51, 3.2.52) Le Corbusier: Feststellungen zu Architektur und Städtebau. Ullstein Verlag, Frankfurt/Berlin 1964.
S. 157 (3.2.78) Conrad, U.; Sperlich, H.G.: Phantastische Architektur, Verlag G.Hatje, Stuttgart 1960
S. 157 (3.2.83, 3.2.84) Firmenprospekt Hochtief Nachrichten, Essen
S. 202 L'Architecture d'Aujourd'hui, September 1992

Ganzseitige Bildtafeln

Seite 7 Schalung einer Kirchenkuppel in Tiflis, Georgien 1903 Architekten: Zarambianz und Aknazaron
Seite 43 Kanzel an der Wallfahrtskirche Notre-Dame-du-Haut, Ronchamp 1950–54 Architekt: Le Corbusier
Seite 99 Deckengewölbe, St.-Antonius-Kirche, Basel 1927 Architekt: Karl Moser
Seite 167 Brunnen im Friedhof Brion, S. Vito d'Altivole 1970–72 Architekt: Carlo Scarpa
Seite 183 Innenhof, Konferenzpavillon in Weil am Rhein 1993 Architekt: Tadao Ando